新能源汽车关键技术研发系列

甲醇发动机设计与开发

菜根儿 **著**

机械工业出版社

本书重点介绍重型车辆的甲醇燃料应用，亦即重型甲醇内燃机方面。该类内燃机使用100%甲醇而非含甲醇的混合燃料。重型甲醇内燃机在使用成本、制造成本以及尾气排放等方面的优势，使得它有可能在节能减排和减碳等方面拓展出自己的一席之地。为了适应甲醇燃料的特性并发挥其最大效能，使甲醇内燃机在动力性、可靠性和耐久性等方面达到与传统内燃机相同级别的指标，须对内燃机总成的燃料供给系统、进排气系统、润滑系统、冷却系统、后处理系统等进行匹配设计，对缸盖总成、缸套活塞、曲轴通风、排放诊断以及电子电控系统等进行匹配设计。本书对上述目标和内容都辟以专门章节进行叙述。

本书可供汽车行业从事内燃机研发、汽车低碳技术研究、商用车动力系统研发的相关技术人员学习参考，也可作为大专院校汽车相关专业师生的参考书。

图书在版编目（CIP）数据

甲醇发动机设计与开发 / 莱根儿著. -- 北京 : 机械工业出版社，2024. 5. --（新能源汽车关键技术研发系列）. -- ISBN 978-7-111-76059-7

Ⅰ. TK46

中国国家版本馆 CIP 数据核字第 2024W66H17 号

机械工业出版社（北京市百万庄大街 22 号　邮政编码 100037）

策划编辑：王　婕　　　责任编辑：王　婕　丁　锋

责任校对：梁　园　张昕妍　　封面设计：张　静

责任印制：常天培

固安县铭成印刷有限公司印刷

2024 年 9 月第 1 版第 1 次印刷

184mm × 260mm · 25.5 印张 · 2 插页 · 567 千字

标准书号：ISBN 978-7-111-76059-7

定价：199.00 元

电话服务　　　　　　　　网络服务

客服电话：010-88361066　机　工　官　网：www.cmpbook.com

010-88379833　机　工　官　博：weibo.com/cmp1952

010-68326294　金　书　网：www.golden-book.com

　机工教育服务网：www.cmpedu.com

前　言

由于化石能源的有限性和减碳减排的社会性，使得动力所用能源在归一化和多样性两个方向不断前进。所谓归一化，是指动力所用能源的终极状态——电力；所谓多样性，是指动力所用能源的种类拓展。最近 20 年，在工业和交通等领域开始推广的氢能是多样性的一种，甲醇燃料也是多样性的一种，而甲醇又是氢气最有效的载体之一。

欧洲近年来推崇的碳中性燃料之电子燃料（e-Fuel），主要就是指我国长期坚持并不断取得市场进展的甲醇燃料，其所谓碳中性是人类探索减碳减排路线过程中所步入的良性方向。显然，在这一方向上的共识已经开始形成，甲醇燃料将越来越多地得到关注和推广应用。

甲醇（CH_3OH）燃烧产生二氧化碳（CO_2）和水（H_2O）。甲醇的工业化生产有多种途径，有煤炭制取甲醇、天然气制取甲醇等传统技术，也有将收集捕获的 CO_2 通过创新工艺与 H_2O 反应制成甲醇的崭新技术。显然，依据新技术制取的甲醇就具有了碳中和或碳循环的意义，这也是其被欧洲称为电子燃料的原因之一。

甲醇作为燃料，不仅可以用于动力驱动，还可以用于热力燃烧；不仅可以用于车辆，也可以用于船舶；不仅可以用于轻型车辆，也可以用于重型车辆，而本书的重点在于重型车辆的甲醇燃料应用，也就是重型甲醇内燃机方面。

甲醇作为内燃机的燃料，不仅可以单独燃烧，也可以混合燃烧。所谓混合燃烧，是指甲醇与其他燃料（例如汽油或柴油）按比例混合后在内燃机内部燃烧，具体又可分为在缸盖进气道喷射或进气总管喷射的预混合燃烧以及缸内直喷的混合燃烧两种方式。而本书重点在于单独燃烧而非混合燃烧，亦即使用 100% 甲醇燃料的重型内燃机。

车用内燃机分为点燃式（如汽油机）和压燃式（如柴油机）两种，甲醇内燃机可以分别采用这两种方式，由于甲醇的燃烧特性更接近于汽油，因此本书侧重在点燃式甲醇内燃机方面。而重型甲醇内燃机在使用成本、制造成本以及尾气排放等方面的优势，使得它有可能在能源多样化方面拓展出自己的一席之地。

出于加快甲醇内燃机开发进度的要求，在工程上通常会采用市场成熟度相对较高的点燃式或压燃式内燃机作为基础机，作为整个开发工作的起点。而为了适应甲醇燃料的特性并发挥其最大效能，使甲醇内燃机在动力性、可靠性和耐久性等方面达到与传统内燃机相同级别的指标，就必须对内燃机总成的燃料供给系统、进排气系统、润滑系统、冷却系统、后处理系统等，以及缸盖总成、缸套活塞、曲轴通风、排放诊断以及电子电控系统等进行重新匹配设计。显然，这完全是新品内燃机的开发，依照这样的内容和目标开发出来的已经是完全崭新的内燃机，本书对上述目标和内容都辟以专门章节进行了叙述。

正是由于实现上述内容和目标的艰巨性，数百人的工程师团队解决关键技术问题并最终实现大批量地推向市场用时竟达八年之久。读者所阅读的这本专业著作是这一过程中所形成的工作经验和成果的文字体现，总结了整个团队的研发成果。团队经历了从内燃机的涉醇关键零部件到各子系统以及总成的开发，经历了从动力系统集成到整车搭载的开发，以及从供应商组织到市场投放的整个过程，不是只开发了一款而是数款甲醇发动机，不仅主要应用在商用车方面，还包括乘用车和船舶的部分应用经验。因此，工程实践性强是本书的一大特点。

著者认为，学术的功用是发现新的现象或规律；技术的功用是利用这些发现提升已有工具的性能或增加已有工具的功能或制造出新的工具，其工作主要集中于功能和性能。工具不一定是物理的，也可以是逻辑的，也可以将工具称为产品；工程的功用是使这一工具（产品）在满足一定可靠性和耐久性的条件下批量生产出来，其工作主要集中于可靠性和耐久性；商品的功用是使这一工程化的产品可以创造一个崭新的市场或在已有的市场中更具竞争力，其工作主要集中于质量和成本。上述四个方面都是基于科学意义进行阐述的，因此这四个方面的评价和验收标准具有共同点——可重复性，也即学术的发现必须是可重复的，技术的功能和性能必须是可重复的，工程的可靠性和耐久性必须是可重复的，商品的质量和成本必须是可重复的。

因此，可重复性之目的的试验和验证就成为产品开发过程中极为重要的环节且不可或缺，如上认识和观点贯穿于全书。

本书几乎每一章中都设有试验验证一节，记述设计开发的试验内容、验证过程、评价体系以及相关工具设备，以期反映设计开发与试验验证之间密不可分的关系，反映学术、技术和工程之间密不可分的关系，这也说明了工程技术和科学技术侧重点的不同。显然，工程技术实践中核心问题的攻关解决又常常必须求教于科学技术理论，需要得到掌握前沿科学技术的企业和研究机构的鼎力支持，二者相辅相成。

因此，本书既具有工程技术的现实性，可用于指导甲醇内燃机产品的开发；又具有科学技术的前瞻性，可用于先进技术方向上的学术挖掘；在专业领域，也可以用于学校教学的辅导材料。

本书集中于甲醇内燃机在车辆方面的应用，然而所提出或解决的与甲醇相关问题或方案，也可以供甲醇燃料电池、甲醇热力燃烧等相关领域，以及船舶、工程机械、农业装备等相关行业借鉴或参考。

毫无疑问，行业里所有人的努力，包括工程界和学术界而形成的经典成果都曾有益于这个团队克服困难，都有可能反映在此著作之中。因此，向所有为此著作的素材有所贡献的同事们表示感谢！向业界前辈和专家朋友们表示感谢！

衷心地希望这本书能够对读者的工程实践和学术研究有所增益。由于编著者的学识和经验所限，书中难免有所疏漏、不妥，甚至错误，恳请读者朋友批评指正。

著者

2023 年冬于杭州

目 录

第 1 章 概述

甲醇作为内燃机燃料在我国被研究和应用始自 20 世纪 80 年代，21 世纪初再次进入工程界和学术界的视野是节能减排的需要，也是国家能源安全的需要。人们在不断地探索着能够替代传统汽油和柴油的新燃料。

我国生产成品油所用石油的 70% 以上依赖进口，而煤炭作为甲醇生产的主要原料却在我国有最为丰富的储藏；另一方面，我国甲醇的产销量占世界总量的 50% 以上，因而对甲醇期货价格有巨大的影响力。所以，甲醇作为燃料可以为国家能源安全做出贡献。

研究表明，甲醇在内燃机中燃烧所产生的排放污染物比传统燃料（汽油和柴油）要少，而做同样的功其所需商业成本要低，加之甲醇内燃机的效率和成本还有进一步优化的空间，因此甲醇可以为节能减排做出贡献。

另一方面，通过收集和捕捉二氧化碳来制取甲醇的技术日渐成熟，使得甲醇可以成为碳中和循环经济中的一个重要环节。而甲醇作为氢气的高效载体这一优点正在越来越多地被人们所认识和接受，使得甲醇可以为降低氢燃料电池产业链成本做出贡献。

甲醇内燃机是本书的主要叙述对象。从终端用户和生产企业的角度考虑，它更广泛的应用领域是在商用方面，例如商用车辆、船舶动力、工程机械等，因此可以为满足国家节能减排相关法规提供一个具体途径和方案，为国家能源安全和双碳目标提供一个现实支撑。

1.1 甲醇的特性

甲醇作为燃料与汽油、柴油以及天然气等传统化石燃料比较，最大的区别在于它有一个羟基（-OH）。

汽油是 $C_{4\sim12}$ 的烃化合物，柴油是 $C_{16\sim23}$ 的烃化合物，甲烷的化学分子式为 CH_4，主要成分都是碳氢化合物。而甲醇的分子式为 CH_3OH，可以看作是甲烷 CH_4 中的一个氢原子被 OH 取代而在常温下为液体，-OH 是具有极性的羟基。甲醇作为燃料在发动机中表现出来的区别于其他传统燃料的特征，基本上都是由这个羟基决定的。

1.1.1 甲醇的理化特性

在常温下，甲醇是一种轻质、无色、略有臭味的可燃液体，是一种燃烧生成物较为清洁的含氧燃料，与水能无限相溶。因为羟基的极性特征，甲醇又是一种溶剂，对某些零部件的表面以及一些金属有溶蚀作用，对一些橡胶件有膨大作用。作为燃料在发动机中使用时，与化石燃料的主要理化特性对比见表 1-1。

表 1-1　几种燃料的主要理化性质

性质	甲醇	天然气	汽油	柴油
化学式	CH_3OH	CH_4	$C_{4\sim12}$ 的烃化合物类	$C_{16\sim23}$ 的烃化合物类
分子量	32	16.4	95 ~ 120	180 ~ 200
碳（质量分数）(%) 氢（质量分数）(%) 氧（质量分数）(%)	37.5 12.5 50.0	75.0 25.0 0	85 ~ 88 12 ~ 15 0	87 12.6 0.4
相对密度 /（kg/L）	0.796	0.716	0.70 ~ 0.80	0.82 ~ 0.88
理论空燃比（质量）	6.4	16.7	14.2 ~ 15.1	14.4
蒸气压（Reid）/kPa	32	—	65	55
沸点 /℃	64.8	−161.5	30 ~ 200	170 ~ 360
凝固点 /℃	−98	—	−57	−4 ~ −1
动力黏度（20℃）/cP①	0.60	—	0.42	3.7
运动黏度（20℃）/cSt②	0.58	—	0.65 ~ 0.85	2.5 ~ 8.5
热值 /（MJ/kg）	19.66	50.1	43.5	42.5
汽化潜热 /（MJ/kg）	1109	510	310	270
辛烷值 /RON	110	130	89 ~ 98	—
十六烷值	3	—	0 ~ 10	40 ~ 55
着火极限（体积分数）(%)	6.7 ~ 36	5 ~ 15	1.4 ~ 7.6	1.85 ~ 8.2
自燃温度 /℃	470	630 ~ 730	220 ~ 260	200 ~ 220
闪点 /℃	15.6	—	45	75
比热（20℃）/（MJ/kg）	2.55	—	2.3	1.9
电导率（20℃）/（S/m）	4.4×10^{-5}	7×10^{-9}	—	1×10^{-10}

① $1cP=10^{-3}Pa\cdot s$。
② $1cSt=10^{-6}m^2/s$。

甲醇的理化特性与汽油、柴油相近，如不含 C-C 键、高辛烷值、常温常压下为液态等，这些都是作为替代能源的优秀潜质。作为交通能源，无论是传统的内燃机技术，还是当前被国内外高度关注的燃料电池技术，甲醇都是极佳的燃料。

甲醇的理化特性表明，当作为单一燃料被用于发动机时，它更适合于类似汽油和天然气的点燃式而不适合于类似柴油的压燃式。当然，像汽油一样，在一定条件下甲醇燃料也可以被用于压燃。内燃机不同的燃烧方式如图 1-1 所示。

本书所论述的甲醇发动机主要是指 M100 点燃式，发动机的设计、试验、生产、售后等各环节都具有与汽油机或燃气机类似或相同的特征，甚至可以直接相互借鉴。

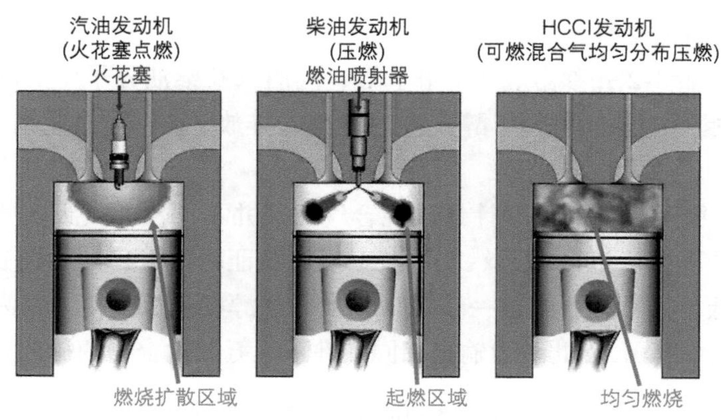

图 1-1　内燃机不同的燃烧方式

另一方面，就像点燃式燃气发动机与点燃式汽油机有区别一样，点燃式甲醇发动机也一定与燃气发动机和汽油发动机有明显区别，特别是因为它的高汽化潜热特征和具有极性的羟基特征。

1.1.2　甲醇的燃烧特性

1. 热值

甲醇是含氧燃料，其热值比汽油、柴油以及天然气等化石燃料低很多，大约低一半，见表 1-1。

在总热值相同的燃料 + 空气的混合气条件下，混合气完全燃烧。一般来说即使燃料不同，对外做功大体上也是相当的。当然，因为甲醇的单位质量热值是化石燃料的一半左右，所以要达到大体相当的对外做功，甲醇燃料的消耗量就需要是化石燃料的 2 倍左右，见表 1-2。

表 1-2　几种燃料的热值分析

类型	理论空燃比下的相同燃料质量比较			理论空燃比下的相同混合气热值比较		
	燃料质量	空气质量	混合气热值	燃料质量	空气质量	混合气热值
甲醇	1.0kg	6.4kg	19.6MJ	2.22kg	14.2kg	43.5MJ
甲烷	1.0kg	16.7kg	50.1MJ	0.87kg	14.5kg	43.5MJ
汽油	1.0kg	14.7kg	43.5MJ	1.00kg	14.7kg	43.5MJ

表 1-2 表明，在理论空燃比的条件下，当混合气总热值一样时，所需要的空气质量的差异不大；也就是说，在对外做功大体一样的情况下，甲醇混合气中所含氮气略少；那么，在相同的工作温度下，燃烧完成后，三种不同的燃料所产生的氮氧化合物，甲醇燃料比汽油少 3% 左右。减少空气（氧气）消耗量的途径有两个：一是减碳增氢；二是燃料本身含氧。在理想条件下，根据氮元素守恒原理，空气消耗量越少，理论上产生的氮氧化合物越

低，因此说甲醇是清洁燃料。

类似地，结合表 1-2 并参考表 1-1 中甲醇、汽油以及柴油分子中的碳含量，可以理论上算得：在热值相当的条件下，甲醇比汽油减少碳排放 2% 左右，比柴油减少碳排放 5% 左右。

表 1-3 表明，甲醇燃料的化学计量比混合气热值并不比汽油或天然气低，因此甲醇发动机的动力输出性不会比汽油或天然气差。工程实践证明，甲醇发动机 EGR 系统的引入，使得燃烧温度降低，氮氧化合物进一步减少，加之甲醇发动机的热效率高（压缩比高、燃烧速度快、充气效率高），因此动力输出相同条件下，氮氧化合物的排放相对较少。

表 1-3　几种燃料的化学计量比混合气热值

特性	汽油	天然气	甲醇
化学计量比混合气热值 /（kJ/m^3）	3810	3400	3906

2. 汽化潜热和蒸气压

在发动机常用的燃料中，甲醇的汽化潜热是最大的，而蒸气压是最低的，见表 1-1。蒸气压低是由于甲醇作为单一燃料，不像汽油那样存在高挥发物质；汽化潜热大是由于存在极性羟基，因此它在汽化时需要较其他燃料更多的热量。

当燃料与空气形成理论空燃比下的混合气并完成绝热蒸发时，汽油混合气的温度下降约 20℃，而甲醇混合气的温度则下降 122℃。实际上甲醇在发动机中的混合蒸发过程是在非绝热条件下进行的，这一过程必然从周边吸收热量，从而在降低混合气温度的同时还会在一定程度上降低发动机零部件的热负荷。

汽化潜热大和蒸气压低使得甲醇与空气不易形成混合均匀、雾化良好的混合气，从而降低缸内压缩终点温度。这一特点又进一步地增加了甲醇混合气的点火着火难度，影响发动机的冷起动性能，造成冷起动困难。再考虑到甲醇的十六烷值，也就决定了它不宜像柴油那样用于压燃发动机。

然而，一旦发动机冷起动成功，并使得发动机工作在正常的温度状态下之后，甲醇汽化潜热大和蒸气压低的特点就变成了甲醇燃料的优势，因为可以降低压缩功，并提高充气系数，从而可以提高发动机整体的燃烧效率。

研究表明，发动机排放的 NO_x 中 NO 占主要成分。NO 随燃烧温度提高而成指数函数急剧增加，当温度低于 1800K（1527℃）时，NO 生成速率极低，但温度达到 2000K（1727℃）后 NO 的生成速率就会变得很高。一般认为，温度每升高 100K，NO 生成速率增加 1 倍。而甲醇汽化潜热大，有利于降低发动机燃烧室的温度，从而有助于减少氮氧化合物的生成，这增强了甲醇被称为清洁燃料的条件。

3. 辛烷值

辛烷值是发动机所使用燃料抵抗爆燃的指标，是对燃料中抗爆燃化学组分的定量描述。辛烷值越高，燃料的抗爆燃能力越强，相对应的发动机就可具有较高的压缩比，而压缩比越高，发动机的燃烧效率和动力性能就会越好。甲醇和天然气一样是单一燃料，不含有类似于汽油的表征抗爆性的化学组分，但可以参照汽油的抗爆燃特性测定甲醇相对应的辛烷值。进一步地，考虑到甲醇汽化潜热大以及蒸气压低的特点，甲醇发动机的实际压缩比可以设计得比它的辛烷值所表征的压缩比更大一些。

4. 火焰传播速度

一般来说，在混合气热值相同的情况下，即使对外做功相当，发动机的动力性能也会有明显的差别，其中部分原因就是其动力性能与燃料火焰传播速度特性相关。火焰传播速度代表燃烧过程中火焰前锋在空间的移动速度，是研究火焰稳定性与燃烧过程的重要数据之一。火焰的传播速度越快，动力性能就会越好，通常情况下，也意味着燃料消耗量会降低一些。

火焰传播速度与混合气浓度有着很大的关系，无论混合气过浓还是过稀，火焰传播速度都较低，当过量空气系数在 0.85 ~ 0.95 时，火焰传播速度最高。在均质点燃式的燃烧过程中，甲醇的火焰传播速度为 52m/s，汽油为 38m/s。在实际应用过程中，采用汽油或天然气发动机燃烧甲醇燃料，点火提前角需要适当减小，否则容易出现爆燃；对于压缩扩散燃烧，燃料的火焰传播速度、燃烧速率与液滴的蒸发速率密切相关，甲醇的汽化潜热值比柴油高得多，导致甲醇的蒸发速率低，因此甲醇扩散燃烧速率相对柴油低。在扩散燃烧的工程应用中，必须采取有利于甲醇汽化的措施，促进甲醇液滴的蒸发，例如进气加热、燃烧室绝热以及 EGR 等技术方案。

5. 着火极限

着火极限是指燃油与空气形成的混合气可以着火的最低浓度（着火下限）和最大浓度（着火上限）之间的范围。浓度是指混合气中燃料与空气的容积比（%），如表 1-1 所示，显然，甲醇绝对值范围是最大的。这表明，甲醇能在较为稀薄的混合气状态下着火燃烧，而不易因为空燃比控制不精确导致失火现象发生。

甲醇含氧量高，当混合气过浓时，可以形成自供氧燃烧，因此甲醇的着火极限比汽油宽。同时甲醇还能在较稀的混合气工况下燃烧，较为容易形成稀燃的工况，对于净化排放以及降低能耗有利。再考虑到甲醇汽化潜热大而使得它可以提高充气系数，以及火焰传播速度快等特点，甲醇可以稀薄燃烧的基础就形成了。

1.1.3　甲醇的不良因素

显然，甲醇作为燃料在车辆上使用，人们对其可能产生各种危害的程度有着不同的认识。而那些夸大的认识，特别是对其毒性和安全性的夸大认识成为甲醇燃料推广的障碍之一。

1. 甲醇的毒性

甲醇对人体健康毒害的程度及引起的症状与其侵入方式和摄入量有关。侵入方式有两种：一种是主动地吞服；一种是被动地接触。与甲醇的接触主要发生在甲醇的生产、运输和使用等环节，蒸发或泄漏的甲醇与人的皮肤或呼吸道产生接触。

人处于甲醇体积分数为 100×10^{-6}g 的环境中就会头痛、眼球发炎；当甲醇体积分数达到 2000×10^{-6}g 时，人可以闻到臭味；当甲醇体积分数达到 5000×10^{-6}g 时，人会觉得困倦、昏麻，时间久了，就相当于深度麻醉，超过 1h 会导致死亡。甲醇具有特别的臭味，一般人们不会吞服它，因为它是一种燃料而不是饮料；但在具有一定甲醇浓度的环境中，人们通常不容易觉察，长时间吸入甲醇蒸气也是有害的；直接的接触，如在眼睛或皮肤上飞溅上甲醇，都会产生损伤，必须注意应立即清洗。表 1-4 是允许暴露的甲醇浓度标准。

表 1-4　一次暴露甲醇的允许浓度

暴露时间	1h	8h	24h	5×8h	168h	30d	60d	90d
允许浓度 /10^{-6}g	1000	500	200	200	50	10	5	3

表 1-5 和表 1-6 是甲醇与汽油等其他燃料的毒性程度比较，而与甲醇相应的健康及环境标准，可参阅相关国家标准和法规。

表 1-5　甲醇与汽油毒性的一般比较

比较内容	甲醇	汽油
轻微的毒性	对黏液膜、呼吸系统以及眼睛有刺激，步态不稳，腹痛，视觉模糊	如同醉酒状，头晕、呕吐，剧烈的咳嗽
严重的毒性	较强烈的疾病感觉，头痛、头晕、眼花，呼吸不畅，视力减弱，完全失明	抽筋，失去思维，心衰，死亡
慢性的毒性	患肺病，视力衰竭	四肢及关节疼痛，忧虑及抑郁状态，神经不正常，贫血病，肺出血

表 1-6　毒性比较评价

类型	眼睛接触	吞服	皮肤渗透	皮肤刺激	呼吸
汽油	2	3	3	1	2
甲醇	2	2	2	1	1
乙醇	2	1	1	1	1
甲醛	4	3	4	4	3

甲醇在常温下是无色有轻微醇气味的液体。它不仅作为化工原料和溶剂在工厂被广泛使用，同时也大量地存在于消费产品中，比如许多汽车拥有者熟悉的蓝色风窗玻璃洗涤液的主要成分就是甲醇；甲醇还可以作为除冻剂、防冻液，甚至烹饪的燃料，这意味着几乎每个家庭都在使用甲醇。即使需要警觉，普通大众使用甲醇通常也不存在多么大的问题。

当甲醇作为汽车燃料被广泛使用时，人们暴露于甲醇环境下的时间可能增多，从而增加了公众的担心。实际上，我国从 2012 年开始在一批省市进行甲醇车辆的批量试点应用，包括乘用车、客车和重型载货车辆，历时五年时间。其中一项重要内容就是评价甲醇对加注站员工以及车辆驾驶人员的健康安全影响。2017—2018 年这项工作完成了全部试点的验收工作，结果表明健康安全指标符合国家相关标准要求，具备了推广应用条件。

2. 甲醇的安全性

甲醇的安全性主要是指爆炸和火灾等对人身安全以及生态环境的影响。

运输和使用甲醇是不允许发生意外着火或爆炸的。与化石燃料相比，甲醇的挥发性低及自燃温度高等理化性质降低了意外着火的可能性，即使燃烧起来，在大气中的燃烧速度及释放能量的速度都要低很多。即使在碰撞的条件下，由于甲醇的理化性质，它引发起火和爆炸的可能性要比其他汽车燃料低很多。表 1-7 所列是美国能源部对几种发动机燃料安全危害性的比较，1 代表危害低，7 代表危害高。

表 1-7 几种发动机燃料安全危害性的比较

比较项目	汽油	柴油	甲醇	液化石油气
渗漏	3	1	2	5
蒸发	3	1	2	4
释放到环境中	5	6	3	4
释放到室内	2	1	4	3
自燃	6	5	4	3
火花点燃	2	1	—	3
可燃性	2	1	5	3
突发爆炸	5	6	1	2
火焰的热辐射	6	7	1	5
对健康的影响	7	5	6	4

在水中，甲醇的生物降解过程要比原油或者汽油迅速得多。甲醇燃料在水中的滞留时间以小时单位计算，而原油、汽油和柴油的滞留时间则以年单位计算。从这一点分析，甲醇泄漏对环境的危害比石油及其成品泄漏要轻得多。

在土壤中溢流甲醇时，真菌和细菌表现出较大的容忍性。有资料表明，当土壤中甲醇达到饱和状态，一个星期以后，在 10 ~ 30cm 深度处 50% 以上的真菌能恢复活性，三个星期以后 90% 能恢复活性。细菌的活性也恢复得较快，而柴油和汽油等燃料只有极少的活性恢复。

3. 甲醇的腐蚀性

甲醇因含有羟基（-OH）而有极性，与水相溶，有一些金属因与甲醇较长时间的接触而被腐蚀，表现为生锈或损坏；液态甲醇渗入零部件表面的润滑油膜，还将致使机械磨损增加。另一方面，甲醇作为燃料在发动机中燃烧，产生的部分酸性物质也对金属有腐蚀作用，而甲醇的电导率较高也促进了电化学腐蚀。这些对部分金属的腐蚀性，反映到橡胶件上就表现为溶胀现象，久而久之就会出现橡胶件的损坏。克服甲醇的腐蚀性带来的发动机可靠性降低开发困难，是重大的技术挑战。

1.2 甲醇原料和燃料

1.2.1 甲醇生产

生产甲醇的原料来源非常广泛，主要原因有三个方面：甲醇含有丰富的甲基和羟基，这两种物质地球上几乎无处不在；甲醇化学结构简单，很容易通过各种含碳材料来合成；甲醇典型的来源包括天然气、煤炭，以及木材废料、生物质和部分城市垃圾等，凡是可以得到 CO_2 和 H_2 的原料都可以合成甲醇，如图 1-2 所示。

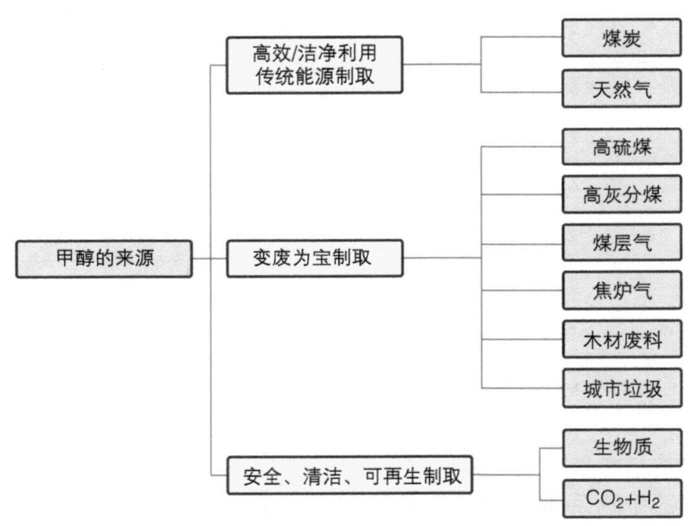

图 1-2　甲醇的来源

1）从煤炭制取甲醇。我国煤炭资源丰富，更重要的是可以充分利用褐煤廉价的优势，进一步降低产品成本。从煤炭中制取甲醇有直接液化法和间接液化法两种。直接液化法就是将气态的氢输向煤炭，使煤受到氢化裂解作用而生产出甲醇，这一过程要在 450 ~ 475℃高温及 10 ~ 20MPa 高压下进行，成本高、能耗大。比较常用的方法是间接液化法，其工艺流程如图 1-3 所示。

2）从天然气或焦炉气制取甲醇。在众多的甲醇制备原料中，从 20 世纪 50 年代起天然气逐步地成为合成甲醇的主要原料。而用焦炉气制甲醇与天然气的主要区别在于有一个深净化工序，使焦炉气净化成高纯度的甲烷。有多种工艺路线，典型的天然气制甲醇工艺流程如图 1-4 所示。

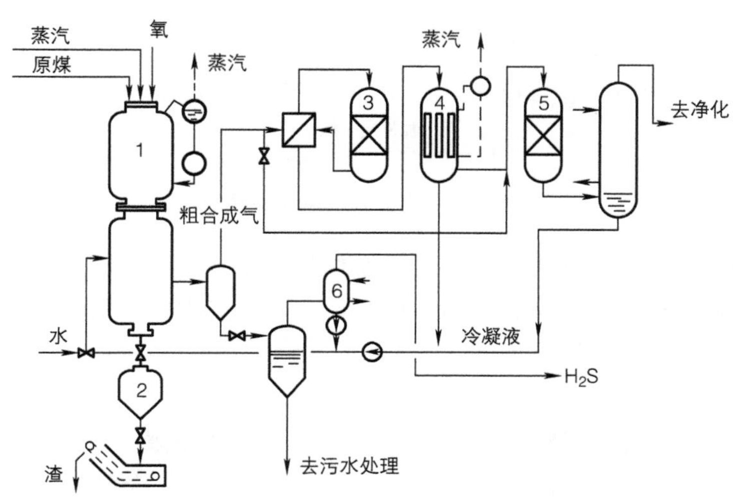

图 1-3　煤制甲醇工艺流程图

1—汽化炉　2—碎渣罐　3—变换炉　4—变换废锅　5—水解器　6—冷却器

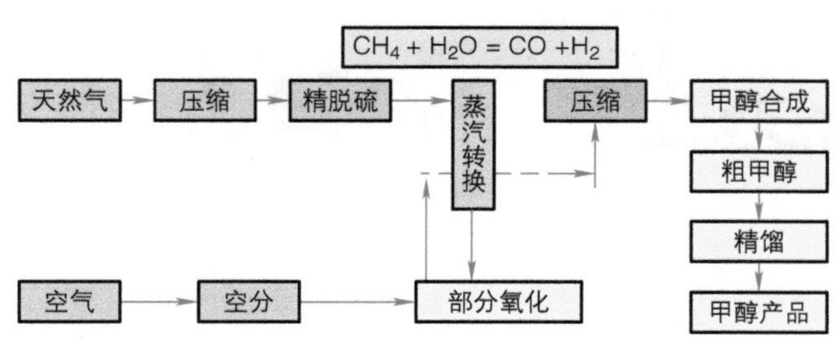

图 1-4　天然气制甲醇工艺流程图

3）捕获大气中的 CO_2 制取甲醇。自然界中的树木、植物和庄稼等在光合作用过程中，通过从空气中捕获 CO_2 来充实和复制自己。实际上，早在 20 世纪初期化学家们就已经知道如何利用 CO_2 和 H_2 生产甲醇：

$$CO_2 + 3H_2 \xrightarrow{\text{催化剂}} CH_3OH + H_2O$$

而 CO_2 除从大气中捕获外，还可以从燃烧化石燃料的发电厂、水泥厂、炼铝厂、发酵装置以及其他工业装置的排气中相对容易地收集并提纯出来，显然这一技术的大规模使用必将对改善地球的温室效应起到积极的作用。获取氢气最直接的途径是从水中得到，类似于 CO_2，在化工生产过程中也有大量的富产氢气可以收集利用。如图 1-5 所示，利用 CO_2 制备甲醇过程较为容易实现，也是 CO_2 资源化利用的重要方向。

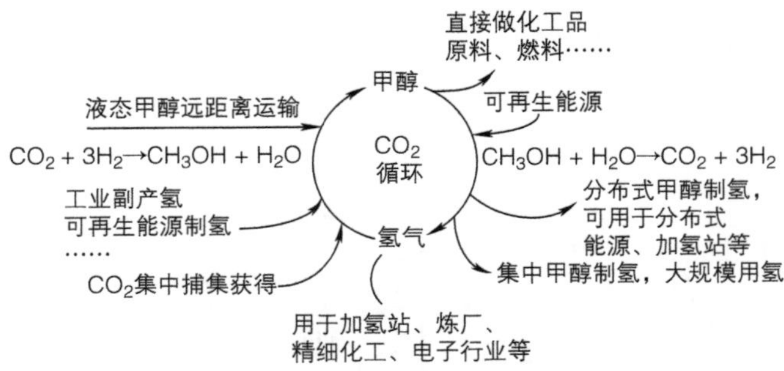

图 1-5　CO_2 制甲醇循环图

从高碳能源到低碳能源的转变，再到能源的无碳时代，甲醇扮演着重要的角色，将成为引领绿色能源时代的重要成员，如图 1-6 所示。甲醇有望成为真正的绿色、循环、可再生的清洁能源。

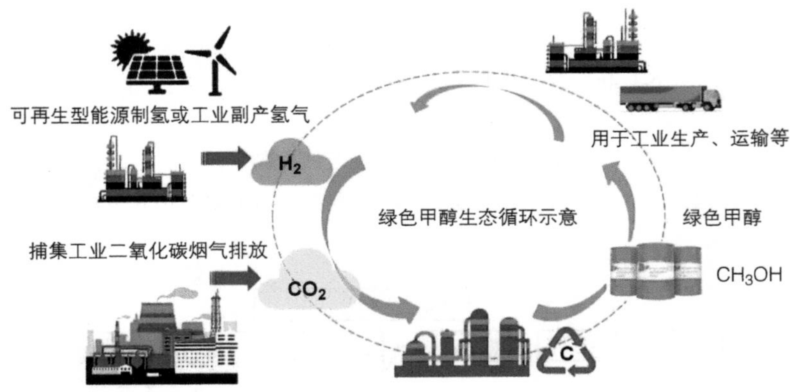

图 1-6　CO_2 制甲醇实现低碳循环图

1.2.2　甲醇原料

甲醇是重要的化工原料，同时也可以作为燃料使用，但到目前为止主要是作为化工原料，图 1-7 所示为其衍生化学品的一部分。

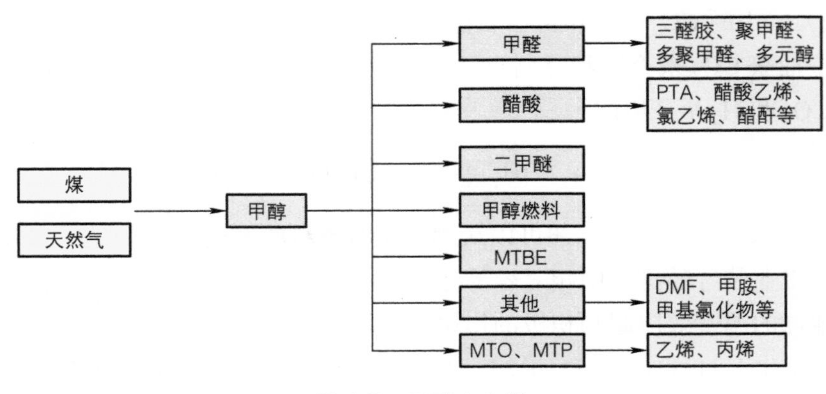

图 1-7　甲醇产业链

由于可以从空气中提取 CO_2 与自然界水合成甲醇，因此减少人类对化石能源的依赖，从而形成一个由人类参与的、自然界的天然循环。这个事业的可行性已经在技术上得到证明，如冰岛的示范项目、我国李灿院士在兰州的示范项目等。从这个意义说，诺贝尔奖获得者乔治・A. 奥拉提出甲醇经济，而中国科学家据此提出的液态阳光经济就有了现实的基础。这样的甲醇经济非常有必要考虑并实现从 CO_2 中制取甲醇的途径以及使甲醇从原料变成燃料的途径。

全球最主要的甲醇生产地区为东北亚、中东、东南亚和北美，中国、沙特阿拉伯、特立尼达和多巴哥、俄罗斯、伊朗是排名前 5 的甲醇生产国，如图 1-8 所示。

随着技术的进步和节能减排压力的不断加大，汽车用甲醇燃料的市场也会逐渐发展起来，甲醇的产能将进一步扩大。2018 年和 2019 年，全球甲醇产能虽然有 5.12% 和 3.79% 的增速，但是仍有新产能压力。未来新产能将主要集中在中东和北美地区。

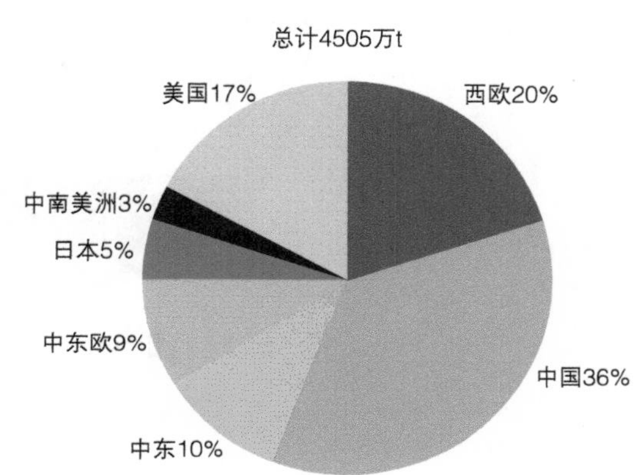

图 1-8　世界甲醇分布情况

北美、南美以及中东地区多采用天然气为原料制作甲醇，而中国多采用煤炭为原料，原料构成和价格的差异造成中国甲醇成本整体高于国外。通过对比美国天然气制甲醇以及中国西北天然气、煤制甲醇的成本可以发现，中国天然气制甲醇的成本几乎是美国天然气制甲醇的 2 倍；中国的煤制甲醇成本比天然气制甲醇成本低，主要是由于中国煤炭资源丰富、天然气资源较少，这种情况在冬季尤为明显。

未来全球新增的甲醇产能均为低成本甲醇，对中国市场来说，由于国外甲醇成本较低，同时天然气制甲醇质量相比煤制甲醇杂质相对少，因此更受下游客户欢迎。另一方面，对于燃料运输来讲，甲醇要比天然气容易，运输成本也有所降低。

全球甲醇主要产能的分布及变化情况如图 1-9 所示。

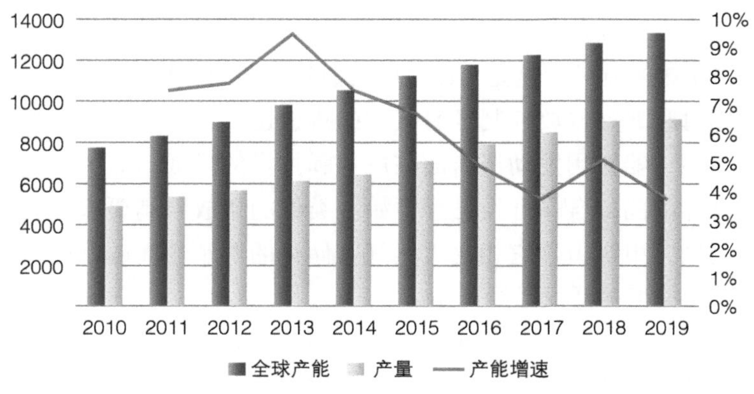

图 1-9　全球甲醇产能变化情况（单位：万 t）

中国是甲醇生产大国，占世界甲醇产能的55%以上，中国甲醇产能的分布如图1-10所示，其中陕西及其周边占中国甲醇产能的50%。同样，中国也是甲醇的消费大国，2018年以来年均进口甲醇复合增速达15%以上。

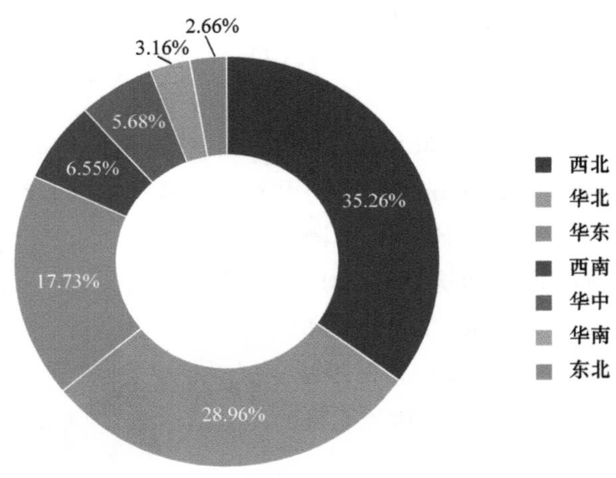

图1-10 中国甲醇产能分布情况

1.2.3 甲醇燃料

甲醇作为燃料使用人们已经有了广泛和成功的尝试，如日常生活中的灶具、取暖用的锅炉、水路中的船舶、道路中的车辆。

甲醇能够作为灶具燃料被使用，主要是因为它的清洁环保特征，以及相对易于储存和成本较低，特别是在经营性餐饮行业具有一定的优势。由于节能减排和降低成本的压力，工业和取暖用锅炉采用甲醇燃料，也在逐渐得到公众的认可并不断地扩大着推广范围。

2016年，国际海事组织（IMO）海上环境委员会（MEPC）宣布已经建立了波罗的海和北海两个未来的氮氧化合物排放控制区（NECA），并在2021年1月1日起强制实行。这是继2016年1月1日建立的加勒比海和北美氮氧化合物排放控制区后的第二批强制实施的排放控制区。这四大排放控制区大幅度降低了氮氧化合物的排放限值。同时这四大排放控制区也是硫化物排放控制区，这是1997年通过的《国际防止船舶造成污染公约》中议定的内容。而加勒比海和北海排放控制区对碳烟的排放也提出了要求。显然，这样的排放控制区域将会不断增多，船舶用发动机将面临成本和技术的挑战，而甲醇作为清洁燃料是一个很好的选择，世界范围的合作开发已经开始。类似的排放限制要求在我国的内河、内湖等也越来越严格起来，甲醇由于它相比天然气有储存的便利性而越来越受到重视，国内主流船舶用发动机厂相关工程开发已经开始。

甲醇燃料最广泛的应用将发生在车辆方面，包括道路车辆和非道路车辆，因为车辆是我国节能减排和调整能源结构的重点领域。从2012年开始，我国在五省一市进行甲醇车辆的批量试点应用，包括乘用车、客车和重型载货车辆，历时五年时间；先后在晋中、长治、上海、西安、宝鸡、榆林、汉中、兰州、平凉、贵阳等 10 个省市开展甲醇汽车试点工作；全面系统地评估了甲醇汽车适用性、可靠性、经济性、安全性、环保性等，取得了积极而有效的结论；形成了一系列重要的正面成果，包括在技术、安全、环保、设施、储运等多个环节所涉及的标准、法规、政策等方面形成了初步体系。国家批准自 2019 年起，在全国重点区域进行甲醇燃料在道路车辆和非道路车辆领域的应用推广。这样，甲醇就从重要的化工原料，正式地被确认并增加了车用燃料这一属性，这是我国能源战略结构调整的重大成果。

特别是对于占车辆污染物排放总量 85% 以上的重型运载车辆，我国将积极支持甲醇燃料在这一领域推广应用。在《道路机动车辆生产企业及产品公告》管理中，对包括重型车在内的甲醇车辆放开区域限制；鼓励和支持地方政府及相关企业，重点在国家基础设施建设如高铁、港口、机场等领域，以及资源类开采如露天矿产、盐田等领域，优先选择使用重型甲醇商用车，加大推广应用力度；支持企业提升甲醇汽车制造能力，开发甲醇商用车等多种车型产品，以满足市场需求；加快制定重型甲醇汽车燃料消耗量及污染物排放限值及测量方法等技术标准，完善标准化支撑。

甲醇从化工原料变成车用燃料必须针对发动机的要求，对自身做出改变，解决因自身的理化特征而带来的区别于传统化石燃料问题，例如腐蚀、低温冷起动、润滑油乳化等问题。另一方面，不能期待用添加剂根治这些问题，因为这可能会带来新的问题，例如增加了喷嘴堵塞的倾向。所以，使用了甲醇燃料的发动机自身各相关部分也必须做出相应的改变，只有甲醇燃料与发动机两个方面共同努力才能最终解决问题，这也就预示着必须开发专用的、适合于甲醇燃料的发动机及涉醇零部件。

车用甲醇燃料有多种使用组分，例如 M15、M85 以及 M100 等，本书所论述的是指使用甲醇 M100 作为单一燃料的甲醇汽车或发动机。甲醇与天然气，或者甲醇与柴油的混合燃烧不在本书讨论之内。

本书所述发动机主要是指重型甲醇发动机（主要是区别于乘用车所用发动机而言）。重型甲醇发动机主要用于作为生产资料的商用车，因为其排量与乘用车有数量级的差别，使用工况也大有不同，可靠性和耐久性甚于苛刻，因此技术上要比乘用车用发动机复杂很多，这也是本书的论述重点在重型甲醇发动机的原因。

1.2.4　甲醇汽车标准体系

1. 甲醇燃料标准

甲醇从重要的化工原料转为车用燃料时，对其性能的要求发生了重大变化。在工业用甲醇标准中没有出现的指标，在车用燃料中可能会变得十分重要，而工业甲醇标准中的某些内容则可能会从燃料标准中去除。

甲醇的挥发性和易燃性使其具备了作为燃料的基本条件，其为液体则说明甲醇具有储存、运输和携带的便利性。由于甲醇在理化性能上与汽油接近，其基础设施、应用设备以及安全管理等方面都与汽油相同或相近。作为比较，表 1-8 列出了工业用甲醇的技术要求，表 1-9 为车用甲醇的技术要求，其标准分别为 GB/T 338—2011 和 GB/T 23510—2009。其中车用燃料甲醇是指专供汽车燃料使用的甲醇或调配甲醇汽油使用的甲醇。

表 1-8　工业用甲醇技术要求

项目	指标		
	优等品	一等品	合格品
色度 /[Hazen 单位（铂・钴色号）] ≤	5		10
密度（ρ_{20}）/（g/cm^3）	0.791 ~ 0.792	0.791 ~ 0.793	
沸程 [0℃，101.3kPa，在 64.0 ~ 65.5℃]/℃ ≤	0.8	1.0	1.5
高锰酸钾试验 /min	50	30	20
水混溶性试验	通过（1+3）	通过（1+9）	—
水的质量分数（%）≤	0.10	0.15	—
酸的质量分数（以 HCOOH 计，%）≤ 或碱的质量分数（以 NH_3 计，%）≤	0.0015 0.0002	0.0030 0.0008	0.0050 0.0015
羟基物质量分数（以 HCHO 计，%）≤	0.002	0.005	0.010
蒸发残渣的质量分数（%）≤	0.001	0.003	0.005
硫酸洗涤试验 [Hazen 单位（铂・钴色号）] ≤	50		—
乙醇的质量分数（%）≤	供需双方协商		—

表 1-9　车用 M100 甲醇燃料技术条件

项目	指标
外观	无色透明体，无可见杂质
甲醇的质量分数（%）≥	99.5
密度（ρ_{20}）/（g/cm^3）	0.791 ~ 0.793
沸程 /℃≤	1.0
水的质量分数（%）≤	0.2
碱的质量分数（mgKOH/g）	0.012 ~ 0.018
有机氯的质量分数 /10^{-6} ≤	1
无机氯的质量分数 /10^{-6} ≤	1
钠的质量分数 /10^{-6} ≤	2
铁的质量分数 /10^{-6} ≤	5
润滑性能（磨斑直径）/μm ≤	430
清洁度（颗粒分布）/ 级≤	8
蒸发残渣的质量分数（%）≤	0.003

注：表中数据来源于 GB/T 23510—2009，并参考了 Q/JLY J7110916B—2016。

与传统燃料如汽油、柴油的相关标准相比较，甲醇燃料的标准体系还在形成过程之中，M100 甲醇燃料本身也有待完善，特别是对于抑制腐蚀、抑制机油乳化等添加剂的具体要求还在摸索、实践之中。

德国大众汽车公司认为需要考虑甲醇发动机的低温冷起动等性能，建议车用甲醇燃料中，甲醇的最小体积分数为 82%，其余为烃类燃料、丁烷及高级醇等，并将蒸气压及含水量分别控制在一定的范围内，这种车用甲醇燃料实际上可称之为准甲醇燃料。该建议在 20 世纪 80 年代提出，见表 1-10，但没有为我国产业界所采纳。

表 1-10 大众汽车车用 M100 甲醇燃料的规范建议

项目	夏季	冬季
甲醇体积分数（%）	（最小）82	（最大）13
烃类燃料体积分数（%）	（最小）10	（最大）2.5
丁烷 C_4 体积分数（%）	（最小）1.5	—
高级醇体积分数（%）	（最大）5	—
密度（15℃）/（g/cm^3）	0.77 ~ 0.79	—
蒸气压 RVP/100Pa	500 ~ 700	750 ~ 900
含水量 /（μL/L）	（最小）2000	（最大）5000
甲酸 /（μL/L）	（最大）5	—
蒸发残渣 /（mg/L）	（最大）50	—
氯 /（μL/L）	（最大）5	—
添加剂（%）	（最大）1	—
总酸量 /（μL/L）	（最大）20	—

国家已经发布的有关车用甲醇燃料的相关标准，主要还是为了规范甲醇推广和应用初期的企业行为，因此都是推荐性的，包括：

GB/T 23510—2009《车用燃料甲醇》

GB/T 23799—2021《车用甲醇汽油（M85）》

GB/T 31776—2015《车用甲醇汽油中甲醇含量检测方法》

GB/T 34548—2017《车用甲醇汽油添加剂》

随着最近几年甲醇汽车越来越多地在市场上进行推广应用，如上标准的修订已正式纳入了相关部门的规划，在不断的完善和充实之中。

作为车用甲醇燃料相关标准的一部分，还应包括甲醇加注机、甲醇站以及甲醇储运等相关内容。这些装备不是甲醇汽车的一部分，但它属于甲醇汽车产业链中所必需的基础设施。

2. 甲醇汽车技术标准体系

与甲醇燃料相适应的整车和发动机相关标准和法规，远未完善。甲醇汽车的技术标准体系如图 1-11 所示。

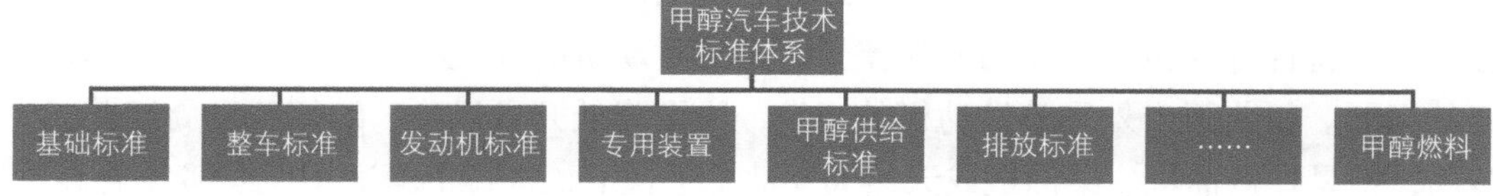

图 1-11 甲醇汽车技术标准体系

而排放标准和基础设施标准最为迫切。排放标准方面，因其点燃式特征，可以参考汽油或天然气的相关内容，例如常规排放和 OBD 诊断；基础设施方面，可以参考贵阳等省市已经施行的地方标准。而与汽车自身性能或技术条件相关的标准，则必须考虑甲醇的理化特性，依据汽车的具体要求进行制定。甲醇汽车技术标准体系列表见表 1-11。

表 1-11　甲醇汽车技术标准体系列表

分类	明细	备注
基础性标准	相关术语定义、标志、符号	可并入整车
燃料相关标准	甲醇燃料、添加剂等	
环保相关标准	甲醇汽车蒸发排放试验方法及限值	
	甲醇汽车尾气排放试验方法及限值	
整车节能标准	甲醇汽车燃料消耗量试验方法及限值	
整车碰撞安全	甲醇汽车碰撞要求	
整车性能及技术条件	甲醇燃料汽车技术条件	
	甲醇燃料汽车专用装置安装要求	可并入整车
	低温、起动、耐久性、可靠性等性能要求	可并入整车
发动机	甲醇燃料（M100）发动机技术条件	
	甲醇 / 柴油（M100）双燃料发动机技术条件	
	甲醇发动机燃料喷嘴技术条件及试验方法	
	……	
甲醇燃料系统	甲醇汽车专用装置（燃料系统）技术条件	
	甲醇汽车燃料泵技术条件及试验方法	可并入燃料系统
	甲醇汽车用滤清器技术条件及试验方法	可并入燃料系统
	专用催化转化器	可并入燃料系统
	甲醇箱、甲醇汽车加注口等	
	……	
加注机	甲醇燃料专用加注机	
基础设施相关	储运、加注等技术要求	

1.3 甲醇发动机主要特征

甲醇作为车用发动机的燃料，其原料来源丰富，目前在技术、成本和工程化等方面已经达到在汽车上的实用阶段，被公认为理想的清洁能源。但是鉴于甲醇的理化特性、燃烧特性和排放特性等与传统燃料的明显差异，甲醇发动机的开发必然需要特殊的技术来解决特定的问题。目前国内外甲醇发动机的开发，为了降低开发风险、缩短开发周期并减少开发费用，多是在汽油机、柴油机或天然气发动机平台上，进行甲醇适用性或部分全新开发。主要涉及的工作内容包括发动机本体的适应性开发，以及电控系统、进气系统、燃料供给系统、排气系统、燃烧系统、冷却和润滑系统等的全新开发或优化，其中对甲醇的关键技术如腐蚀性设计、燃烧技术、排放技术、低温起动、可靠性等进行重点攻关。

1.3.1 甲醇发动机主要特征

1. 腐蚀和磨损

甲醇发动机腐蚀与磨损问题的源头包括两个方面：一是甲醇本身；二是甲醇的燃烧产物。

甲醇的理化特性和清洁度、纯度、含水量、酸碱度、金属和非金属元素浓度以及氯元素的浓度对甲醇燃料供给系统零部件和发动机内部的磨损有重要影响。甲醇的清洁度不仅直接影响甲醇滤清器的寿命，也间接影响甲醇泵和甲醇喷油器内部运动件的磨损，还会影响发动机的动力表现。甲醇中酸碱度超标或氯元素含量超标（1L 中超过 10^{-6}），会导致涉醇金属件发生点蚀和严重腐蚀，从而导致功能失效。甲醇中金属和非金属元素超标（1L 中超过 1×10^{-6}），会导致燃烧室中沉积物过多，从而使缸套发生严重磨损。

甲醇的燃烧产物中含有甲酸、大量水蒸气、少量甲醇，燃烧产物首先直接腐蚀缸套和活塞环，其次会进一步腐蚀排气系统零部件。由于 EGR 系统和闭式曲通系统的采用，甲醇燃烧产物也腐蚀系统自身零部件。同时，甲醇燃烧产物影响活塞和缸套的设计，其燃烧质量对机油的品质也有着严重影响，而机油品质的下降又直接影响发动机内部运动件的腐蚀与磨损。

由以上可知，甲醇汽车的腐蚀与磨损问题涉及甲醇燃料供给系统、进排气系统、燃烧系统、EGR 系统、闭式曲通系统、机油润滑系统。

清楚了甲醇发动机腐蚀与磨损问题的根源，其相应对策有三个方面：一是提升甲醇品质，参照汽油燃料的开发历程，开发出真正适合车用的甲醇燃料；二是深入研究甲醇发动机的燃烧，研究清楚甲醇发动机的燃烧机理，从理论上指导甲醇发动机的正向开发设计，降低开发成本和缩短开发周期；三是研发新材料和新工艺，跨行业、跨学科开展耐腐蚀磨损材料研究，开发出新材料和新工艺，提升涉醇件自身抗腐蚀与磨损的能力。

2. 低温冷起动

在发动机输出同样功率时，根据等热值要求，燃烧甲醇量是汽油的 2.2 倍，而甲醇汽化潜热是汽油的 3.6 倍，因此燃用甲醇使混合气中燃料全部汽化，所需的热量约是汽油的 8 倍。甲醇高的汽化潜热及低的蒸气压，导致发动机燃烧室中的甲醇燃料和空气混合气难以达到着火燃烧的浓度，这是导致发动机低温起动困难的重要原因。

甲醇发动机的大量低温起动试验研究表明，在不采取起动措施的情况下，当环境温度为 15℃以下时，发动机起动已经非常困难。考虑低温起动的难点和原因，改善发动机低温起动的措施可以采用改变燃料组分、进气加热、燃料加热以及辅助燃料起动（例如汽油）等措施。

3. 甲醇发动机燃烧机理

作为发动机燃料，甲醇的理论空燃比与传统燃料有着差异，其燃烧机理的研究远比不上汽油、柴油和天然气等充分。

甲醇与汽油及柴油相比，着火温度高，具有较高的辛烷值和抗爆性，而十六烷值很低，因此决定了其点燃方式的差异。无论是采用汽油机一样的火花塞点燃式燃烧方式，还是采样柴油机一样的压燃式燃烧方式，都需要对甲醇发动机的点火提前角、滞燃期、后燃烧、燃烧产物重新研究和标定。

甲醇的着火极限比汽油、柴油宽，甲醇能够在较稀的混合气下工作，而且不易因空燃比控制不精确而导致失火。甲醇燃料发动机更有利于采取稀薄燃烧的工作方式，同时发动机火焰传播速度和缸内燃烧速率也比汽油高。这些对降低发动机的热负荷、降低油耗、优化排放和提高发动机的热效率等方面有利。

甲醇燃料汽化潜热大，一方面造成甲醇喷雾蒸发困难，容易造成各缸均匀性差，着火滞燃期长，起动困难；另一方面可以提高发动机的充气系数，降低缸内温度，降低燃烧温度和排气温度。

4. 其他系统

由于以上几个方面的原因，在甲醇发动机的燃烧系统开发过程中，需要在下述几个方面进行研究。

1）进气系统。研究各缸的进气均匀性，为各缸工作一致性、减少爆燃、提升发动机的动力打好基础。

2）供油系统。提升喷射压力，提高甲醇蒸发水平，减少甲醇的湿壁，促进甲醇和空气更好的混合。

3）EGR 系统。改善各缸的 EGR 均匀性，控制各缸的燃烧速度，降低热负荷和发动机的 NO_x 排放。

4）缸内混合。通过进气道的滚流效果，结合活塞燃烧室的形状，促进缸内混合气的流动，保证火花塞有效地点燃混合气，这涉及缸盖的设计和开发。

5. 排放特性

甲醇只有一个 C 原子，没有 C-C 键，含有 50% 的氧质量，燃烧更充分、更完全。甲醇发动机的常规排放物相对传统燃料包括 CO、HC、NO_x 都有不同限度的减少。国际能源机构发布的《甲醇和新能源经济》研究表明，甲醇燃料汽车与传统燃料汽车相比，在常规排放污染物方面，不但烟度实现了零排放，CO、HC 和 NO_x 等气体污染物排放量也都大幅下降，见表 1-12。

甲醇发动机除常规排放污染物外，非常规污染物也备受关注。甲醇燃料汽车相比传统燃料汽车，苯、1，3- 丁二烯可以实现零排放，排放量方面也有很大的优势，是名副其实的清洁燃料，见表 1-13。甲醇燃料汽车的大部分醛类排放物是未燃烧的醇在排气管中，在适当的含氧浓度及温度下继续反应而生成的。

表 1-12　各种汽车燃料常规排放平均值　（单位：g/km）

测试项目	二甲醚（DME）	甲醇 M100	天然气（CNG）	石油气（LPG）	柴油	汽油（有净化器）	汽油（无净化器）
CO	0.12	0.34	0.40	0.89	0.24	1.47	8.96
HC	0.04	0.04	0.41	0.12	0.10	0.09	1.27
NO_x	0.03	0.10	0.13	0.16	0.67	0.32	2.64
总排放量	0.19	0.48	0.94	1.17	1.01	1.88	12.87
定性分析	很少	较少	较多	较多	较多	较多	最多

表 1-13　各种汽车燃料非常规排放量比较　（单位：g/km）

项目名称	氢（H_2）	甲醇 M100	甲醇 M85	天然气（CNG）	石油气（LPG）	柴油	汽油（有净化器）	汽油（无净化器）
苯	0	0	1.5	0.6	< 0.5	1.5	4.7	55
1,3- 丁二烯	0	0	< 0.5	< 0.5	< 0.5	1.0	0.6	1.8
甲醛	0	5.8	5.8	< 2.0	< 2.0	12	2.5	43

随着排放法规越来越严格，甲醇作为一种清洁燃料，其燃烧清洁性越来越受到发动机主机厂的青睐。我国对 M100 甲醇发动机有深入的研究，特别在商用发动机领域也有所发展。以我国开发的 11L 排量的 M100 和 13L 排量的 M100 两款发动机为例，常规排放污染物水平不仅能比较容易地满足现行的国六 b 排放法规要求，在非常规排放方面也能满足甲醛、未燃甲醇等的限值要求。

相对汽油和柴油发动机，甲醇发动机为满足严格的排放法规而采用的技术路线更简单、容易一些，后处理成本也有优势。以典型的 13L 重型发动机实现 GB 17691—2018 第 VI 阶段排放为例：柴油机采用 CR+EGR+DOC+DPF+SCR+ASC 技术路线，约占发动机总成本的 1/3；CNG 发动机采用单点预混 +EGR+TWG 路线，后处理的贵金属含量一般为 30 ~ 120g；重型甲醇燃料发动机，采用多点顺序喷射 + 理论空燃比 +EGR（水冷）+TWG 技术路线，后处理贵金属含量一般为 12 ~ 25g。

6. 点火特性

M100 甲醇发动机采用火花塞点燃式工作模式，和汽油机（奥托循环）类似，但是由于燃料特性不一样，因此需要对点火系统重新匹配研发。理论混合气的着火燃烧性质见表 1-14。

表 1-14　理论混合气的着火燃烧性质

燃料	混合气热值 /（MJ/kg）	最小点火能量 /MJ	涡流火焰速度 /（cm/s）	可燃极限（A/F）
甲醇	3.07	14	52	0.5 ~ 2.94
汽油	2.99	21	35 ~ 45	0.7 ~ 2.5

甲醇混合气的热值稍高，最小点火能量小，可燃极限宽，稀燃能力强，层流火焰速度

快，这对燃烧组织有利。但是另一方面，甲醇的汽化潜热大、缸内工质温度低、混合气不均匀，要在高压缩比极强的充量运动下组织可靠的着火及稳定的燃烧过程并不容易。考虑到甲醇发动机对点火能量、火花塞电极的温度极限以及缸内燃烧温度等因素的要求，对点火系统需要进行区别于汽油机和燃气机的重新匹配研究。

7. 电控系统

甲醇发动机采用点燃式燃烧方式，发动机热效率的高低直接受其爆燃的限制。为了抑制爆燃，提高发动机功率，需要对发动机燃烧影响比较大的点火提前角、压缩比、EGR 率和米勒循环四个因素进行优化和标定，开发出适合于甲醇燃料发动机的电控系统，并对部分电控零部件重新开发或选型匹配，如对 ECU、线束，火花塞、电子节气门等零件进行开发，优化发动机本体的常规排放和非常规排放。主要内容与传统能源一致，细节上有很多差异，这将在后续相关章节给予叙述。

1.3.2 甲醇发动机分类与重型甲醇发动机

对于甲醇发动机的开发，有的从奥托循环燃烧的点燃式（如汽油机、燃气机）平台上开发，有的从压燃式（如柴油机）平台上开发。由于燃料及搭载车型不同，对发动机的动力性、经济性、排放以及可靠性寿命等要求差异很大，开发的目标设定也就不同，因此有必要对甲醇发动机进行分类研究。本节从燃料、用途、燃烧方式等方面进行分类阐述。

1. 甲醇发动机的分类

（1）按甲醇燃料比例分类　燃料比例是指车用甲醇燃料在车用燃料中所占的体积比例。为了更好地研究燃料对发动机的影响，包括系统的要求、工程设计的要求以及运行成本的差异，甲醇燃料分为低比例甲醇汽油（甲醇体积分数小于 30%）、中比例甲醇汽油（体积分数大于 30% 而小于 70%）、高比例甲醇汽油。

低比例甲醇汽油主要有 M15 和 M25。之所以对甲醇汽油进行如此划分，是基于以下考虑。当甲醇体积分数低于 30% 时，甲醇汽油中氧体积分数不超过 15%，以目前汽油发动机供油的调节能力，可以将过量空气系数 λ 调整在国家标准所要求的 $\lambda=1\pm0.03$ 以内，能够确保发动机的燃烧及工作状态不发生变化，做到燃料适用汽车，发动机不需要进行任何改装，易被用户接受，推广方便。

对于中比例甲醇汽油，因为甲醇体积分数大于 30%，发动机的燃料供给系统已经无法调整过量空气系数 λ 在国家标准要求的排放范围之内，需要汽车安装灵活燃料控制器。另一方面，中比例甲醇汽油互溶性能最差，需要大量使用助溶剂，增加了燃料成本，因此没有竞争优势。

高比例甲醇燃料主要有 M85 和 M100，燃料成本低，发动机在使用中经济效益明显，市场潜力大。

（2）按照车用发动机的用途分类　按照发动机搭载不同的整车分类，甲醇发动机分为轻型发动机和重型发动机。用途不一样，发动机的动力性、经济性、可靠性、耐久寿命以及排放标准等要求差异就很大。参照轻型柴油机和重型柴油机的分类标准，甲醇发动机基本可以进行如下分类。

1）轻型甲醇发动机：装用总质量不大于 3500kg 的 M1 类汽车的点燃式甲醇单一燃料发动机。轻型发动机基本和整车一起进行相关的排放标准认证。轻型甲醇发动机一般转速比较高，动力相对比较小，耐久性较差，寿命较短。目前市场上的轻型甲醇发动机以自然吸气型，没有 EGR 系统为主。

2）重型甲醇发动机：装用 M2、M3、N1、N2 和 N3 类及总质量大于 3500kg 的 M1 类汽车的点燃式甲醇发动机。与目前乘用车用甲醇发动机相比，主要技术差异包括可靠性、燃烧压力、燃烧室形状、缸盖进气道形式、增压系统、EGR 系统、喷油器等方面（图 1-12）。而其关键技术主要表现在腐蚀磨损、喷油器、电控系统、低温起动、大流量醇泵等几个方面。

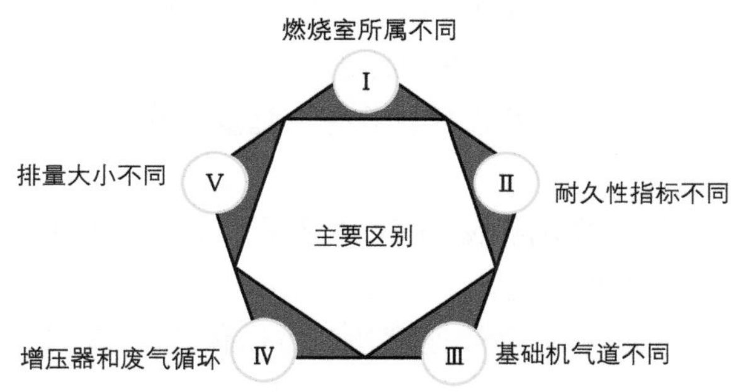

图 1-12　轻型和重型甲醇发动机差异性

（3）按照开发平台分类　目前甲醇在往复式发动机中作为替代燃料，国内外甲醇发动机的开发平台主要是在汽油机、柴油机或气体机基础上开发的。

（4）按燃烧方式分类　甲醇发动机按燃烧方式分类主要分为均质混合点燃技术甲醇发动机、均质混合压燃技术甲醇发动机、分层燃烧技术甲醇发动机、稀薄燃烧技术甲醇发动机和柴油 / 甲醇双燃料燃烧技术甲醇发动机等。

2. 重型甲醇发动机

由于重型甲醇发动机比乘用车用甲醇发动机复杂得多，因此技术难度也较大。重型甲醇发动机相对于轻型甲醇发动机，转速虽然低很多，但是发动机的热效率高很多，同时发动机的可靠性要求也高很多，发动机寿命一般在 100 万 km 以上，使用环境和负载也比较恶劣，这都对重型甲醇发动机提出了更高的要求。

因此，本书将重点介绍重型甲醇发动机的研究。

本书介绍 M100 甲醇发动机的开发过程，并基于一款 6L、一款 11L 和一款 13L 气体发动机基础上开发的重型甲醇发动机进行阐述。结合甲醇国六的排放法规以及即将实施的第四阶段能耗法规的限值，阐述甲醇汽车及其关键技术，包括甲醇燃烧技术、排放技术、润滑技术、低温冷起动技术等一系列制约甲醇发动机发展的关键问题和难点，并体现在相关的章节之中。

（1）甲醇供给系统设计　去掉原机燃料供给系统，进行甲醇供给系统的设计，其中甲醇喷油器可以采用进气道喷射或者缸内直喷技术，实现多缸顺序点火。甲醇油泵可以采用无刷电动机，也可以采用机械泵。

（2）低温冷起动设计　在发动机输出同样功率时，根据等热值要求，燃烧甲醇量是汽油的 2.2 倍，而甲醇汽化潜热是汽油的 3.6 倍，因此要想使混合气中燃料全部汽化，甲醇所需的热量是汽油的约 8 倍。甲醇高的汽化潜热及低的蒸气压，导致混合气形成及起动困难。甲醇发动机采用汽油起动方案，双汽油喷嘴布置在进气接管，结构简单，可以实现 −20℃顺利起动。

（3）进气系统开发设计　进行进气均匀性的分析和研究，开发适合甲醇发动机的进气系统。控制各缸的进气流量误差在 3% 以内，为实现各缸的均匀燃烧提供基本保障。

（4）缸盖设计　由于甲醇发动机的燃烧方式发生了改变（点燃式燃烧方式），因此缸盖进气道需要重新设计，包括进气道的进气组织方式，由涡流进气道改为滚流进气道，同时发动机的热负荷也发生了改变，需要对缸盖的水套重新优化设计，以保证发动机的冷却能力。

（5）EGR 系统设计　甲醇发动机使用 EGR 技术不是为了解决 NO_x 排放高的问题，而是降低发动机热负荷和抑制爆燃。主要废气中气体热容高，可以降低最高燃烧温度和燃烧压力；同时因为甲醇是含氧燃料，燃烧速度快，可以使用 EGR 技术控制发动机的燃烧速率。采用高压端 EGR 系统，EGR 混合器的混合效果可以达到 98% 以上。额定工况发动机的 EGR 率可以达到 20% 左右。

（6）曲轴通风的设计　甲醇是一种含氧燃料，甲醇发动机燃烧时相比传统燃料排放的水蒸气增多，同样发动机曲轴箱水蒸气增多，应采取强制曲轴箱通风设计，减缓机油变质和被稀释的周期，同时满足越来越严格的排放法规对曲轴通风的要求。

（7）增压器匹配设计　甲醇的理论空燃比与基础机（稀燃式天然气发动机）有很大的差异，需要对增压器重新进行匹配。甲醇发动机受到爆燃、热负荷、空燃比控制等方面的限制，要求对压比、流量范围、瞬态响应、冷却性能几个方面进行优化，发动机的性能曲线都在增压器的高效区域，并且距离喘振区有一定的安全距离，同时增加增压调节机构，对增压器废气旁通进行电控，以满足发动机在各个工况下都在理论空燃比下工作。

（8）缸套与活塞运动件组件　缸套和活塞以及活塞环作为发动机最主要的摩擦副，也是工作环境最为恶劣的零部件，承受着高温高压的冲击和摩擦，缸套、活塞以及活塞环的寿命直接决定发动机的动力性、经济性、机油消耗以及发动机的寿命。甲醇燃料发动机不但缸内燃烧的变化，包括燃烧温度、燃烧速率以及燃烧产物对缸套、活塞以及活塞环产生影响，而且甲醇燃料发动机的机油也同时影响着这些摩擦副的工作状态。这些摩擦副的主要失效方式以腐蚀磨损为主，解决的路径主要从材料本身出发，如提高耐腐蚀性、同步改善燃烧，避免甲醇燃料直接冲刷缸壁破坏油膜，提高缸套、活塞以及活塞环的使用寿命。

（9）抗腐蚀及抗溶胀设计　甲醇是一种含氧量极高的物质，并且具有较高的化学活性，作为发动机的替代燃料，会对发动机的零部件产生一定的腐蚀作用，所以需要对甲醇供给系统和发动机本体的相关零部件进行抗腐蚀设计。气门阀座圈采用无渗铜的硬质相粒子强化型材料，以改善耐磨性，气门和气门阀座硬度的合理匹配可提高密封效果；主轴瓦和连杆轴瓦采用无铅合金层，以避免甲醇腐蚀。

甲醇对发动机的供给系统以及相关的接触的橡胶、塑料会造成溶胀，使之失去弹性引起密封失效、漏油等故障。曲轴前后油封、气门阀油封等应采用氟橡胶。

本章包括后续章节反复提到重型甲醇发动机是在气体机基础上进行优化而成的。实际上为达到整机的动力性、经济性、可靠性和排放等要求，同时考虑甲醇燃料特征，需要考虑全新设计甲醇的供给系统、全新开发缸盖的进气和 EGR 系统，优化设计曲轴箱通风系统和冷却系统；为提高发动机可靠性，需全新开发缸套、活塞、活塞环的摩擦副以及为提高机油换油里程而开发甲醇专用机油等，因此重型甲醇发动机的开发实际上是全新机型开发的过程。

1.4 甲醇汽车历史

发动机近 30 年来有了巨大进步，已经从最基本的燃油喷射控制，扩展到怠速控制、进气控制、增压控制、排放控制、起动控制、巡航控制、故障自诊断、失效保护等多目标全面控制。特别是进入 21 世纪以来，随着电控技术在发动机上的应用日益增多，加上高压共轨技术、涡轮增压中冷技术、多气门技术、废气再循环技术的逐渐成熟，重型柴油发动机的热效率从最初的 30%，提升到现在的 45%，甚至超过 50%，这些都为开发高效率的甲醇发动机提供了新的条件和基础。

1.4.1 国外甲醇汽车发展情况

20 世纪 70 年代发生的石油危机，特别是石油燃料汽车对大气环境造成的严重污染，使学术界和产业界学者开始了代用燃料的大量研究。美国、日本、联邦德国、加拿大、瑞典等国都以政府和研究所为中心，积极地进行奥托型和狄塞尔型甲醇汽车的耐久性与可靠性研究，进入实用性车队运行试验并积累了大量有关甲醇汽车性能的相关经验，为发展甲醇汽车打下了基础。美国、加拿大、联邦德国、瑞典等国为进一步强化柴油发动机排气净化技术，特别是限制排烟和颗粒物污染，积极促进重型柴油车应用甲醇燃料。

日本对狄塞尔型甲醇汽车的可行性进行了调查研究，通产省资源厅在 1985 年组织各汽车生产厂进行了这种甲醇汽车的开发研究。此后，运输省便实施了车队运行试验。甲醇汽车的实用性试验始于 1986 年 12 月到 1990 年 3 月 31 日，总行驶里程为 2197647km，以东京、名古屋和大阪地区为中心，共有 90 辆甲醇汽车进行了实用性试验。开始共有 15 个汽车厂的 30 辆汽车参加，1987 年 8 月又对 18 个厂商、35 辆甲醇汽车进行试验，试验周期为 3 年。试验积累了大量数据，为进一步完善、推广甲醇汽车打下了技术基础。日本开发的甲醇汽车排放的有害成分远远低于现行的法规限值。日野汽车公司开发出一种与柴油机一样的高压缩比（从 18 提到 27）点火技术，省掉了火花塞，从而解决了火花塞寿命过短这一甲醇发动机的最大难点。小山柴油机开发研制出商品化适应 M100 甲醇燃料的 A495 型柴油机，功率为 66kW/3200r/mm，累计生产了 300 台，供五十铃公司 2t 轻型货车使用。该机型无增压系统，排放加催化净化装置符合日本标准，接近欧Ⅱ标准。日产汽车公司也开发出可燃用甲醇和汽油的双燃料发动机，并计划在美国加利福尼亚能源委员会（CEC）进行试验，但是火花塞和发动机耐久性当时存在问题。

1979 年，联邦德国政府制定了“公路交通代替能源”开发计划，耗资 1.35 亿西德马克，其中包括醇、氢和电力。德国戴姆勒奔驰研制的甲醇发动机，按 FTP75 法规检验，完全符合要求。博世公司研制的 944 型 4 缸发动机，可使用两种燃料（甲醇和无铅汽油），自动调整发动机工作特性。FEV 公司甲醇柴油机实物于 1994 年研制成功，1996 年又进行了二次改进，排量为 3.26L，输出功率为 66kW/3200r/mm，燃料消耗率为 775g/kW・h。

美国加利福尼亚州于 1974 年颁布《空气净化法》，迫使汽车生产厂商为开辟新能源大胆投资，甲醇发动机应运而生。1980 年以后，甲醇发动机由单机研制发展到实车试验，当年投入运行试验的甲醇燃料汽车共 600 辆，总行驶里程为 120 万 km。美国环保局（EPA）的试验证明，如果汽车改用由 85% 的甲醇和 15% 的无铅汽油（体积分数）组成的 M85 燃料，城市的区域性碳氢化合物（HC）的排放量可减少 20% ~ 50%；若使用 M100 燃料，HC 排放量可降低 85% ~ 90%，CO 的排放量亦可减少 30% ~ 90%。为此，美国总统布什要求美国使用甲醇燃料的小汽车和货车，到 1995 年为 50 万辆，1996 年为 75 万辆，1997 年达到 100 万辆。福特、通用和克莱斯勒汽车公司都开发了甲醇燃料汽车。美国能源部 1990 年拨款 187 万美元，作为研究开发补助费用，并颁布了促进发展甲醇汽车的有关法规。到 21 世纪，上述国家纷纷停止了关键技术研究，而我国进入 21 世纪后节能减排和能源安全问题突显，为我国甲醇汽车的发展提供了机遇，并起到了重要的促进作用。

1.4.2 国内甲醇汽车发展情况

20 世纪 90 年代初，世界格局的巨变使人们对石油危机的担心得到了很大缓解，同时由于发动机电控技术的全面应用，有了新的节能和控制污染的技术手段，德国、美国和日本等很快退出了甲醇燃料在汽车上的应用。进入 21 世纪，我国经济快速发展，石油对外依存度不断提高，同时城市排放污染日益严重，使得发动机燃料的多元化成为很必要的战略选择，这为甲醇燃料在汽车上的研发和应用提供了机会和途径。

我国甲醇汽车经过多年的发展和大量的基础研究、试验验证，已经形成了乘用车、重型商用车、微型车、城市客车等不同用途的甲醇系列车型，吉利汽车、陕汽集团、郑州宇通客车、重汽集团等多款甲醇汽车获得了工业和信息化部整车产品公告，东风公司的甲醇重整制氢燃料电池厢式运输车也已获得工业和信息化部公告，吉利商用车、潍柴动力以及玉柴动力等均具备了甲醇发动机自主开发能力。我国已经完成了甲醇汽车检测体系的建设，如天津、襄阳、上海、重庆等国家级机动车检测中心，均已具备了对甲醇汽车、甲醇内燃机产品的检测和评定能力。

吉利于 2015 年初开始商用车甲醇发动机的研发工作，2016 年 4 月开始 7L 甲醇发动机（图 1-13）的开发，该机采用多点顺序喷射、单缸独立点火、理论空燃比燃烧和增压器控制等技术，以及冷却 EGR 系统和三元催化器。吉利对甲醇发动机的关键技术，如低温起动、燃烧、机油乳化、耐腐蚀性和可靠性等进行了全面的研究，发动机的最低燃油消化率达到 465g/（kW·h），常规排放污染物 CO、HC 和 NO_x 分别为 0.14g/（kW·h）、0.015g/（kW·h）和 0.0169g/（kW · h），非常规排放甲醛排放达到 15g/（kW · h），非常容易满足现行的甲醇排放法规。2017 年 8 月开始重型货车甲醇 13L 发动机的产业化开发，性能指标达到了同类天然气发动机的水平，常规排放污染物 CO、HC 和 NO_x 分别为 0.16g/（kW · h）、0.01g/（kW · h）和 0.017g/（kW · h），非常规排放甲醛排放达到 19.8g/（kW · h），在满足甲醇国六排放法规方面有很大的余量。

图 1-13 7L 甲醇发动机

2018 年 12 月，吉利顺利完成了重型甲醇发动机的耐久试验，各项指标稳定。2019 年完成了重型甲醇发动机搭载 49t 牵引车的三高试验，整车各项指标均达到设计要求并批量投放市场。

奇瑞汽车有限公司于 2005 年 10 月开始启动甲醇汽车项目，选择 1.6LSQR480 发动机和旗云牌轿车进行整车使用 M100、M85、M15 甲醇的开发工作，完成燃料系统材料耐醇性、整车冷起动、燃油泵耐久性等考核工作，并完成了发动机耐醇零部件、专用润滑油、冷却系统、曲轴箱系统和压缩比定型等开发工作，并于 2007 年 3 月将 13 辆甲醇类燃料车送往山西太原试运行。2008 年 3 月，为了满足国家排放法规的要求（国Ⅲ+OBD），奇瑞启动了 SQR477 甲醇发动机项目，7 月发动机定型并生产 3 台样机，10 月顺利完成 2 轮 50h 超速试验、1 轮 500h 额定功率试验，动力性、经济性、排放性均优于原机。大量试验表明，该机常规排放为：使用 M85 和 M100 的甲醇车与汽油车相比，平均 CO 降低 26%，HC 降低 43%，NO_x 降低 10%。非常规排放为：催化前甲醇及甲醛排放量是汽油机的 2 倍多，催化后甲醇及甲醛排放量小于汽油机。

一汽靖烨发动机有限公司于 2008 年开始在汽油发动机基础上研制甲醇发动机。CA4SH-ME3 甲醇发动机是在 CA4102 基础上开发的全甲醇发动机，压缩比由原来的 8.5 提高到 11，功率为 105kW（原机 92kW），转矩为 320N・m（原机 305N・m），排放达到国Ⅲ或国Ⅳ。CA6SH-ME3 甲醇发动机是在 CA6102B6 发动机基础上开发的，具有良好的动力性、经济性和环保性，并加装了由发动机控制单元直接控制的冷起动装置，动力指标和排放指标比原机都有了很大提高。CA6SH-ME3 在长治一运国家“863”项目中装载 80 辆大客车，至 2004 年以来一直运行良好。2008 年 8 月搭载 CA6SH-ME3 甲醇发动机的甲醇货车 CA3160M100 在灵石矿区恶劣的路面上开始示范运营，总里程达 30000km，完全满足动力性要求，同等条件下甲醇货车每千米可比柴油车节约燃油费用 40 元左右。一汽靖烨在 CA6DF2 基础上成功研发了一种带增压器的高压缩比甲醇发动机 CA6SF2-24ME4，压缩比可达 14 ~ 19，甲醇燃料的最低消耗率降低至 400 ~ 480g/（kW・h）。一汽靖烨的基础机及甲醇机的主要技术参数见表 1-15。

表 1-15　一汽靖烨的基础机及甲醇机的主要技术参数

项目	CA6102 汽油机	CA6102 甲醇机	CA6DF2	CA6SF2-24ME4
型式	多点电喷汽油	多点电喷甲醇	多点电喷柴油机	多点电喷甲醇
缸数 - 缸径 × 行程 /（mm × mm）	6-101.6 × 114.3		6-110 × 125	
排量 /L	5.56		7.127	
压缩比	7.4	10	17	17
功率 /kW	108	120	177	180
转矩 /N・m	385	430	890	910
排放	国Ⅰ	国Ⅲ	国Ⅱ	国Ⅲ ~ 国Ⅳ

天津大学姚春德教授带领的团队提出了柴油 / 甲醇二元燃料燃烧理论，开发了整套甲醇喷射系统的关键部件，建立了完整的自主开发体系。自主研制的电控系统，在柴油发动机达到一定温度后，通过安装在进气总管的甲醇喷嘴向进气道喷射甲醇，使甲醇与空气形成均质混合气在气缸内和柴油共燃。该技术同时降低了氮氧化物和炭烟颗粒物的排放量，不需要尿素辅助就可以满足国Ⅳ、国Ⅴ排放要求。

该团队基于其发明的柴油 / 甲醇组合燃烧（DMCC）技术，应用于重型货车进行了道路试验。2009 年，天津大学与上海焦化有限公司合作进行了柴油 / 甲醇组合燃烧车辆的道路试验，对一辆中国重汽生产的斯太尔货车进行柴油 / 甲醇组合燃烧模式改进，使其能够按照 DMCC 模式工作。整个试验过程中，甲醇对柴油的平均替代率为 34.48%，平均 1.47L 甲醇就可以替换掉 1L 柴油，整车热效率提高了 11.85%，大幅度改善微粒排放。纯柴油模式下，经过双 DOC 和 DOC+POC 后，干炭烟烟度仅下降了 16% 和 31%，不透光烟度分别为 62.5% 和 37.5%。而在二元燃料模式下，经双 DOC 后，与纯柴油相比，干炭烟烟度最大降幅 4.4 倍；经 DOC+POC 后，二元燃料干炭烟烟度最大降幅提高 6 倍，不透光烟度最大降幅提高 2.3 倍。

经过多年的攻坚克难，采用“柴油甲醇组合燃烧技术”的重型车已在国内 12 省 2 市得到了很好应用。该技术通过柴油引燃甲醇的方式，实现柴油甲醇实时最优配比，解决了甲醇与柴油不相溶和甲醇蒸发性差的难题。同时，甲醇的快速燃烧保证了发动机的加速性，解决了低热值甲醇在发动机应用中的动力性问题。需要指出的是，这种技术甲醇发动机有两套控制系统，控制较为复杂，成本相对较高，而甲醇替代率受运行工况影响较大。然而，考虑到技术特点、工况特征和法规要求，“柴油甲醇组合燃烧技术”在船舶上有望得到很好的推广和应用，但船舶不在本书的论述之内。

我国在推广甲醇汽车方面做了大量的工作。2012 年，工业和信息化部发布《关于开展甲醇汽车试点工作的通知》，正式在山西、上海、陕西、贵州和甘肃的 10 个城市组织开展甲醇汽车试点工作。2018 年初，10 个城市甲醇汽车试点工作全部通过验收。技术数据支撑的评估总结报告表明，甲醇作为燃料可以安全地应用在机动车辆上。2019 年 3 月 19 日，工业和信息化部联合生态环境部、国家发展改革委、交通部、公安部等八部委发布了《八部门关于在部分地区开展甲醇汽车应用的指导意见》（工信部联节〔2019〕61 号），坚持从实际出发，立足资源，宜醇则醇，促进能源多元化。这一文件的发布，为国家能源安全和节能减排开辟了新的道路。

参 考 文 献

[1] 崔心存 . 醇燃料与灵活燃料汽车 [M]. 北京 : 化学工业出版社 , 2010.

[2] 刘生全 , 李复活 . 醇醚燃料与汽车应用技术 [M]. 北京 : 机械工业出版社 , 2014.

[3] 刘书萍 . 重型甲醇发动机的研发 [J]. 科学之友 , 2011(7): 23-24.

[4] 姚春德 . 柴油 / 甲醇二元燃料燃烧理论与实践 [M]. 天津 : 天津大学出版社 , 2015.

[5] 李建锋 , 韩志岐 , 薛康 , 等 . 甲醇燃料供给系统腐蚀与防护 [J]. 工程与材料科学 , 2014(5): 66.

[6] 徐飞燕 . 甲醇汽油发动机缸套材料腐蚀磨损性能研究 [D]. 西安 : 西安工业大学 , 2014.

[7] 卢瑞军 , 等 . 6105M100 甲醇发动机研发 [C]// 中国内燃机学会 . 中国内燃机学会 2018 年世界内燃机大会学术交流论文集 (上册). 上海 : 上海大学出版社 , 2018.

[8] 蔡文远 , 卢瑞军 , 苏茂辉 . 重型 M100 甲醇发动机燃烧系统 [C]// 中国内燃机学会 2019 年联合学术年会论文集 (上册). 天津 : 中国内燃机学会 , 2019.

第 2 章 甲醇发动机的防腐与耐磨

甲醇汽车涉醇件与甲醇的接触类型可分为三种：一是与甲醇液体直接接触，二是与甲醇蒸气接触，三是与甲醇燃烧产物接触。涉醇件涉及甲醇供给、进排气、电控、曲轴箱通风、燃烧（活塞、活塞环、缸套）、废气再循环、缸盖等多个子系统的零部件。

以上涉醇件无论属于哪个子系统，所属零部件的材料选择、结构设计、零件表面处理技术与工艺、加工或装配工艺等均需要认真探讨、严谨确认、全面验证。甲醇的溶解性、有极性和吸水性等特点会使塑料表面溶解、橡胶溶膨胀、金属发生电化学腐蚀和锈蚀。由于甲醇燃烧产物中含有甲酸、水蒸气等物质，需要对相关涉醇件所用材料做针对性选择和设计。对于非运动类涉醇件，主要考虑甲醇对材料的溶解性、腐蚀性；对于运动类涉醇件，既要考虑材料的耐腐蚀性，又要考虑在甲醇及甲醇燃烧产物环境中的耐磨性。由于甲醇燃烧产物的特殊性，甲醇发动机需要开发专用机油，相关内容在第 6 章专门叙述。

总之，涉醇件开发的关键是防腐蚀（包含溶解、溶胀的物理腐蚀）、耐磨损设计。对甲醇汽车涉醇件进行防腐蚀、耐磨损设计时，不仅要详细地考虑某一系统，还应站在甲醇汽车整车的可靠性、耐久性的高度，对与甲醇及燃烧产物直接和间接相关的零部件进行系统性分析和设计。

2.1 腐蚀与磨损

磨损腐蚀是指由于腐蚀性介质与金属表面做相对运动引起的金属加速破坏或腐蚀。这种腐蚀由机械磨损与腐蚀介质的联合作用引起，其外观特征是受磨损腐蚀的表面出现沟槽、沟纹或呈山谷状，并常带有方向性，如图 2-1 所示。

大多数金属和合金，在一些气体、水溶液、有机溶剂或液体金属等腐蚀介质中都会受到磨损腐蚀。铜、铅、锡等更容易发生磨损腐蚀。其中处于运动流体中的设备，如管道系统、离心机、推进器、叶轮、换热器、蒸汽管道等最易遭受磨损腐蚀。所有影响腐蚀的因素都影响磨损腐蚀，磨损腐蚀的速度比单纯的腐蚀要快。

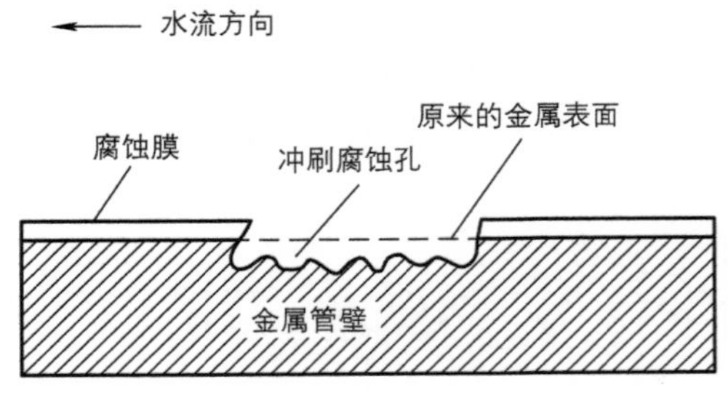

图 2-1　磨损腐蚀

根据两种相对运动物体性质的不同，可以将

磨损腐蚀分为两大类：一类是金属材料与同体相对运动时所发生的磨损腐蚀，其典型的腐蚀形式为摩振腐蚀（Fretting Corrosion），或简称为磨蚀；另一类是金属材料与流体相对运动时所发生的磨损腐蚀，称为冲刷腐蚀（Impingement Corrosion），或简称为冲蚀。摩振腐蚀是指在有氧气存在的气体环境中，加有载荷的固体相互接触的表面之间由于振动或滑动所产生的腐蚀。产生摩振腐蚀的条件有三个方面：①承受载荷的界面存在振动或滑动；②载荷和相对运动使界面产生滑移和变形；③有腐蚀介质参与作用。

有腐蚀介质参与作用的摩振腐蚀又可以被称为腐蚀磨损。具体来说，腐蚀磨损是指摩擦副对偶表面在相对滑动过程中，表面材料与周围介质发生化学或电化学反应，并伴随机械作用而引起的材料损失现象。这里的介质可以是甲醇，而发生化学或电化学反应是这类磨损的主要特征，如图 2-2 所示。

在此后的叙述中不再对摩振腐蚀、腐蚀磨损和摩擦腐蚀进行严格的区分，主要用摩擦腐蚀或磨蚀表达相关内容。

在甲醇车辆工作过程中，以甲醇燃料供给系统为例，其运动件内部既存在摩擦副的磨蚀（如甲醇泵），也存在高速甲醇液体对运动件内部材料的冲蚀（如甲醇管路）。

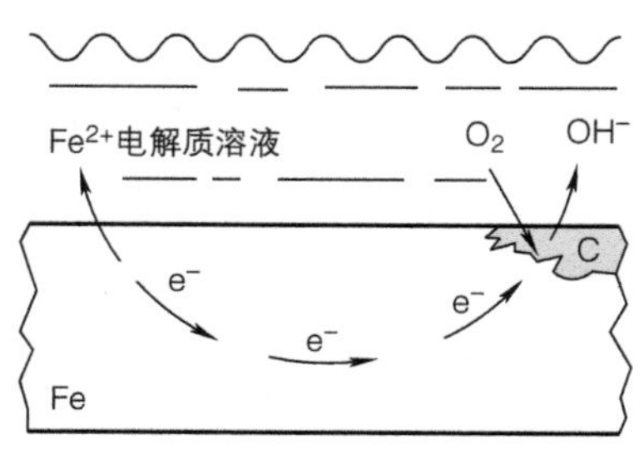

图 2-2　腐蚀磨损

2.1.1　腐蚀

腐蚀是材料在环境作用下引起的破坏或者变质，具体可分为金属及合金、非金属两大类。

金属和合金的腐蚀主要是化学或电化学作用引起的破坏，有时还同时包含机械、物理或生物作用。单纯物理作用的破坏，如合金在液态金属中的物理溶解，仅仅是少数的例外。

对于非金属来说，破坏一般是由于直接的化学作用或物理作用（如氧化、溶解、溶胀等）所引起的。需要强调的是，单纯的机械破坏不属于腐蚀的范畴。

1. 非金属件机理

甲醇是一种优良的有机溶剂，其分子质量小且结构简单，比汽油和乙醇更容易渗透到塑料、橡胶等非金属材料中，对汽车中常用的非金属材料零件及橡胶配件都有较强的溶胀性。

溶胀是指由于高分子材料具有分子链长及分子分布分散性的特点，当高分子材料与有机溶剂相接触时，其表面分子链逐步溶剂化，分子间作用力逐渐减小，与此同时，溶剂小分子则因为分子热运动进入高分子材料内部，使材料发生宏观的体积膨胀，出现溶胀现象。

随着溶剂分子不断地向高分子材料内部扩散，高分子材料分子链段会不断地溶剂化，对于线性高分子材料最终会完全溶解于溶剂中；对于交联网状高分子材料，当溶剂分子进入材料内部的量达到一定程度后，将不再增加而达到一种溶胀平衡状态。

甲醇发动机中主要是溶胀现象，而这一现象的发生将影响非金属涉醇件的功能发挥，进而影响发动机的可靠性和耐久性。要解决溶胀问题：第一，研究高分子材料的交联程度，材料的交联程度越大，抗溶胀的能力越强。第二，设置阻隔防护装置，提高材料对甲醇的抗穿透性能和抗渗透性能，防止甲醇进入高分子材料。第三，也可以在甲醇燃料中加入有效的非金属腐蚀抑制剂。

2. 金属件腐蚀机理

（1）电化学腐蚀机理　由于甲醇含氧量高、电导率高，很容易形成电解质溶液对金属的电化学腐蚀。电化学腐蚀是通过在金属暴露表面上形成腐蚀电池来进行的，腐蚀电池的阳极上发生金属的氧化反应，导致金属破坏。

实际中任何一种金属或合金都不是单一纯净的，总含有一些杂质，当金属与电解质溶液接触时，这些杂质就会和基本金属形成许许多多微小的腐蚀电池，称为腐蚀微电池，如图 2-3 和图 2-4 所示。

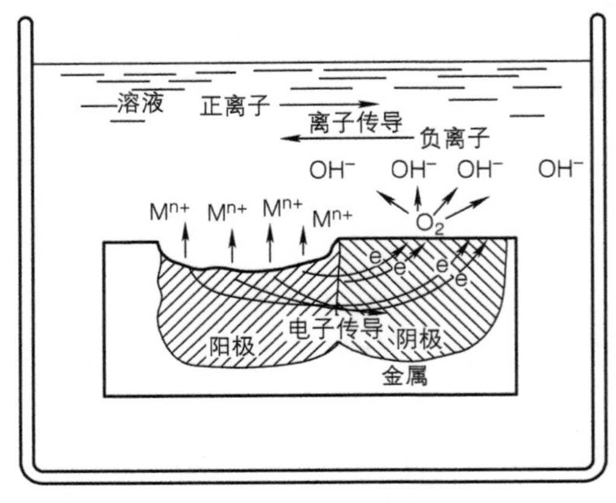

图 2-3　湿腐蚀电池

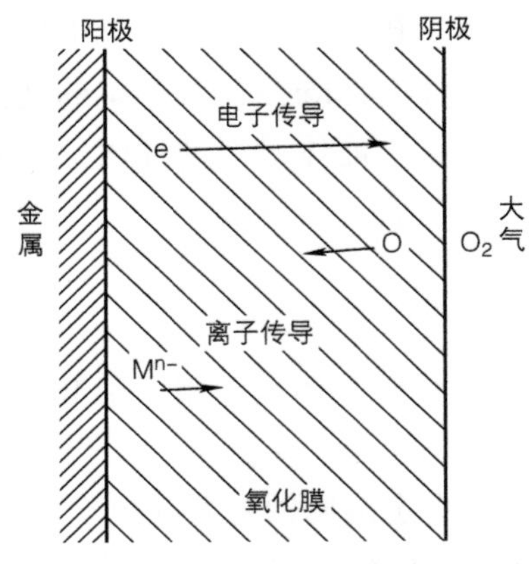

图 2-4　干腐蚀电池

金属本身的化学不均匀性是形成腐蚀微电池的重要原因，此外还有金属的组织结构不均匀性、物理状态不均匀性、应力应变不均匀性、表面膜不均匀性等诱因。

两种不同的金属在溶液中相互接触，那么显而易见，由于它们的电位不同，将构成一个原电池。即使在同一金属表面上，由于各部分物理和化学性的不均一（如金属的不同结构、杂质、氧化膜和膜的破口），以及和金属接触的溶液各部分不均一（如不同的浓度、成分、含氧量、温度等），由能斯特方程可以看出表面各部分电位也将存在差异。电位较低部分成为阳极，较高部分成为阴极，并和溶液构成一个电池。

阳极区的反应是金属的离子化：

$$M = M^{n+} + ne$$

如果阳极是孤立的，这个反应会迅速达到平衡，金属的腐蚀将实际停止。但由于它与阴极在某些条件下接通，所以，就有电子流到阴极。如果阴极区缺乏吸收电子的作用，电子的流动又会中止。但是在溶液中，经常存在几种吸收电子的作用：

溶液中溶解的氧在中性或碱性溶液中：

$$阳极反应：M = M^{n+} + ne$$

$$阴极反应：\frac{1}{2}O_2 + H_2O + 2e = 2OH^-$$

在酸性溶液中：

$$\frac{1}{2}O_2 + 2H^+ + 2e = H_2O$$

酸性溶液中有多量氢离子：

$$H^+ + e = H$$

溶液中存在高价金属离子（Fe^{3+}，Cu^{2+}）或其他氧化剂：

$$Fe^{3+} + e = Fe^{2+}$$

溶液中存在贵金属离子：

$$Ag^+ + e = Ag$$

（2）酸性物质腐蚀机理　甲醇在燃烧时产生中间产物 HCHO，在一定条件下能进一步氧化形成甲酸：

$$CH_3OH \xrightarrow[-H_2O]{+O} HCHO \xrightarrow{+O} HCOOH$$

当发动机缸壁温度低于 70 ~ 80℃时，甲醇燃烧产物在缸壁上形成冷凝物，其中 60% 左右是水（体积分数），其余是甲醇、微量的酸及甲醛等。冷凝物的 pH 值为 1.79 ~ 1.9。

由于甲醇燃烧产物中水分多，发动机缸内露点温度高，甲醇汽化潜热大，对缸内工质冷却效应强，增加了起动后使缸内温度高于露点温度所需的时间，促进了冷凝物及酸性物质的生成。

另一方面，甲醇燃料发动机排出的氮氧化物中 NO 占比较大。NO 遇到水形成硝酸，而上述在激冷区生成的冷凝物，会促进硝酸的生成。

（3）零部件气泡腐蚀机理　气泡腐蚀（气蚀）是磨损腐蚀的一种，主要影响在有高速液体并有压力变化的环境下运转的设备（例如甲醇泵）。由于液态的湍流或者温度变化引起局部压力下降形成空泡，空泡存在时间非常短，当它破灭时产生冲击波，压力高达 40MPa，破坏金属保护膜，并能引起塑性形变，甚至可将金属粒子撕裂。膜破口处的金属遭受腐蚀，随即重新生膜，在同一点上又形成新的空泡，并迅速破灭。这个过程反复进行，结果是产生紧密的深蚀孔，表面通常变得很粗糙。

（4）润滑剂腐蚀机理

1）运动黏度稀释：运动黏度是润滑油一个非常重要的性能指标，它的大小影响润滑油在摩擦副表面形成的油膜强度以及其流动性的大小。通常情况下，由于氧化作用、燃料油的稀释、润滑油中轻组分的挥发以及机械剪切等都会造成润滑油黏度的变化。黏度过大会增加机械的动力损耗，并且黏度过大会造成润滑油泵送困难，润滑油难以在摩擦副表面形成充足的润滑油膜；黏度过小则会导致摩擦副表面油膜厚度过小，机械磨损增加，甚至造成发动机的拉缸。

2）润滑油的酸值变化：润滑油的酸值变化主要原因是氧化变质和污染变质，酸值主要影响零件的耐腐蚀性，若酸值过高就会对发动机零部件产生腐蚀作用。润滑油在使用中由于甲醇及其燃烧产物甲醛、甲酸等的窜入，都会使润滑油氧化作用加剧，因而加速润滑油的老化并在此过程中产生较多的酸性物质。

3）润滑油中水分增加：甲醇等燃料燃烧过程中生成的水蒸气以及环境中的水凝结会造成润滑油中有水分存在，这容易造成润滑油乳化变质产生油泥，同时也增加了润滑油的氧化作用，使其氧化变质，产生不溶性物质和有机酸，破坏润滑系统油膜而腐蚀金属部件，因此需要避免润滑油中过多水分的存在。

2.1.2 磨损

构件表面相接触并作相对运动时，表面逐渐有微小的颗粒物分离出来形成松散的尺寸与形状均不相同的碎屑，随着表面材料损失的逐渐积累，将导致构件尺寸变化和质量的损失，这一表面损失的过程就是磨损。

在摩擦负荷（负荷、运行时间）的影响下，在摩擦副（处于一定接触条件下的摩擦副材料）中会产生磨损过程，无论在磨损过程中何种磨损机理在起作用，每一磨损过程都无一例外地带来摩擦副表面上材料的损耗。因此，磨损是摩擦的结果。

产生磨损的根本原因，在于受摩擦副负荷作用的构件与摩擦副子系统中其他要素之间发生相互作用。

由于甲醇及其燃烧产物具有腐蚀性，会对发动机和供给系统的零部件及表面涂层直接产生腐蚀作用，腐蚀产生的磨损物进入相对运动的零件表面，增加机械磨料磨损；并且由于甲醇的黏度较小，自身不具备润滑性，液态甲醇也可以渗入零件表面的润滑油膜，破坏润滑油的润滑性。因此针对涉醇件中运动件的耐磨损问题，必须进行专门的设计预防。

研究涉醇件的耐磨损措施，首先需要对磨损的机理进行研究。与传统汽车零部件类似，按照磨损的类型，可以分为黏着磨损、磨料磨损、疲劳磨损、腐蚀磨损以及微动磨损五类，见表 2-1。下面将分别进行分析。

表 2-1 磨损的分类和表面外观描述

磨损机理	磨损表面外观特点
黏着磨损	锥刺、鳞尾、麻点
磨料磨损	擦伤、沟纹、条痕
疲劳磨损	裂纹、点蚀（痘斑）
腐蚀磨损	反应产物（膜、微粒）
微动磨损	表面麻点

1. 黏着磨损

在一定方向的负荷作用下，可能超过零部件材料的屈服压力，使零部件材料发生塑性形变，继而使两摩擦表面产生黏着。在相对滑动的过程中，如果黏着点发生在界面，则磨损轻微；如果在界面以下，则会形成游离磨粒。这两种作用都会使接触面温度迅速上升，导致金属局部熔化，而冷却后接触面就会形成固相连接。当再一次发生金属表面滑动时，切向力会断开黏接点，产生金属磨屑。

鉴于甲醇的理化特性，发动机中涉醇件的黏着磨损往往会更为严重，必须进行专门分析和设计。

2. 磨料磨损

甲醇及其燃烧产物具有腐蚀作用，与金属接触腐蚀金属后会产生坚硬的磨粒，甲醇在生产加注过程中也会产生杂质磨粒，这些磨粒进入两个相互运动的涉醇零件之间，磨粒沿着一个固体表面相对运动产生磨损。当磨粒运动方向与固体表面平行时，磨粒与表面接触处的应力较低，固体表面将会留下擦伤及微小的犁沟印迹；当磨粒运动方向与固体表面处于垂直状态时，这时将会产生高应力碰撞，在固体表面留下深深的沟槽。

3. 疲劳磨损

由于金属材料的摩擦副表面在相对滑动时一般会忽视周期负荷的作用，长此以往的工作势必会使接触应力加大，当接触应力过大时，则会使金属材料发生巨大形变，造成金属材料功能失效。可见疲劳磨损失效是一种长期的不正当负荷导致的失效，有着很大的安全隐患，会造成金属材料变形或者使金属表面出现裂痕。

4. 腐蚀磨损

甲醇对锡、铜、铝、镁、锌等金属材料腐蚀性强，对铝锌合金、锌镁合金也有腐蚀作用，同时外界空气和水汽与金属在工作的过程中接触，极易与金属发生反应，这一过程会难以避免地产生大量的磨损物，而磨损物又会继续腐蚀材料，产生连续的金属失效现象。

5. 微动磨损

微动磨损是指在互相压紧的金属表面间由于小振幅产生的一种复合形式的磨损。大部分机器中，容易产生磨损的是有相对滑动的金属材料，相对固定的金属材料则会产生相对轻微的磨损。被氧化的磨屑在磨损过程中起着磨粒作用，使摩擦表面形成麻点，这些麻点是应力集中的根源，也是零件受动载失效的根源。透过磨屑的颜色可以判断磨损是不是属于微动磨损，若铁屑为红色则为微动磨损。

甲醇由甲基（$-CH_3$）和羟基（-OH）组成，在羟基中由于氢氧共用的电子靠近氧的一边，从而使氧原子周围的电子云密度较大，使甲醇分子一端显示负极性，一端显示正极性，导致氢氧原子间的极性增加而比较容易断裂，因而羟基具有较强的化学活性。甲醇具有极性是导致甲醇在溶液中显示电腐蚀性的关键。

2.2 发动机腐蚀与摩擦

甲醇发动机的防腐与耐磨设计体现在各系统涉醇零部件中，甲醇汽车涉醇件涉及甲醇燃料供给系统、发动机缸内、发动机进排气系统等多个环节。依据腐蚀与磨损的相关概念以及发动机的工程特点，与发动机相关内容可分为静态腐蚀、冲刷腐蚀（冲蚀）和摩擦腐蚀（磨蚀）。

2.2.1 静置和冲刷腐蚀

所谓甲醇及甲醇燃烧产物对涉醇部件的静态腐蚀，包含两层含义：一是非运动的静态件在工作过程中与甲醇及其燃烧产物接触发生的腐蚀现象，如甲醇箱、甲醇管路、甲醇滤清器等涉醇件，多为冲蚀；二是甲醇发动机使用一段时间后在大气环境下静态放置一段时间而发生的腐蚀现象，如缸套、进气气管、EGR 管路等部件。

静态腐蚀发生在甲醇燃料供给系统零部件上，表现为甲醇对橡胶的溶胀导致机械强度下降、甲醇对塑料的溶解腐蚀导致表面软化、甲醇对金属及焊接材料的电化学腐蚀。图 2-5 所示为甲醇车的橡胶输油管在溶胀后强度下降，导致开裂；图 2-6 所示为甲醇输油管的接头处发生冲刷腐蚀。

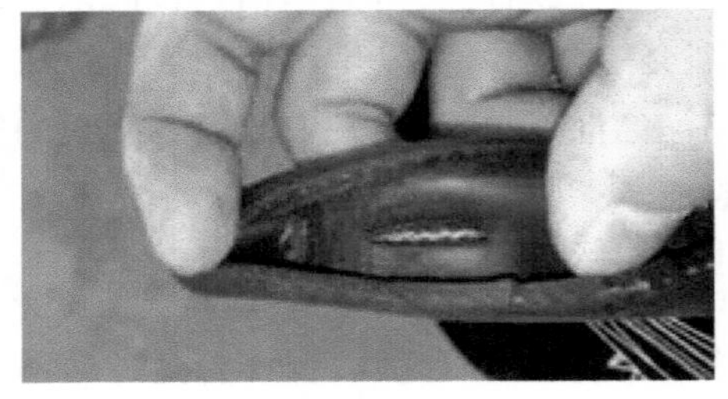

图 2-5 涉醇橡胶件的溶胀开裂

图 2-6 冲刷腐蚀

发动机或车辆使用后长期静置发生的某些金属件的腐蚀，主要表现为环境导致的锈蚀，即含铁材质产生铁锈、铝材质产生铝锈、铜材质产生铜绿。图 2-7 所示为甲醇发动机长时间静置后，铝材接头产生白色铝锈，低碳钢法兰接头产生铁锈。

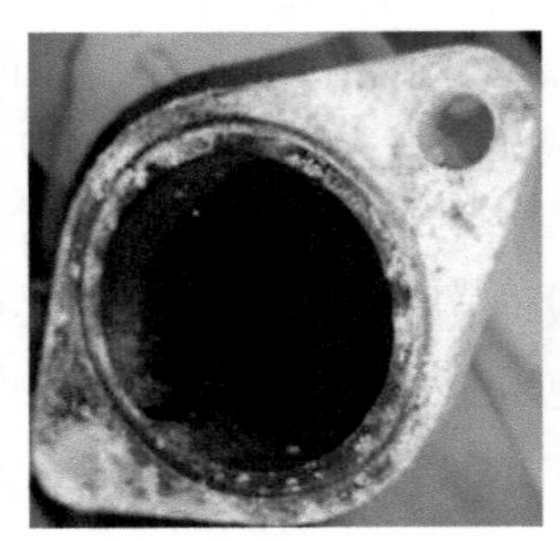

图 2-7 甲醇发动机静置后零部件的锈蚀

2.2.2　摩擦腐蚀

摩擦腐蚀是甲醇发动机开发中需要重点关注的一个方面。发动机的涉醇件处于甲醇及其燃烧产物等化学腐蚀的环境下，由于两个摩擦副间的滑动或者滚动接触引起表层材料的机械破坏，这类机械破坏是摩擦副的一方或双方与中间介质发生化学或电化学反应的过程中完成的。下面以甲醇泵、甲醇喷油器、缸套以及活塞环等为例进行简单说明。

1. 甲醇泵

甲醇泵由无刷电动机和齿轮泵两部分组成。甲醇泵在工作时，内部充满高速流动的甲醇，电动机带动齿轮泵旋转实现供油，内部主要摩擦副分别为泵齿轮组件自身、齿轮组件与上下陶瓷盖板，摩擦形式分别为滚动摩擦和滑动摩擦，如图 2-8 所示。解决齿轮腐蚀磨损的关键在于齿轮材料，需要谨慎选择。

图 2-8　甲醇泵摩擦副的运动磨损

2. 甲醇喷油器

甲醇喷油器本质为电、磁、液、机械、电子控制等多种技术耦合的精密电磁阀，它在工作时接收 ECU 发出的高频脉冲信号，在高速流动的甲醇中实现自身的高速开启和关闭。其内部主要摩擦副为阀球与阀座接触面、衔铁侧表面与导磁套内壁、衔铁上端面与定位销下端面，如图 2-9 所示。摩擦形式均为滑动摩擦，解决喷油器内部腐蚀磨损的关键在于材料和表面工艺。

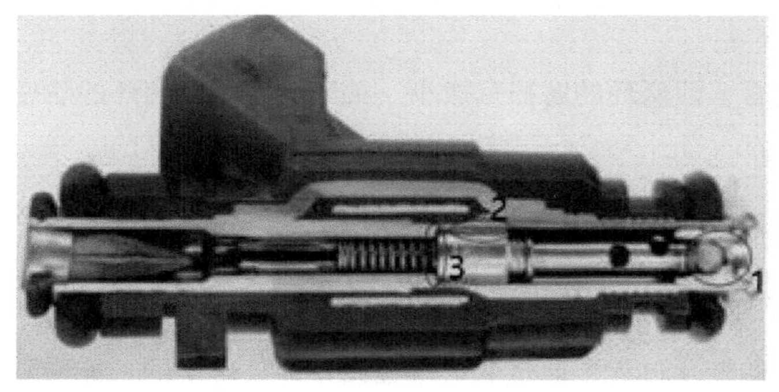

图 2-9　甲醇喷油器的摩擦副（图中 1～3 位置）

3. 缸套

甲醇燃料发动机本体除了需考虑燃烧系统改进优化外，为了保证发动机的耐久性和可靠性目标，一些与燃料或者燃烧相关的本体系统涉醇零部件也需要考虑评估和优化。例如，由于燃料特性的改变及燃烧产物的影响，缸套和活塞环这组发动机最主要的摩擦副其摩擦和磨损性能受到严重挑战；由于甲醇对进气门的润滑作用降低，进、排气门部位的磨损也会加剧；另外，曲轴箱窜气影响润滑油从而间接影响轴瓦和油封等零部件。图 2-10 所示为缸套被摩擦腐蚀后的抛光照片。

由于甲醇燃料对缸壁机油的稀释以及甲醇燃料燃烧产生的甲醛、蚁酸的腐蚀性，不仅对活塞环提出了更高的要求，与之配对的缸套要求也相应提升。图 2-10 所示为某重型甲醇燃料发动机 1000h 耐久后缸套照片，部分网纹已磨损不见，磨损量超过相应标准。缸套材料的选择需要与活塞环配对，正确选择缸套 - 活塞环摩擦副的材料是提高耐磨性的关键，一般选用互溶性小的材料以防止黏着磨损，选用高硬度材料以防止磨料磨损。目前铸态贝氏体缸套材料，在国六发动机开发过程中处于推广应用阶段，而球墨铸铁缸套是将来的技术趋势。从工程应用和产业化角度考虑，甲醇燃料发动机选择铸态贝氏体缸套配合 DLC 处理活塞环是较优的方案。图 2-11 所示为某重型甲醇发动机采用改进后的 DLC 活塞环和铸态贝氏体缸套经过 1000h 耐久试验后的磨损照片，检测环的磨损量不到 5μm，而缸套的加工网纹也清晰可见。

图 2-10　甲醇发动机缸套的磨损

图 2-11　甲醇发动机缸套的磨损（活塞环优化后）

相对于缸套而言，活塞环的磨损量微小。关于缸套与活塞环的防腐与耐磨设计将在后续章节中详细叙述。

2.2.3　甲醇发动机损伤和腐蚀类型

1. 甲醇发动机的损伤类型

损伤是零部件的变化过程，通过变化过程使零部件规定的功能受到损害，或使功能成为不可能，或预期出现损害。与甲醇发动机相关的损伤类型，参见表 2-2 说明。

表 2-2　甲醇发动机的损伤类型

损伤类型	损伤形式	成因	图例
无机械载荷的腐蚀	均匀腐蚀	空气污染物导致甲醇喷油器内部腐蚀	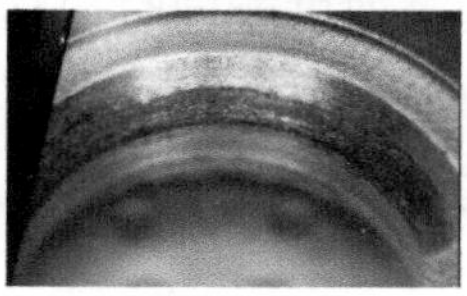
	晶间腐蚀	喷油器滤网热处理不合格，导致在甲醇中发生晶间腐蚀	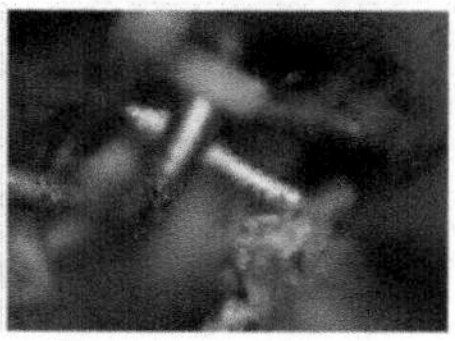
	高温腐蚀	部件长时间工作在异常高温环境中，材料发生熔化，失去功能	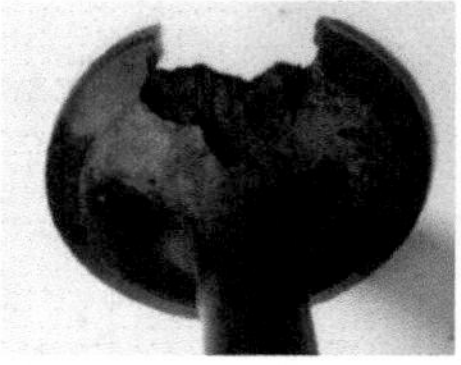
	熔蚀（通过熔化造成的腐蚀）	爆燃引起的局部温度过高，导致材料表面熔化	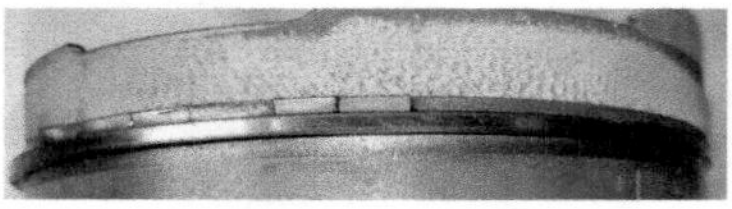
滑移磨损	固体摩擦时的滑移磨损	摩擦副间无法生成润滑油膜，材料发生干摩擦	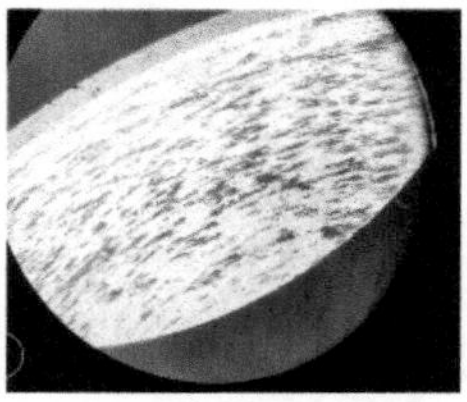
磨料磨损	磨粒滑移磨损	摩擦副之间存在杂质颗粒使摩擦副材料磨损	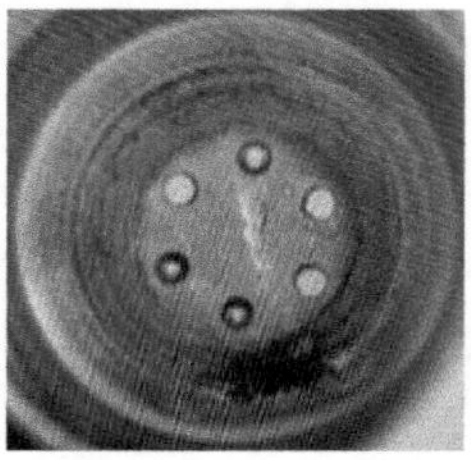
流动磨损	气蚀	流体中含有水分或其他气体，当流体所在的环境低于饱和蒸气压时，发生气蚀	

2. 与甲醇相关金属材料的典型腐蚀形态

金属腐蚀的形态可分为两大类：均匀（全面）腐蚀和局部腐蚀。各种形态互相关联，实际的腐蚀可能同时包括几种形态。局部腐蚀的危害性比均匀腐蚀大得多，根据化工行业的腐蚀损害统计，局部腐蚀约占 70%，局部腐蚀常常是突发性和灾难性的。其中与甲醇相关的主要是均匀腐蚀，见表 2-3。

表 2-3　甲醇相关金属材料典型腐蚀形态

腐蚀分类	腐蚀类型	概念	腐蚀形态示意图
均匀腐蚀	成膜腐蚀	腐蚀在金属的全部或大面积上进行，而且生成腐蚀产物膜	
局部腐蚀	孔蚀	一种高度局部的腐蚀形态。孔有大有小，多数情况下比较小，一般孔表面直径等于或小于它的深度	
	晶间腐蚀	腐蚀从表面沿晶界深入内部，外表看不出腐蚀迹象，但用金相显微镜观察，可看出晶界呈现网状腐蚀，金属严重失去强度和延性，在载荷下可能发生事故	
	空泡腐蚀	空泡腐蚀（空蚀）也称为气泡腐蚀（气蚀），是磨损腐蚀的一种特殊形态	膜 1 金属 2 3 4 5 6

2.3 涉醇摩擦副设计

甲醇发动机零部件防腐蚀、耐磨性的关键是涉醇运动件的摩擦副设计。在说明涉醇摩擦副设计之前，需要对摩擦机理、甲醇对摩擦表面油膜的影响以及甲醇发动机燃烧产物对摩擦表面润滑油膜的影响进行介绍。

2.3.1 摩擦机理概述

相接触的物体在相对移动时发生阻力的现象称为摩擦。这种阻力通常叫作摩擦力。有摩擦就有磨损，摩擦与磨损相伴发生。人们普遍认为摩擦力是由机械阻力和分子引力构成的。物体表面越光滑（即表面粗糙度低），以分子吸引为主；表面越粗糙，则以机械阻力为主。分子 - 机械理论认为，摩擦具有两重性，也就是说，既要克服摩擦表面间的分子相互作用力，又要克服表面间的机械作用阻力。如两固体表面相互接触时，由于表面凹凸不平，真实接触面积仅占接触面积的很小一部分，且这种比例随表面之间压力的增大而增大，在载荷作用下，表面膜容易被破坏掉，金属基体将直接发生接触，从而形成接触处分子的相互作用。另一方面，由于接触的不连续性，在两表面间还将出现微凸体的相互压入和啮合，当两接触面相对移动或有相对移动趋势时，在接触点处将产生阻碍这种移动或移动趋势的分子吸引和机械啮合作用，此即摩擦的成因，发生在接触点处分子吸引和机械啮合所构成的合成阻力，就是所谓的摩擦力。

在载荷作用下接触表面的相互作用形式可分为两种：一是机械作用，它取决于表面变形；二是分子作用，它取决于分子相互吸引。至于两种作用各自在摩擦过程中所占的比例，则与材料的表面粗糙度、载荷大小、材料种类等因素有关。例如，材料表面粗糙度低，则分子作用所占比例较大；反之，则机械作用影响显著。分子 - 机械理论将摩擦破坏的情况分为图 2-12 所示的 5 种形式，其中，前三种主要是机械作用所致，而后两种则明显地表现出分子作用的影响。

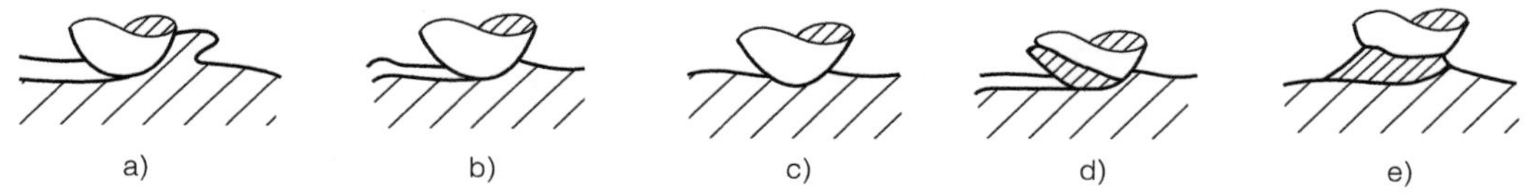

图 2-12　摩擦破坏的五种形式

图 2-12a 表示有切向移动时，若表面微凸体压入深度较大，则使配对材料发生剪切或擦伤。图 2-12b 表示若表面微凸体压入深度较小，则配对材料发生弹性恢复，破坏形式为塑性挤压。图 2-12c 表示若表面微凸体压入深度更小时，则通常仅造成配对摩擦表面的弹性挤压。图 2-12d 表示有切向移动时，如果分子相互作用部分形成比基体金属强度低的连接，则产生如图所示的那种轻微黏着破坏。图 2-12e 表示若分子相互作用部分形成比基体金属强度更高的连接，则发生严重的黏着，即基体材料的破坏。总之，由于分子 - 机械理论考虑的因素较多，因而比较符合实际。

研究表明，对摩擦特性影响最大的因素是液体润滑油黏度 μ、摩擦副表面相对运动速度 V 和摩擦副载荷 W 三参数的综合作用。当以索莫菲（Sommerfeld）数 $\mu V/W$ 为横坐标，并取摩擦系数 f 为纵坐标时，可发现 f 与 $\mu V/W$ 之间关系呈分段线性函数，这就是著名的 Stribeck 曲线，如图 2-13 所示。

在流体动压润滑理论中，摩擦表面间形成油膜的条件与润滑油黏度 μ、表面相对运动速度 V 和载荷 W 有关，μ、V 越大则 W 越小，且越易形成油膜。

在图 2-13 区段Ⅴ，由于 $\mu V/W$ 值较高，形成油膜的条件良好，因而表面存在流体摩擦，摩擦系数 f 很低，甚至可以低于 0.001。同时，在该区段，摩擦系数 f 随 $\mu V/W$ 值的增加而缓慢地线性增大，当$\mu V/W$值落在区段Ⅲ时，若摩擦副载荷W较大而润滑油的黏度不足时，油膜将被挤破，但由于金属摩擦副表面上有一层极薄的边界膜，于是便转化为边界摩擦，在此区段，摩擦系数约为0.05～0.15。在区段Ⅲ和Ⅴ之间是过渡区域，在此区域中，局部油膜被挤破，因此部分摩擦表面呈边界摩擦状态，部分摩擦表面则为流体摩擦，显然，这是处于半流体摩擦区段。

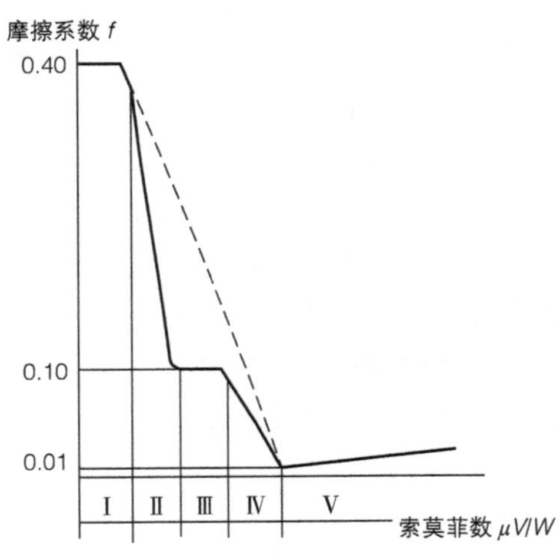

图 2-13　Stribeck 曲线

Ⅰ—固体摩擦　Ⅱ—半固体摩擦　Ⅲ—边界摩擦　Ⅳ—半流体摩擦　Ⅴ—流体摩擦

若摩擦条件进一步恶化，如超过边界膜临界温度，则边界摩擦将不复存在，而出现摩擦副表面直接接触的固体摩擦，这是图2-13中区段Ⅰ。在由区段Ⅲ向区段Ⅰ演变的过程中，自然也存在着一个半固体摩擦的过渡阶段。

按润滑情况的不同，摩擦可分为干（固体）摩擦、流体摩擦、边界摩擦、半干摩擦和半流体摩擦。在机器实际运行的过程中，即使是同一对摩擦副，随着机器载荷、润滑油温度、实际润滑条件、机器转速和载荷的变化，实际出现的是较为复杂的多种摩擦形式的组合，即混合摩擦。

按摩擦零件运动的特点来分，摩擦可分为滑动摩擦、滚动摩擦和混合摩擦。摩擦表面的失效模式具体可细分为黏着磨损、磨料磨损、表面疲劳磨损、微动磨损、腐蚀磨损。黏着磨损是干摩擦的结果。

对于甲醇发动机而言，燃烧中的甲酸等物质对腐蚀磨损的影响是需要重点关注的，摩擦表面间的润滑油膜及摩擦系数的变化是影响摩擦副能否正常工作的关键要素。

2.3.2　甲醇对摩擦表面润滑油膜的影响

润滑是减少摩擦和磨损的重要手段，它利用润滑剂在摩擦表面形成一层低摩擦阻力的润滑膜层，从而减小摩擦表面的摩擦和磨损。

甲醇分子为非对称结构的四面体（图2-14和图2-15），分子两端呈现电极性，为极性分子。极性分子能够在摩擦表面形成物理或化学吸附膜。尽管甲醇分子能够在摩擦表面形成吸附油膜，但甲醇分子长度约 0.43nm（由键长和键角可计算出来，请参见表 2-4），远远低于摩擦表面的粗糙度尺寸，所以甲醇分子形成的吸附膜不能有效地隔开摩擦表面的直接接触。因此甲醇分子形成的润滑油膜无法形成流体摩擦（又称流体润滑），即甲醇分子之间的内摩擦，而形成边界摩擦（又称边界润滑，是指相对运动表面间被极薄的一层，通常只有几个分子直径大小具有特殊性质的润滑油膜所隔开的摩擦）。

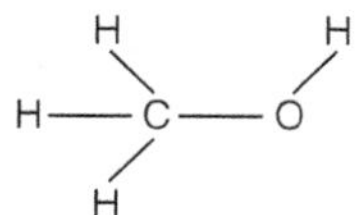

图 2-14　甲醇分子式

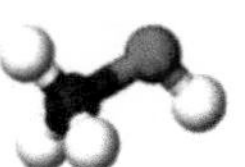

图 2-15　甲醇分子结构（非对称四面体）

表 2-4　甲醇分子键长与键角

键长 /0.1nm		键角	
C—H	1.10	H—C—H	109°
O—H	0.96	H—C—O	110°
C—O	1.43	C—O—H	108°

为了说明温度对边界膜摩擦系数的影响，以图 2-16 为例进行说明，从中可以获得温度对甲醇边界膜摩擦系数影响的一些认识。曲线 1 是脂肪酸随温度变化时摩擦系数的变化，在低于温度 t_1 时，摩擦系数数值很低，当超过 t_1 后，摩擦系数急剧上升，说明化学吸附油膜已解除吸附。曲线 2 是含有极压添加剂（一种主要用在齿轮或凸轮传动等油膜生成能力很差的情况下改善边界润滑性能的添加剂）的润滑油随温度变化时摩擦系数的变化，在达到临界温度 t_2 前，摩擦系数较高，当超过临界温度后，由于极压添加剂与金属表面发生化学反应，从而形成抗剪强度较低，但性质较稳定的化学反应膜，故使摩擦系数下降并保持平稳。曲线 3 则是润滑油中同时加入脂肪酸和极压添加剂，从而发挥了各自的长处，在不同的工作温度下都能维持数值低且稳定的摩擦系数。

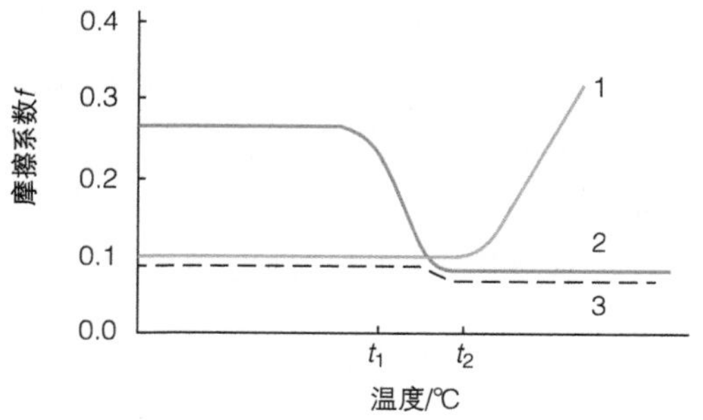

图 2-16　温度对边界膜摩擦系数的影响

从图 2-17 可知，在一般情况下，边界摩擦系数不受载荷的影响。当边界膜分子层数为 1 时，摩擦系数较大，在 0.15 左右；当分子层数增至 3 时，摩擦系数降低到 0.09；若进一步增加分子层数，则摩擦系数下降幅度趋缓，最后基本稳定在一稳定值。对于甲醇而言，是否也符合这种一般性，尚需进一步分析研究。

随着甲醇温度的升高，甲醇的黏度急剧下降，甲醇的蒸气压变化较大，如图 2-18 所示。这说明甲醇分子结合力随着温度的升高会迅速减弱，这些特性将会对边界油膜的建立造成较大影响。

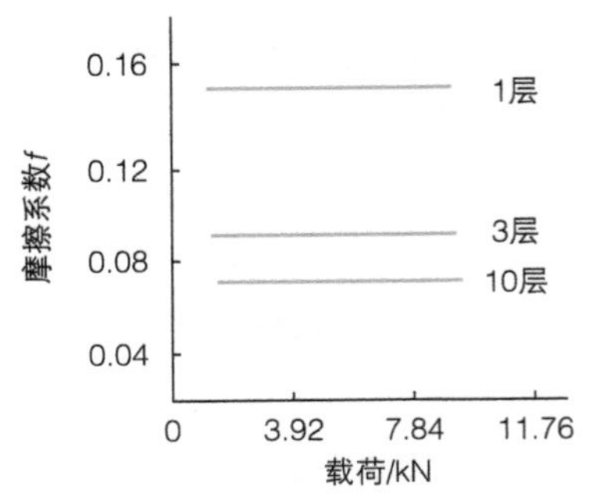

图 2-17 载荷和边界膜厚度对摩擦系数的影响

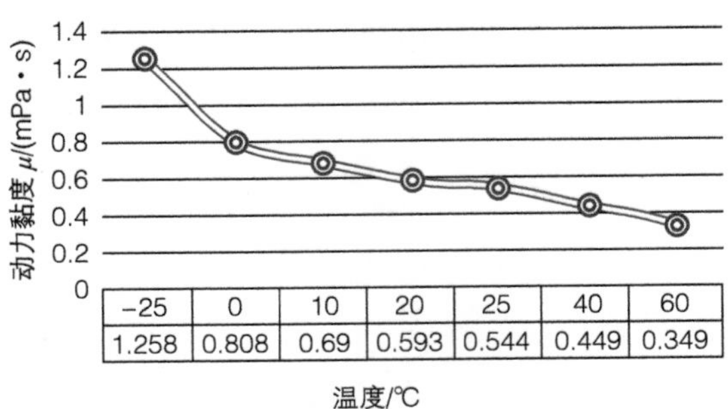

-25	0	10	20	25	40	60
1.258	0.808	0.69	0.593	0.544	0.449	0.349

图 2-18 甲醇在不同温度下的动力黏度

甲醇分子虽然具有极性，能够在摩擦表面建立一定的吸附油膜，但由于甲醇分子直径小，同时分子间结合力随着温度的升高迅速减弱（从图 2-18 的蒸气压变化可知），当超过临界温度后，将使吸附膜发生失向、散乱或脱附破坏润滑的可能性加大，致使油膜受到破坏，油膜强度下降，出现固体摩擦（干摩擦）。

综上所述，甲醇的特性对摩擦表面润滑油膜具有重要影响，与甲醇直接相关的零部件的摩擦表面，为了避免出现固体或半固体摩擦的高风险，必须要合理选择摩擦副材料和谨慎选择摩擦表面的表面处理工艺，需尽可能降低摩擦表面的摩擦系数，提高摩擦表面的耐磨性，降低摩擦表面的粗糙度，控制传动功率和温度，尽量避免超速和超负荷。

与甲醇燃料直接接触的零部件摩擦副的油膜设计，要求在存在油膜的滑动部位油膜参数 $\Lambda>3$（$\Lambda=h/\sigma$，h 为油膜厚度，σ 为表面粗糙度）。即便在特殊的使用环境和工作条件下，也有必要避开 $\Lambda=1$ 的区域，即要避免完全的金属接触。

2.3.3 燃烧产物对摩擦表面润滑油膜的影响

甲醇的燃烧产物主要为二氧化碳和水，燃烧时产生的甲醛在一定条件下生成甲酸，这些燃烧产物通过活塞窜气和曲轴箱通风系统部分进入发动机的润滑油，存在稀释润滑油和降低润滑油总碱值的风险，最终通过润滑系统对需要机油润滑的各摩擦表面产生影响。

甲醇在发动机中燃烧时，如果燃气中的氧气量充足，理论上燃料在当量空燃比下燃烧后生成 H_2O 和 CO_2，但实际上由于发动机的气道、燃烧室结构、喷雾情况、进气均匀性和 EGR 率、运行条件等影响因素形成常规排放物之外，燃烧过程存在中间产物甲醛、甲酸等，对金属表面产生侵蚀。燃烧过程见如下化学反应式：

$$C_mH_n+\frac{m}{2}O_2\longrightarrow mCO+\frac{n}{2}H_2$$

燃气中的氧气足够时有

$$2H_2 + O_2 \longrightarrow 2H_2O$$

$$2CO + O_2 \longrightarrow 2CO_2$$

$$CH_3OH \longrightarrow CH_2O + H_2$$

$$CH_2O + \frac{1}{2}O_2 \longrightarrow HCOOH$$

甲醇发动机的燃烧产物通过稀释和化学反应等作用对润滑油施加间接影响，主要造成以下四个方面的影响：运动黏度变化、总酸值和总碱值变化、水分和燃油稀释、元素含量变化。

（1）运动黏度变化　运动黏度是衡量油品油膜强度、流动性的重要指标，运动黏度变化率一定程度上表征了油品质量的衰变情况。黏度增加说明氧化加剧，油泥增多，油品的流动性变差，润滑性降低，黏度降低，从而导致油膜厚度不够而使发动机发生拉缸现象。一般来讲，甲醇发动机因为燃烧过程中生成大量的水、燃烧产物、微量未燃甲醇等混入润滑油，通过对润滑油的稀释和化学反应，使润滑油的黏度发生变化。图 2-19 所示是某款甲醇发动机所取油样运动黏度随试验时间的变化曲线。

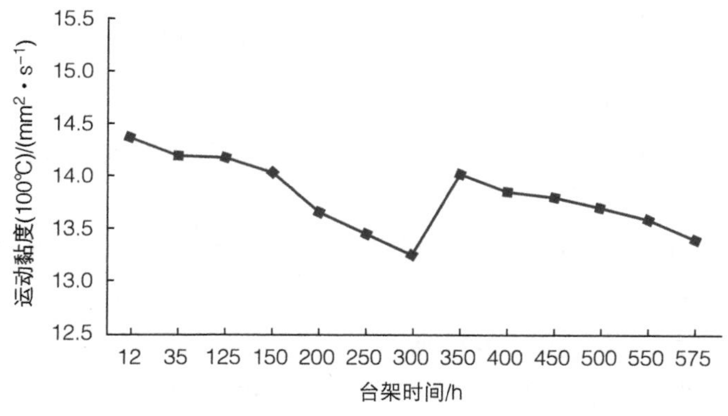

图 2-19　某重型 M100 甲醇发动机润滑油黏度随试验时间的变化

图 2-19 中润滑油采样周期短，润滑油更换周期为 300h，每次换油后的运动黏度随着试验时间降低，在台架 300h 时，运动黏度值为 13.41mm^2/s，处于目标指数的底线。润滑油黏度的下降，意味着对润滑油膜厚度和油膜强度造成影响，最终影响到摩擦表面的摩擦磨损情况。

（2）总酸值和总碱值变化　油品在使用中受温度、水分等其他因素影响，逐渐老化变质。随着油品老化程度增加，产生较多的酸性物质。碱值反映了油品抑制氧化和中和酸性物质能力的强弱，下降到一定程度，油品失去了中和能力，就可能产生腐蚀、磨损等现象。甲醇发动机与传统燃料发动机不同，普通润滑油很难解决甲醇燃料燃烧后生成物对发动机的腐蚀和磨损。由于甲醇燃烧生成的甲酸、甲醛、水等液态残余物的酸性大大高于传统燃料燃烧产物的酸性，这些酸性物质会随活塞窜气和曲轴箱通风系统进入润滑油中，导致油品碱值迅速降低，引起发动机活塞环和气缸壁的腐蚀磨损，尤其对金属铜、铁、铝元素造成腐蚀。碱值指标是甲醇发动机评价润滑油的一个重要指标，因此，与传统燃料润滑油相比，甲醇专用润滑油的碱值略高。

图 2-20 显示了某重型 M100 甲醇发动机在试验过程中油品的总碱值和总酸值的变化曲线。在第一次润滑油使用期间，随着试验时间的增加，总碱值降低，在 150h 左右，总碱值与总酸值差 0.6；随后，总酸值高出总碱值，发动机在弱酸性条件下运行，腐蚀增加。在 350h 时总碱值处于一个新的高点，说明润滑油在 300h 已经更换。

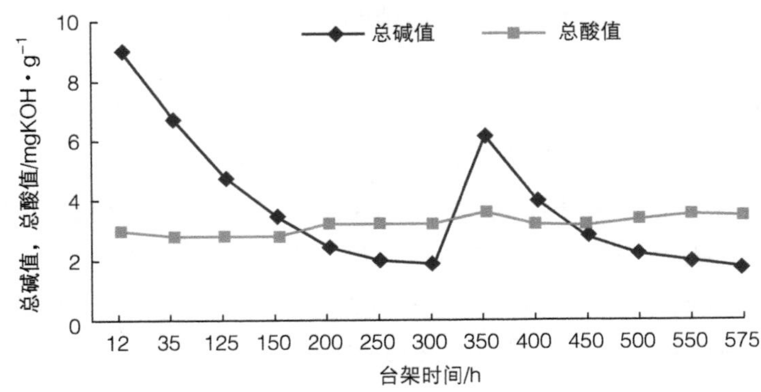

图 2-20　某重型 M100 甲醇发动机润滑油总碱值和总酸值随试验时间的变化

第二次换油后润滑油总碱值的变化趋势与前一个周期一致。碱值的下降，意味着在摩擦表面的油膜的化学特性发生变化，对润滑油膜的特性造成不利影响，最终影响摩擦表面的摩擦磨损。

（3）水分及燃油稀释　甲醇发动机燃烧后生成的甲酸、水以及未燃烧的甲醇等混入润滑油中，含量超过目标要求时会导致其乳化并引起发动机润滑油中抗磨剂的分解，显著降低发动机润滑油的抗磨效果。如图 2-21 所示，发动机台架试验过程中，某重型 M100 甲醇发动机的润滑油虽未发生乳化，但测量的润滑油油品中燃油稀释率最高值 0.5%，水分含量最高值 0.17%。此状况，也会最终影响摩擦表面润滑油膜的特性。

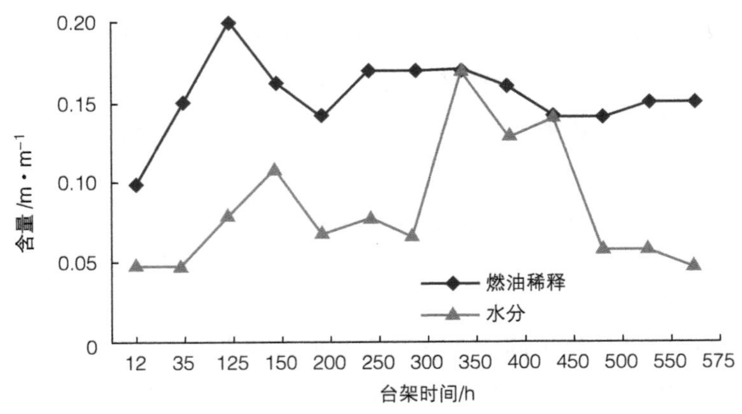

图 2-21　某重型 M100 甲醇发动机润滑油中燃油稀释率和含水量随试验时间的变化

（4）元素含量变化　发动机在用润滑油不仅要考虑油品理化特性的变化，而且也要关注润滑油中元素的含量，目前的测试方法和手段可实现 22 种元素化验分析，从检验结果中可以看出发动机磨损元素、污染元素以及添加元素随着试验时间的变化情况。

如图 2-22 所示，Fe、Cu、Al、Pb、Sn、Cr 为主要磨损元素，Fe 元素最高，这主要是由于缸套、活塞运动产生的磨损；Si 元素为污染元素，主要受工作环境影响，来源于空气和灰尘中，当空气滤清器效果变差时，该元素含量增加。从图 2-22 来看，Fe 元素最高值为 58mg/kg，其次 Cu 元素最高值为 34mg/kg，Si 元素最高值为 16mg/kg。上述元素在润滑油中的存在，势必会对润滑油膜的吸附特性、油膜强度造成不利影响，最终影响摩擦表面的磨损。

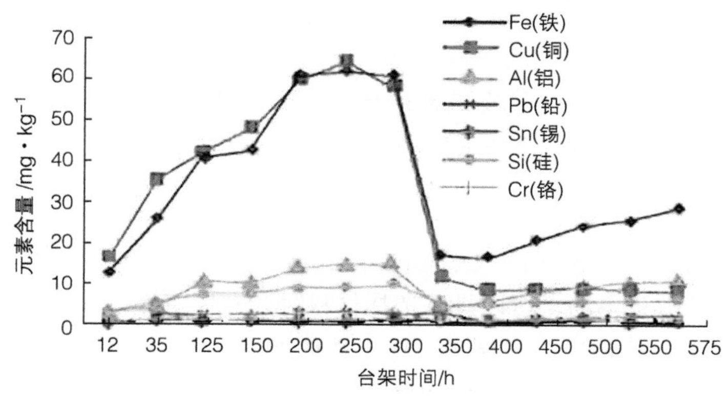

图 2-22　某重型 M100 甲醇发动机润滑油油品元素随试验时间的变化

发动机中需要润滑油润滑的摩擦表面，典型的部位为缸套和活塞环、轴承和轴颈。在实际运转中，由于发动机运转状态的不同，摩擦表面处于混合摩擦状态，其中流体摩擦和半流体摩擦起主导作用，油膜的润滑形式主要为流体润滑和半流体润滑。例如，长时间停车后重新起动的发动机气缸壁、活塞环摩擦副表面之间，在开始起动的最初时刻，尤其是在气缸上部，极有可能发生半固体摩擦；一旦发动机运转正常，那么两摩擦表面间发生的是流体摩擦，但在活塞运动至其行程上止点附近时，在气缸壁、活塞环摩擦副表面间，也不排除发生半流体摩擦的可能性。随着发动机不断提高平均有效压力和转速，发动机的各摩擦表面会接受更严格的考核。

综上所述，M100 甲醇发动机燃烧产物对润滑油品质和相关摩擦表面润滑油膜产生重要影响，摩擦副摩擦表面的选材设计不仅要考虑耐磨性，也需要考虑耐蚀性，以抵抗润滑油膜的特性变化和燃烧产物中腐蚀物质的侵蚀。

2.3.4　涉醇摩擦副分类与设计原则

摩擦副是摩擦学研究的基本对象，是运动副的物理实现或具体化，其功能是保证零部件执行设计允许的运动。当摩擦表面的磨损量超过一定限值后，将导致零部件性能和寿命迅速衰减，甚至功能失效。

与甲醇燃料或甲醇燃烧产物直接或间接接触的运动件在甲醇发动机的开发中占据非常

重要的地位，可以说决定着发动机产品开发的成败。此类运动件内部摩擦副的有效寿命决定着产品的可靠性和耐久性。甲醇发动机中与甲醇及其燃烧产物相关的摩擦副位置按零部件可分为四类，见表 2-5。

表 2-5　涉醇摩擦副分类

序号	说明	涉及零部件	摩擦副类型
1	与甲醇燃料直接相关	甲醇喷油器、甲醇泵	滑动摩擦、滚动摩擦
2	与甲醇燃烧产物直接相关	缸套、活塞环、EGR 阀	滑动摩擦
3	与甲醇燃烧产物间接相关	油气分离器、轴承、轴瓦	滑动摩擦、滚动摩擦
4	与甲醇和甲醇燃烧产物相关	气门、气门座圈	滑动摩擦、复合摩擦

虽然不同的涉醇零部件涉及的摩擦机理不同，但摩擦副的设计原则是相同的。研究磨损机理、特点及规律的目的是为了有效地提高汽车零部件的耐磨性和使用寿命。大量的理论研究和实践表明，可从以下几个方面来减缓汽车零部件的磨损。

1. 材料选择

正确地选择摩擦副材料是提高汽车零部件耐磨性的一个极为重要的方面。由于不同摩擦副可能发生的磨损形式不同，所以具体选择材料时要有针对性。

在以黏着磨损为主的情况下，材料选择应遵从以下原则：一是相同的金属或晶格类型相近的金属所组成的摩擦副易发生黏着磨损，而不同金属或晶格类型不相近的金属黏着倾向小。在这方面一个显而易见的实例是，大多数汽车发动机曲轴用钢或球墨铸铁来制造，而轴瓦减摩合金则选用铜铅合金或高锡铝合金等。二是从金相组织的角度来比较，多相金属比单相金属材料的黏着倾向小，金属中化合物比单相固溶体黏着倾向小。三是塑性材料比脆性材料易发生黏着磨损。对于磨料磨损，一般根据摩擦副材料硬度越高越耐磨的特点，通过提高零件配合表面的硬度来提高耐磨性。当然，如果能控制磨料的来源和数量，将会从根本上减轻磨料磨损。对于表面疲劳磨损，由于原始微裂纹易在零件材料有缺陷的地方，如气孔、夹杂物甚至机加工缺陷等处产生，所以人们致力于控制这些因素。

2. 润滑

减小汽车零件摩擦与磨损的有效方法是使摩擦表面完全被润滑油膜覆盖，起码被一层极薄的具有特殊性质的吸附性边界膜所隔开。为此，除供给必需的润滑油外，还须注意使摩擦表面的几何形状、尺寸、间隙等能适应工作载荷、相对运动速度和润滑油黏度等条件。而在润滑油中加入油性和极压添加剂，能大幅度提高润滑油膜的吸附能力及油膜强度，所以能大幅度地提高黏着磨损抗力。

润滑油的黏度高可促使摩擦副接触部分的压应力分布均匀，有利于提高抗表面疲劳磨损的能力。黏度低的润滑油，除上述能力较差外，还易于渗入微疲劳裂纹中，加速其扩展和疲劳点蚀、剥落的发生。同时，润滑油中的含水量要严格控制，过多也将加速表面疲劳磨损的进程。

当然，在选择润滑油时，其黏度 - 温度特性也是一个很重要的考虑因素。

3. 表面处理

为了改善汽车零件摩擦表面的耐磨性，往往采用多种表面处理方法。例如，车用发动机的第一压缩环就多采用滑摩面镀铬。原因在于镀铬层硬度高、熔点高，有利于防止磨料磨损和黏着磨损，尤其是磨料磨损。使用试验表明，镀铬不仅可提高第一环的耐磨寿命 3 ~ 5 倍，而且还可以有效地延长第一环以下其他各环的使用寿命。此外，气缸的最大磨损也会因此而下降 30% ~ 40%。但随着车用发动机强化程度的日益提高，气缸壁上部的润滑状况日趋恶化，活塞环表面镀铬层也有发生软化并引起黏着磨损的危险。因此，出现了抗黏着磨损性能优于镀铬的活塞环滑摩面喷钼技术。不过需要注意，在磨料磨损条件下，喷钼环的使用寿命往往不及镀铬环。某些表面热处理方法，如渗碳、碳氮共渗、磷化等，也可提高汽车零件的耐磨性。另外，某些减摩工程塑料或复合材料近年来也在汽车上得到应用。

4. 结构设计

摩擦副正确的结构设计是减少磨损、提高耐磨性的重要条件。为此，结构设计要有利于摩擦副间润滑油膜的形成和恢复、压力的均匀分布、摩擦热的遣散和磨屑的排除。另外，为了防止外界磨料颗粒的进入，在结构设计中，还广泛地应用置换和转移原理，即允许摩擦副中的一方磨损而保护更为重要的或价值较高的另一方。例如，车用发动机曲轴成本高，维修困难，所以设计与其配对的是价格低廉且更换容易的减摩合金轴瓦，目的是通过较软合金轴瓦的磨损来保护曲轴轴颈。另外，较软的合金易于变形，因而可使因曲轴主轴颈中心线直线度误差或气缸体曲轴轴承承孔同轴度误差所引起的摩擦副表面局部过高载荷得以重新分布。同时，较软的减摩合金还可以藏匿外来磨料颗粒，甚至可以在润滑油全部流失的极端情况下，靠合金材料很低的熔点，在短时间内保护曲轴轴颈。

最后，不断完善车用甲醇发动机空气、燃料、润滑油三套过滤系统，可以最大限度地滤除磨料颗粒，保护各摩擦副表面，延长使用寿命。

以上介绍为摩擦副设计的原则，实际在工程实施的过程中，结合摩擦学理论，摩擦副的设计可细分为摩擦副油膜设计、摩擦副摩擦磨损计算、摩擦副材料匹配、摩擦副表面和表面处理工艺、摩擦副使用的环境条件，这些在本书的后续章节中也将有专门论述。

2.4 涉醇零部件开发与验证

2.4.1 防腐耐磨开发方法

1. 防腐蚀方法

（1）非金属件防腐蚀的基本方法　甲醇容易渗透到塑料、橡胶等非金属零件中，对甲醇液位计的浮子、燃油管路、密封圈及其他部件的许多非金属材料都有溶胀、软化或龟裂作用，影响材料的使用性能，导致系统漏油。

1）选用阻隔性能好的材料。例如：丁基橡胶是一种以异丁烯为主体，含有少量异戊二烯的高分子弹性体，其结构如下：

$$[C(CH_2)_2-CH_2]_n-CH_2-C(CH_3)=CH-CH_2[C(CH_2)_2-CH_2]_m$$

丁基橡胶的分子主链呈螺旋结构，其侧基的排列整齐密实，这种结构赋予材料良好的阻隔性能，特别可以有效阻止甲醇分子在材料内部的扩散。

采用该类橡胶、橡胶涂层或者层压作为甲醇管的材料，具有良好的防溶胀功能。另外，氟橡胶、尼龙、三元乙丙橡胶都有不错的防止甲醇溶胀性能。

2）在橡胶中增加抗溶胀剂。主要是根据表面活性剂原理及高低温抗氧化、防锈机理而研制开发的，能够有效地抑制和降低甲醇对橡胶的溶胀作用，防止车辆相关密封部件的磨损和腐蚀，保持橡胶件的弹性，减缓橡胶老化。

（2）金属件防腐蚀的基本方法　在金属材料中加入钝化能力强的合金以提高其钝化性能或对材料进行钝化处理；提高零部件表面加工粗糙度等级，在接触面增加化学涂层，抑制电化学反应的形成；添加含碱成分的缓蚀剂以中和燃烧过程中产生的甲酸等物质。

（3）防止空泡腐蚀的基本方法　防止空泡腐蚀可以选用耐腐蚀磨损较好的材料或减少流程中的流体动压差，也可以采用提高表面加工精度的方式。

（4）润滑油防腐蚀的基本方法　提高润滑油的总碱值，在润滑油中添加相应的腐蚀抑制剂或者在铸铁表面做防护层。

检测润滑油的运动黏度、碱值、水分等，并将其控制在一个合理的范围，见表2-6。

表2-6　润滑油考核

考核项目	试验设备	考核依据
运动黏度	石油产品运动黏度测定器	GB/T 265—1988《石油产品运动黏度测定法和动力黏度计算法》
碱值	石油产品电位滴定仪	SH/T 0251—1993《石油产品碱值测定法（高氯酸电位滴定法）》
水分	石油产品水分测定仪	GB/T 260—2016《石油产品水含量的测定　蒸馏法》

2. 耐磨损方法

（1）耐磨料磨损设计保护　从我国甲醇汽车试点情况来看，试点运行过程中加注的甲醇清洁度普遍较差，目前市场上正规甲醇加注站较少，不规范的加注行为会将大量杂质带入甲醇系统，这些杂质中部分硬度较大的磨粒进入摩擦副之间引起摩擦副磨损。同时甲醇供给系统本身运动摩擦副之间也会形成一些磨损微粒。

对于系统外部进入系统的磨料，可以在系统摩擦副前侧增加有效的甲醇过滤系统，防止微粒随着甲醇进入摩擦副之间。过滤精度的选择可以根据摩擦副之间摩擦间隙参考设计手册及汽油、柴油汽车过滤系统进行设计。

对于已经进入系统的磨粒，需要对摩擦副本身材料进行优化设计，由于磨料磨损状态取决于磨粒硬度 H_α 与摩擦副材料硬度 H_β 比值，有资料表明随着这个比值增大，摩擦副磨损状态不断升高，这就存在三种不同的磨损状态。

1）当 $H_\alpha/H_\beta<1$ 时，此时磨粒硬度小于摩擦副的硬度，系统处于低磨损状态。

2）当 $H_\alpha/H_\beta\approx1$ 时，此时磨粒硬度和摩擦副的硬度基本持平，系统处于磨损转化状态。

3）当 $H_\alpha/H_\beta>1$ 时，此时磨粒硬度大于摩擦副的硬度，系统处于高磨损状态。

这就导致了一个重要结论：为了减少磨料磨损，摩擦副的硬度应该比磨料硬度高，经验数据表明 H_β 约等于 1.3 倍 H_α 时，系统处于低磨损状态。

但是这并不是说摩擦副材料强度越高，磨损率越低，随着 H_β/H_α 的值逐步升高，磨损量改善并不明显，而且会导致成本的显著升高。同时由于摩擦副材料强度过高，韧性会有所降低，应采取措施确保材料不会因为应力集中而断裂。

当出于成本或者材料机械设计性能的需要而不可能选择硬度较高的材料时，可采用表面处理技术，比如对金属摩擦副表面进行局部淬火处理，增强金属表面硬度及耐磨性，同时内部保持较高的韧性，使摩擦副表面外硬内韧，具有较好的力学性能。或者在金属表面进行渗碳、渗氮、碳氮共渗、喷丸、滚压等工艺。石英是自然界最硬的物质，其硬度可达 900 ~ 1200HV，因此比石英更硬的材料有限。对于部分较重要位置，经济上允许情况下可在摩擦副表面进行镀层处理。陶瓷材料是工程材料中刚度最好、硬度最高的材料，其硬度在 1500HV 以上，能够很好地抵抗磨料磨损。工程应用过程中可根据不同需要进行选择。

（2）耐疲劳磨损设计保护　表面疲劳磨损与零件材料的力学性能、表面粗糙度、润滑状态、接触表面承受的单位压力、载荷在单位时间内的循环次数等因素有关。为了降低零件的表面疲劳磨损，可采取以下措施。

1）选用合适的材料及相应的强度和硬度。材料的强度和硬度影响表面疲劳磨损。材料的抗断裂强度越大，则磨损微粒分离所需要的疲劳循环次数也越多，可以提高耐磨性。材料的硬度应保持在一定的范围内，因为抗接触疲劳力随硬度的升高而增大，但硬度超过一定值时，疲劳磨损反而会增加。研究表明，对于滚动轴承，其表面硬度为 HRC62 左右时，抗疲劳磨损的能力最强，轴承的平均使用寿命最高。

2）提高零件的表面质量。表面状况对零件的疲劳磨损影响很大，如表面粗糙度对疲劳磨损有显著的影响，当 Ra 值由 0.47μm 减小到 0.24μm 时，抗疲劳磨损能力可提高 2 ~ 3 倍。其次采用表面处理的方法，如采用表面渗碳、淬火、氮碳共渗、喷丸、滚压等工艺使表面产生残余压应力来提高零件的抗接触疲劳磨损的能力。当然残余压应力也不应超过某一临界值，否则，反而会使抗疲劳磨损能力下降。最后，应尽量避免表面出现如疏松、划痕凹坑、沟槽、锈斑等缺陷，以提高抗疲劳磨损的能力。

3）选用合适的润滑油及合理地更换润滑油。选用黏度适度和黏温特性好的润滑油进行润滑，以使摩擦副接触部分的压应力分布均匀，以提高表面抗疲劳磨损的能力。如果黏度较小，可能引起润滑油渗入疲劳裂纹中，加速裂纹的扩展和疲劳点蚀、剥落的产生。同时润滑油中的含水量应严格控制，过多会加速表面疲劳磨损的进程，因此要合理定期地更换润滑油。甲醇发动机必须选用甲醇机专用润滑油进行润滑，关于甲醇机润滑油设计及选择可参考本书前述章节相关内容。

（3）耐腐蚀磨损设计保护　众所周知，材料表面改性可显著提高材料耐磨性和抗蚀性能。而材料表面的化学成分、组织结构、力学性能、表面粗糙度对材料的腐蚀磨损性能有较大影响，所以利用表面改性提高材料抗腐蚀磨损性能日益受到人们的重视与关注。

对于甲醇腐蚀磨损要求及表面保护方法，在前面的章节中已经有不少介绍，后续章节中对具体设计对象还会有相关描述，在此不再赘述。

（4）耐混合磨损及微动磨损设计保护

1）结构设计改进。改进设计是控制微动磨损的有效途径之一。在结构设计时尽量减少接触面，如用焊接代替铆接、螺栓连接和螺钉连接结构，消除了微动损伤。对于必须采取铆接和螺栓连接的结构，可采取提高零部件刚度、增加放松措施。对于轴承外瓦和轴承座接触面相对静止又不经常拆卸的配合表面，在装配时用厌氧胶或其他黏接剂将其粘结在一起，拆卸时可用加热或溶解的方法将其拆开。对于一些常见的连接结构形式，设计时应考虑减少微动振幅或交变应力值，可采用提高加工精度、减少配合件公差、保证同轴度等措施减轻微动损伤。

2）材料的选择。在选材时须首先考虑材料的抗黏着性能和表面疲劳性能，其次是材料的整体疲劳性能和腐蚀性能。应尽量避免使用性质相同或相近的材料。脆性材料比塑性材料抗黏着能力强，提高金属材料的硬度能增加抗黏着和剪切能力，高温合金经预氧化处理可形成薄而牢固吸附于表面的氧化膜，明显提高材料的抗微动磨损性能。

3）表面强化工艺措施。各种表面强化工艺不需要改变设计和材料，经济易行，可用于新产品和磨损件的修复。表面强化工艺种类繁多，若从工艺方法划分，可分为表面机械强化、表面化学强化、电镀和化学镀表面强化、离子溅射、离子镀、离子注入。

4）热喷涂表面强化、冷挤压强化工艺。由于磨损过程涉及系统特性，大量参数必须进行观测，因此每一具体摩擦学问题都具有特殊性，这给防磨损设计技术系统化、规范化带来了很大的困难。上述几种类型磨损都有大量防磨损方法，几类方法同时又有交叉和不同技术要求。另一方面，各种新技术原理及各种新工艺不断产生，在进行防磨损设计过程中应根据实际工况进行综合选择。

涉醇类零部件在防磨损设计过程中与传统零部件几乎一致，但是由于甲醇燃料的腐蚀作用，以及甲醇燃料与传统燃料在黏度、润滑性等理化性质方面差距较大，因此涉醇类零部件防磨损设计过程中对此类不同必须进行额外考虑。

2.4.2　零部件试验验证

1. 试验验证内容

试验验证是通过试验对设计方案进行有效性评价的过程，一般至少在三个维度上进行，即指标维度、流程维度和零部件特征维度。

1）指标维度。包括技术层面的性能和功能、工程层面的可靠性和耐久性、商品层面的质量和成本。

2）流程维度。依据汽车零部件开发流程，应包括零部件单体试验、总成（发动机）搭载试验和整车搭载综合试验等。

3）零部件特征维度。甲醇发动机的涉醇件，应包括运动件和非运动件两部分。运动件的开发过程中，不仅要考虑材料的耐醇腐蚀性，更要考虑材料的耐磨损性能。非运动件在开发过程中，主要考虑材料的耐醇性能。由于涉醇件与汽油机、柴油机零部件的关键区别在于材料的耐甲醇腐蚀和耐磨损性能，所以试验验证须特别关注与甲醇接触的材料、表面涂层以及制造工艺所对应的制造质量等相关内容。

2. 试验验证流程

涉醇零部件开发的首要环节是产品设计前期的质量功能展开分析和设计，以及潜在失效模式分析。在产品概念设计阶段，就须根据 QFD（质量功能展开）和 DFMEA（设计失效模式影响分析）充分考虑耐醇性和耐磨性关键材料的选择；根据产品功能和潜在失效模式科学地开展 DOE（试验设计）和 DV（试验验证），对试验条件和验证内容进行充分的设计、策划。各阶段工作内容体现在图 2-23 中，此图是整车开发过程中质量管理流程的一种表达形式，是所有试验验证的最顶层规范。

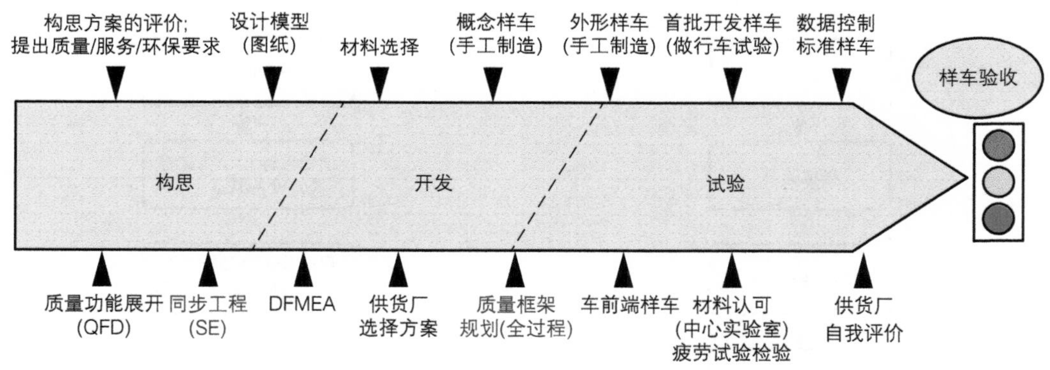

图 2-23　汽车产品设计开发过程

图 2-24 所示为汽车零部件开发过程中试验验证的一般流程。涉醇零部件开发的关键是耐醇材料或部件的选择及其试验验证的策划和实施，其余开发内容和非涉醇件相同，如图 2-25 所示。

3. 试验评价

评价的对象是依据试验大纲所完成的相关结果，是涉醇零部件开发流程中的重要环节。评价所依据的相关试验结果主要以数据形式表现，不能以数据形式表现的则应该由专家主观评价。具体就是对前述试验验证内容中所提到的三个维度试验结果的相关设计目标及其重复性进行评价。

（1）指标维度

1）技术指标的功能和性能是否达到了设计目标，且这些指标是否可重复？

2）工程指标的可靠性和耐久性是否达到了设计目标，且这些指标是否可重复？

3）商品指标的质量和成本是否达到了设计目标，且这些指标是否可重复？

（2）流程维度

1）零部件单体试验是否达到了设计目标，且这些指标是否可重复？

2）发动机搭载试验是否达到了设计目标，且这些指标是否可重复？

3）整车搭载综合试验是否达到了设计目标，且这些指标是否可重复？

（3）零部件特征维度　对于甲醇发动机的涉醇件，包括运动件和非运动件两大部分。对其防腐和耐磨的试验结果进行相关评价，评价其设计指标的可重复性及达成程度。

评价的依据是设计目标、试验大纲和相关企业标准（或国家标准、行业标准以及团体标准）等。一般情况下，上述评价过程中会自然地涉及供应商评价、工艺评价、试验条件评价以及团队评价等相关内容。

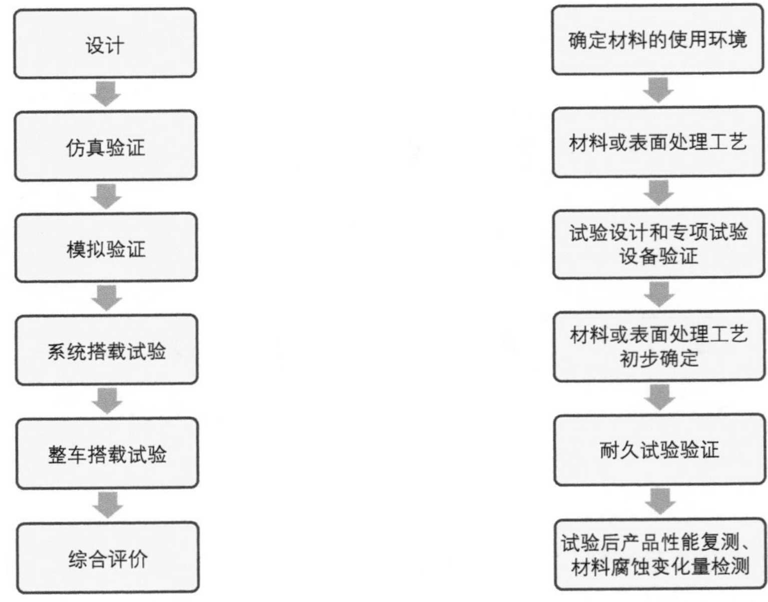

图 2-24　汽车零部件开发试验验证流程　　图 2-25　涉醇零部件材料设计流程

参考文献

[1] 左景伊 . 腐蚀数据手册 [M]. 北京 : 化学工业出版社 , 1982.

[2] 龚敏 . 金属腐蚀理论及腐蚀控制 [M]. 北京 : 化学工业出版社 , 2009.

[3] 高万振 , 刘佐民 , 高新蕾 . 表面耐磨损与摩擦学材料设计 [M]. 北京 : 化学工业出版社 , 2014.

[4] 崔心存 . 醇燃料与灵活燃料汽车 [M]. 北京 : 化学工业出版社 , 2010.

[5] 汪映 , 何利 , 周保龙 . 甲醇的燃料润滑性研究 [D]. 西安 : 西安交通大学 , 2011.

[6] 徐安 . 汽车零件的摩擦机理研究 [J]. 汽车工程学报 , 1995(3): 20-25.

[7] 徐安 . 论汽车零件的磨损失效及其对策 [J]. 汽车研究与开发 , 1994(3): 9-15.

[8] 陈海兰 , 卢瑞军 , 张志东 , 等 . 商用甲醇发动机润滑油试验特性研究 [J]. 小型内燃机与车辆技术 , 2019(6): 10-14.

[9] 许耀铭 . 油膜理论与液压泵和马达的摩擦副设计 [M]. 北京 : 机械工业出版社 , 1987.

第 3 章 甲醇发动机本体

目前的甲醇燃料发动机多基于乘用车汽油机或商用车气体机平台进行开发。考虑到开发周期和成本等因素，其开发内容更多地是针对甲醇燃料的特性做一些关键的、必要的零部件的适应性优化和改进。在动力输出基本相当的情况下，控制甲醇燃料发动机的机械负荷不超过原气体机或汽油机的边界；通过冷却 EGR 等手段控制比热容和燃烧速度，降低甲醇燃料发动机的热负荷，使其不超过原气体机或汽油机的边界；通过甲醇专用机油开发，使其满足甲醇燃料发动机的润滑要求。甲醇发动机外围涉醇零部件系统，如甲醇燃料供给系统、进气系统、曲轴箱通风系统、排气系统、电控系统等开发应用在其他章节叙述。发动机本体系统涉醇零部件，如缸套、活塞环、轴瓦、气门和气门座圈、油封等有必要进行评估、优化和改进。本体系统基础件，如缸体、曲轴、连杆等，除与燃料及燃烧系统直接相关部分外（如缸盖气道、活塞燃烧室、缸套、活塞环等），可基本保持与原机一致，做到同平台开发。

3.1 发动机燃烧系统开发

一般发动机燃烧系统的开发主要包括气道结构设计及布置、燃烧室形状的设计、火花塞的布置及匹配等。燃烧系统是整个发动机的核心，虽然到目前为止，甲醇发动机的燃烧机理有些尚未完全明确，但随着工程开发和基础研究的不断深入、仿真软件模型的不断完善及制造工艺的不断发展，也逐步摸索和积累了大量相关经验。特别地，与汽油机类似，甲醇燃料发动机适合于点燃式的高滚流燃烧系统。

对于商用车重型甲醇发动机而言，其原机气体机又主要源自柴油机平台而来。一般压燃式柴油机采用扩散燃烧的方式，一定的涡流强度对形成相对均匀的混合气有好处，防止过浓或过稀的区域出现，进而影响排放和经济性；采用预混燃烧的点燃式发动机，滚流能提高点火时刻的湍动能，改善燃烧，提高发动机的热效率。因此，开发商用车甲醇发动机，需要对基础机型的缸盖气道做必要的改进和优化。

目前商用车重型发动机，其原机气道多为切向气道或扭转气道，理想的重型甲醇发动机缸盖气道开发应该进行图 3-1 所示的转变，这样不仅可以提高点燃式发动机所需的滚流比，而且能减少甲醇燃料的燃油湿壁现象及油膜厚度，也改善了缸内混合效果。单从开发高效发动机的角度，重型甲醇燃料发动机有必要进行缸盖及关联零部件的全新设计开发。

但是，实际工程化和产品化过程，需综合考量投入成本、所得收益以及项目周期。

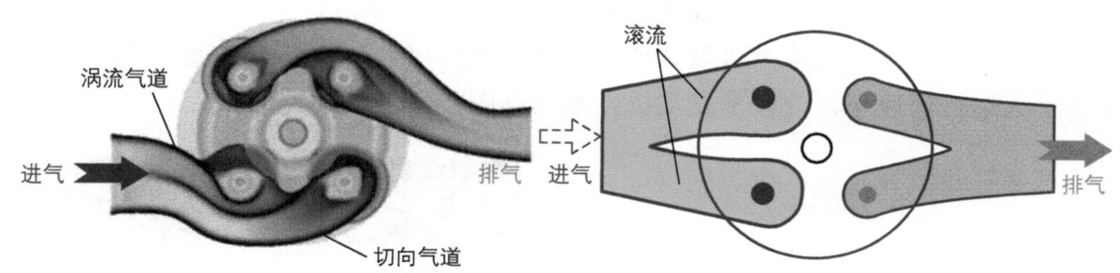

图 3-1　理想的重型甲醇燃料发动机气道布置和结构转变

3.1.1　燃烧系统概述

1. 气流的组织

内燃机缸内空气运动对混合气的形成和燃烧过程有决定性影响，因而也影响着发动机的动力性、经济性、燃烧噪声和有害废气的排放。组织良好的缸内空气运动对提高发动机的火焰传播速率、降低燃烧循环变动、促进燃烧过程中空气与燃料的混合有重要作用。缸内混合气的组织形式主要有适用于柴油机扩散燃烧的涡流和适用于汽油机预混燃烧的滚流和挤流。

（1）涡流　在吸气过程中形成的绕气缸轴线有组织的气流运动称为进气涡流。由于存在气流之间的内摩擦损耗和气流与缸壁之间的摩擦，将使进气涡流在压缩过程逐渐衰减。一般情况下，在压缩终了时，有约 30% 的初始动量矩损失。当活塞接近上止点时，大量空气被迫进入位于活塞顶部的燃烧室内，使凹坑内的切线速度有所增加。在柴油机上，进气涡流主要用于增强喷油油束与空气的混合，提高燃油与空气的混合速率，有助于柴油机的快速燃烧，如图 3-2 和图 3-3 所示。

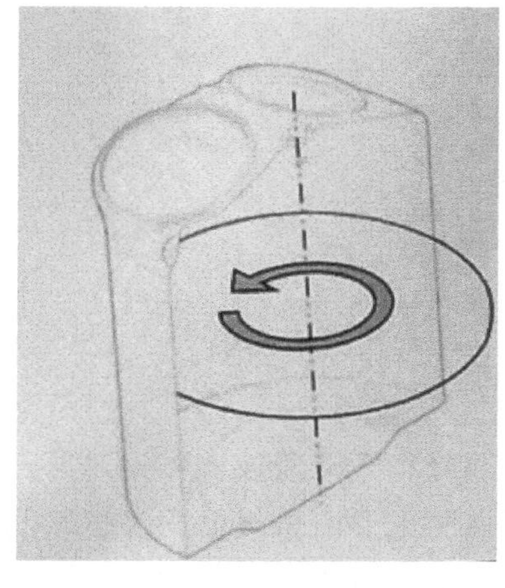

图 3-2　涡流

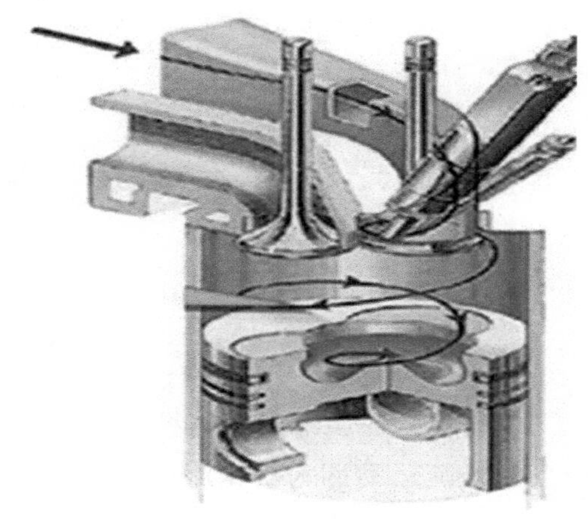

图 3-3　涡流气道

（2）滚流　在进气过程中形成的绕垂直于气缸轴线的有组织的空气旋流称为滚流或横轴涡流。滚流较适宜于在四气门汽油机上使用，滚流在压缩过程中其动量衰减较少。当活塞接近上止点时，大尺度的滚流将破裂成众多小尺度的涡流，使湍流强度和湍流动能增加，大大提高了火焰传播速率，改善了发动机性能，如图 3-4 和图 3-5 所示。

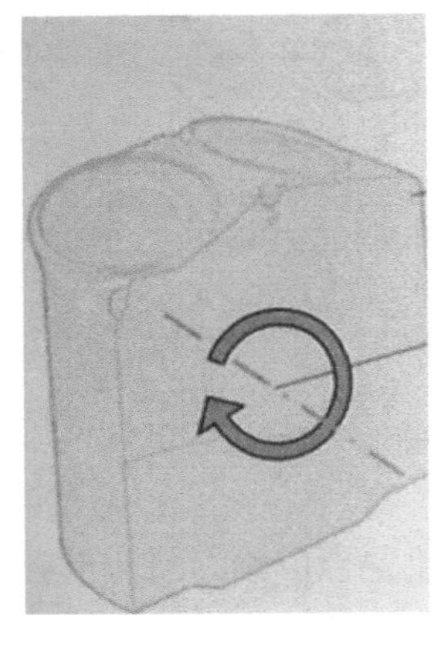

图 3-4　滚流

图 3-5　滚流气道

在四气门汽油机中，在两个进气道的一个中安装滚流控制阀，如图 3-6 所示，通过改变滚流控制阀的升度，即可形成不同角度的斜向旋流，斜向旋流可以认为是由进气涡流和滚流两部分组成的。滚流在近几年来获得了广泛的应用，特别是在缸内直喷汽油机上是很重要的设计目标参数。

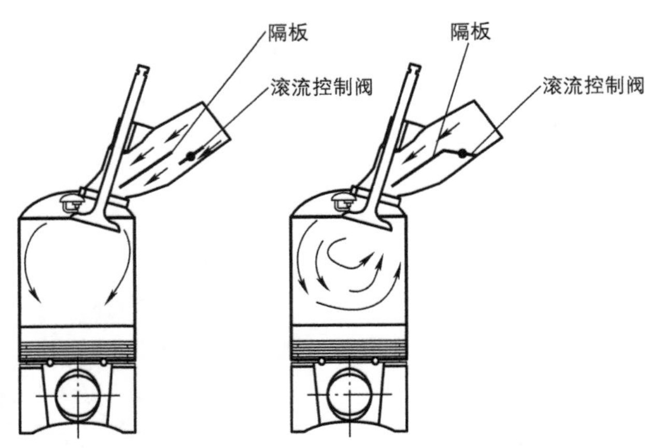

图 3-6　滚流控制阀

（3）挤流　在压缩过程后期，活塞表面的某一部分和气缸盖彼此靠近时所产生的径向或横向气流运动称为挤压流动，又称挤流。挤流强度主要由挤气面积和挤气间隙的大小决定。挤流在汽油机上得到了广泛的应用，汽油机紧凑型燃烧室都利用较强的挤流运动，以增强燃烧室内的湍流强度，促进混合气快速燃烧。从燃烧效率、排放、油耗方面考虑，带挤气屋脊型燃烧室与滚流气道相结合的进气形式成为汽油发动机的主流设计，如图 3-7 所示。

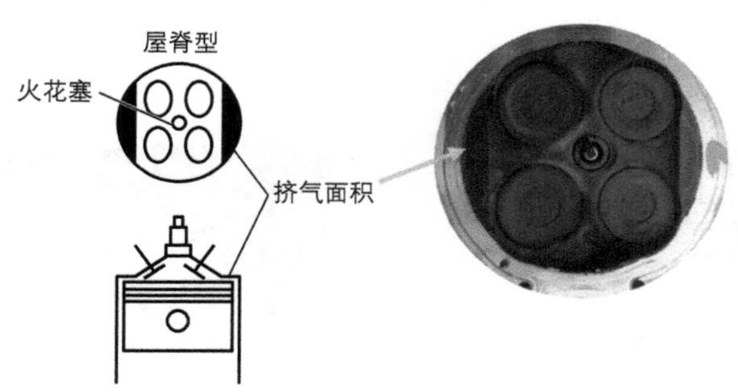

图 3-7　挤气结构

2. 气道的布置

柴油机四气门的气道布置可分为切向进气（图 3-8）、扭转进气（图 3-9）和平行进气（图 3-10）。从气道流动品质（流量系数与涡流强度）看，平行气道的流量系数最大，涡流强度最低，是重型柴油机常用的进气道形式，但不能满足小型高速柴油机对涡流强度的要求。为了达到足够的涡流强度，必须采用切向或者扭转气道，切向气道的缺点是流量系数比较低，扭转气道则有较好的综合流动性能。汽油机一般为滚流进气道（图 3-11），通过气道流线和气门位置调整进气流量系数和滚流比来满足要求。

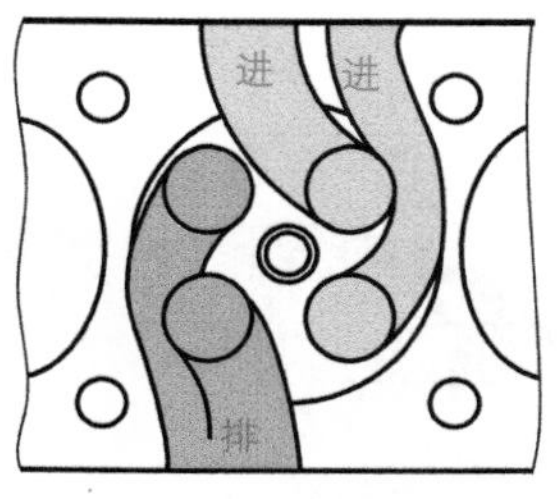

图 3-8　切向进气道

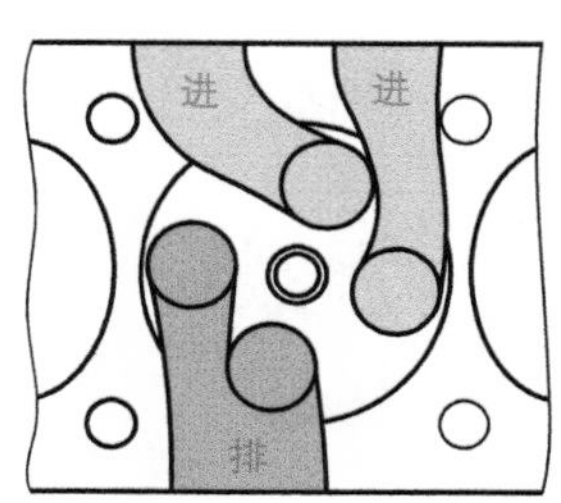

图 3-9　扭转进气道

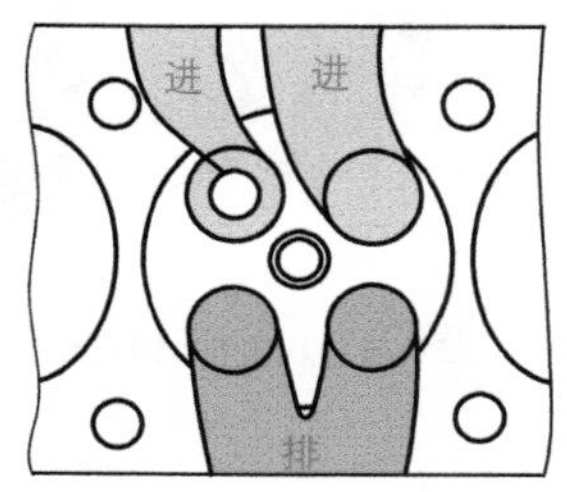

图 3-10　平行进气道

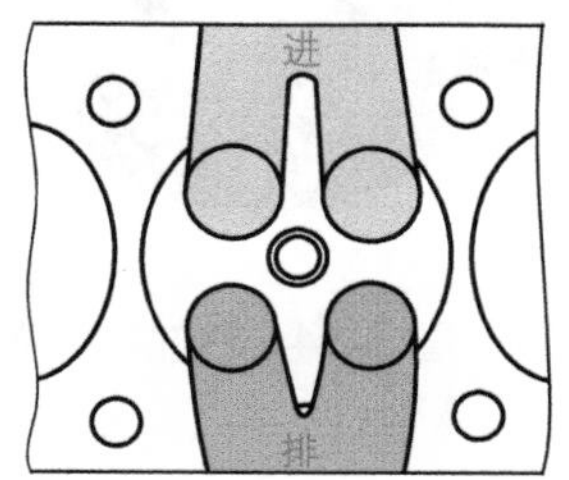

图 3-11　滚流进气道

3. 发动机的燃烧

汽油机的燃烧为预混燃烧，火焰由着火点传播到整个燃烧室，如图 3-12 和图 3-13 所示。

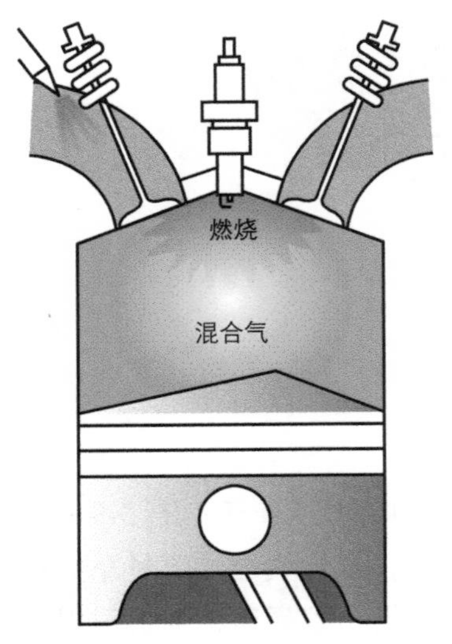

图 3-12　点燃式

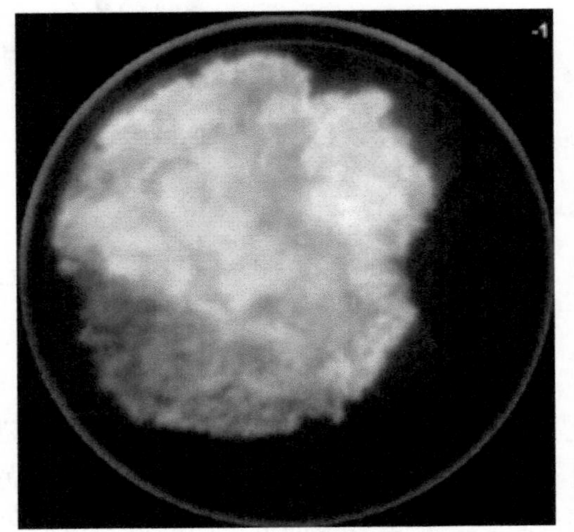

图 3-13　缸内预混燃烧

典型汽油机的燃烧室形状、气道布置如图 3-14 所示。对于进气道喷射预混燃烧发动机，实际应用时从制造工艺及成本考虑，活塞顶面形状一般为平顶，如图 3-15 所示，并无太高要求。

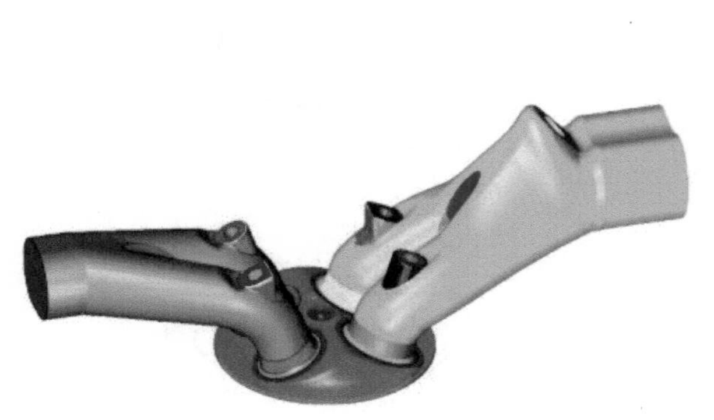

图 3-14　汽油机燃烧室

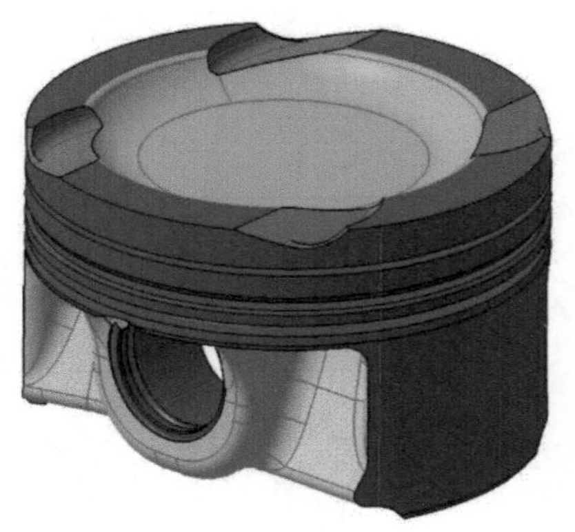

图 3-15　汽油机活塞结构

柴油机的燃烧为扩散燃烧，燃烧室中多点压燃，边混合边燃烧，如图 3-16 和图 3-17 所示，因此对气流的组织要求比较高。

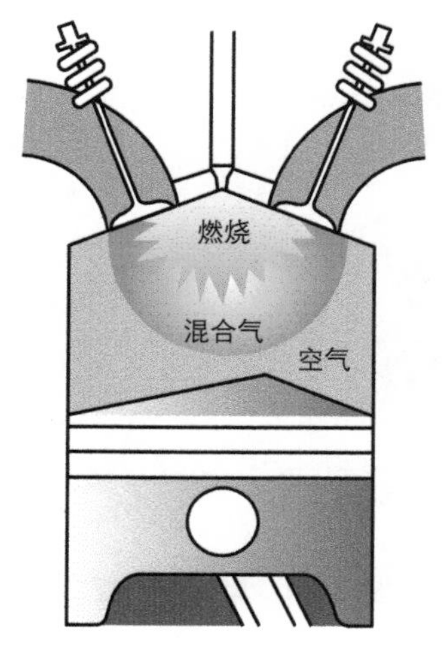

图 3-16　压燃式

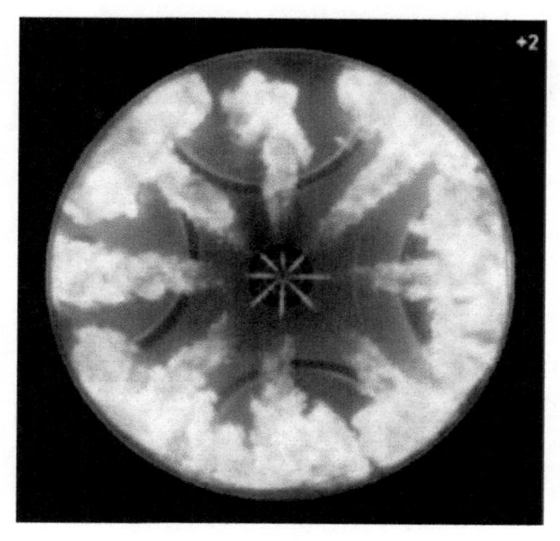

图 3-17　缸内扩散燃烧

典型柴油机的燃烧室形状、气道布置如图 3-18 所示。考虑综合性能，采用扭转气道；活塞燃烧室形状为 ω 形，组织进气涡流，如图 3-19 所示。

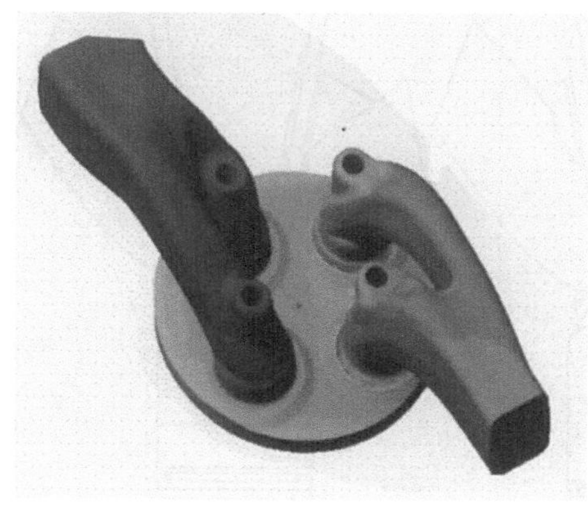

图 3-18　柴油机燃烧室

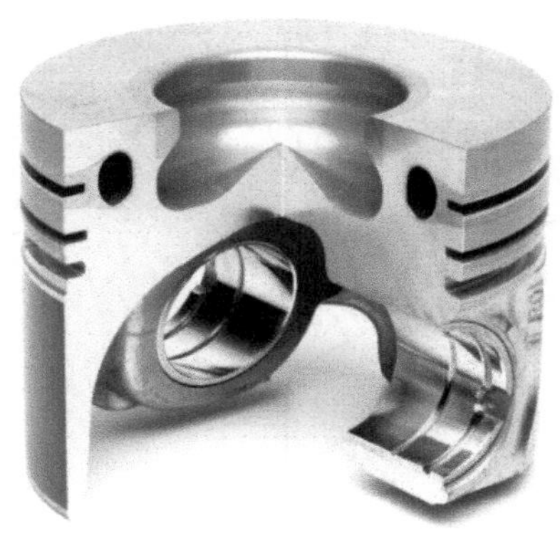

图 3-19　柴油机活塞结构

商用车中重型甲醇机的开发一般基于气体机平台，而国内气体机开发又基于柴油机平台。同为预混点燃式的重型甲醇机和气体机，对燃烧系统的开发要求是一致的，但气道的更改受到一定的限制，而活塞燃烧室的更改具备可操作性，主要目的是调节压缩比，降低涡流壁面导向，通常燃烧室为直口平底或敞口平底形状，如图 3-20 和图 3-21 所示。乘用车甲醇机的燃烧系统开发要求和汽油机基本一致。

另外，对于直喷汽油机，分层工作模式在部分负荷时使用是一种降低油耗的有效措施。在点火时刻，火花塞附近需要有可燃的混合气，而在远离火花塞的区域，应有稀薄但仍然可燃的混合气，或者应有纯空气或者通过有组织的废气再循环而获得的纯废气。与均质燃烧模式不同的是，分层燃烧模式的燃烧不会到达燃烧室壁面，而是在十分稀薄的混合气区域停下来，这样还可以减少传热损失。

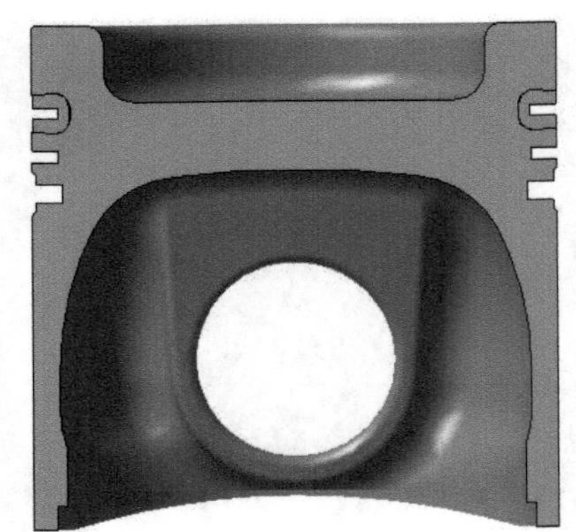

图 3-20　直口平底燃烧室

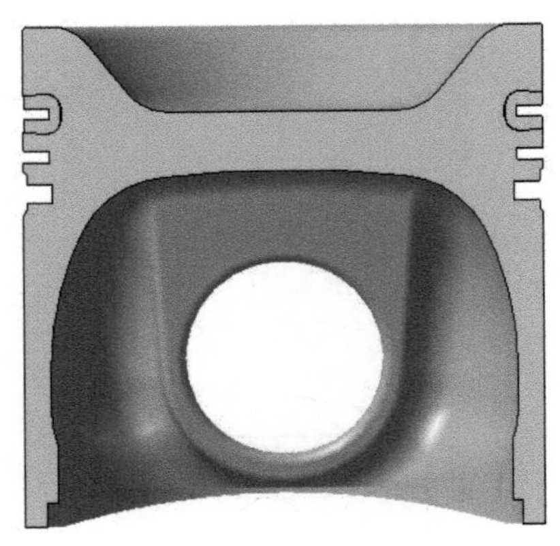

图 3-21　敞口平底燃烧室

为了实现分层充气模式，燃油导入和相关的混合气形成可以采用不同的方法，目前大概有三种不同的混合气形成过程，分别是壁面导向型、空气导向型、喷射导向型，如图 3-22 所示（图中 E 为排气门，A 为进气门）。

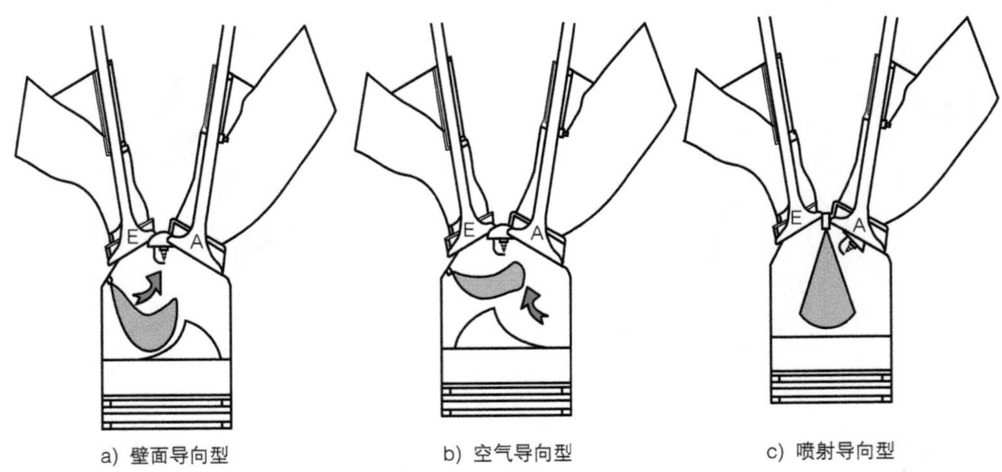

图 3-22　三种不同的混合气形成过程

以上简单讨论并分析了柴油机、汽油机、气体机和甲醇机的燃料特征，以及相互间的联系与差异，这些讨论和分析在甲醇发动机的气道设计以及燃烧室的设计中具有重要的指导意义。

3.1.2　甲醇燃料发动机气道设计

基于产品平台和工艺平台考虑，实际工程应用过程中，甲醇发动机气道一般不会全新设计和开发，而是依据甲醇燃料的燃烧特点对已有发动机气道进行适当优化，在性能、成本和开发周期间找到平衡点。

1. 气道设计开发流程

发动机缸内气体运动对混合气形成和燃烧过程有决定性影响，而进气过程中由进气道进入气缸的空气量和气体的速度分布及其涡流、滚流和湍流状况等对缸内气体流动有直接影响。因此，进气道设计的优劣在很大程度上影响着发动机的动力性、经济性、燃烧噪声和有害气体的排放。由于气道结构相当复杂、自由曲面较多，在设计开发及生产过程中很多工艺都会对气道性能产生影响。一般气道开发流程如图 3-23 所示。

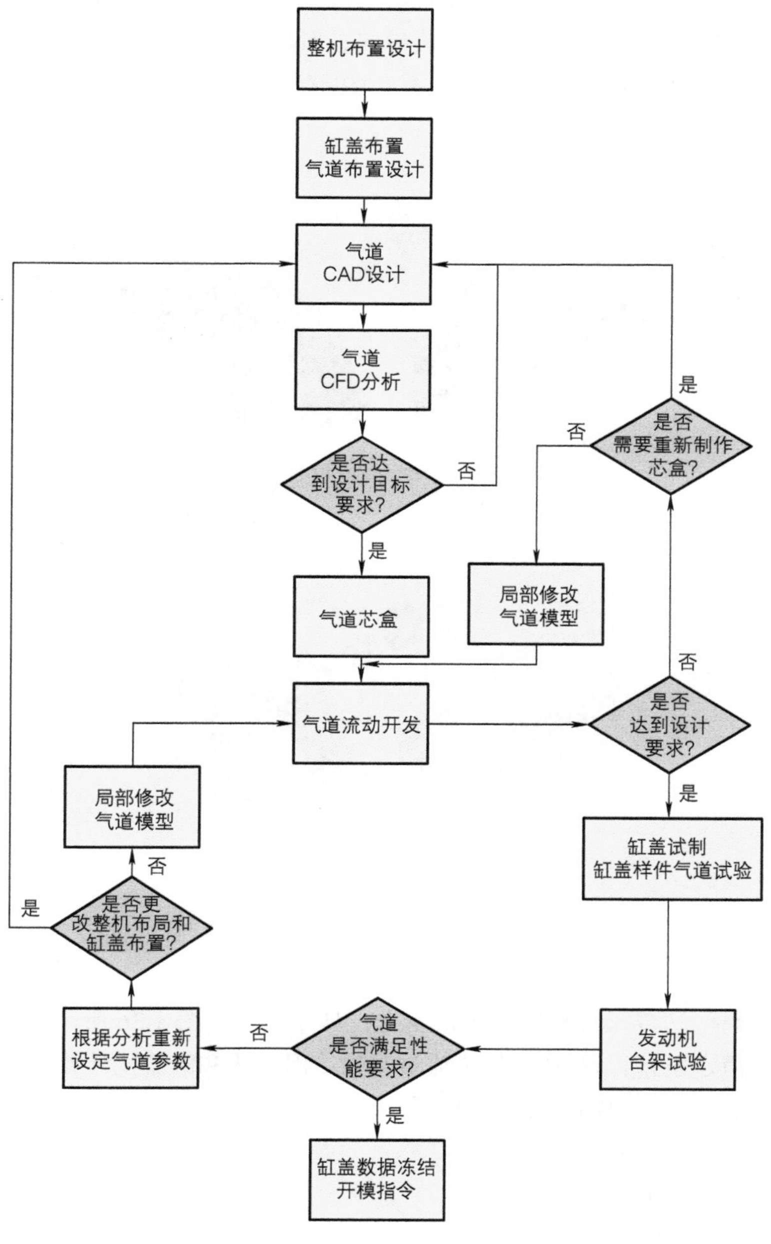

图 3-23　气道开发流程

2. 重型甲醇发动机的气道设计

纯甲醇燃料发动机一般采用预混点燃方式，甲醇的汽化潜热大，蒸气压低，不像汽油那样存在高挥发物质，汽化时需要较其他燃料更多的热量。汽化潜热大以及蒸气压低，使得甲醇燃料在进气过程中与空气不易形成混合均匀、雾化良好的混合气。对于点燃式发动机，高的滚流比可以促进均质混合气的形成以及提高点火时刻的湍动能，改善燃烧，提高燃烧效率。

图 3-24 所示为原机四气门扭转气道形状，对比图 3-24 和图 3-25A 处，为提高滚流比，靠近座圈处气道上挑，形成鱼腹形滚流气流导向；对比图 3-24 和图 3-25B 处，优化后螺旋进气道基本消除，涡流降低，流量系数提高，为提高 X 方向滚流比，长的扭转气道分离收缩，形成以 X 方向为主的滚流导向。

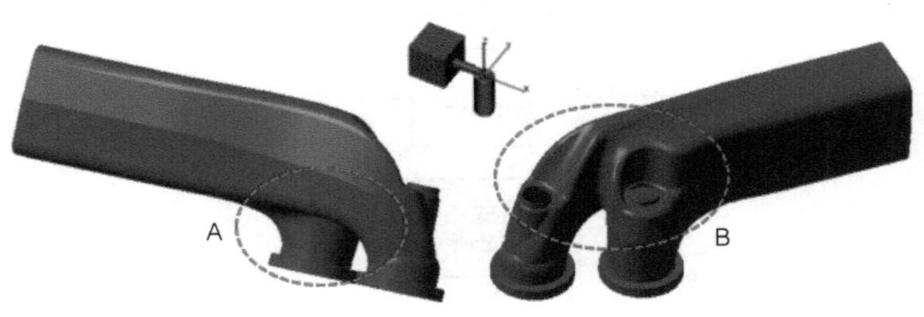

图 3-24　原机气道

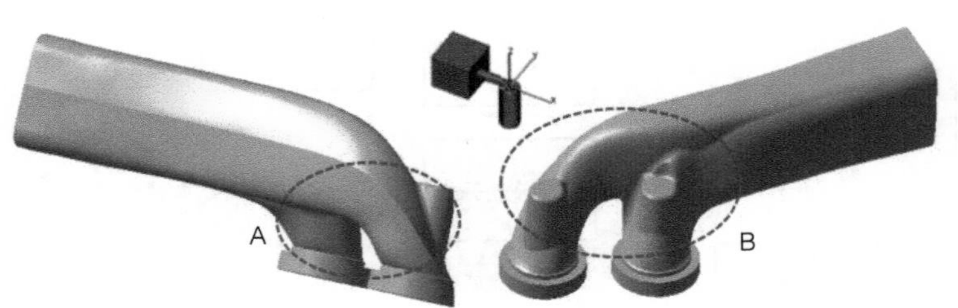

图 3-25　重型甲醇机优化气道

3. 重型甲醇发动机气道的仿真开发

（1）边界条件　边界条件包括进出口压力，具体形式如图 3-26 所示。模拟气道稳流试验，进出口给定恒定压差，以 AVL 气道流量系数、涡流比和滚流比计算方法进行计算。

- 入口：总压 1bar（$1\text{bar} = 10^5\text{Pa}$）。
- 出口：静压 0.975bar。
- 物性：空气，20℃。
- 湍流模型：k-ζ-f。

（2）气道基本尺寸的评估　通过基本尺寸的评估，评价气道的流通能力，参考以往经验，判断是否落在统计的趋势线附近。图 3-27、图 3-28 所示为 AVL 统计的进气道和排气道经验值，如差距太大，则表明有优化的空间。

（3）流通能力的评估　由 CFD 计算得到进、排气门各升程气道流量系数，如图 3-29、图 3-30 所示。求得气道的平均流量系数，消除不同座圈影响后得到修正值。

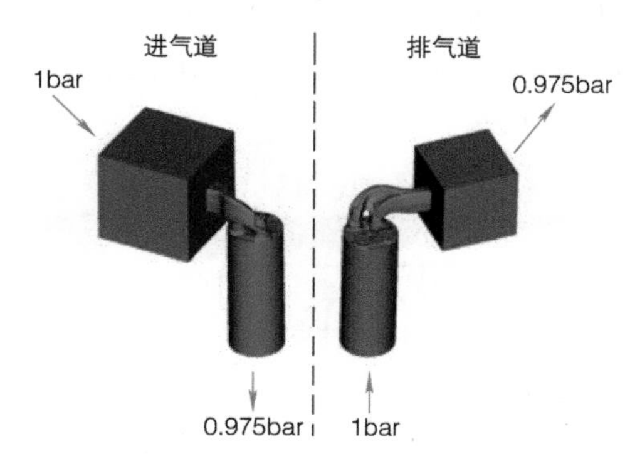

图 3-26　边界条件

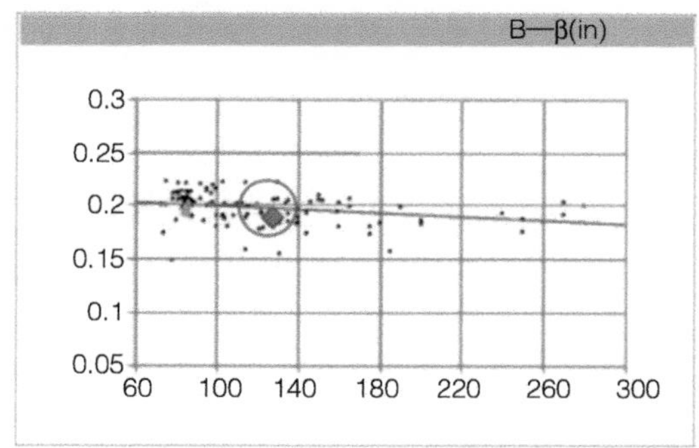

图 3-27　进气道趋势线

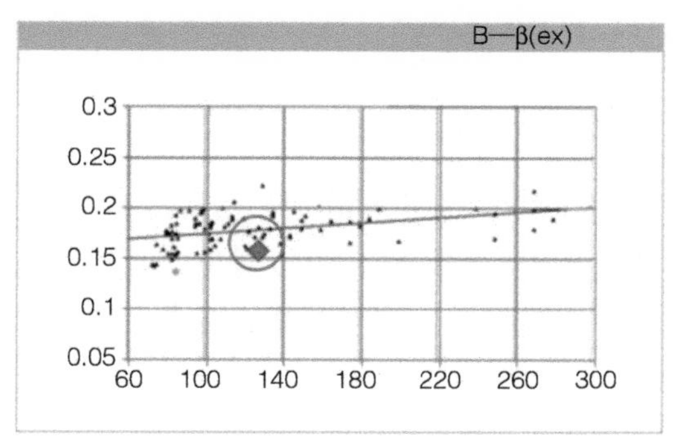

图 3-28　排气道趋势线

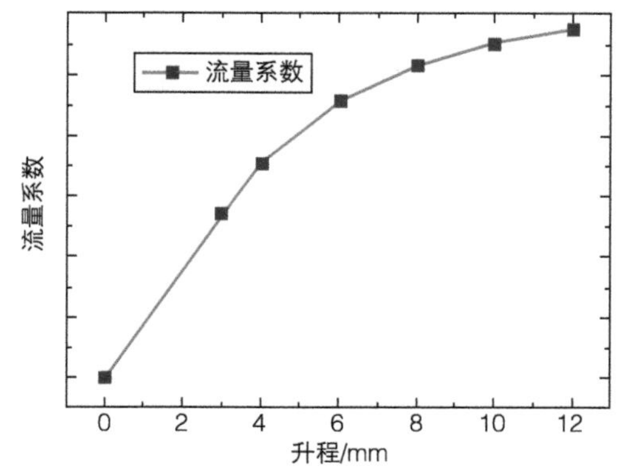

图 3-29　进气道流量系数随升程变化曲线

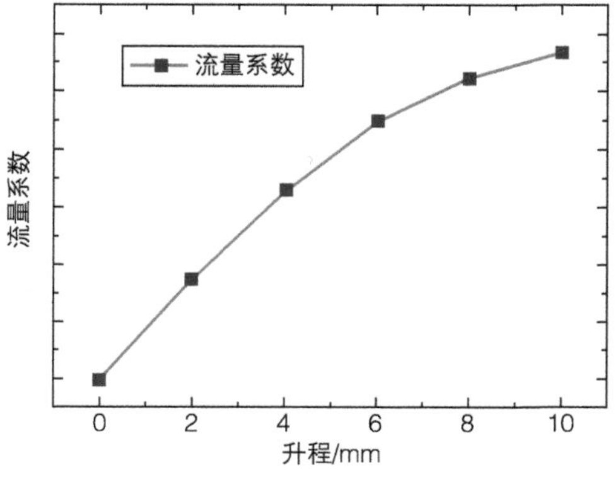

图 3-30　排气道流量系数随升程变化曲线

依据主流设计公司及发动机厂家所积累的大量数据设定气道开发目标，一般认为结构上应保证气门面积与缸孔面积之比足够大。气道的流通能力和气流的组织要求存在着相互制约的关系，涡（滚）流比和流通能力的点落在趋势线附近的，表明设计较合理，排气侧对气流的组织没有要求，根据气道的布置，有足够的流通性能即可，如图 3-31、图 3-32 所示。

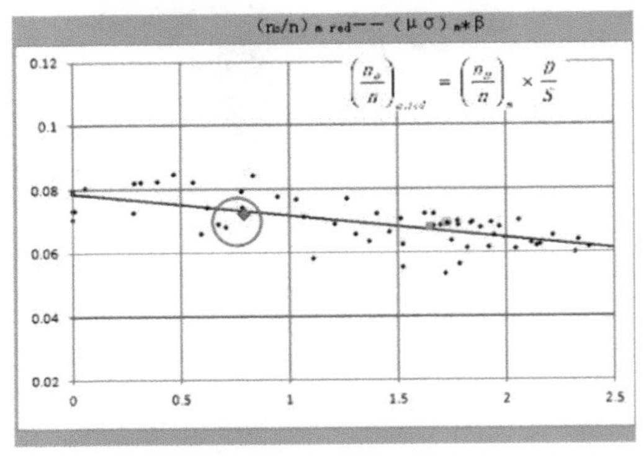

图 3-31　进气道趋势线　　图 3-32　排气道趋势线

图 3-33、图 3-34 分别是仿真计算的某机型进、排气道流通能力对发动机充气效率和燃油消耗量指标的影响。可以看出，当流通能力足够大以后，性能指标将不再有明显的改善。所以，一般将进、排气道流通能力上限定在 0.07 左右。

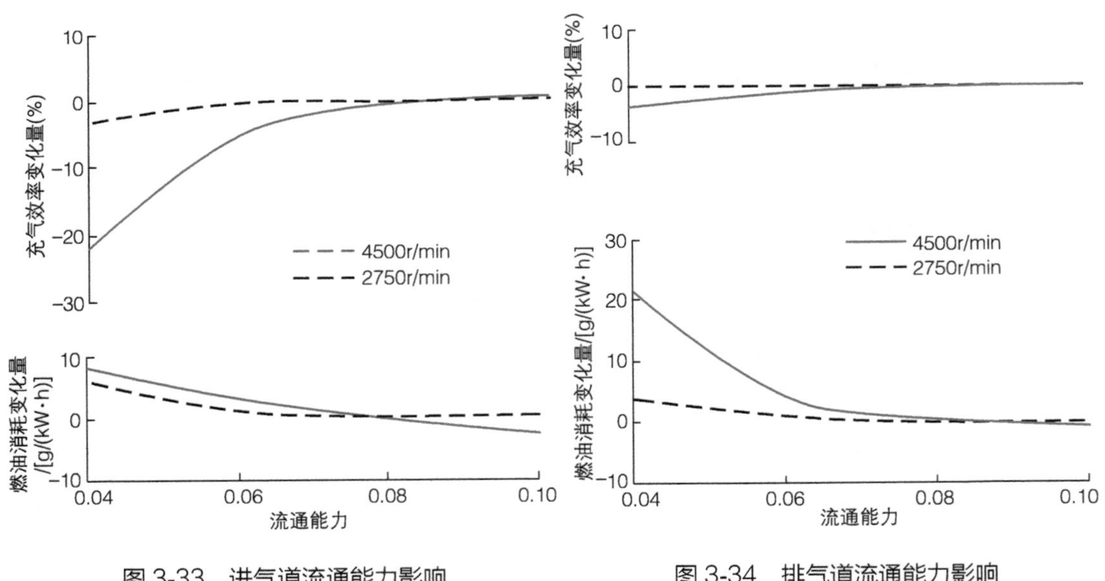

图 3-33　进气道流通能力影响　　图 3-34　排气道流通能力影响

（4）气流组织的评估　图 3-35 和图 3-36 所示为 CFD 仿真计算的某甲醇燃料发动机进气道涡流比、滚流比随气门升程的变化。理论上甲醇燃料发动机属于点燃式发动机，提高滚流比有利于提高压缩末期的湍动能和火焰传播，但该甲醇发动机基于柴油机平台开发，由于结构的限制，难以抑制涡流比，大幅提高滚流比和流量系数，只能在开发周期和成本的制约下，做适应性改进。

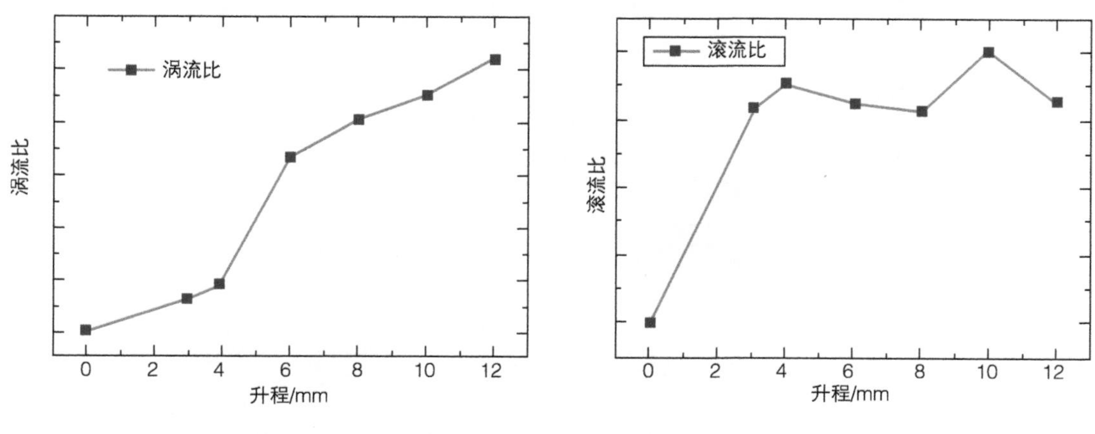

图 3-35　进气道涡流比随升程变化曲线　　　图 3-36　进气道滚流比随升程变化曲线

图 3-37 所示为各升程下进气道表面的总压分布。3mm 升程进气道表面的总压明显高于 12mm 升程的总压；但不同升程下，进气道表面压力损失最大的区域基本相同，皆在两气门加工位置内侧附近。

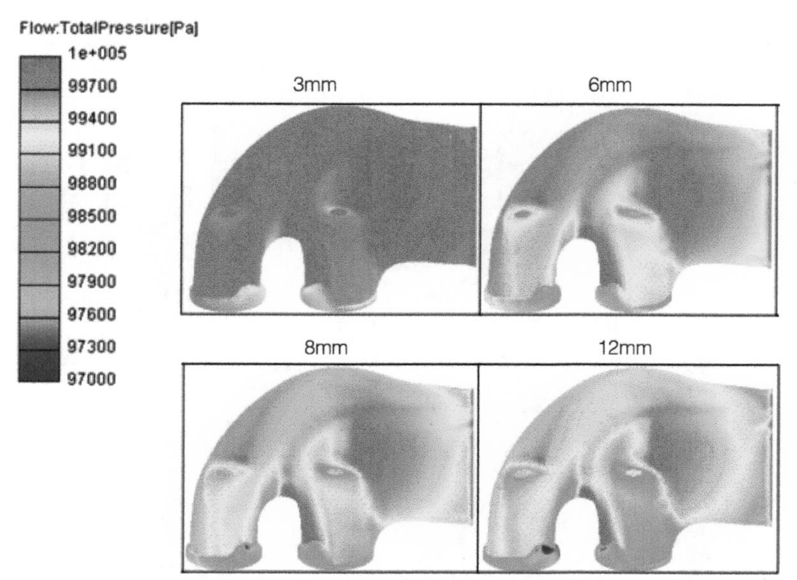

图 3-37　进气道表面的总压分布

图 3-38 所示为各升程进气道在切面内的总压分布。随着进气门升程的增大，压力损失的位置发生变化，由气门座圈密封带附件向气道喉口转移。

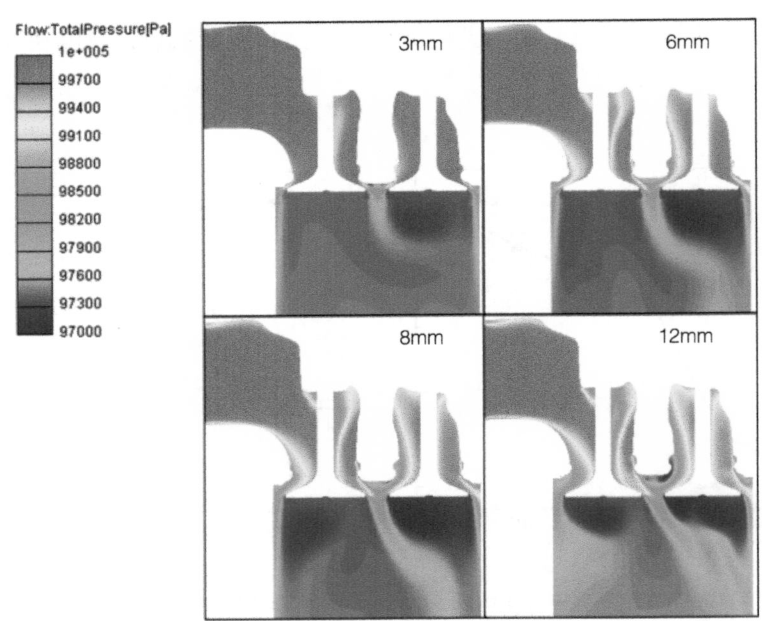

图 3-38　进气道在切面内的总压分布

图 3-39 所示为各升程下进气道在切面内的速度分布。随着气门升程的增大，高速气流的分布发生变化，由气门座圈密封带向气道转移。

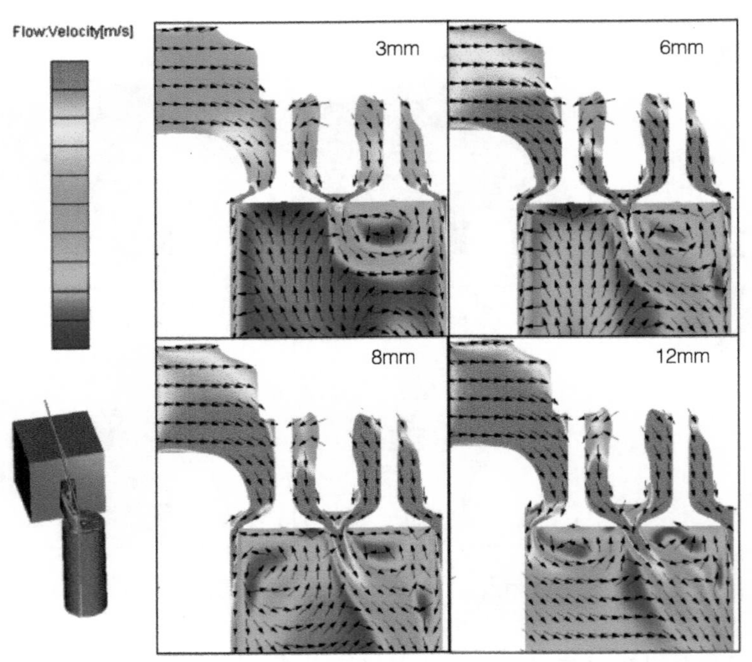

图 3-39　进气道在切面内的速度分布

图 3-40 所示为各升程下进气道切面内的湍动能分布。随着气门升程的增大，湍动能较大区域的分布逐渐向下移动，压力损失主要影响也由座圈密封带向气道转移。

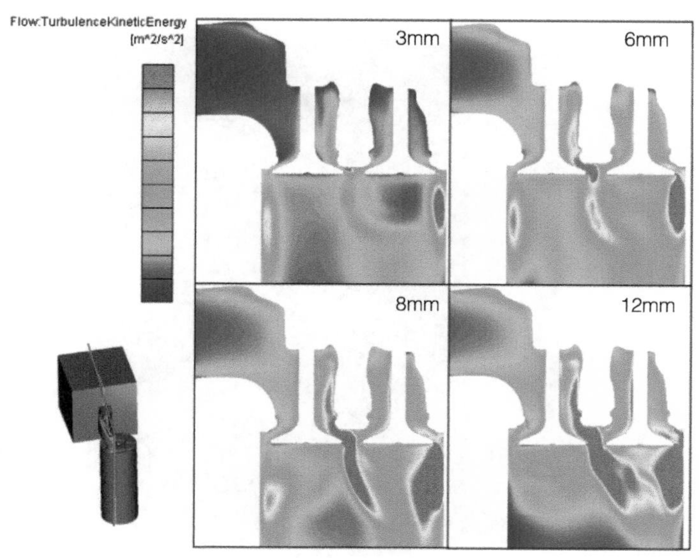

图 3-40　进气道切面内的湍动能分布

图 3-41 所示为各升程下 0.5D 截面速度分布。该截面主要考察滚流强弱，截面中心线上下两侧的速度差越大，*X* 方向滚流比越强。截面中心线左右两侧的速度差越大，*Y* 方向滚流比越强。从图中可以看出，左右两侧的速度差别明显，说明各升程的 *Y* 方向滚流比较大。

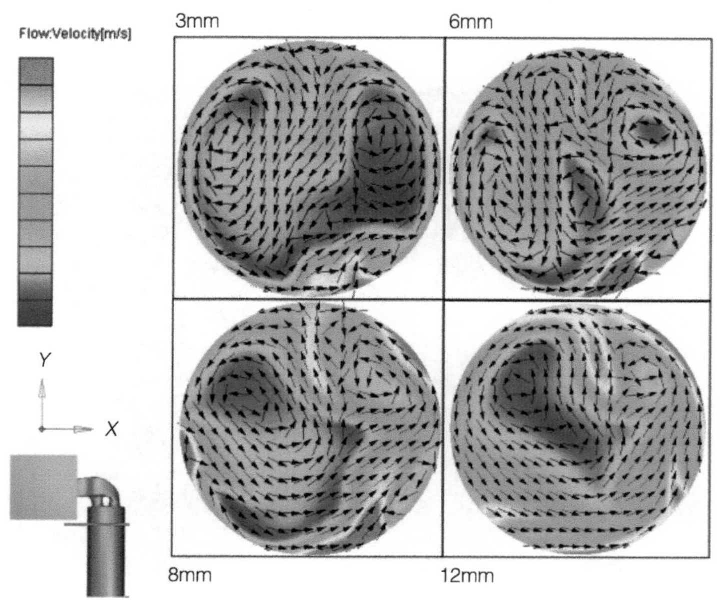

图 3-41　各升程下 0.5D 截面速度分布

如图 3-42 所示，通过气道的优化，在进气过程中已经形成稳定的滚流，这样提高了压缩末期湍动能，有利于火焰传播。

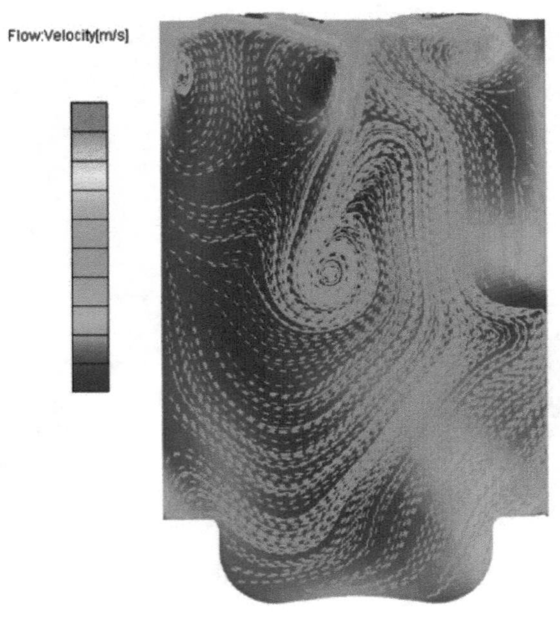

图 3-42　进气滚流

图 3-43 所示为各升程 1.75D 截面速度分布。该截面主要考察涡流强弱，在 6mm、8mm、12mm 升程时，均可以看到稳定的涡心，且随着升程的增大，涡流强度增大。

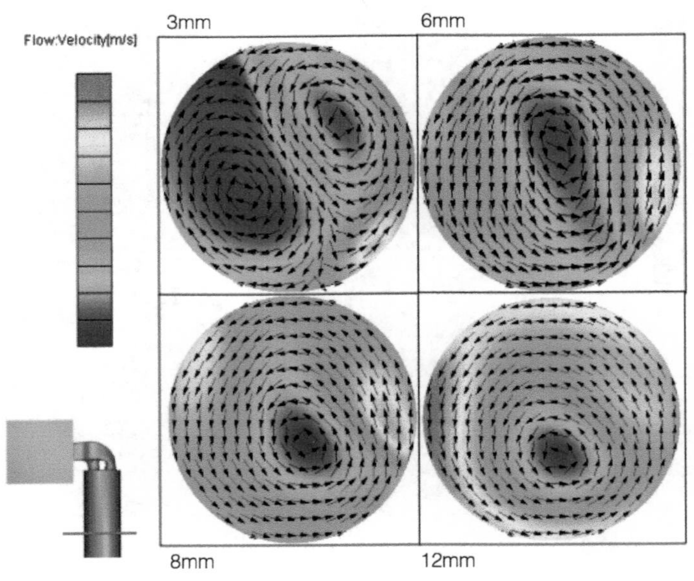

图 3-43　各升程 1.75D 截面速度分布

图 3-44 所示为各升程排气道表面的总压分布。2mm 升程进气道表面的总压明显低于 10mm 升程的总压；但不同升程下，排气道表面压力损失最大的区域基本相同，皆在气门加工位置附近。

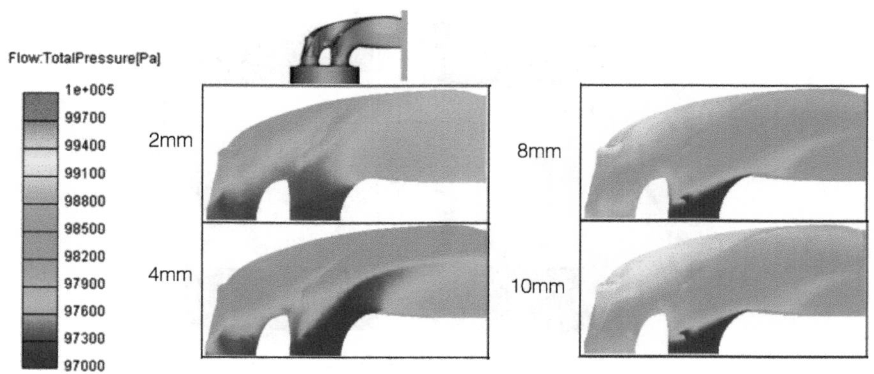

图 3-44 各升程排气道表面的总压分布

图 3-45 所示为各升程排气道切面内的总压分布。各升程下，排气道内压力损失最大的区域基本相同，皆在气门座圈附近。随着进气门升程的增大，压力损失的位置发生变化，由气道向气门座圈密封带附件转移。

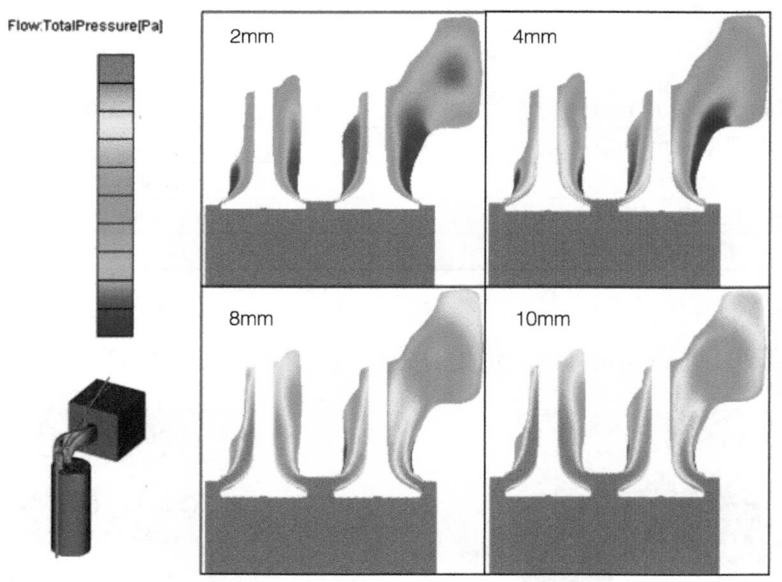

图 3-45 各升程排气道切面内的总压分布

图 3-46 所示为各升程排气道切面内的速度分布。高速区域主要沿气门外轮廓分布，随着气门升程的增大，高速气流的分布发生变化，逐渐向气道转移。

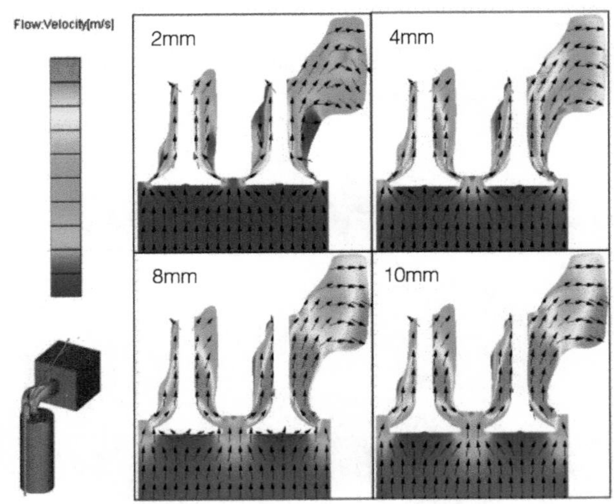

图 3-46　各升程排气道切面内的速度分布

3.1.3　某中重型甲醇发动机活塞燃烧室形状优化

某中重型甲醇发动机主要技术参数见表 3-1。

表 3-1　某中重型甲醇发动机主要技术参数

气缸数	6
排量 /L	6.2
缸径 /mm	105
行程 /mm	120
额定功率 /[kW/（r/min）]	155/2300
最大转矩 /[N · m/（r/min）]	710/1200 ~ 1600
燃料种类	M100（纯甲醇）
外特性最低油耗 /[g/（kW · h）]	≤ 480
排气温度 /℃	≤ 700

原活塞燃烧室设计方案为直口碗形，如图 3-47 所示。为了增加活塞壁面气流导向，配合滚流气道，组织合适的滚流效果，优化的活塞燃烧室形状改为敞口碗形，如图 3-48 所示。

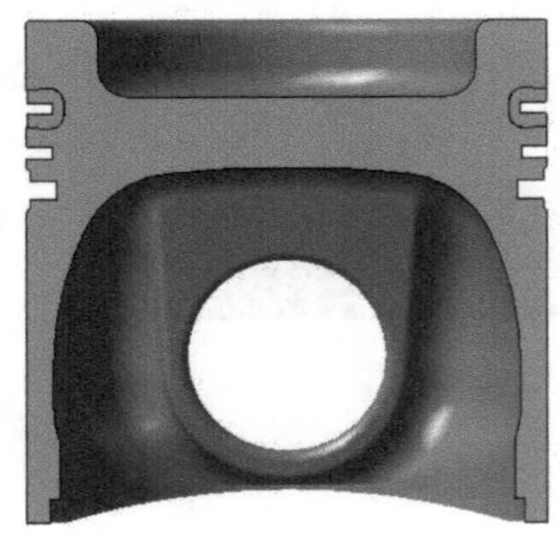

图 3-47　原活塞

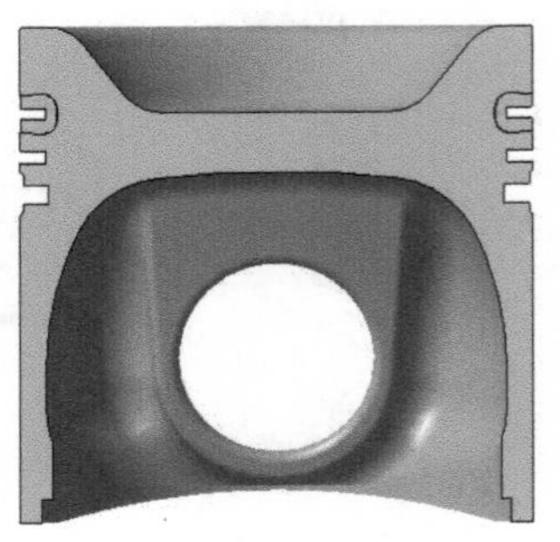

图 3-48　优化活塞

1. 气流组织分析

优化后方案在压缩上止点附近，形成稳定的滚流运动，可以看到规律的气体回转，对比如图 3-49 和图 3-50 所示。

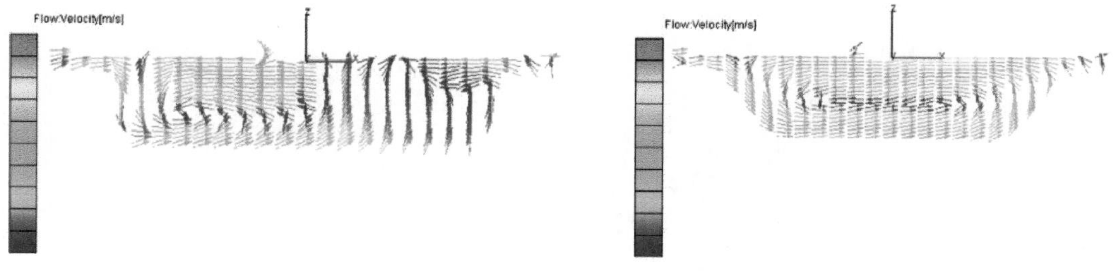

图 3-49　原活塞滚流　　　　图 3-50　优化活塞滚流

优化后方案在压缩上止点附近湍动能分布方面较原方案有较大提升，分布居于缸心，火花塞周围分布良好，对比如图 3-51 和图 3-52 所示。

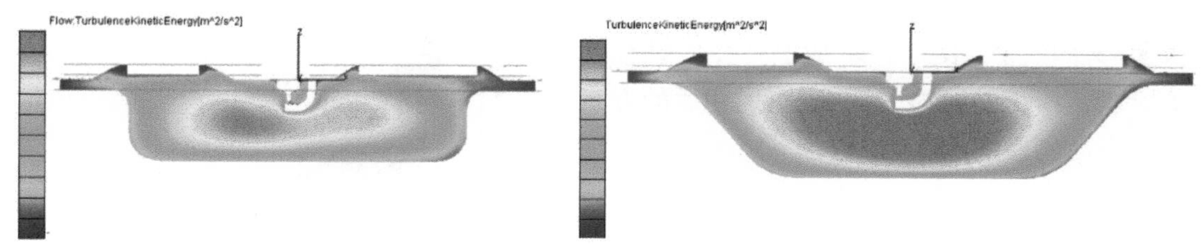

图 3-51　原活塞湍动能　　　　图 3-52　优化活塞湍动能

2. 燃烧分析

在滞燃期阶段，优化后的火核发展要明显快于优化之前，约 2°。随后的快速燃烧阶段，火焰发展速度也要好于原机方案，对比如图 3-53 和图 3-54 所示。

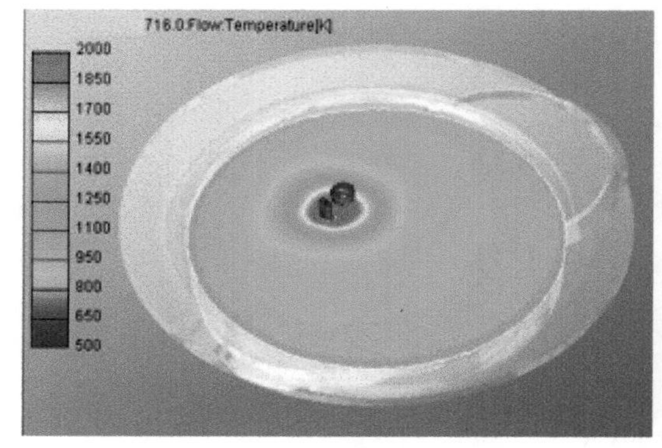

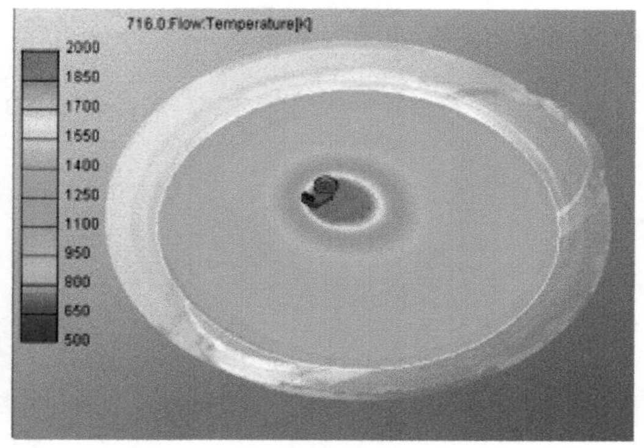

图 3-53　原活塞火核发展　　　　图 3-54　优化活塞火核发展

优化后的火焰轮廓也要较优化前大，表示优化后火焰传播得更迅速，对比如图 3-55、图 3-56 所示。

图 3-55　原活塞火焰轮廓

图 3-56　优化活塞火焰轮廓

图 3-57 所示为三维燃烧计算输出的示功图，图示黑色区域为原机的示功图，斜线区域为优化后的示功图。可以看出两者在压缩段及膨胀段重合良好，差别主要在于燃烧峰值阶段，面积差异约 2%，表明优化后的方案较原机性能要优越。

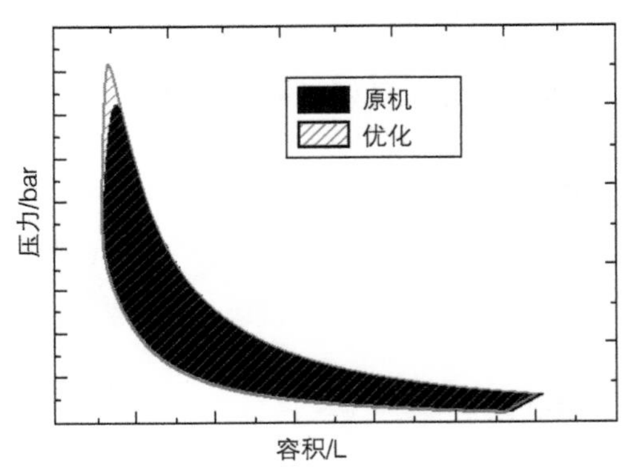

图 3-57　示功图

3.1.4　火花塞的布置及选型匹配

1. 火花塞布置影响

燃烧室内的不同位置气流状况和混合气浓度有所差异，这些对火花点火及火焰传播过程都产生一定的影响。一般火花塞布置在燃烧室中央，均衡各个方向的火焰传播距离。图 3-58 所示是某点燃式发动机火花塞不同位置的缸压曲线图。

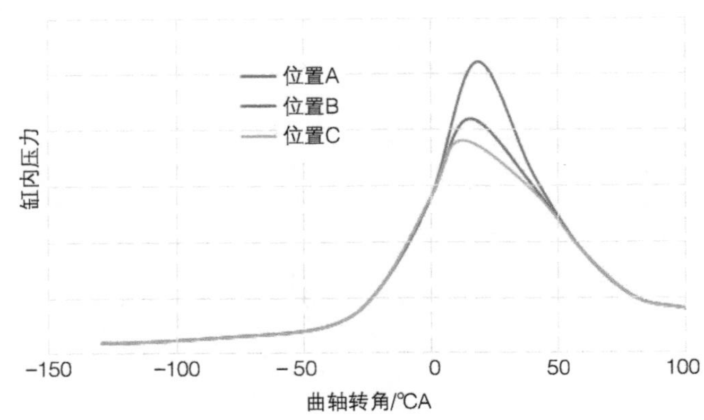

图 3-58　火花塞布置对比

2. 火花塞的选型匹配

不同设计的发动机燃烧室内有不同的热负荷，而不同热值的火花塞具有不同的散热能力，只有通过科学的热值匹配试验才能为给定的发动机选择合适热值的火花塞。

热值是火花塞在工作时承受热负荷能力大小的一种热特性指标，与火花塞内部结构和使用材料有关，主要决定因素是陶瓷绝缘体小头的长度。图 3-59a 所示火花塞绝缘体的小头很长，吸热面积大而热传导路径长，散热效果不好，火花塞承受热负荷的能力也差，工作时电极和绝缘体下头的温度很高，为热型火花塞。图 3-59b 所示火花塞绝缘体裙部很短，其吸热面积小而热传导路径短，散热效果很好，火花塞能承受的热负荷能力很强，工作时电极和绝缘体小头的温度相对较低，为冷型火花塞。

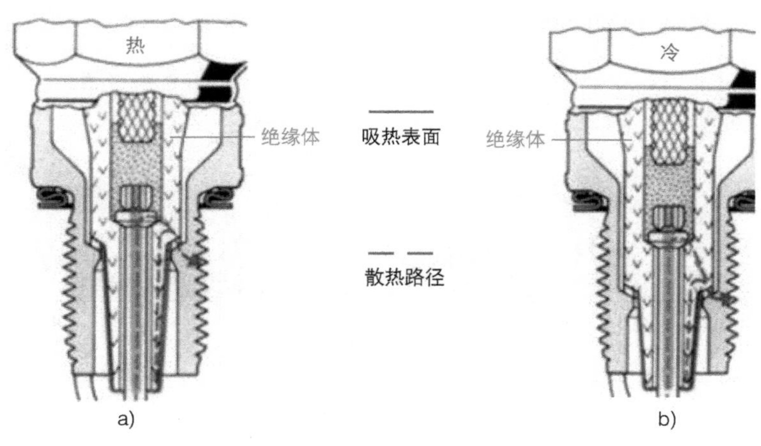

图 3-59　火花塞热值

图 3-60 所示为火花塞的导热途径，火花塞的热量主要从内垫圈到外垫圈座和螺纹，以及被新鲜气体带走。

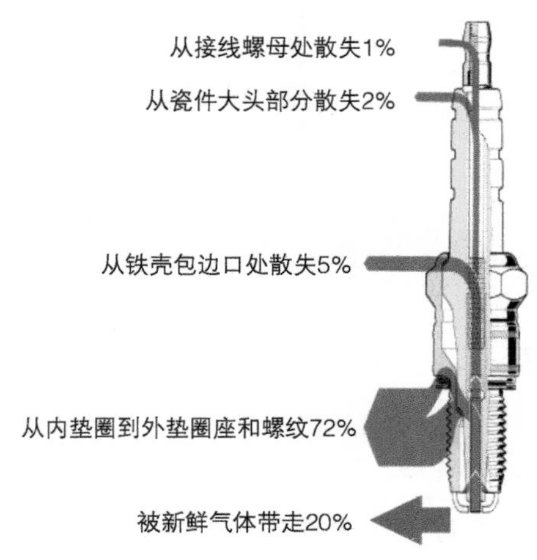

图 3-60　火花塞的导热途径

大量试验发现，火花塞绝缘体小头的工作温度为500～900℃，低于500℃时，电极和绝缘体小头表面会产生积炭，高于500℃以后积炭能被重新燃烧，所以500℃为自净温度；高于900℃时，电极燃烧会加速，同时会产生炙热表面点火，严重时电极会熔化，火花塞损坏，故900℃是极限温度。温度范围定义和不同热值的火花塞工作温度曲线如图3-61所示。

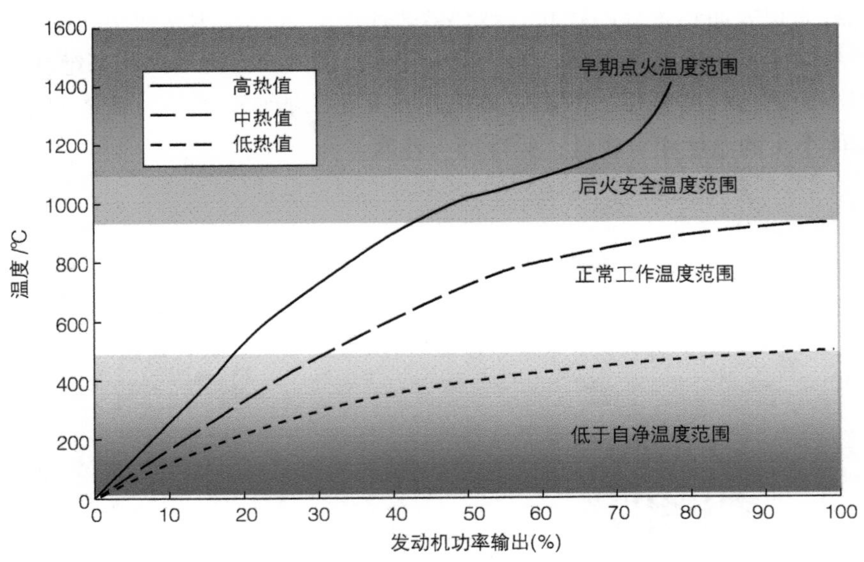

图3-61　火花塞工作温度曲线

火花塞热值匹配的重要意义是通过选择合适的热值来防止发动机早燃，保证发动机正常燃烧，图3-62所示为不同点火时刻的发动机缸压曲线。

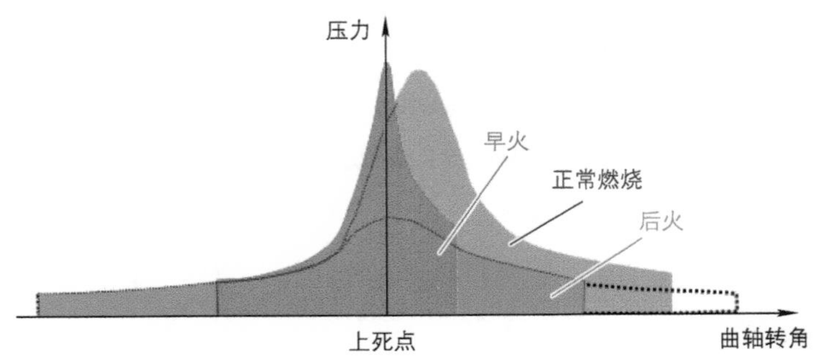

图3-62　不同点火时刻的发动机缸压曲线

3. 某甲醇发动机火花塞匹配过程

（1）火花塞热值的匹配　通过测温火花塞找出发动机工作时的最热气缸，如图3-63所示，对于最热气缸的最热工况，将点火提前角从标定的点火时刻开始，每次递增2°左右，直到递增 6° ~ 10°，看是否出现早燃现象（出现较严重爆燃时，立即停止点火提前角的递增，并将点火提前角的递增恢复到零）。在各点火时刻下，发动机稳定运转 1 ~ 2min，测定并记录发动机参数。将几种不同热值的火花塞，依次按上述早燃点火试验方法进行测试，根据测试数据选定与该发动机相匹配的火花塞。

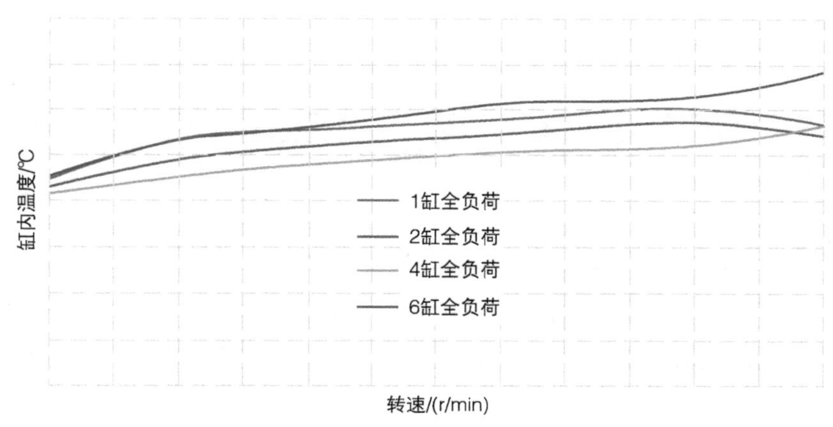

图 3-63　火花塞测温

（2）火花塞间隙的调整　调整火花塞间隙（每次增加 0.1mm），直至火花塞发生失火后终止，如图 3-64 所示。根据点火系统的后备电压，确定火花塞间隙的最大增长值。

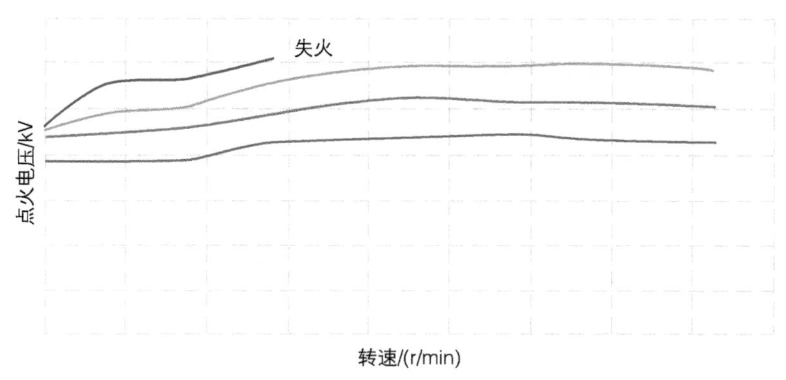

图 3-64　火花塞间隙匹配

一般甲醇发动机燃烧快，放热量大，需要散热能力强，应选择偏冷一点的火花塞；甲醇常温下为液态，汽化潜热高，不易形成均匀的混合气，不易点燃，点火能量要求比较高，并且在甲醇燃油雾化不良条件下形成的液滴容易在中心电极和侧电极间造成粘连，因此甲醇机可选择比较大一些的点火间隙值。

3.2 甲醇发动机性能开发

甲醇作为一种替代燃料，其发动机开发的目标值也是基于原机（气体机或汽油机）。在动力输出上，虽然甲醇燃料的热值低，但动力性输出取决于混合气热值，而非燃料本身热值，见表3-2。由此可见，同为量调节采用理论空燃比控制的甲醇燃料发动机动力输出不会低于气体机或汽油机。

表3-2 热值

特性	汽油	天然气	甲醇
低热值 /（MJ/kg）	43.5	47.2	19.66
化学计量比混合气热值 /（kJ/m³）	3810	3400	3906

甲醇燃料的特点是热值低，同等动力所需燃料多，本身汽化潜热大，使得混合气进气温度和压缩终了的缸内温度低，其抗爆性优于汽油，甚至优于天然气，见表3-3。因此，可适当提高压缩比，提升热效率。

表3-3 抗爆性能

特性	汽油	天然气	甲醇
辛烷值 /RON	92 ~ 95	130	110
汽化潜热值 /（kJ/kg）	310	—	1109
低热值 /（MJ/kg）	43.5	47.2	19.66
抗爆性能	+	++	+++

在某气体机基础上开发重型甲醇发动机，设定目标参数见表3-4。在保证整车可搭载匹配性以及发动机可靠性的前提下，甲醇发动机性能开发的主要方向包括压缩比的选择、凸轮升程及配气相位的优化和增压器的效率匹配等。

表3-4 发动机主要参数

参数	直列六缸、增压中冷、高压冷却 EGR、水冷发动机
气缸数	6
排量 /L	12.54
缸径 /mm	127
行程 /mm	165
额定功率 /[kW/（r/min）]	316/1900
最大转矩 /[N · m/（r/min）]	1900/1100 ~ 1400
燃料种类	M100（纯甲醇）
外特性最低油耗 /[g/（kW · h）]	≤ 450
排气温度 /℃	≤ 720

如图 3-65 所示，在控制热负荷边界和燃烧压力边界不超过原气体机的前提下，重型甲醇发动机实际输出与气体机相当，甚至略优。

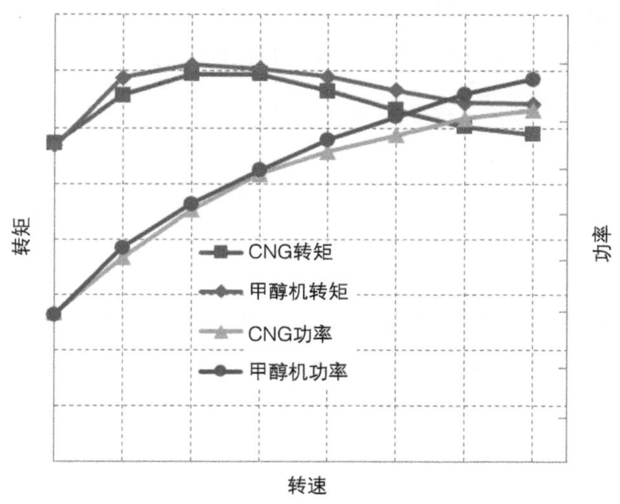

图 3-65　动力性对比

图 3-66 和图 3-67 所示分别为原气体机和重型甲醇发动机热效率图，由于甲醇发动机的充气效率和压缩比提升、燃烧速率加快（表 3-5）等因素，使得其热效率比原气体机有明显提高。

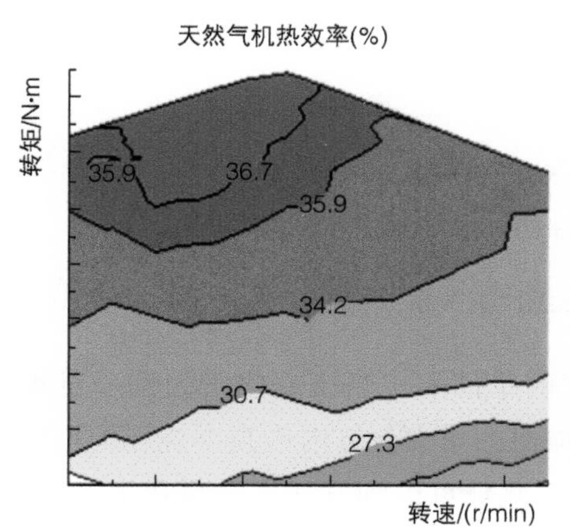

图 3-66　天然气机热效率

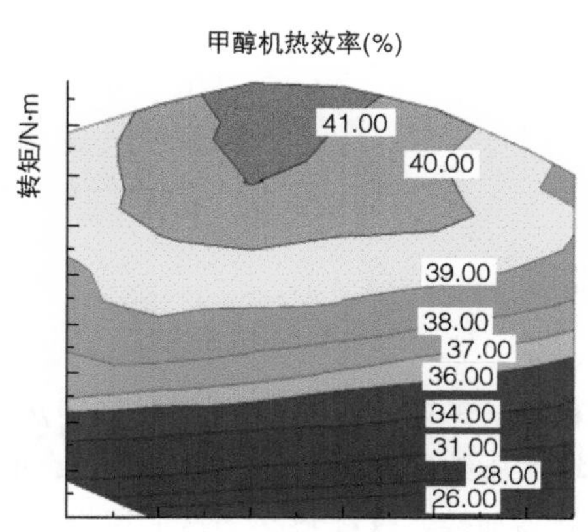

图 3-67　甲醇机热效率

表 3-5　火焰传播速率

特性	汽油	天然气	甲醇
层流火焰传播速率 /（m/s）	0.35 ~ 0.47	0.315	0.52

3.2.1 压缩比选择

压缩比是影响发动机性能的重要结构参数。它表示活塞由下止点移至上止点时气缸内混合气的压缩程度，其值的大小用压缩前气缸总容积与压缩后气缸容积（及燃烧室容积）之比来表示。由工程热力学相关知识可知，随着压缩比的增大，热效率将得到提高。对于点燃式发动机，热效率可表示为

$$\eta_{\mathrm{th,otto}}=1-\frac{1}{r^{k-1}} \tag{3-1}$$

式中，r 为压缩比；k 为绝热指数。

甲醇燃料发动机绝热指数与天然气相当，但比汽油发动机高，在重型甲醇发动机开发过程中采用的高压冷却 EGR，最高 EGR 率可接近 30%，进一步提升了工作过程中的绝热指数；EGR 的引入降低了发动机爆燃倾向，还可进一步提高压缩比。

图 3-68 所示为绝热指数一定的情况下，热效率和压缩比的关系。

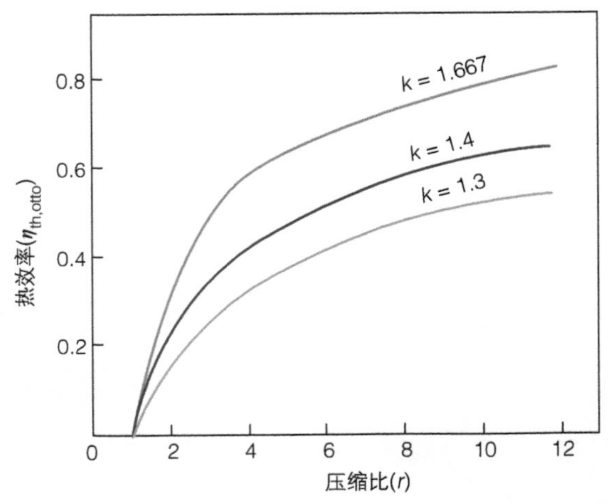

图 3-68 热效率和压缩比的关系

由式（3-1）、图 3-68 可知，在绝热指数一定的条件下，当压缩比增大到一定程度时，若再增大压缩比则热效率提高不明显。但随着压缩比的增大，缸内最高燃烧压力不断上升，温度升高加快。这样势必会造成爆燃现象的发生。此外考虑到发动机材料和生产工艺的制约，压缩比越高越难以控制，因此不可能过于增大压缩比。甲醇的辛烷值为 110，比汽油要高，甲醇的低热值比较低，同样的功率需要更多质量的甲醇燃料，而且甲醇的汽化潜热值很高，降低了进气和压缩终了温度，重型甲醇机采用高 EGR 率，降低了发动机爆燃倾向，因此可以在原机的基础上适当增大压缩比。

图 3-69 所示为某甲醇发动机压缩比的变化对爆燃的影响，压缩比增加，爆燃倾向加大，压缩比提高到 12.5 时，爆燃倾向比较严重。图 3-70 所示为压缩比对燃烧压力和燃油

消耗率的影响，增大压缩比可以提高燃油经济性，但受制于发动机爆燃影响，压缩比也不能过于增加，一般点燃式纯甲醇燃料发动机的压缩比选择范围建议为 10.5 ~ 12.5。

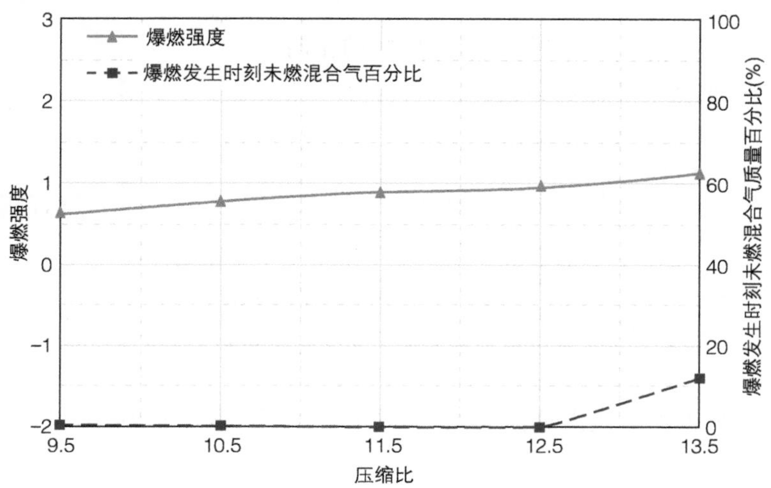

图 3-69　压缩比对爆燃的影响

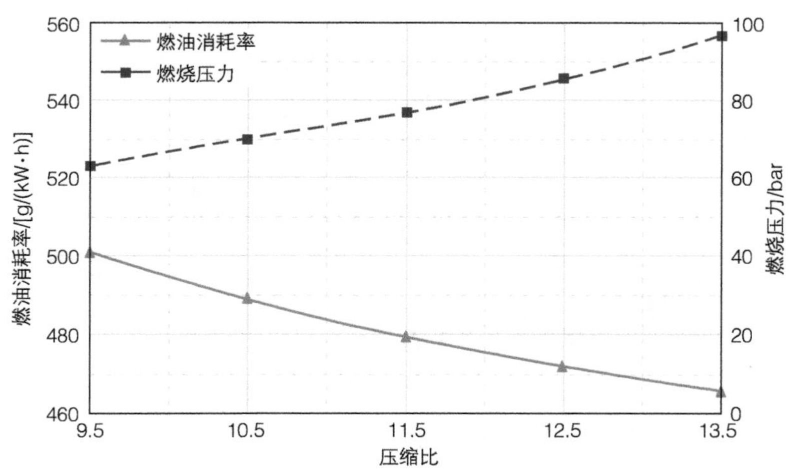

图 3-70　压缩比对燃烧压力和燃油消耗率的影响

3.2.2　凸轮升程及配气相位优化

1. 气门正时的概念

气门正时（配气相位）是以曲轴转角表示的进 / 排气门开启时刻和气门开启延续时间，通常以配气相位环形图表示，如图 3-71 所示。理论上，四冲程发动机进 / 排气门都是在活

塞上 / 下止点处开闭，延续时间都是 180°CA，也就是进气 / 压缩 / 做功 / 排气各占 180°CA。

但这样的气门正时，未能使发动机充分地进气和排气，因为气门开启时其升程逐渐变大，关闭时逐渐变小，同时，进气和排气都有惯性。实际的发动机气门正时，一般都设定了气门提前角和气门滞后角。

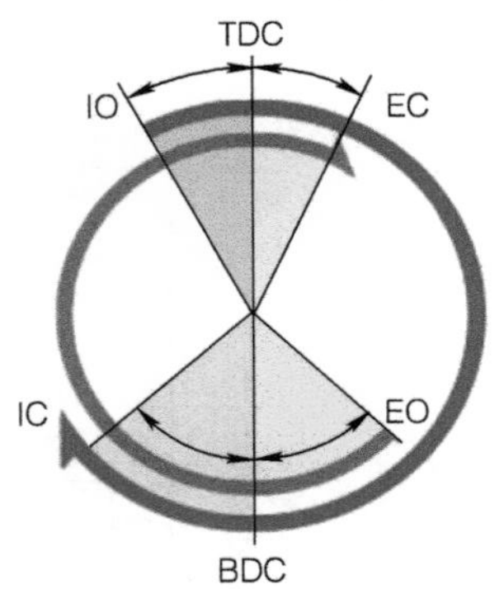

图 3-71　配气相位环形图

2. 发动机不同工况下对配气相位的要求

不同工作条件下的发动机对配气相位的要求不一样，如图 3-72 所示。

1）在工作区域 A（低速大负荷工况），要求进气门早开，排气门晚关，以增大气门重叠角，改善扫气，增加充气效率。

2）在工作区域 B（高速大负荷工况），要求进气门晚关，以利用进气惯性，增加充气效率。

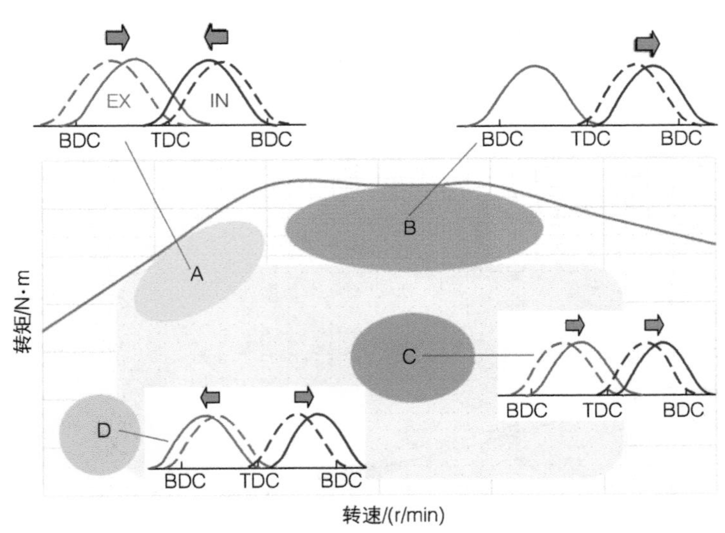

图 3-72　发动机不同工况下对配气相位的要求

3）在工作区域 C（高速中低负荷工况），要求进气门晚关，排气门晚关，以增大内部 EGR，减少泵气损失。排气门晚开可充分利用排气做功，膨胀比增加。

4）在工作区域 D（低速低负荷工况），气门重叠角减少，以减少内部 EGR，使燃烧稳定，从而改善冷起动排放和油耗性能。

3. 某重型甲醇发动机凸轮升程及配气相位优化

在原气体燃料发动机基础上，对某重型甲醇燃料发动机的配气相位进行评估和优化，通过不同气门升程、气门正时的对比，选择最优方案。

1）保持排气相位及升程不变，通过改变进气门升程，改变进气门关闭时间，确定最优的进气持续期，如图 3-73 所示。

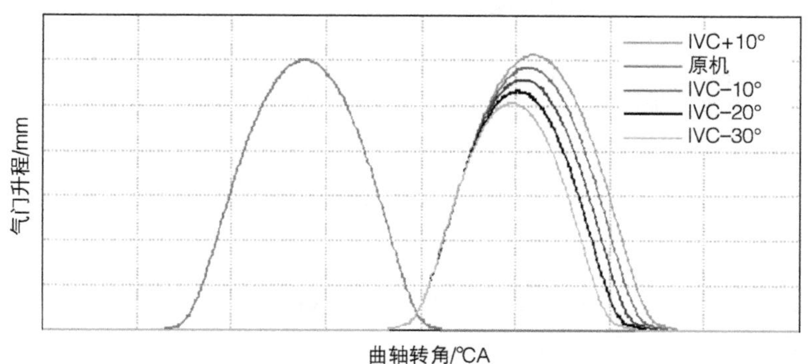

图 3-73　进气持续期优化

不同进气持续期，都可以满足发动机的功率、转矩目标（图 3-74a、b），而且对发动机油耗、泵吸损失影响也不大（图 3-74c、d）。但相比原机更长的气门持续期，在整个转速范围内充气效率会降低（图 3-74e），而且较长的进气持续期需要更高的增压压力，尤其在低转速区域，降低了增压器的余量，可能会对高原区域低速转矩产生影响（图 3-74f）。而过短的进气持续期，在低转速充气效率较高，高转速充气效率偏低（图 3-74e）。相比原机早关 10°CA 的进气持续期，在整个转速范围内都有较高的充气效率，增压器余量也较大，因此，推荐比原机早关 10°CA 的进气持续期。

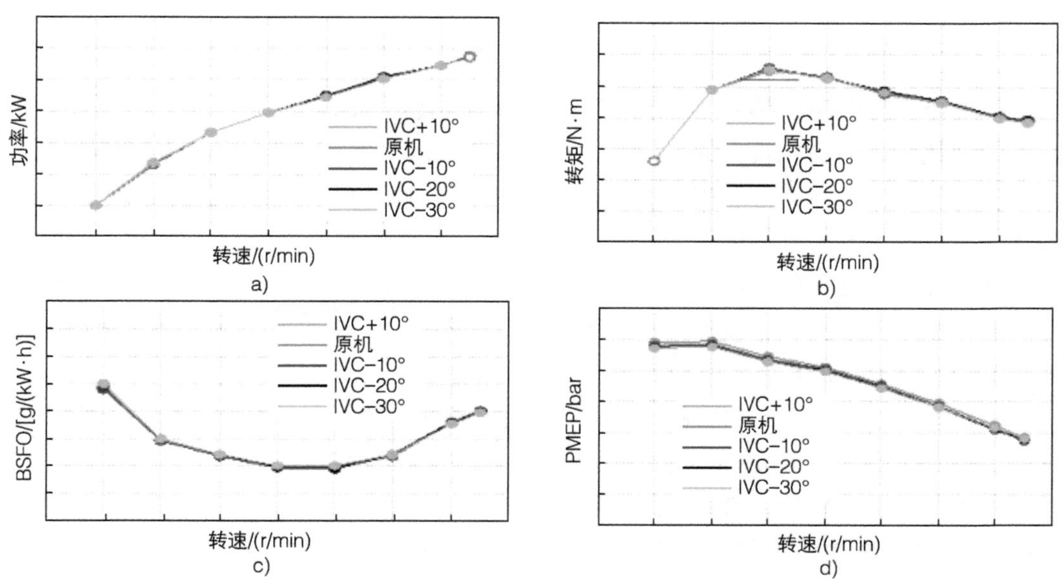

图 3-74　不同进气持续期性能

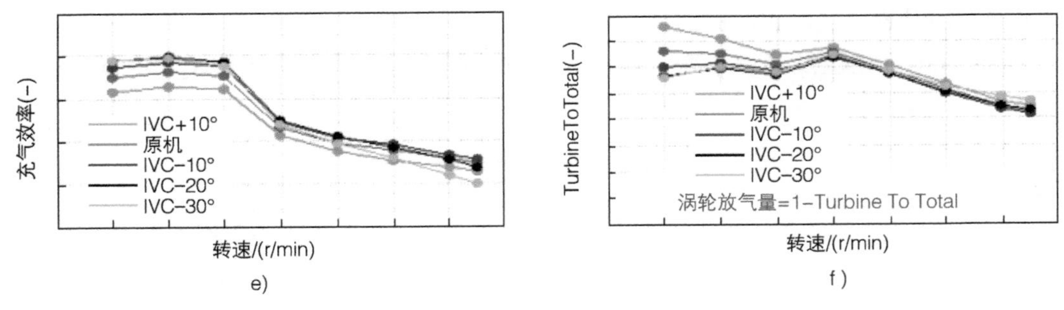

图 3-74 不同进气持续期性能（续）

2）保持优化的进气持续角不变，通过改变排气门升程，改变排气门开启时间，确定最优的排气持续时间，如图 3-75 所示。

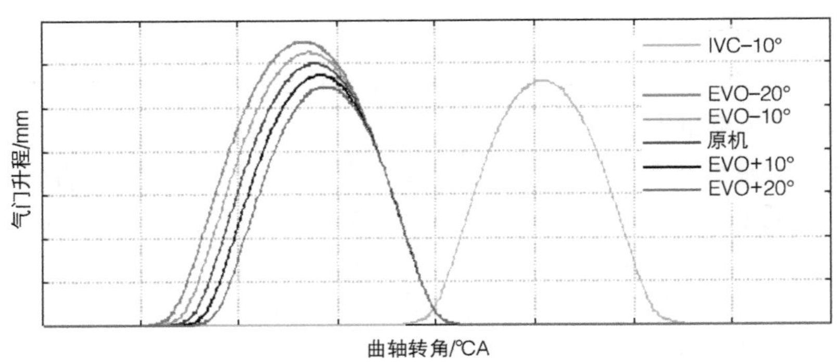

图 3-75 排气持续期优化

不同的排气持续期，都可以满足发动机的功率、转矩目标（图 3-76a、b），但不同的排气持续期油耗差异还是比较大的。排气门早开，较大的排气持续期，整个转速范围内油耗会变差，这是因为未能充分利用排气做功，而排气门过晚打开，较小的排气持续期，使得中高转速的油耗变差（图 3-76c）。显然，排气门打开时间越晚，泵吸损失越大（图 3-76d），因此不能选择太小的排气持续期。不同的排气持续期对低转速的充气效率影响不明显，中高转速时，排气持续期长，效率稍高（图 3-76e）。不同排气持续期，增压器低转速的余量还是足够的。综上，推荐比原机晚开 10°CA 的排气持续期。

3）保持优化的进、排气持续角以及气门重叠高度位置不变，通过改变进、排气相位，改变气门重叠角度，确定最优的气门重叠角，如图 3-77 所示。

过小的气门重叠角，在中高速需要更高的增压压力，而低速增压器余量不足（图 3-78f），低速转矩达不到设定目标（图 3-78b）。较小的气门重叠角，在整个外特性点，油耗变差，原机的气门重叠角比较理想（图 3-78c）。随着气门重叠角的减小，泵吸损失加大（图 3-78d），充气效率下降（图 3-78e）。因此，推荐气门重叠角保持不变。

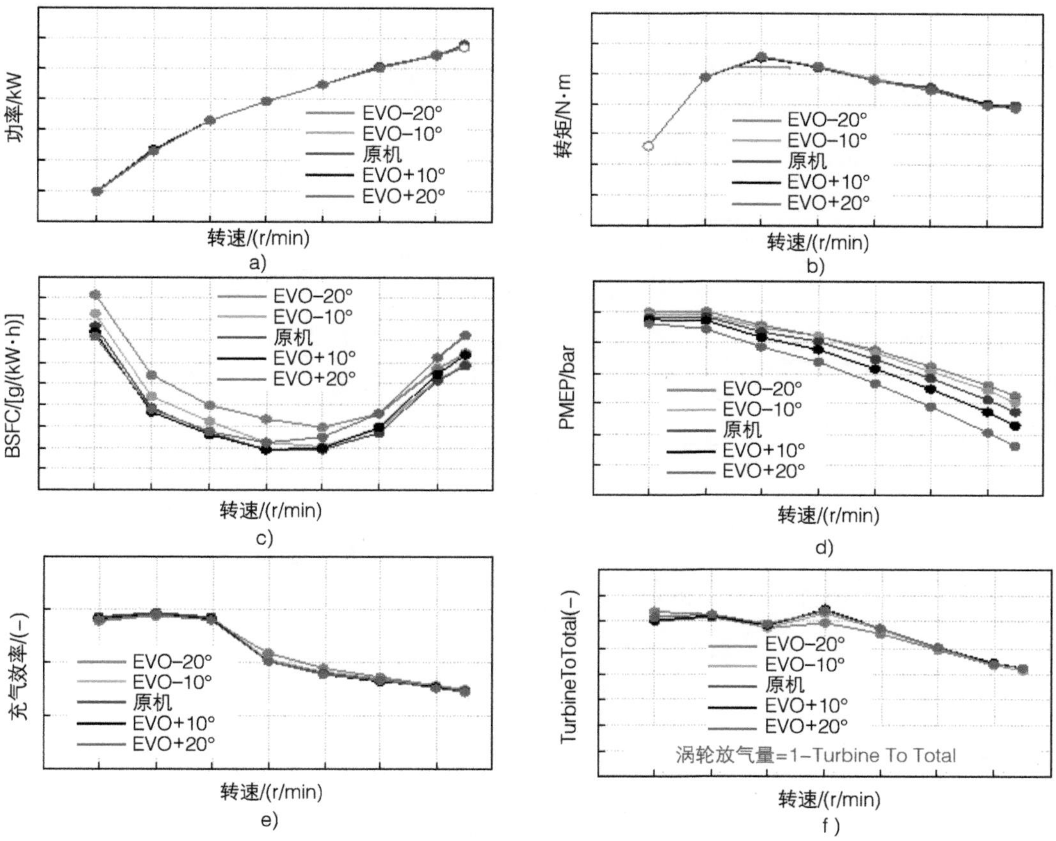

功率/kW
EVO−20°
EVO−10°
原机
EVO+10°
EVO+20°
转速/(r/min)
a)

转矩/N·m
EVO−20°
EVO−10°
原机
EVO+10°
EVO+20°
转速/(r/min)
b)

BSFC/[g/(kW·h)]
EVO−20°
EVO−10°
原机
EVO+10°
EVO+20°
转速/(r/min)
c)

PMEP/bar
EVO−20°
EVO−10°
原机
EVO+10°
EVO+20°
转速/(r/min)
d)

充气效率/(−)
EVO−20°
EVO−10°
原机
EVO+10°
EVO+20°
转速/(r/min)
e)

TurbineToTotal(−)
EVO−20°
EVO−10°
原机
EVO+10°
EVO+20°
涡轮放气量=1−Turbine To Total
转速/(r/min)
f)

图 3-76　不同排气持续期性能

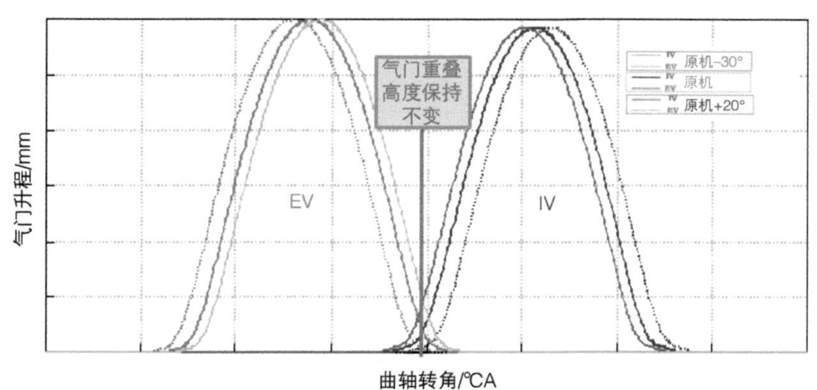

图 3-77　气门重叠角优化

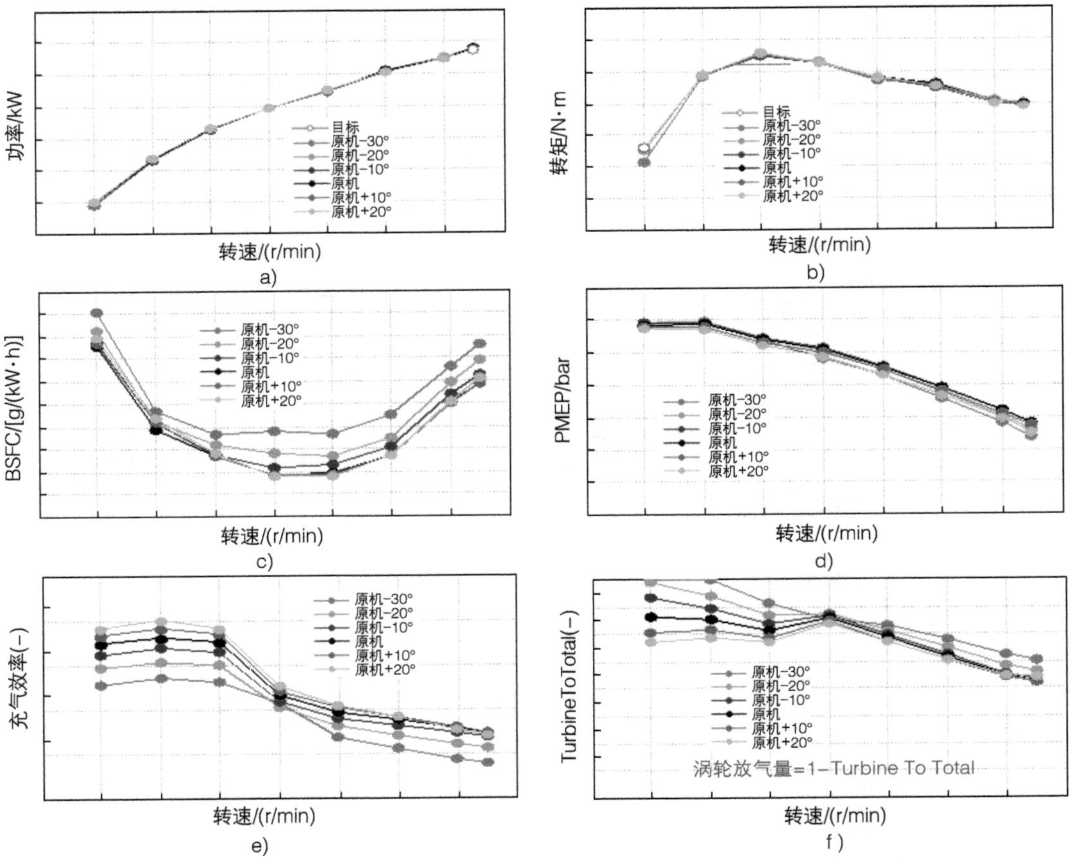

图 3-78　不同气门重叠角性能

4）保持优化的进、排气持续角以及气门重叠角不变，通过改变进、排气相位，改变气门重叠高度位置，确定最优的进、排气门相位，如图 3-79 所示。

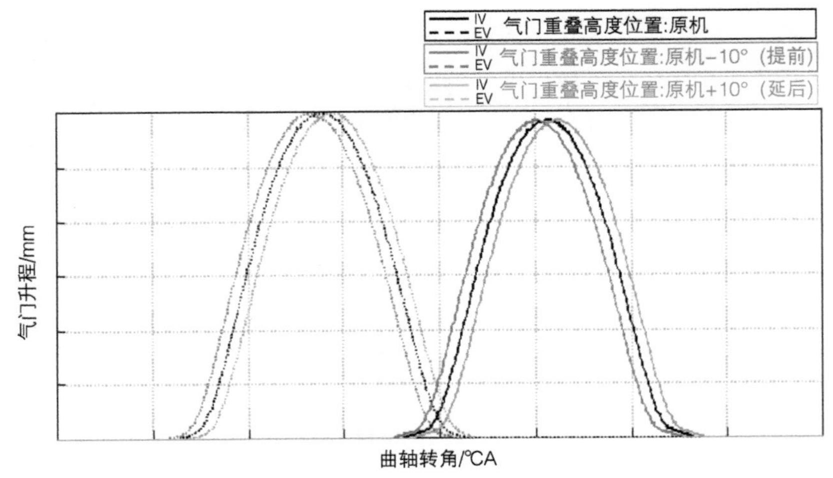

图 3-79　进、排气门相位优化

不同的气门重叠高度位置都能满足功率和转矩目标（图 3-80a、b）。进排气相位提前对中低速的油耗不利，推后对中高速的油耗不利，原机的气门重叠高度位置油耗比较理想（图 3-80c）。进排气相位推后增加整个转速下的泵吸损失（图 3-80d）。进排气相位推后降低整个转速下的充气效率（图 3-80e）。进排气相位推后增加整个转速下的增压压力，并使低速下的增压器余量更小，原机的进排气相位，增压器余量较大（图 3-80f）。综上，原机的气门相位比较理想，可保持不变。

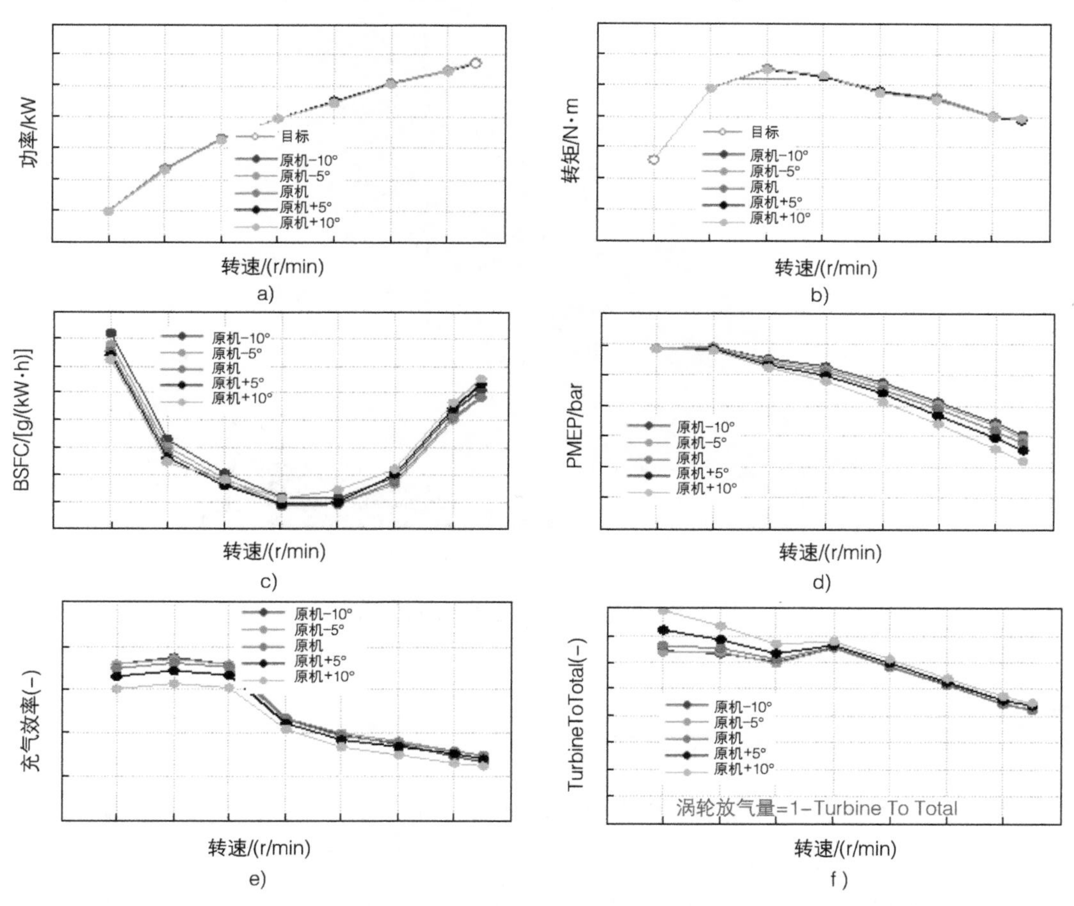

图 3-80　不同进、排气门相位性能

3.2.3　增压器匹配

在国六排放标准气体机阶段，基本采用当量燃烧 + 三元催化（TWC）技术路线；在乘用车汽油机领域，理论空燃比 + 三元催化（TWC）更是广泛应用和成熟的技术路线；对于重型甲醇燃料发动机，目前也同样选择当量燃烧技术路线，以简化后处理系统和降低成本。对于采用当量燃烧的甲醇发动机，在相同动力输出的要求下，所需的进气量与气体机或汽油机相差较小，理论上大概相差在 3% ~ 6%，因此，对于压气机的匹配要求，可能与原气体机或者汽油机基本一致。图 3-81 所示是原气体机增压器匹配某重型甲醇燃料发动机后的 MAP 图，发动机外特性运行曲线基本穿过压气机高效区，而且压气机有充足的喘振余量和堵塞余量，说明原气体机增压器与重型甲醇发动机匹配性良好。

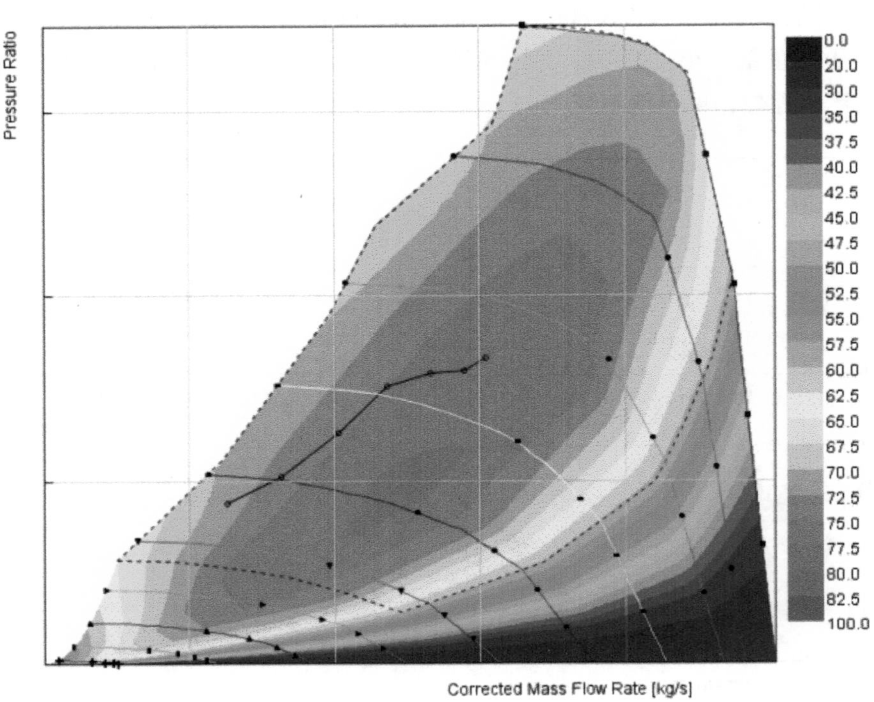

图 3-81　重型甲醇发动机增压器匹配

3.3 发动机本体涉醇零部件开发

甲醇发动机本体系统，除了考虑燃烧系统改进优化外，为了保证发动机的耐久和可靠性目标，一些与燃料或者燃烧相关的本体系统涉醇零部件，也需要考虑评估和优化。比如，由于燃料特性的改变及燃烧产物的影响，缸套和活塞环这对发动机最主要的摩擦副其摩擦和磨损性能受到严重挑战；由于进气门润滑作用减少、排气门温度升高及燃烧颗粒物的降低，进、排气门部位的磨损也加剧；另外，曲轴箱窜气影响机油，间接影响了轴瓦和油封等零部件。

3.3.1 缸套

1. 新产品缸套技术发展方向

内燃机升功率不断提升，爆压不断升高，耐久性要求也越来越高，要求缸套的强度、刚度、耐磨性也越来越高。缸套的材料选择从一般的硼铸铁向贝氏体铸铁和球墨铸铁方向发展。表 3-6 为气缸套常用铸铁材料性能对比。缸套结构设计上要求支撑刚度高，冷却水腔上移，冷却效果好。

表 3-6　铸铁缸套材料性能

<table>
<tr><th>材料名称</th><th>硬度</th><th>强度 /MPa</th><th>耐磨性</th><th>备注</th></tr>
<tr><td>硼铸铁</td><td>220 ~ 260HB</td><td>>200</td><td>+</td><td>—</td></tr>
<tr><td>硼铜铸铁</td><td>260 ~ 310HB</td><td>>270</td><td>++</td><td>—</td></tr>
<tr><td>贝氏体铸铁</td><td>270 ~ 330HB</td><td>>380</td><td>+++</td><td>—</td></tr>
<tr><td rowspan="2">球墨铸铁</td><td>>48HRC</td><td rowspan="2">>800</td><td>++++</td><td>高频淬火后</td></tr>
<tr><td>>580HV</td><td>+++++</td><td>热喷涂后</td></tr>
</table>

缸套网纹的加工要求越来越精细化，要求 Rk 值较小，以减少磨损，但又要兼顾储油性，要求网纹的“V”形沟槽，开口既要小，深度还要深，因此 Rvk/Rk 的比值要增大。图 3-82 所示是某重型甲醇发动机新缸套加工网纹轮廓。

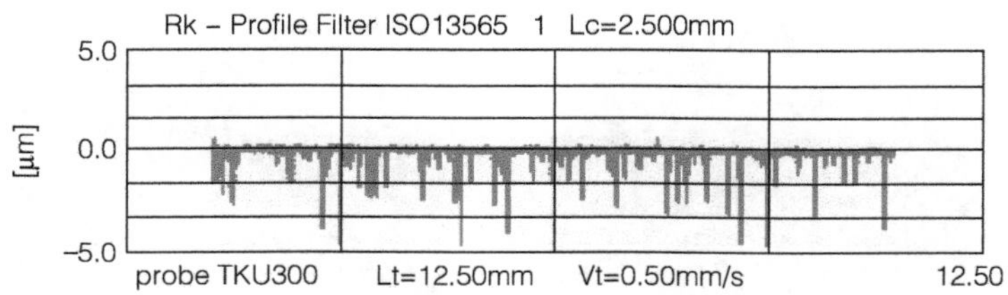

图 3-82　重型甲醇发动机新缸套加工网纹轮廓

另外，为了降低活塞环和缸套之间的摩擦系数，减小摩擦副边界摩擦磨损，降低机油消耗量，出现了一种采用热喷涂技术的无网纹镜面缸套（图 3-83），其涂层中独特的孔隙结构可替代珩磨网纹（图 3-84）的储油功能，目前仅有戴姆勒等部分高端车型应用，成本很高。

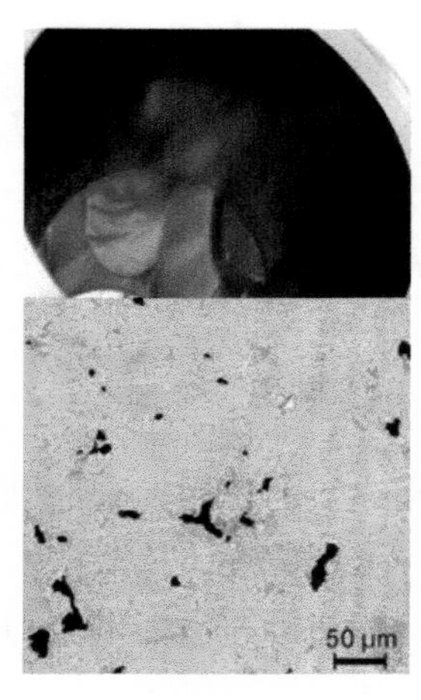

图 3-83　无网纹镜面缸套

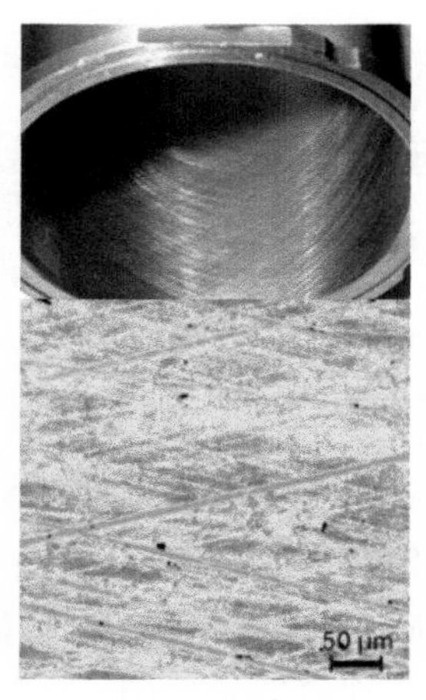

图 3-84　珩磨网纹缸套

2. 甲醇燃料发动机对缸套的要求

由于甲醇燃料对缸壁机油的稀释，以及甲醇燃料燃烧产生的甲醛、蚁酸腐蚀性，不仅对活塞环提出了更高的要求，与之配对的缸套要求也相应提升。图 3-85 所示为某重型甲醇燃料发动机 1000h 耐久后缸筒照片，部分网纹已磨损不见，磨损量超过相应标准。

缸套材料的选择，需要与活塞环配对，正确选择缸套 - 活塞环摩擦副的材料是提高耐磨性的关键，一般选用互溶性小的材料，以防止黏着磨损；选用高硬度材料，以防止磨料磨损。目前铸态贝氏体缸套材料，在国六发动机开发过程处于推广应用阶段，而球墨铸铁缸套是将来的技术趋势。从工程应用和产品化角度考虑，甲醇燃料发动机选择铸态贝氏体缸套配合 DLC 处理活塞环是较优的方案。图 3-86 所示是某重型甲醇发动机采用改进后的 DLC 活塞环和铸态贝氏体缸套经过 1000h 耐久试验后的磨损照片，检测环的磨损量为 1 ~ 3μm，而缸套的加工网纹也清晰可见。

图 3-85　耐久后缸筒照片

图 3-86　优化样件耐久磨损照片

3.3.2　活塞环

活塞环在发动机中所起的功用是密封可燃气体、传导热量、控制机油耗和支撑活塞运动。

1. 活塞环的结构

一般发动机有三道活塞环，第一道气环主要起密封和导热的作用，柴油机活塞环为防止积炭，采用双梯或者单梯结构；汽油机预混燃烧，第一道环位置比较清洁，可用矩形桶面结构，起到更好的密封作用。第二道气环起辅助作用，柴油机和汽油机差别不大。第三道油环主要起到控油的作用，柴油机之前较多应用铸铁撑环，后来也慢慢转向汽油机所采用的钢带组合油环形式。典型的柴油机和汽油机活塞环结构如图 3-87 所示。

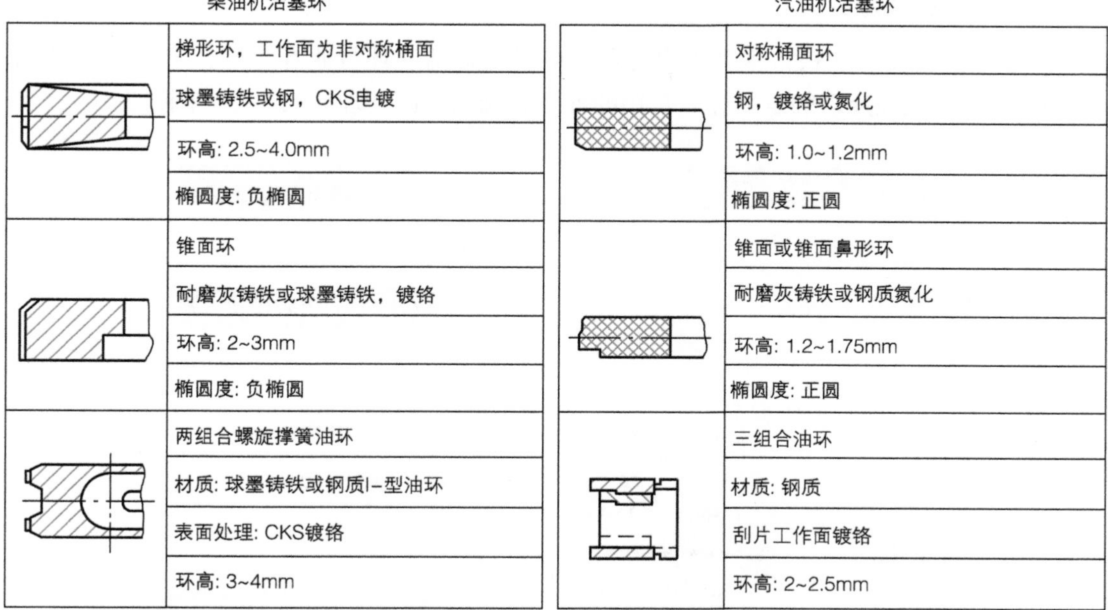

图 3-87　典型的活塞环结构

2. 活塞环的材料

活塞环基材主要是钢质和铸铁环，一般柴油机铸铁环应用较多，汽油机钢质环应用较广，如图 3-88 所示。

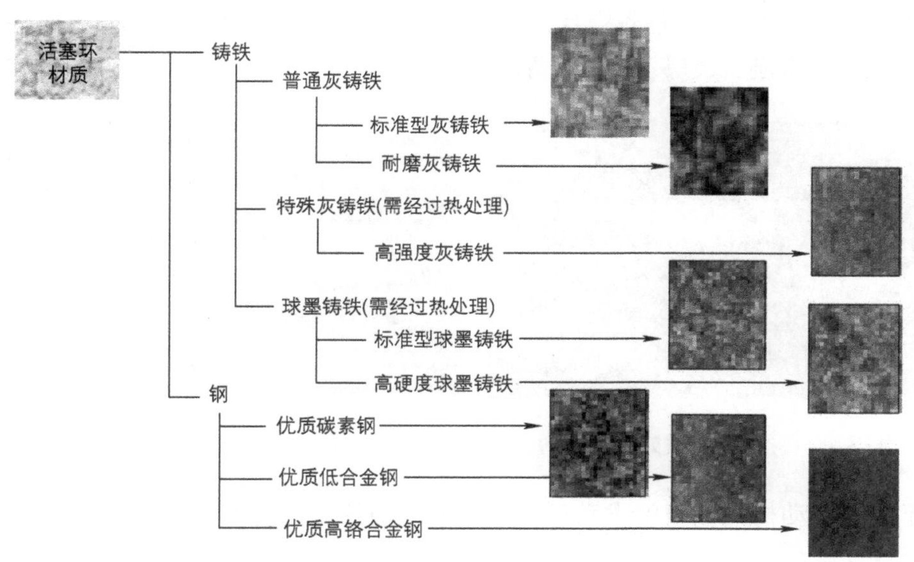

图 3-88　活塞环的材料

3. 活塞环的表面处理

活塞环的表面处理很大程度上决定了环的寿命，活塞环行业有句话："得表面处理者，得天下"，可见表面处理的重要性。常用的外圆和端面表面处理如图 3-89 所示。

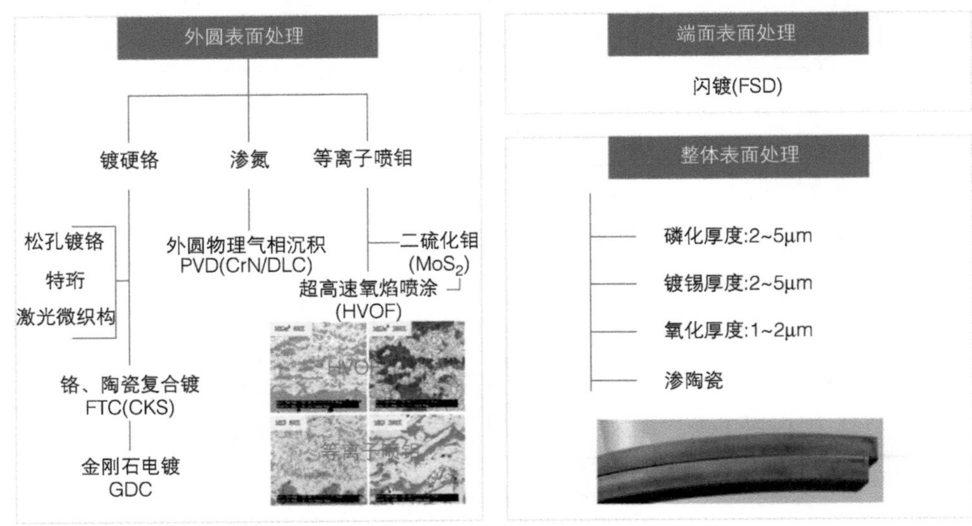

图 3-89　活塞环的表面处理

4. 甲醇发动机活塞环的要求

由于甲醇燃料的腐蚀性，无论是气环或者油环，试验证明表面渗氮处理都不能满足要求，图 3-90、图 3-91 所示为某甲醇机氮化活塞环失效案例。

因此，推荐用镀铬、铬基陶瓷复合镀（CKS）、铬基金刚石复合镀（GDC）、物理气相沉积（PVD）、类金刚石镀层（DLC）等表面处理方式。

图 3-90　渗氮气环失效案例

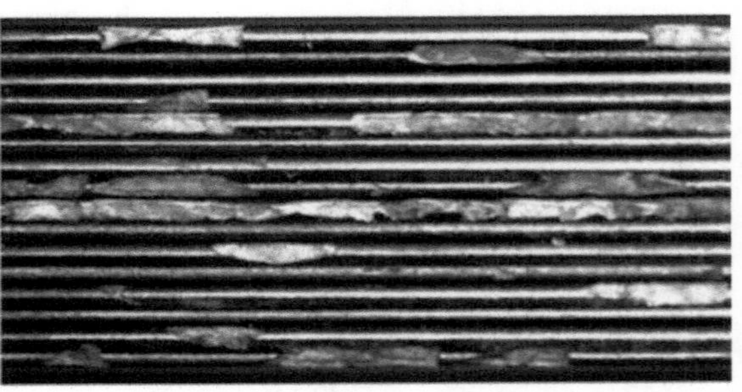

图 3-91　渗氮刮片环失效案例

由于甲醇发动机类似汽油发动机，采用节气门控制的量调节，为了保证较好的密封效果，活塞环结构形式和汽油发动机基本相同。某重型甲醇发动机典型设计应用案例见表 3-7。

表 3-7　某重型甲醇发动机典型设计应用案例

环别	断面结构	材料	表面处理
第一道气环		不锈钢	外圆面渗氮 +DLC 其他面渗氮
		球墨铸铁	外圆面 DLC 下端面镀铬
第二道气环		合金铸铁	磷化
油环组合		钢质	刮片环外圆面 DLC （或渗氮 +DLC）

虽然电镀层材料可避免甲醇燃料的腐蚀性，但随着发动机强化程度、耐久性要求越来越高，以及排放、油耗等要求的升级，冷却 EGR 技术应用越来越普遍，技术难度越来越大。特别是 EGR 的应用，虽然降低了第一道气环的热负荷，但是废气再循环中的杂质对活塞环的磨损更大，加之甲醇燃料不像汽油或者柴油那样本身具有一定的润滑性能，甲醇的润滑性能要比汽柴油都低，见表 3-8。

表 3-8　汽油和甲醇燃料的润滑性能对比

燃料种类	摩擦系数平均值	磨斑直径 /mm
汽油（92#）	0.145	0.434
甲醇	0.402	卡死（无法测量）

注：试验条件：载荷为 200N；转速为 1400r/min；运行时间 10s。

因此，大量试验表明，对于国六阶段的增压甲醇燃料发动机，DLC 环将是比较好的方案。图 3-92 所示为不同表面处理的活塞环和缸套磨损对比情况。

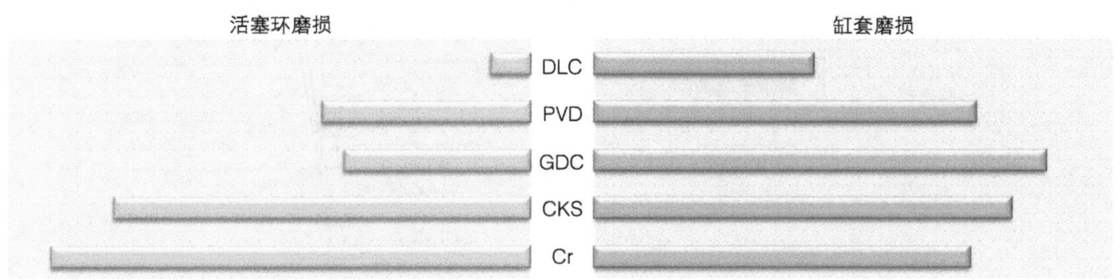

图 3-92　不同表面处理的活塞环和缸套磨损对比

3.3.3 气门和气门座圈

1. 甲醇发动机气门和气门座圈面对的问题

甲醇发动机气门和座圈部位，相对于柴油机，存在润滑不足和热负荷偏大问题，相对于汽油机润滑特性差，有些类似气体机，但甲醇发动机还存在腐蚀的独特性。图 3-93、图 3-94 所示为某甲醇燃料发动机台架试验过程出现的过度磨损和腐蚀问题。

图 3-93 气门腐蚀磨损

图 3-94 气门座圈腐蚀磨损

2. 甲醇发动机气门和座圈磨损分析

甲醇燃料燃烧产生的蚁酸对座圈部位存在腐蚀性，同时甲醇燃料不像汽油和柴油燃料具有比较好的润滑性能，甲醇燃料会对进气侧气门和座圈部位的机油等残留物起到清洗作用，使进气门和座圈的摩擦磨损加大；另外，甲醇本身是清洁燃料，燃烧速度快，产物少，这样排气侧的润滑也受到影响，相比较柴油机而言，燃烧温度的提升，更加剧了排气门和座圈的磨损，如图 3-95 所示。

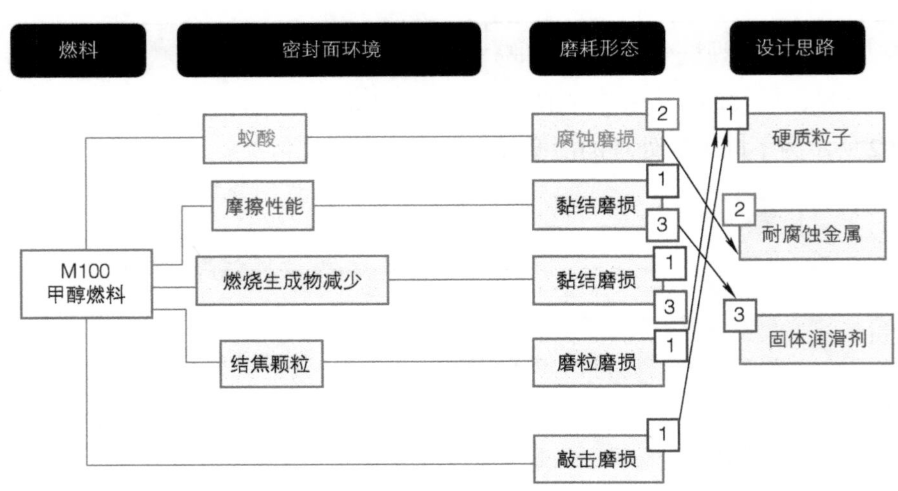

图 3-95 甲醇燃料发动机气门和座圈磨损分析

3. 甲醇发动机气门和座圈设计思路

由于润滑条件变差，需要提高材料本身的自润滑性能，提高材料密度，通过高合金化提升基体强度，提高材料的耐高温性能和耐蚀性。图 3-96、图 3-97 所示是某甲醇燃料发动机经过改进后的进、排气门和座圈的磨损情况。

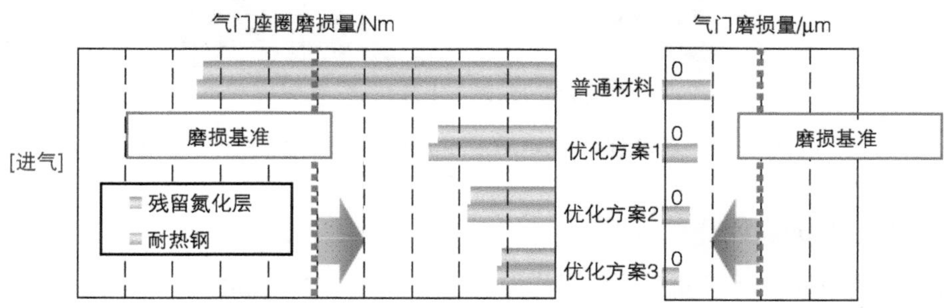

图 3-96　改进后的进气门和座圈的磨损

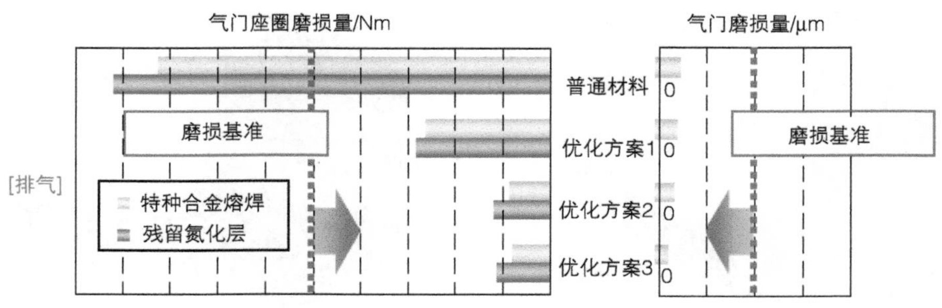

图 3-97　改进后的排气门和座圈的磨损

3.3.4　轴瓦

1. 轴瓦材料的要求

甲醇发动机轴瓦材料的要求，除一般特性要求外，要特别注意耐蚀性的设计。

承载性	嵌藏性	顺应性	相容性	耐蚀性
• 有足够高的承载能力和疲劳强度	• 以微量塑性变形吸收混在机油中的外来颗粒	• 轴承副有几何形状偏差和变形时能克服边缘负荷，从而使负荷均匀	• 轴与瓦在相对运动中，轴承材料有防止与轴颈材料发生冷焊和咬合的能力	• 机油中残存的少量水、酸性物质以及机油在高温下长期工作后氧化生成的有机酸对轴承材料有腐蚀作用

图 3-98 所示为某甲醇发动机轴瓦在发动机台架试验中的腐蚀磨损照片。

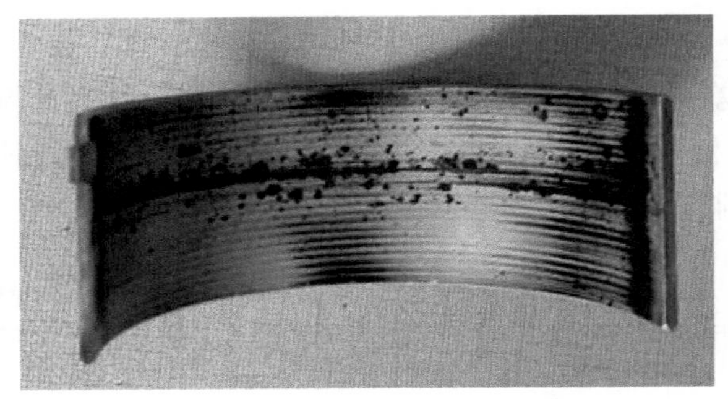

图 3-98　某甲醇发动机轴瓦腐蚀磨损

2. 甲醇机轴瓦的设计开发思路

目前广泛应用的发动机轴瓦材料是铝基合金、铜基合金，如图 3-99、图 3-100 所示。

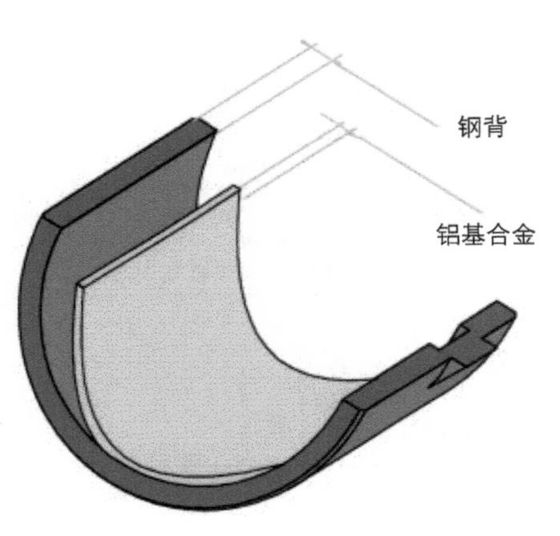

图 3-99　铝基合金

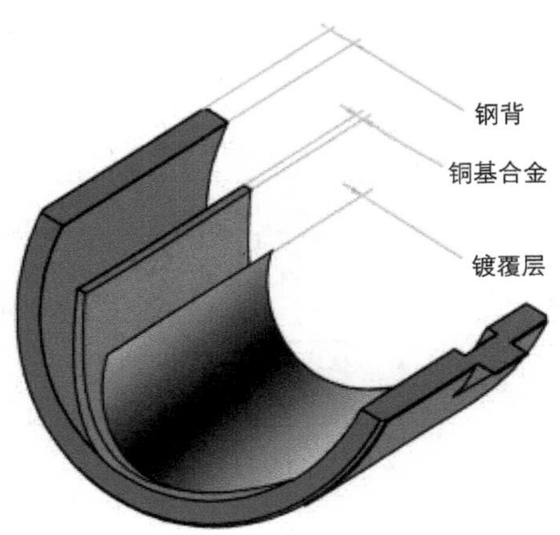

图 3-100　铜基合金

材料的选用一般根据轴瓦承载的比压和线速度进行选择，如图 3-101、图 3-102 所示。

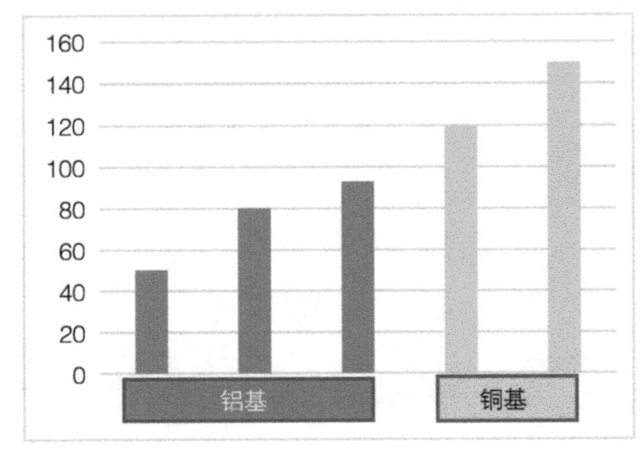

图 3-101　材料比压

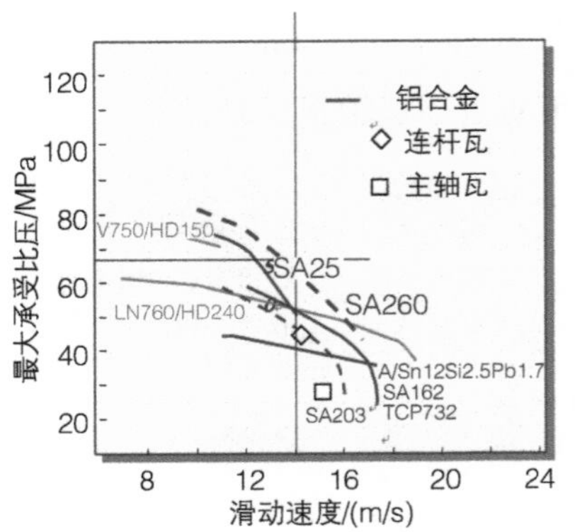

图 3-102　材料选择范围

轴瓦的设计校核，目前常用的软件为 AVL-EXITE，搭建模型如图 3-103 所示，设定各模型参数，输入缸压曲线，如图 3-104 所示。

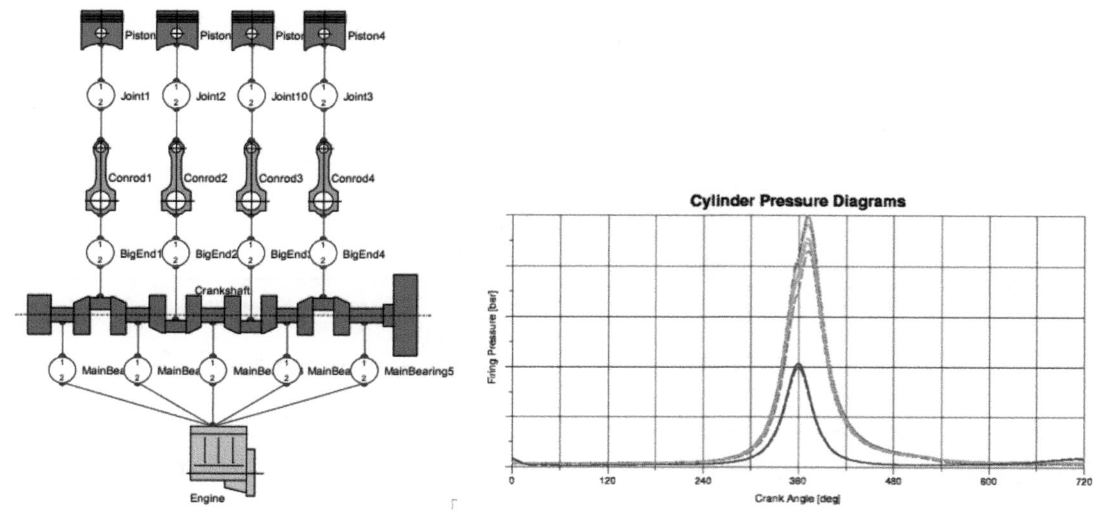

图 3-103 分析模型

图 3-104 缸压曲线

输出上、下主瓦载荷，如图 3-105、图 3-106 所示。受爆发力的影响，主轴上瓦的载荷要低于下瓦的载荷，因此主轴上瓦适合开油槽油孔，润滑其他部位。而且主轴瓦不像连杆瓦那样，单独承受爆发力等载荷，因此承受比压低，材料选择余地比较大，一般选择铝基合金可满足要求。如图 3-105、图 3-106 所示，主轴上、下瓦的载荷均没有超出材料极限要求（灰色区域），说明材料选择满足开发要求。

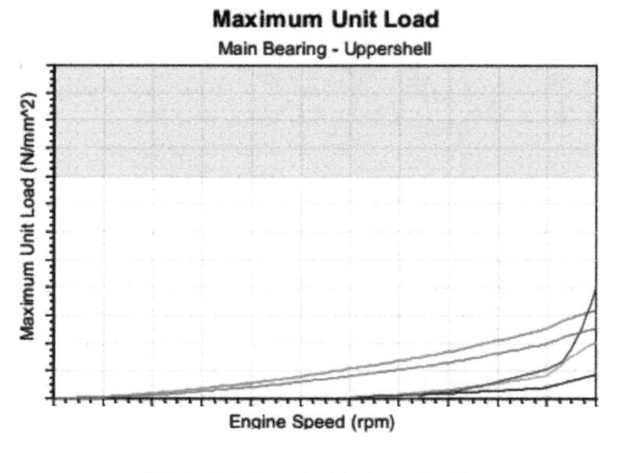

图 3-105 主轴上瓦载荷

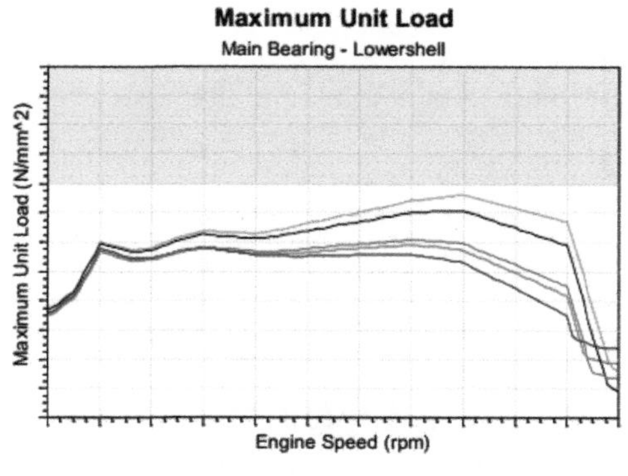

图 3-106 主轴下瓦载荷

输出上、下主瓦油膜厚度，如图 3-107、图 3-108 所示。为了保证主轴径和轴瓦部位的良好润滑条件，使其始终处于流体润滑状态，油膜的厚度一般要达到零件表面粗糙度的 5 ~ 10 倍以上，按照一般的设计要求，最小油膜厚度一般不得小于 1μm。如图 3-107、图 3-108 所示，受爆发力的影响，主轴下瓦部位的油膜厚度比上瓦更难以保证，但都满足要求。

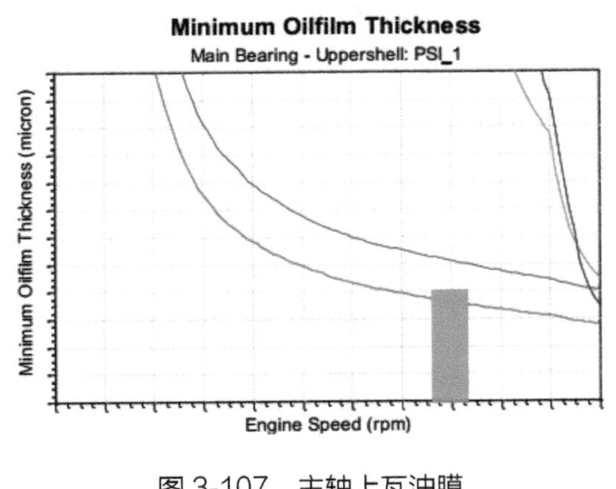

图 3-107　主轴上瓦油膜

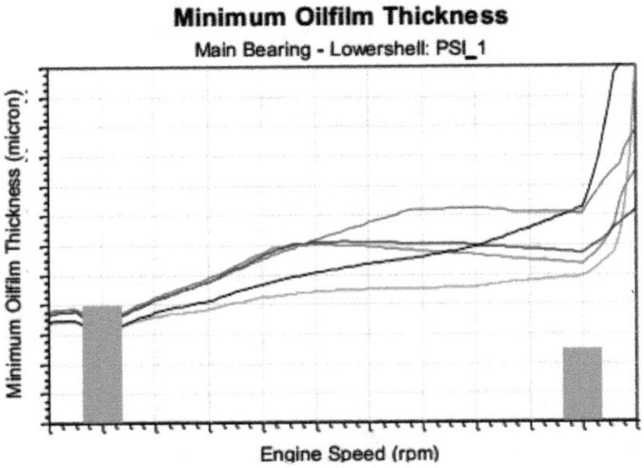

图 3-108　主轴下瓦油膜

输出上、下连杆瓦载荷，如图 3-109、图 3-110 所示。受爆发力的影响，连杆上瓦的载荷远超过连杆下瓦，为了降低材料成本，一般连杆上瓦和下瓦选择不同的材料，比如连杆上瓦选用铜基合金，连杆下瓦选用铝基合金。当然，也可通过加大轴瓦尺寸降低比压，进而都选择成本较低的铝基合金材料。如图 3-109、图 3-110 所示，连杆上、下瓦的载荷均没有超出材料极限要求（灰色区域）。

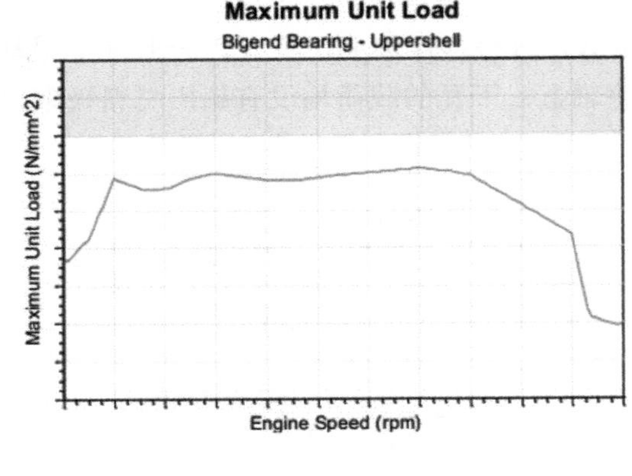

图 3-109　连杆上瓦载荷

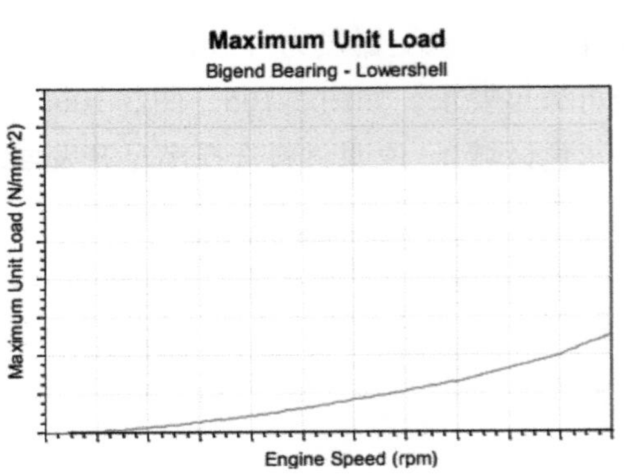

图 3-110　连杆下瓦载荷

输出上、下连杆瓦油膜厚度，如图 3-111、图 3-112 所示。受爆发力的影响，连杆上瓦的油膜厚度比较难以保证，需要通过加大轴瓦内径、增加轴瓦宽度以及在轴瓦内表面加工一些储油纹路等措施，以保证连杆轴颈和连杆瓦部位的润滑条件。同样为保证润滑部位的流体润滑的边界条件，也需油膜厚度达到零件表面粗糙度的 5～10 倍以上，根据开发经验，极限状况下连杆上瓦的最小油膜厚度保证在 0.6μm 以上，基本也能满足要求。如图 3-111、图 3-112 所示，受爆发力的影响，连杆上瓦部位的油膜厚度比连杆下瓦更难以保证，但均满足要求。

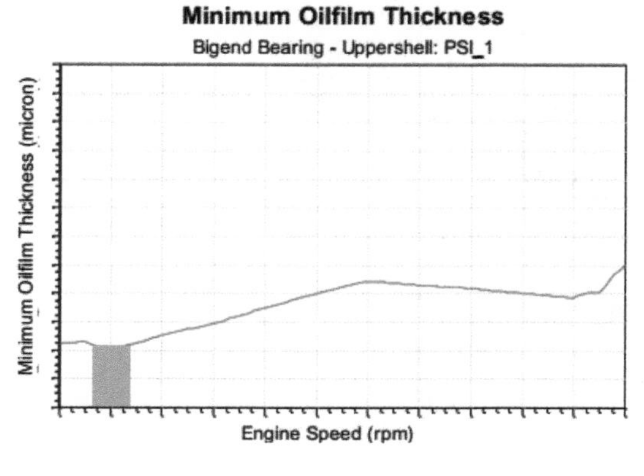

图 3-111　连杆上瓦油膜

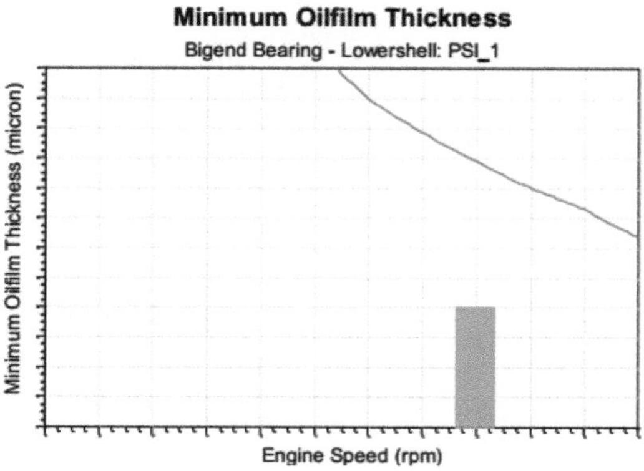

图 3-112　连杆下瓦油膜

另外，为了提高轴承表面的耐摩擦磨损以及耐腐蚀性能，可增加表面处理，如涂覆 MoS_2、PVD 处理或增加高分子涂层等，如图 3-113、图 3-114 所示。

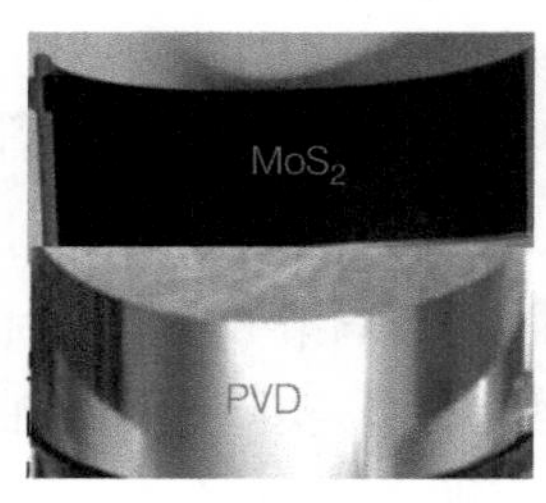

图 3-113　表面处理

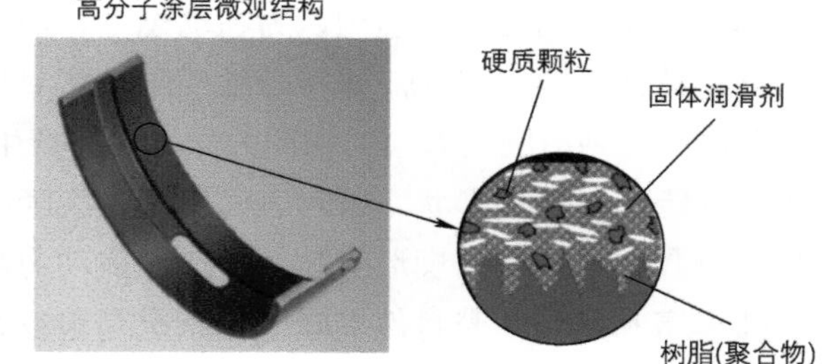

图 3-114　高分子涂层

3. 典型的甲醇发动机轴瓦应用方案

一般主瓦材料选择铝基合金，连杆上瓦承受的比压极大，一般选用铜基材料。但随着压燃改点燃式发动机，发动机机械载荷下降，可讨论连杆上瓦也应用铝基材料的可能性。典型的铝基合金、铜基合金轴瓦设计如图 3-115、图 3-116 所示。

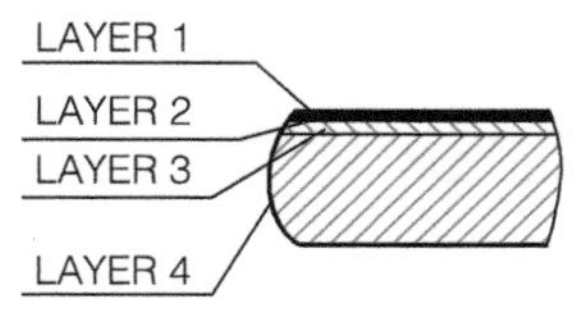

序号	层名称	材料	厚度
1	喷涂层	AlSn35Cu(PVD)	0.005~0.015
2	镍层	Ni	0.001~0.003
3	合金层	CuNi2	0.20~0.40
4	钢背	St37-2G	余量

图 3-115　典型的铝基合金轴瓦设计

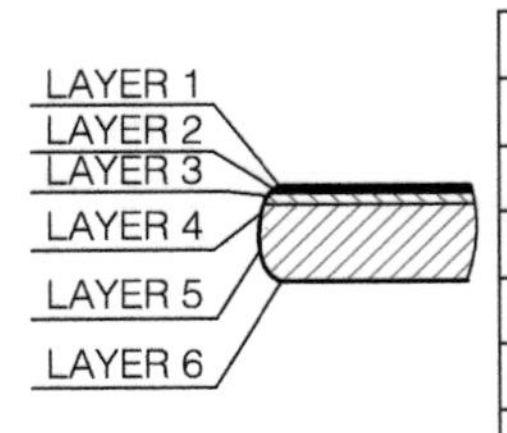

层数	材料	厚度
1 锡层	Sn	0.001~0.002
2 电镀层	SnCu6+SnCu3	0.010~0.025
3 锡层	Ni	0.001~0.003
4 合金层	CuNi2	0.3±0.1
5 钢背层	St37-2G	其余
6 锡层	Sn	0.001~0.002

图 3-116 典型的铜基合金轴瓦设计

3.3.5 油封

本处所述的油封，是指发动机本体系统里的油封，包括气门油封、曲轴油封和凸轮轴油封（部分正时带传动的机型可能有）。

1. 密封的原理

对于油封的密封原理，有较多的理论解释。但是被国内外密封研究者公认的是流体动力密封理论。流体动力密封理论认为在动态下，油封与轴的狭小接触带上，有一层液膜具有流体的动特性（图 3-117）。这些特性使轴与密封件的摩擦力降低，由于该摩擦力，密封件的接触面上受到沿圆周方向的切向力作用，并产生切向变形，从而改善了动态下的润滑。该液膜有一定的厚度和形状，密封表面许多微观隆起与凹陷，在动态下相当于微小的滑动轴承板，将黏性液体带入楔形间隙，形成流体动力液膜，从而起到润滑和密封作用。此理论在不断丰富和发展。密封件实际工作状况是很复杂的，一般认为，实际工作中油封与轴接触时，接触面出现干摩擦、边界润滑和流体润滑三种情况，不断交替变动。

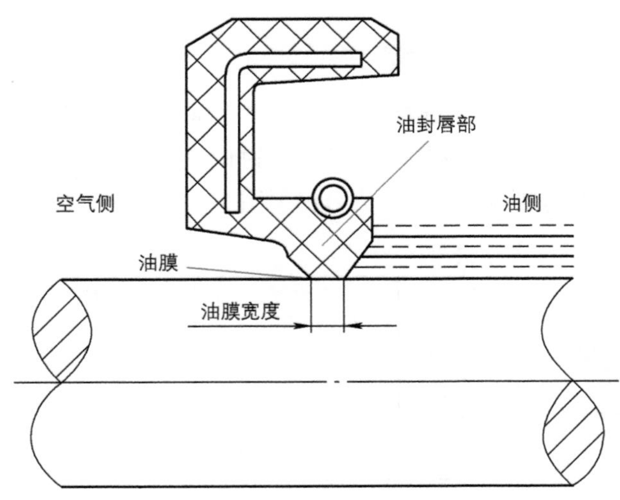

图 3-117 流体的动特性

流体动油封俗称“回流油封”，其特点是具有回流作用，主要应用于工作环境比较恶劣的情况下，如轴的径向圆跳动比较大时。汽车工业中大量应用的是单向回流油封，主要特点是具有回流作用，唇口的过盈量比普通油封小，径向力降低，减小了摩擦生热，提高了使用寿命。由于主唇口线与轴接触，所以在停车或短时低速反转（汽车后退时的速度）时也不会漏油。一般来说，单向回流油封适用于同一方向高速运转。在单向回流油封的唇口工作面上设计有若干条螺纹凸棱，有逆时针和顺时针两种（图 3-118）。螺纹形凸棱在唇尖部与静态唇相交。在轴旋转时，螺纹与轴接触部分产生一种与泄漏相反的压力，使将要外漏的流体返回油箱。

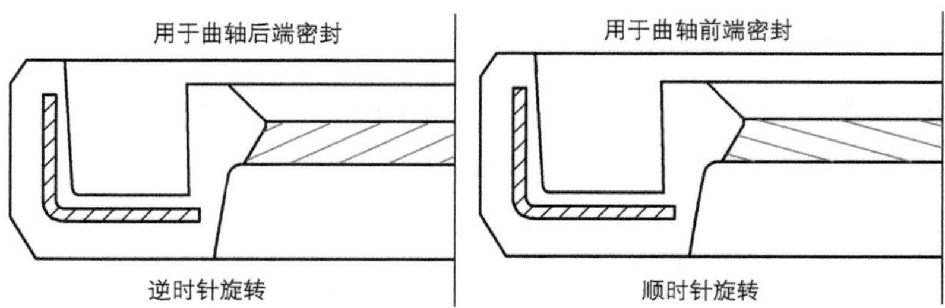

图 3-118　曲轴油封

另外一种是螺旋槽回油结构，发动机工作过程中进入油封与轴颈贴合部位的润滑油膜，随着旋转轴一起转动，一旦油膜碰到油封螺旋槽，就会受到螺旋斜面的作用而产生一个向机内的作用力，此力就会将欲外流的液体介质压回储油端（即利用螺旋杆泵送原理，把沿泄漏间隙的介质推赶回去，以实现密封），当此作用力大于流体压力时就能实现密封，如图 3-119 所示。

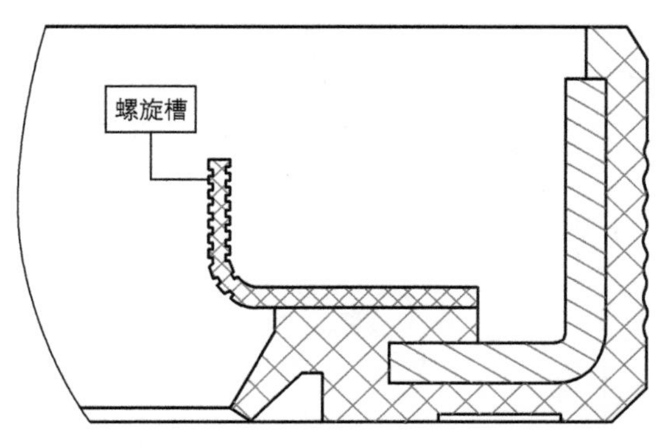

图 3-119　螺旋槽回油结构

2. 密封结构

内包骨架带弹簧油封结构，如图 3-120 和图 3-121 所示，适用于曲轴箱压力比较稳定的发动机。

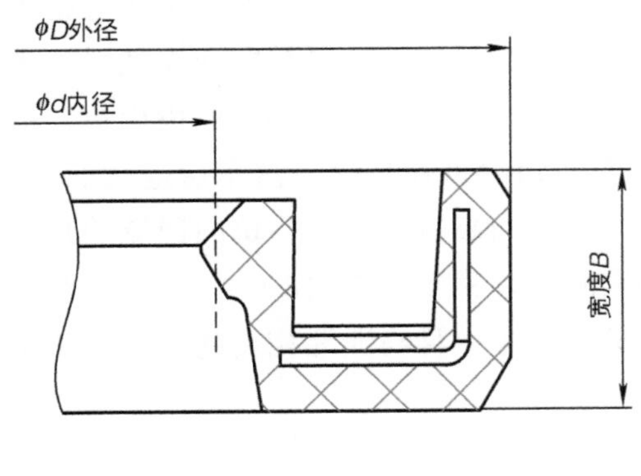

图 3-120　B 型

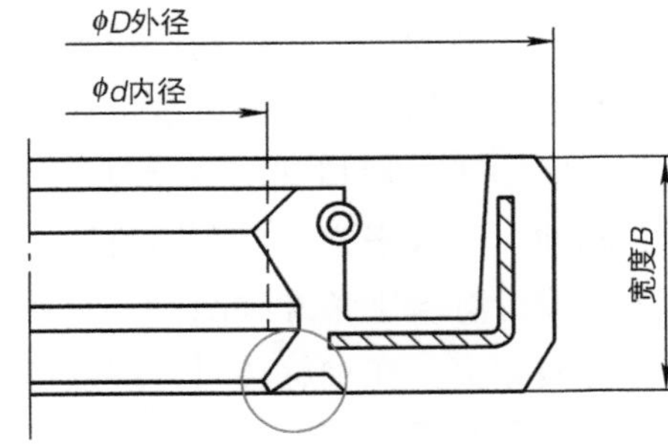

图 3-121　FB 型

外包骨架带弹簧油封结构，如图 3-122 和图 3-123 所示，轴向压紧力大，适用于曲轴箱压力高，或者曲轴箱压力波动较大的发动机。

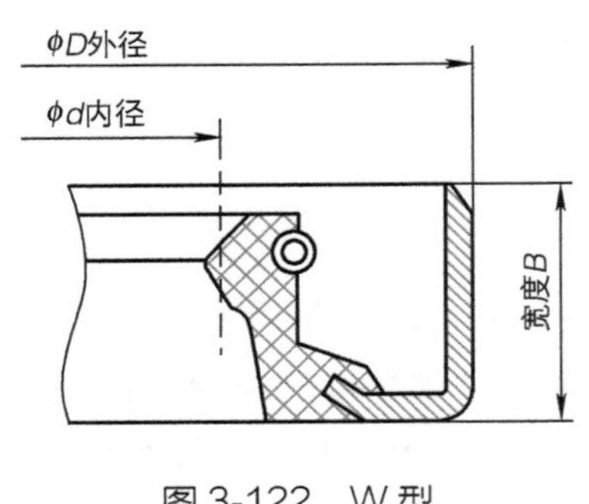

图 3-122　W 型

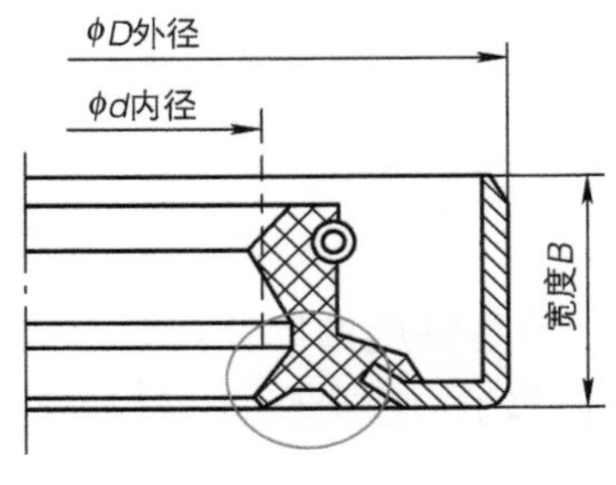

图 3-123　FW 型

另外，还有演变的半包骨架结构，介于内包骨架和外包骨架油封之间，如图 3-124 所示。

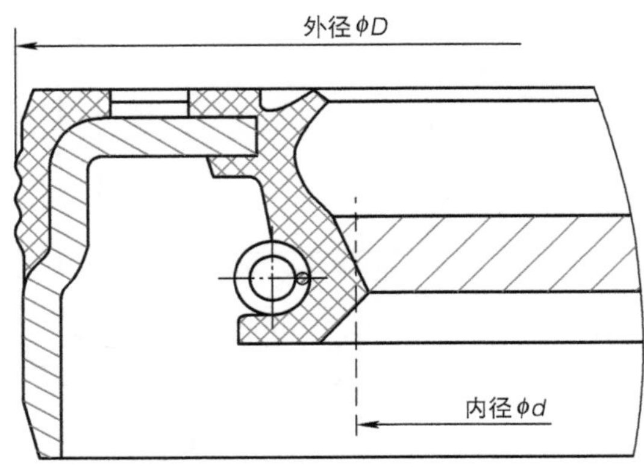

图 3-124　半包骨架

此外，随着发动机的高可靠性、低摩擦要求，还有不带弹簧的油封，如图 3-125、图 3-126 所示。

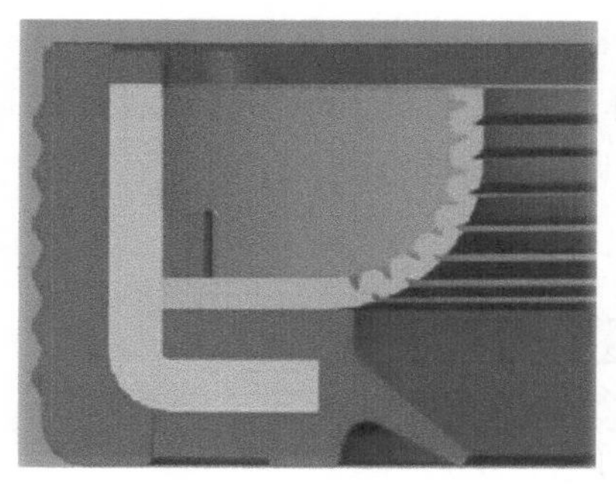

图 3-125　PTFE 油封

图 3-126　低摩擦油封

为了降低对旋转轴圆跳动的要求，部分发动机还采用了端面密封的形式，如图 3-127 所示。

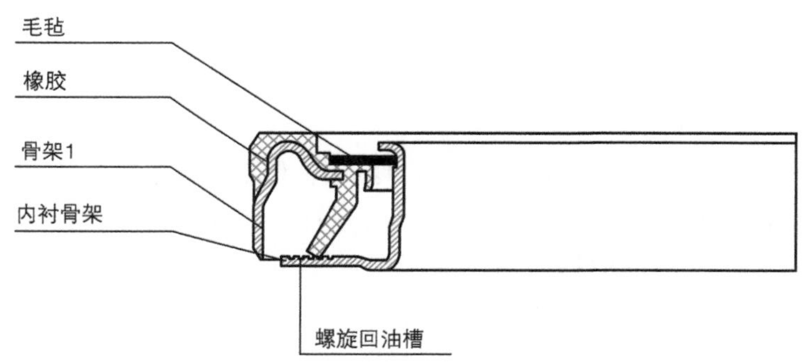

图 3-127　端面密封

3. 油封材料

常用的油封材料及性能见表 3-9。

表 3-9　油封材料及性能

类别	耐油性	耐碱性	耐酸性	耐水性	耐候性	耐磨耗性
丁腈橡胶（NBR）	◎	○	○	○	△	◎
硅橡胶（SI）	○	×	△	△	◎	⊙
氟橡胶（VITON）	◎	△	○	○	◎	◎
聚四氟乙烯（PTFE）	◎	◎	◎	◎	◎	◎

注：◎表示优，○表示良，⊙表示尚可，△表示差，× 表示极差。

4. 甲醇发动机油封的要求

在耐久试验中，油封被要求与发动机同寿命。而发动机在工作的时候，未燃甲醇会混入到机油中，还有甲醇燃烧产生的蚁酸及甲醛，也会混入到机油，由于甲醇燃烧产物和未燃甲醇对油封材料的腐蚀溶胀作用，使得油封过早失效。因此，甲醇发动机对现有的油封材料提出了挑战，所以一般甲醇油封的材料选择改性氟橡胶（FKM）或者聚四氟乙烯（PTFE）。某重型甲醇机油封的典型设计应用案例说明如下（图 3-128）。

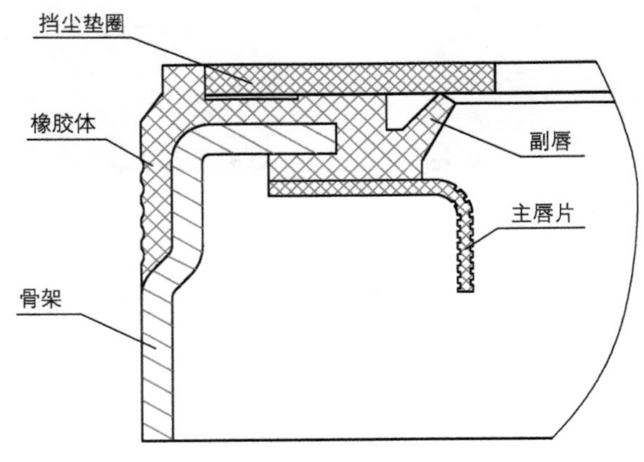

图 3-128　端面密封

1）为了应对甲醇发动机的腐蚀性，油封橡胶体（含副唇）材料为耐甲醇的特殊改性三元氟橡胶（FKM），主唇片材料为耐蚀性优良，俗称“塑料王”的聚四氟乙烯（PTFE）。

2）为提高油封的轴向抗偏移能力，油封采用半包骨架结构，不仅橡胶体外圆与发动机固定壳体紧配合，骨架外圆也与固定壳体过盈配合。

3）为提高油封的偏心追踪能力和耐久性能，主唇部分采用 PTFE 片，根据试验结果，偏心追踪能力达到 0.8mm 以上，远大于普通油封的 0.5mm 标准。另外，PTFE 油封无需弹簧抱紧力，可取消弹簧，PTFE 片摩擦系数小，磨损量小，耐久性能好。

4）为提高油封的防尘能力，除设计副唇结构外，还增加材料为无纺布的挡尘垫圈，过滤效率更高，减少杂质磨损，提高油封寿命。

另外，对于氟橡胶（FKM）来说，试验表明，随着氟含量的增加，其耐甲醇能力提高，过氧化物硫化橡胶耐甲醇性能优于双酚硫化，如表 3-10、图 3-129 所示。

表 3-10　不同氟含量耐甲醇性能比较

硫化体系	双酚硫化			过氧化物硫化
氟质量分数	68%	68.5%	70%	70%
硬度变化率（%）	−17	−16	−10	−4
伸长变化率（%）	−20.39	−8.95	−8.17	−15
体积变化率（%）	30.89	27.29	13.52	5
重量变化率（%）	11.55	10.07	2.05	1.9

注：试验条件为 M15 溶液（甲醇体积分数为 15% 的甲醇汽油），60℃ ×168h。

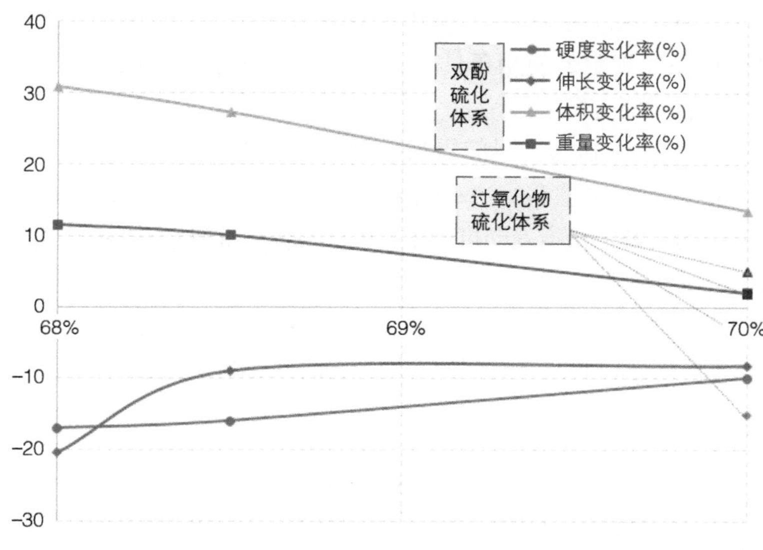

图 3-129　不同氟含量耐甲醇性能比较

3.4 重型甲醇发动机可靠性开发

发动机的可靠性、维修性和耐久性是发动机开展设计的综合性顶层要求，直接决定了发动机的使用能力和全寿命周期费用优劣。发动机的可靠性设计，必须规划考虑发动机的安全性、维修性和耐久性要求，所涉及的内容十分广泛，包括性能、系统和结构等多方面。

可靠性是产品竞争力的关键要素之一，商用车用户在普遍关注车辆的动力性与经济性的同时，更加关注其可靠性。目前甲醇商用车的市场容量比较小，用户对甲醇发动机的接受程度较弱，其可靠性显得更为重要。本节以实例说明甲醇发动机可靠性开发的特征内容。

3.4.1　可靠性指标及其试验内容

1. 可靠性指标分析

发动机可靠性是指在规定的运转条件下以及规定的时间内发动机持续工作的能力。对于高可靠性的发动机，则要求在质保期内不发生停车故障或不需要更换主要或关键零件。

以下各零件被规定为主要零件：机体（包括机座、曲轴箱）、油底壳、曲轴、齿轮、凸轮轴、传动链、传动带、油泵凸轮轴、气缸盖、缸套、活塞、连杆、连杆轴瓦、连杆螺栓、活塞销、进排气门及座圈、气门弹簧、摇臂、调速器弹簧、调速器飞块和销子、机油泵齿轮、活塞环、油泵柱塞偶件、出油阀偶件、喷油器。

耐久性是指从开始使用起到大修期的时间。内燃机的大修期一般取决于缸套和曲轴磨损到达极限尺寸的时间（小时数），此时内燃机不能继续正常工作，使用中的对外表现通常为内燃机起动困难甚至无法起动、排气冒蓝烟、机油消耗量明显加大、动力性明显下降、内燃机工作噪声变大等。通常用B50或B10寿命表示。

B50寿命是指产品在规定的使用条件下，使用到其中有50%的产品达到大修状态时的使用寿命，按其实际使用的小时数计。

B10寿命是指产品工作到这一时间点后，预计有10%的产品将会出现故障。近几年，随着市场竞争力的提升，越来越多的汽车制造商用B10来表示汽车的可靠性。

其中寿命定义中的大修，是指发动机的主要件（缸体、曲轴、凸轮轴、缸盖）磨损超过规定限值，机油消耗量增加到大于、等于合格指标的50%，额定功率或最大转矩下降大于、等于规定值的15%，燃油消耗率增加大于、等于规定值的15%，烟度、噪声等法规性指标超过规定限值而非进行大修不能恢复，此时所对应的平均运行时间即为大修期，单位为km或h。

2. 可靠性试验内容

可靠性试验的目的是新产品在投产之前经过充分验证暴露问题并加以解决，最终提高产品的可靠性水平。目前随着汽车动力系统的多元化、更加严格的油耗、排放法规的实施，对发动机的可靠性运转提出了更高的要求。甲醇发动机由于近几年才得到一定的开发，很多开发体系还有待完善。甲醇主机厂基本都是借用柴油机或汽油机的可靠性试验方法。目前汽车发动机可靠性试验方法，基本是参照GB/T 19055—2003《汽车发动机可靠性试验方法》以及企业内部制定的发动机考核办法。主要的台架可靠性试验方法有全速全负荷试验、交变负荷试验、冷热冲击循环试验，具体试验方法、试验时间、试验循环要根据发动机搭载车型的具体情况制定和选择。为了进一步考核发动机在极端情况下的工作状况，很多新开发的发动机，使用深度冷热冲击试验方法。

（1）全速全负荷试验方法　试验规范见表3-11。

表3-11　全速全负荷试验规范

转速	负荷	运行持续时间/h
额定转速 n_r	油门全开	1000

全速全负荷试验是行业内相当传统且普遍应用的可靠性试验方法，其目的在于考核柴油机重要的零部件，如活塞、活塞环及气缸套等在高热负荷条件下的耐磨损可靠性能，可初步得到柴油机功能及磨损方面的重要信息，作为其他可靠性试验的基础试验。试验中应注意对冷却液温度、机油压力、机油温度及进气温度等参数的控制。

（2）交变负荷试验　试验规范如图3-130所示。

油门全开，从最大净转矩的转速（n_M）均匀地升至最大净功率的转速（n_p），历时1.5min；在n_p稳定运行3.5min；随后均匀地降至n_M，历时1.5min；在n_M稳定运行3.5min。重复上述变工况，运行到25min。

油门关闭，转速下降至怠速（n_i）运行到29.5min；油门开大，无负荷，使转速均匀上升到105%额定转速（105%n_r）或上升到发动机制造厂规定的最高转速，历时0.25min ± 0.1min；随即均匀地关小油门，使转速降至n_M，历时0.25min ± 0.1min。至此完成了一个循环，历时30min。运行800个循环，持续400h。

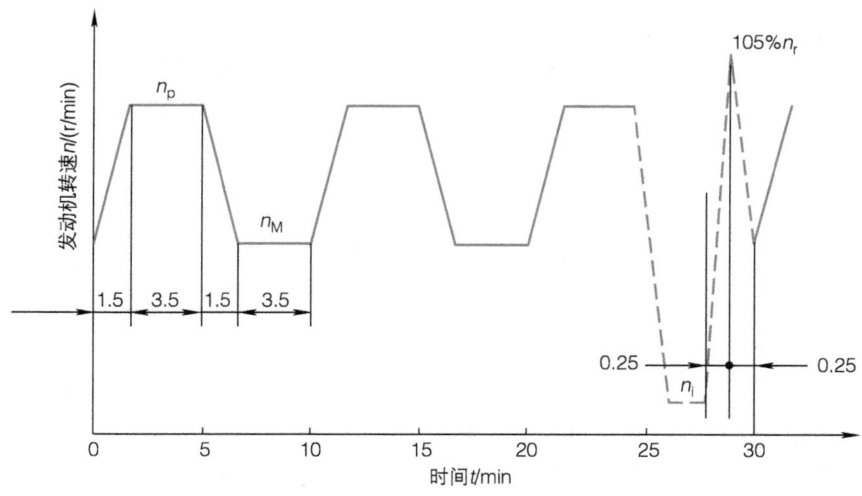

图 3-130　交变负荷试验规范

目前国内很多主机厂在交变负荷试验的基础上，特别是对在柴油机基础上发展而来的天然气发动机和甲醇发动机，结合搭载整车的具体使用工况提出了企业内部的标准循环。一般来说，一个标准循环分为 8 ~ 10 种工况，模拟整机的实际运行情况，其中包括最高空转、额定转速负荷、交变负荷、最大转矩负荷、怠速以及整车实际常用转速等工况。其设定工况的目的在于验证零部件和系统的开发情况，考核零部件、系统及整机在动态循环工况下的可靠性，是零部件及整机获得认可的关键试验。

（3）冷热冲击循环试验　冷热冲击试验规范如图 3-131 及表 3-12 所示，表中工况 1 到工况 2，工况 2 到工况 3 的转换在 5s 以内完成；工况 3 到工况 4，工况 4 到工况 1 的转换在 15s 以内完成，均匀地改变转速及负荷。每循环历时 6min。

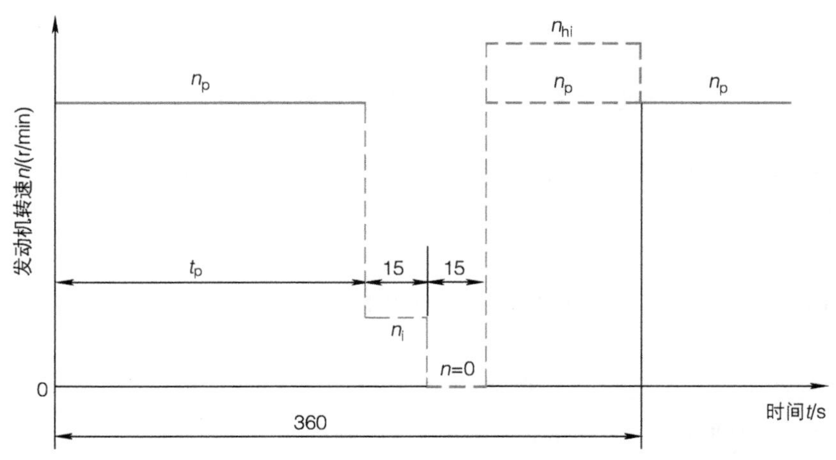

图 3-131　冷热冲击试验规范示意图（实线表示油门全开）

表 3-12　冷热冲击试验规范

工况序号	转速	负荷	冷却水出口温度 /K	工况时间 /s
1（热）	最大净功率转速 n_p	油门全开	升至 378 ± 2[①]或 385 ± 2[②]	t_p[③]
2	怠速 n_s	0	自然上升	15
3	0	0	自然上升	15
4（冷）	最大净功率转速 n_p 或高怠速	0	降至 $311_{-4}^{\ 0}$	360-t_p-15-15

① 散热器盖在绝对压力 150kPa 放气时，冷却水温升至 378K ± 2K，或按发动机制造厂的规定。
② 散热器盖在绝对压力 190kPa 放气时，冷却水温升至 385K ± 2K，或按发动机制造厂的规定。
③ t_p 指发动机自行加热至规定出水温度所需的时间。

通过发动机冷热冲击可靠性试验，考核发动机在冷热交替的冲击下，缸体、缸盖、缸垫、活塞、增压器、排气歧管等重要零部件在热负荷变化时的可靠性，以及整机的稳定性、可靠性及耐久性，为后期改进提供依据。

某大型柴油机企业的冷热冲击工况在以上基础上进行了优化（图 3-132）。

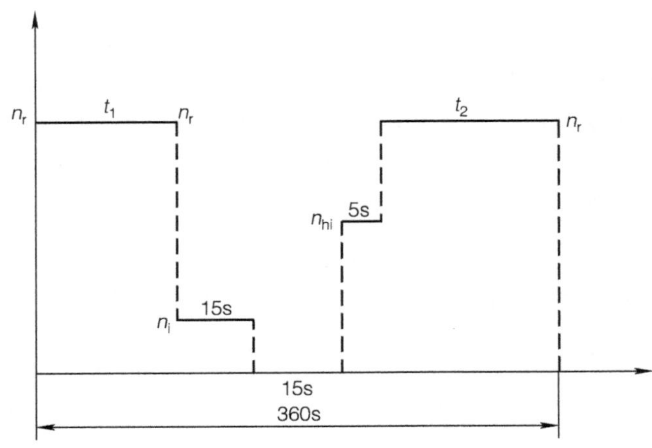

图 3-132　某柴油机的冷热冲击试验循环

1）节温器强制打开。油门全开，额定转速下运行，直到出水温度达到 110℃。

2）低怠速 15s。

3）停机至少 15s，并使出水温度达到 121℃。

4）重新起动发动机，直接到高怠速并加冷水，在高怠速点运行，保持冷却液温度在 38℃以下 5s。

5）再回到额定点，油门全开，直到发动机出水温度 110℃。

6）试验运行 5000 次，每次循环约 6min，共 500h。

（4）深度冷热冲击试验规范　深度冷热冲击试验方法（图 3-133）是对发动机在极热极冷条件下进行试验考核和研究。其冷却液温度控制范围为 −30 ~ 120℃，响应时间为

120s；润滑油温度控制范围为 −20 ~ 140℃，响应时间为 600s。主要考核和研究发动机各种密封垫片，特别是气缸垫在极热极冷条件下的密封可靠性，也可以考核和研究发动机各个主要零部件在极度冷热变化情况下的机械强度和可靠性。

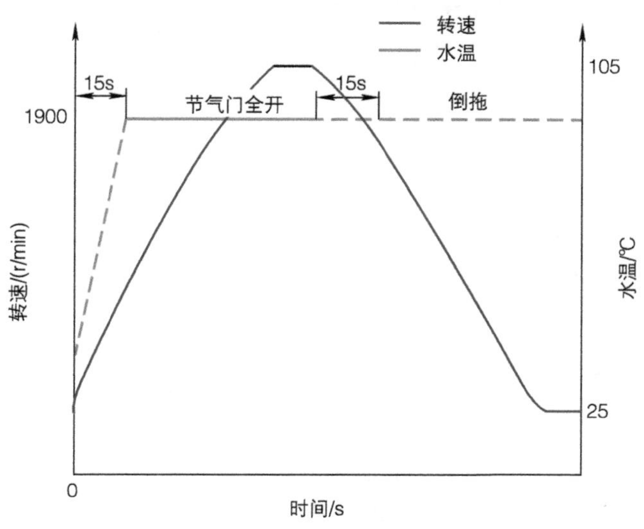

图 3-133 深度冷热冲击循环

（5）发动机可靠性增长试验 可靠性增长试验是通过对产品施加真实或模拟的综合环境应力，暴露产品的潜在缺陷并采取纠正措施，使产品的可靠性达到预定要求的一种试验。它是一个有计划的试验—分析—改进（TAAF）的过程，其目的在于对暴露出的问题采取有效的纠正措施，从而达到预定的可靠性增长目标。

目前可靠性增长试验依据标准 GB/T 15174—2017、IEC 61014 等。图 3-134 直观地表示一个理想的可靠性增长过程。

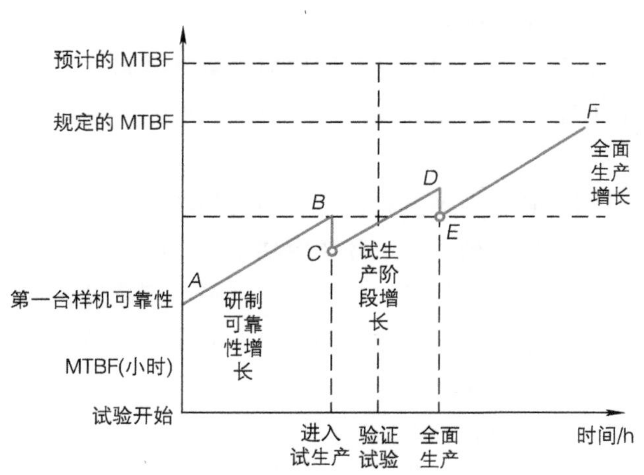

图 3-134 理想的可靠性增长过程

大量工程实践证明，可靠性增长试验是提高产品可靠性非常重要的途径。从产品的研制阶段、试生产阶段、批生产和使用阶段，不断暴露设计缺陷、工艺缺陷、装配缺陷以及质量控制问题，通过反复采用纠正、改进措施，产品的可靠性不断增长，从而达到预定的可靠性增长目标。图 3-135 所示是某款重型甲醇发动机的可靠性增长目标。

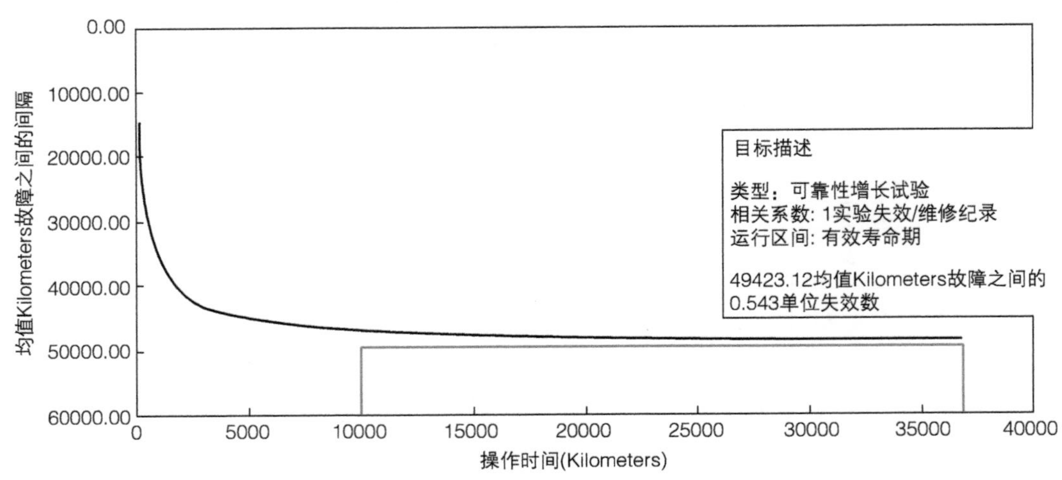

图 3-135　重型甲醇发动机的可靠性增长目标

3.4.2　可靠性评价方法

重型甲醇发动机的相关标准非常少，基本都是参照柴油机的可靠性评价标准，如 JB/T 11323—2013《中小功率柴油机　可靠性评定方法》、QC/T 901—1998《汽车发动机产品质量检验评定方法》等，主要从整机性能指标、零部件的故障分类、零部件磨损等方法进行评价。

整机可靠性评价方法基本如下：

试验期间，发动机无重大结构损坏，允许更换少量外围附件。

试验后，发动机外观完好，无异响，无断裂、裂纹、剥落、烧蚀、变形、黏结等现象。

发动机累计运行时间，必须满足试验设定时间内的功能验证（不含磨合周期）。

运行过程中，动力性指标（最大转矩和额定功率）下降不应超过 5%。

运行过程中，经济性指标（最低燃油消耗率）下降不应超过 5%。

额定转速、全负荷工况下，机油、燃油消耗比不应超过产品规定值。

活塞漏气量应小于总排量的 12 倍。

发动机零部件或系统的评价：

A 类问题：安全 / 法规项，影响法规或对乘客有安全风险影响。

B 类问题：功能项，潜在的或者实际发生的功能故障。

C 类问题：外观项，外观缺陷。

D 类问题：关注项，顾客不关注的缺陷，但不应该出现，可持续改进。

发动机开发过程中，每个阶段的评价标准都有所差异，表 3-13 是某重型甲醇发动机的质量目标。

表 3-13　甲醇发动机质量目标

序号	项目	指标	单位	项目批准阶段	投产准备阶段	量产批准阶段
1	可靠性及耐久试验	动力指标劣化		≤ 8%	≤ 6%	≤ 5%
2		经济性指标劣化		≤ 8%	≤ 5.5%	≤ 5%
3		机油燃油消耗百分比	%	100% 合格	100% 合格	100% 合格
4		耐久试验时间	h	—	通过	通过
5		活塞窜气量		—		
6		试验问题关闭率	%	计划关闭率 100%，对策 100%	计划关闭率 100%，对策 100%，其中 A/B 类问题≤ 6 个	总问题数关闭率 95%，对策 100%，其中 A/B 类问题 0 个

3.4.3　可靠性开发案例 1——6L 甲醇发动机可靠性开发

图 3-136 所示甲醇发动机采用的基础机是 CNG 发动机，为四冲程、直列 6 缸、水冷、两气门，闭环单点混合燃气发动机，采用了电子节气门控制（ETC）和电子加速踏板（PPS）。甲醇发动机采用了多点顺序喷射、单缸独立点火、理论空燃比燃烧和增压器控制等技术，排放技术路线为冷却 EGR 系统和三元催化器。发动机主要技术参数见表 3-14。

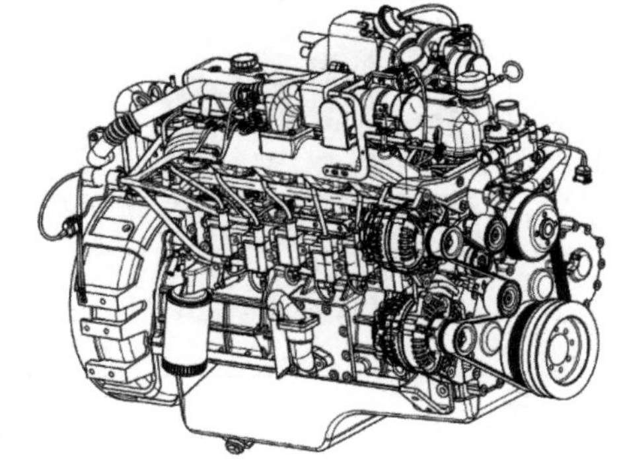

图 3-136　甲醇发动机

表 3-14　发动机主要技术参数

参数	数值
气缸数	6
排量 /L	6.2
缸径 /mm	105
行程 /mm	120
额定功率 /[kW/（r/min）]	155/2300
最大转矩 /[N · m/（r/min）]	710/1200 ~ 1600
外特性最低油耗 /[g/（kW · h）]	≤ 480
排气温度 /℃	≤ 700

甲醇发动机出现质量问题，首先表现为在可靠性试验开始前的性能测试期间出现拉缸；再次重新组装的发动机在运行不足 200h 又出现拉缸、电极烧蚀、气门开裂、缸盖开裂和活塞熔顶等严重故障。图 3-137 所示是发动机出现故障的图片。

图 3-137　甲醇发动机可靠性优化前的故障图片

针对发动机出现的故障以及甲醇发动机燃烧的特点进行了设计优化。

通过对机体的优化设计，改善机体的变形量，改善发动机的铸造工艺水平，使壁厚均匀、减少铸造粘砂，提高发动机水套的冷却能力，如图 3-138 所示。

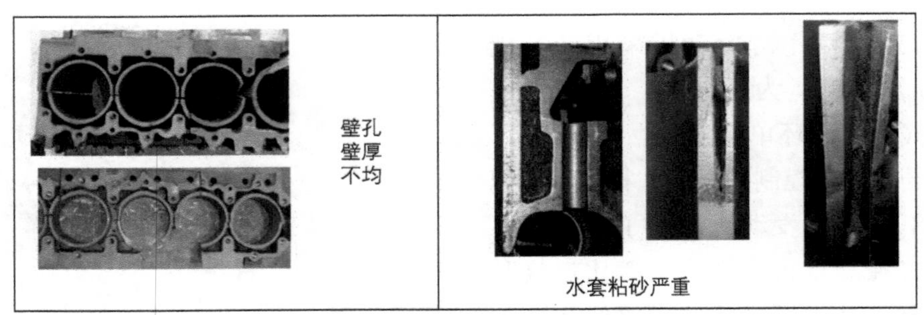

a) 优化前的剖面图

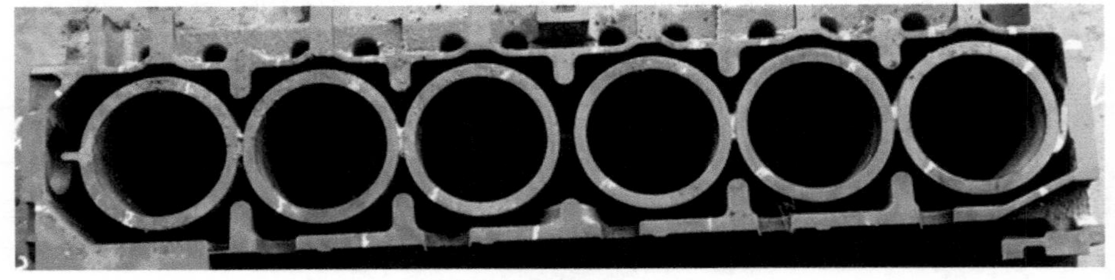

b) 优化后的剖面图

图 3-138　发动机机体优化前后的剖面图

原来缸盖热负荷较高的三角区冷却效果比较差，增加了专门的冷却喷水结构，同时增加缸盖进气侧的水套，优化了冷却流场，如图 3-139 所示。

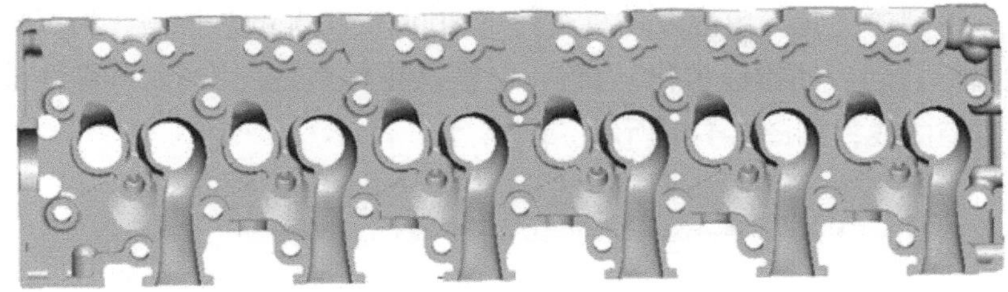

a) 优化前的剖面图

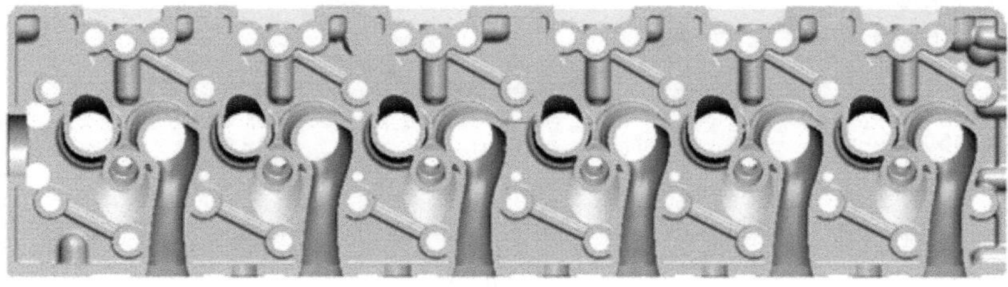

b) 优化后的剖面图

图 3-139　发动机缸盖改善后的剖面图

对发动机的整机冷却系统进行了 CFD 分析，发现发动机原始冷却系统冷却液的流动比较杂乱，无法保证热负荷区的冷却，同时各缸冷却不均的现象突出（图 3-140a）。优化后，水套冷却流场有所改善，特别是增加了第 6 缸的冷却能力；缸盖水套的冷却能力和均匀性同样有了改善，特别是缸盖热负荷较高的三角区和第 6 缸缸盖的流场有所加强（图 3-140b）。

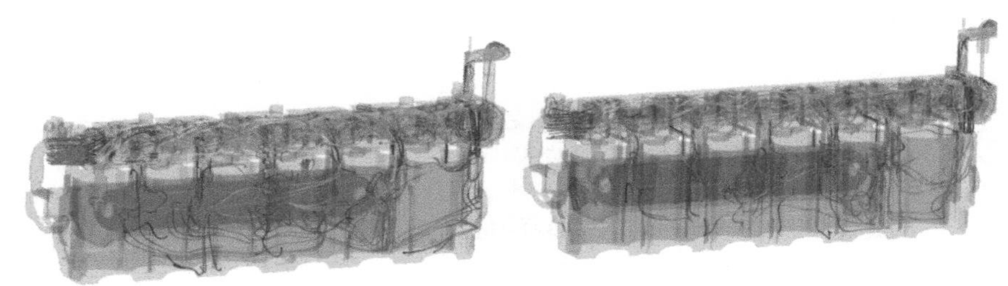

a) 整机冷却优化前后的流场对比

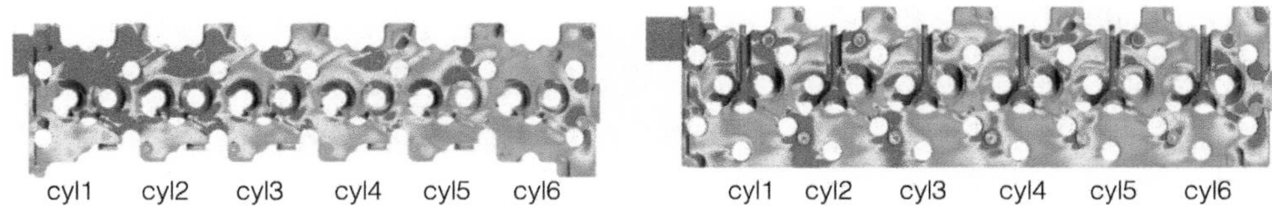

b) 缸盖水套优化前后的流场对比

图 3-140　发动机缸盖水套优化前后的流场对比

经过以上一系列的优化，甲醇发动机进行了 800h 变工况耐久试验，情况良好。

整机性能指标，动力性指标劣化 < 2%，经济性指标劣化 < 1%，可靠性过程中的动力性、经济性等监控曲线，如图 3-141 所示。

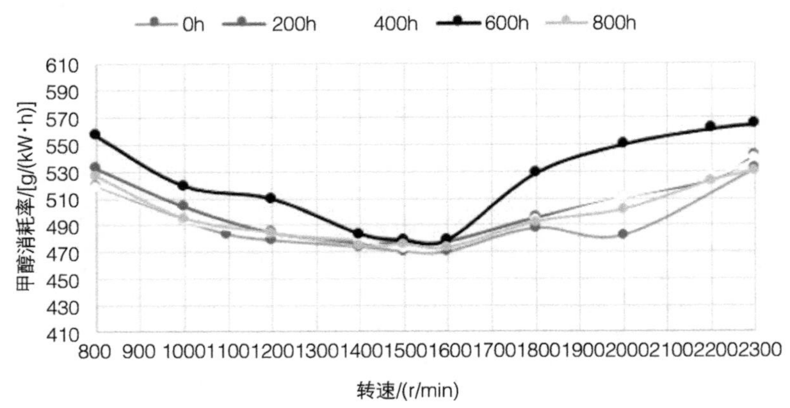

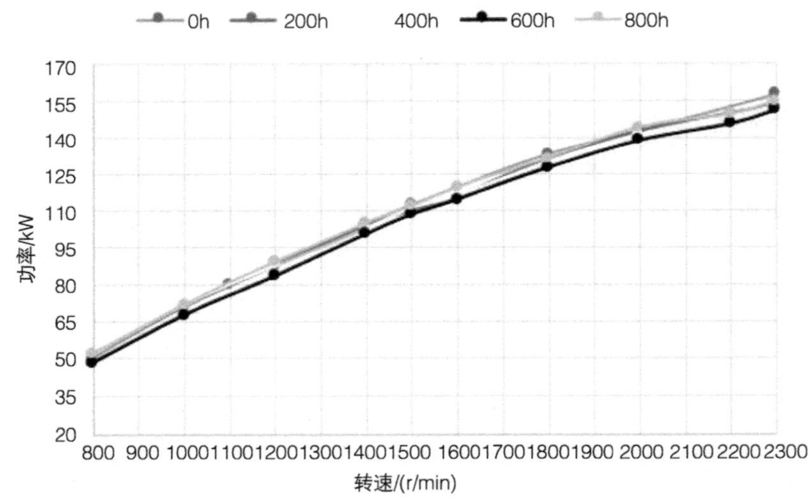

图 3-141 发动机可靠性过程中的功率、甲醇消耗率的稳定性

机油消耗，在前几轮可靠性试验中的机油消耗试验，机油醇耗百分比基本在 0.03% 左右。

主要零件的磨损，活塞和缸孔、活塞环、气门下沉量等磨损量在磨损极限范围内。

腐蚀性验证，主要腐蚀件，如主轴瓦、连杆轴瓦、导管油封、曲轴前后油封、气门 / 座圈、喷油器、缸盖、进气管、增压器等都没有因为腐蚀引起失效；机油采用甲醇专用机油，可靠性试验期间，没有出现机油乳化等失效。

本体机的重点质量问题，如机油冷却器开裂、EGR 冷却器开裂、缸盖开裂、气门烧蚀、喷油器漏油、火花塞烧蚀都在可靠性验证过程中无失效。

3.4.4　可靠性开发案例 2——13L 甲醇发动机可靠性开发

本案例采用的基础机是 CNG 国六发动机，为四冲程、直列 6 缸、水冷、四气门，闭环单点混合燃气发动机。甲醇发动机采用了多点顺序喷射、单缸独立点火、理论空燃比燃烧、冷却 EGR 系统和三元催化（TWC）技术。

重型甲醇发动机 1000h 可靠性考核，采用变工况循环方法，包括怠速工况、最大转矩工况、额定工况、超速工况以及其他工况，每个循环 1h，过渡时间 15s 或 30s，见表 3-15。

表 3-15　重型甲醇发动机的可靠性循环

工况	转速 /（r/min）	负荷	工况时间 /s	过渡时间 /s	累计时间 /s
1	怠速	0	270	30	300
2	1000	100%	570	30	900
3	1200	100%	870	30	1800
4	1600	100%	570	30	2400
5	1900	100%	1065	15	3480
6	高怠速	100%	105	15	3600

重型甲醇发动机 1000h 可靠性试验中整机的指标变化、活塞窜气量、机油耗情况、气门间隙变化、主要零部件的磨损情况和出现的故障以及失效原因如下。

1）整机指标包括第 0、500h、1000h 的外特性转矩、功率、甲醇油耗率以及排温变化对比。从图 3-142 可以看出，发动机的转矩和功率不但没有恶化，而且有所提升，甲醇消耗率和排温的变化非常小。从整机指标判断经过 1000h，发动机的状态良好。

2）1000h 可靠性试验过程中的监控数据，包括活塞窜气量、机油消耗情况、气门间隙的变化情况等，发动机三项指标的变化比较小，机油醇耗百分比也一直在限值 0.02% 的范围内，如图 3-143 所示。

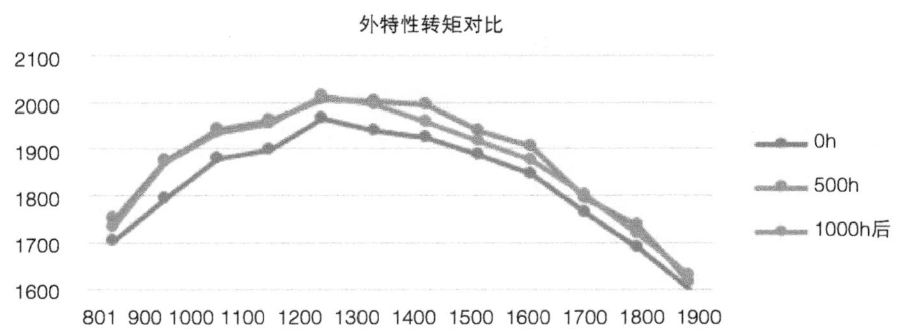

图 3-142　重型甲醇发动机可靠性试验的整机指标对比

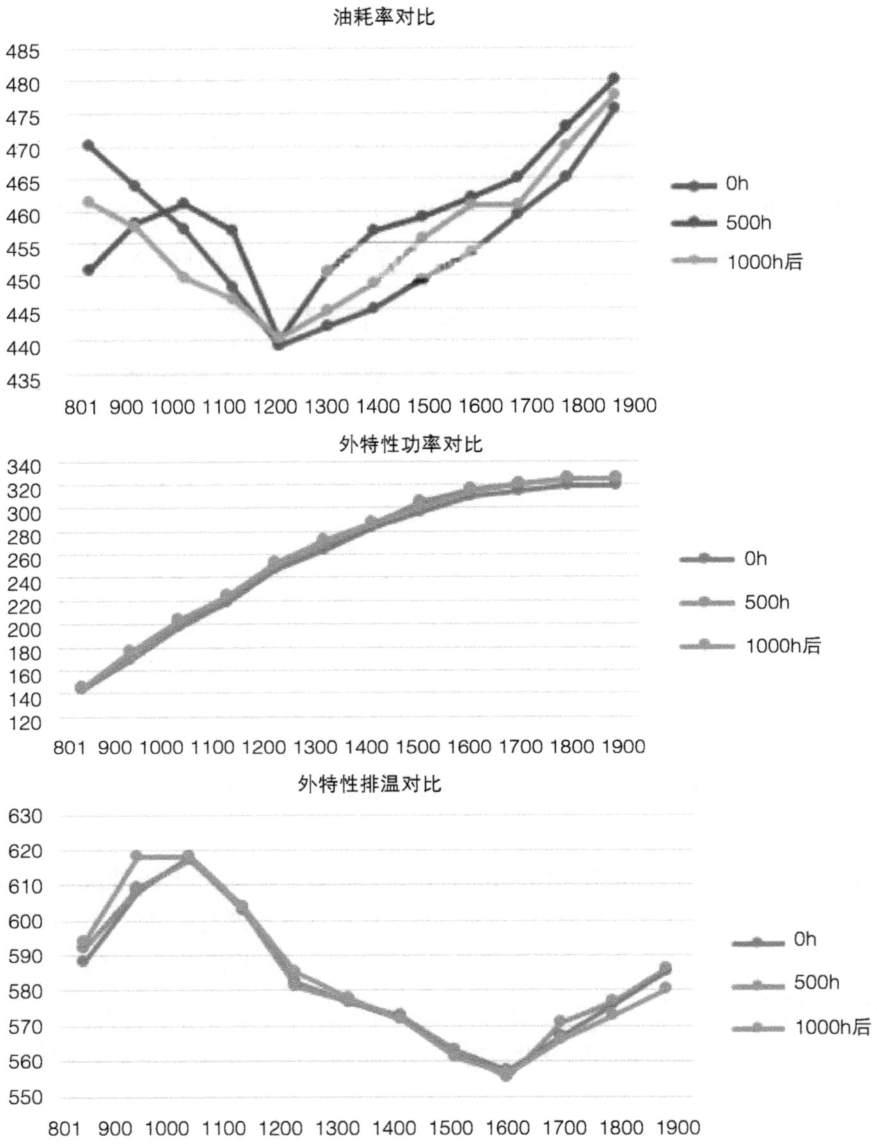

油耗率对比

485 480 475 470 465 460 455 450 445 440 435

801 900 1000 1100 1200 1300 1400 1500 1600 1700 1800 1900

0h
500h
1000h后

外特性功率对比

340 320 300 280 260 240 220 200 180 160 140 120

801 900 1000 1100 1200 1300 1400 1500 1600 1700 1800 1900

0h
500h
1000h后

外特性排温对比

630 620 610 600 590 580 570 560 550

801 900 1000 1100 1200 1300 1400 1500 1600 1700 1800 1900

0h
500h
1000h后

图 3-142　重型甲醇发动机可靠性试验的整机指标对比（续）

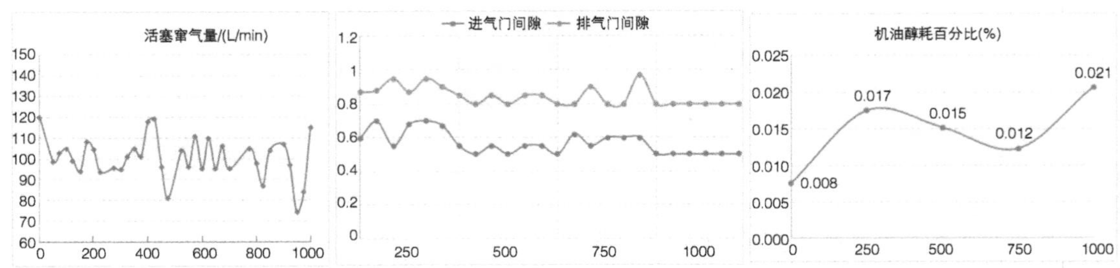

图 3-143　发动机可靠性试验的活塞窜气量、气门间隙和机油醇耗百分比的变化

3）重型甲醇发动机的专用件，包括对 EGR 混合器、火花塞、甲醇喷油器等进行拆检，无明显失效现象，如图 3-144 所示。

图 3-144　重型甲醇发动机可靠性试验部分专用件的拆检情况

但是由于甲醇燃料的极性和汽化潜热值大等特点，给发动机带来一些问题，值得工程技术人员深入和持续关注。重型甲醇发动机基础机零部件出现的故障以及失效的原因如下。

① 缸套内部有异常磨损的痕迹，第 4 缸比较明显。分析失效的原因是甲醇蒸发不良、缸内燃烧不充分，未燃烧甲醇附着在缸套内壁，造成机油润滑不良，如图 3-145 所示。

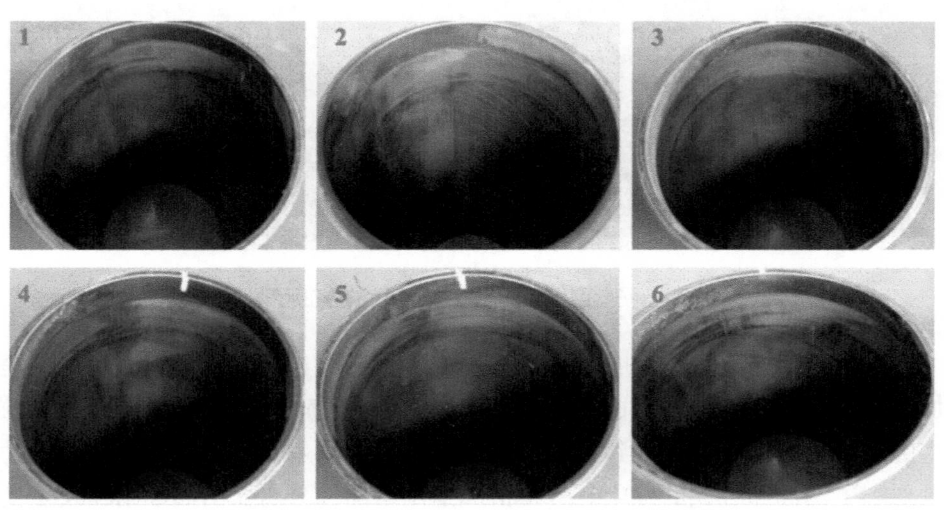

图 3-145　重型甲醇发动机可靠性缸套磨损情况

② 第一道活塞环磨损量偏大，并且活塞环槽 / 组合油环有附着物，如图 3-146 所示。

图 3-146 重型甲醇发动机可靠性的活塞

活塞环磨损量偏大的原因是甲醇蒸发不良、缸内燃烧不充分，未燃烧甲醇附着在缸套内壁，造成机油润滑不良，同时缸套与活塞环的匹配不合理。

活塞环槽 / 组合油环有附着物的主要原因是甲醇机油添加剂中灰分含量有所增加，检测沉积物的 Ca、P 等元素含量偏高，与机油添加剂成分相似；气缸内甲醇受热氧化及正常燃烧的产物中均有甲酸成分，甲酸与甲醇反应生成高黏度产物酯与气缸壁上的润滑油互溶，使气缸壁上的润滑油变稠，影响润滑油流动性。

③ 摇臂罩内有大量油泥，齿轮室不流动部位有大量油泥（图 3-147）。故障分析：油泥检测结果显示钙、镁、磷、锌元素较多，均为机油添加剂，推测来自机油。同时甲醇燃料发动机燃烧过程泄漏到曲轴箱的废气含有少量的甲醇以及燃烧产生的水蒸气和机油混合，产生的少量乳化物附着在缸盖罩和齿轮室壁上。

图 3-147 重型甲醇发动机可靠性的油泥情况

④ 发动机可靠性试验进行到末期，油气分离器出气口喷出乳化物。分析原因是甲醇与机油添加剂反应生成的油泥堵塞回油通道，同时甲醇氧化产物甲酸造成的金属腐蚀加剧了回油通道的堵塞（图 3-148），导致油气分离器内部机油与水、甲醇发生乳化。发动机多次失火，也加剧了油泥和乳化的发生。解决措施是调整油气分离器的回油结构及更换油气分离器内部的金属材料，加速油泥的回流和避免腐蚀发生。

图 3-148　重型甲醇发动机可靠性的油气分离器腐蚀情况

⑤ T-MAP 传感器故障，发动机的功率和转矩出现波动。图 3-149 所示是传感器实物拆解后的内部结构，可以看出传感器芯片上方保护胶直接和介质接触，测量介质通过陶瓷体基板和外壳之间的间隙进入，压力作用到保护胶后传递到传感器芯片上。查看发现，传感器芯片有明显的腐蚀迹象，分析原因是重型甲醇发动机进气歧管处的介质由于有甲醇蒸气的混入，甲醇蒸气和新鲜空气的混合物进入传感器内部，由于保护胶直接和介质接触，工作一段时间后，保护胶被腐蚀，甲醇蒸气通过保护胶接触到传感器芯片，传感器芯片被甲醇蒸气腐蚀，导致传感器芯片测量值偏移正常值。解决措施是对传感器的内部封装结构进行改进，对保护胶部分的封装结构也做了改进，测量介质通过上盖的小孔进入保护胶后再传递到传感器芯片上。此种封装结构保护胶采用耐甲醇腐蚀的氟硅胶，并且被测介质通过保护胶上盖的小孔进入保护胶，可以有效地解决传感器芯片被腐蚀的问题。

⑥ 可靠性试验进行到 774h，发动机转矩波动严重，经排查为第 3 缸喷油器故障。拆解发现由于喷油器钢球脱落导致喷油器无法开启，没有喷油，从而导致第 3 缸失火。分析原因为焊接不牢或在磨五方时侧向受力导致焊接处出现裂纹。解决措施是优化焊接工艺，增加喷油器专项验证方案。试验条件：频率 100Hz，工作压力 5bar，喷射次数 2 亿次。喷油器结构如图 3-150 所示。

图 3-149　T-MAP 传感器的结构

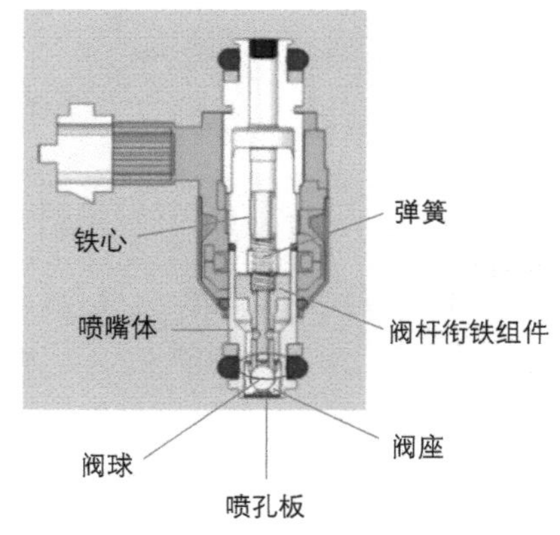

图 3-150　重型甲醇发动机喷油器剖视图

参考文献

[1] 田里新，刘家满．柴油机可靠性试验研究概述 [J]. 汽车工业研究，2013(2): 51-53.

[2] 全国汽车标准化委员会．汽车发动机可靠性试验方法：GB/T 19055—2003[S]. 北京：中国标准出版社，2003.

[3] 黄丽燕，刘继承，刘刚，等．商用车可靠性增长试验策略研究与应用 [C] //2018 中国汽车工程学会年会论文集．北京：机械工业出版社，2018.

[4] 卢瑞军，苏茂辉，蔡文远．6105M100 甲醇发动机开发 [C] //2018 年世界内燃机大会国内学术交流论文集．无锡：中国内燃机学会，2018: 112-115.

第 4 章 甲醇燃料供给系统

在甲醇燃料供给系统中，核心部件为甲醇燃料泵和甲醇喷油器。由于甲醇会对电动机电刷产生腐蚀磨损，甲醇燃料泵应采用无刷电动机技术方案；由于重型甲醇发动机持续高负荷的工作特性而带来的对可靠性和耐久性的高要求，使得甲醇喷油器宜采用电流型技术方案。无论甲醇燃料泵还是甲醇喷油器，在开发过程中均需要认真研究和选择内部摩擦副的结构、类型、材料等，应充分考虑摩擦副材料在磨损和腐蚀后对产品性能、可靠性、耐久性、响应性的影响。在关注核心部件的同时，也需要充分考虑甲醇燃料供给系统中非运动件的工作性能和耐甲醇性能，在甲醇燃料供给系统中凡是与甲醇接触的零部件，均要做严格的耐甲醇腐蚀设计，以免造成系统内污染和喷油器堵塞，此外还要避免外部条件对甲醇加注系统的污染，以确保甲醇燃料系统注入合格的甲醇。

4.1 燃料供给系统概述

4.1.1 燃料供给系统功能与分类

燃料供给系统是发动机总成的重要组成部分，它对整机的动力性、经济性、机械负荷、热负荷以及工作可靠性、耐久性等都有重大影响，是发动机总成设计的主要工作之一。车辆用发动机的燃料可以分为液态和气态两大类，考虑到甲醇的特征，本节主要讨论常温液态燃料。

1. 燃料供给系统基本功能与要求

燃料供给系统应按发动机的工作需要，将适量的燃料在适当的时刻以适当的空间状态喷入燃烧室或进气道，提供使混合气形成与燃烧的最有利条件，以满足发动机在功率、转矩、转速、油耗、噪声、排放以及起动和怠速等方面的要求。

特别需要指出的是，对于缸内直喷发动机而言，喷雾特性和喷油规律直接影响发动机的缸内燃烧。进气道喷射的汽油机，其喷嘴的喷雾特性和喷油规律对缸内燃烧有间接影响，尤其是当采用闭阀喷射（进气门开启前喷射）喷油时，由于在进气门开启前已经结束燃料喷射，此时燃料在进气道壁面上的蒸发性能、缸内混合气的均质化程度以及混合气在燃烧室内分布的优劣等，取决于气道壁面温度、燃烧室温度、气道形状和燃烧室的结构对气流的引导和加强作用。因此，甲醇发动机的设计需充分考虑以上特点。

2. 燃料供给系统分类和组成

燃料供给系统在发动机发展过程中经历了长期演变，出现了各种不同的类型。现代柴油机经历了机械泵喷射系统、泵喷嘴系统、单体泵系统，直至目前的高压共轨供油系统。汽油机主要经历了化油器式供油系统、电控进气道喷射供油系统、电控高压缸内直喷供油系统。目前，为了实现高效、节能、减排的目的，市场上出现了进气道与缸内双喷射系统等高效汽油机。

柴油高压共轨供油系统一般由燃油箱总成、液位计、低压供油管路、低压燃油泵、燃油粗滤器、燃油精滤器、高压燃油泵、高压油轨、高压油管、高压喷油器、喷油器回油管等组成。

主流汽油机分为缸内直喷汽油机和进气道喷射汽油机。缸内直喷汽油机供油系统可分解为燃油箱总成、低压燃油泵总成、低压供油管路、燃油精滤、高压燃油泵、高压油管、高压油轨、高压喷油器等。进气道喷射汽油机供油系统可分解为燃油箱总成、低压燃油泵总成、低压供油管路、燃油精滤器、喷油器总成等。

3. 燃料供给系统主要设计程序和各种连接方案

燃料供给系统的设计可分为选用设计和新结构设计两类。在设计柴油机和汽油机时一般从现有的燃料供给系统系列中选用。供油系统的设计大致可按下述程序进行。

1）按照发动机的要求，利用已有的简化计算公式或经验数据，初定供油系统基本参数。

2）根据燃料供给系统当前系列产品的技术规范选定型号并初步确定对性能影响较大的结构尺寸。每种参数可选择多种方案，以备试验选定。

3）在确定供油参数时应注意喷油速率和最高压力之间的关系，泵端峰值压力应在允许范围内，此外还应校核主要零部件的强度和刚度。

4）为使选择的参数更接近实际，可通过计算机仿真进行计算，尽量减少方案的数量，以节省试验工作量和缩短开发周期。

燃料供给系统连接方案主要有以下两种基本形式，如图 4-1 所示。

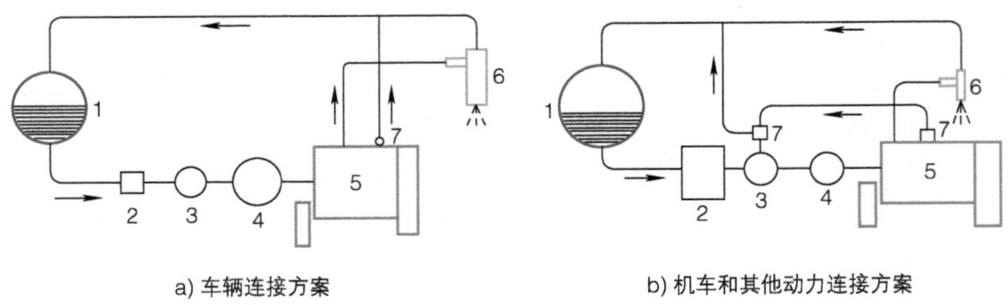

图 4-1　燃料供给系统连接方案形式

1—燃油箱　2—输油泵　3—粗滤器　4—精滤器　5—供油泵　6—喷油器　7—溢流阀

4. 点燃式发动机燃料供给系统

目前，重型甲醇商用车的燃料供给系统功能与汽油供给系统相似，发动机着火方式均为点燃式。为了更好地理解重型甲醇商用车的供油系统，下面简要介绍汽油发动机燃料供给系统。

汽油的沸点低、蒸发性好，因而在常温或稍微加热的条件下易于在缸外与空气形成预制均匀混合气，因此常规汽油机大都采用点火前预制均匀混合气的方式，而缸内汽油直接喷射技术则进一步提高了汽油机的效率和功率。

燃料供给系统的任务是将具有特定压力的燃油以一定的油量从燃油箱输往发动机，进气道喷射汽油机的燃油接口是燃油分配管及进气道喷射喷油器，而缸内直喷式汽油机的燃油接口则是高压燃油泵，后者已经成为主流。与进气道喷射相比，缸内直喷的空气和燃油混合的时间更短，对燃烧喷射的雾化质量要求更高，因此采用缸内直接喷射需要比进气道喷射更高的燃油压力。缸内直喷燃油喷射系统分为低压油路和高压油路两部分。

1）低压油路。汽油机缸内直喷系统的低压油路通常使用进气道喷射系统的燃油系统及其零部件。为了避免在热起动和热机运行时形成蒸气泡，高压回路中的高压燃油泵须采用更高的初级输送压力，因此，使用可变的低压系统是有利的。

2）高压油路。低压油路中的电动燃油泵以 300 ~ 600kPa 的初级输油压力将燃油从燃油箱输送到高压燃油泵。高压燃油泵根据运行工况点产生系统压力，将高压燃油送入高压燃油共轨中储存。高压燃油共轨管上集成了燃油压力传感器，高压喷油器安装在共轨管上，由发动机电控单元进行控制并将所需的燃油喷入气缸中，如图 4-2 所示。

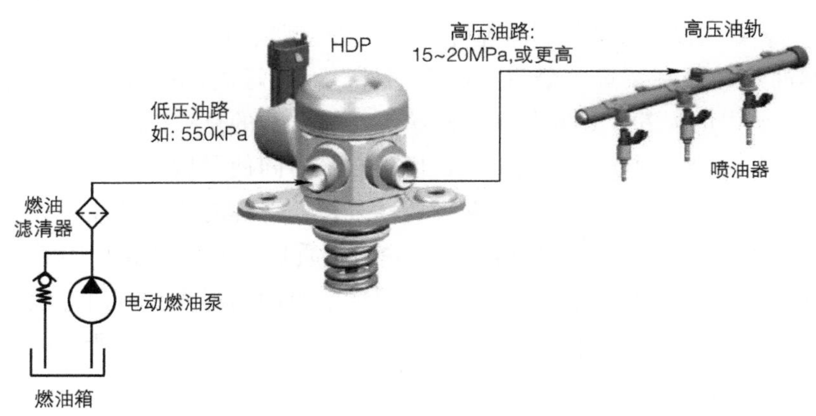

图 4-2　缸内直喷供油系统示意图

4.1.2　甲醇供给系统相关法规

如前所述，甲醇常温下为液体，其燃料供给系统在功能和原理上与汽油机是相同的，并因其自身的理化和燃烧特征而产生相对应的法规约束或要求。

1. 蒸发排放标准

蒸发排放是指来自燃料蒸发以及车辆上使用的有机溶剂蒸发的有害气体逃逸到大气，从而导致污染环境。在车辆的 HC 排放中，除尾气和曲轴箱排放外，大部分来自燃油系统的蒸发排放，约占 HC 排放的 20%。燃料蒸发排放与燃料的挥发性能密不可分，从甲醇燃料的蒸发特性分析，甲醇与汽油存在相似的蒸发特性，所以甲醇燃料汽车同样要配备燃油蒸发控制装置，来控制甲醇燃料蒸发污染物的排放。

在全世界范围内重型车辆大部分为柴油车，燃油消耗量和 CO_2 排放较高。多年来几乎没有重型汽油车的生产销售，重型汽油车的相关排放也未制定更新，蒸发排放法规的更新升级均只针对轻型车。2019 年起，针对轻型车，我国开始实施《轻型汽车污染物排放限值及测量方法（中国第六阶段）》（GB 18352.6—2016），国六标准中无论是试验方法还是限值要求和国五相比都有较大的变化，且增加了 ORVR 试验，即加油污染物排放测试，并且将原来的昼间排放时间延长至 2 天，还对蒸发排放提出了耐久性的要求，即车辆的蒸发排放在 20 万 km 的耐久试验中仍应该满足限值要求。除此之外限值也进一步加严，其中一类车Ⅳ型试验的限值减小为 0.7g/test，还增加了燃油蒸发系统泄漏在线诊断的要求。

无论是重型还是轻型甲醇燃料汽车，目前均没有专门的蒸发排放标准，我国轻型甲醇燃料汽车的蒸发排放要求是参照《轻型汽车污染物排放限值及测量方法（中国第六阶段）》（GB 18352.6—2016）进行的。重型甲醇燃料车辆目前是基于《装用点燃式发动机重型汽车燃油蒸发污染物排放限值及测量方法（收集法）》（GB 14763—2005）进行开发的，该标准规定了重型汽车采用收集法，排放结果要求控制在 4g 以内。重型车由于车长车高的原因，蒸发排放测试无法适用密闭法，依旧采用收集法，且无加油排放要求，所以重型甲醇燃料汽车的燃油蒸发控制装置的设计及其控制原理可参考国五轻型汽油车。

炭罐是燃油蒸发控制装置中最重要的零部件，而炭罐内部的炭粉则是炭罐的核心材料，当前行业内研发的炭粉，其吸附和脱附特性主要针对的是汽油燃料，虽然现在装有汽油炭罐的甲醇汽车可以通过蒸发排放测试，但是在长时间使用后是否能保持良好的使用性能，待深入研究。从甲醇的理化特性、蒸发特性分析，甲醇的蒸发性能不如汽油，但比汽油吸水性强，且甲醇为极性燃料，炭粉这种吸脱附材质是否真正适用于甲醇，还存在疑问，或许以后炭粉供应商可以研发出一款专门针对甲醇的吸脱附材质。有研究表明，目前轻型汽油车国五状态的炭粉对甲醇燃料蒸气的吸附性好，但脱附性不好，所以同容积油箱的甲醇燃料汽车与汽油车辆使用的炭罐有效容积应该相当。

重型甲醇燃料汽车由于甲醇燃料箱容积大、续驶里程长，且工作地的空气环境和路况等条件与轻型车相比更恶劣，所以重型甲醇燃料汽车的蒸发排放控制系统的设计须更加慎重。

2. 蒸发排放应对措施

以配备 1000L 以上甲醇燃料箱的重型甲醇车为例，甲醇燃料蒸发排放控制系统的设计主要采用以下措施。

1）采用两个 3.2L 大容量炭罐的并联设计，炭罐采用成本可控的 WV-A1100 炭粉，此炭粉与大多数国五状态轻型汽油车采用的炭粉一致。

2）甲醇燃料箱顶部安装一个在一定流量和压力下开启的 GVV 阀，避免甲醇蒸气击穿炭罐。

3）加大炭罐脱附量。采用大流量的炭罐电磁阀，炭罐脱附管路内径加大至 12mm，且采用两路进行脱附。同时脱附管路集成单向阀，避免从油箱抽气。

4）加油蒸发排放可以通过改造加油站和加油装置或车载加油装置来加以控制。车载式加油蒸发排放控制装置不仅要在加油时对加油口进行密封，而且要能顺畅地将加油时油箱内的蒸气导向炭罐。具体的密封方式有机械式和液面式两种，为了在加油时将油箱内的油蒸气导向炭罐，需要在加油口安装一个加油阀控制的燃油蒸气通路，该通路的开闭由一个能感知加油动作的联动装置驱动。加油时，加油阀被打开，燃油蒸气通过这个专设的通路流向炭罐，其余时间加油阀关闭，也封闭了这个通路。

4.1.3　甲醇燃料供给系统设计要点

与汽油机类似，重型甲醇发动机也分为低压进气道喷射和高压缸内喷射两种基础技术路线，所以汽油机燃料供给系统的设计可以作为参考。由于甲醇的热值不足汽油的二分之一，因此从怠速到最大负荷的甲醇燃料需求量跨度很大，给供给系统的油压稳定和油量控制等带来挑战。甲醇供给系统的设计和匹配须符合商用车高可靠性、经济敏感性的要求，须使甲醇燃料理化特征在产品层面上满足商用车环境适应性等工况特点。

1. 甲醇喷射技术路线

由于甲醇具有腐蚀性、潜热大以及吸水性、黏度低等明显区别于传统燃料的理化特性，以及甲醇发动机在车辆上的产业化应用尚处于推广阶段，使得甲醇发动机涉醇零部件在材料和工艺等方面的研究水平制约了其喷射技术路线的选择。甲醇发动机当前更适合采用进气道低压喷射技术，其工作原理如图 4-3 所示。

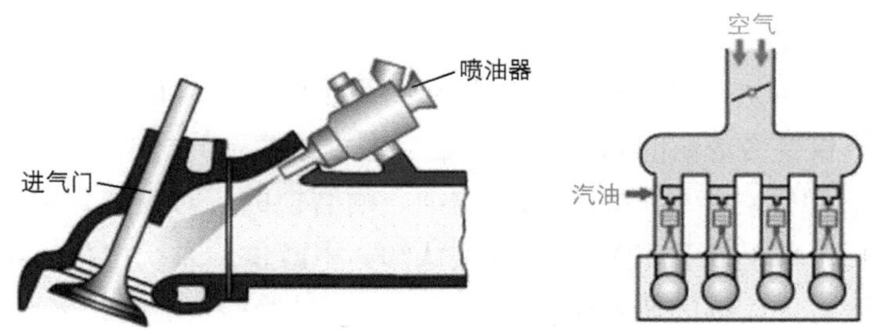

图 4-3　进气道喷射原理图

尽管高压缸内喷射很有前景，特别是在提高燃油经济性方面，但仍需进行大量的研究探索和工程实践。

2. 进气道喷射的甲醇供给

由于甲醇的热值不足柴油和汽油的一半，导致甲醇燃料供给系统的甲醇泵的供油量和甲醇喷嘴的喷油量远远大于柴油或汽油车辆；也就是说，在大体相当的动力输出条件下，甲醇供给系统中所用的燃料泵、喷嘴等关键零部件的工作能力须是传统燃料的两倍以上。

在采用进气道喷射时，为了提高甲醇雾化水平以改善燃烧状态，须适当提高甲醇喷射压力，这将导致对甲醇泵和甲醇喷嘴以及其他涉醇过滤器、管路等相关部分进一步提出新的技术要求而常常必须全新开发。甲醇燃料供给系统的原理如图 4-4 所示，与汽油机的汽油供给系统基本一致。

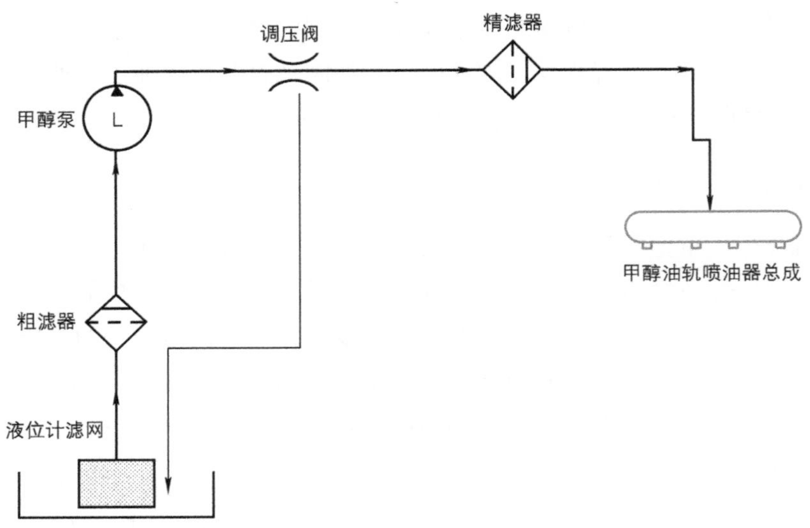

图 4-4　重型发动机甲醇供给系统原理图

3. 涉醇零部件耐腐耐磨

甲醇供给系统中凡是与甲醇或甲醇蒸气接触的零部件，均要做耐甲醇腐蚀的材料选型和耐甲醇腐蚀的验证试验、整车耐久试验。对于通过整车耐久试验后的涉醇件，还要按照耐腐蚀试验的通过标准进行性能检测，对材料的耐甲醇腐蚀性能做进一步评估。特别地对于运动件而言，不仅要考虑耐醇腐蚀，同时也要考虑摩擦副的材料在甲醇中的耐磨性能。

甲醇供油系统中针对涉醇零部件的耐腐蚀、耐磨损的应对措施，不仅涉及选材，同时还涉及供应商对已有制造工艺和材料的深刻认知。甲醇供给系统中核心零部件的设计、开发、制造、验证等对供应商的研发能力、制造工艺、试验验证能力带来巨大挑战。

4. 甲醇蒸发排放控制

甲醇汽车必须和普通汽油车一样配备与之相适应的专用蒸发排放控制系统。甲醇的蒸发性能强于柴油弱于汽油，其原理和汽油车辆类似，但是对于甲醇箱呼吸系统中甲醇蒸气控制阀的材料选择、炭罐的炭粉选型、电磁阀的流量及其耐醇性能，均有更高的要求。

5. 满足商用车工况特点

商用车甲醇供给系统在满足进气道喷射功能和耐甲醇腐蚀性能要求的同时，系统所包含的涉醇零部件及其附件在结构设计上必须满足商用车特有的结构强度要求，以及重载荷、可靠性和极端环境等要求。

4.2 甲醇燃料泵

甲醇商用车的燃料供给系统在系统设计上的明显特点是采用大流量的外置甲醇燃料泵，即甲醇燃料泵布置在醇箱外面，具体原因在后面章节的甲醇燃料泵选型中有详细阐述。

由于重型车辆高可靠性和大醇耗量的特点，对甲醇燃料泵的设计和制造提出了苛刻要求。甲醇燃料泵内摩擦副材料的设计不仅要满足耐醇腐蚀，更要有良好的耐磨性；另一方面，由于满足同样功率要求的内燃机需要更多的甲醇供给量，而在道路车辆中柴油或汽油燃料泵都没有满足此排量要求的具体型号；这些都需要制造商全新设计开发并建立单独的甲醇燃料泵生产线，投入相应的新型检测设备。

4.2.1　甲醇燃料泵电动机和泵体

在甲醇发动机市场推广的初期阶段，众多的科研单位、发动机公司及市场改装企业普遍而简单地采用常规汽油泵作为甲醇燃料泵使用，此类泵所用电动机多为有刷直流，其工作原理如图 4-5 所示。

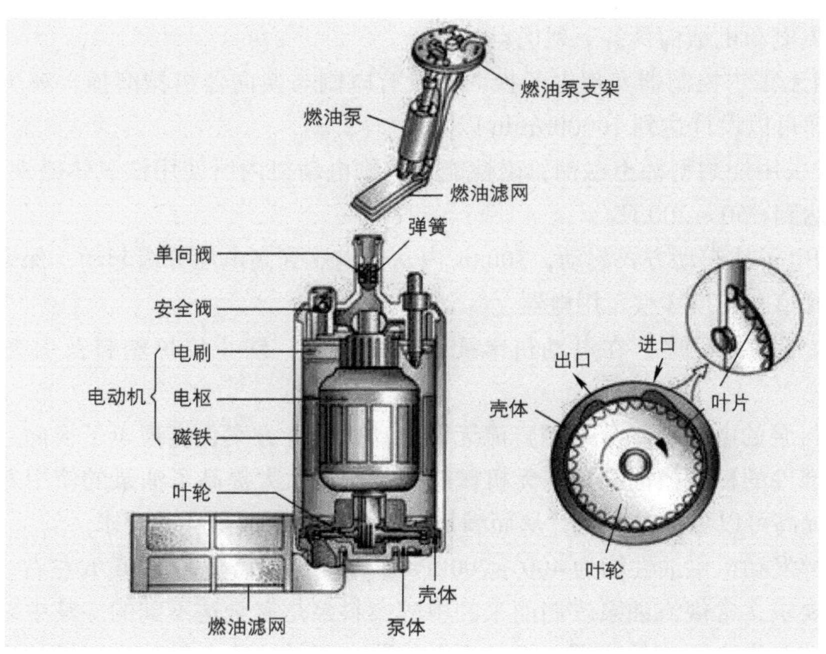

图 4-5　燃料泵工作原理示意图

此类电动机在甲醇中使用容易出现流量不足、寿命低、锈蚀和腐蚀等问题，其中寿命低受电刷与换向器的腐蚀磨损因素的影响很大。同时，为了满足重型发动机持续大流量的喷射要求需提高电动机转速，而转速加大直接导致电刷和换向器的加速磨损；更重要的是，电刷和换向器在具有电极性的甲醇液体中使用时，导致电刷快速电腐蚀，使用寿命迅速缩短，甚至不能超过 2 个月。为了解决以上问题，满足在甲醇等特种液体长期使用的寿命需求须采用无刷直流电动机泵，如图 4-6 所示。

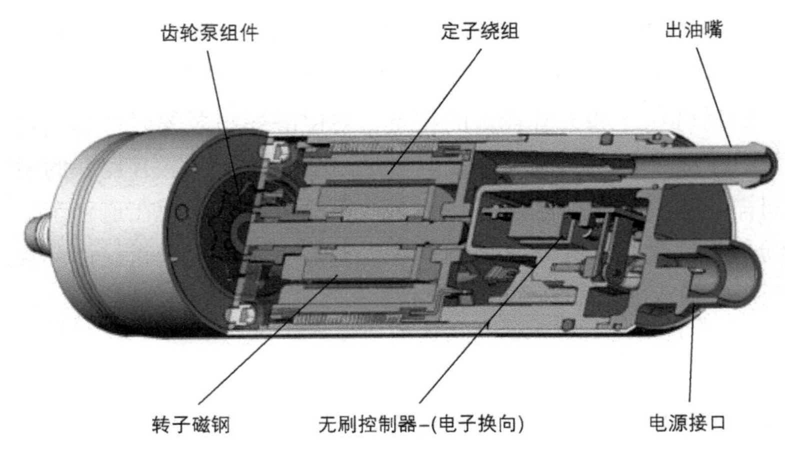

图 4-6　甲醇燃料（无刷直流电动机）泵的结构

无刷直流电动机结构具备下列优点：

1）采用无霍尔控制器实现电子换向，没有电刷与换向器机械磨损，解决甲醇导电腐蚀问题，转速可以设计达到 10000r/min 以上。

2）转子采用烧结型稀土磁钢，磁性能是有刷电动机内所使用铁氧体磁钢的 5 倍以上，耐温能力可达到 −50 ~ 200℃。

3）采用电子软起动方式起动，300ms 内从低电压到高电压分级起动，保证滤除启动时冲击电流及峰值电压损坏整车用电器。

4）可执行保护程序，在电动机卡死时切断电源，防止烧掉塑料及引燃燃油等安全事故。

甲醇燃料泵的电动机部分采用直流无刷电动机设计方案，实现电子换向。因为没有电刷和换向器部件的机械换向结构，无机械磨损，所以大大提高了油泵的使用寿命；无刷电动机的转速提高可以更容易实现，从而满足甲醇燃料泵的流量提升要求。

重型甲醇发动机供油性能为 400 ~ 700kPa 压力下流量需要在 500L/h 左右，这种压力和流量的负荷要求，常规汽油泵改制而来的甲醇燃料泵是完全达不到的。其中泵组件的类型和电动机的转速决定了流量范围，而常规涡轮泵由于结构特点使其难以满足重型商用车大流量的能力要求。所以考虑到流量和压力的需求，甲醇燃料泵的泵组件采用齿轮泵。齿轮泵属于容积泵的一种，可以通过泵组件体积的增大来增加泵流量，同时采用齿轮泵也有利于提高泵的工作压力，如图 4-7 所示。

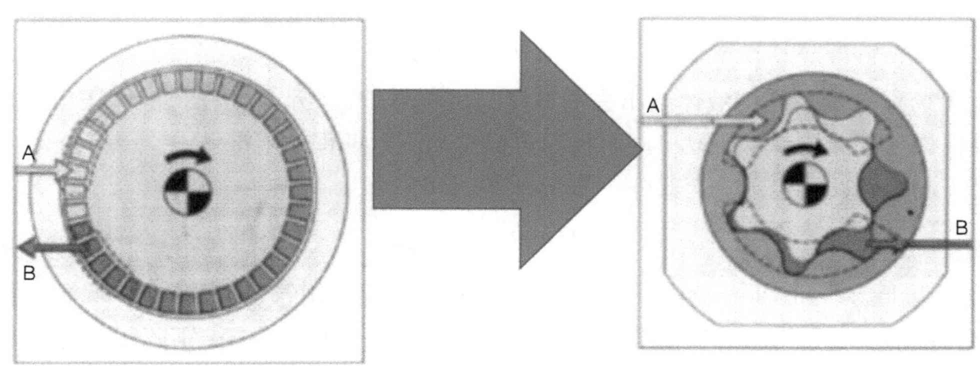

图 4-7　甲醇燃料泵采用齿轮泵供油（左图为涡轮泵）

无刷直流电动机的转子由绕组变成了磁钢，将转子进行注塑整体包覆，可以有效隔离磁铁与甲醇的接触；采用齿轮泵方案，内外齿轮均采用不锈钢或工程塑料材料设计，可以确保在甲醇溶液中不腐蚀、不膨胀，从而最终实现适用于甲醇燃料的低噪声、大流量、寿命长的设计目标。

4.2.2　甲醇燃料泵性能参数

在泵类产品的样本、目录中，经常可以看到流量、扬程、转数（往复次数）、功率、效率和允许吸上真空高度等泵的性能参数，这些性能参数表明了燃料泵的整体效能。对重型甲醇商用车的甲醇泵而言，这些性能参数至关重要，是泵的工作和匹配的关键参数。与甲醇泵的设计开发及匹配使用紧密相关的几个主要性能参数如下。

1. 流量

流量是指泵在单位时间内输出液体的体积或重量。有单位体积和单位重量两种表示方法：一般体积流量用 Q 表示，单位为 m^3/h 或 L/s；重量流量用 G 表示，单位为 t/h 或 kg/s；车用燃油泵习惯用的流量单位为 L/h。

2. 转速

转速一般指泵轴每分钟的回转次数。转速改变，泵的流量、扬程、功率及允许吸上真空高度等都会发生变化。单位为 r/min。

3. 扬程

它表示泵能提升液体的高度。从能量观点来说，它是每单位重量的液体通过泵后其能量的增加值。扬程用符号 H 表示，通常用 mH_2O（$1mH_2O \approx 9.8kPa$）作为单位。

此处所述扬程是指全扬程，全扬程又分为吸上扬程和压出扬程。

吸上扬程简称吸程。它是指泵能吸上液体的高度，用符号 $H_{吸}$表示。由于液体经过吸入管路受阻力要损失一部分扬程，所以，吸上扬程包括实际吸上扬程（用符号 $H_{实吸}$ ）和吸上扬程损失 $h_{吸损}$两部分，即

$$H_{吸}=H_{实吸}+h_{吸损}$$

压出扬程是指泵能把液体压出去的高度，用符号 $H_{压}$表示。同样，液体压出经过排出管路要损失一部分扬程，所以，压出扬程包括实际压出扬程（用符号 $H_{实压}$表示）和压出扬程损失（用符号 $h_{压损}$表示）两部分，即

$$H_{压}=H_{实压}+h_{压损}$$

实际吸上扬程和实际压出扬程之和为总的实际扬程，用符号 $H_{实}$表示。吸上扬程损失和压出扬程损失之和为总的扬程损失，用符号 $h_{损}$表示。所以，全扬程用公式表示则为

$$H=H_{吸}+H_{压}\text{或}H=H_{实}+h_{损}$$

因此，如一台泵的扬程是 10mH_2O，这台泵实际通过管路提升就不到 10m，因为无论是吸油侧还是压油侧，都存在沿程损失。

对于车用外置燃油泵（又称为管道泵）而言，尤其在商用车领域，泵的吸程和扬程是非常重要的性能参数，它将影响燃油泵前后的吸油和出油管路的内径、长度、形状、整车布置的设计和吸油滤网、燃油滤清器过滤参数的确定，是整个供油系统非常关键的设计参数，对燃油泵的可靠性、耐久性有重要影响。

4. 允许吸上真空高度

允许吸上真空高度表示泵吸上扬程的最大值，即保证泵在正常工作而不产生汽蚀的情况下，将液体从储液槽液面吸到泵入口中心的液体高度。允许吸上真空度越高，说明泵的吸上扬程性能越好，也就是汽蚀性能越好。

在泵铭牌上所记载的允许吸上真空高度是由泵制造厂在标准大气压下输送常温（20℃）清水情况下试验得到的（当前燃油泵供应商普遍用测真空的方式直接测得）。通常在临界状态下，即泵刚好由于汽蚀而不能正常工作时的吸上扬程减去 0.3mH_2O，作为泵的允许吸上真空高度。以符号 HS 表示，单位是 mH_2O，习惯用 m 表示。一般泵的允许吸上真空高度在 2.5～9mH_2O 之间，最高也只有 9mH_2O 多，不会超过 10.3mH_2O。

由于吸上真空高度是指在标准大气压下输送常温清水而言，若在高原地带，即大气压越低、输送液体温度越高、液体密度越大，则泵的允许吸上真空高度就越低。因此，泵的使用地点和输送液体的性质不同，它的允许吸上真空高度也不一样。这也是汽油车和甲醇车需要进行高温高原试验的重要原因之一（高温高原环境对燃料的蒸发速率有重要影响，蒸发排放系统的标定也是关键工作）。

泵的几何安装高度和允许吸上真空高度是两回事。几何安装高度是指泵中心到储液槽（汽车上为油箱）液面的垂直距离，为了保证泵的正常工作，泵的几何安装高度应小于允许吸上真空高度减去吸入管路的阻力损失（即吸上扬程的损失），超过此值，泵便会发生汽

蚀，甚至吸不上液体。

以上内容表明，在车辆上布置燃油泵时应充分考虑燃油泵的布置高度和位置，应最大程度地减小燃油泵与油箱之间的吸油沿程损失。

4.2.3　甲醇燃料泵选型和匹配

现代应用的泵按其工作原理基本上可以分成三大类：容积泵、叶片泵、专用泵（特殊的一类）。容积泵是依靠工作室容积间隙改变而输送液体的，叶片泵是依靠工作时叶轮的旋转运动而输送液体的。

乘用车燃油泵普遍采用浸入油箱内布置的涡轮泵，属于叶片泵的一种。商用车领域一般采用油箱外布置的外置泵，大多用转子泵或齿轮泵。不同类型的泵在整车上的布置、匹配有不同的特殊要求。商用车甲醇泵的设计开发要考虑以下内容。

1. 燃料泵的选型

在甲醇商用车领域推荐使用无刷甲醇泵，即无刷电动机和齿轮泵组合方案，总成布置在油箱外，前后连接甲醇管路。之所以不把甲醇泵浸入在油箱内布置，主要考虑以下因素。

1）液体冲击的影响。商用车油箱由于容积大、截面尺寸大、油箱高度高，如果用高的支架固定甲醇泵浸入油箱内部，在长期的液体冲击下，对支架的强度影响较大，同时也使甲醇泵的电器件暴露在恶劣的工作环境中（甲醇浸蚀、液体冲击），提高了甲醇泵的使用风险。

2）甲醇腐蚀的影响。甲醇对甲醇泵安装支架焊接位置、密封位置，以及对甲醇泵产品尤其是电器件的长期浸蚀，会提高甲醇泵的使用风险。

3）蒸发排放控制的影响。若把甲醇泵浸入油箱内布置，由于甲醇泵自身在工作中会散热加热甲醇，这将会增加油箱内部的甲醇蒸气量，同时需要在油箱表面开口做固定法兰。以上这些既提高了甲醇的蒸发量又增加了油箱上的甲醇蒸气泄漏点，不利于甲醇供油系统的蒸发排放控制。

考虑到对维修方便性的影响，将甲醇泵布置在油箱外，便于拆装，既提高了维修方便性，又避免了反复拆装对油箱上相应密封件的影响。

2. 燃料泵的整车匹配

至少应包括空间布置和电气匹配两个方面。

1）空间布置。商用车甲醇泵由于其选型的原因，要求在整车布置设计阶段，考虑扬程和吸上真空高度等因素，同时必须充分考虑燃油管路通径、管阻、管路走向和形状以及过滤装置精度。

2）电气匹配。在计算甲醇泵供油量时，不仅要考虑满足发动机油量需求，同时还应兼顾在 24V 电池供电和发电机供电下的电压变化和耐久后油量的衰减。

4.2.4　甲醇燃料泵可靠性设计

根据可靠性工程理论可知，液压泵（燃料泵属于液压泵范畴）的可靠性取决于泵本身的固有可靠性和使用中的可靠性，泵的固有可靠性应由生产制造厂保证，而使用可靠性则靠用户来实施，表 4-1 列出了可靠性主要影响因素。

表 4-1　可靠性主要影响因素

<table>
<tr><th colspan="3">燃料泵可靠性</th></tr>
<tr><td rowspan="16">固有可靠性</td><td rowspan="8">设计因素</td><td>结构合理性</td></tr>
<tr><td>强度 - 疲劳计算（安全系数法）</td></tr>
<tr><td>机械 - 概率预测（可靠性预测）</td></tr>
<tr><td>摩擦副油膜设计</td></tr>
<tr><td>摩擦副摩擦磨损计算</td></tr>
<tr><td>成件选择合理</td></tr>
<tr><td>密封性</td></tr>
<tr><td>余度技术</td></tr>
<tr><td rowspan="5">材料因素</td><td>材料选择合理性</td></tr>
<tr><td>摩擦副材料匹配</td></tr>
<tr><td>材料质量</td></tr>
<tr><td>材料物理化学性能的相互作用</td></tr>
<tr><td>液压油性能</td></tr>
<tr><td rowspan="3">工艺因素</td><td>制造精度、工艺质量</td></tr>
<tr><td>装配精度、质量</td></tr>
<tr><td>摩擦副表面涂层和表面处理工艺</td></tr>
<tr><td colspan="2" rowspan="4">使用可靠性</td><td>操作、维护规程合理性</td></tr>
<tr><td>操作、维护人员水平</td></tr>
<tr><td>环境条件（污染、振动、温度等）</td></tr>
<tr><td>运输、保管、安装</td></tr>
</table>

生产制造厂在确保泵的固有可靠性时，应从设计、材料、工艺三个方面充分兼容甲醇燃料的特殊性。

当前汽油泵普遍使用叶片式的涡轮泵，而重型商用车的甲醇泵选择齿轮泵，这意味着甲醇泵内部的齿轮组件、齿轮室的上下盖板、轴与轴承这些摩擦副材料的耐蚀性、耐磨性将严重影响甲醇泵的使用寿命和可靠性。表 4-2 是不同燃料的黏度对比。

表 4-2　不同燃料的黏度对比

项目	柴油	汽油	甲醇	乙醇	水
黏度（20℃）/mPa · s	3.0 ~ 8.0	0.28 ~ 0.59	0.59	1.20	1

需要从固有可靠性和使用可靠性两大因素提出提高甲醇燃料泵可靠性的关键措施。首先要正确选择摩擦副的材料。与柴油的黏度较高不同，甲醇黏度低，无法在摩擦副之间建立油膜，这就需要在选材时充分考虑材料的力学特性和硬度。材料表面层和亚表面层的特性尤为重要，应积极研究表面强化技术的应用。选择材料时，除了对材料的强度、硬度有所要求外，还应考虑材料的耐磨性，以及配对摩擦副之间材料的匹配性，而材料的匹配性

能取决于磨损机理。对于材料的选择，在有条件时，应开展专题摩擦磨损试验，积累数据并建立数据库。

1. 正确选择材料的表面粗糙度

对表面粗糙度的设计，实际上就是对摩擦副表面形貌的设计，它直接关系摩擦副的性能。通常，一对表面粗糙度值小的表面接触时，实际有效接触面积就越大，介质润滑油容易形成一定的油膜厚度，并将两表面分离，从而达到减少摩擦磨损的目的。因此在设计时，可以采用研磨、刮研、珩磨、超精磨加工等合适的加工方法，人为地构成各种所需要表面的特殊表面形貌，达到减少磨损和传动噪声，提到质量可靠性的目的。

2. 材料自身和甲醇燃料润滑性能

在选择材料时，若能兼顾材料自身的自润滑性，将会大大提升材料的耐磨性。

在燃料中添加合适的润滑剂。对于泵类产品，在许多情况下，只要改变润滑剂就可提高效率，保持精度，延长寿命，使产品质量明显提升。润滑剂的关键在于添加剂。

3. 控制好甲醇燃料本身的质量

燃料的质量，包括化学成分、黏度、密度、馏分、蒸气压、蒸发残渣等。甲醇自身具有很强的吸水性，所以在建立甲醇加注站时，应充分考虑储醇罐的除水设计，以免罐中吸入水分。甲醇中水分的进入提高了甲醇燃料的电化学腐蚀性能，会大大加速内部零部件的腐蚀速度。

甲醇燃料中的机械杂质，主要来源于甲醇生产、运输、储存等设备的腐蚀产物或灰尘，其主要成分是硫、铜、锡、镉、钙、镁等，这些杂质会加速甲醇泵内部金属件的腐蚀，加速轴承等摩擦副的磨损。所以，在设计甲醇燃料供给系统时，必须考虑到系统的抗污染能力，同时整个加注系统必须保证提供合格的满足使用要求的甲醇燃料。燃油系统的抗污染设计是燃油系统设计的重要组成部分，包括抗污染能力和部件的抗污染设计。系统和部件相辅相成，共同提高总体的抗污染能力。

从整个甲醇供油系统角度分析，整车所加注的甲醇质量，特别是清洁度会影响甲醇泵与油箱之间的滤网、粗滤器寿命，甲醇清洁度越差，滤网越容易堵塞，最终会导致甲醇泵吸油阻力增大，致使甲醇泵发生汽蚀现象、产生汽蚀噪声和机械噪声以及输出流量下降，最终导致甲醇泵内部损坏。

4.3 甲醇喷油器

4.3.1 喷油器设计原理

在当前技术发展阶段，甲醇发动机更适合采用进气道喷射技术。甲醇喷油器的结构形式和汽油机进气道喷射的喷油器类似。作为核心零部件，甲醇喷油器的可靠性、耐久性对甲醇发动机的产业化推广有关键影响。

进气道喷射用喷油器主要由电磁线圈、铁心、衔铁组件、轭铁、阀座和回位弹簧等部分组成。其基本原理如图 4-8 所示。

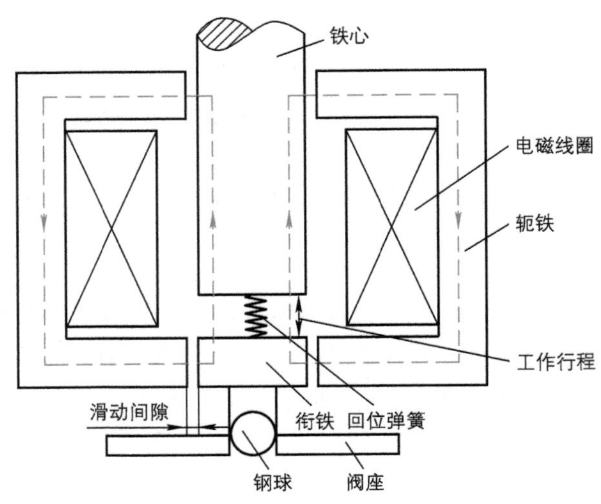

图 4-8 进气道喷油器的基本原理示意图

1）当电磁线圈通电时，铁心、轭铁、衔铁、滑动间隙和工作行程间隙等形成电磁回路，并对衔铁组件产生电磁吸力。当电磁吸力大于弹簧预压力时，衔铁组件被铁心吸起，衔铁组件离开阀座锥面，具有一定压力的燃油从喷孔喷出。

2）电磁线圈断电后，电磁吸力不断下降。当电磁吸力小于弹簧力时，衔铁组件向下运动落座，关闭阀座，燃油停止喷出，完成一次喷油过程。

进气道喷射的喷油器按照结构特点可分为轴针式、片阀式和球阀式等；按其线圈电阻的大小可分为低电阻型喷油器（阻值为 2 ~ 3Ω）和高电阻型喷油器（阻值为 9 ~ 17Ω）；按其驱动信号可分为电流型和电压型。甲醇喷油器按照响应性、可靠性和耐久性要求，推荐采用球阀式、低电阻和电流型技术方案。

甲醇喷油器作为精密电磁阀执行器，不仅要严格执行来自发动机电子控制单元（ECU）的控制指令，实现定时定量的精确喷油，而且还要确保喷射出的油束能够实现良好的雾化和蒸发性能，同时还要确保可靠地长寿命工作。因此无论是结构设计、材料选择、涂层材料，还是喷油参数设计，均至关重要。

由于甲醇的理化特性与柴油、汽油不同，因此采用甲醇作为燃料存在如下特征：

1）组成甲醇的羟基（-OH）具有较强的化学活性，易导致金属发生电腐蚀。

2）甲醇的黏度低，难以在摩擦副表面建立油膜，长期使用会加速摩擦副材料的磨损。

3）甲醇吸水性强，会加速对金属的腐蚀和产生水锈。

4）由于甲醇汽车的销售区域当前的加注条件不够规范，导致各地甲醇的纯度、清洁度、酸碱度等方面与标准油品存在差异。

以上所描述的甲醇特性和现状结合重型甲醇发动机的性能特性及技术路线是导致市场上成熟的汽油喷油器和柴油喷油器无法直接用于甲醇汽车的根本原因。因此，重型甲醇发动机的甲醇喷油器必须针对甲醇的特性以及重型甲醇发动机的特点进行适应性开发，要求甲醇喷油器在结构设计、选材以及涂层技术上必须进行细致和慎重的选择。在必要的情况下，需要专门研发新材料或新涂层材料，以满足甲醇喷油器的可靠性和寿命要求。图 4-9 所示为低压进气道甲醇喷油器的关键技术示意图。

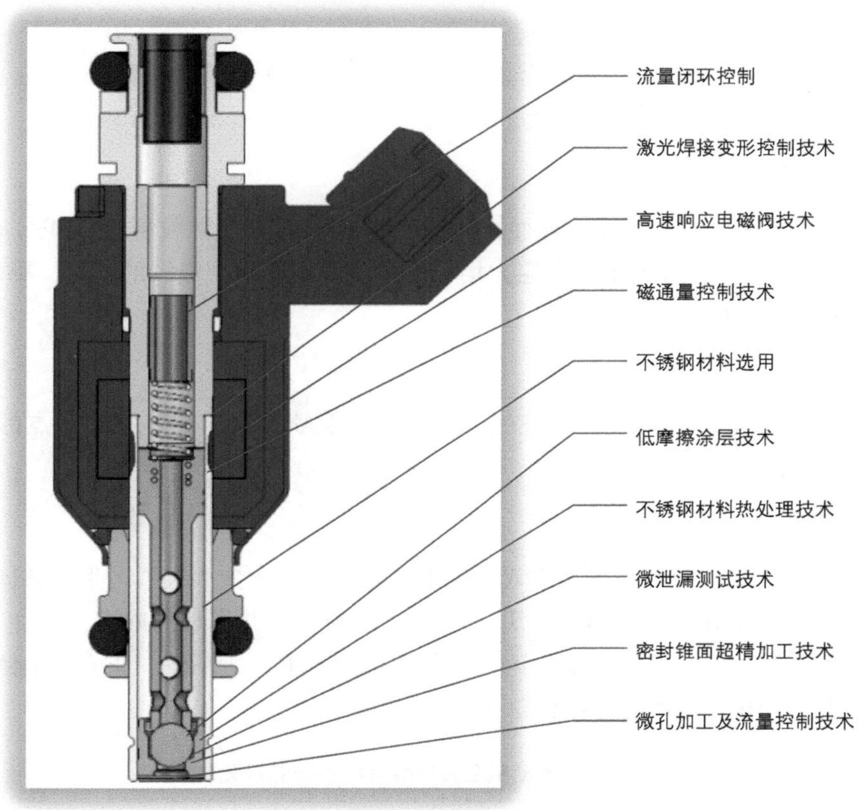

图 4-9　低压进气道甲醇喷油器关键技术示意图

4.3.2　甲醇喷油器性能参数

甲醇商用车所用喷油器的性能参数和乘用车相同，包括静态流量、动态流量、流量线性度、流量一致性、索特平均直径（SMD）、喷雾角度、油束个数、喷孔数等。这些性能参数至关重要，是甲醇喷油器设计和匹配的关键。

1. 静态流量

喷油器在完全开启状态下，1min 内所喷射出的燃油量，单位为 g/min。

2. 动态流量

一般是指喷油器在设定标准喷油脉宽和工作压力的条件下，喷射燃料 1000 次或 2000 次的平均喷射量，单位为 g/ 脉冲。

3. 流量线性度

在喷射脉宽为 2ms、3ms、4ms、5ms、6ms、7ms 的标准条件下，测量的动态流量值线性偏差，偏差值不大于 ±4%。

4. 流量一致性

在标准条件下，重复连续测试喷油器的静态流量 10 次及喷射脉宽 t=2.5ms 的动态流量 10 次，喷油器的流量一致性误差不大于 ±4%。

5. 索特平均直径（SMD）

SMD 又称当量比表面直径、表面积体积平均直径。它是颗粒群表面积分布的平均直径，单位为 μm。喷雾在贯穿距离内应为均匀的雾状，不能出现连续的柱状，甲醇喷油器的索特平均直径（SMD）≤ 100μm。

6. 喷雾角度

喷雾角度由发动机进气歧管和进气道的形状以及喷油器与最佳喷雾落点的距离确定，喷雾角度误差不大于 ±3°。

7. 油束个数

进气道喷射的喷油束分为单油束或双油束，由进气门个数和进气道形状共同决定。

甲醇喷油器的上述参数是其设计开发过程中必须考虑并实现的内容，各参数的具体数值指标需要根据发动机和车辆的实际运行工况和技术要求有所调整。作为一个例子，表 4-3 给出了某甲醇发动机及其喷射系统的部分具体参数。

表 4-3 某发动机及其甲醇喷射系统的相关参数

发动机	参数	甲醇喷射系统	参数
形式	直列六缸，四冲程	工作压力 /100kPa	5
功率 / 转速 /[hp/（r/min）]①	316/1900	静态流量 /（g/min）	640 @ 500kPa
缸径 × 行程 /（mm × mm）	127 × 125	喷射角度 /（°）	18 ~ 25
排量 /L	12.5	喷雾粒径（SMD）/μm	≤ 100
转矩 [N · m/（r/min）]	1800/1100 ~ 1400	喷孔数 × 孔径	14 × ϕ0.26
点火方式	3.5 万 V 电控点火	工作温度 /℃	−30 ~ 140
用途 / 排放	商用车 / 国六	喷射稳定性	± 2%

① 1hp=745.7W。

上述关键性能参数具体指标的优化和提升伴随甲醇喷油器工程设计和开发的整个过程，而在此过程中最为突出的问题是运动卡滞和腐蚀磨损问题，这两点决定着甲醇喷油器的可靠性和耐久性。

4.3.3 甲醇喷油器运行卡滞

重型甲醇发动机直接搭载轻型甲醇发动机的喷油器进行试验时，由于重型发动机与轻型发动机的性能参数不同、工作条件不同，因此对喷油器产生的激励，如振动、热辐射等环境因素也不同，导致轻型发动的喷油器用在重型发动机上时，内部的衔铁阀杆总成会偶尔发生运动卡滞，致使喷油器不能严格按照 ECU 发出的喷油脉宽进行精确的喷油，从而引起发动机怠速不稳或某一缸突然熄火的现象发生。

为适应重型甲醇发动机的高功率、高负荷、振动大的工况，其甲醇喷油器的衔铁针阀总成须采取与轻型车（甲醇）喷油器不同的结构设计，以优化针阀的结构，避免或大幅度减少喷油器运行卡滞的发生。设计上可以进行多方面的努力，例如：①衔铁部分，对衔铁和阀球施加 DLC 镀层，对衔铁有效吸合面积、直径以及高度进行适当的比例设计。②针阀部分，两个出油口中心线采用垂直 90° 出油设计，如此，可提高衔铁针阀总成的运动平稳性，最小化降低衔铁阀杆总成的偏置和倾斜，避免衔铁导向带与隔磁套的摩擦力增大，以及阀球与阀座导向带的摩擦力增大。③阀球底部，通过对阀球底部采取平面设计，有效反射在喷油器喷射间歇进入进气管的气体，降低进气管内的气体流量。图 4-10 所示为喷油器结构示意图。

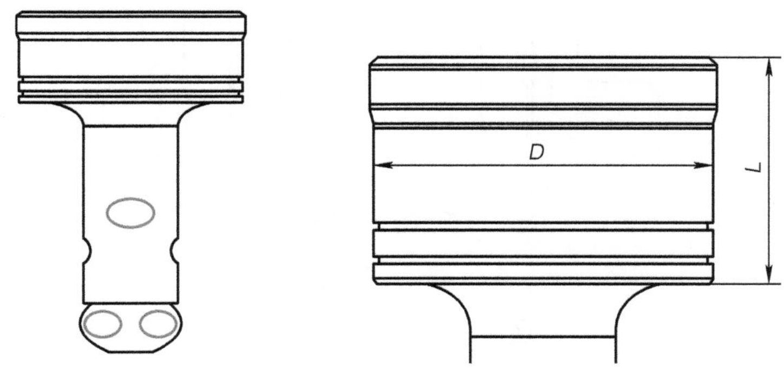

图 4-10　喷油器结构示意

需要强调的是，上述甲醇喷油器运行卡滞问题的发生主要与两个技术条件有关：进气道喷射、重型发动机。也就是说如果是用于轻型车辆的发动机，例如乘用车，这一卡滞现象就不会成为工程技术问题；如果是用于重型车辆的发动机但不是进气道喷射，例如缸内直喷，那么喷油器所基于的技术路线和结构设计就会有所不同，运行卡滞问题的表现程度也会有所差异，而改进方案也会有所不同。

当然，运行卡滞也和喷油器运动部件的腐蚀磨损有关。如果喷油器长期持续地发生腐蚀磨损，就有可能在运动部件局部出现异物而阻碍运动的顺畅性，从而偶然引发运行卡滞。而此类偶然事件在长时间运行过程中不断发生，就会引发喷油器运动部件出现如漏油、损坏等更严重的问题。

4.3.4 甲醇喷油器腐蚀磨损

甲醇发动机的废气排放物中包含了大量的高温水蒸气、二氧化碳以及少量甲酸。重型甲醇发动机为提高技术性能和经济指标、降低排温和抑制爆燃，采用了涡轮增压和废气再循环（EGR）技术，即一部分废气被引入进气管，与新鲜空气预先混合后再次进入缸内参与燃烧。由于重型甲醇发动机目前采用的是进气道喷射技术，在甲醇喷油器间歇喷射的过程中，进气管中正压的高温废气混合气会经过喷孔进入内部不断侵蚀甲醇喷油器，而使得与运动件相关部分易发生腐蚀磨损现象，而其中腐蚀磨损最严重部位是阀座，长而久之就可能导致甲醇喷油器发生燃料滴漏。因此耐腐蚀阀座及其相关部件的设计成为甲醇喷油器开发的关键问题之一。

由于 EGR 高温废气的倒流侵蚀，携带一部分高温甲酸蒸气、水蒸气、二氧化碳蒸气侵入喷油器的阀座，导致腐蚀反应从中心孔开始逐渐向上侵入阀座和阀球。为了避免或减弱这种腐蚀，可以对阀座导向孔内壁、密封锥面、中心油孔内表面进行表面耐腐蚀磨损涂层处理，该涂层可以通过 DLC、热喷涂、渗氮等措施实现。同时此方案与下文的结构设计优化，可实现 EGR 废气对喷油器内部的腐蚀降到最低。详细结构示意如图 4-11 ~ 图 4-14 所示。

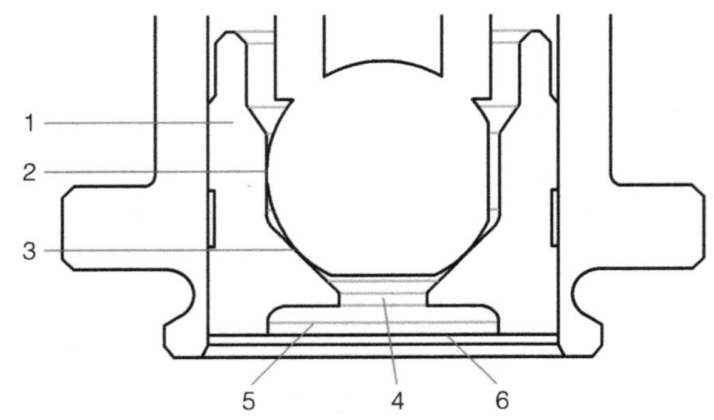

图 4-11　阀座结构说明

1—阀座　2—阀座上导向孔　3—阀座上密封锥面　4—中心油孔　5—压力室　6—喷孔板

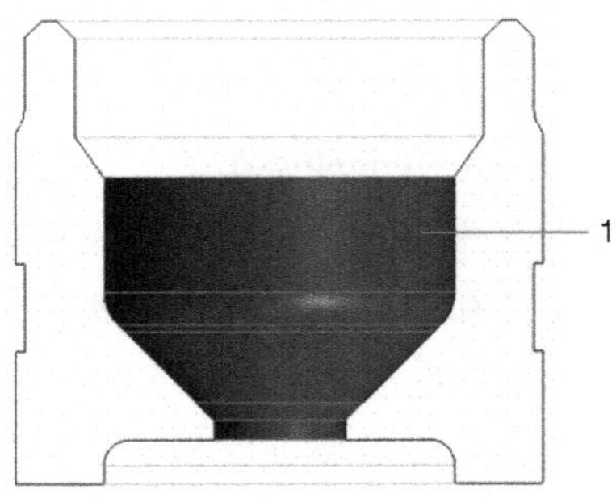

图 4-12　阀座涂层

注：加深部分 1 为防腐蚀耐磨涂层，包含导向孔、密封锥面、中心孔三部分。

除在阀座部分采用耐腐蚀磨损的涂层技术之外，还可以在甲醇喷油器的结构设计方面进一步降低阀座和阀球的腐蚀，使进气管中的高温发动机废气尽量少地进入喷油器内部。具体结构设计方案是将阀球顶端磨平且进行表面耐腐蚀涂层处理，对喷油器喷孔板上的喷孔布局与阀座中心孔进行系统性设计，即内圈喷孔的分布圆直径大于中心孔直径，以实现废气通过喷孔直接进入中心油孔，最大化减弱气流强度和废气流量。阀球底面直径 d_1，中心油孔直径 d_2，喷孔分布圆直径 d_3，要求 $d_1 > d_2$，$d_3 > d_2$。详细如图 4-13 和图 4-14 所示。

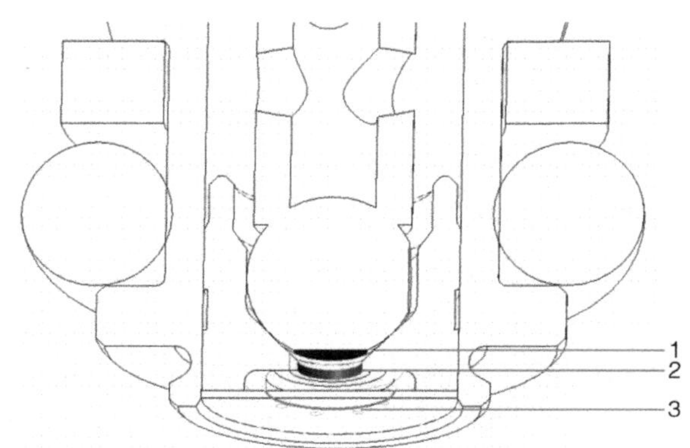

图 4-13　阀球与喷孔板之间设计关系

1—阀球底面　2—中心油孔　3—喷孔分布圆

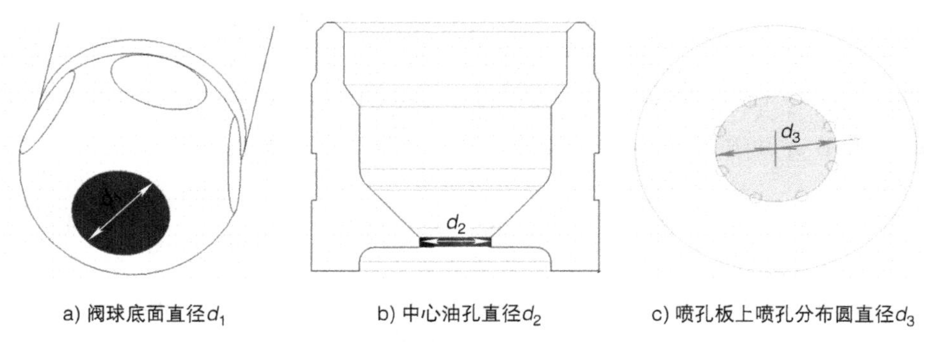

a) 阀球底面直径 d_1　　b) 中心油孔直径 d_2　　c) 喷孔板上喷孔分布圆直径 d_3

图 4-14　阀球底面直径、中心油孔直径和分布圆直径

甲醇喷油器的腐蚀磨损是一个长期存在的问题，不管是进气道喷射还是缸内直喷。喷油器本身在材料、结构等方面需要不断地探索新的技术方案，也需要在发动机进排气系统、EGR 系统以及冷起动方案等多个方面寻求辅助解决途径。

4.4 涉醇零部件试验验证

在产品开发过程中，涉醇零部件设计方案的有效性须通过三种方式验证：零部件 DV 试验、搭载发动机耐久试验（发动机上零部件）、搭载整车综合路试耐久。

本节重点讲述零部件DV试验中的关键条目（腐蚀、安全等相关）。零部件DV试验中的重要试验条目是耐M100甲醇溶液浸渍试验和耐甲醇的循环耐久试验，其余的试验条目要求与柴油和汽油零部件的相同。试验内容主要依据国家标准、行业标准制定，个别内容可根据企业标准或者结合供应商的经验与零部件制造商共同制定。本节所述内容中相关试验参数的具体指标仅供参考。

4.4.1 甲醇溶液浸渍试验

涉醇件，包括总成金属和非金属件及焊剂等，都需要通过耐M100甲醇溶液浸渍试验。具体要求是：金属件不得出现腐蚀斑点、锈蚀、表面脱落、泄漏等影响供油系统使用和安全的问题。非金属件应按照《关于开展甲醇汽车试点工作的通知》（工信部节[2012]42号）中的2.2.1.1的防腐蚀性要求执行，一般来说试验温度为40℃，试验时间为72h。

甲醇汽车整个燃料供给系统应采用防腐处理以耐受甲醇及其排放物的腐蚀，所有非金属件使用的材料，应参考GB/T 1690—2010《硫化橡胶或热塑性橡胶　耐液体试验方法》标准，进行M100溶液的浸渍试验，浸渍前后试件的质量变化不超过5%，体积变化不超过15%，力学性能下降不超过10%。具体涉醇件的指标设定和试验策划须依据企业自身产品要求和相关标准进行调整。

4.4.2 甲醇喷油器与甲醇轨

甲醇喷油器和甲醇轨的DV策划由汽车厂和零部件制造商共同制定。甲醇喷油器有专门的DV试验项目，其主要内容为检测喷油性能和机械性能。甲醇轨和甲醇喷油器会装配为总成，然后进行总成产品的DV试验，检测其相关性能。由于大部分试验要求和汽油类似，本节重点阐述和甲醇以及安全相关的试验，以某型号为例说明，参数指标供参考。

1. 总成试验

（1）正弦振动试验　20～70Hz，位移幅值恒定$S=\pm 1$mm；70～400Hz，1倍频程/min，加速度a=100m/s^2，在空间每个方向24h。不允许出现变形、裂纹，密封性满足要求。正弦振动是自然界常见的振动形式。通过正弦振动试验可以趋于真实地模拟甲醇油轨喷油器总成在发动机上的振动情况，所采用的振动参数也是通过前期制作的手工件在实车上采集获得的。此试验考察的是总成产品的结构强度和焊接工艺强度。

（2）密封性试验　油轨浸入100mm深水中，在600kPa气体压力下，保持30s，无泄漏。

（3）超压试验　油轨浸入100mm深水中，1500kPa压力下，保持1min，无泄漏。

油轨喷油器总成为安全件，一旦出现泄漏，对发动机的性能和车辆安全均有严重影响。必须确保产品在正常工作状态和异常工作情况下无泄漏，密封性试验和超压试验是必做的验证项目，并且产品在下线时必须通过密封测试。

2. 甲醇喷油器试验

（1）流量一致性试验

1）标准试验条件下，连续测试 1min 静态流量 10 次，计算喷油器静态流量的流量一致性误差。

2）在标准试验条件下，连续测试 2.5ms 动态流量 10 次，计算喷油器动态流量的流量一致性误差。

无论是静态流量一致性还是动态流量一致性，都是喷油器工作稳定性的重要指标。静态流量的一致性反映的是喷油器在大的喷油脉宽下全开后的流量稳定性，影响发动机在大负荷时的性能。动态流量的一致性反映的是喷油器在小的喷油脉宽下的工作性能，影响发动机在怠速和小负荷时的性能，可以更精确地反映出喷油器的精密制造水平和设计水平。

（2）雾化特性试验

1）标准试验条件下，测试记录 D32（索特平均直径）喷雾颗粒度。

2）在标准试验条件下，测试记录喷雾分布角度。

喷油器喷雾的雾化效果影响发动机进气道中的蒸发速率，雾化良好的喷油器有助于提升发动机的排放水平和燃油经济性。

（3）密封性能试验　在标准试验条件下，在喷油器的进油口端通入干燥、洁净的压缩空气，通过气压的衰减转化为密封的泄漏量。喷油器的密封性能对发动机的排放和安全使用有重要影响，它也反映了供应商的精密制造能力。

（4）扫频振动测试　在标准试验条件下，将喷油器安装固定在振动试验仪上，对喷油器施加 5 ~ 2000Hz 随机变频，在 30*g* 加速度条件下，横向、纵向振动各 48h。在试验前和试验后，分别对喷油器进行流量、密封性能、绝缘电阻等试验。

（5）耐高温试验　将喷油器安装在高温测试仪上，环境温度设定为 120℃ ±2℃，放置 12h。在试验期间喷油器不工作。在试验前和试验后，分别对喷油器进行流量试验、密封性能试验、绝缘电阻试验。耐高温试验反映的是喷油器在高温地区车辆上的极限温度下的工作性能，考察其对使用环境的适应性。

（6）耐低温试验　将喷油器安装在低温测试仪上，环境温度设定为 −35℃ ±2℃，放置 12h。在试验期间喷油器不工作。在试验前和试验后，分别对喷油器进行流量试验、密封性能试验、绝缘电阻试验。耐低温试验反映的是喷油器在低温地区车辆上的极限温度下的工作性能，考察其对使用环境的适应性。

（7）常温耐久试验　在标准试验条件下，使用甲醇作为介质，将喷油器安装固定在耐久测试仪上，设定 2.5ms 的喷射脉冲宽度和 5.0ms 的喷射周期，进行 2 亿次的喷射。在试验前和试验后，分别对喷油器进行流量试验、密封性能试验、绝缘电阻试验。常温耐久试验反映的是喷油器在一般温度下的工作性能，考察其对使用环境的适应性。

（8）喷油器线性度测试　按标准条件测试喷油器脉冲宽度为 2ms、3ms、4ms、5ms、6ms、7ms 的动态流量，试验数据通过最小二乘拟合计算各脉宽下的动态流量值，将其与实际测试的流量值对比而得到喷油器流量线性误差。喷油器流量线性度的好坏反映的是油器嘴动态流量的稳定性，进一步体现了喷油器的整体设计水平，包括电磁部件的工作稳定性、复位弹簧的工作一致性、喷油器内部阀杆与导向孔的精密配合水平，如图 4-15 和图 4-16 所示。

图 4-15　甲醇喷油器内部的摩擦副

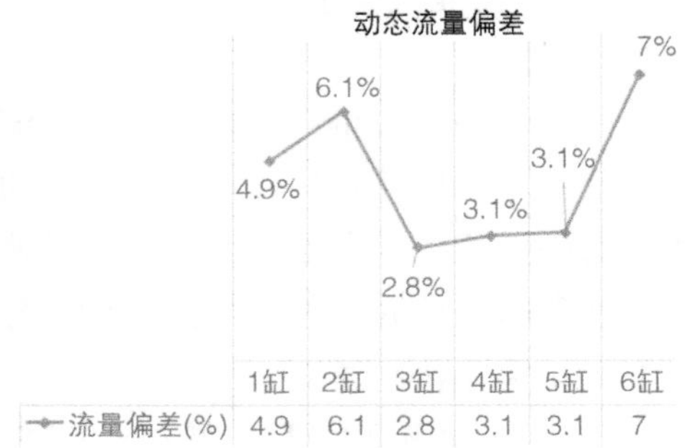

图 4-16　甲醇喷油器内部磨损后的流量变化

4.4.3　甲醇燃料泵

燃料性质上的差异，导致了甲醇泵关注的 DV 试验项目与柴油泵、汽油泵有所差异。除基本性能之外，重型车辆对结构强度和耐久性的要求是甲醇泵关注的重点，下面以某型号甲醇燃料泵为例进行说明，参数指标供参考。

1）输油性能。在（24 ± 0.3）V、（500 ± 20）kPa 条件下，油口流量 ≥ 500L/h，电流 ≤ 20A。

2）振动性能。甲醇泵在 X、Y 向振动各 12h，在 Z 向振动 24h 后应符合测试项目的基本性能要求。采集甲醇泵在重型甲醇车上安装部位的振动数据。进行振动试验是必须要做的工作，这是确保甲醇泵在重型车辆上安全工作的重要措施。

3）耐久性能。甲醇泵进行 4000h 耐久性试验后，额定电流允许增加 10% 以内，额定流量允许下降 10% 以内。此项试验是为了满足重型甲醇车较高的可靠性和 B10 寿命要求。

4）耐脏油性能。甲醇泵在加尘的试验液中工作 150h，试验后流量允许下降 10% 以内。耐脏油试验反映的是甲醇泵对不同质量水平的甲醇燃料的适应性，若要甲醇泵在搭载车辆之后能在不同区域更好地工作，此项试验必须进行充分验证。

5）干运转性能。经过预处理的甲醇泵经过 10 个周期的干运转试验，流量下降不超过 10%。干运转试验反映的是甲醇泵在甲醇箱中的甲醇量较少导致吸油量少时的一项重要试验。该试验能更进一步地反映甲醇泵内部齿轮等摩擦副的短时间耐磨损能力以及电动机的散热性能。

6）冲击试验。将甲醇泵按照安装状态安装在台架上，进行前后、左右、上下 6 个方向的冲击试验，冲击加速度 ≥ 10g。观察其表面磨损情况，如图 4-17 所示。

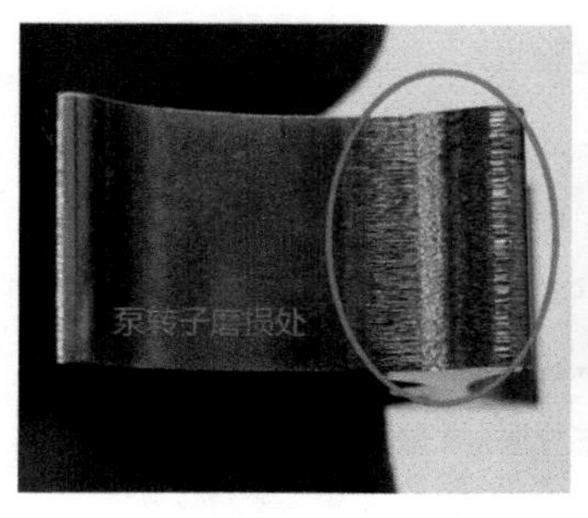

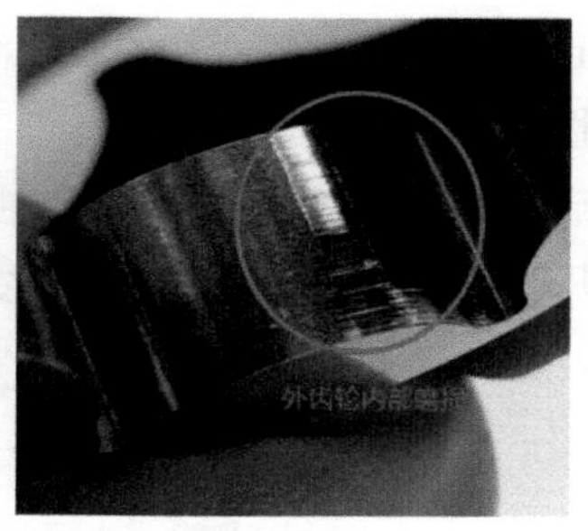

图 4-17　甲醇泵内部齿轮磨损导致甲醇泵流量下降

4.4.4　甲醇调压阀

调压阀又称为溢油阀，用于调节供油系统的压力。甲醇调压阀和普通调压阀原理相同，主要特点是要选择耐甲醇腐蚀的材料，同时具备大流量调节功能。主要试验内容如下，所列参数的具体指标仅供参考。

1）气密性。参考 QC/T 918—2013，600kPa 压力下保压 30s，目测无气泡逸出。

气密性试验主要是检测调压阀的密封性，使调压阀在开启前无燃油泄出，维持调压阀的压力调节范围。

2）耐破损能力。1500kPa 压力下保压 1min，外壳无破损、泄漏。

耐破损能力检测主要是确认调压阀总成的结构强度，确保调压阀在正常工作时壳体不破损。

3）振动疲劳。试验完成后产品无变形、开裂、泄漏等。

4）冲击耐久。在 0 ~ 600kPa 的交变压力下，将调压阀装在试验设备上，设置调压阀开启 3s、关闭 2s 为 1 个循环，循环试验 10 万次。试验后，调压阀性能应符合流量 - 压力的要求。

振动疲劳试验的目的是检验调压阀总成的结构强度。冲击耐久试验的目的主要是检验调压阀弹簧的疲劳性能，确保在使用寿命内，调压阀的弹簧性能不衰减，以维持所需的供油系统压力。

4.4.5　甲醇箱总成

甲醇箱为国家强检汽车部件，强检标准为 GB 18296—2019。由于甲醇箱采用不锈钢材质焊接而成，而不锈钢焊接工艺在国内汽车行业尚待成熟，因此焊接质量非常关键，除了对焊缝进行金相检查，通过密封性和振动耐久试验也能检测焊接质量的优劣。包括如下几项重要的试验，具体参数指标仅供参考。

1）燃油箱盖密封性。无泄漏。

2）燃油箱气密性试验。将油箱放置在清水槽中，使油箱盖处于正常的安装状态，密闭好其他进、出口，通入 22kPa 压力的压缩空气，并将燃油箱所有部位先后浸入水中，浸入深度不大于 100mm，保压 30s，观察无气泡冒出。

3）振动耐久性。无泄漏。

4）安全阀开启压力。安全阀开启后，油箱内压力不得比安全阀开启压力高 5kPa。

5）燃油箱耐压性试验。无泄漏，无开裂。图 4-18 所示为试验中出现了渗漏现象。

图 4-18　甲醇不锈钢油箱焊接不良导致渗漏

4.4.6　甲醇滤清器

甲醇滤清器主要功能有两个：一是按照基准油品，使过滤后的燃料清洁度满足设计要求；二是结构强度必须满足车辆使用要求，确保车辆在任何工况下外壳和接头不破损、不泄漏。当前甲醇滤清器的设计标准主要参照 QC/T 918—2013。满足上述设计目标的主要试验如下，具体参数指标仅供参考。

1）气密性。600kPa 压力下保压 30s，无泄漏。

2）滤清器耐破损能力。1000kPa 压力下保压 1min，外壳无破损、泄漏。

3）压力脉冲疲劳。0 ~ 800kPa 的压力交变，频率为 1Hz，连续脉冲 20000 次，产品不应有开裂、变形、泄漏等现象。

此外还有比较复杂的振动疲劳试验，包括如下内容。

1）排尽滤清器中的空气并注满试验油，使油压升至 600kPa，在整个试验过程中应保持油压不变。

2）以 5 ~ 400Hz 的振动频率、20m/s^2 的振动加速度和至少 10min 的高低频率往复周期地寻找共振频率。

3）存在共振频率或多个共振频率时，以主共振频率、20m/s^2 的振动加速度，上下振动 1h、前后振动 0.5h、左右振动 0.5h；再以 67Hz 的振动频率、110m/s^2 的振动加速度，上下振动 3h、前后振动 1.5h、左右振动 1.5h。完成后，检查滤清器是否有渗漏、开裂或变形等缺陷。

4）没有共振频率时，以 67Hz 的振动频率、110m/s^2 的振动加速度，上下振动 4h、前后振动 2h、左右振动 2h。完成后，检查滤清器是否有图 4-19 所示的渗漏、开裂或变形等缺陷。

 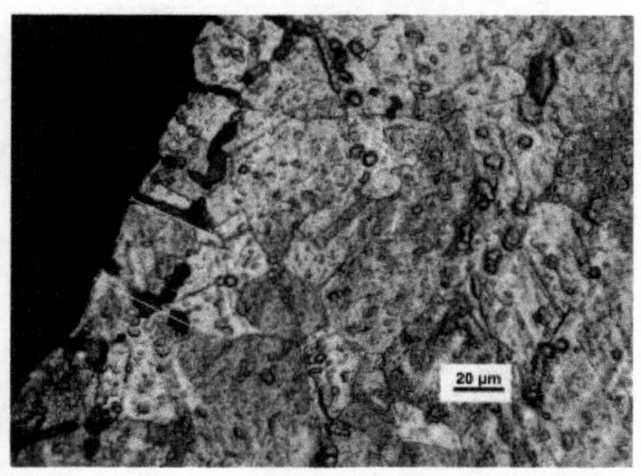

图 4-19　不锈钢甲醇滤清器钎焊料对壳体材料侵蚀，导致开裂漏甲醇

4.4.7　其他涉醇件

其他涉醇零部件包括甲醇液位计、管路等，相关参数的具体指标仅供参考。

1. 甲醇液位计

甲醇液位计的 DV 试验标准参考 QC/T 413—2002《汽车电气设备基本技术条件》或供应商企业标准。甲醇液位计的关键性能是根据浮子位置精确向仪表输出液位信号，油箱内实际甲醇油量的多少不仅与液位计的信号输出准确性有关，同时也与仪表的显示策略相关。几项主要 DV 试验项如下。

（1）高低温冲击试验　试验时高温值为 85℃，低温值为 −40℃，每一种温度中暴露时间为 2h，温度转换时间为 20 ~ 30s，循环次数为 5 次，传感器在不工作状态下试验。

（2）振动试验　试验频率为 10 ~ 25Hz，振幅为 1.2mm，频率为 25 ~ 500Hz，加速度为 $30m/s^2$，时间为 8h（此参数适用于 Z 轴，X 轴和 Y 轴振幅和加速值减半，按照产品的外形特点，振动试验只进行 Z 轴和 X 轴）。试验完成后对样件进行气密性检测。

（3）气密性试验　在标准环境温度下，将经过耐油性试验的传感器按实际安装状况用夹具固定在气密性试验台上，在密封性良好的情况下施加 49kPa 或 −49kPa 的压力，观察压力计读数在 10s 内有无移动，同时在密封处涂上适量的水，观察有无气泡产生。

（4）耐久性　将产品安装在耐久性试验台上，产品需能够经受 30000 次循环。观察试验结果，如图 4-20 所示。

2. 甲醇管路

甲醇管路的功能是安全可靠地向发动机输送满足流量和压力要求的甲醇。甲醇管路涉及整车的安全，所以与安全和密封相关的 DV 试验非常重要。甲醇管路几项重要的 DV 试验如下。

（1）总成密封性　室温下在专用试验台架上进行。将管路总成内部接入压力气体并保压，测试泄漏量。用作燃油管的管总成：在（1035 ± 15）kPa 压力下，要求泄漏量≤ 8mL/min。

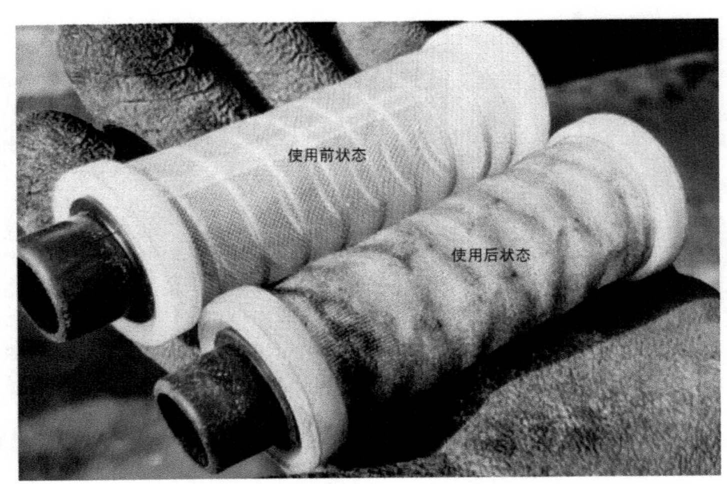

图 4-20 甲醇质量不合格导致液位计粗滤网堵塞

（2）拔脱力 在（30 ± 3）℃下放置（6 ± 0.5）h，接着以（80 ± 8）℃ /h 的温度变化速度升温至（120 ± 3）℃并保持（6 ± 0.5）h，此为一个循环。共 6 个循环后在室温下进行拔脱力试验，抽出速度为（50 ± 10）mm/min。要求快装接头与尼龙管之间的拔脱力≥ 450N。

（3）爆破压力

1）室温爆破压力。室温下试验，样件为 300mm 长的多层管。将试样一端堵住、另一端连接在试验爆破机上，通过液体以（7 ± 1）MPa/min 的速率对试样内部加压直至爆破，记录爆破压力。5 件试样试验 5 次取最小值。要求 ϕ8mm 尼龙管≥ 5MPa，ϕ10mm ≥ 5MPa，ϕ12mm ≥ 4MPa，ϕ14mm ≥ 4MPa，ϕ16mm ≥ 4MPa。

2）高温爆破压力。试样在 120 ℃下保持 1h，按照上述方法进行试验。要求 ϕ8mm ≥ 2MPa，ϕ10mm ≥ 2MPa，ϕ12mm ≥ 1.2MPa，ϕ14mm ≥ 1.2MPa，ϕ16mm ≥ 1.2MPa。

（4）温度冲击 用 200mm 长的多层管进行试验。在（1 ± 0.2）℃ /min 的升温条件下将试样从室温加热到（120 ± 3）℃，储存 1h 后在 15s 内将试样浸入 0℃的水里，1min 后取出试样目视检查。要求管路无裂缝、无破裂、无单层的剥落或其他影响操作性的变化。

（5）总成耐甲醇性能 用循环试验装置进行试验。使用 M100 甲醇冲注循环系统，M100 甲醇温度（40 ± 2）℃，温控箱温度（100 ± 2）℃，M100 甲醇流速 10 ~ 40L/h，循环试验 500h 后，将装置从试验装置中取出，要求拉伸屈服应力≥ 20MPa，断裂伸长率≥ 150%，抗拉强度≥ 25N/mm^2，常温爆破压力≥ 3.5MPa。

4.5 核心部件其他方案

虽然当前重型商用车甲醇燃料供给系统为低压进气道喷射，但是随着企业对重型甲醇发动机动力性、经济性、排放要求的不断提升和材料学、工艺学、摩擦学、磨损腐蚀学等基础学科的不断进步，相信以后会出现中压或高压直喷的甲醇燃料供给系统。本节对核心部件的几种潜在技术方案进行介绍。

4.5.1　甲醇机械泵供给系统

电子甲醇泵由于电动机的存在导致其结构复杂，提升了电子甲醇泵的潜在风险。同时，由于电子甲醇泵的高转速，使内部摩擦副材料的磨损加剧，严重影响甲醇泵寿命。这些问题的存在，使甲醇泵的升级成为必然。

机械甲醇泵由于没有电动机驱动，需要安装在发动机上，利用发动机的轮系或凸轮轴、飞轮驱动，其工作转速按照一定速比与发动机同步。由于工作转速远远小于电子泵，其内部摩擦副材料即使和电子泵相同，摩擦副的磨损量也会大大降低。同时，若机械泵内部采用滑片泵供油，由于滑片与偏心轮采用弹簧连接，即使在叶片存在一定的磨损后，在轴向上由于弹簧力的存在，也会自动补偿。以上两点优势，将会大幅提升甲醇泵的使用寿命。机械甲醇泵结构如图 4-21 所示。

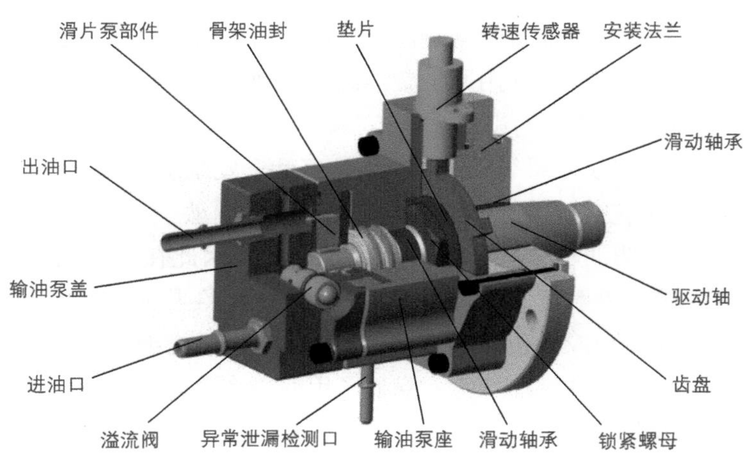

图 4-21　机械甲醇泵结构

机械甲醇泵虽然为甲醇供给系统中的核心部件，但不能独自发挥作用，需要依附于外部动力进行工作，图 4-22 所示为机械甲醇泵与发动机的装配关系。

整个系统的零部件从机械泵开始，都可以集成在发动机上，这将利于系统的平台化设计。由于机械泵为负压吸油，所以在车辆首次起动或修车之后，需要借助于电动或手动排气泵进行排气，以确保机械泵能顺利吸油进行工作。

4.5.2　甲醇高压缸内直喷供给系统

当前的重型甲醇发动机所采用的供给方式，由于喷油压力低、喷醇量大等原因，导致甲醇雾化难。要想实现良好的雾化，最直接的方式是提升供油压力，参照汽油机缸内直喷系统或柴油高压直喷系统开发出甲醇高压缸内直喷系统。

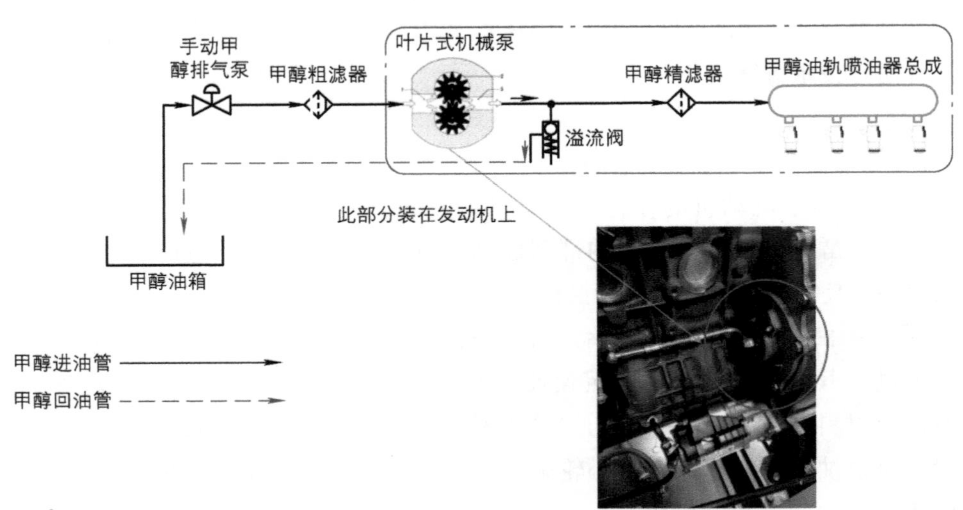

图 4-22 机械式甲醇燃料供油系统

由于重型甲醇机和重型柴油机常常是同平台的，若能解决高压甲醇泵和高压甲醇喷油器内部运动件的腐蚀磨损问题，利用原机柴油高压共轨系统开发甲醇高压供给系统，并相对地降低喷射压力，将会是理想的设计选择。

1）耐磨损、耐腐蚀以及涂层等相关材料的选择和开发难度相对降低。

2）研究、设计、工艺、制造等资源可以实现最大化继承。

由于甲醇的黏度较柴油小，且蒸发性能优于柴油，因此在相同的喷油雾化指标要求下，甲醇有望可以在较低喷射压力下实现良好的雾化。参照当前 GDI 汽油机的燃油压力在 25～30MPa 之间，最小的 SMD 值约为 20μm，相对于柴油机 150～200MPa 的喷油压力，喷射压力差异非常大。较低的供油压力，降低了甲醇泵和甲醇喷油器的工作负载，对降低内部运动件的腐蚀磨损贡献较大。

4.5.3 气液两相混合喷射系统

为了解决重型甲醇发动机的低温冷起动难题，缓解由于甲醇燃烧产物以及甲醇具有极性导致的缸套腐蚀和磨损，同时提高发动机效率和经济性，可以尝试开发甲醇液体和甲醇裂解气的双相喷射系统。甲醇裂解（或重整）装置的工作温度通过发动机排放出的高温废气实现，其产生的富氢气体可以直接参与发动机燃烧而提高经济性，也可以部分储存下来用于低温冷起动。

甲醇液体采用常规进气道喷射技术，而甲醇裂解气可以参照天然气发动机单点喷射的技术方案。研究表明，上述系统技术路线是可行的。这一技术方案的特点在于：

1）甲醇裂解的温度条件是由发动机的高温尾气提供的。

2）以氢气为主构成的裂解气，其热值大于甲醇的热值。

因此，这一方案能有效提高发动机的整体效率，也将有助于甲醇低温冷起动问题的解决，并有望对减缓腐蚀有所帮助。

上述技术方案的甲醇和裂解气（或其他可燃气体）可以通过不同的喷油器总成分别进行喷射，也可以使用同一组喷油器，例如参考西港的 HDI 技术方案来实现。

4.5.4　超声波液位传感器

当前市场上的柴油和汽油液位计，浮筒多为丁腈橡胶（NBR）发泡材质。由于甲醇的分子远小于汽油和柴油，甲醇的分子渗透和扩散性强于汽柴油，所以 NBR 材质用在甲醇中的寿命小于用在汽油和柴油。柴油车的尿素液位计和甲醇乘用车的液位计为了防腐蚀多采用不锈钢浮筒，然而当甲醇的质量控制不稳定时，常会出现甲醇的卤族元素超标的情况，这将加剧甲醇对不锈钢尤其是焊缝的腐蚀，导致不锈钢浮筒失效。若要彻底避免浮筒的失效问题，可采用较先进的超声波液位传感器。该类产品已取消了浮筒，通过顶部的超声波发射器发射超声波来探测和计算油箱内的液面高度，其原理和雷达类似。

超声波液位传感器从换能器发射出一系列超声波脉冲，每一个脉冲由液面反射产生一个回波并被换能器接收，并采用数字滤波技术区分来自液面的真实回波及由声电噪声和运动的搅拌器叶片产生的虚假回波，脉冲传播到被测物并返回的时间经温度补偿后转换成距离。

由于超声波在液体、固体中衰减很小，穿透能力强，特别是对于不透光的固体，超声波能穿透几十米的厚度，故而测量范围很广。超声波传感器具有响应快、精度高、介质兼容性好、性能稳定、无浮子、无干簧管、与整车同寿命等特点。

参考文献

[1]　赖夫 . 汽油机管理系统——控制、调节和监测 [M]. 范明强，范毅峰，等译 . 北京：机械工业出版社，2017.

[2]　巴斯怀森 . 缸内直喷式汽油机——系统、原理、研发与前景 [M]. 范明强，范毅峰，等译 . 北京：机械工业出版社，2016.

[3]　黄朝辉 . 航空发动机燃油控制系统典型零组件失效与预防 [M]. 北京：国防工业出版社，2015.

[4]　费恩格，等 . 直喷汽油机共轨喷油系统的建模、验证和控制 [M]. 王尚勇，译 . 北京：机械工业出版社，2015.

[5]　王建昕，帅金石，等 . 汽车发动机原理 [M]. 北京：清华大学出版社，2011.

[6]　崔心存 . 醇燃料与灵活燃料汽车 [M]. 北京：化学工业出版社，2010.

[7]　蒋德明，黄佐华，等 . 内燃机替代燃料燃烧学 [M]. 西安：西安交通大学出版社，2007.

[8]　张振东，尹从勃 . 汽车电控喷油器性能仿真与结构优化 [M]. 北京：科学出版社，2018.

第 5 章 进排气系统

进排气系统是发动机重要的组成部分，它作为附件主要安装在缸盖或者缸体上，而其中的后处理系统一般安装在车架上。早期的发动机没有增压器，而 EGR 系统被广泛使用也只是最近几年的事情。恰恰是这两个环节的引入，使得曾经彼此相互独立的进气系统和排气系统变成了在机械上相互关联、在性能上相互影响的有机整体。进排气系统和其他相关部件一起完成发动机换气过程和尾气处理，直接影响发动机的性能、油耗、NVH 以及成本。

5.1 进排气系统总述

5.1.1 进排气系统结构

整车的进排气系统主要由空气滤清器、增压器、中冷器、节气门、EGR 混合器、进气歧管、排气歧管、涡轮增压器、排气制动阀、催消一体件等组成，如图 5-1 所示。

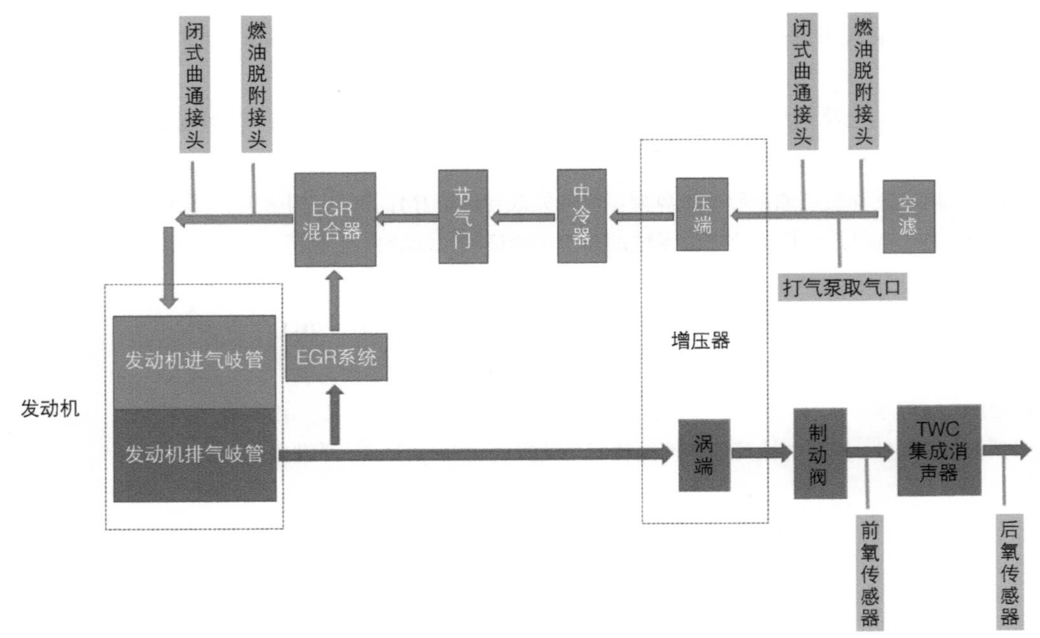

图 5-1　进排气系统逻辑图及相关零件

发动机进气系统是指连接缸盖进气道到中冷出气管的一套系统，其作为发动机至关重要的部分，具有以下作用。

1）把空气、燃料、曲轴箱通风的油气、燃油蒸气和废气再循环（EGR）的废气均匀分配给各缸。

2）利用进气歧管和稳压箱的形状和长度提高充量系数。

3）为其他管路和较小附件提供支撑。

重型甲醇发动机排气系统组成与其他燃料的重型发动机差异不大，包含排气歧管、EGR 系统、增压器、排气制动蝶阀（选配）、排气后处理等主要部件，及其他连接管路、螺栓、支架。主要起到以下作用：

1）将废气顺畅排出，使气缸内燃烧正常进行，并利用废气能量做功压缩新鲜空气。

2）处理废气中的有害物质，使排放满足国家法规要求。降低排气带来的噪声和振动，满足整车开发要求。

3）为其他系统，比如 EGR 冷却器提供支撑。

5.1.2　进排气系统性能

进排气系统作为发动机换气过程的重要参与者，决定了发动机进气量，进而影响燃烧，最终影响发动机的性能、油耗、排放。高速流动的气体、进排气歧管、增压器、相关管路也会导致 NVH 问题。排气系统作为发动机的巨大热源，也是整车温度场必须考虑的因素，其中增压器对润滑和冷却也有需求。以下从这几个方面做简单叙述。

1. 发动机动力性和经济性

对于自然吸气发动机，节气门在工作时打开，活塞下移产生负压将空气和燃油的混合气吸入发动机，完成压缩后，再燃烧做功，最后将废气排出发动机。ECU 通过控制节气门的开启程度控制进气量，进而控制发动机功率、转矩。

带增压器机型则是利用废气排出的能量将空气压缩进入气缸，因为压缩后的空气温度较高，所以需要增加中冷器。ECU 通过控制增压器和节气门两个重要环节控制进气量。

重型甲醇发动机大多基于柴油机或气体机同平台设计或改制而成，多采用气道喷射。其中进气均匀性是进气歧管设计的重点。增压器不能直接沿用，因为同功率下，天然气机进气流量比甲醇发动机稍大，压比也更高，执行器弹簧 K 值更高，放气量更少。

整个进排气系统在设计开发中有很多参数会影响发动机的经济性和动力性，如增压器的占空比、增压器的效率、进气歧管的进气均匀性和流量系数、EGR 率等。其中增压器占空比需要保证在额定功率点为 40% ~ 60%，增压器联合运行曲线需要穿过增压器最高效率区，而最高效率一般要求在 75% 以上，进气均匀性要保证在 ±3% 以内。

2. 发动机 NVH

发动机进气系统噪声主要由压力波产生。进气歧管内腔的几何形状对于由压力波产生的频率和振幅有重要的影响。在设计时要尽量避开产生噪声的压力波，同时还要避免对发动机的动力性产生不利影响。

排气系统噪声主要来源于增压器这个高速旋转件和管路中的高速气流，一般通过优化增压器本体设计、增加消声器、标定优化、增加隔声层等四个方面来解决。具体到重型甲醇发动机，常见的增压器噪声为同步噪声、次同步噪声、喘振等，前两类噪声需要优化到驾驶室内无法听见为止，后一类噪声需要尽量杜绝，最终满足发动机噪声≤ 95dB（A）的指标要求。

进气歧管以悬臂梁的方式固定在缸盖上，同时对其他部件如进气接管、EGR 混合器起到支撑作用，属于振幅较大的部件，在设计之初需要进行模态校核。排气歧管和增压器在振动方面一般作为一个整体来考虑，需要增加支架进行支撑和固定。整个系统的模态至少大于发动机一阶模态的 1.5 倍。设计完成之后需要通过台架耐久试验验证其可靠性，比如 1500h 循环负荷耐久。

3. 发动机排放

发动机的结构、燃料种类、点火方式等都会影响发动机的原排。原排一旦明确后，就只能从改善温升曲线、优化空燃比窗口、选用合适的排放后处理路线等来满足排放法规。

甲醇作为一种富氧燃料，在一氧化碳、碳氢化物、氮氧化物、颗粒物上相对于天然气和柴油机有着绝对优势。相同排量的发动机后处理所用贵金属成本可以压缩到天然气的四分之一，整个后处理的结构也简单很多。柴油机一般采用 DOC+DPF+SCR 系统，气体机采用 TWC+ASC，对于采用当量燃烧技术路线的 M100 甲醇机只需采用 TWC 结构就能满足国六排放。但需要强调的是，针对甲醇这种燃料环保法规中增加了未燃甲醇和未燃甲醛的要求，这是一个新的挑战，没有先例可以借鉴。其中常规排放污染物需要满足 GB 17691—2018《重型柴油车污染物排放限制及测量方法（中国第六阶段）》，未燃甲醇和甲醛均需低于 20mg/（kW・h）。

从燃烧控制上来讲，中大负荷 EGR 废气一定要充足，需要将排温控制住，进而降低 NO_x，一般当量燃烧的 M100 甲醇发动机额定功率点的 EGR 率在 30% 左右，发动机最高排温在 730℃以内。

增压器可以通过控制策略在 WHTC 循环常温冷起动时打开废气旁通阀，使废气直接进入催化器，进而提高温升速度，提高转化效率。

5.1.3 进排气系统的耦合特征

在没有 EGR 系统和增压系统之前，进排气系统一般是位于发动机两侧，表现为独立的两套机械部件。新鲜空气经过进气系统进入气缸燃烧后产生废气直接从排气系统排出。

在增压系统出现后，进排气系统在机械结构和性能上都有了关联。新鲜空气进入燃烧室之前需要先经过增压器的压端，废气在进入催化器之前需要先经过增压器蜗壳。增压器叶轮压缩空气的能量来源于废气推动涡轮产生的动能。

因为新鲜空气通过增压后温度升高，所以进气系统中增加了一个中冷器，确保增压器后的空气以一个适合的温度进入进气歧管。同时为了防止迅速松开加速踏板时出现喘振，进气系统还需要在节气门前为增压器预留泄压阀的引气嘴、在节气门后为真空管预留引气嘴。在进行 CFD 计算时需要同时考虑增压器输入的新鲜空气和 EGR 输入的废气。

EGR 系统相当于在传统进排气系统基础上并联了一路闭式的“进气”。它将发动机的废气经过冷却后再次充入进气系统，在节气门后的混合器和新鲜空气充分混合再一起进入燃烧室。

因此 EGR 系统和增压系统使得进气系统和排气系统在机械上、功能上、性能上紧密地耦合在一起。

而这种耦合增加了进排气系统的设计难度，使得单独一个系统在设计时必须充分考虑其他系统对它的影响。好在这种影响都可以用某种参数的形式输入到待设计的系统中，这种参数可以是一种固定的边界也可以是一系列的变量。通过这样的手段并借助于计算机仿真计算，就可以将两者进行一定程度上的解耦或者局部的解耦，从而进行相对独立的设计。

进气系统在设计时必须考虑 EGR 废气的流量和温度、EGR 废气的均匀性。前者影响进气歧管内的温度，后者影响燃烧稳定性，后者主要通过 EGR 混合器这个部件来完成。

进气系统对增压器的影响主要集中在匹配阶段。进气系统所有的新鲜空气全部经过增压器，并且要在不同的工况下满足发动机动力性，因此需要发动机 ECU 控制不同工况下的废气旁通量，使压缩新鲜空气的能量大小合适。

5.2 进气系统

5.2.1　发动机进气系统简述

合理调整配气正时，加大节气门的流通截面积，正确设计进气歧管及进气的流动路径，可以减少进气损失，从而提高发动机的充量系数，改善发动机性能。一般来说，进气损失虽然小于排气损失，但与排气损失不同，进气损失不仅体现在进气过程所消耗的功上，更重要的是它影响发动机的充量系数。

进气系统的阻力主要包括沿程阻力和局部阻力。沿程阻力即摩擦阻力，主要与管道长度、流速和管壁表面质量有关，发动机中的管路一般不会很长，壁面较为光滑，摩擦阻力不大；局部阻力是发动机进气系统中的主要损失，它由一系列布局损失叠加而成，特别是在气门开启截面处、空气滤清器和进气系统中的管路折弯处，局部阻力更为明显。而沿程阻力损失、局部阻力损失与阻力系数、流速平方成正比，要减少进气阻力可以从合理化进气系统的设计，改进流动性能，以及增加流通面积等方向着手。

发动机除了要求动力性外，还必须有好的经济性能和排放性能。燃料不同，进气系统的设计也不同。本节将对不同燃料的发动机进气系统进行介绍和比较，着重介绍甲醇发动机的进气系统。

1. 汽油机进气系统

为了减少阻力、提高充量系数，某些高性能的汽油机上采用了直线型进气系统，在直线化的同时，还需要合理地设计气道节流和进气管长度，布置适当的稳压腔容积等，以达到高转速、高功率的目的。但目前市场上汽油机应用最多的进气形式还是可变进气歧管模式，如图 5-2 所示。

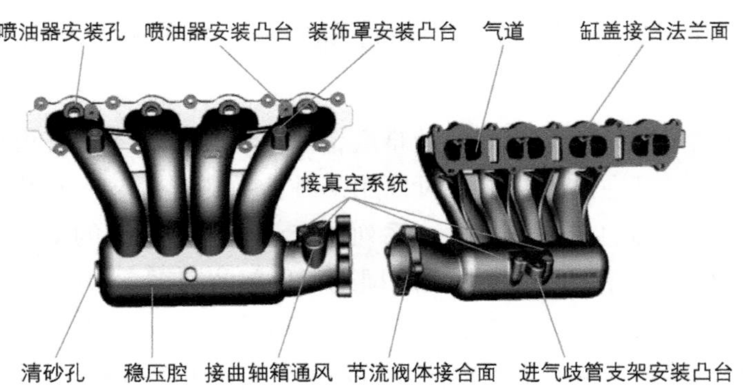

图 5-2　某汽油机进气歧管

可变进气歧管可以充分利用进气波动效应并尽量缩小发动机在高、低速运转时进气速度的差别，从而达到改善发动机经济性及动力性，特别是改善中、低速和中、小负荷时的经济性和动力性的目的，高速大负荷时采用粗而短的进气歧管，中低转速和中小负荷时采用细而长的进气歧管。研究表明，可变进气歧管在所有转速下都可以使发动机转矩平均提高约 5%。可变进气歧管技术主要分为可变长度进气歧管和可变截面进气歧管。

（1）可变长度进气歧管　为了使不同转速下都能充分利用进气波动效应，应使进气歧管长度与发动机的转速相匹配。小型汽油发动机为了尽量兼顾发动机在高、低速下都具有较好的经济性和动力性，常采用可变长度进气歧管技术，在高转速时用粗短的进气歧管，在中、低转速时用细长的进气歧管。

一种可变长度的进气歧管原理如图 5-3 所示，性能比较如图 5-4 所示。根据发动机的转速高低，由旋转阀控制空气经过哪一个通道进入气缸。当内燃机在中、低速运转时，旋转阀将短进气通道关闭，空气沿长进气通道经过进气道、进气门进入气缸。当内燃机高速工作时，旋转阀关闭长进气通道，气体经过短的进气通道进入气缸。

（2）可变截面进气歧管　一些直喷汽油机和直喷柴油机常通过涡流进气道、切向进气道和直进气道等不同方式及其组合形成一定的进气涡流。在不同转速和负荷下，发动机最佳涡流比不同。根据流体力学的原理，管道的截面积越大，流体压力差越小；管道截面积越小，流体压力差越大。可以使发动机在高转速时使用较大的进气歧管截面积，提高进气流量；在低转速时使用较小的进气歧管截面面积，提高气缸的进气负压，同时也能在气缸内充分形成涡流，让空气与燃油更好混合。丰田双进气管可变进气系统原理如图 5-5 所示。

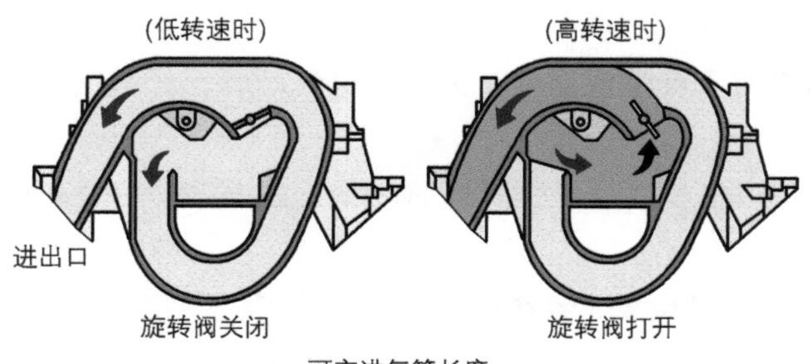

图 5-3　可变长度进气歧管

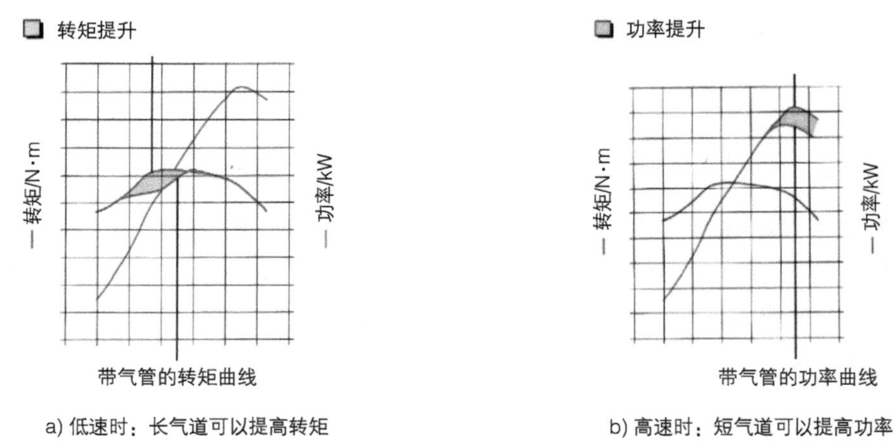

图 5-4　可变歧管性能对比

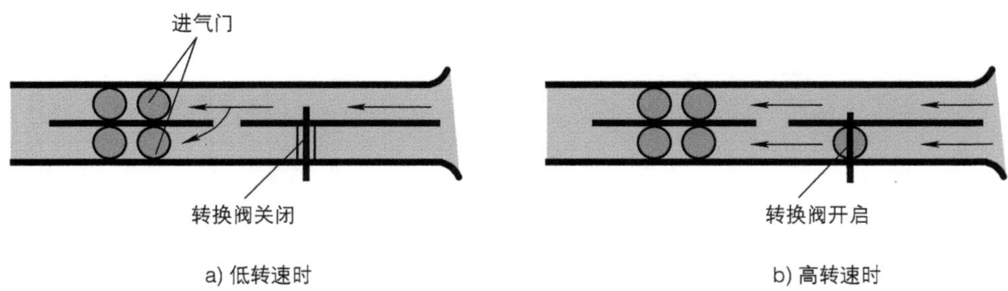

图 5-5　丰田双进气管可变进气系统原理

2. 柴油机进气系统

受柴油燃料本身的理化性能影响，柴油机的燃烧形式为稀薄燃烧并采用缸内直喷压燃技术，发动机需要较大的过量空气系数以保证燃烧的充分性。所以一般来说，进气歧管支管设计得较短，稳压腔也比汽油机的要大，如图 5-6 所示。当代内燃机有紧凑化、轻量化、集成化设计原则，所以对于柴油机而言，大部分进气歧管已经趋向于集成在气缸盖上。

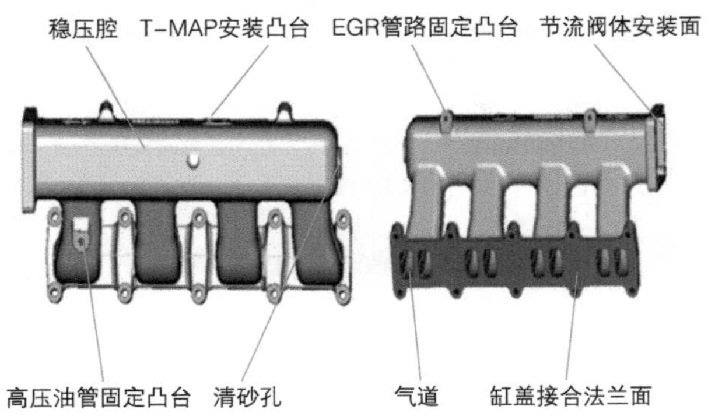

图 5-6　一般柴油机的进气歧管

在低温环境下，由于机油的黏度较大，柴油机的起动力矩大，气缸壁初始温度低，燃油的雾化性差，造成柴油机低温冷起动困难。为了保证柴油机在低温环境下能够快速起动，柴油机上普遍使用了缸内预热塞或进气空气预热器，以提高进气的温度，解决低温起动困难的问题。这也是柴油机和汽油机进气系统的主要区别之一。也有的发动机采用进气与排气同侧布置的方式，利用排气系统的热量加热进气，以提高进气温度。

3. 天然气发动机进气系统

天然气发动机在节气门后装有混合器，将新鲜空气和天然气进行预混，具体原理如图 5-7 所示。因此无需在进气歧管处提供喷油器安装位置。进气歧管设计相对简单一些。像中重型柴油机一样，CNG 发动机也有部分进气歧管和缸盖设计成一体，即进气管集成在缸盖上的形式。

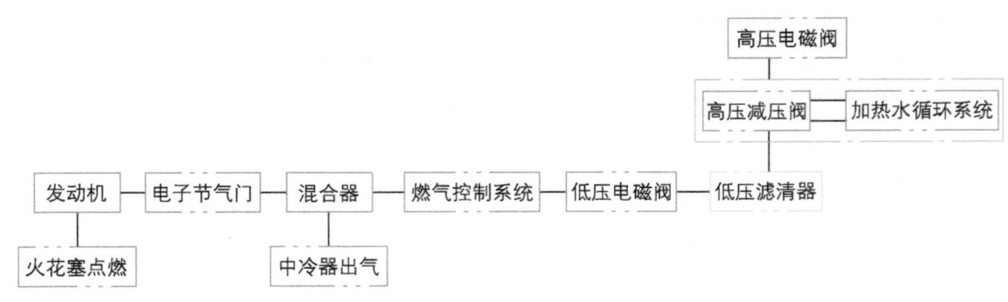

图 5-7　某 CNG 发动机的进气系统原理

4. 甲醇发动机进气系统

从点燃方式上看，甲醇发动机的进气系统更类似于汽油机的进气系统，但是又区别于汽油机的进气系统。本节中提到的重型甲醇发动机的进气系统是指发动机本身带 EGR 系统、涡轮增压和曲轴箱通风系统。由于 EGR 系统产生的废气有未燃烧的甲醇、甲酸、甲醛等，对进气系统相关零件具有一定腐蚀性。因此，对于 EGR 混合器下游的金属件、橡胶件等，要求有一定的防腐蚀能力。其腐蚀程度取决于排放产物中腐蚀物质的多少。

带有涡轮增压和 EGR 系统的甲醇发动机，喷油器的布置和进气歧管支管形状设计对进气系统混合气体窜气有一定的影响。一般来说，支管脊线设计得较长，这对进气歧管各缸气体窜动有好的影响，但是重型发动机的进气系统不同于乘用车，乘用车的进气歧管支管形状一般设计得比较复杂，以适应乘用车良好的经济性能，而重型发动机的进气歧管支管一般设计得比较短。这两点理论上是矛盾的，需要在其中取舍，平衡利弊。窜气主要影响各缸燃料浓度，其直接影响各缸缸压差异。进气系统的进气均匀性对燃烧及排放有一定的影响，一般来说，对于重型甲醇发动机而言，进气均匀性流量偏差一般需要控制在 ± 5% 之内，缸压一致性偏差需要控制在 ± 10% 以内。

在多缸汽油机上，混合气分配的不均匀性问题是普遍存在的，当发动机使用甲醇燃料燃烧，在缸外形成混合气时，这个问题同样存在，而且往往更为突出。这是由于甲醇与汽油的热值不同，相同功率下，甲醇的消耗量大于汽油。此外，汽油的沸点范围较宽，因此具有良好的雾化、蒸发性，而甲醇的组分和沸点单一，汽化潜热又大，难于雾化及蒸发，会在进气歧管管壁或缸盖进气道上形成液态油膜及“壁流”等较为严重的情况。

各缸混合气分配不均匀，各缸的负荷及发出的功率也就不均匀。即使总体上混合比是符合理想空燃比的，但是各缸的混合气浓度不一致，有些缸将偏浓，则有些缸偏稀。还可能因为混合气过稀，使燃烧不完善，甚至产生“失火”现象。此外，最佳的点火提前角是随混合气的空燃比而变的，因此实际点火提前角只能对一缸或数缸是合适的，而对于其他缸，不是过早就是过晚。由于上述原因，各缸混合气分配不均匀，将导致发动机的动力性能和经济性能下降，影响各缸的平衡性，使振动加剧，还可能导致某缸的负荷过大，产生拉缸等故障。甲醇燃料发动机由于各缸混合气分配不均匀，可能导致发动机的功率损失约达到 9%。

各缸混合气分配不均匀程度可用分配不均匀指数 MI 来表示：

$$\mathrm{MI}=\frac{\phi_1-\phi_2}{2\phi_\alpha}$$

式中，ϕ_1 为混合气最浓时气缸等效燃空比；ϕ_2 为混合气最稀时气缸等效燃空比；ϕ_α 为各缸混合气平均燃空比。

有时，MI 也用 ϕ_1/ϕ_α 表示，此时，ϕ_1 为某一气缸的等效燃空比。有些醇燃料发动机的 MI 值的变化范围达到 0.7 ~ 1.3。

在转速及负荷相同时，混合气的温度取决于混合气的浓稀度，因此可以采用火花塞型热电偶测量各缸内混合气的温度，从而评价各缸混合气分配不均匀程度。测量各缸进气支管内混合气的温度或者各缸排气支管内的排气温度，也可以在一定的精确程度上衡量各缸混合气分配的不均匀性。

一般来说，甲醇燃料发动机在部分负荷时，各缸的醇流通量较少，蒸发较好，各缸混合气分配也较均匀。当发动机负荷增加时，沿壁流的燃油量增加，各缸分配不均匀性也就增加。

当发动机加速，节气门全开时，甲醇流通量增加，但是能供给醇汽化的热量并不能迅速增加，而进气歧管壁上的油膜流动，由于惯性跟不上转速及负荷的迅速变化，因此，进入气缸的混合气过稀，而且分配不均匀性增加。这时车辆会出现抖动或所谓的失速现象。按高速公路试验程序进行试验时 MI 值高，体现了甲醇燃料发动机高速时 MI 值比中、低速时高。

5.2.2 甲醇发动机进气系统设计

图 5-8 所示是某典型重型增压甲醇发动机的进排气系统示意图。

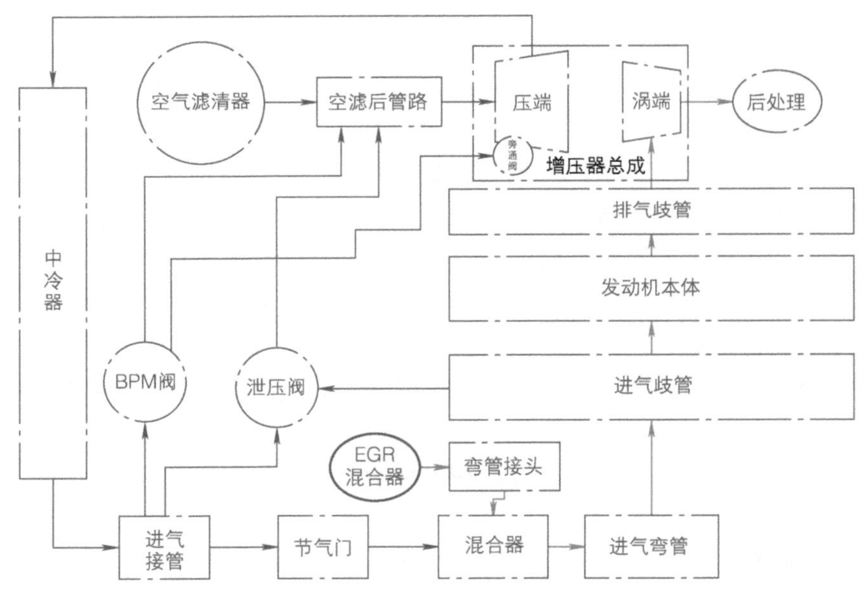

图 5-8 典型重型增压甲醇发动机的进排气系统

进气系统设计时必须要保证足够的流通面积，避免转弯及截面突变，改善管道表面的粗糙度等，以减少阻力，提高充量系数。

1. 甲醇发动机进气系统主要零部件介绍

（1）进气歧管 进气歧管位于进气弯管与发动机缸盖进气面之间，将洁净的空气均匀地分配到各缸进气道，同时为其他系统的零件安装提供支撑。

（2）进气弯管 进气弯管连接 EGR 混合器和进气歧管，使气流平顺地进入进气歧管，减小进气阻力。

（3）EGR 混合器　EGR 混合器位于节气门与进气弯管之间，将 EGR 循环废气与新鲜空气充分混合，使其均匀分配到各缸进气道。EGR 系统进入进气系统的混合气的均匀性也直接影响到发动机的排放。

工作原理及作用：将空气和中冷后的空气充分混合，使燃烧更充分、柔和；有效降低 NO_x 排放和排气温度。

（4）节气门　节气门位于 EGR 混合器之前，是控制空气进入发动机的一道可控阀门。可根据发动机所需能量，控制节气门的开启角度，从而调节进气量的大小。

工作原理及作用：通过控制蝶阀的开度，控制进入缸内的混合气的量，从而控制发动机的转速和负荷。驾驶者通过加速踏板，将动力需求传送给 ECU，ECU 接收到加速踏板信号后，根据发动机运行工况控制电子节气门开度。通过控制蝶阀开度，控制发动机转速和特性曲线等。

点燃式发动机所产生的功率和进入发动机的空气质量成一定的比例关系，因此对发动机输出功率和各种转速下所对应的转矩控制是通过对流经节气门的进气量的调节来实现的。图 5-9 所示是火花塞点火的发动机节气门 MAP 图。

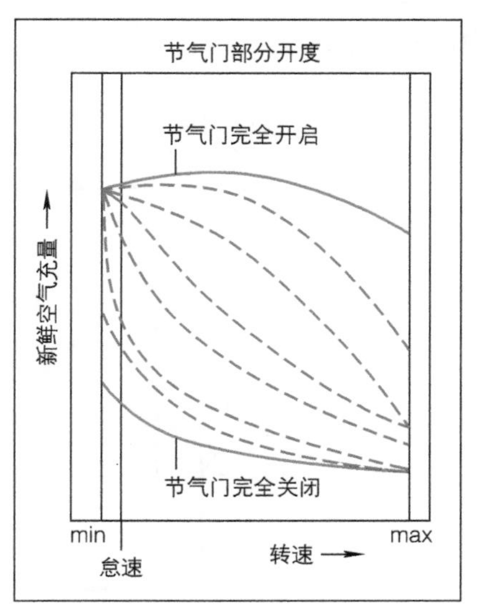

图 5-9　节气门 MAP 图

2. 设计原则

甲醇发动机进气系统的设计与普通燃油发动机的设计原则基本一致，即在满足功能、性能及装配设计的前提下，尽可能地减少进气异响、噪声、功率损失等问题，如图 5-10 所示。同时需要兼顾甲醇的燃料特性，设计时尽量避免气体流通区域存在死角，以防止积液造成腐蚀等问题。

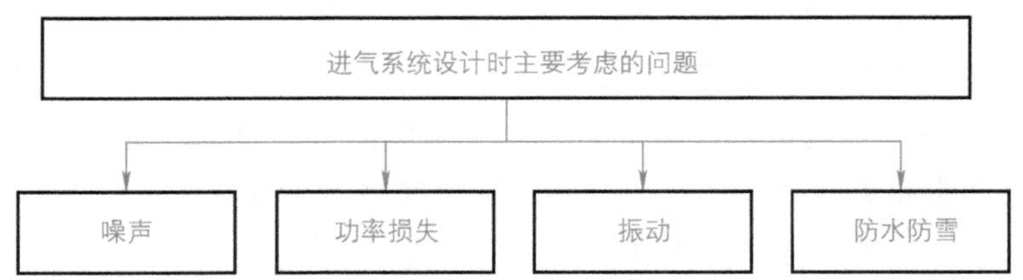

图 5-10　进气系统设计时主要考虑的问题

为了获得良好的各缸进气均匀性，设计进气歧管时应考虑合理的进气顺序、适宜的进气重叠角及各缸的位置关系。各缸的进气流方向和管路阻力应尽量一致，例如，把进气歧管的入口布置在对称中心，并注意各缸支管的直径、长度、弯曲半径等尽量保持相等。

对于进气歧管而言，影响发动机性能的关键参数是进气歧管长度、气道截面积大小、稳压腔体积大小。一般而言，气道的长度和截面直径影响发动机在中高速时的性能，而且对充气效率也有影响。

另外在设计时要尽量使气体流道光滑，流道各截面不能有突变，进气支管通道内粗糙度应满足 $Ra \leqslant 6.3$，稳压腔及 EGR 通道内粗糙度应满足 $Ra \leqslant 12.5$，与气缸盖配合面的粗糙度应满足 $Ra \leqslant 3.2$。在设计时就要考虑好零件的铸造可实现性，以及加工时是否会产生干涉，要与供应商做好前期沟通，避免模具开出后再修模，产生浪费；另外为了防止后续试验中进气歧管出现漏气，在设计前期就要考虑进气歧管与各连接面的加工平面度要求，还要考虑零件的铸造装配工艺性，及售后的可维修性。进气歧管结构参数简图如图 5-11 所示。

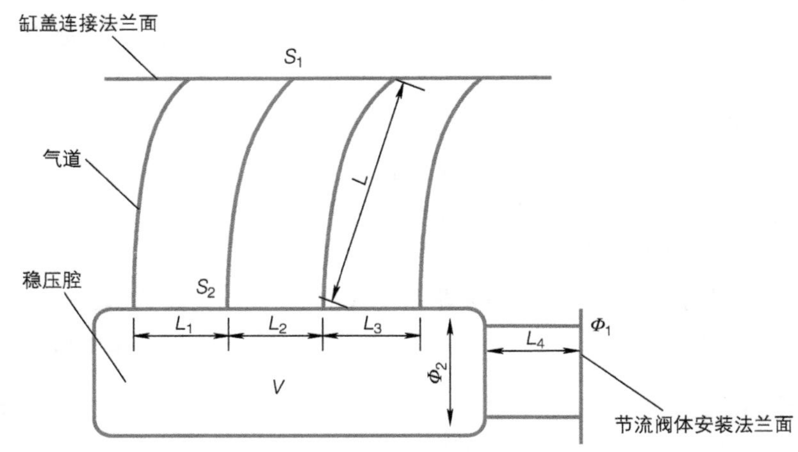

图 5-11　进气歧管结构参数简图

S_1—气道出口截面积　V—稳压腔体积　L—气道中心型线长度　Φ_1—节流阀体入口直径　Φ_2—稳压腔入口直径
S_2—气道稳压腔入口截面积　L_1、L_2、L_3—气道在稳压腔入口间距　L_4—节流阀体安装法兰到稳压腔过渡距离

（1）稳压腔设计　稳压腔的容积影响进气的谐振效应。此参数的选择也是由一维软件计算获得的，对于增压发动机来说，稳压腔的作用是提供一个相对稳定的压力环境，消除各缸进气干扰，改善各缸进气的均匀性。

对于重型甲醇发动机的进气歧管而言，由于甲醇的理化性能，导致进气歧管内容易积液，因此稳压腔通常布置在上方，这也就固定了进气歧管支管脊线方向。

（2）歧管长度的选定　进气歧管长度影响动力进气效应。此参数的选定也是用一维软件计算获得的。对于增压和非增压发动机，进气歧管长度对于性能的影响是完全不同的，由于非增压柴油机现在应用很少，所以在这里主要介绍增压发动机的动力进气效应原理。对于增压发动机来说，因为进气压力不再是负压，所以对于进气歧管的动力进气效应要求不高，进气歧管的长度较长反而会提高进气阻力，因此很多增压柴油机的进气歧管只是做成了一个稳压腔的结构安装在缸盖上，进气歧管长度就是缸盖上气道的长度。在设计进气歧管的时候，对于长度不变的进气歧管来说，长度一般都取折中的一个值。现在有很多可变长度的进气歧管，其原理就是根据动力进气效应分别在低速和高速设计了不同的进气管长度，甚至还有把进气管长度设计成连续可调的，以满足不同转速下所需要的不同进气管长度，如前文中提到的汽油机可变长度进气歧管。

（3）歧管直径的选定　进气管直径影响发动机各缸的进气量。进气管横截面积的选定，必须保证在怠速时产生的最小气流速度能使较重燃油颗粒悬浮在燃烧室的气流中，同时也要保证在较大的气流速度时充量密度和容积效率不会明显变差。

进气歧管直径的确定是用一维软件计算得到的。也可以参考下面的公式粗略估算：

$$V = nQN\eta_v/(2 \times 60A)$$

气缸排量

$$Q = \pi D^2 S/4$$

进气管系统的横截面积

$$A = \pi d_2/4$$

式中，n 为进气管连接的气缸数；Q 为气缸排量；N 为发动机转速（r/min）；η_v 为容积效率（%）；A 为进气管横截面积（m^2）；D 为气缸直径（m）；d 为进气管直径（m）；S 为活塞行程（m）；V 为进气速度（m/s）。

（4）进气歧管总口直径的选择　进气歧管总口直径影响发动机的进气量。此参数是根据确定好的发动机的一些基本参数（如发动机的排量、功率等）通过 CAE 分析计算获得的。在实际的应用中，进气歧管总口的结构形式有两种。

第一种是柴油机为了达到对进气气流的精确控制，改善发动机的排放，在进气歧管管口加工出一个法兰面来安装节流阀体，加装节流阀体后，进气总管的入口直径一般等于节流阀体出口直径再加上 2mm（加 2mm 的原因是根据流体流向的原理，一般是入口直径要比出口直径小，目的是为了防止出现节流）或大于节流阀体。

另一种就是进气歧管的进气总管直径可以参照节流阀体的直径来选定。此参数的选定对于所有柴油机来说计算原理都相同，不同的是带增压的发动机的充量密度比较大，可以根据密度的差异来调节总口直径的大小。具体尺寸值的确定还是需要通过 CAE 的计算分析支持。

对于甲醇发动机而言，进气系统的设计与燃料喷射系统的布置密不可分。由于燃料系统采用燃料预混多点喷射，进气歧管需要在本来的设计基础上增加喷油器安装位置，还为一些其他附件，如线束、支架、传感器、铭牌等零件的固定提供安装位置。

（5）壁厚选择　重型甲醇发动机的进气歧管多采用铝合金材料，一般壁厚≥3.5mm。在能确保本身强度及顺利完成发动机各种耐久试验考核的情况下，进气歧管的壁厚应该尽量薄，这样有利于增压后的新鲜空气散热，提高进气密度，提升发动机的动力性和经济性。重型发动机由于进气歧管整体较大，属于管腔类零件，考虑铸造工艺性，壁厚一般为 5mm

左右，某重型 13L 甲醇发动机的进气歧管壁厚为 5mm。

3. 材料

有的发动机厂家进气歧管选择镁合金材料，尽管镁合金材料有点昂贵而且耐热性不够好，但是它比铝合金要轻，且空气在镁管里流动的噪声也较小，因此镁合金材料进气歧管一般用于豪华轿车发动机上。

现在国内许多整机厂的金属进气歧管材料一般采用铝合金，用砂型铸造或者金属型铸造技术。选择铝合金材料时通常要根据发动机的功率转矩和振动情况等选择合适的机械性能，常见的铝合金材料有 ZL107、ZL104、ZL108、ZL111、ZL101A、AlSi9Cu1、AlSi10Mg 等。目前重型甲醇发动机的进气歧管也多采用铝合金材料。

进气歧管内腔的气体流通区域的表面粗糙度对进气时气流的影响较大，对于对气体流通区域要求较为严格的进气歧管，铸造时内腔型砂一般为目数较高的高强度覆膜砂，激冷砂制芯工艺和覆膜砂表面涂石墨均可以降低气体流通区域的表面粗糙度。

对于重型甲醇发动机而言，与其他传统燃料发动机最大的区别在于甲醇具有一定的腐蚀性，进气歧管喷射的甲醇发动机由于甲醇燃料的蒸发、雾化特性，使得进气系统内可能存在一些未燃的甲醇蒸气，或因为进气歧管结构设计不合理，局部可能存在积存甲醇液体的情况，因此要求进气歧管等零件具有一定的防腐蚀性能。甲醇发动机由于其燃料特性，EGR 系统也可能存在一定的甲醇、甲酸、甲醛、水等液体，对于 EGR 混合器下游的零件，工作条件更为恶劣，对腐蚀性要求更为严格。因此对于甲醇发动机进气系统零件而言，材料的选择及其表面处理显得至关重要。

按照腐蚀机理来划分，腐蚀主要包括化学腐蚀、电化学腐蚀、生物腐蚀和物理腐蚀几种。对于甲醇发动机的进气系统而言，金属零件的腐蚀主要是化学腐蚀和电化学腐蚀。甲醇具有很好的吸水性能，当甲醇中有水分存在时，会引起水的电解分离，造成电化学腐蚀，而激活甲醇的腐蚀行为。

5.2.3 甲醇发动机进气系统仿真

重型甲醇发动机进气系统零件大多采用金属材质。仿真分析主要包括以下几个方向：一维热力学计算、零件强度计算、模态分析、CFD 计算。

1. 发动机性能分析（一维热力学计算）

一维热力学计算前期主要是对进气歧管的性能进行分析并确定相关设计参数，后期属于验证计算。三维流体计算主要用来检验设计是否合理，各气道的进气均匀性如何。

一维热力学模拟计算主要分析进气歧管的支管长度、直径及稳压腔容积对发动机性能的影响。图 5-12 所示为用一维 BOOST 软件的热力学计算模型。

2. 强度

主要计算零件本身强度、螺栓强度等是否满足设计要求，如图 5-13 所示。

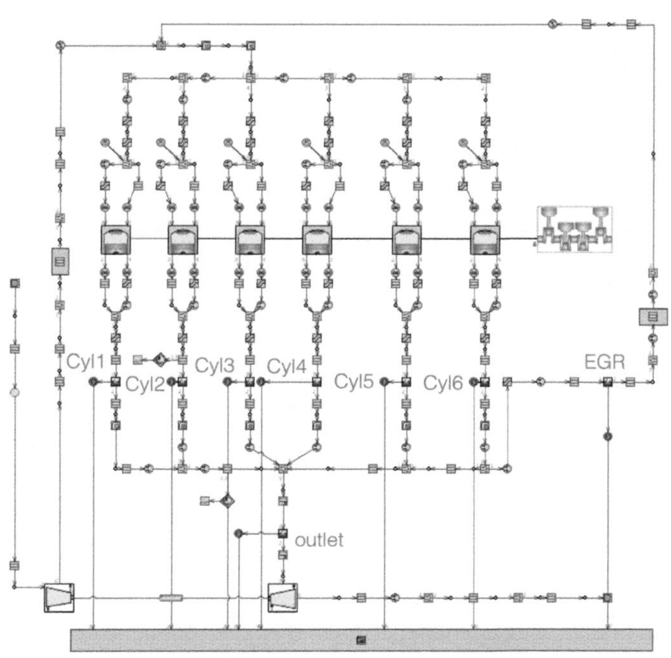

图 5-12　一维 BOOST 软件的热力学计算模型

所需要的发动机参数见表 5-1 ~ 表 5-3。

表 5-1　发动机基本参数

发动机基本参数	单位
缸径	mm
行程	mm
连杆长度	mm
总排量	L
单缸排量	L
气缸排列及缸数	—
点火顺序	—
压缩比	—
进气门座圈直径	mm
排气门座圈直径	mm
冷态气门间隙	mm
气门正时（1mm 有效升程）	—
EVO	（deg.CRA BBDC）
EVC	（deg.CRA ATDC）
IVO	（deg.CRA BTDC）
IVC	（deg.CRA ABDC）
增压器形式	—
燃油形式	—
燃油低热值（298K）	kJ/kg
理论空燃比	—
燃油喷射方式	—

表 5-2　性能目标

性能目标	单位
额定功率	kW
转速	r/min
BMEP	10^5Pa
最大转矩	N·m
转速	r/min
BMEP	10^5Pa
低端转矩	N·m
转速	r/min
BMEP	10^5Pa

表 5-3　边界条件

边界条件	单位
环境条件	—
压力	10^5Pa
温度	℃
额定点的压损失	—
空滤器压力损失	100Pa
中冷器压力损失	100Pa
排气背压	100Pa
额定点的温度	—
进气歧管温度	℃
涡前温度	℃

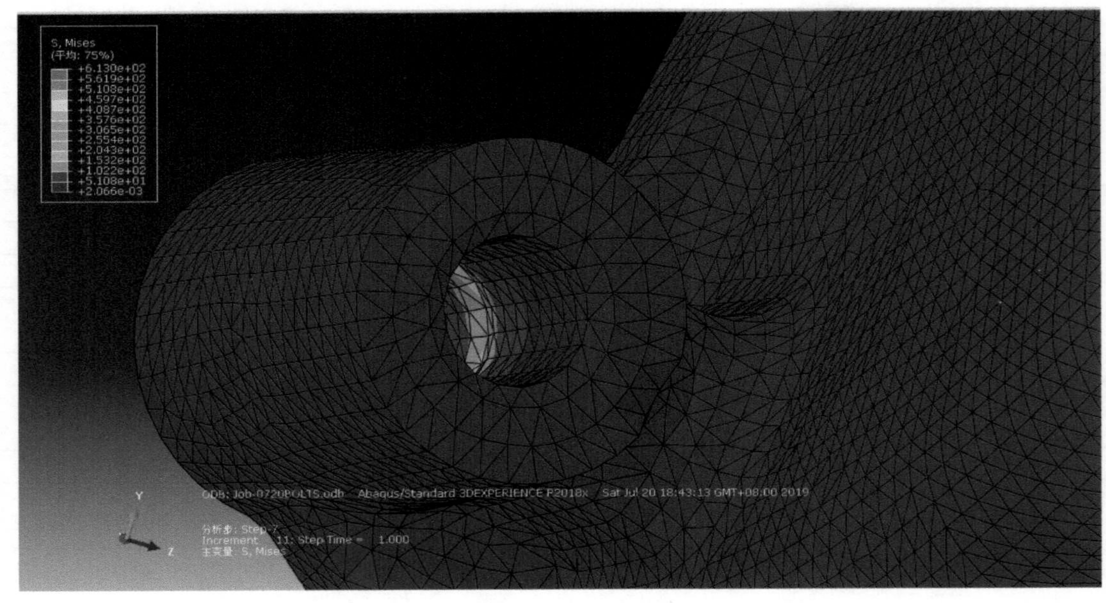

图 5-13　进气歧管局部 Mises 应力

3. 模态分析

一般来说，铝合金歧管阻尼小，共振后有引起破坏的可能性。进气系统固有频率大于最大连续转速状态下发动机二阶频率的 1.2 ~ 1.4 倍（CAE 评价标准）即可满足要求。发动机二阶频率为发动机发火频率。一阶模态振型如图 5-14 所示。

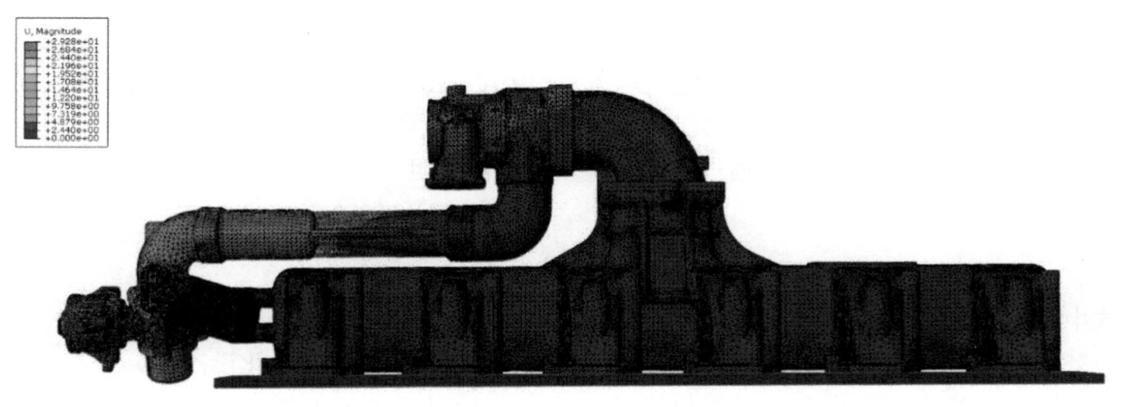

图 5-14　一阶模态振型

4. 流体计算分析

发动机进气歧管内腔形状是由十分复杂的自由曲面构成的，它的好坏直接影响发动机的进气效率和燃烧过程，从而影响发动机的功率、油耗、转矩、噪声、怠速稳定性及排放等。传统的发动机进气歧管内腔设计过程是利用木模和石膏模在稳流试验台上不断试验和不断修改来进行设计的，这样费时费力并且难于得到最佳形状。为了使发动机具有良好的动力性和经济性，在现代发动机进气歧管内腔的设计过程中，常需要对内腔进行 CFD 计算及分析。CFD 分析主要针对气道设计，对进气性能进行模拟，对各缸的进气量、进气压力降、各缸进气均匀性进行模拟评估，找出气阻较大的部位，从而对气道进行优化。下面介绍一些定义。

1）进气均匀性系数 α。各管流动均匀性以各管流量系数相对于平均流量系数的偏差来表示，其计算公式为

$$\alpha = \frac{C_i - \bar{C}}{\bar{C}}$$

式中，C_i 为各支管流量系数，$\bar{C}$为平均流量系数。

流量系数 C 是指实际的质量流率除以理论的质量流率，反映气流通过进气系统的能力。各管单独开启状态下的流量系数表达式为

$$C = \frac{m_{\mathrm{act}}}{m_{\mathrm{the}}}$$

式中，m_{act} 为支管实际测得的质量流率；m_{the} 为支管理论质量流率，其计算公式为

$$m_{\mathrm{the}} = A\rho\sqrt{\frac{2\Delta P}{\rho_{\mathrm{m}}}}$$

式中，A 为出口面积；ρ 为出口密度；ρ_{m} 为平均密度；ΔP 为歧管进出口压降（实际气道压差测量值）。

2）压损。压损表示气流通过进气系统因克服流动阻力而产生的压力降，反映气流通过进气系统的能力。

$$\Delta P = P_{\mathrm{in}} - P_{\mathrm{out}}$$

式中，P_{in} 为入口总压，P_{out} 为出口总压。

根据仿真结果可对进气歧管的形状及稳压腔的形状、大小进行优化设计。

（1）原机和优化模型的进气歧管 CFD 分析　通过有限元软件对进气歧管进行稳态 CFD 计算，分析评价进气歧管的性能及相关特征参数，主要包括进气歧管进气均匀性分析和进气歧管压损、流场分析。

计算采用稳态计算模式，设定流体为可压缩黏性流体，湍流模型选择 k- ε -f，并使用混合壁处理来描述壁面附近边界层流体速度、压力的分布。

采用定压差法来计算各个支管的流量，通过流量大小分析进气均匀性是否满足设计要求。

采用定流量法来计算各个支管的压损是否满足设计要求。

各支管单独计算时，其他支管作为恒温壁面处理，各个支管开闭情况和进气歧管进口及各出口示意如图 5-15 所示。

	out1	out2	out3	out4	out5	out6
case1	开	关	关	关	关	关
case2	关	开	关	关	关	关
case3	关	关	开	关	关	关
case4	关	关	关	开	关	关
case5	关	关	关	关	开	关
case6	关	关	关	关	关	开

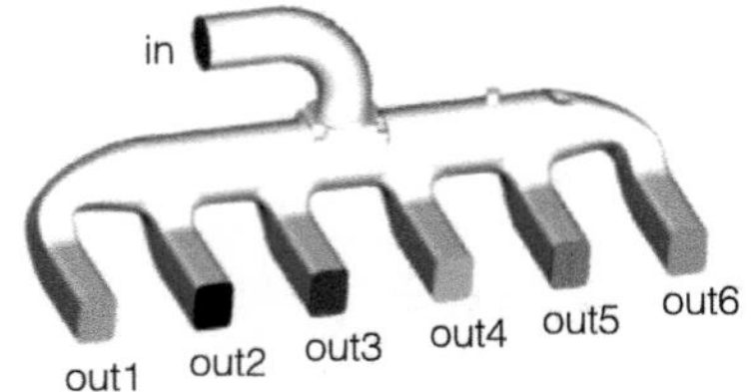

图 5-15　分析方法示意图

（2）软件配置

1）应用软件的前处理：Hypermesh 或其他前处理软件。

2）求解计算及后处理：StarCCM+、AVL FIRE 或其他 CFD 计算软件。

（3）分析流程　进气系统开发分析流程如图 5-16 所示。

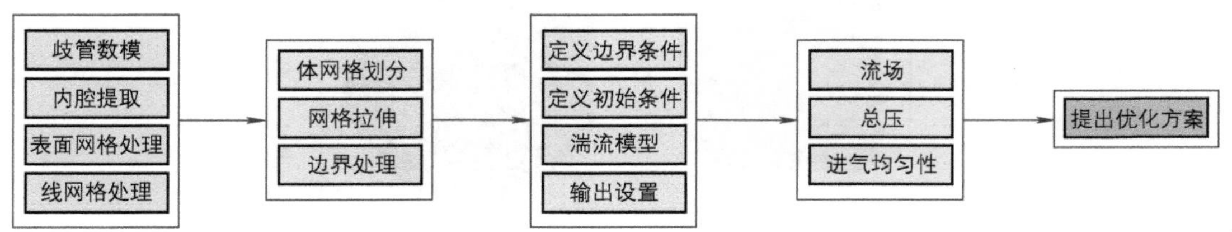

图 5-16　进气系统开发分析流程图

（4）边界条件　边界条件包括进气歧管的进出口压力和流量等，具体根据不同的计算方法进行相应的设置，进气歧管 CFD 分析一般包括定压差法和定流量法。

1）定压差法（评价进气均匀性）。

入口：相对总压 0Pa。

出口：相对静压 −2500Pa。

物性：空气，可压缩流体。

2）定流量法（评价进气压损）。

入口：质量流量。

出口：相对静压 0Pa。

物性：空气，可压缩流体。

（5）网格划分　网格尺寸大小及数量直接影响模型计算结果的精确度，一般在保证计算结果及关键位置的网格精度的前提下尽量减少网格数量，以缩短计算时间，节省计算成本。

1）进气歧管入口和出口处网格进行延长处理，如图 5-17 所示。

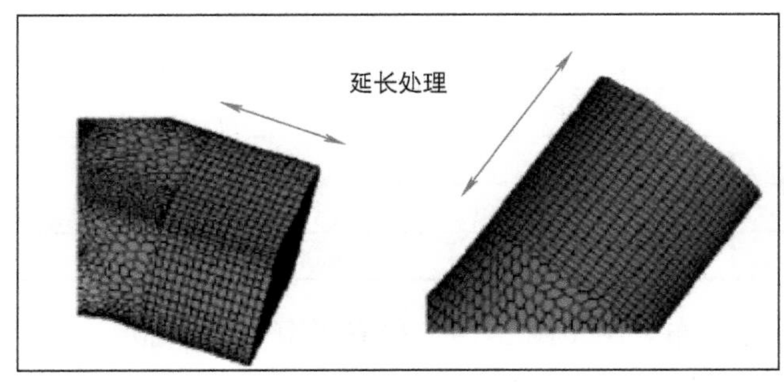

图 5-17　进气歧管入口和出口延长处理

2）进气歧管内腔边界设置边界层网格，边界层数一般为两三层，如图 5-18 所示。

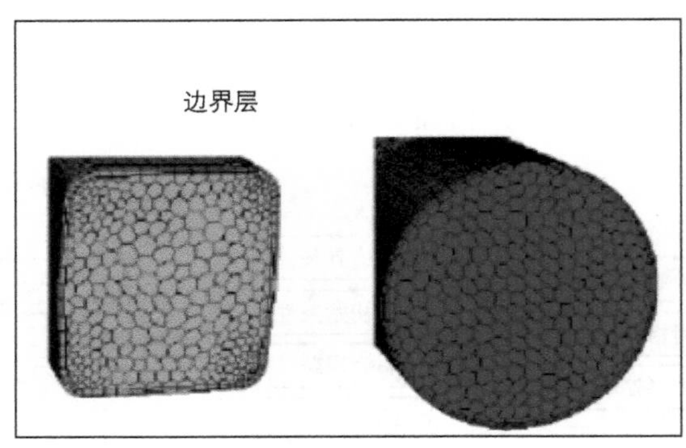

图 5-18　网格边界层示意图

（6）进气歧管进气均匀性分析　对发动机进气歧管进气均匀性的评价，主要是对各缸流量系数进行评价，计算输出内容见表 5-4。

表 5-4　定压差法计算输出结果

参数	cyl 1	cyl 2	cyl 3	cyl 4	cyl 5	cyl 6
支管流通面积						
支管理论流量						
支管实际流量						
流量系数						
平均流量系数						
进气均匀性系数	± 5%	± 5%	± 5%	± 5%	± 5%	± 5%

通过计算得到各缸流量系数及各缸之间的流量系数偏差，以次来判断进气歧管各缸均匀性，各缸之间进气均匀性系数一般要求在 ± 5% 以内。

（7）进气歧管压损分析　压损是评价进气歧管流通性的重要指标，造成压损的主要原因是速度分离，通过压力分布图和流线图可以判断压损较大的位置，计算输出内容见表 5-5。

表 5-5　定流量法输出结果

参数	cyl 1	cyl 2	cyl 3	cyl 4	cyl 5	cyl 6
入口总压 P_{in} / Pa						
出口总压 P_{out} / Pa						
压损 $P=P_{in}\cdot P_{out}$ / Pa						
平均压损	各缸平均总压压损 < 5000					

通过进气歧管压力分布云图（图 5-19）和流线图（图 5-20）可以得到各支管压损较大的位置，根据云图可以对进气歧管进行优化，优化后再对其进行 CFD 分析，如此循环直至符合设计要求。

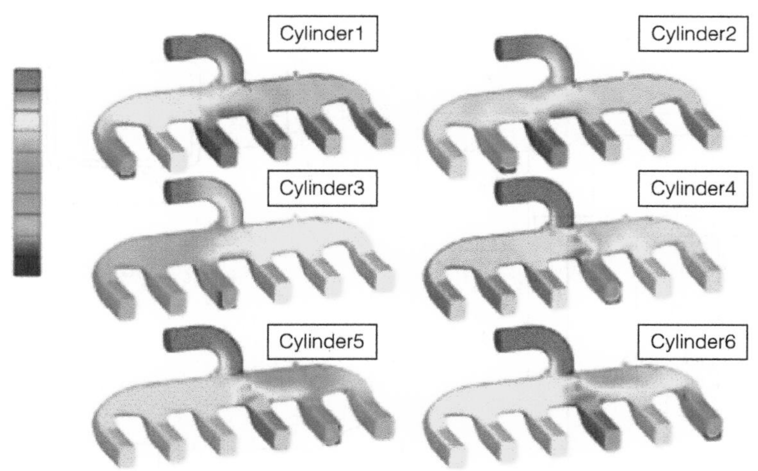

图 5-19　进气歧管压力分布云图

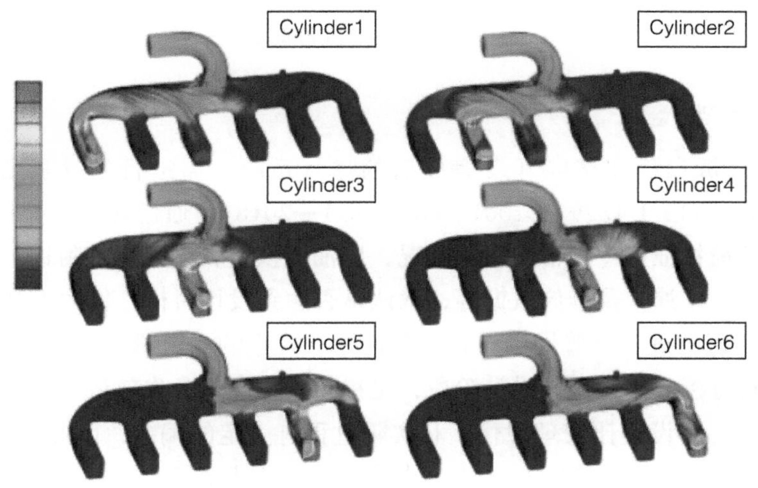

图 5-20　进气歧管各缸流线图

5.2.4　甲醇发动机进气系统试验验证

前文说到甲醇发动机对混合气的均匀性要求比传统燃料内燃机更为严格，因此进气系统设计开发时尤其要注意各缸进气均匀性的试验验证。

1. 稳流试验台验证

按照仿真分析开发完成优化的进气系统，需在稳流试验台上进行试验，分别采用定流量法和定压差法对进气系统各支管流动特性进行测试，分别计算出流量系数和进气均匀性系数，与 CFD 分析数据对比，同时对比对标发动机或者已知标准对进气系统性能进行验证评价。稳流试验原理示意如图 5-21 所示。

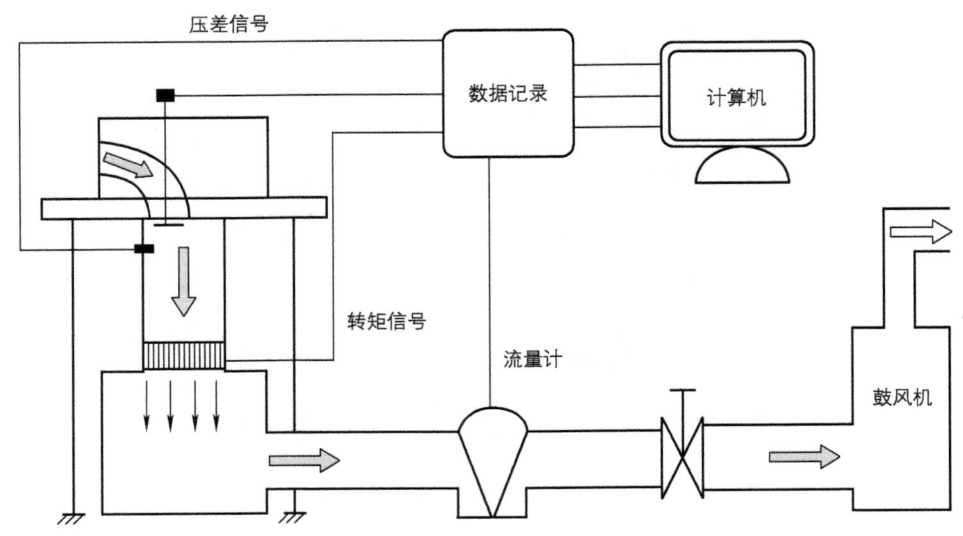

图 5-21　稳流试验原理

2. 发动机台架验证

按照仿真分析和稳流试验开发完成后的进气系统，需进行发动机台架试验（参考 GB 14762—2008、GB/T 18297—2001、GB 17691—2018），通过评估台架试验结果，包括外特性和部分负荷特征点（通常按整车工况，取油耗权重较大区域点附近）的功率、转矩、燃烧放热率曲线、比油耗及排放数据等，确认是否达到设计目标，作为冻结数据的依据。

不同机型匹配的进气歧管周围布置的零件是有区别的。之所以要在本节中阐述失效问题，是因为仿真分析一般在概念设计阶段，是提前预知和避免失效最有效、最直接的方法。当然，仿真分析边界设定比较理想化，和实际过程有一定的偏差，因此也不能过分依赖仿真结果。仿真结果与试验验证相互结合，才是正确的设计途径。

进气歧管的周围连接件通常有进气节流阀、进气接管及废气再循环通道、缸盖等零件，一般进气歧管的失效模式有漏气、噪声以及开裂等。

（1）进气歧管漏气　引气进气歧管漏气的主要原因有：进气歧管铸造缺陷；进气歧管上的螺栓孔加工过深，与大气相通；与缸盖连接的螺栓松动；密封面的平面度不够；垫片设计不合理。

（2）进气歧管噪声　引起进气歧管产生噪声的可能原因有：设计不合理，流道内过渡不光滑；铸造产生缺陷，有节流产生；漏气产生的噪声；气道内进气流量不稳定；与周围零件产生共振。

（3）进气歧管开裂　引起进气歧管开裂的可能原因有：材料选择不合理；结构不合理，致使进气歧管强度不够；整机布置不合理，搭载的附件过多，造成歧管负重过大。

（4）不可接受的进气系统零件腐蚀　腐蚀后零件本身的化学成分及机械性能朝恶化的

方向发展，影响进气系统及发动机的可靠性。

5.3 排气系统

5.3.1 甲醇发动机排气系统设计

1. 排气歧管设计开发总述

汽车排气歧管是将发动机工作时产生的废气从多个气缸中顺利排出的重要零件。排气歧管的振动特性会影响汽车的舒适性，也会影响本身的寿命。同时它的结构会影响歧管内流体的速度、温度和压强分布，速度场决定排气是否顺畅，温度场决定催化转换器的效率，排气背压则会影响发动机的效率，排气歧管的热应力分布直接影响排气歧管的热疲劳寿命。因此，排气歧管的设计需要从多个方面进行综合考虑，一方面需要满足其功能和性能要求，另一方面还需要保证其工作寿命。

甲醇发动机排气歧管在振动特性、流场分析方面可以借鉴柴油机、气体机排气歧管的设计思路。在热应力及可靠性的分析上需要关注甲醇的腐蚀性和排温。

甲醇发动机废气中含有甲醇、甲酸、甲醛和大量的 CO_2、水蒸气，在高温、高压下具有一定腐蚀性。排气歧管材料一般选用高镍铸铁或者球墨铸铁。甲醇发动机最高排温可以达到 760℃，比柴油机高，比气体机略低。因此可以和重型气体机选用相近的材料，同时在结构设计上要避免热应力集中区。

2. 增压器设计开发总述

（1）甲醇发动机工作原理和性能特征　甲醇发动机涡轮增压系统和柴油机、天然气发动机增压系统工作原理一致，都是利用发动机排出的废气能量来驱动增压器涡轮，带动压气机叶轮压缩空气，提高进气密度。因压缩后的空气温度较高，所以需要配置中冷器。涡轮增压器充分利用了排气能量，优点较多。

甲醇增压发动机和其他燃料的增压发动机在性能特征上并无明显差异。增压机型相对于自然吸气发动机优点如下。

1）具有较高的升功率。相同动力的车型可以减小发动机尺寸和重量，有利于增大布置空间和提高经济性。

2）可以扩大最高转矩的转速范围。

3）可以弥补海拔升高而导致的功率损失。

4）发动机机械损失小，因此机械效率较高。

增压机型相对于自然吸气发动机缺点如下。

1）增压器在发动机刚起动时没有介入工作，不仅无法压缩空气还会阻碍进气，导致起步迟缓、加速迟滞。

2）冷起动排放时，废气要先经过涡轮增压器再进入催化器，导致催化器温升曲线不如自然吸气发动机，不利于冷起动下的碳氢化合物、一氧化碳、未燃甲醛、未燃甲醇的排放控制。

3）增压发动机进气压力大，升功率高，需要适当降低压缩比；增加缸体、缸盖及其螺栓的强度。增压发动机排气温度更高，对排气系统的材料、整车温度场提出更高挑战。增压器作为一个悬臂梁固定在缸盖上对可靠性要求更高。

4）增压发动机需要增加增压器的冷却水路、润滑油路、控制系统。整车需要增加中冷器。增压机型的标定工作量和标定难度更大。增压机型的开发验证试验也会更多。

5）增压器作为一个高速旋转件，是发动机主要的噪声源，NVH 方面会带来更高挑战。

（2）甲醇发动机增压器设计开发的差异性　重型甲醇发动机的涡轮增压器在结构方面和汽油机、天然气机、柴油机差异不大，都由压气机、中间体、涡轮机、轮轴、轴承、泄压阀、旁通阀及一些密封、隔热、限位、紧固零部件构成的，如图 5-22 所示。现对有明显差异的部件做详细说明。

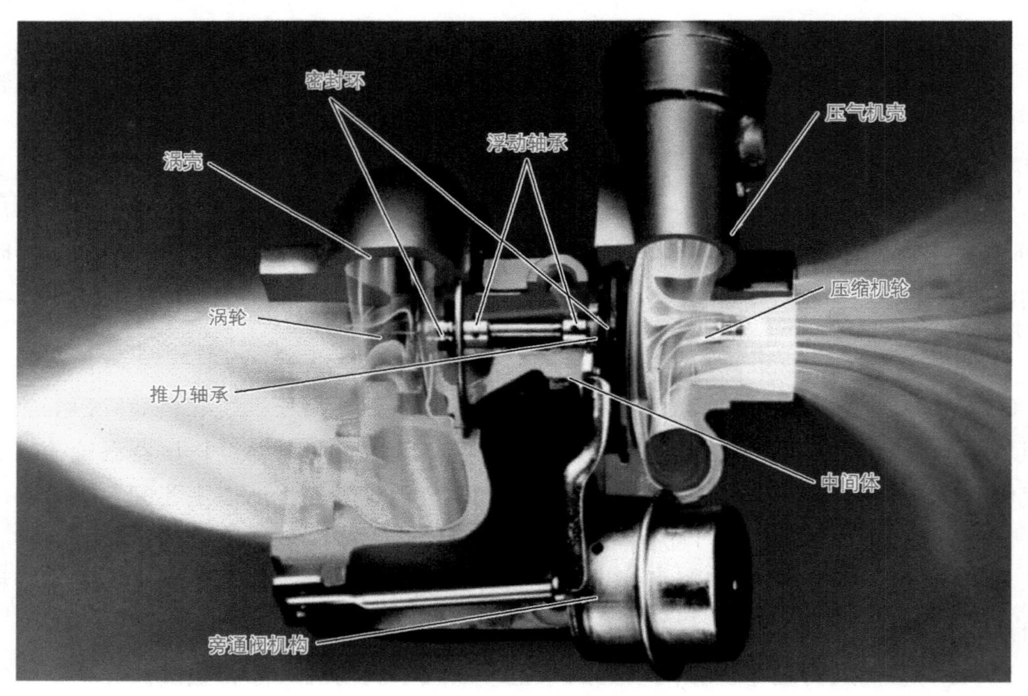

图 5-22　增压器构造

1）压气机壳和叶轮。基于国六法规要求，甲醇发动机需要采用闭式曲通，燃油箱蒸气也需要接入进气系统。考虑到曲轴箱气体含有一定未燃甲醇、甲酸和甲醛，燃油蒸气含有部分甲醇；因此增压器的压气机壳和叶轮均需做防腐处理，否则将产生腐蚀，如图 5-23 所示。

如果增压器的 PWM 控制阀从压后引入高压源，则 PWM 阀内部和气体接触的元件以及执行器腔体膜片均需采用防腐材料。

图 5-23　闭式曲通试验的压气机壳

2）增压器控制系统。甲醇发动机和天然气发动机的增压器一般采用废气旁通阀控制进入增压器的废气流量。因为这两类发动机都是当量燃烧，为了精准控制进气量，一般用 ECU 控制 PWM 阀，在不同工况给予废气旁通阀执行器不同的压力，进而让旁通阀保持不同的开度，确保进入增压器的废气随着需求变化而变化，如图 5-24 所示。

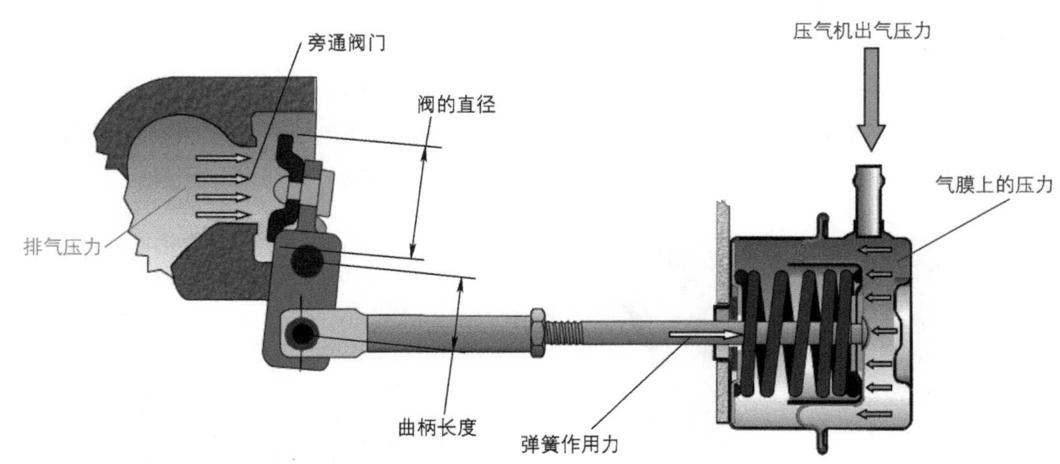

图 5-24　废气旁通阀构造

柴油机增压器因为排温低，除了废气旁通式还可以采用 VGT 增压器。因为柴油机过量空气系数范围较广，对进气量要求没那么精准，废气旁通阀的执行器往往直接采用压后气体控制，当增压压力达到某一个点后废气旁通阀开启，进入增压器的废气流量降低。

随着排放升级和油耗趋严，越来越多的国六机型采用电控式废气旁通阀。

相同功率的甲醇发动机和天然气发动机相比，增压器执行器的开启压力要小一些，在额定功率点需要放的废气也更多一些。因此为了及时打开废气旁通阀，需要选用较软的执行器弹簧。例如一款 430hp 的重型甲醇机和重型天然气机，选用相同直径的执行器下，前者开启压力比后者小 26kPa 左右。如果废气旁通阀执行器拉杆的行程已经足够大，废气量依然不满足要求，则需要增大废气阀门的直径或者加大流道截面积。

甲醇发动机进气量变化较天然气和柴油机更频繁，执行器拉杆的运动频率更高。因此旁通阀销柄的材料需要更加耐磨。

3）增压器中冷系统。考虑到国六机型曲轴箱通风气体和燃油蒸气会进入进气系统，中冷系统在保障散热效率的前提下也需要做防腐处理。因为曲轴箱通风气体含有大量水蒸气，为了避免冷却后水蒸气沉积在中冷器中，可以在设计之初在中冷器的下方增加一个放水孔，定期打开将沉积水放掉。

4）防喘振阀。喘振阀（泄压阀）的功能主要是为了避免喘振。在迅速松开加速踏板、换档或者急停机时节气门开度突然减小，压后流量减小、压比增大，压气机运行线左移越过喘振线。在此时需要及时打开泄压阀，在压后和压前构成一个自循环回路消除喘振。打开的时间长短对消除喘振带来的噪声影响很大。

重型柴油车因为运行工况简单，且不带节气门（现在国六也会带），所以不会发生喘振，故无需安装喘振阀。

天然气机型和甲醇机型因为带有节气门，在大负荷迅速松开加速踏板时会出现喘振，需要通过标定或者泄压阀来解决。标定手段是延迟节气门关闭时间，让压后的压力慢慢减小，避免喘振。泄压阀相当于在压后和压前连接了一个通道，在迅速松开加速踏板时将压后的气体引到压前，形成一个闭合回路，既可以将压后压力及时泄掉，还可以让增压器叶轮保持一定转速，有利于再次加速。泄压阀按照控制方式分为机械式和电子式，按照安装位置可分为集成式和外置式，如图 5-25 所示。搭载甲醇发动机的泄压阀需要同步考虑耐蚀性。

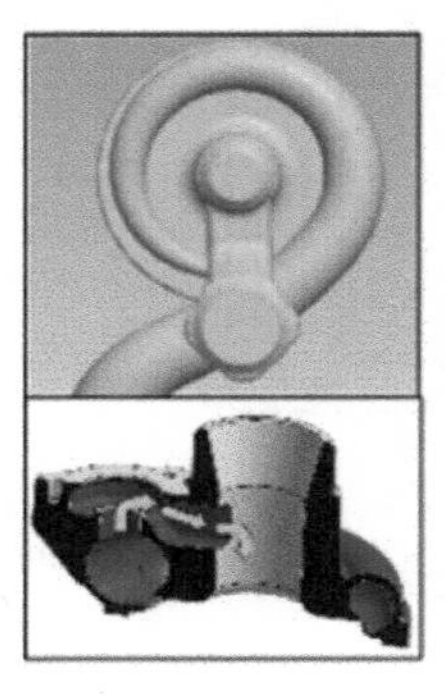

a) 集成式(安装在增压器压壳上)

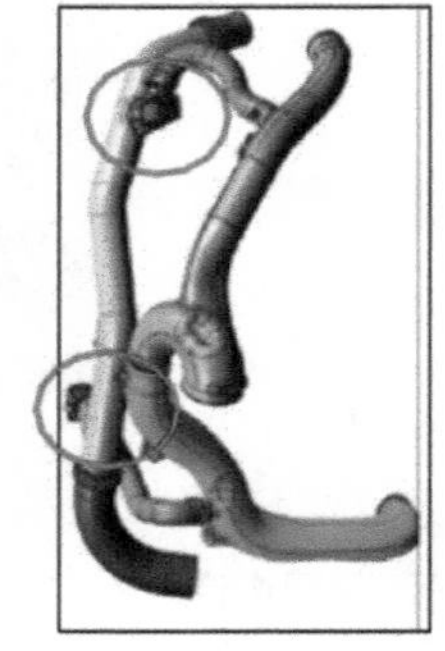

b) 外置式

c) 电子式

d) 机械式

图 5-25　泄压阀分类

5）增压器轴承。重型甲醇发动机因为燃烧产物带有甲酸，机油酸碱值与天然气机、柴油机有所差异，会对增压器轴承造成腐蚀。需要通过减小机油换油里程、采用专用机油或改变轴承表面处理工艺来解决。

6）增压器保温装置。甲醇发动机为了提高冷起动转化效率，减少增压器热量损失，可以选择在蜗壳上增加保温层。汽油机因为排温过高一般选用隔热罩。

3. 后处理系统设计开发总述

（1）甲醇发动机排放特性　甲醇分子式为 CH_3OH，氧元素质量分数为 50%，属于富氧燃料。甲醇发动机采用当量比燃烧，排温控制在 760℃以内。排放物中颗粒物含量非常低，相对于柴油机和缸内直喷汽油机有很大优势，省去了颗粒物捕捉器，也可节省一部分标定成本。

WHTC 循环存在多种变工况，随着空燃比的变化 NO_x、NMHC、NH_3 会出现一些波动，需要有针对性地进行空燃比窗口优化。

《八部门关于在部分地区开展甲醇汽车应用的指导意见》（工信部联节〔2019〕61 号）提出了尾排中未燃甲醇和甲醛均≤ 20mg/（kW · h）。冷起动时发动机温度较低，甲醇雾化效果有限，燃烧不好；催化器受布置空间影响离蜗壳出口距离较远，加上冷起动时催化器本身温度较低，起燃会比较缓慢，导致冷起动下这两项排放物达标存在一定难度，属于开发的难点。

针对这个特点，甲醇机主要从以下几个方面进行研究。

1）最大限度地进行催化器紧耦合设计，采用两级催化器，选用大小合适的高目数薄壁载体，选用高耐久性的涂层金属。

2）对发动机进行更激进的冷起动控制，优化动态过程中的空燃比。在满足法规的前提下，让冷起动时发动机冷却液温度尽可能快地提高。

3）布置空间满足的前提下，尽可能减小催化器和蜗壳出口的间距。在成本允许的前提下，采用隔热效果好的材料制作排气管，并在排气管外增加隔热棉。尽可能降低热量在排气管中的损失。

4）常温冷起动可以采用汽油起动。因为汽油的挥发性优于甲醇，利于冷起动中碳氢化合物和未燃甲醇的排放。但这一方案降低了客户使用的便利性。

（2）甲醇发动机后处理的结构设计

1）参数输入。在设计之初，主机厂需要提供一些具体的发动机和整车参数给催化器厂家，见表 5-6。

2）载体设计。

① 载体尺寸。发动机原排水平、排气流量大小、催化器布置空间、排放法规等因素都会影响催化器的载体尺寸。对于增压机型而言，由于一部分废气的热量被增压器吸收，催化器的起燃特性会受影响。为有效提高催化器性能，减小背压、降低催化器成型难度，采用两级载体设计方式。一方面，可以将前级催化器变小，尽可能靠近增压器，有效提高催化器的温度；另一方面，可以提高前级催化器贵金属浓度，进而提高低温时的转化效率。以上方法都可以在载体总尺寸不变的条件下，保障高速段催化器的转化能力。

表 5-6　催化器设计输入参数

序号	输入参数	序号	输入参数
1	发动机形式	9	原排数据
2	发动机缸数	10	催化器体积
3	发动机排量	11	排气背压
4	额定功率	12	NVH 目标
5	最大转矩	13	整车类型
6	发动机最高转速	14	变速器种类
7	最大排气流量	15	催化器结构类型
8	催化器入口温度	16	排放标准

② 载体材料。载体材料主要分为陶瓷和金属。其中陶瓷载体在经济性及实用性方面更具优势，而高孔密度的金属载体是应对更为严格的排放限值的主要技术途径。

金属载体强度较高、壁厚小、孔密度大，载体热容小、抗热震能力强，适合作为前置式或紧耦合式催化剂，改善冷起动排放、降低背压。但金属载体催化剂涂覆性能、抗氧化性能及保温性能均不如陶瓷载体，且成本较高（同样尺寸的载体，价格约为陶瓷载体的 2 倍）。因此甲醇机、汽油机均采用陶瓷材料，如采用堇青石（$2MgO \cdot 2Al_2O_3 \cdot 5SiO_2$）蜂窝陶瓷。

③ 载体结构。载体结构有三个因素会影响排放性能：载体直径、目数、壁厚。

陶瓷载体的传热系数和载体直径呈反相关关系，即载体孔形状相同时，载体直径越小，传热系数越大，催化效果越好，冷起动时排放也越好，但是排气背压会升高。

采用高目数及薄壁结构能取得较好的净化效果。相同体积载体下，孔密度越高、壁厚越薄，越有利于排放和背压；但是载体强度会同步降低。因此一般情况下应同时增大催化器直径和目数。例如，某 13L 甲醇重型发动机采用 300 目，而 11L 天然气国六机型采用 600 目。

图 5-26 所示为载体有效催化面积与目数的关系。

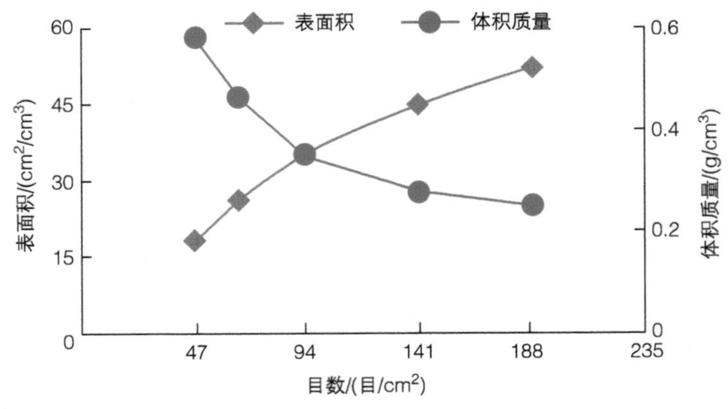

图 5-26　有效催化面积和目数

3）载体封装。载体体积需要综合考虑发动机舱空间大小、底盘空间布置、排放要求及成本控制。在载体的选择上应尽量考虑采用圆形的载体，因为其气流分布的均匀性、催化剂的利用率、背压及封装工艺性都是最好的。现有的载体封装方式分为蚌壳式、压入式和捆绑式，不同封装方式的底座平均压力也不相同，如图 5-27 和图 5-28 所示。

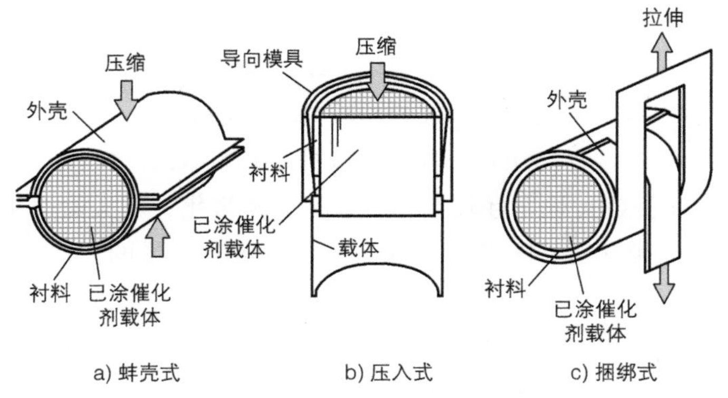

图 5-27　载体封装方式

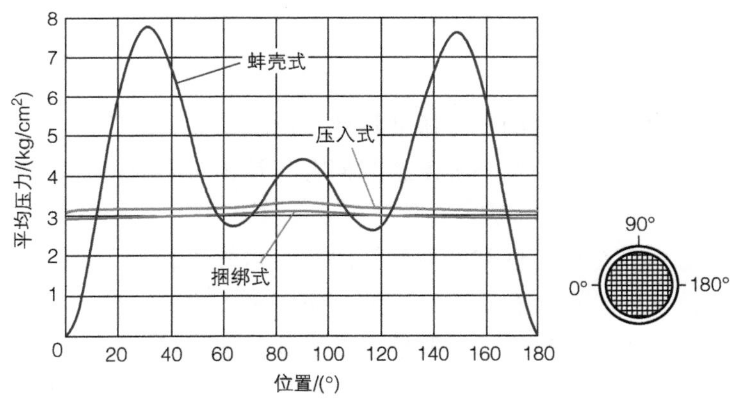

图 5-28　不同封装预紧力差异

4）贵金属涂层。贵金属的配比和用量对排放有较大影响。一般来说贵金属量越大，排放效果越好，成本也会越高。催化剂的活性组分主要是贵金属铂、钯、铑。铂和钯是氧化 CO 和 HC 的组分，容易发生硫中毒。铑是催化还原 NO_x 的主要组分，对水蒸气重整反应也具有活性。

甲醇机同排量下 CO 和 NO_x 相对汽油机可降低 30% ~ 50%。实际应用中，同排量甲醇发动机贵金属含量大约是汽油机和天然气机的四分之一。

（3）甲醇发动机后处理工作原理　甲醇发动机的后处理选用三元催化的技术路线。通过将铂、钯、铑三种贵金属以一定的比例混合，促进废气进行氧化还原处理。将 CH、CO、未燃的甲醇、未燃的甲酸进行氧化，将 NO_x 进行还原，最终生成无害的 H_2O 和 N_2、CO_2。其主要的氧化和还原反应方程为

氧化反应：

$$2CH_3OH + 3O_2 = 2CO_2 + 4H_2O$$

$$4HC + 5O_2 = 2H_2O + 4CO_2$$

还原反应：

$$2NO + 2CO = N_2 + 2CO_2$$

$$10NO + 4HC = 5N_2 + 2H_2O + 4CO_2$$

因为 CH_3OH 相对于 CH_4 稳定性较差，所以更容易氧化；且天然气主要成分就是 CH_4，天然气重型车辆排放法规又对 CH_4 做了排放限制，导致同排量的天然气催化器贵金属含量远远高于甲醇重型货车。

催化剂一定要达到足够高的温度才能使催化反应顺利进行，炽热的废气可以用来加热催化剂，催化剂正常工作温度为 523 ~ 1173K。催化反应开始后，反应产生的热量将使催化剂温度升高。如果过量的碳氢化合物进入催化反应器，温度将会更高（发生后燃），过高的温度可能会将载体或者催化器壳体烧熔。

5.3.2 甲醇发动机排气系统仿真分析

1. 排气歧管仿真分析

（1）模态分析　模态是结构的固有振动特性，反映了排气歧管的模态参数，如固有频率、阻尼和振型等。排气歧管的每一阶模态都拥有与其相对应的模态参数，各个阶次模态叠加起来就是其固有振动特性的全貌。

排气歧管的模态由其结构特性和材料特性决定，与外界载荷无关。当排气歧管以某一阶固有频率做自由振动时，将会有确定的振型，而用来描述该振型的向量为排气歧管模态向量，其有“加权正交性”的特性。一般情况下，排气歧管高阶模态的加权系数远小于其低阶模态的加权系数，因此，只需要将其前几阶模态进行叠加，就会达到精度要求。排气歧管的低阶固有频率振型是其结构振型的主要部分，产生较大的应力和应变，而高阶固有频率的振型对其结构振型的影响比较小。

排气歧管的低阶振型可以分为三类。

1）刚性整体振型。这种振型是将排气歧管当作一个刚性整体，是由水平或者垂直方向上的力引起的振动类型，固有频率接近零。

2）扭转振型。把排气歧管看成一个弹性体时，激励共振频率导致排气歧管发生扭转变形，这种振型可以导致结构内产生较大的应力，甚至会产生疲劳破坏。

3）弯曲振型。这也是由于把排气歧管看成一个弹性体时，激励共振频率导致排气歧管发生弯曲变形，产生的危害和扭转振型类似。

自由模态是指结构在不受任何外界载荷和约束的作用，处于自由状态下计算得到的模态，它的分析结果能显示出结构各个部分的振动强度。自由模态分析只是对排气歧管的结构特性进行了初步的总体性描述，是基础性的前期分析。

为了得到更为准确的分析结果，必须根据排气歧管的实际安装情况将约束条件施加在排气歧管上。约束模态分析的振型与自由模态分析的振型完全不同，自由模态振型变形的主要方式是扭转和弯曲，而约束模态振型变形的主要方式是弯曲，因为约束限制了排气歧管的扭转，进而也影响到了前部和后部的变形。通过对排气歧管的约束模态分析和自由模态分析进行对比，还可以发现两者的固有频率和最大位移都有所不同。约束模态分析的最大位移与自由模态分析的最大位移都没有明显的线性关系。

约束模态分析比较接近排气歧管的实际工况，通过约束模态分析和自由模态分析的对比，得出以下结论：

1）施加的约束增加了排气歧管的固有频率，更加远离了激励源频率范围。

2）施加的约束能够减小排气歧管振动的最大位移。约束会改变排气歧管的固有频率、共振振型和最大位移。

（2）排气歧管内流场分析　排气歧管的主要作用是让发动机能顺利排出废气。一方面不能引起过高的背压，另一方面还要保证排放废气的流速均匀性，考虑到温度对催化转换器催化效率的影响，还需要尽可能让催化转化器的温度分布均匀。

发动机在实际工作中，当排气门开启时，废气排放速度会快速增大并达到一个峰值，然后下降，直到排气门关闭。由此可见，废气排放速度是一直变化的，而且变化的速度很快、幅度很大，最大速度超过 1000m/s；一个气缸排气结束的时刻就是另一个气缸排气开始的时刻，由于前气缸最后时刻排放的废气速度相对比较小，后气缸开始排放的废气速度比较大。因此，两个气缸排放的废气之间的相互作用很难避免，也就不能正确仿真模拟各时刻的排气状态。综上所述，为了更好地分析研究排气歧管的内流场，可以采用一维发动机仿真软件 GT-power 和国际流行的三维流体分析软件 FLUENT 耦合仿真分析排气歧管的内流场。一维发动机仿真软件 GT-power 为三维流体分析软件 FLUENT 提供质量流边界条件，而 FLUENT 将计算得到的压力值等边界条件反馈给 GT-power，如此循环，这样 FLUENT 就可以提供更符合实际情况的内流场仿真值。

仿真分析内容包括排气歧管内流场的速度场、温度场和压强场。

首先分析每一个周期内各个气缸排气流体的速度分布情况，然后重点分析每个气缸排气速度最大阶段某一时刻，排气歧管流体的温度分布和压强分布，最后分析催化转换器部分的入口截面的流速分布和温度分布，以及排气歧管入口排气处和出口处的压强分布。

排气歧管内流体温度场分析的目的是使排气歧管催化转换器充分利用，使排出的废气能够被有效处理并达到排放标准，这仅依靠流体的均匀分布是不够的，还需要合适的较高温度增加催化转换的效率。由于排气脉冲在整个排气过程的前 30% 左右的时间内持续，所以只需选择该持续时间内的某一时刻，分析排气歧管内流体温度分布，即可判断排气歧管内流体的温度分布是否合理。然后，分析该时刻催化转换部分的入口截面的温度分布，就可以得到催化转化器实际催化效果。

2. 增压器匹配计算

重型甲醇发动机增压器的匹配开发流程和天然气机、柴油机差异不大，只是某些具体的参数和技术条件有差异。

（1）甲醇增压器的初步选型　根据项目周期、性能目标、油耗目标、成本目标、排放标准等确定甲醇发动机增压器的类型，并进行初步的选型。

性能目标一般包括额定功率点、最大转矩范围、低速点性能，高原性能等。

一般情况下废气旁通式增压器即可满足开发要求，遇到低速转矩要求特别高的情况，可考虑可变截面增压器。

油耗目标包含外特性最小燃油消耗率、常用工况点燃油消耗率。单从油耗考虑，负压控制和电子控制的执行器要优于正压控制的执行器。

排放法规在一定程度上会影响增压器的技术方案。比如 WHTC 循环瞬态工况较多，为了使控制曲线能更好地吻合循环工况，一般建议采用电控废气旁通阀。

开发周期和成本有时会严重影响增压器的开发。比如重型甲醇发动机大多因与天然气机、柴油机同平台而需要做大量的适应性开发，为了满足发动机开发时间节点，一般不会全新开发一款增压器，而是借用天然气增压器居多。但这样的增压器在某些方面都需要调整，比如叶轮、轴承、执行器销柄、执行器弹簧。

前期匹配时主机厂会填写供应商提供的一个增压器匹配调查表，见表 5-7。

表 5-7　增压器匹配调查表

发动机规格参数		
发动机参数	缸数 × 缸径（mm）× 行程（mm）	
	排量（mL）/ 压缩比	
	增压系统形式（恒压、脉冲）	
	中冷器（冷却介质 / 温度）	
	空燃比	
	每缸气门数（进 / 排）	
	燃油系统	
	涡轮箱与排气歧管是否一体化	
	压气机出口是否带消声装置	
性能参数	额定点功率（kW）/ 转速	
	最大转矩（N · m）/ 转速（r/min）	
	排放要求	
	平均有效压力 / 最高爆发压力（kPa）	
	允许最大噪声	
	怠速转速	

（续）

发动机规格参数		
工况参数	海拔（m）（常用 / 最高）	
	增压器最高工作温度（涡前排温）（℃）	
	环境压力（kPa）/ 温度（℃）	
	最大空滤压降（kPa）	
	最大排气背压（kPa）	
	详见表二	
增压器 技术要求	可变截面增压器、两级增压或常规增压器	
	执行器（电子执行器或气动执行器）	
	PWM 阀	
	电控泄压阀	
	涡轮增压器安装图纸（2D 和 3D）	
其他要求		
填写人：　　　年　　月　　日		

供应商根据上述调查表的内容提供备选方案和增压器的 MAP 图，主机厂以此进行热力学计算，如果不合理则需要重新选型。初步选型完成后增压系统相关工程师根据上述信息整理成选型报告。

（2）模拟计算　增压系统工程师将进一步完善的匹配信息输入给增压器供应商，供应商再进行详细的匹配计算，并提交匹配报告，主机厂对报告进行评审。具体包括：

1）边界条件的输入，见表 5-8。

表 5-8　匹配参数输入表

发动机外特性参数											
参数	单位	特性数据									
转速	r/min	1000	1100	1200	1300	1400	1500	1600	1700	1800	1900
转矩	N · m										
功率	kW										
空燃比	—										
容积效率	—										
比油耗	g/(kW · h)										
空气流量	kg/s										
压气机进口温度	℃										
压气机出口温度	℃										
压气机出口压力	kPa										
进气压降	kPa										
涡轮进口温度	℃										
涡轮进口相对压力	kPa										

匹配计算利用了能量平衡、流量平衡、压轮和涡轮转速相等（两轮同轴）三个基本原理，计算压气机和发动机、涡轮机和发动机的匹配。不同燃料的增压器匹配步骤没有差异，只是相关的计算参数不一样。

2）发动机和压气机的匹配计算。计算增压后发动机所需空气流量 m_air（即经过压气机的空气流量）:

$$\text{m\_air} = \frac{P_e g_e \alpha \eta_v}{8600\times10^3} L$$

式中，m_air 为发动机所需要的空气流量（kg/s）; P_e 为发动机功率（kW）; α 为过量空气系数; η_v 为扫气系数; g_e 为发动机的燃油消耗率 [g/（kW·h）]；L 为常量。

为了满足最大功率和最大转矩的要求，应在发动机的外特性工况下计算。不同燃料的发动机在过量空气系数和空燃比上均有差异。天然气机和甲醇机采用当量燃烧，过量空气系数在整个外特性下都是 1；汽油机整个外特性下过量空气系数一般在 0.98 ~ 0.76 左右；柴油机外特性下过量空气系数一般大于 1。理论空燃比甲醇机为 6.5，汽油机为 14.7，柴油机为 17。

计算发动机进气歧管压力：

$$P_k = \frac{\alpha p_{me} T_k g_e}{877.2\eta_v}$$

式中，α 为过量空气系数; p_{me} 为平均有效压力（MPa）; η_v 为充气效率和容积效率; g_e 为有效燃油消耗率 [kg/（kW·h）]；T_k 为进气歧管温度（K）。

不同燃料的发动机外特性下燃油消耗率有着较大差异。甲醇发动机大约是柴油机和天然气机的两倍。带 EGR 的发动机进气歧管温度一般高于不带 EGR 的发动机。

计算增压器出口气体压力 P_2：

$$P_2 = P_k + \Delta P\_IC$$

式中，ΔP_IC 为空气流过中冷器的压降。

计算增压器进口气体压力 P_1：

$$P_1 = P_0 - \Delta P_{intake}$$

式中，P_1 为空滤器后、压气机前的空气压力；ΔP_{intake} 为空气通过空滤器的压降；P_0 为大气压力。

计算增压器压气机压比 Π_c:

$$\Pi_c = \left(\frac{P_2}{P_1}\right)$$

压比 Π_c 和空气流量 m_air 所决定的点画到拟选用的增压器压气机性能曲线图上，读取该点的压气机绝热效率 η_c 和压气机转速 n_c。

3）发动机和涡轮机的匹配计算。

计算流经涡轮的废气流量 m_eg：

$$m_E = \text{m\_air} + \text{m\_fuel}$$
$$\text{m\_fuel} = \text{m\_air}/\text{过量空气系数}/\text{空燃比} = P_e g_e$$
$$\text{m\_eg} = m_E - \Delta m$$

式中，m_E 为废气总流量；m_eg 为流经涡轮叶片的流量；Δm 为通过废气旁通阀的流量。

Δm 通常按经验进行估算，一般来说，为了兼顾低速转矩和高原余量，将额定功率点的放气量控制在 45% 左右，如图 5-29 所示。

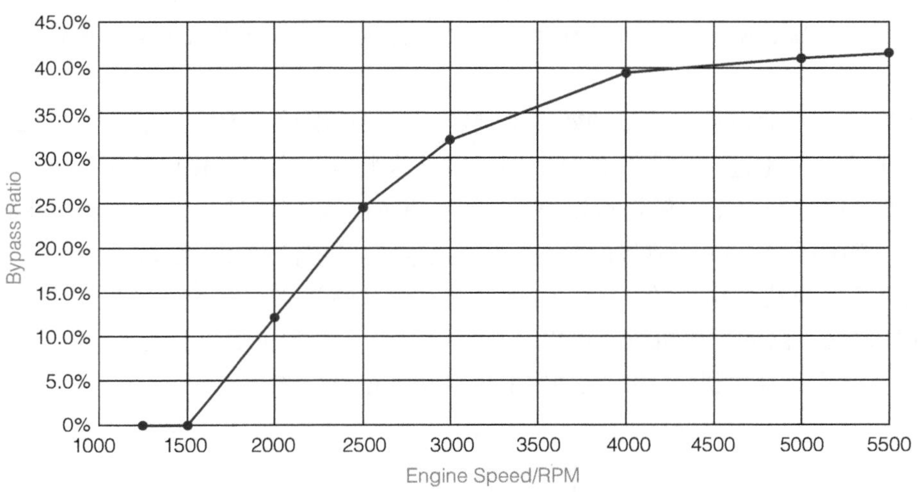

图 5-29　废气旁通阀放气量示意图

① 估计涡轮进口温度 T_3。涡前排温 T_3 一般根据经验输入或者参照类似机型的试验数据。涡前排温和性能目标、燃料、标定策略都有关系。柴油机涡前排温一般不会超过 650℃，天然气和甲醇机一般控制在 760℃以内。

② 计算膨胀比 $\Pi_T\left(\dfrac{P_3}{P_4}\right)$ 和进气压力 P_3。根据压气机与涡轮机能量平衡及转速平衡有如下公式：

$$P_C = P_T$$

$$P_C = \frac{\text{m\_air} \times C_{P1} T_1}{\eta_C}\left[\left(\frac{P_2}{P_1}\right)^{\frac{K-1}{K}} - 1\right]$$

$$P_T = \text{m\_eg} \times C_{P3} \eta_T T_3 \left[1 - \left(\frac{P_4}{P_3}\right)^{\frac{K_1-1}{K_T}}\right]$$

式中，C_{P1} 和 C_{P3} 为空气和废气的比热值，$C_{P1} = 1$，$C_{P3} = 1.24$；$K_T = 1.3$；K=1.4；P_4 为排气背压；T_1 为空滤器后的气体温度，一般 $T_1 = 25$℃；η_T 为涡轮的绝热效率与增压器的机械效率的乘积。

排气背压取决于催化器集成消声器总成的结构、废气的流量和温度。一般由整车输入给发动机。

将涡轮流量参数 m_eg × (T/P) 和涡轮的膨胀比 P_3 / P_4 决定的点画到拟采用的涡轮增压器的涡轮流通特性曲线上，判断涡轮是否合适。需要说明的是，上述能量守恒式中需要多次调节 η_T 和 $\Pi_T\left(\frac{P_3}{P_4}\right)$ 参数，分别在涡轮的流量图和效率图上进行校核。

4）结果评审。压气机的匹配结果需考虑三个限制：喘振线、阻塞线、高原余量。

① 喘振余量要预留充足，汽油机一般为 10%，而重型柴油机、重型天然气机、重型甲醇机至少需要 25%；喘振余量预留充足可以结合标定较好地解决大负荷迅速松开加速踏板时的噪声。

② 阻塞线可以通过最大流量的效率来判定，一般情况该点效率尽量大于 70%。

③ 高原余量一般通过高原下的耗气特性曲线来判定。高原海拔由整车实际运行区域决定，比如重型甲醇牵引车一般定点销售于山西、贵州、新疆等地，至少要求 2000m 不降功率。因此，增压器在 2000m 海拔应满足额定功率点时转速依然在安全范围内。

压气机不但要达到预定的压比，而且要具有较高的效率，发动机运行线应尽可能通过压气机的高效区。高的压气机效率可以降低发动机进气温度和燃油消耗率。

图 5-30 所示是某主机厂 13L 重型甲醇发动机匹配的结果。

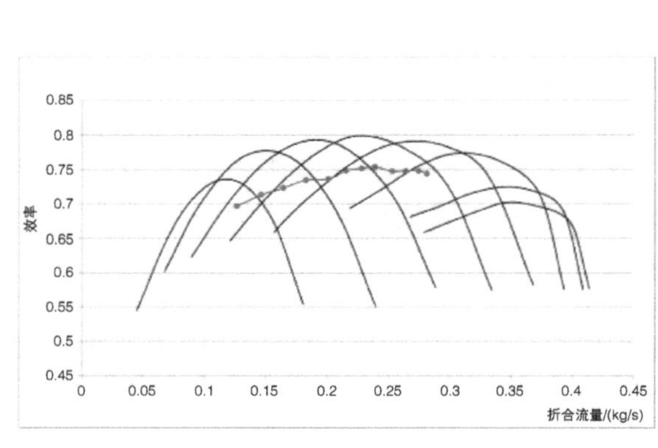

a) 压气机联合运行效率线图

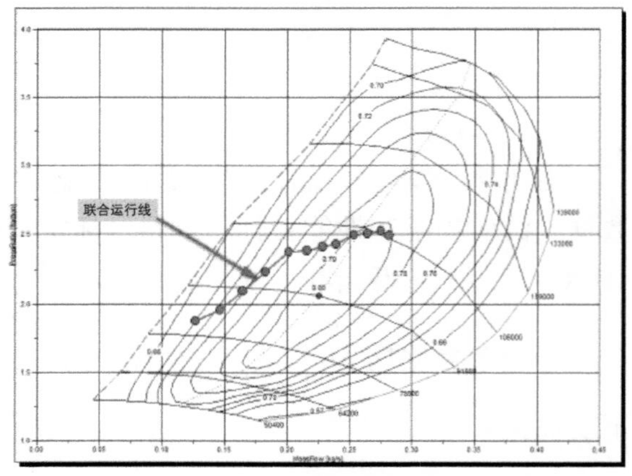

b) 压气机联合运行线图

图 5-30　压端匹配分析示意图

注：1. 压气机喘振裕量约 30%。

2. 联合运行外特性曲线上压气机 MAP 转速最高约 108000r/min，转速裕量充足。

3. 压气机运行效率均在 70% 以上，处于合理高效区域，如需进一步优化，建议提供整车路谱数据。

涡轮机的匹配结果需要保证发动机在整个运行范围内涡轮都具有较高的效率及合适的流通能力，既要保证低速转矩点和最大转矩范围有足够的增压压力，而且涡前压力和温度也不能超标。

发动机与涡轮的匹配情况可借助涡轮特性曲线。如图 5-31 所示，图 5-31a 为废气流量随膨胀比的变化曲线，图 5-31b 为涡轮机绝热效率随膨胀比的变化曲线。图中带圆点的线表示在发动机外特性工况下增压器与发动机的运行情况。从图中可以看出，各工况点均落在涡轮机有效范围内且低速脉冲效率较好，满足驱动压气机的要求。需要说明的是，此图上未标出高速废气的放气余量参数。

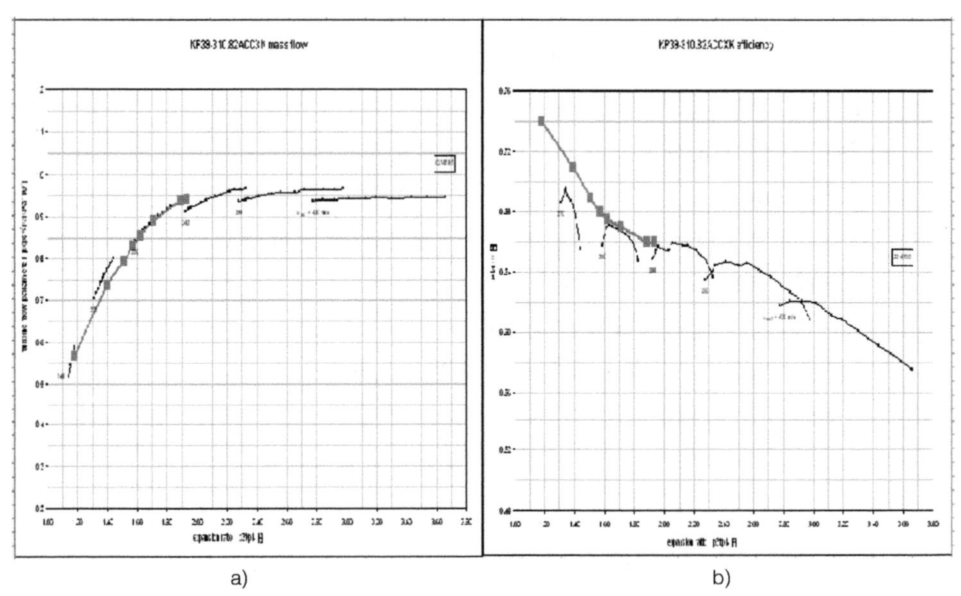

a)　　　　b)

图 5-31　涡端匹配分析示意图

综上所述，可得出相应的压气机和涡轮机匹配方案，一般情况需得出至少两个或两个以上的匹配方案，由后期发动机台架试验进行验证和优化，最终选择适合的增压器总成。

3. 催化器仿真分析

（1）催化器模态分析　在进行催化器模态分析时，为了尽可能和实际情况吻合，一般将排气系统所有硬连接考虑到一起，例如排气歧管、增压器、排气蝶阀、排气管（如果排气管是硬的金属管）、催化器集成消声器总成以及这些零部件上固定的支架和隔热罩等。

根据实际的安装情况，对安装点进行约束及载荷加载，需要输入各零部件的厚度、弹性模量、体积和质量等。为了更加接近实际应用环境，还需要输入整个排气系统的工作温度。

信息输入完整后，开始对催化器进行模态分析。需要确保计算后的催化器模态高于发动机基础模态（基础模态 = 最高转速 /2 × 缸数 × 安全系数），以避免与发动机产生共振而造成催化器损坏。同时为了观察整个排气系统在工作中的变形量，一般对前 6 阶模态进行计算，用于催化器集成消声器总成设计的参考。

如果计算结果显示一阶模态不满足要求或者其他阶次下变形量超标，则需要增加固定支架或者改变材料来解决。

（2）排气系统 CFD 分析

1）分析目的。

① 计算各段管路压力损失。

② 分析载体前端流动均匀性系数及速度偏心率是否满足设计要求。

③ 分析氧传感器周围最大平均速度，评判其位置是否合理。

④ 针对不满足设计要求项，提出优化建议及方向。

2）模型输入及边界确认。边界条件包括入口流量、入口温度、出口压力和出口静温，以及载体参数等。以下列方案为例。

① 入口边界：温度为 630℃，将入口气流设定为均匀分布且沿入口轴线方向流动，介质为空气（因无确定的尾气物性数据，用空气近似代替），气体流量为估算值 0.32kg/s。

② 出口边界：因为在较低压力状况下，出口压力的设置对排气系统的压力损失没有影响，故出口压力设置为 0kPa，出口温度设置为 25℃。

③ 多孔介质：尾气在催化剂载体内沿其孔道流动，因此，催化剂载体按各向异性多孔介质处理，即流体流经载体时只有沿轴向的速度和压力损失。

模型输入需要蜗壳出口以后的所有原始三维几何模型，然后通过抽取流体外壳及拉伸进出口边界，确定其物理边界。示例如图 5-32 所示。

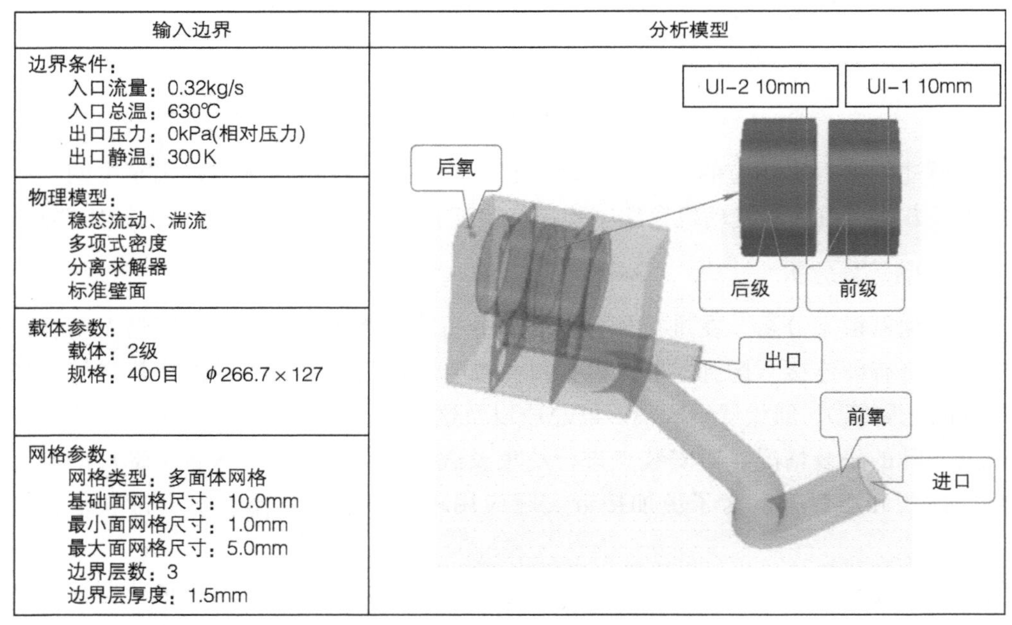

图 5-32 催化器 CFD 分析边界输入

3）公式原理。

均匀性（UI）（催化剂进气端面下 10mm）：

$$\gamma = 1 - \frac{\sum_{i=1}^{n} \frac{\sqrt{(w_i - \overline{w})^2}}{\overline{w}} A_i}{2A}$$

γ = 均匀性　　w_i = 局部流速

A_i = 局部面积　　$\overline{w}$ = 平均流速

A = 流通面积　　n = 月数

偏心率（VI）：

$$\mathrm{VI} = \frac{R_{\mathrm{v}}}{R_{\mathrm{m}}} \qquad \mathrm{HI} = \frac{V_{\max} - V_{\min}}{V_{\mathrm{mean}}}$$

式中，R_{v} 为最大速度与载体截面中心的距离；R_{m} 为截面半径。参数示意如图 5-33 所示。

4）CFD 物理模型及网格划分。排气系统各部件的内部结构完全按照实际结构进行构建，外部结构在不影响计算结果的情况下进行了适当简化。采用切割体网格对排气系统进行网格划分，主要由六面体网格构成，在保证计算精度的同时节约了计算时间。

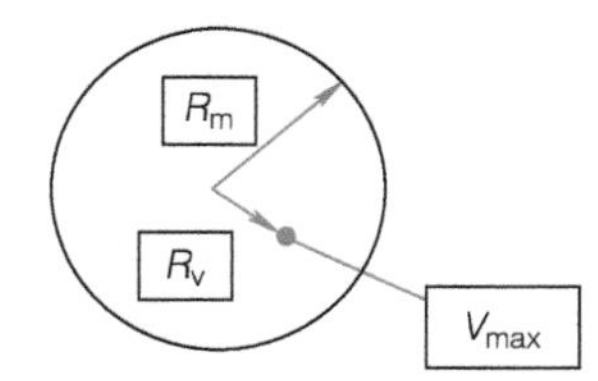

图 5-33　参数示意

5）压力和温度分布。计算点一般包括六个：排气管入口，两级载体的前、后端，催化器出口。

先计算出各处的压力值，再计算差压。图 5-34 是某 13L 甲醇机催消一体件压力计算结果，可以看出载体是压损最大的部件。

各段压力损失分析结果/(静压)kPa	
A	10.5
B	10.9
C	6.9
D	6.9
E	2.9
F	0
Δ(A−B)	−0.4
Δ(B−C)	4
Δ(C−D)	0
Δ(D−E)	4
Δ(E−F)	2.9
Δ(A−F)	10.5

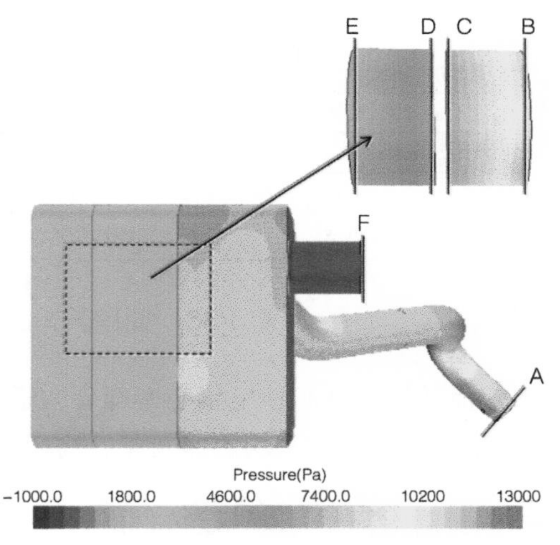

图 5-34　催化器 CFD 分析压损分布

因为排气管散热、载体吸热，沿着气流的方向温度会逐渐降低。某甲醇发动机催化器稳态的温度云图如 5-35 所示（受计算条件限制，最重要的冷起动温度模型难以模拟）。

6）催化器载体前端流动均匀性系数 UI 及速度偏心率 VI。气流在载体截面上的流动均匀性影响气体在催化剂载体中的停留时间，对催化剂的催化效率有很大影响，同时流动均匀能有效减少压力损失。图 5-36 显示出载体端面气流分布。

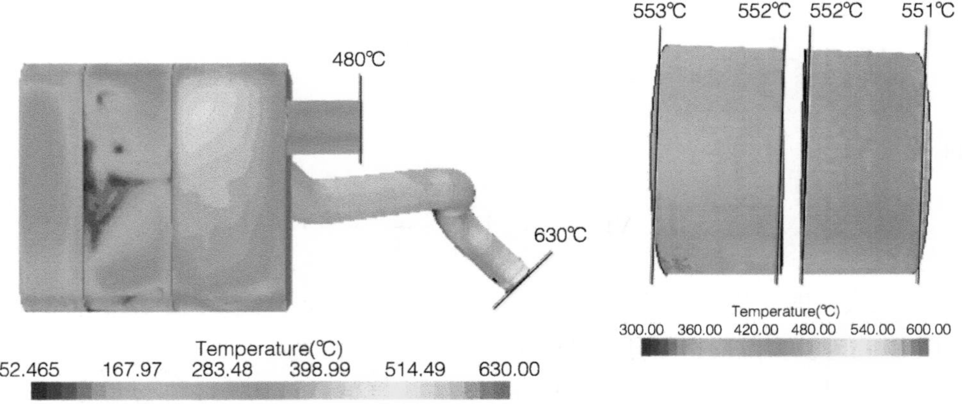

图 5-35 催化器 CFD 分析温度分布

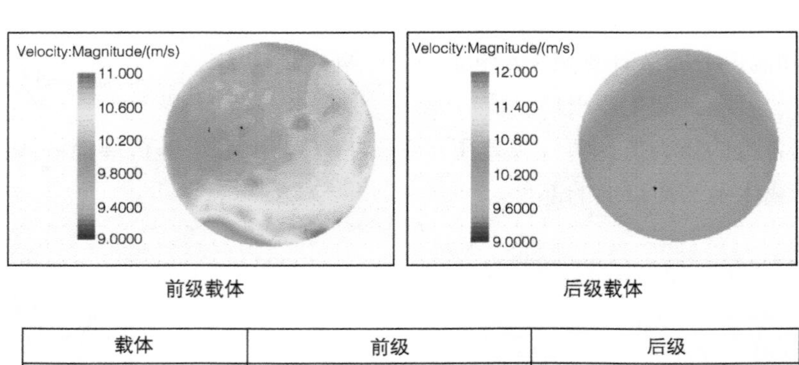

载体	前级	后级
UI	0.984	0.986
VI	0.95	0.98
小结	载体前端均匀性UI≥0.9，满足设计要求	

图 5-36 催化器 CFD 分析均匀性分布

一般要求流动均匀性和速度偏心率都要大于 0.9。

7）氧传感器周围最大平均流速及尾管马赫数。分析结果如图 5-37 所示。

5.3.3 甲醇发动机排气系统试验验证

1. 增压器选型试验

选型试验在增压器和各附件的第一批手工样件完成之后开始，目的是对增压器的匹配计算进行试验验证和优化，找出最适合的压气机和涡轮机。

（1）边界条件　这是试验有效的前提。压前负压、进气温度、中冷后的温度、中冷压降、涡前温度、排气背压、膨胀比、增压器转速、涡前和压后压力之差等参数均不得超出限值。

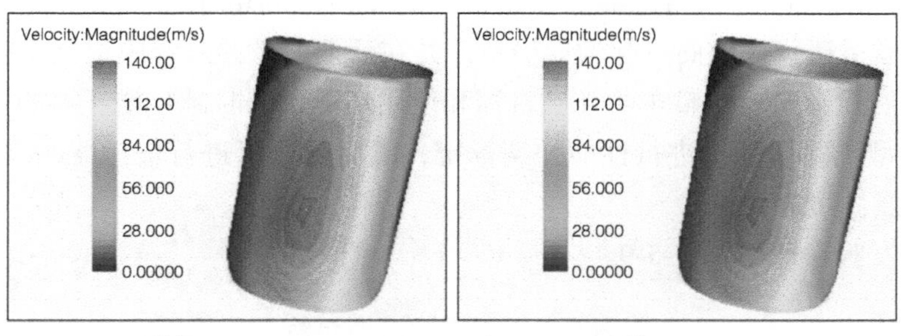

前氧：137.9m/s　　后氧：18.5m/s

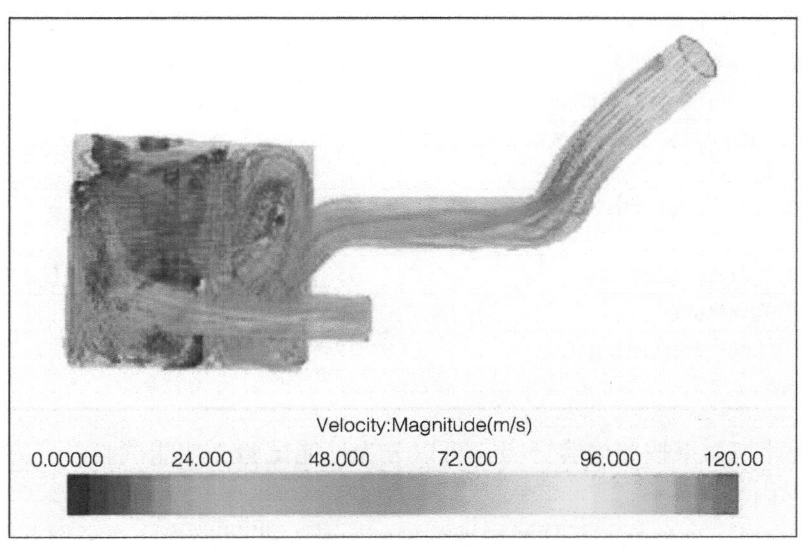

尾管口马赫数：75.5/340=0.222

图 5-37　催化器 CFD 分析均匀性分布

（2）性能目标　在试验过程中努力将试验数据做到和目标值一致，包括动力性、油耗、EGR 率。如果怎么调整都无法达到目标值，则重新匹配增压器或者修改开发目标。

（3）确定增压器方案　根据试验结果计算出发动机运行线，放到压气机和涡轮机的 MAP 图中。

1）压气机。主要关注喘振余量、超速余量、堵塞线、高原运行线。喘振余量一般是 10% 左右，具体值需要和厂家沟通，因为这和增压器的整体设计有关；超速余量主要根据车辆运行的最高海拔来计算；堵塞线主要是考虑到压气机的运行效率问题（靠近堵塞线的效率太低）。

2）涡轮机。发动机低转速时的运行曲线和涡轮机的运行线重合，高转速时高于涡轮机的运行线。同时需要考虑旁通率，以便增压器有足够的调节余量。

2. 增压器开发试验

增压器开发试验内容在增压器的概念设计时就应该和增压器工程师、发动机项目组、采购组、采购质量组、供应商一起沟通确定，并在后期的试验过程中根据实际情况完善。

试验开发的目标是满足整车的开发目标和使用环境，同时满足增压器的使用条件。

增压器选型试验后开始进行性能初期标定，然后就可以进行增压器的专项试验，同时结合整车的开发做可靠性试验。

增压器开发验证计划见表 5-9。

表 5-9 增压器功能性试验

序号	名称	序号	名称
1	涡轮增压器性能匹配试验	10	发动机冷热冲击试验
2	增压器性能一致性试验	11	发动机 1000h 耐久试验
3	增压器进出口法兰压印试验	12	增压系统整车 VNAP 验证试验
4	发动机润滑试验和增压系统润滑系统功能验证试验	13	增压系统整车高寒地区适应性开发试验
5	发动机冷却试验和增压系统冷却功能验证试验	14	增压系统整车高温地区适应性开发试验
6	增压系统密封功能验证试验	15	增压系统整车高原地区适应性开发试验
7	增压器回热试验	16	温度场试验
8	增压系统台架 NVH 开发试验	17	整车 OTS 路试
9	包容性试验		

开发验证计划如果按照内容分类又可以分为性能试验、功能试验、可靠性试验三类，具体包括 13 项内容。

（1）性能试验　性能试验包括匹配选型试验（前面已经介绍）、五台性能一致性试验。

性能一致性试验是在同一台发动机上至少更换五台增压器，详细对比各项性能指标，包括功率、转矩、空燃比、占空比、压气机前后的温度压力、涡轮机前后的温度压力、曲轴箱压力等，确保偏差在 ±3% 范围内。

（2）冷却试验　目的是测量在恶劣工况下和紧急停机状态下增压器各个关键部位的温度是否超标。具体方法是测出最大转矩点和额定功率点进出水口、进出油口压力温度，根据供应商提供的流量压力图对比看是否满足。同时测出中间体各处关键部位在最大转矩点和额定功率点以及停机后的温度变化，如考虑加电子水泵则需要测出发动机停机之后电子水泵运行不同时间时关键处的温度变化，确保温度不超过增压器厂家的限值。

（3）润滑试验　目的是确定机油是否满足增压器的润滑条件，分为瞬态和稳态两大类情况。稳态试验是测试增压器在怠速、最大转矩、额定功率点时进油口的机油压力是否满足增压器厂家的规定。瞬态试验是为了测试冷起动和热起动状态下增压器的进油口机油压力建立时间。

（4）台架振动试验　主要是为了测试整个排气系统的模态和增压器中间体的振动值，

同时测出相关附件如支架的振动值。

（5）密封试验　目的是确定增压器在各种工况下运行都不会漏油且回油畅通。

密封试验分不同工况（整车上的测试分为怠速、爬坡、起伏、低速、高速等）进行。一般测出中间体和压后、中间体和涡前、中间体和回油管三处的压力差后和供应商提供的标准对比。也可以在台架上测试万有特性下各处的压差。

（6）回热试验　目的是确定热停机之后，中间体各个关键部件温度是否超标，记录各点的温度随时间变化的曲线。一般分为台架回热和整车回热试验，台架回热试验在进行冷却试验时一起做，整车回热试验在进行高温试验时一起做。

（7）包容试验　从安全角度考虑，叶片不会击穿壳体。主要由供应商完成。

（8）高温试验　测试增压器中间体几个关键位置在高温环境和高速高负荷下运行时的温度，以及在紧急停机的条件下中间体的几个关键位置的温度，避免超温而导致润滑油结焦、断轴等情况发生。

（9）高原试验　高原试验工况下，增压器的转速、膨胀比和涡前排温等都不得超过限值。对于不同的产品，相应的限值也不同，需要参照具体零件的特性判定。在瞬态工况操作时，需注意观察增压器是否发生喘振。

（10）高寒试验　确定增压器进油口压力能否在规定的时间内达到规定值，不同厂家要求不一样。

（11）整车温度场试验　整车在不同工况下运行，测出增压系统及其周围各个薄弱部位的温度（蜗壳、排气歧管、预催附近的各类橡胶、塑料件；水路、油路），确保相关零部件和系统的功能、可靠性以及发动机的性能不受高温的影响。

（12）整车 NVH 试验　主要是为了测试增压系统在整车环境下的噪声。一般由 NVH 工程师牵头测出各类噪声，再和增压系统工程师一起找出属于增压系统的要素；最后会同各个系统工程师一起解决相关噪声问题。

（13）可靠性试验　结合发动机的耐久试验分为以下两类。

1）负荷循环：主要是从不同负荷循环方面来考核增压器。

2）次冷热冲击：利用进水温度变化带来的热应力变化考核增压器。

3. 催化器的开发试验

催化器开发试验在供应商定点之前就应该确定并在技术要求书中体现，为采购报价提供参考。如果后续在开发过程中发现有必要增加试验项，则通过技术、商务、项目组沟通后再做补充。

目前甲醇催化器开发试验内容包括如下 9 项内容。

（1）排放选型　常规排放满足 GB 17691—2018《重型柴油车污染物排放限值及测量方法（中国第六阶段）》中重型天然气机排放标准，分别满足 6.3 发动机标准循环排放限制和 6.4 非标准循环排放要求。非常规排放满足《八部门关于在部分地区开展甲醇汽车应用的指导意见》（工信部联节〔2019〕61 号）中第十六条规定。

（2）密封性试验　消声器内相对气压稳定在（30 ± 1）kPa 时，消声器漏气量不超过 30L/min（不含排水孔漏气量）。试验方法见 QC/T 631—2009 5.2 条款。

（3）耐压试验　满足在（300 ± 10）kPa 水压下无破损和变形，试验方法见 QC/T 631—2009 5.3 条款。

（4）内压耐久性试验　满足消声器在 0 ~（98 ± 5）kPa 水压范围内连续加减压 20000 次无破损，试验方法见 QC/T 631—2009 5.3 条款。

（5）振动耐久试验　试验完成后不得出现载体破碎、变形等失效模式，催化器不得出现破碎、脱焊、变形等失效模式。试验方法参照 QC/T 631—2009 4.8 条款。

（6）插入损失试验　插入损失 ≥ 25dB。试验方法参照 QC/T 631—2009 5.5 条款。

（7）排气背压试验　排气背压 ≤ 20kPa。试验方法参照 QC/T 631—2009 5.5 条款。

（8）盐雾试验　盐雾试验 240h 无红锈。按 QC/T 484—1999 标准中 TQ8 丙类耐热涂层要求执行。

（9）禁限用物质试验　按照 GB/T 30512—2014《汽车禁用物质要求》执行。

开发试验是将理论设计转化为真实产品必须经历的一个环节，既可以提前暴露问题，也可以对前期的模拟计算做一个反向校核。在开发阶段暴露的问题越充分，交付给客户后出问题的概率就越低。试验验证的内容越充分，试验数据采集得越全面，后续开发工程师的模拟计算就越精确。

重型甲醇发动机排气系统相对于天然气机、柴油机，更大的挑战在于润滑系统劣化后对增压器轴承的损伤以及非常规排放难以达标。

参 考 文 献

[1] 周龙保 . 内燃机学 [M]. 北京 : 机械工业出版社 , 2005.

[2] 崔心存 . 醇燃料与灵活燃料汽车 [M]. 北京 : 化学工业出版社 , 2010.

[3] 全国内燃机标委会 . 内燃机进、排气管技术条件 : JB/T 8579—2011[S]. 北京 : 机械工业出版社 , 2011.

[4] 林波 , 李兴虎 . 内燃机构造 [M]. 北京 : 北京大学出版社 , 2008.

[5] 付小琪 . 盐雾腐蚀对 A356 铝合金性能的影响 [D]. 西安 : 西安工业大学 , 2012.

[6] 齐洋 . 高镍球铁耐热性能与排气歧管数值模拟研究 [D]. 长春 : 吉林大学 , 2010.

[7] 刘晓宇 . 汽车排气歧管设计理论研究 [D]. 武汉 : 武汉理工大学 , 2013.

第 6 章 润滑系统

甲醇发动机润滑系统结构与传统内燃机类似，润滑主要考量的是各零件所需求的压力和流量，实际上在没有额外增加的润滑零件的前提下，无需对整个润滑系统重新验证，但甲醇发动机的润滑还需要关注零件的腐蚀和磨损，由于某些工况下未燃烧的甲醇和甲醇燃烧产物掺入机油中，对零件的材料有特殊的要求。本章主要从润滑系统中关键零件的设计、系统的匹配计算以及机械开发试验等方面概述，而将重点集中于润滑油的开发。

6.1 润滑系统概述

发动机润滑系统的主要任务是供应足够数量的且具有适当温度的洁净机油到各摩擦表面，使主要摩擦副达到液体摩擦，减少摩擦损失和零件的磨损，以保证内燃机的动力性、经济性、可靠性和耐久性；此外，流动的润滑油不仅可以清除摩擦表面上的杂质，冷却摩擦表面，还可以提高气缸的密封性，且防止零件生锈。现代润滑系统一般采用的是复合润滑方式，既用压力润滑，又用飞溅润滑，高速重负荷摩擦表面，如曲轴主轴承、连杆轴承、凸轮轴承等用机油泵压力润滑；负荷轻、速度低或润滑条件有利的地方则用飞溅润滑。

一个完整的润滑系统应包含机油集滤器（吸油盘）、油底壳、机油泵、机油滤清器、机油冷却器、活塞冷却喷嘴、机油标尺等零部件，某一重型甲醇发动机润滑系统油路原理图如图 6-1 所示。

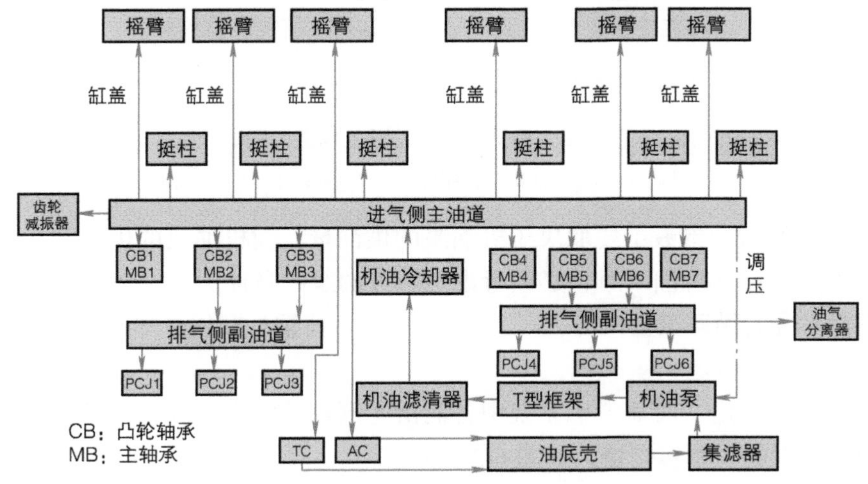

图 6-1 甲醇发动机润滑系统油路原理图

6.2 润滑系统的主要零部件

6.2.1 机油泵

机油泵作为润滑系统机油的动力来源，工作正常与否直接关系到整个发动机的使用寿命，其工作方式是从油底壳吸取机油，泵出后压力输送到发动机各相关零部件和摩擦副。目前在内燃机上使用的机油泵主要有三种结构：转子泵、齿轮泵和叶片泵，在汽油机应用中以转子泵居多，在中大排量柴油机上以齿轮泵设计居多，叶片泵的设计使用一般以变排量为主。机油泵一般布置在油底壳内，也有集成在正时链罩壳上的设计，设计都是为了降低吸油高度，起动时能快速实现向整机泵油。

转子式机油泵（图 6-2a）：采用内外啮合齿数较少的转子（一般齿数 8、9、10、11 等），泵油原理是依靠内外转子之间形成的空腔输送机油，结构紧凑，外形小，近年来越来越多地运用到高速内燃机上，其主要结构组成包括内转子、外转子、泵体、泵盖、泄压阀，材料选择上内、外转子一般选用粉末冶金烧结成型，泵体、泵盖多采用铸铝。

齿轮式机油泵（图 6-2b）：采用的是两个齿轮外啮合，依靠齿轮与泵体间形成的空腔输送机油，相互啮合的齿轮设计成直齿或斜齿，齿轮式机油泵结构简单、机械加工方便、工作可靠、寿命长，因此应用很广泛。

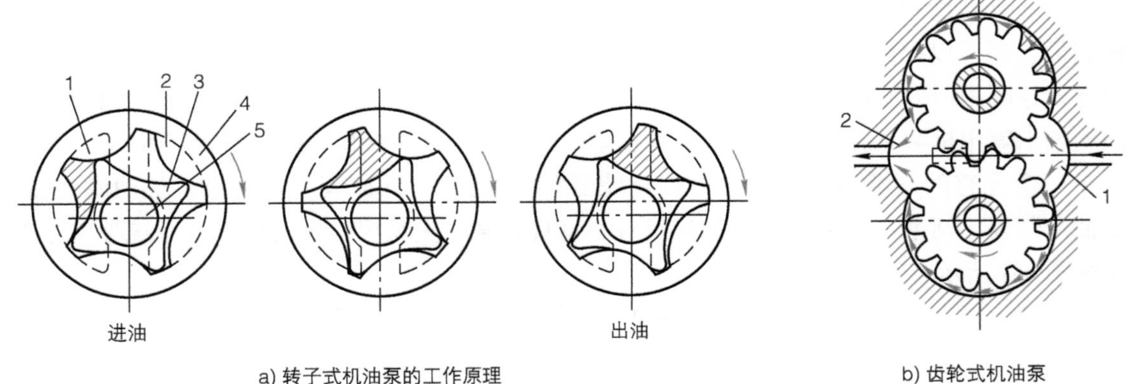

a) 转子式机油泵的工作原理　　b) 齿轮式机油泵

图 6-2　转子泵和齿轮泵工作结构图

1—进油口　2—出油口　3—内转子　4—外转子　5—驱动轴

机油泵设计的结构参数主要取决于机油泵的供油量，而机油泵的供油量又决定于润滑系统的循环油量，设计机油泵时，必须考虑足够大的泵贮备能力，一般考虑机油泵的实际供油量比润滑系统的循环流量大 2 ~ 3 倍，尤其是热负荷重、利用冷却活塞喷嘴或采用离心式机油滤清器的发动机。

机油泵在初始的定义时需考虑系统中各润滑零部件的需求，综合基础机型和对标或目标机型初选机油泵的初始转排量，如图 6-3 所示。

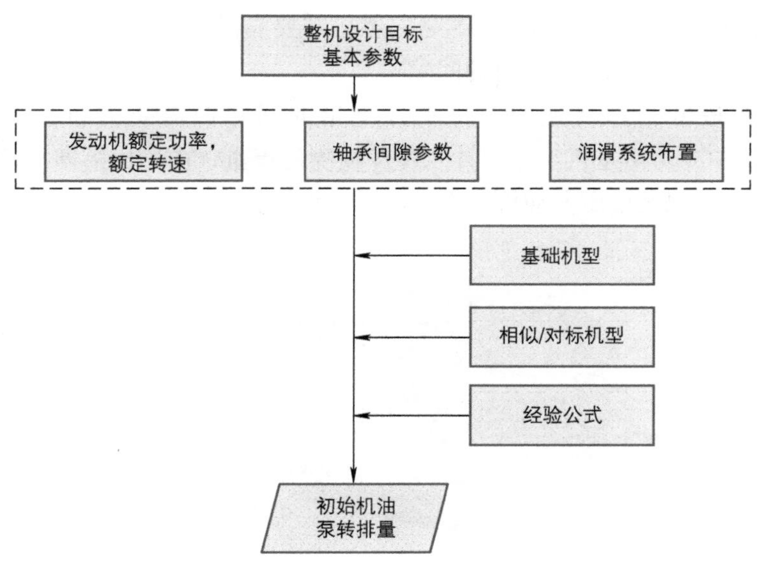

图 6-3　机油泵初始理论计算

目前不同的设计公司进行机油泵初步选型的经验方式略有差异，当前有三种循环油量的计算方法：散热量计算法、AVL 经验算法、Ricardo 经验算法。国内主机厂中，AVL 经验算法使用略广。

1. 散热量计算法

循环油量是指单位时间内流经主油道的机油量，它取决于内燃机传给机油的热量 Q_c，内燃机中进入气缸的燃料发热量为

$$Q_c = \frac{3600N_e}{\eta_e} \quad (\mathrm{kJ/h}) \tag{6-1}$$

式中，N_e 是内燃机功率；η_e 是内燃机效率，一般地，汽油机取 0.25，柴油机取 0.35，燃气机和甲醇机系数取值取决于平台化的机型，如：重型甲醇发动机则借鉴同平台柴油机系数。

求出传给机油的热量 Q_c 之后，即可计算润滑系统的机油循环量 V_c

$$V_c = \frac{Q_c}{\Delta t \gamma c} \tag{6-2}$$

式中，Δt 是机油进、出油口的温差，通常取 8 ~ 15℃；γ 是机油的密度，通常取 0.85 ~ 0.90kg/L；c 是机油的比容热，近似取 1.7 ~ 2.1kJ/(kg・℃)；一般地，可认为活塞不用油冷时：$V_c = (7 \sim 17)N_e$(L/h)；活塞采用油冷时：$V_c = (25 \sim 34)N_e$(L/h)。

2. AVL 经验算法

AVL 以润滑间隙（图 6-4）的总量为依据计算循环油量 V_c

$$V_c = BS \tag{6-3}$$

式中，B 是润滑单位间隙面积的油量；S 是内燃机需要润滑的各种轴承最大间隙的总面积，最大间隙指孔取最大值和轴取最小值的间隙。

AVL 推荐在最低工作转速时，每平方毫米的间隙面需要的机油循环油量为 3L/(mm^2・h)；对喷油冷却活塞机型还要计入冷却喷嘴的流量，内燃机活塞冷却喷嘴总油量为 5.44L/(kW・h)，并规定增压发动机以不增压时功率计算。

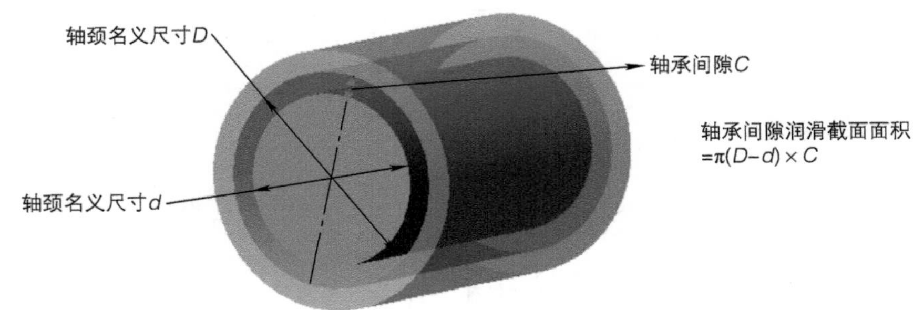

图 6-4　润滑间隙定义

计算时除了考虑轴承处的泄油，还需加上其他元件在低速工况下的泄油量，参考表 6-1。

表 6-1　其他元件泄油量因子

零件名称	泄油量因子 /(L/min)
链条喷嘴	0.5
张紧器	0.25
液压挺柱 ×6	1.6
涡轮增压器	0.5

3. Ricardo 法循环油量计算

Ricardo 法以内燃机全速时循环油量 V_c 为设计依据，P_e 为发动机额定转速下的功率：

1）对于活塞不采用冷却的机型，V_c/P_e 的范围为 22～26L/(kW・h)。

2）对于活塞采用喷油冷却的机型，V_c/P_e 的范围为 25～30L/(kW・h)。

3）对于增压内燃机，按不增压时的功率计算循环油量，机油泵的实际供油量 V_p 为 V_c 的 1.5～2.0 倍。

实际提供流量计算（以转子泵为例）：

转子式机油泵的供油量为

$$V_c = \pi(R^2 - r^2) \cdot B \cdot n \cdot \frac{1}{i} \cdot \eta_{vp} \times 10^{-6} \quad (\mathrm{L/min}) \tag{6-4}$$

式中，V_c 是机油泵供油量（L/min）；R 是内转子齿顶圆半径（mm）；r 是内转子齿根圆半径（mm）；B 是转子厚度（mm）；n 是发动机转速（r/min）；i 是机油泵传动比；η_{vp} 是机油泵容积效率。

由机油泵循环油量计算公式可以看出：

1）机油泵泵油油量与转子齿数无关。

2）影响循环油量的参数有转子厚度、机油泵转速、转子形状和机油泵容积效率。

3）增加转子齿数，可以降低齿面磨损、减小单位体积流量、降低功率消耗。

机油泵泄漏因数为

$$C_1 = (1-\eta)\frac{\mu_{\text{ref}}\omega}{dP} \tag{6-5}$$

式中，η 是容积效率；μ_{ref} 是动力黏度 [kg/（m · s）× 10^{-6}]；ω 是角速度（rad/s）；dP 是润滑系统背压（kPa）。

6.2.2　机油滤清器

机油在内燃机中，不断被内燃机件的磨损颗粒和外界落入的杂质所污染，同时机油受热氧化产生了可溶于机油的酸性物质和不可溶的胶状沉淀物，这些杂质对发动机是有害的，为了及时清除机油中的杂质和胶状沉淀物，延长机油的使用周期和发动机的寿命，在润滑系统中设置机油滤清器（图 6-5）。

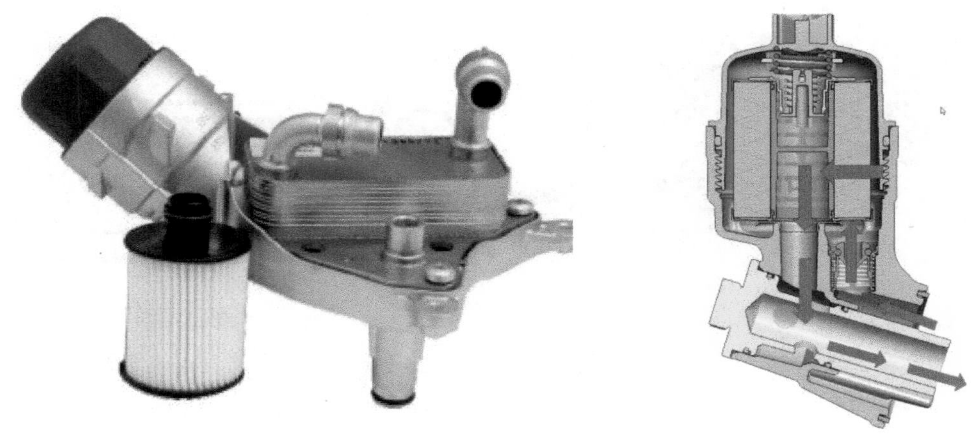

图 6-5　某发动机机油滤清器总成和内部工作原理图

滤清器可分为全流式和分流式，即串联或并联在润滑系统中，现代高速汽、柴油机一般采用串联在润滑系统中的布置，中大型柴油机有串、并联同时存在的设计。

机油滤清器不仅要具备排除有害杂质的能力，而且作为润滑系统的一个部件，它的性能一定要满足内燃机的要求，评价滤清器的性能一般使用以下几种工作特性：

1）流量阻力特性：机油通过滤清器时，会在滤清器前后产生一个压力差，这个压力差就是滤清器的阻力，它给润滑系统造成压力损失，它的数值越小越好，一般要求全流式滤清器在额定流量时的原始阻力不大于 50kPa。

2）过滤效率：新滤清器测定的过滤效率为原始效率，使用不同尺寸的粒子进行效率测试，便可得出不同的过滤效率。

3）寿命特性：从新滤芯使用到堵塞，即内外压力达到滤清器旁通阀开启压力数值时，所经过的内燃机运转小时数，称为滤清器使用寿命。

甲醇发动机由于燃烧后水分含量较高，需要对滤芯材料提出更高要求，温度较低时，油气中含水量升高，长时间使用，机油滤芯失效，机油滤清器前后压差增大，导致机油滤清器中的旁通阀开启，机油滤清器失去其功能。

6.2.3 机油冷却器

机油冷却器的作用是通过冷却液带走一定的润滑油热量，保证进入发动机主油道的润滑油在合理的温度范围内，从而提高机油的使用寿命和发动机可靠性。最初，自然吸气发动机上并没有使用，后期由于性能提高，特别是随着增压、直喷技术的引入，机油冷却器成为必不可少的关键零部件，机油冷却器模块如图 6-6 所示，一般来讲，在小型发动机上，机油冷却器和机油滤清器往往进行模块化集成，在中型和大型发动机上，由于空间布置需求，机油冷却器和机油滤清器分体安装，机油冷却器采用内置式较多。

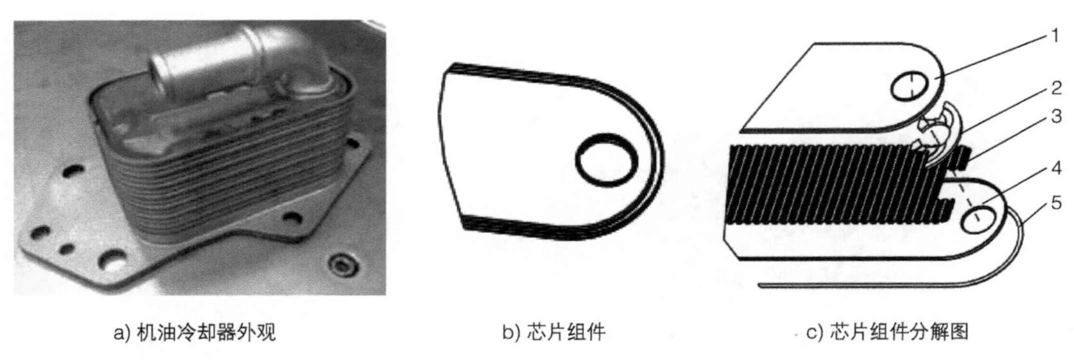

a) 机油冷却器外观　　b) 芯片组件　　c) 芯片组件分解图

图 6-6　机油冷却器

1—散热器片上盖板　2—进油口不锈钢片　3—翅片　4—散热片下盖板　5—散热片盖板连接板

目前市场上常用的材料为导热系数较高的铝合金材料，采用芯片结构，多层焊接在一起，芯片组件之间水路冷却，各芯片组件内部油路循环，每个芯片组件内部采用一定结构上下片之间焊接在一起。特别需要指出，由于工艺缺陷而引起的芯片模具的差异以及间隙过大等，将使产品在高温钎焊时容易产生虚焊，从而导致翅片头部切头处齿形塌，所以当出现油压过高时，在虚焊处易出现裂纹直至泄漏，出现油水混合的问题，甚至导致发动机损坏。故在工艺不能改变的前提下，通过某些设计的改变也可以降低此问题的发生概率，如图 6-6c 所示，进油口设置了一定结构的不锈钢片可以提高油压冲击时的强度。另外，甲醇发动机使用时需要注意的是，甲醇燃烧后易于产生甲酸，磨损元素中铜对甲酸尤其敏感，故芯片组件内部高温焊接材料尽量不用铜钎焊。

6.2.4 油底壳

油底壳的主要功能是存储发动机机油，并同时承担机油的散热传递作用，油底壳按结构可分为干式油底壳和湿式油底壳两种，按材料分类，有塑料件、压铸铝件、铸铁件、钣金件、静音钢板件等，目前乘用车多采用钣金、压铸铝材料，商用车常见铸铁、钣金件，另外近年来塑料件的应用越来越广。选择油底壳容量时，要保证一次加注后，内燃机能长时间运转，同时还需要兼顾油底壳内机油的自然散热，设计容量按经验可参考：

车用汽油机：$V=(0.07\sim0.16)\cdot N_e$（L）；

车用柴油机 / 甲醇机：$V=(0.14\sim0.27)\cdot N_e$（L）。

设计外形结构应考虑车辆在爬坡和转弯状态下的机油倾角，保证在极限爬坡或转弯情况下机油集滤器能从油底壳吸到机油，另外针对甲醇发动机在设计材料或涂层时应考虑耐腐蚀性要求。

6.3 润滑系统的匹配设计与机械开发

6.3.1 润滑系统的匹配计算

甲醇发动机润滑系统的匹配与传统燃料相同，在理论初选的机油泵基础上，概念设计油道完成后，需满足润滑系统的整个油压和流量分配。在尽量低功耗的机油泵能力下，实现各润滑零部件的特性要求，如增压器入口压力、高温怠速压力、流量需求、活塞冷却喷嘴打靶要求、开启压力定义等等，最终综合模拟计算分析得到最佳方案，选出合适的机油泵，满足整个润滑系统的需求。

首先，根据发动机润滑系统油路创建详细分析模型，设置机油的黏度、机油初始温度、壁面温度等，对各个零件的流阻、压损特性进行定义，标定机油泵的能力，计算机油泵性能、润滑油压力分布和流量分布、润滑系统管路流速和压降、零部件压降、润滑零部件压降等；还可借助于流体分析软件等进行润滑系统优化设计和故障分析。采用 GT 中子模块计算润滑系统如图 6-7 所示。

6.3.2 润滑系统的开发与试验

润滑系统的机械试验开发与传统燃料相同，测试所在温度要求下，不同转速下的各零件压力分布。对于甲醇发动机润滑系统开发需要注意的是，曲轴箱通风系统活塞漏气量的测试以及润滑油的机油燃油比测试。

对于润滑系统试验，目的主要是测试相应零件的油压、流量等是否达到设计要求，单个零件在发动机台架上做功能试验之前还需单件测试，再安装到发动机上，发动机上的轴承间隙尤其要考虑，目的是考核在主轴承和连杆轴承大端间隙最大时，同样能保证发动机各零件的润滑功能。

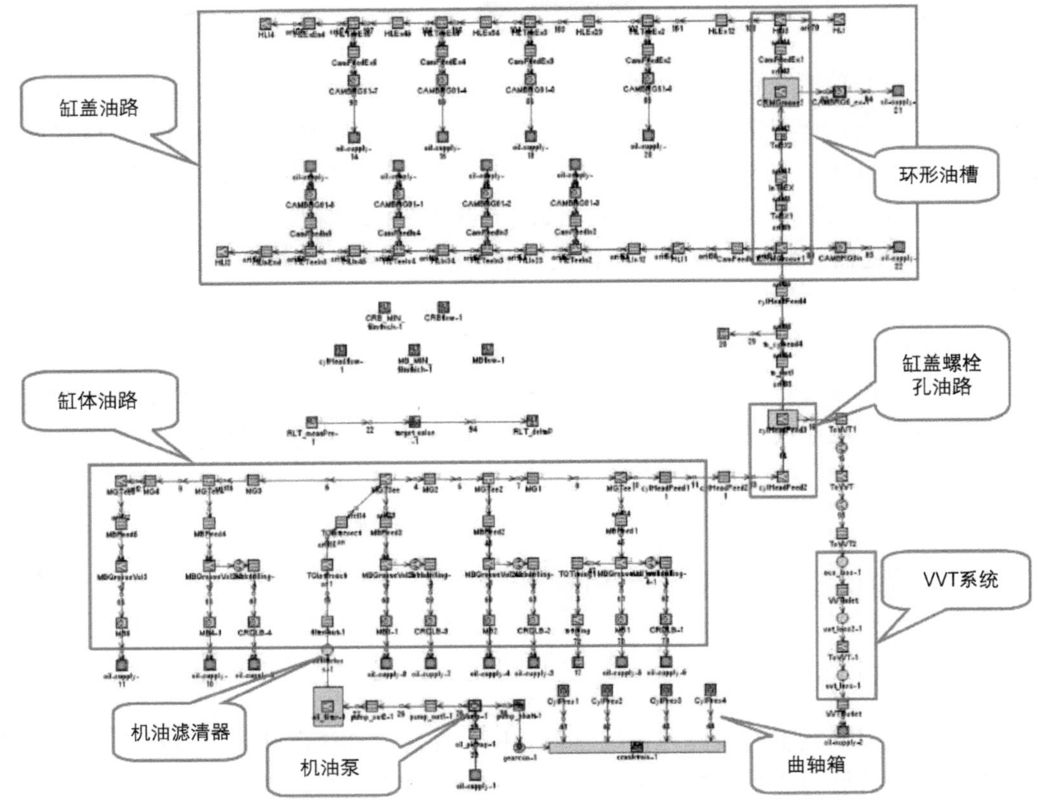

图 6-7　某一润滑系统匹配计算分析

1. 测试设备

准备测试需要的发动机、台架以及测试设备，测试设备见表 6-2。其中润滑系统测试发动机的装配间隙在 50% 至最大之间，间隙 = 中间间隙 +（最大间隙 − 最小间隙）× X%，间隙定义见图 6-8。

表 6-2　测试设备

编号	设备名称
1	测试控制系统
2	测功机
3	油耗仪
4	燃油控制系统
5	油温控制系统
6	水温控制系统
7	活塞漏气量测试仪
8	INCA 系统

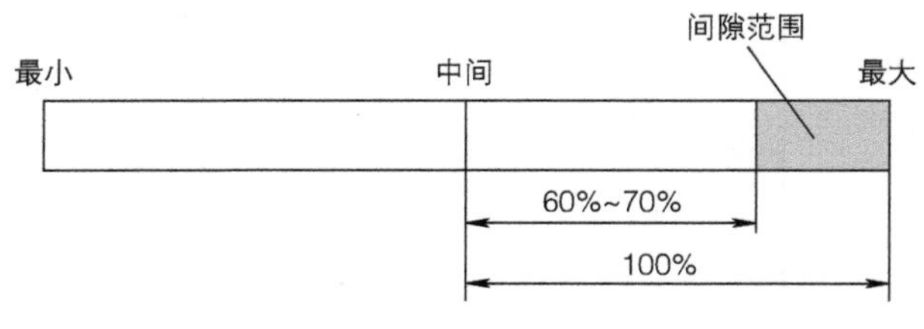

图 6-8 间隙定义

2. 试验项目

（1）机油尺的校对试验——最高刻度和最低刻度线 校对时发动机的角度应以整车安装角度为准。机油尺刻度的标定结果如图 6-9 所示。

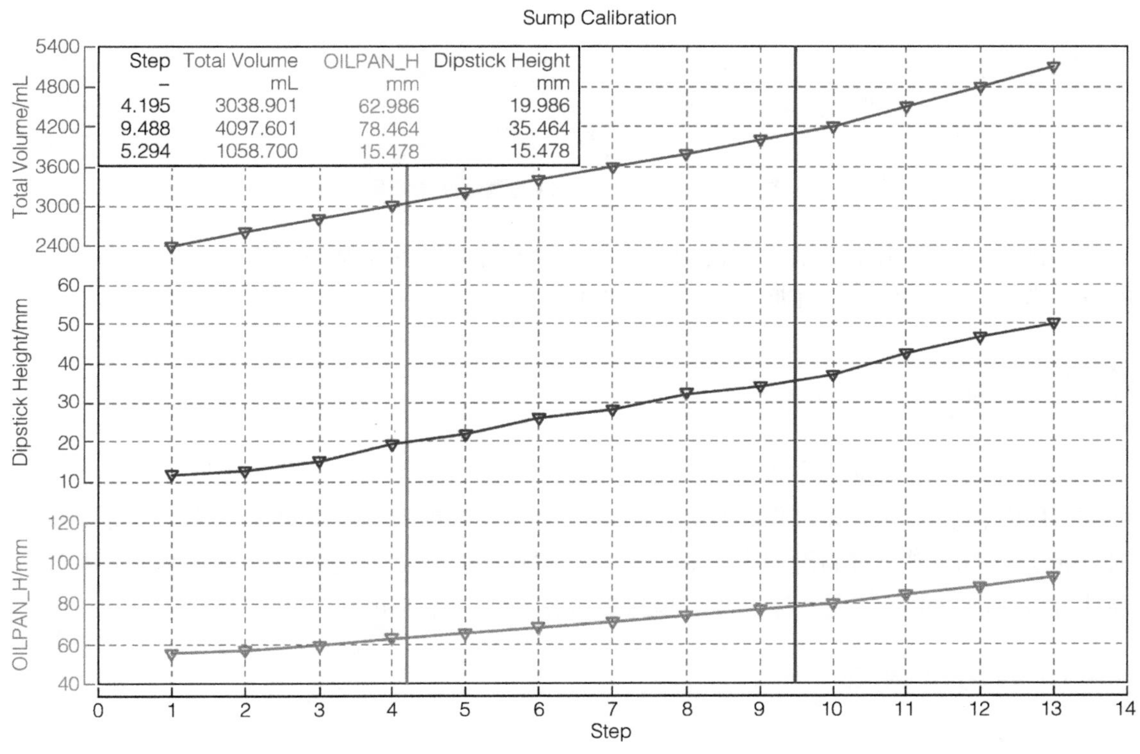

图 6-9 机油尺刻度的标定结果

（2）热怠速油压试验——考核发动机最大间隙 发动机在怠速时机油泵能力较小，高温下轴承间隙最大且机油黏度较低，建立的油压相对较低，此阶段考核主要通过各个零件油压要求来评断。

（3）各转速下稳态油压分布——考核发动机最大间隙 测试时定义发动机所允许的最高油温、发动机全速全负荷测试，测试时需要稳定 3min 后记录数据。各转速下零件的测试压力结果如图 6-10 所示。

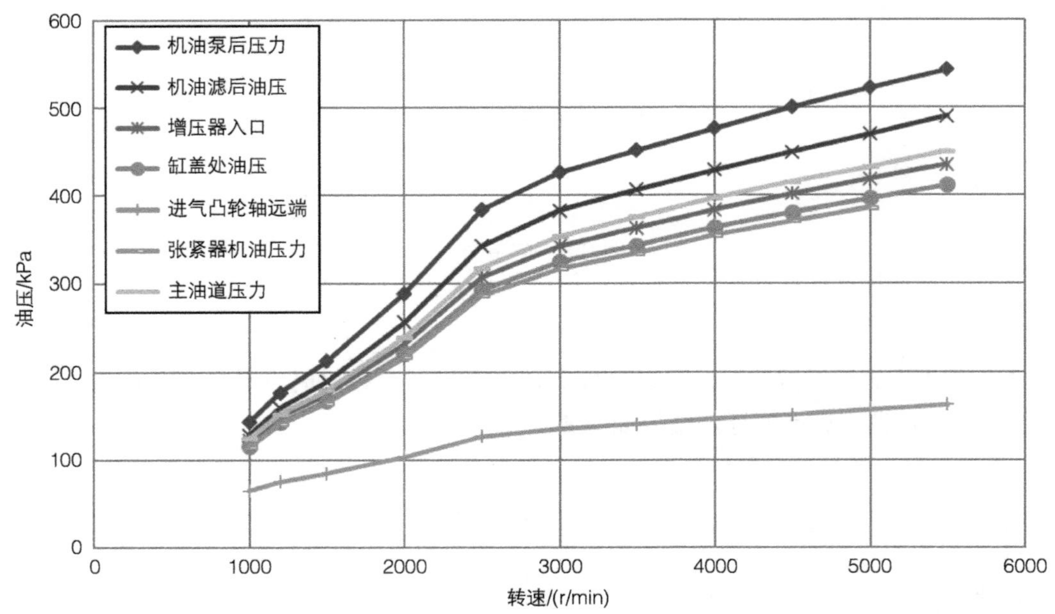

图 6-10　各转速下零件的测试压力结果

润滑系统试验由于流量测试较为复杂，一般通过测试油压结果评断，一方面验证零件的设计指标，一方面验证前期的计算分析结果。

6.4 甲醇发动机专用油

润滑油是甲醇发动机中最关键的考核项之一，润滑油与汽油、柴油等属于同质类，而甲醇、LPG、水等与润滑油非同质类，使得润滑的要求更高和难度更大，尤其甲醇存在腐蚀且属于极性溶剂，对润滑油中的添加剂存在破坏性，造成老化失效的速度加快。本节主要针对润滑油的主要性能指标以及甲醇润滑油的问题，讲述甲醇发动机润滑油的开发方案。

6.4.1 润滑油的概述

1. 润滑油的主要性能指标

（1）黏度　黏度是机油最主要的性能指标之一，国产内燃机所用机油就是根据黏度的数值分类编号的。它表示机油在发生相对运动时，机油层与层之间的分子内摩擦力的大小。常用的黏度单位有动力黏度、运动黏度和条件黏度三种。

动力黏度 μ 的物理意义是：任何两层机油层之间产生单位速度梯度（dv/dy）的运动时，需要在单位面积上作用的剪力。数值越大，黏度越高。

运动黏度 $v=\mu/\rho$，即在同样温度条件下机油的动力黏度 μ 与密度 ρ 的比值。

机油的黏度随温度的升高而急剧下降。一般规定机油在 40℃和 100℃的运动黏度，来表征机油的黏度特性。

运动黏度是衡量油品油膜强度、流动性的重要指标，在用油运动黏度的变化反映了油品发生深度氧化、聚合、轻组分挥发生成油泥以及受燃油稀释、水污染和机械剪切的综合结果。运动黏度变化率一定程度上表征了油品质量的衰变情况。黏度增加说明氧化加剧、油泥增多，油品的流动性变差，润滑性降低，黏度降低导致油膜不够而拉缸。一般来讲，甲醇发动机润滑油因为甲醇汽化潜热大、自燃温度高的特性，在部分负荷、低负荷时由于缸内温度低、雾化差、燃烧不完善，燃烧过程生成大量的水，以及燃烧产物、燃油等混入润滑油中容易导致黏度的变化。

（2）总酸值和总碱值　油品在使用中受温度、水分等其他因素影响，油品老化加快并产生较多的酸性物质，增加的酸性物质对设备造成一定程度的腐蚀，并在金属的催化作用下继续加速油品的老化。随着油品老化程度增加，产生更多的酸性物质。油品的碱值是用于中和燃烧生成的强酸性物质及油品自身氧化产生的有机酸，间接反映油品中添加剂有效组分的消耗、使用性能的下降。碱值反映了油品抑制氧化和中和酸性物质能力的强弱，下降到一定程度，油品失去了中和能力，可能产生腐蚀、磨损等现象。而甲醇发动机与传统燃料发动机不同，普通润滑油中很难解决甲醇燃料燃烧后生成物对发动机的腐蚀和磨损。因此，一方面增加润滑油的碱度可有效地阻滞气缸壁的磨损，另一方面润滑油中的清净分散剂也能有效地减小气缸的磨损，尤其是钙硼酸盐清净分散剂。

理论上甲醇在氧气充足、当量空燃比下燃烧后生成 H_2O 和 CO_2。但实际上，对于重型发动机来讲，进气均匀性本来相对较难实现的情况下，甲醇以其汽化潜热高、低温起动差特点，以及商用车平台发动机的气道、燃烧室结构、喷雾情况、EGR 等布置和设计现有的边界条件下，点燃式重型甲醇发动机更难实现理论燃烧。从而，燃烧过程中形成甲醛、甲酸等，见式（6-7）。甲酸及未燃甲醇等致使机油中的碱性添加剂失效速度加快，因此，与传统燃料润滑油相比，甲醇专用润滑油的碱值略高。

$$2CH_3OH + O_2 \longrightarrow 2HCHO + 2H_2O \tag{6-6}$$

$$2HCHO + O_2 \longrightarrow 2HCOOH \tag{6-7}$$

$$2CH_3OH + 3O_2 \longrightarrow 2CO_2 + 4H_2O \tag{6-8}$$

碱值主要来源于添加剂中的清净剂，主要的代表性化合物有磺酸盐、烷基酚盐、水杨酸盐、硫代磷酸盐。目前性价比较高的磺酸钙清净剂应用较广，磺酸钙的制备工艺中，先将重烷基苯进行磺化反应合成烷基苯磺酸；再将烷基苯磺酸与石灰、二氧化碳进行中和、钙化反应合成中碱值磺酸钙；再在促进剂作用下，通入二氧化碳进行碳酸化，使氧化钙或氢氧化钙再次进行钙化合成高碱值磺酸钙。其中，工业甲醇作为高碱促进剂主剂完成高碱化反应，如图 6-11 所示。成品的磺酸钙作为清净剂溶于机油中，在甲醇体系中，由于甲醇具有强极性，会造成产品的解析，即部分的碳酸钙和氢氧化钙从胶束中脱离出来，从而造成产品碱值和钙含量的降低。

中和反应为：

$$2R-\langle\bigcirc\rangle-SO_3H+Ca(OH)_2 \longrightarrow (R-\langle\bigcirc\rangle-SO_3)_2Ca+2H_2O$$

钙化反应为：

$$Ca(OH)_2+CO_2 \longrightarrow CaCO_3+H_2O$$

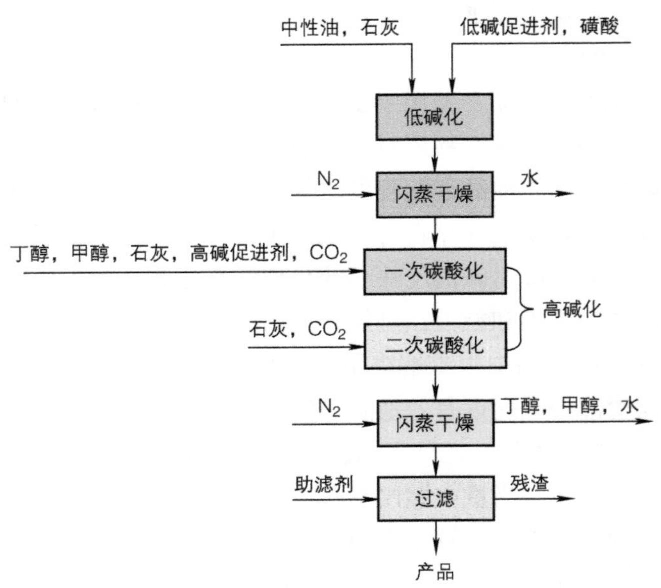

图 6-11　磺酸钙制备工艺流程

从工艺流程可知，影响碱值变化的有甲醇加入量、水加入量、二氧化碳通入速率等，图 6-12、图 6-13 分别为水分加入量和甲醇加入量的影响图。

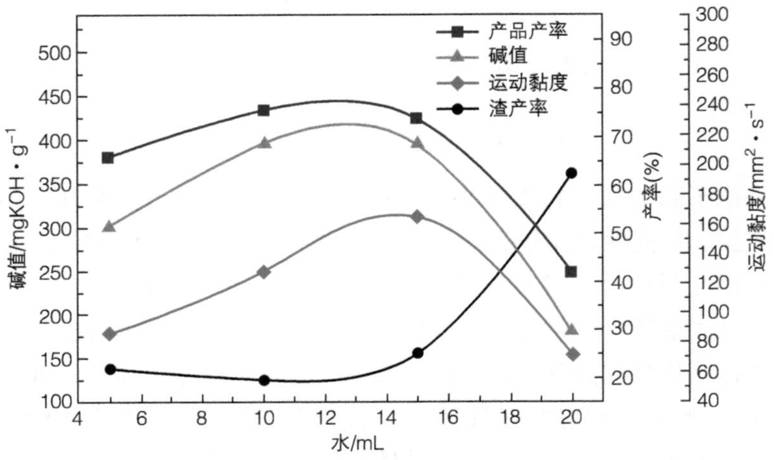

图 6-12　水分加入量的影响

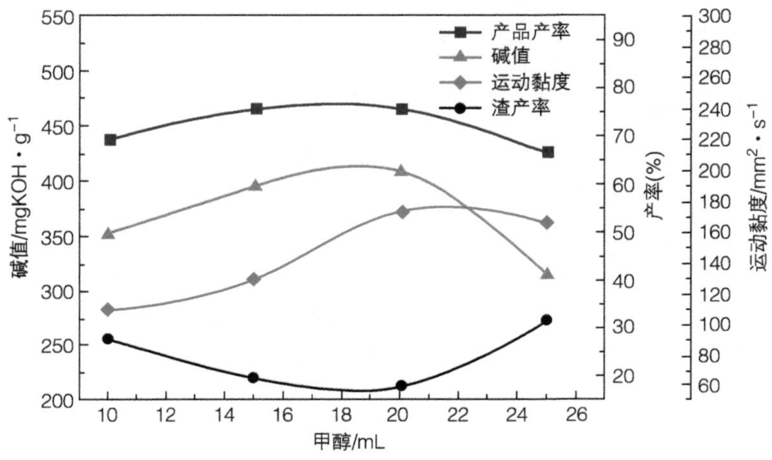

图 6-13 甲醇加入量的影响

甲醇在清净剂合成反应的过程中，位于组成微反应器界面膜的磺酸钙分子之间，有利于微反应器微乳液的形成，且可降低微反应器界面膜的强度，反应物和中间产物扩散容易进入微反应器进行反应，另外，微反应器相互碰撞时，易于进行物质的相互交换，有利于纳米碳酸镁粒子的形成和生长。当甲醇量过大时，大量的甲醇可使磺酸钙形成的微反应器界面膜强度变差，微反应器变得极不稳定且易破裂，微反应器在相互碰撞过程中容易聚集成大颗粒而沉淀，因此在甲醇体系中，清净剂易于失效，碱值降低较快。

在碳酸化反应过程中，表面活性剂磺酸钙与水、氢氧化镁等所形成的微反应器的直径大小与水和磺酸钙的摩尔比及磺酸钙的分子结构有关，当水量较小时，微反应器中的水以结合水为主，自由水量较小，界面强度高，在反应过程中，氢氧化镁、二氧化碳等反应物和中间产物较难通过扩散进入微反应器，且自由水量较小也会使生成碳酸镁的速度降低，此时增加水的加入量有利于反应的进行，有利于产品碱值的提高。当水的加入量过大时，微反应器的直径过大，界面强度降低，稳定性变差，容易破裂，且氢氧化镁进入微反应器的速度会大于二氧化碳的溶入速度，使氢氧化镁不能及时转化为碳酸镁，微反应器相互碰撞过程中也容易因氢氧化镁间的氢键作用凝聚变大而沉淀。

同时，根据第三方检测中心经验，对于柴油发动机 / 汽油发动机所用机油的总碱值检测，采用 ASTM2896-2015 检测结果，多次测试的数据相差较小，而甲醇发动机的机油测试结果相差较大，稳定性较差。甲醇占比 0.5%、油温 25℃时，随着静置时间的变化，测试的碱值变化和元素分析的变化见表 6-3。

（3）水分及燃油稀释　甲醇发动机燃烧后生成的甲酸、水以及未燃烧的甲醇等混入润滑油中，含量超过目标要求时，会导致其乳化并引起发动机润滑油中抗磨剂的分解，显著降低发动机润滑油的抗磨效果。因此油品中水分、燃油稀释的含量很大程度上影响润滑油的质量。机油的色泽、黏度等需在发动机试验过程中随时关注，一般机油的严重劣化均可目测看出。表 6-4 为甲醇发动机机油中甲醇、水分混兑试验结果，其中水分和甲醇含量为

表 6-3　甲醇对碱值影响测试

静置时间 /h		新机油	0	50	100	150	200
第 1 次测试：总碱值 /（mgKOH/g）		—	9.58	8.10	12.21	8.95	11.92
第 2 次测试：总碱值 /（mgKOH/g）		—	12.56	—	12.03	7.86	12.26
元素分析	Mg/（mg/kg）	557	549	521	518	522	504
	Ca/（mg/kg）	1394	1381	1302	1302	1306	1269
	P/（mg/kg ）	726	715	696	697	695	685
	Zn/（mg/kg）	845	843	797	795	797	774

表 6-4　甲醇发动机机油中甲醇、水分混兑试验

编号	水分占比（%）	甲醇占比（%）	甲醇机油（%）	静置 24h 后白色乳化物体积占比（%）	备注
1-1	0.2		余量	0.07	
1-2	0.4		余量	0.2	
1-3	0.6		余量	0.25	
1-4	0.8		余量	0.35	
1-5	1.0		余量	0.4	
2-1		0.3	余量	0	无变化
2-2		0.6	余量	0	无变化
2-3		0.9	余量	0	无变化
2-4		1.2	余量	0	混浊
2-5		1.5	余量	0	混浊
3-1	0.2		余量	0.05	
3-2	0.4		余量	0.15	
3-3	0.6		余量	0.3	
3-4	0.8		余量	0.5	
3-5	1.0		余量	1.0	

质量分数占比。由此可知，机油内部甲醇含量低于 0.9% 时，对机油中白色乳化物的影响较小；甲醇超过一定的比例（1.0%），急速加剧机油中乳化物的形成。从甲醇发动机台架试验中可知，正常的工作状态下，在用机油中的甲醇含量低于 0.1%，冷凝水分质量占比低于 0.2%，所以对机油没有影响，但是对于环境恶劣的情况：如环境温度低、频繁地起动，导致甲醇进入机油中比例过高；长时间低负荷工作，发动机温度低，水分冷凝多，造成机油中的水分高，易于白色乳化物的形成。实际上在使用时，也会遇见机油发生乳化的情况，甲醇进入机油中，机油的状态变浑浊；而过多的水分进入机油中，由于润滑油具有一定的分水性，会出现分层状态。从机油特性来讲，对于混浊状态的乳化物，流动较好，微量的并不影响机油的使用，但是如果掺杂的水分过多，反而会出现分层状态，如图 6-14 所示。乳化层由于有碳酸钙和氢氧化钙析出的原因，流动性变差，摇匀后，流动性正常。

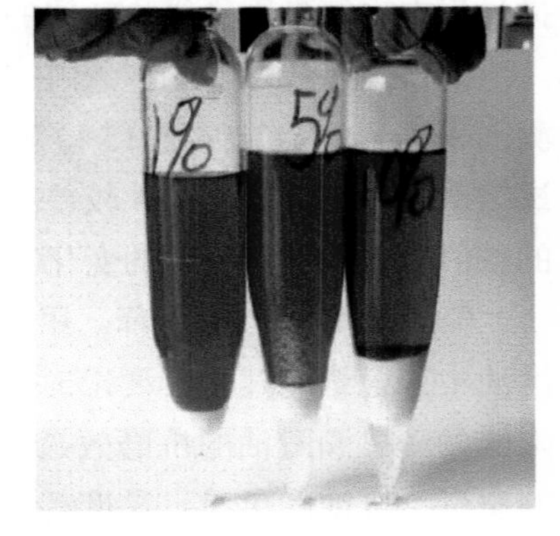

图 6-14　甲醇、水与机油混兑试验

（4）元素分析　油品中元素含量是评价油品的关键因素，一般来讲，目前常用的测试方法是利用红外光谱分析仪，通过红外谱图对比找出试验前后润滑油增加或吸收强度明显增加的吸收峰，然后根据吸收峰的位置推断官能团的类型从而确定新增加或含量增加的物质类型。该试验方法可实现至少 22 种元素含量测试，测试元素一般包括磨损元素、污染元素、添加元素等，Fe、Cu、Al、Cr、Mn、Pb 等定义为磨损元素，Si、Na、B 等定义为污染元素，K、Mg、Ca、Zn、P、S 等定义为添加元素。由于发动机状态不同以及不断加严的排放法规要求，新的润滑油开发前需要根据条件选定合适的添加剂，在保证磨损程度的同时还应考虑积炭、油泥、后处理等各方面要求。

2. 润滑油的选用

为使发动机润滑良好，必须用一个紧凑、高效的机油泵保证循环机油流量，必须用高效率的滤清器不断对机油进行净化，必要时采用强制冷却装置使机油温度保持在适当范围内。而对于甲醇发动机来说，由于甲醇燃料特性的原因，必须开发合适的润滑油以适用于 M100 甲醇发动机。

1）甲醇燃烧生成的甲酸、甲醛、水以及过氧化氢等液态残余物的酸性大大强于传统燃油燃烧产物的酸性，这些酸性物质会随燃料窜入润滑油中，导致油品碱值迅速降低，对金属特别是铜和铁元素造成腐蚀；同时，这类酸性物质可以引起并促进发动机活塞环和气缸壁的腐蚀磨损。

2）甲醇本身是一种很好的有机溶剂，可将附着在气缸壁上的润滑油清洗下来，导致摩擦面的润滑油膜稀释或严重老化，造成磨损。甲醇易与润滑油混合，在低温时更容易与油形成乳化液，比传统燃油更容易使气缸壁产生腐蚀和摩擦磨损。

3）润滑油中常用的抗氧抗磨剂 ZDDP 容易与醇类发生反应，丧失其抗氧抗磨特性。

6.4.2 甲醇发动机润滑油的开发方案

一般地，重型甲醇发动机与同款柴油、CNG 发动机共平台开发，考虑其通用性，甲醇发动机采用进气道喷射，CNG 采用进气预混，两者均是点燃式，但甲醇燃烧更类似于汽油，在一定条件下也可以采用可控的均质压燃 / 点燃，所以重型甲醇机润滑油的开发需要同时考虑三者特性，表 6-5 为三种燃料发动机的特点。

表 6-5　三种燃料发动机特点

项目	柴油发动机	CNG 发动机	甲醇发动机
燃料分子结构	C_{10} ~ C_{22} 烃类混合物	CH_4（85%） CH_3CH_3（9%）	CH_3OH
压缩比	16 ~ 22	8 ~ 12	11 ~ 13
燃烧效率	高	低	中
燃烧温度	低	高	高
排气温度	低	高	高

（续）

项目	柴油发动机	CNG 发动机	甲醇发动机
主要燃烧产物	CO、CO_2、HC、H_2O	CO_2、H_2O	CO_2、H_2O
有无碳烟	有	无	无
生成的酸类	H_2SO_4、其他有机酸	其他有机酸、少量 HNO_3	HCOOH
进气道润滑	有	无	无

从表 6-5 可知，燃烧温度、燃烧产物、生成的酸类都有差异，故在润滑油配比时添加的方向主要从抗高温氧化性、降低乳化倾向、抗水能力、抗腐蚀、抗磨性和清净剂几个方面着手，可初步选定中灰分，按照质量等级 CJ-4、黏度等级 10W-40，综合考虑碱值选择配比。基本技术方案见表 6-6。

表 6-6　润滑油技术方案

原材料	种类	添加量（%）
基础油	AP Ⅰ、Ⅱ、Ⅲ基础油	≥ 71.9
降凝剂	聚 α - 烯烃类	≤ 0.5
黏指剂	OCP 类	≤ 6.0
复合剂	自主复合剂	22.0
补强剂	抗氧抗磨	0.6

重型甲醇机润滑油具有以下特性：

1）在有些特点上，甲醇的燃烧状态、发动机结构更接近于 CNG 发动机，所以在满足点燃式发动机要求的灰分水平基础上，充分考虑国Ⅵ后处理装置对部分元素（磷、锌等）的使用限制，产品具有低硫、低磷、低灰分的特点。

2）优异的抗氧化性、高温清净性和节能性能。

3）低分散剂配方（显著低于国Ⅵ柴油机配方），降低乳化倾向的同时优化总添加剂剂量。

4）非常良好的抗磨性能，在边界润滑条件下测试（HFRR）的磨损体积为同类产品的 50%。

5）提高机油的防腐性。

在此基础上补强，降低乳化的倾向，降低水分进入润滑油的趋势，减少油泥的产生——抗乳化补剂加强。

通过抗磨剂来增强表面保护层，减少可能存在的油膜不良情况下的磨损——耐磨损性能加强。

总而言之，甲醇发动机必须使用专用的润滑油，具有强的防腐性、高温稳定性、抗剪切和氧化性，保证润滑油的各项指标（黏度、酸值、碱值、水分、燃油稀释、磨损元素等）在合理范围内。

6.5 甲醇发动机专用油的试验验证

一款甲醇发动机专用机油不仅需要机油本身的 DV 试验，同时更重要的是发动机台架试验、行车试验，只有通过综合的试验使用数据，才能综合评价甲醇发动机机油的品质，并确定换油周期。需要说明的是，一款高品质的机油对发动机锦上添花，但机油本身的提高不能从本质上提高性能。所以，在甲醇发动机上，影响机油的燃烧产物水分、甲酸以及未燃甲醇等冲刷缸套造成的机油劣化，还需从发动机设计本体进行改进，提高发动机的使用寿命。本节主要从机油的 DV 试验、台架耐久试验、整车道路试验等方面评价甲醇发动机机油的使用情况。

6.5.1 机油 DV 试验

基于甲醇燃料特性，机油在整体性能上兼顾整机需求，同时还考虑点燃式发动机机油的使用特点，甲醇发动机的机油防腐防锈性能和抗氧化性高温沉积物试验需要特别关注。发动机在运转过程中燃烧生成的酸性物质和机油劣化产物对金属有腐蚀性，使发动机的金属零件生锈、腐蚀。因此，发动机机油应具备一定的防腐防锈性能，在使用过程中能够保护金属部件不生锈，一般以机油抑制轴瓦腐蚀生锈的性能作为润滑油的重要出厂指标之一。

评价发动机机油防锈性能的模拟试验是 SH/T 0763（ASTM D6357）BRT 球锈蚀试验；评价轴瓦腐蚀试验是 SH/T 0788（ASTM D6709）程序Ⅷ。

如图 6-15 所示，BRT 球锈蚀试验，由多个试验管组成，其中每个试验管内装有 10mL 试验油和直径为 5.6mm 的专用钢球，将试验管置于试管架上，并整体固定于机械式振荡台上，设定试验温度为 48℃，振荡速度为 300r/min，在 18h 的试验周期内，以 40mL 流速的空气和 0.193mL/min 酸液连续供给每个试验管，以提供一个锈蚀的环境。试验结束后，移

图 6-15　BRT 球锈蚀试验台和试验钢球

走试件并清洗，用一套专用光学图像系统分析钢球的锈蚀情况，并给出评价值，即平均灰度值（Average Gray Value）表示试验油的防锈性能。在 SN/GF-5 油品规格中，要求试验钢球的平均灰度值不小于 100。

发动机机油热氧化模拟试验（TEOST），用于评定发动机油在高温热氧化模拟试验条件下产生沉积物的倾向，其中包括两种标准试验方法（表 6-7）：① MHT 方法（NB/SH/T 0847）；② 33C 方法（SH/T 0750）。

表 6-7　两种试验的不同

试验方法	温度 /℃	气体	催化剂	油流形式
33C	200 ~ 480	空气和 N_2O	环烷酸铁	浸没
MHT	285	空气	有机金属化合物	自上而下顺金属丝流动

TEOST 33C：把含有 193μL 环烷酸的发动机油试样 116mL 加热到 100℃，与 3.5mL/min 流速的 N_2O、3.5mL/min 流速的湿空气接触后，在 0.4g/min 的泵速下通过称重过的沉积棒。沉积棒的温度在 200 ~ 480℃之间进行周期性变化，整个试验要进行 12 次循环，每次循环的时间为 9.5min。当 12 次循环结束后，沉积棒经清洗、干燥即可得到棒沉积物的质量。系统中放出的试样从称重过的过滤器中流出。棒沉积物与过滤器沉积物之和为总沉积物的质量。

TEOST MHT：将 8.4g 试样和 0.1g 有机金属催化剂的混合物充分混合均匀，通入 10mL/min 的空气，在 TEOST MHT 仪器中循环，用热电偶控制加热沉积棒，使温度控制在 285℃，试样以 0.25g/min 的流速沿着沉积棒上的金属线圈螺旋流下，共循环 24h。试验前后需称量沉积棒，从金属棒上洗涤脱落的沉积物也应收集、干燥、称重。棒沉积物与过滤器沉积物之和即为总沉积物的质量。

试验仪器及结果如图 6-16 所示。

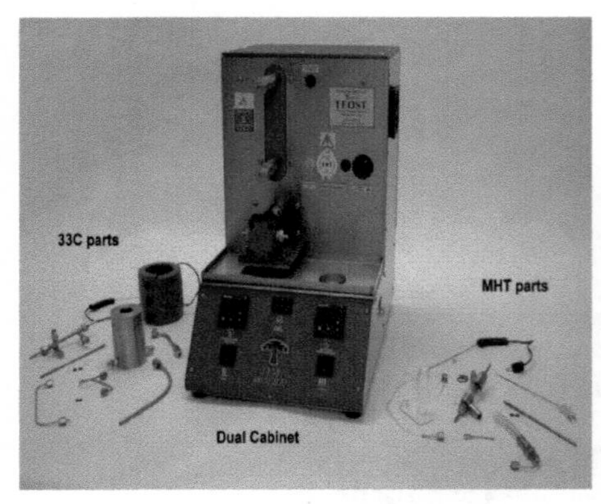

a) TEOST高温氧化沉积物测定仪

b) 33C结果

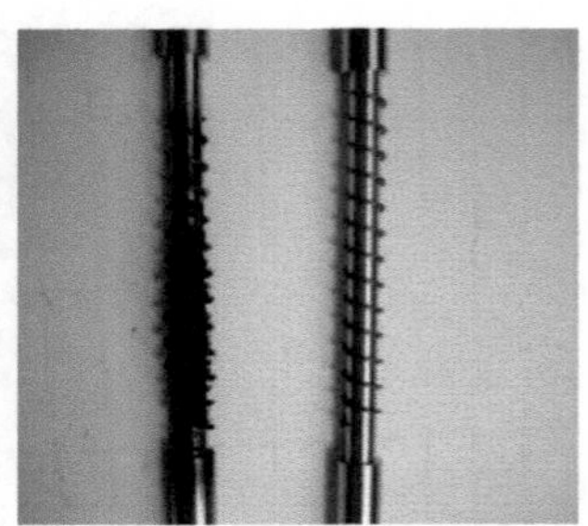

c) MHT结果

图 6-16　TEOST 发动机机油热氧化模拟试验

6.5.2 台架耐久试验

目前M100甲醇润滑油尚未有国家标准，甲醇机油在关注的DV试验外，通常多以台架耐久试验的效果为准，其标准仍在改进和探索之中。一般来讲，甲醇发动机（图6-17）在台架（图6-18）上按照一定的测试工况进行试验，通过定时取样分析其试验特性，评定机油的状态，提出改善机油品质的方案。试验前进行发动机磨合和性能测试，获取发动机相关数据，以便考核试验前后发动机性能的变化，试验后对发动机进行拆解分析，运动件、缸套等磨损量必须满足设计指标。在中型和重型商用甲醇机上试验同一种甲醇机油，了解甲醇机油的特性。甲醇发动机的基本参数见表6-8。

表6-8 甲醇发动机基本参数

参数	中型机	重型机
缸径/mm×行程/mm	105×120	127×165
压缩比	12.5 ：1	12.5 ：1
排量/L	6.234	12.54
发动机单缸进/排气阀数	1/1	2/2
额定功率/kW、转速/$r\cdot min^{-1}$	155、2300	301、1900
最大转矩/N·m、转速/$r\cdot min^{-1}$	710、1300～1500	1800、1100～1400
最低燃油消耗率/[g/（kW·h）]	≤470	≤450
润滑油燃油耗百分比（额定工况）	≤0.30%	≤0.30%
低怠速/$r\cdot min^{-1}$	650±50	650±50
排放	Ⅳ（GB 14762—2008）；甲醛排放量≤50mg/（kW·h）	

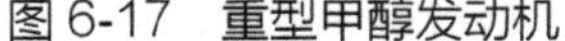

图6-17 重型甲醇发动机

图6-18 台架测试系统

甲醇润滑油指标及试验方法和标准可参考点燃式发动机润滑要求，初步通过定时取样并进行检测分析其理化特性和元素含量，根据检测结果综合汽油机油和柴油机油的标准，以及台架和整车结果综合评价甲醇润滑油的更换周期，润滑油的测试项目和相关标准见表6-9。

表 6-9 润滑油测试标准

项目	标准
运动黏度（40℃）/（mm^2/s）	GB/T 265
运动黏度（100℃）/（mm^2/s）	GB/T 265
闪点（开口）/℃	GB/T 3536
总酸值 /（mgKOH/g）	ASTM D 664
总碱值 /（mgKOH/g）	ASTM D 2896
水分（%）（m/m）	GB/T 260
燃油稀释（%）（m/m）	SH/T 0474
元素分析 /（mg/kg）	ASTM D 5185

试验后甲醇专用润滑油的试验特性如下：

（1）运动黏度变化　如图 6-19 所示是两款甲醇发动机所取油样运动黏度随试验时间的变化曲线。

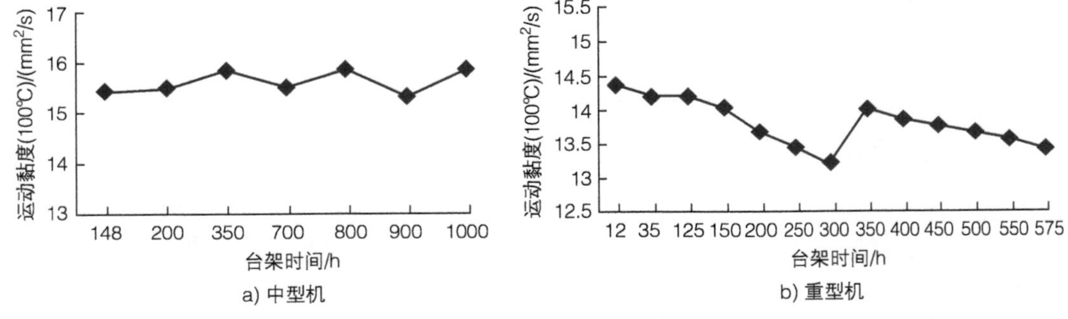

图 6-19　油品黏度随试验时间的变化

从图 6-19 可知，虽两款发动机采用同种润滑油，但中型机和重型机运动黏度变化曲线不同，这是新润滑油的运动黏度本身存在微小差异所致，试验后油样的高温黏度值均满足指标 12.5 ~ 16.3mm^2/s。

重型甲醇机的机油运动黏度在台架上 1000h 试验曲线如图 6-20 所示，其中台架上换油周期初步定义为 250h。从图中可知，台架运行 1000h，润滑油更换 3 次，历时 4 个周期，发动机首次换油周期内，运动黏度由 0h 时 15.04mm^2/s 降低至 250h 时 13.12mm^2/s，根据 GB/T 7607 中 3.2 条运动黏度变化率公式计算，变化率为 −12.8%，虽一个周期内运动黏度衰减速度较大，但仍能满足参考标准 GB/T 7607 中换油指标 ±20% 要求。从第 2 个换油周期开始，油样的运动黏度测试结果基本类似，由于更换新润滑油后并没有取新油样分析，所以第 2、3、4 个周期内最高运动黏度点分别出现在 300h 时（13.96mm^2/s）、550h 时（13.82mm^2/s）和 800h 时 14.02（mm^2/s），最低运动黏度点分别出现在每个周期换油时，运动黏度变化相同，润滑油运动黏度稳定。

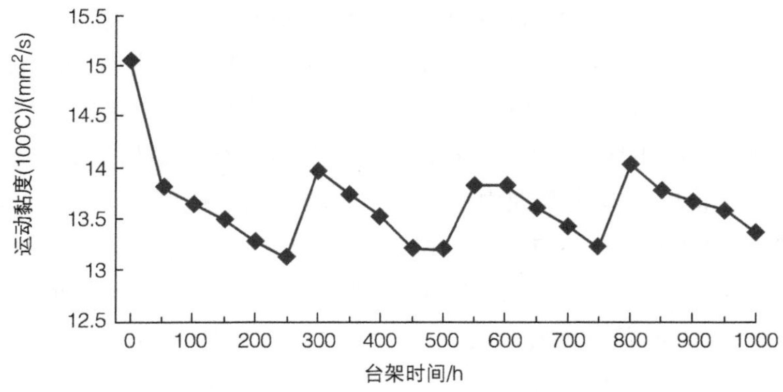

图 6-20　油品黏度随试验时间的变化

（2）碱值变化　如图 6-21 所示是两款甲醇发动机所取油样总碱值和总酸值随试验时间的变化曲线。图 6-21a 显示了中型机在可靠性试验 1000h 过程中润滑油的总碱值变化，呈现曲折下降的过程，润滑油的初始碱值为 10 左右，使用后碱值衰减最低值为 4.3，衰减值超过 50%，但试验后样机的拆解，活塞、缸套等零部件的磨损值在设计指标之内，满足要求。相对于中型机，重型机的油品衰减速度要快很多，图 6-21b 显示了重型机在试验过程中油品的总碱值和总酸值的变化曲线，在第一次润滑油使用期间，随着试验时间的增加，总碱值降低，在 150h 左右，总碱值与总酸值差 0.6，随后，总酸值高出总碱值，发动机在弱酸性条件下运行，腐蚀增加。在 350h 时总碱值处于一个新的高点，说明润滑油在 300h 已经更换，第二次换油后润滑油总碱值的变化趋势与前一个周期一致。总体来说，在使用同种润滑油的前提下，中型机的工作状态优于重型机。

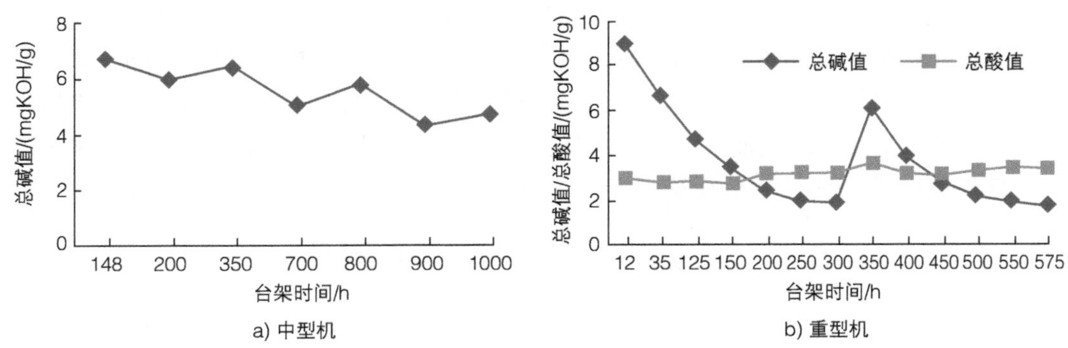

图 6-21　油品总碱值 / 总酸值随试验时间的变化

重型甲醇机机油的总碱值和总酸值在台架上 1000h 试验曲线如图 6-22 所示。图中碱值曲线随着润滑油的更换，周期内由高到低，首个换油周期内，碱值由 0h 时 11.26mgKOH/g 降低至 250h 时 2.16mgKOH/g，从第 2 个换油周期开始，碱值测试分析结果基本类似，由于更换新润滑油后并没有取新油样分析，所以第 2、3、4 个周期内最高碱值点分别出现在 300h 时（6.6mgKOH/g）、550h 时（7.13mgKOH/g）和 800h 时（6.22mgKOH/g），最低碱值点分别出现在周期换油时，分别为2.16mgKOH/g、1.68mgKOH/g、1.81mgKOH/g、2.13mgKOH/g。从碱值曲线中可知，第1个换油周期和第2个换油周期试验进行50h后，碱值分别为8.36mgKOH/g、6.6mgKOH/g，存在此差别的原因是发动机中残存的旧油对加入的新油影响较大，尤其是对机油中的添加剂，致使新加入的机油碱值立刻降低，碱值并不能达到初始新油的水平。酸值曲线中4个周期内变化较为平稳，满足酸值增加 < 2.0mgKOH/g要求。碱值的评定初步可参考GB/T 7607《柴油机油换油指标》中3.3条碱值下降率计算，下降率高达80%，严重超出标准 ±50%要求，而根据GB/T 8028《汽油机油换油指标》3.1条，对于SJ级别的润滑油，碱值－酸值 < 0.5。从两个标准来讲，图6-22所示碱值都不能满足要求，但由于目前并没有甲醇润滑油标准，碱值定义还有待确认，最终机油更换指标还是通过油品中元素含量和发动机磨损情况来确定。

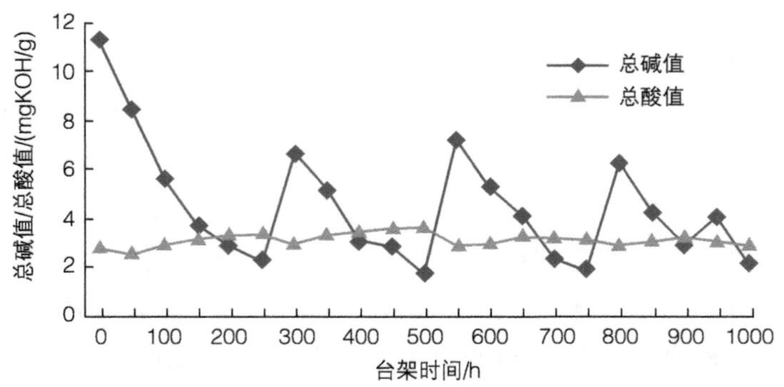

图6-22　重型机油品总碱值/总酸值随试验时间的变化

（3）水分及燃油稀释　甲醇发动机燃烧后生成的甲酸、水以及未燃烧的甲醇等混入润滑油中，含量超过目标要求时会导致其乳化并引起发动机润滑油中抗磨剂的分解，显著降低发动机润滑油的抗磨效果。发动机台架试验过程中，两款发动机的润滑油并未发生乳化，测量重型机中油品的燃油稀释率和水分含量，结果如图6-23所示，燃油稀释率最高值0.5%，低于目标值5.0%，水分含量最高值0.17%，低于目标值0.2%，满足要求。

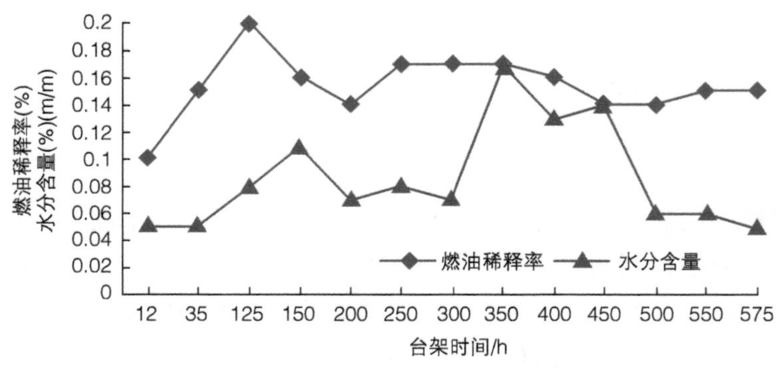

图6-23　重型机中水分含量和燃油稀释率的曲线

重型甲醇机机油在台架上1000h试验中同样未产生乳化，取样后检测的燃油稀释率和水分含量结果如图6-24所示，其中燃油稀释中检测的成分主要包含甲醇、甲酸、甲醛等低碳类组分，从图中可知，水分含量最高值0.089%，低于目标值0.2%，燃油稀释率最高值0.22%，低于目标值5.0%，燃油稀释曲线从550h至1000h试验过程中，含量低于0.1%，故曲线显示直线状态，水分含量和燃油稀释率均满足要求。

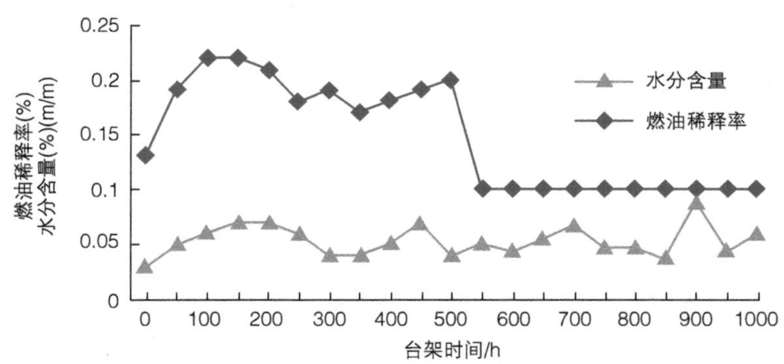

图6-24 油品中水分含量和燃油稀释率的曲线

（4）元素分析 如图6-25所示为两款甲醇发动机所取油样内主要元素随试验时间的变化曲线。图6-25a中Fe、Cu、Al、Pb、Sn、Cr为主要磨损元素，Fe元素最高，这主要是由于缸套、活塞运动产生的磨损；Si元素为污染元素，主要受工作环境影响，来源于空气和灰尘中，当空气滤清器效果变差时，该元素含量增加。从图6-25a来看，Fe元素最高值为58mg/kg，低于目标值150mg/kg，其次Cu元素最高值为34mg/kg，低于目标值50mg/kg，Si元素最高值为16mg/kg，低于目标值30mg/kg，满足要求。从图6-25b中各元素曲线来看，数据结果偏差，而且存在元素超标的问题。其中元素Fe、Cu、Al最高值在首次润滑油使用期间内均超过目标值。在150h时Fe元素、Al元素曲线均有折点，该点之后元素值升高，从图6-25b知150h为总碱值和总碱值之差的临界点，该点之后发动机处于偏弱酸性状态，故此时的元素值是磨损和腐蚀综合影响。Al元素在200h时含量最高，为32mg/kg，超出目标值30mg/kg，Fe元素也由150h时的97mg/kg升为200h时的137mg/kg，在250h时高达143mg/kg，处于目标值的临界点。从曲线上来看，Cu元素在试验后35h高达81mg/kg，严重超出目标值。

重型甲醇机机油的元素分析在台架上1000h试验曲线如图6-26所示。图中Cu元素含量在首个换油周期内，50h时达到216mg/kg，之后的200h一直处于稳定状态，之后随着每个周期的换油，Cu元素含量逐渐降低至目标值50mg/kg以下，Cu元素之所以呈现此变化主要是因为重型甲醇机处于磨合期，磨损曲线正常。油品中Fe元素含量相对Cu来讲，在4个换油周期内变化较小，虽然随着每个周期的换油，Fe元素含量最高值也在降低。图中Fe元素磨损量最高点出现在第1个周期后的换油时刻（250h），达到118mg/kg，符合GB/T 7607《柴油机油换油指标》中低于目标值150mg/kg要求。相比于CNG或柴油燃料，重型甲醇机的主要磨损元素偏高一些，主要是因为甲醇燃料燃烧后的酸性物质随着燃料窜入润滑油中，导致碱值迅速降低，对金属元素尤其是铜、铁元素造成腐蚀，其中 Cu 元素表现更为敏感。因此，在甲醇发动机设计初期，尽量避免润滑零部件中含有 Cu 元素，若必须采用，可改变相关零件表面处理或者优化改进制造工艺（如使用磷脱氧铜来代替）。图中其他元素 Al、Pb、Si、Na 含量在整个试验过程中低于目标值 30mg/kg，均满足要求。其中污染元素 Si 主要来源于空气和灰尘中，污染元素 Na 主要来源于冷却液和甲醇中。

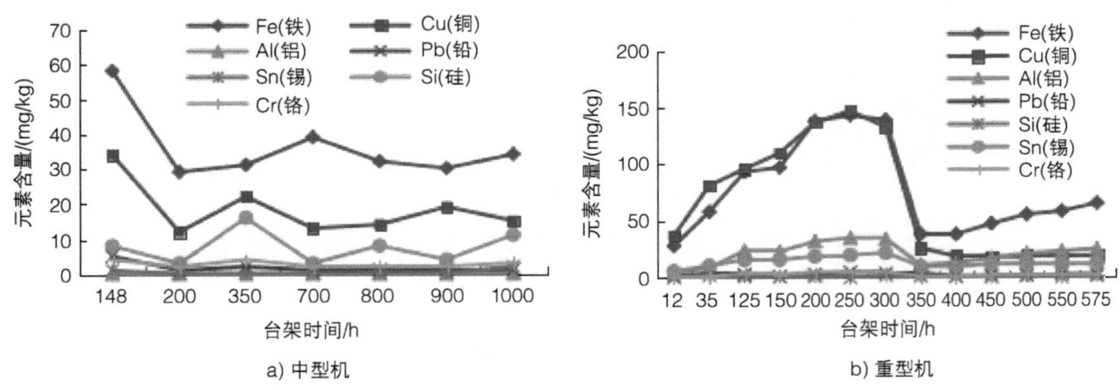

图 6-25　油品元素随试验时间的变化

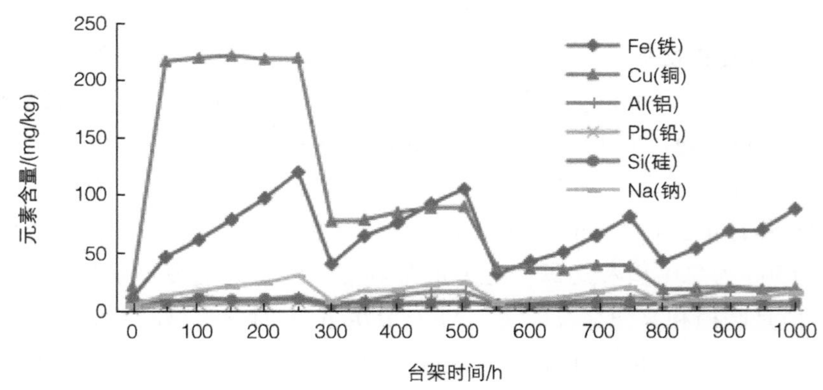

图 6-26　重型机油品元素随试验时间的变化

从甲醇专用机油几个特性试验结果可知，润滑油的碱值保持性较差，碱值衰减快，且磨损元素普遍偏高，此问题是甲醇发动机机油的特点，也是甲醇发动机后期继续完善和改进的方面。

6.5.3　整车道路试验

为验证甲醇重型货车、牵引车的实车道路使用情况，选定了甲醇供给充足、加注方便的区域进行用户试验，山区高速 10000km、平原高速 30000km、一般公路 20000km。试验中机油采用已经在台架上完成验证的重型甲醇发动机润滑油，道路试验途中，进行机油的取样并化验，一个换油周期内未进行新机油的补加。道路试验车辆采用两种机油验证，路试地点相同，试验车辆负载相同，驾驶人为同一人，在用机油的状态随着行驶里程的变化如图 6-27、图 6-28 所示。

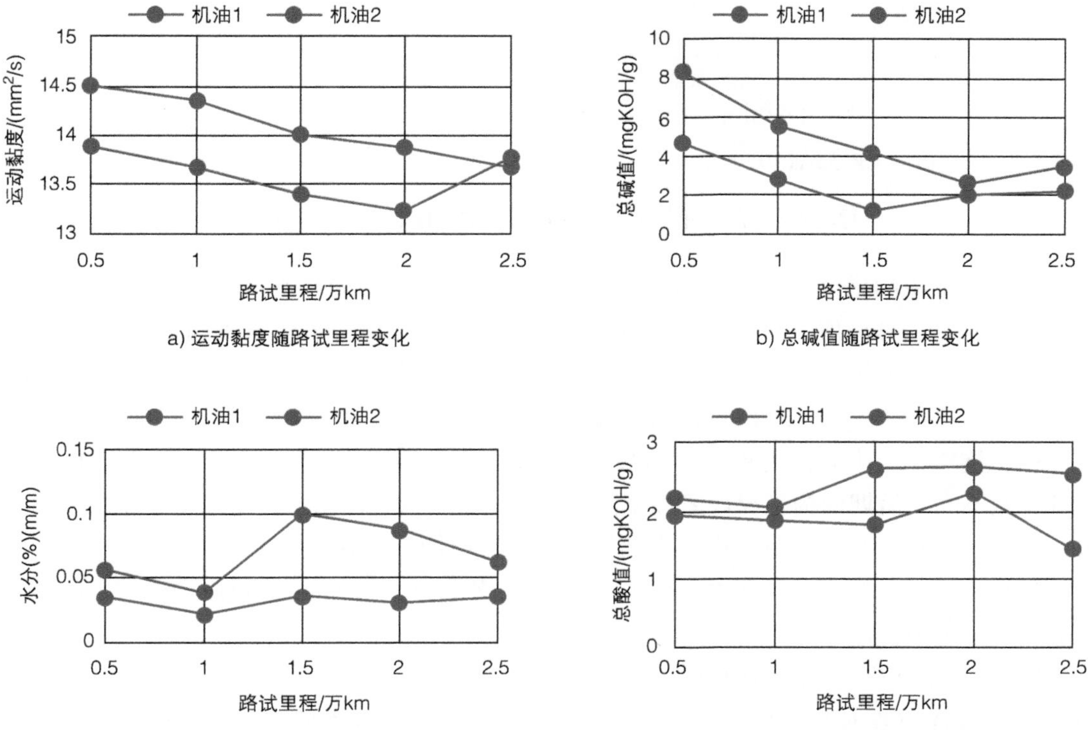

a) 运动黏度随路试里程变化

b) 总碱值随路试里程变化

c) 水分随路试里程变化

d) 总酸值随路试里程变化

图 6-27　在用油品理化特性随路试里程的变化结果

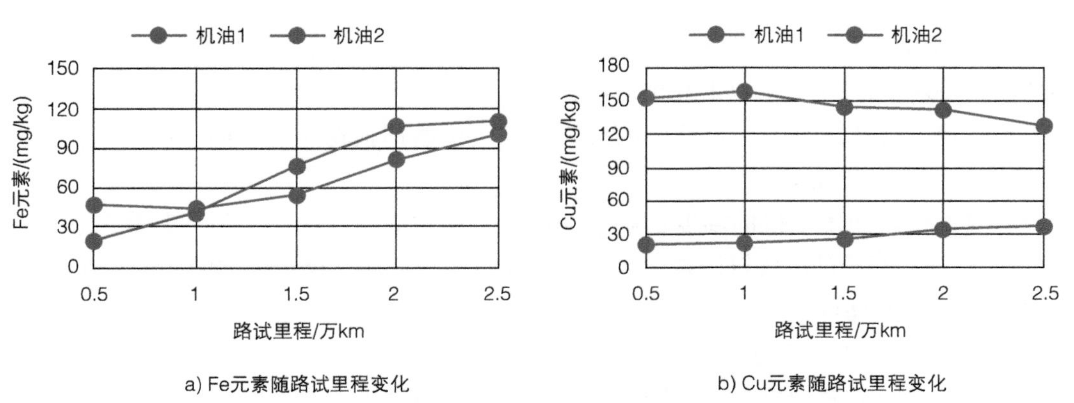

a) Fe元素随路试里程变化

b) Cu元素随路试里程变化

图 6-28　在用油品中主要元素随路试里程的变化结果

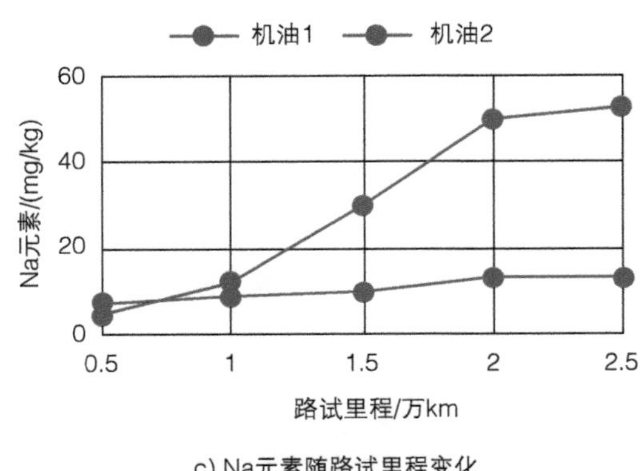

c) Na元素随路试里程变化

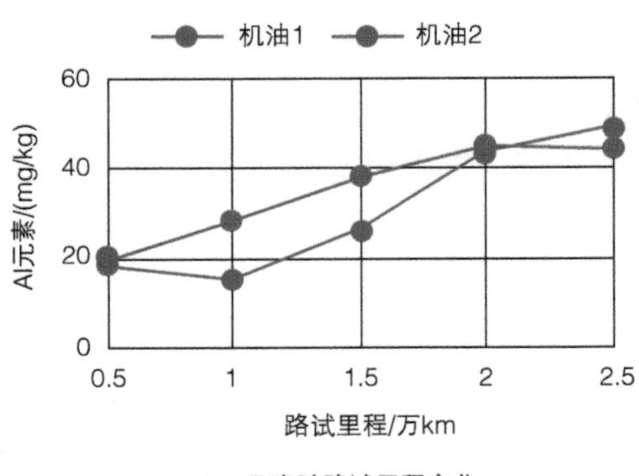

d) Al元素随路试里程变化

图 6-28　在用油品中主要元素随路试里程的变化结果（续）

通过了解甲醇重型货车、牵引车在道路试验中在用机油的基本理化特性参数，如运动黏度（100℃）、总碱值、总酸值、水分、燃油稀释、硝化值、氧化值等确定在用机油的性能是否失效、换油里程是否合理。由图 6-27 可知，两种机油的初始运动黏度略有差异，机油 2 略高于机油 1，2.5 万 km 内两种机油的黏度变化类似；总碱值对比，机油 2 初始值更高一些，抗氧化和中和能力更高；总酸值对比，机油 2 稳定性更佳；水分含量对比，初始两者相差不大，后期因为工况或者环境因素造成机油中凝结水增加，但均低于指标 0.2% 要求；两者机油在试验验证过程中，燃油稀释质量占比均低于 0.1%，所以影响较小；对于硝化值和氧化值，一般定义指标增加低于 25 即可，若超过，机油失效加剧，存在氧化和腐蚀风险，建议更换机油。

图 6-28 中所考虑的主要磨损元素为 Fe、Cu、Al，两种机油相比，Fe、Al 元素的磨损类似，两者相差不大；由于机油 1 验证完后，再进行机油 2 验证，前个周期的 Cu 元素磨损明显高于后者，所以不具有可比性。总体来说，两种机油的整体水平相差不大，机油 2 略优于机油 1。

从试验中在用油的理化特性和磨损情况可知，重型甲醇机的润滑油结果并不能达到传统动力（如柴油发动机）的水平，甚至低于 CNG 发动机，换油周期也会缩短。总体来讲，换油周期的影响因素主要有以下几个方面：

1）转速。转速越高，对机油中的抗剪切剂、抗磨剂损伤越重。同一段时间，汽油车的循环次数远高于柴油车。

2）温度。汽油发动机的温度远高于柴油机，导致润滑油中的抗氧化剂衰减快速，而抗氧化剂是评价润滑油的关键因素，也是矿物油、半合成油、全合成油的评价标准。

3）油底壳的储油量。一般来讲，柴油机油底壳大于汽油机。对于同样小排量的汽、柴油发动机，如 2.0L 发动机，换油周期一般相差不大。

4）燃油。同一发动机采用不同的材料，对于润滑油的影响不同，甲醇与传统燃油相比，不具有润滑功能，甲醇是有机溶剂，不容易建立油膜厚度，发动机易磨损。

5）燃油的质量。燃油中成分比如S、Cl等影响润滑油中添加剂的效果，且容易在缸内形成胶质物。

6）发动机的设计。喷雾燃烧优良、雾化较差的发动机，燃油混入润滑油的比例高，润滑油的失效率更大。

7）燃烧后的产物。酸类物质的多少影响润滑油的使用周期。

8）曲轴箱通风设计。在同种燃料的发动机上，设计优良的曲轴箱通风可适当延长换油周期。

9）工作环境。柴油车工作环境恶劣，环境温度低，低温起动频繁。

10）驾驶人习惯。

重型甲醇发动机不仅通过发动机台架试验，依据规定的试验工况和试验结果，折算出换油周期，更重要的是分析行车测试试验数据，判断是否符合设计目标，且通过市场上试销的整车机油取样的跟踪和验证，最终确定保证发动机可靠的合理的换油周期。

发动机机油是由基础油和添加剂经过一定的工艺混合，其中核心部分为添加剂，而当前国际上四大添加剂公司路博润、润英联、雪佛龙奥伦耐和雅富顿均为外企，添加剂的开发和研究以及广泛使用需要的年限较长，甚至可达到二十年，结合发动机燃烧、化学反应动力学、摩擦学、表面工程、材料等各个学科，达到润滑降低磨损的效果。总而言之，尚无一种机油能适合于重型甲醇发动机使之达到重型柴油机水平，换油周期延长的问题不仅是甲醇机的需求，也是燃气机的需求。这一方面还需要对机油的大量研究和试验，同时有待于发动机燃烧控制方向的不断进步。

参考文献

[1] 陈海兰，卢瑞军，张志东，等．商用甲醇发动机润滑油试验特性研究 [J]．小型内燃机与车辆技术，2019, 48(6): 10-14.

[2] 陈海兰，喻根生，蒋海勇，等．甲醇重型发动机润滑油的应用研究 [C]// 中国汽车工程学会．2019 中国汽车工程学会年会论文集．北京：机械工业出版社，2019, 711-714.

[3] 陈海兰，蔡文远，卢瑞军，等．机油冷却器及汽车总成：201820343359.2[P]. 2018-11-09.

[4] 全国石油产品和润滑剂标准化技术委员会润滑油换油指标分技术委员会．汽油机油换油指标：GB/T 8028—2010 [S]. 北京：中国标准出版社，2011.

[5] 全国石油产品和润滑剂标准化技术委员会润滑油换油指标分技术委员会．柴油机油换油指标：GB/T 7607—2010[S]. 北京：中国标准出版社，2011.

[6] 张玉刚，陈铭．醇类发动机润滑问题研究概况 [J]. 润滑与密封，2004, 166(6): 121-123.

[7] 张志颖，李慧明．车用甲醇汽油的腐蚀性和溶胀性研究 [J]. 材料导报，2012, 26(10): 86-89.

[8] 李文乐．甲醇汽油在国内外应用情况及分析 [J]. 化工进展，2010, 29(3): 457-464.

[9] 黄文轩．润滑剂添加剂应用指南 [M]. 北京：中国石化出版社，2003.

[10] 曲江．高碱值烷基苯磺酸钙合成工艺研究 [J]. 石油炼制与化工，2009, 40(10): 46-47.

[11] 尚小清，刘永彪．高碱值磺酸钙制备工艺开发 [J]. 应用化工，2011, 40(3): 553-555.

[12] 梁生荣．纳米磺酸钙镁复合清净剂的合成、性能与机理研究 [D]. 西安：西北大学，2011.

[13] 张景河，丁丽芹，何力，等．润滑油清净剂金属化反应机理的新概念 [J]. 石油学报（石油加工），2006, 22(1): 54-59.

[14] 梁生荣，张君涛，丁丽芹，等．润滑油金属清净剂合成机理的剖析 [J]. 石油炼制与化工，2005, 36(7): 50-54.

[15] 王世敏，许祖勋，傅晶．纳米材料制备技术 [M]. 北京：化学工业出版社，2002.

[16] 魏刚，黄海燕，熊蓉春．微反应器法纳米颗粒制备技术 [J]. 功能材料，2002, 33(5): 471-472.

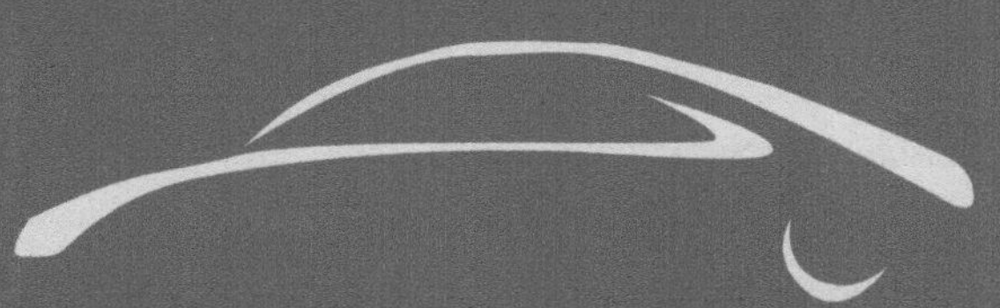

第7章 冷却系统

甲醇发动机冷却系统与传统内燃机的冷却系统结构差异不大，关键在于燃料的不同引起的冷却放热量的变化，使相关设计需要变更和优化。本章从甲醇发动机冷却系统的结构、放热量、关键零部件设计和匹配选型，一直到专项开发试验、整车转鼓试验等方面介绍冷却系统的开发及其过程。

7.1 冷却系统概述

7.1.1 冷却系统的功能

甲醇发动机冷却系统与传统内燃机的功能相同，主要是把受热零件吸收的部分热量及时散发出去，保证发动机在最适宜的温度状态下工作（80～90℃）。因为发动机工作时，可燃混合气在气缸内燃烧，其工作温度高达2000℃，瞬时温度可达3000℃左右，因此，与高温燃气接触的发动机零件受到强烈的加热。在这种情况下，若不进行适当冷却，不仅会使发动机过热导致充气效率下降、燃烧不正常、机油变质、零件磨损加剧，最终导致发动机动力性、经济性、可靠性及耐久性的下降，有时甚至会造成机件卡死或烧毁等事故性损伤。但是，如果冷却过强，则可能造成混合气形成不良、机油被燃油稀释、工作粗暴、散热损失和摩擦损失增加、零件的磨损加剧、发动机工作变坏、功率消耗增加等情况发生。从提高发动机的热效率来讲，冷却液带走的热量应尽可能少，但同时需要考量发动机的可靠性问题。因为与燃气接触的零件（如气缸盖、气缸套、活塞、气门等）受到燃气的强烈加热时，强度下降，而且热应力很大，如不进行强制冷却，就可能发生故障：如活塞、活塞环和缸套咬伤，缸盖发生热疲劳裂纹，润滑油很快变质等。因此，冷却系统须保证内燃机在最适宜的温度下工作，这就需要满足以下要求：

1）散热能力满足内燃机在各种常规工况下的运行需要。

2）售后方便。如拆卸方便，维修简单。

3）可靠性高。如低温时，尽量少的冷却，保证发动机尽快达到热机；高温时，尽量多的冷却，保证发动机不会过热。

4）成本尽量低。确保整机成本的分解指标。

7.1.2 冷却系统的工作原理及其结构

冷却系统分为两大类：水冷和风冷。风冷系统利用发动机中高温零件的热量直接散入大气而进行冷却，运转噪声大，热负荷高，对地理环境和气候环境的适应性强，冷起动后暖机时间短，维护简便。水冷系统冷却均匀，效果好，而且发动机运转噪声小。目前内燃机上常用的是水冷系统，本章仅介绍强制水冷系统。

商用车甲醇发动机的开发一般是基于柴油机平台，或者基于天然气发动机改型，而由于其点燃式特点和国六理论空燃比的燃烧，甲醇发动机更类似于天然气发动机，故冷却系统变化与国六燃气机相比差异不大，其工作原理也相同。一般甲醇发动机的冷却循环系统主要由水泵、节温器、EGR 冷却器、增压器、空气压缩机等组成，如图 7-1 所示。大、小循环示意图差异处主要是是否流经散热器总成，其中散热模块以及暖风模块都安装在车架上，发动机冷却系统均在发动机上。

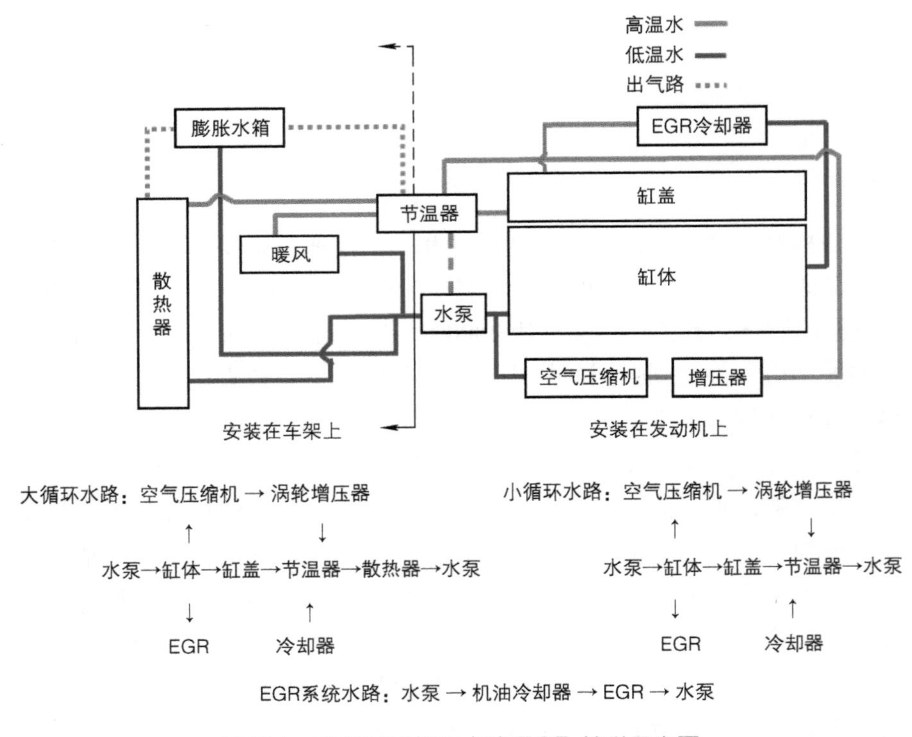

图 7-1 冷却系统循环水路 EGR 并联示意图

对于重型国六发动机均安装有 EGR 系统，其目的是降低排温、提高燃油经济性等。其中，EGR 冷却器根据系统的需求以及空间的布置情况，确定其在回路中的布置位置。有的 EGR 冷却器与小循环水路并联，如图 7-1 所示；有的 EGR 冷却器串联在大循环水路中，如图 7-2 所示。前者有利于发动机暖机，需求的冷却系统能力略低；后者需要冷却系统能力略高，但 EGR 冷却器总成的可靠性提高；所以 EGR 冷却器在系统中的布置最终还是根据发动机整体性能和需求决定。

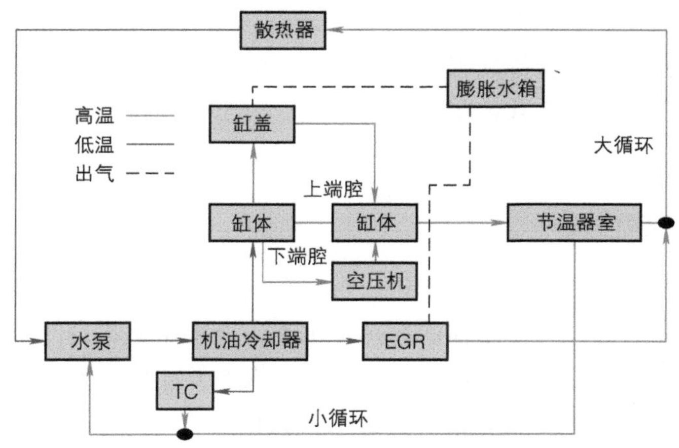

图 7-2 冷却系统循环水路 EGR 串联示意图

每款发动机的冷却系统工作原理基本类似，但实际每个厂家在具体设计时，即使与平台保持基本一致，方案本身还是有差异的。如图 7-3a 所示，发动机是一缸一盖结构，水泵布置在排气管侧，水泵出水口与机体排气侧下方的总进水通道先冷却机油冷却器，再进入机体的水套，绕过气缸套向上进入气缸盖，冷却液通过鼻梁区到排气管侧，向下进入机体的总排水道，流到机体前端的节温器。其优点是：①冷却液从排气管侧进入机体水套，再绕过气缸套，这样可以保证气缸套四周的温度分布较均匀；②一缸一盖的结构，冷却液只有唯一的通道，流经鼻梁区（横流冷却），这样使鼻梁区得到良好的冷却，且各缸的冷却效果一致。其缺点是：总排水管在机体上，位置较低，气缸盖内的出气无法畅通地排出，使气缸盖顶部容易形成气泡层，使气缸盖罩内温度较高。

如图 7-3b 所示，水泵置于排气管侧，先冷却机油冷却器，再进入机体各缸的水套。同时向上进入气缸盖（大部分水流），由于在气缸盖进气道侧有一根总出水管，所以气缸盖是

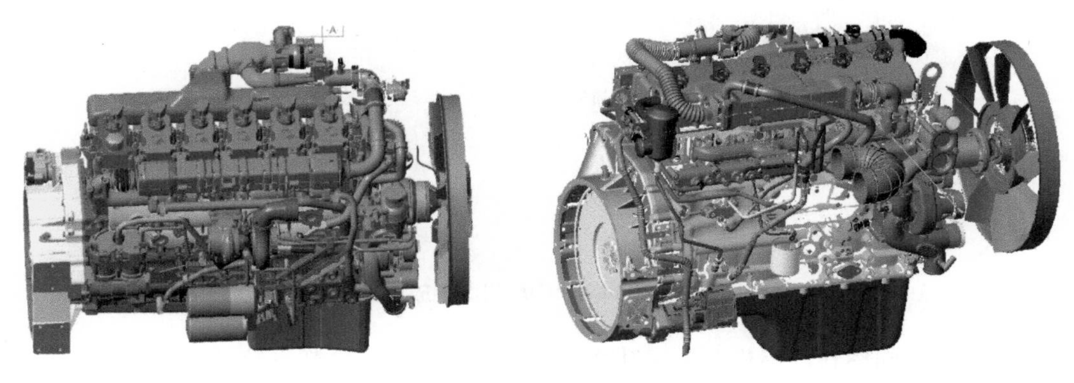

a) 发动机1　　b) 发动机2

图 7-3 冷却系统循环水路 EGR 串联示意图

横流冷却，在进气管侧，机体与气缸盖也有上水孔（水孔直径较小）。该冷却系统的优点是，冷却液流动路程短，即从排气管侧流到进气管侧，沿程压力损失小。冷却液流量可以通过排气管侧和进气管侧上水孔的截面比来调整。由于气缸盖是横流流动，所以能保证各缸的冷却均匀性。

7.1.3 发动机的放热特点

甲醇发动机搭载于汽车上，一般来讲，乘用车的冷却系统较传统汽油车改动较小，因为汽油发动机在开发时已经考虑整体的放热量水平，而乘用车本身的工作环境较好，运行车速较高，发动机的放热一般在高速工况点，所以汽油发动机改型为甲醇发动机后，放热量方面并没有多大改变；而商用车发动机由于工况和使用条件等与乘用车汽油机不同，特别是重型发动机其放热的高点反而在低速大转矩点，低转速大转矩满载长时间爬坡会导致发动机放热量一直较高，同时散热环境较差。另一方面，由图 7-4 可知，传统燃料柴油机的放热本身就远低于甲醇发动机，故在商用汽车上相同的布置空间下，甲醇汽车的热管理会成为性能开发中关注的重点。

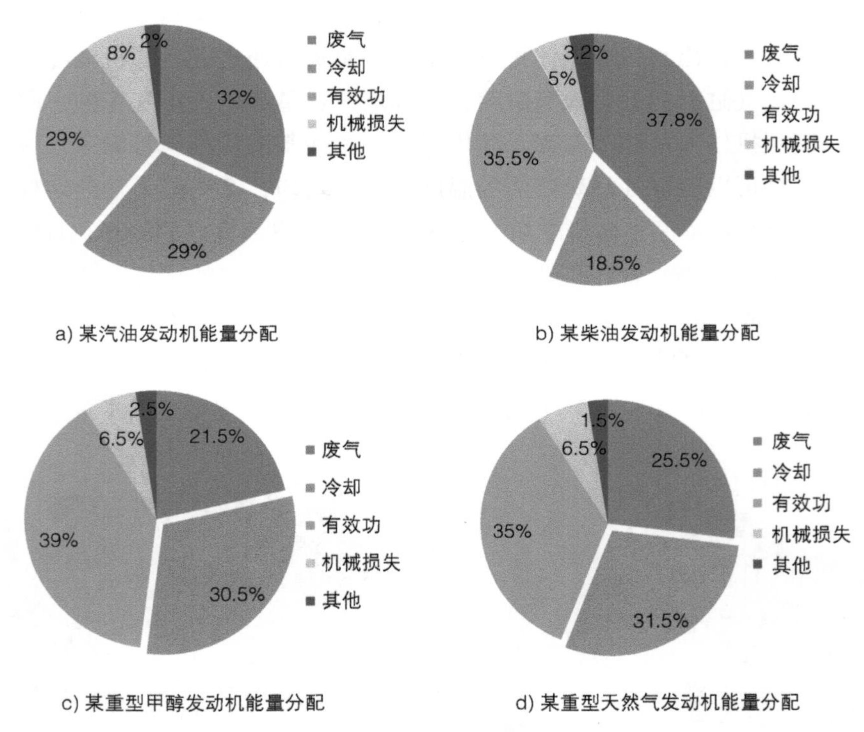

图 7-4　不同燃料内燃机燃烧放热饼图

图 7-4 为不同燃料内燃机在额定功率点下的放热分布。冷却系统的能力匹配依据额定功率下的放热情况进行，由此可知，对于传统燃料汽油发动机，冷却带走的热量占比远高于柴油发动机，而对于清洁能源燃料的发动机，同一重型发动机采用甲醇和 LNG 燃料当

量燃烧后，产生的冷却放热量在额定功率点大致相同。由于甲醇汽化潜热大，且压缩比和EGR 率也比天然气发动机大些，故有效热效率相对较高，在最大转矩点时，天然气发动机的有效热效率达到 39%，甲醇发动机的有效热效率可以达到 42%。以上发动机的能量分配结果均基于产业化的某款发动机，占比误差 ±2%。图 7-4c 甲醇发动机中冷却热量占比达到 30.5%，主要是由于 EGR 系统配置所致，EGR 的配置不仅可以降低缸内温度，降低排温，提高发动机可靠性，且利于燃油经济性和排放性，所以 EGR 率的大小直接影响了发动机整体的放热。

商用汽车目前采用柴油发动机为主，由于国家环保法规越来越严苛，天然气发动机也越来越广泛，但天然气发动机可靠性较柴油机低，而在国五排放法规阶段采用稀薄燃烧，放热量与传统柴油机相比变化较小。随着重型机国六排放法规的颁布，天然气发动机采用当量燃烧后，冷却放热量较先前的稀薄燃烧提高 50% ~ 80%，使得商用汽车热管理面临更大的挑战。图 7-5 是国内某主机厂 13L 重型国六天然气发动机放热量变化情况，由图可知，发动机设计目标和排放标准不同，其在相同工况下的放热量比例差异较大，尤其是国六天然气控制策略采用理论空燃比燃烧后，冷却液带走的热量会有大幅度提高。

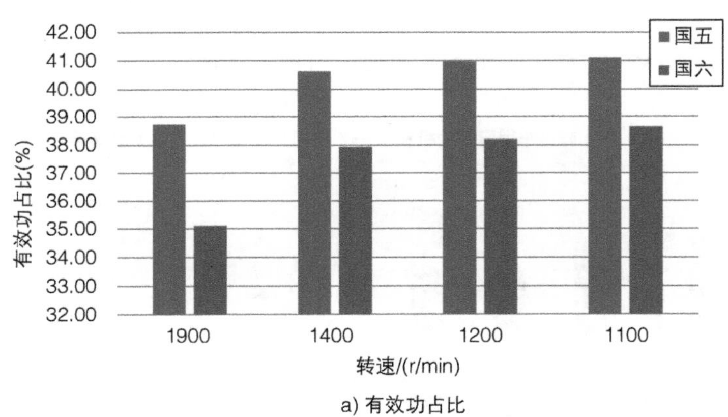

a) 有效功占比

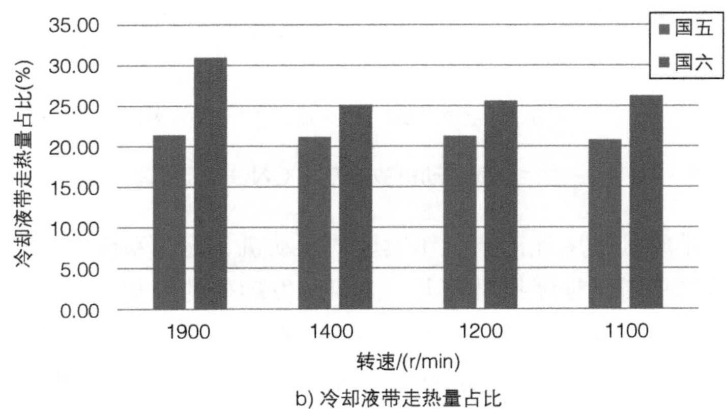

b) 冷却液带走热量占比

图 7-5　某一国六 CNG 发动机不同转速下的放热变化对比

内燃机的放热差异主要取决于燃油的种类和燃烧的方式，传统的燃油包括柴油、汽油等，清洁能源包括天然气、醇类等，由于燃料本身物理特性的不同，燃料的燃烧也存在差异。燃料燃烧放出的热量包括有效功、冷却带走的热量、废气带走的热量、机械损失和其他包括辐射、中冷等带走的热量，详见图 7-4。

在冷却放热方面，甲醇发动机较天然气发动机略优，虽然都是采用当量燃烧，但燃料特征不同，甲醇汽化潜热大，吸热量高，机体本体的冷却放热量较传统低；且由于采用高 EGR 率，EGR 冷却热量较高，综合整机放热量，在同款发动机上功率和转矩相当的前提下，比天然气发动机冷却放热量略低。图 7-6 所示是商用车甲醇发动机与 CNG 发动机理论空燃比下放热量差异以及某国六甲醇发动机不同转速下冷却液带走热量占比。

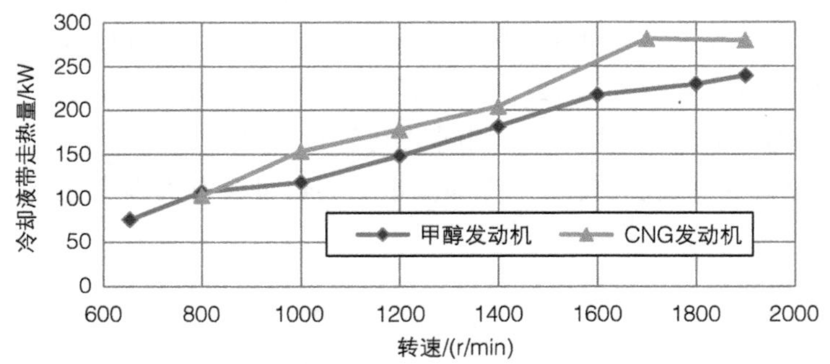

a) 商用车甲醇发动机和CNG发动机理论空燃比下放热量差异

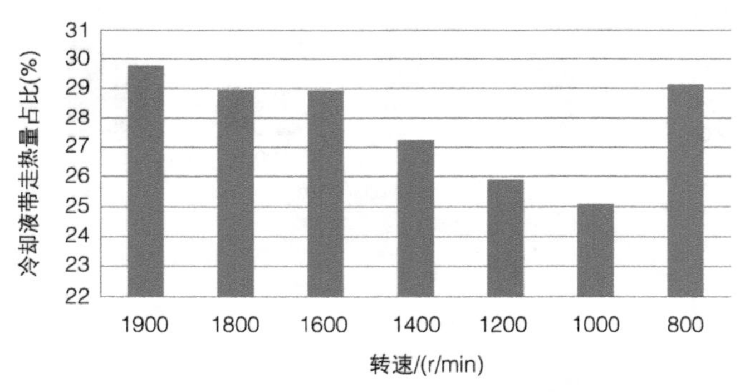

b) 某一国六甲醇发动机不同转速下的放热变化

图 7-6　某一国六甲醇发动机放热及与 CNG 发动机放热量差异

对于实行国六排放且采用理论空燃比燃烧的发动机，冷却系统在原柴油机平台布置空间上实现发动机的热平衡，难度相对较大。而甲醇发动机的冷却系统与国六天然气发动机相比，虽然冷却放热量降低，但尽可能提升整体的水温，通过保证发动机不过热，反而更有助于甲醇发动机的其他性能，尤其是曲轴箱通风系统，以防止发动机内部乳化物的形成。此时反而更需要发动机机体内部流场设计在合理范围内，如图 7-7 所示，以提高局部的冷却能力。

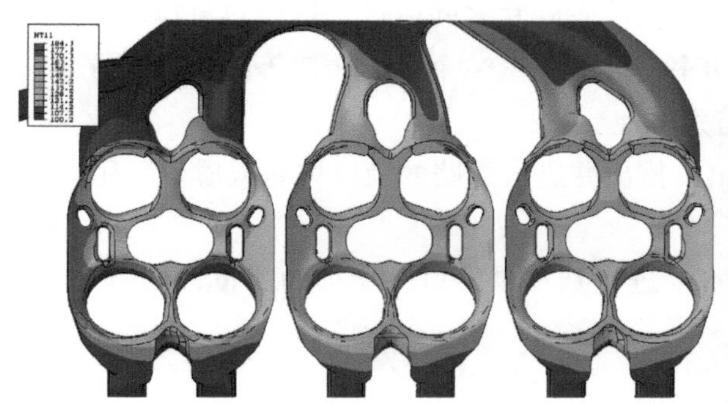
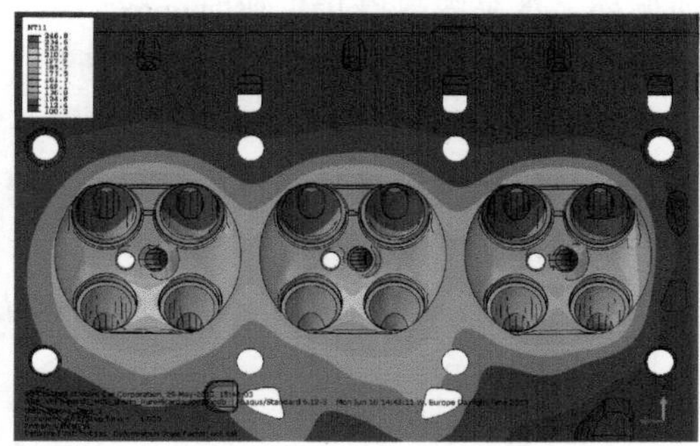

a) 机体缸盖关注点的换热

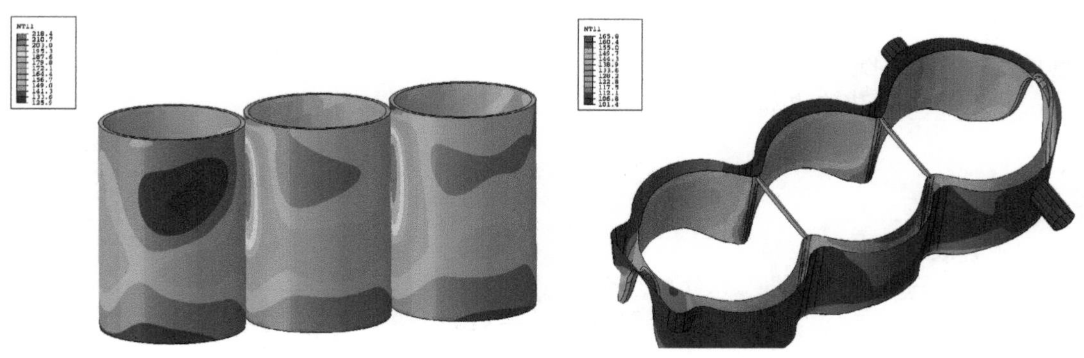

b) 机体缸体关注点的换热

图 7-7　发动机机体内部流场设计合理范围示意图

7.2 冷却系统主要零部件

7.2.1　水泵

水泵是冷却系统的能量源，将内燃机产生的机械能转换为传送冷却液的能量（动能、压能、位能）。目前内燃机上广泛使用离心泵，如图 7-8 所示，其结构简单、尺寸小、排水量大、维修方便。离心式水泵主要由泵体、叶轮和水泵轴组成，叶轮一般是径向或向后弯曲的，其数目一般为 6 ~ 9 片。当叶轮旋转时，水泵中的水被叶轮带动一起旋转，在离心力作用下，水被甩向叶轮边缘，然后经外壳上与叶轮成切线方向的出水管压送到发动机水套内。与此同时，叶轮中心处的压力降低，

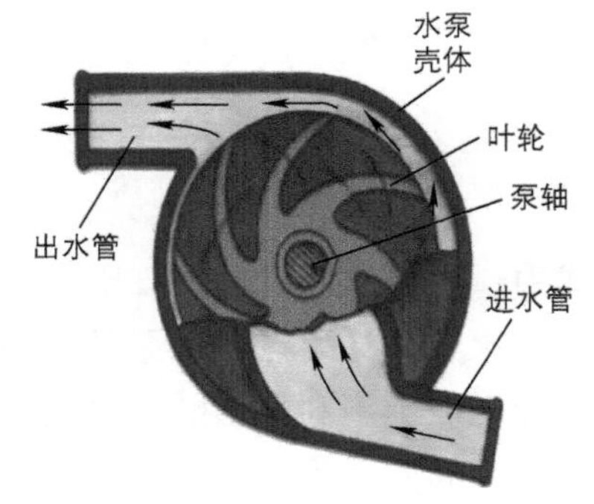

图 7-8　离心式水泵

散热器中的水便经进水管被吸进叶轮中心部分。如此连续的作用，使冷却液在水路中不断地循环。水泵因故停止工作时，冷却液仍然能从叶轮叶片之间流过，进行热流循环，不至于过热。水泵性能参数包括流量、扬程、功率、效率、汽蚀余量、转速等，所以在评价一个水泵的综合性能以及技术要求时，需要特别关注。

（1）流量　流量是指单位时间内从泵出口排出并进入管路的液体体积或质量，用 Q 表示，工程常用单位 L/min。

（2）扬程　扬程是指单位重力的水从水泵进口到水泵出口所增加的能量，用 H 表示，工程常用单位 m。

$$H=\frac{1000\Delta P}{\rho g}+(Z_2-Z_1)+\frac{v_2^2-v_1^2}{2g} \tag{7-1}$$

式中，ΔP 是进出口压差；ρ 是冷却液密度；Z_1、Z_2 分别是进、出口测压处至水泵中心的垂直高度（m）；v_1、v_2 分别是进、出口速度（m/s）。

（3）功率　驱动轴功率 P

$$P=\frac{Tn}{9550} \tag{7-2}$$

（4）有效功率 P_u

$$P_u=\frac{\rho QHg}{60}\times 10^{-6} \tag{7-3}$$

（5）水泵效率 η

$$\eta=\frac{P_u}{P}\times 100\% \tag{7-4}$$

（6）进口总扬程 H_1

$$H_1=\frac{1000P_1}{\rho g}+Z_1+\frac{v_1^2}{2g} \tag{7-5}$$

式中，P_1 是进口压力。

（7）汽蚀余量（NPSH）

$$\mathrm{NPSH}=H_1+\frac{1000(P_a-P_v)}{\rho g} \tag{7-6}$$

式中，P_a 是试验时的大气压力（kPa）；P_v 是试验温度时介质的汽化压力（kPa）。

水泵设计要点：水泵的流量及扬程根据不同的发动机而定。扬程过高对冷却系统的密封性会产生不利的影响，水泵的可靠性主要取决于水封和轴承，轴承普遍采用轴连轴承及永久式润滑结构，水封采用陶瓷、碳化硅动环和石墨静环整体式水封，轴承的游隙及水封的气密性要严格控制。

水泵设计中的注意事项：

1）水泵蜗壳最低点的泄水防冻问题。由于受使用条件的限制，在冬季不可能全部使用防冻液。为此必须放净存于蜗壳最低处的水，否则将引起叶轮、蜗壳冻裂。在水泵设计时必须考虑加防冻泄水孔。

2）轴承与轴的负荷。当水泵前端装风扇及风扇离合器总成时，由于轴的负荷增加，须加大轴承及轴的负荷容量，可采取水泵轴前端粗，水封、叶轮处轴颈细，如轴连轴承前端采用滚柱，后端采用四点接触式球轴承，并进行强度校核。

3）漏水孔。水泵水封处的漏水孔通常为一个，防止水封漏水时，水进到轴承处，引起轴承锈蚀损坏。为加强水封的通风冷却效果，可设两个漏水孔。

目前为提高发动机热效率，提高整体性能，电子水泵在汽车上广泛应用，但是对于商用车尤其是中、重型车，水泵大多数仍采用机械式传统水泵，一方面大流量电子泵可靠性有待确认，另一方面，电子水泵成本是普通机械式水泵的5～6倍，市场接受度低。

7.2.2 节温器

节温器是进行大小循环的重要执行零件，用于控制通过散热器冷却液的流量。根据发动机负荷大小和水温的高低自动改变水的循环流动路线，以达到调节冷却系冷却强度的目的。节温器的开启和关闭温度需要综合发动机整体水温与局部水套温度，最终确定。目前在内燃机上广泛应用的仍是腊式节温器，如图7-9所示，常温时，石蜡呈固态，阀门压在阀座上。这时阀门关闭通往散热器的水路，来自发动机缸盖出水口的冷却液，经水泵又流回气缸体水套中，进行小循环。当发动机水温升高时，石蜡逐渐变成液态，体积随之增大，迫使橡胶管收缩，从而对反推杆上端产生向上的推力。由于反推杆上端固定，故反推杆对橡胶管、感应体产生向下反推力，阀门开启，当发动机水温达到80℃以上时，阀门全开，来自气缸盖出水口的冷却液流向散热器，而进行大循环。

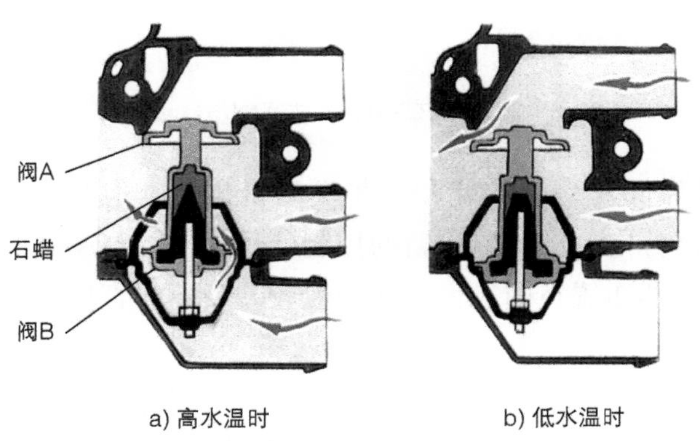

图7-9 蜡式节温器

节温器设计要点：要求节温器的泄漏量小，全开时流通面积大。增大节温器的流通面积可以通过提高节温器阀门的升程和增加阀门的直径来实现。国外较先进的节温器多是通过提高阀门升程来增大流通面积，这样可以减少因增大节温器阀门直径带来的卡滞、密封不严等问题。但增大节温器的升程，对节温器技术要求较高。有些发动机为增加节温器的流通面积采用两只节温器并联结构。

随着燃油经济性、排放法规等要求的提高，在传统基础上进行升级采用电子节温器，电子节温器由电控包和腔体等外围件组合而成，其中电控包是核心，功能的实现主要通过参数的输入（如空气温度、负载、车速、发动机出水温度等），ECU 进行综合控制。图 7-10 是某一发动机上的电子节温器结构。发动机冷起动时，加热电阻不工作，主阀关闭，副阀全开，冷却液处于小循环状态，加快发动机暖机过程。发动机在部分负荷时，加热电阻不工作，主阀部分开启，副阀部分关闭，冷却液处于混合循环状态，冷却液温度控制在 95 ~ 110℃范围内。适度提高冷却液温度，可以提高发动机燃烧性能，减少 HC、CO 等不完全燃烧产物的排放，降低发动机油耗。发动机在全负荷时，控制单元根据传感器信号得出的计算值对温度调节单元加载电压，加热电阻工作，主阀全开，副阀关闭，冷却液处于大循环，经散热器冷却，温度控制在 85 ~ 95℃范围内。同时适当降低冷却液温度，可以改善发动机进气性能，从而提高发动机的动力性，增加动力输出。

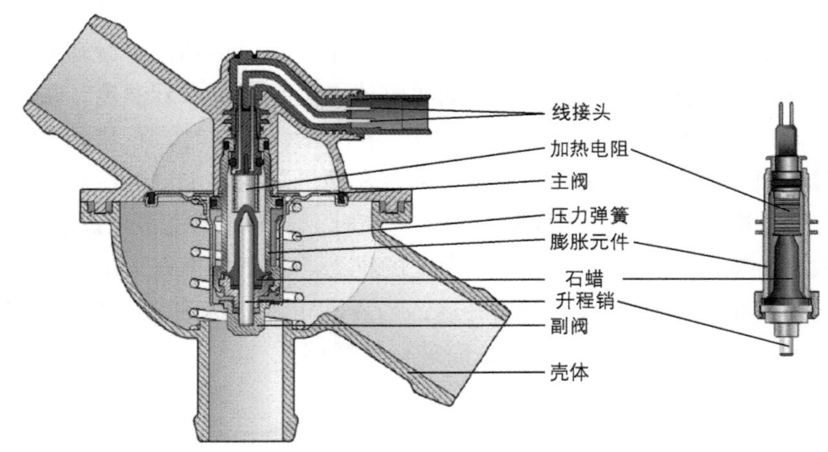

图 7-10　某一电子节温器结构图

电子节温器虽可降低发动机油耗和改善发动机排放，但其普及应用仍存以下问题：①需对发动机进行重新标定，由于引入新的控制信号，使控制策略更复杂；②与传统蜡式节温器相比，电子节温器布置空间较大，通用性较差，不能直接替换传统节温器，需对冷却系统布置重新设计。

目前商用车甲醇发动机上的节温器仍采用原平台节温器，即传统的蜡式节温器，而于电子节温器目前在重型发动机上使用较少，还需要做大量的技术细节工作。

7.2.3　散热器

散热器是水冷式冷却系统中最重要的零部件之一。它利用冷却风来冷却被发动机或其他高温零部件加热的冷却液。

散热器是一个薄壁、紧凑性高的热交换器。传统的散热器芯主要由黄铜制造，近年来主要为铝制造，而进、出水室用复合材料制造，使散热器重量大为减轻。

水冷系统中的散热器主要由进水室、出水室和散热器芯等三部分构成。冷却液在散热器芯内流动，空气在散热器芯外通过，热的冷却液由于向空气散热而变冷，冷空气吸收冷却液的热量而升温，因此散热器是一个热交换器。

按照散热器中冷却液的流动方向，可将散热器分为纵流式和横流式两种。纵流式散热器其芯部是竖直布置，上接进水室，下连出水室，冷却液由进水室自上而下流经散热器芯部进入出水室（图 7-11）。横流式散热器其芯部横向布置，左右两端分别为进、出水室，冷却液自进水室流经散热器芯部到出水室（图 7-12），重型甲醇发动机一般采用横流式散热器。另外，由于空间位置等原因的限制，也可以采用 U 形散热器，但是，该散热器会引起一侧水室压力过大。

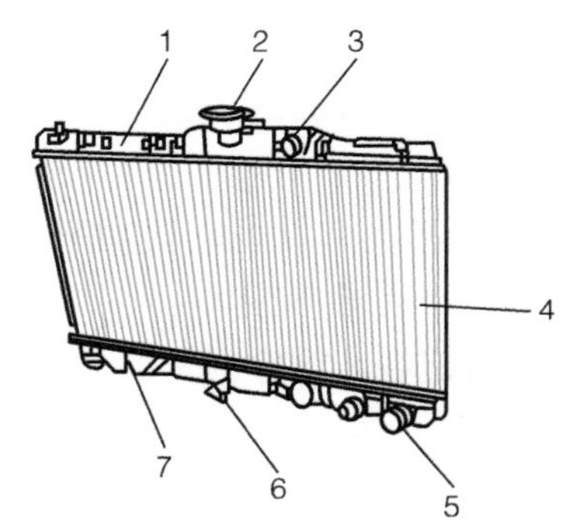

图 7-11　纵流式散热器

1—进水室　2—压力盖　3—进水口　4—散热器芯
5—出水口　6—放水阀　7—出水室

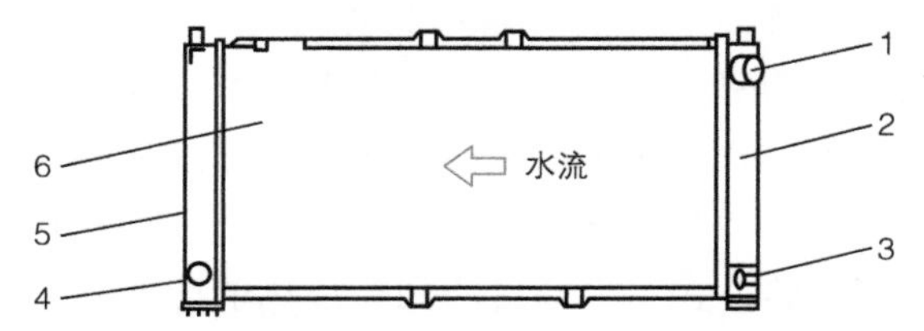

图 7-12　横流式散热器

1—进水口　2—进水室　3—放水阀
4—出水口　5—出水室　6—散热器芯

根据芯部结构的不同，散热器分为管片式、管带式和板式，如图 7-13 所示。

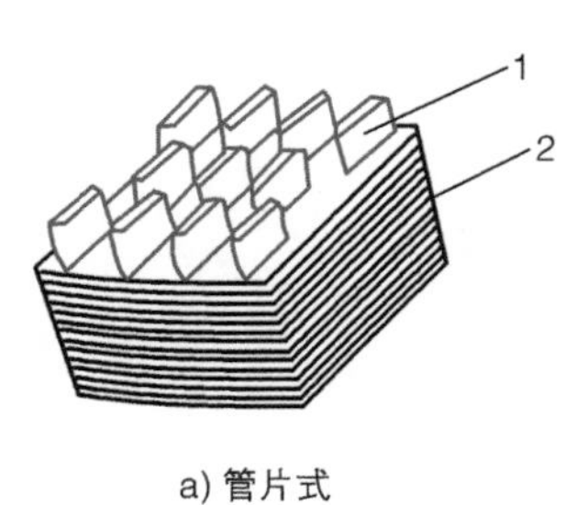

a) 管片式

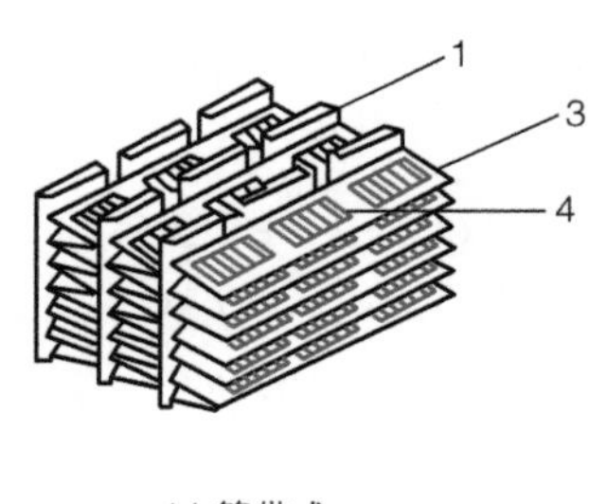

b) 管带式

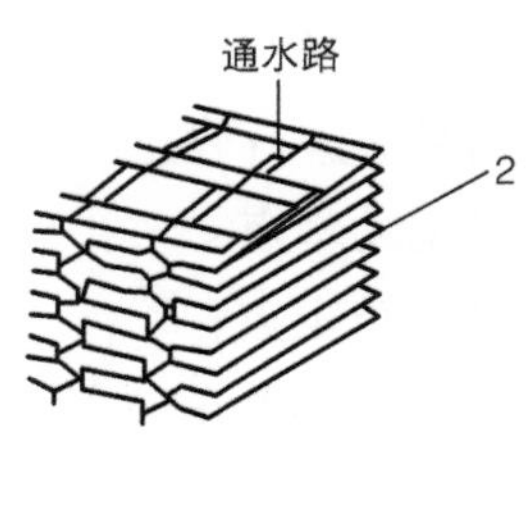

c) 板式

图 7-13　散热器芯部结构

1—散热管　2—散热片　3—散热带　4—鳍片

管片式散热器其芯部由散热管和散热片组成。散热管是焊在进、出水室之间的直管，作为冷却液的通道，散热管外表面焊有散热片以增加散热面积，增强散热能力，同时增大了散热器的强度和刚度。多用于振动大，工况恶劣的载重汽车上。

管带式散热器芯部由散热管及波形散热带组成。散热管为扁平管并与波形散热带相间焊在一起，为增强散热能力，波形散热带上加工有鳍片。这种散热器散热能力强，制造简单，成本低，但结构刚度低，因此多用于小客车及轿车上。

板式散热器芯的冷却液通道由成对的金属薄板焊合而成。这种散热器芯散热效果好，制造简单，但是焊缝多不坚固，且不易维修，所以很少采用。

散热水管又可分为 O 形管和 B 形管，如图 7-14 所示。B 形管从结构上增强了散热管抗变形能力，提高了散热器的受压能力。

a) O形管　　b) B形管

图 7-14　散热水管

另外，可以对水管的内表面进行处理，以破坏流体靠近壁面的滞流层，提高散热效果。

设计散热器前需输入发动机或其他需散热零部件的性能参数，包括发动机功率点和转矩点的功率、转速，以及这两点的水套散热量、水泵流量和燃油消耗率等。

发动机或其他需散热零部件工作的最高环境温度，一般设定在 45℃。

（1）散热器散热量 Q_w　通常在设计初期无法获得准确的零部件最高散热量，可以利用以下经验公式对发动机冷却系统热负荷进行估算：

$$Q_w = Ag_eP_eh_n \tag{7-7}$$

式中，A 是传给冷却系统的散热量占燃料性能的百分比，一般取 0.1 ~ 0.3；g_e 是内燃机燃油消耗率；P_e 是内燃机功率；h_n 是燃料低热值。

同时考虑到发动机舱内温度上升到38℃以后，每上升5.6℃，发动机的热负荷增加1%，根据试验测量，发动机舱的平均温度在 80℃左右，发动机的热负荷上升约 7.5%，因此水套的散热量应进行修正：

额定功率点：　$Q_w = Q_{w1} \cdot (1 + 7.5\%)$

最大转矩点：　$Q_w = Q_{w2} \cdot (1 + 7.5\%)$

（2）散热器正面积 A　散热器正面积即散热器芯部面积：

$$A = (0.0027 \sim 0.0034)Q_w \tag{7-8}$$

$Q_w < 73.5$kW 取上限，$Q_w > 73.5$kW 取下限。

在安装空间允许的情况下，尽可能争取最大的正面积空间。

另一种经验是：0.31 ~ 0.38m^2/100kW，载货车和前置客车通风良好的时候可取下限。

（3）散热面积 S　散热面积即散热器冷却管、散热带与空气接触的所有表面积之和：

$$S=\frac{Q_{\mathrm{w}}}{k\Delta t} \tag{7-9}$$

式中，Q_{w} 是散热器散热量；Δt 是液气温差；k 是传热系数 [W/（m²·℃）]，表示冷热流体间的温差为 1℃时，单位传热面积在单位时间内所传递的热量，因此 k 值表征传热过程的强弱，一般取 0.08 ~ 0.12。

（4）芯体厚度 D

$$D=\frac{S}{A\Phi} \tag{7-10}$$

式中，S 是散热面积（m²）；A 是正面面积（m²）；Φ 是散热器芯体紧凑性系数（500 ~ 1000m²/m³），轿车、轻型车取上限，中型车以上货车取下限。

散热水管内实际水流速度在 0.8 ~ 1.4m/s 时，散热效果最好，超过 1.4m/s 后对提高散热效率没有太大的影响。如图 7-15 所示，长轴 a 的尺寸偏大就会增加散热器的厚度，使风阻增加，也使散热器的安装空间增大；b 偏小就会增加水阻，使散热效率降低。

如图 7-16 所示，F_1 为散热带的波高，F_{p} 为散热带的波距，F_{t} 为散热带的带厚，L_1 为鳍片的宽度，L_{p} 为鳍片间距，Θ 为鳍片的开口角度。波距 F_{p} 的大小非常关键，它直接影响到散热带的密度。F_{p} 过大或过小都不好，F_{p} 过小，会增加风阻，降低散热效率；F_{p} 过大，冷却风不能和散热水管的冷却液进行充分的热交换，也会使散热效率降低。鳍片主要是破坏冷却风靠近散热带的滞留层，以提高换热效率。

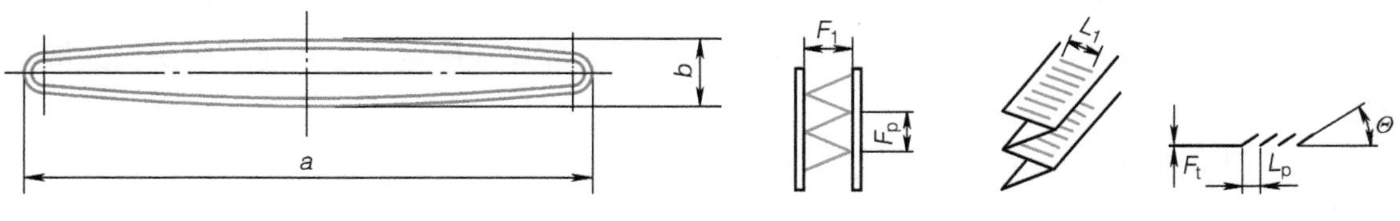

图 7-15 散热水管参数

图 7-16 散热带参数

目前散热器各项参数的选型与匹配主要是基于数据库的建立，根据需求选择相近的散热器进行相关性能和风洞试验验证，然后再进行有针对性的改进和优化，使其满足使用要求。

7.2.4 风扇

在汽车水冷系统中，风扇的作用是提高通过散热器的进风量，增强散热器的散热能力。目前绝大部分传统动力的商用车冷却风扇是通过发动机带轮驱动。而随着技术的发展，以及对整车热管理系统研究的深入，未来采用电子风扇会越来越多，主要优势是：其结构简单，布置方便，不受发动机转速影响，发动机怠速或低速时，冷却效果明显。

风扇的风量主要与风扇直径、转速、叶片形状、叶片安装角及叶片数有关。叶片的断面形状有圆弧形和翼形两种。翼形风扇的效率高、消耗功率小，在汽车上得到广泛应用。

一般叶片与风扇旋转平面成 30° ~ 45° 角（叶片安装角）。叶片数为 6 ~ 10 片。叶片之间的间隔角或相等，或不相等。

（1）风扇风量 V_a　冷却风扇的风量是根据冷却系统应散出的热量 Q_c 来确定的，即

$$V_a = \frac{Q_c}{\Delta t_a \gamma_a c_p} \quad (m^3/s) \tag{7-11}$$

式中，Q_c 是发动机最大散热量（kW）；Δt_a 是空气进入水散热器前后的温度差，通常 $\Delta t_a = 10 \sim 30$℃；γ_a 是空气的密度，可取 $\gamma_a = 1.17kg/m^3$；c_p 是空气的比定压热容，可取 $c_p = 1.047kJ/(kg·℃)$。

风扇的供气压力，即静压，是根据冷却系统的类型、具体布置与结构而确定的。由于类型、具体布置与结构的差异，风扇供气时所需要克服的空气通道阻力不同。

水冷式冷却系空气通道的阻力为

$$p = \Delta p_R + \Delta p_L$$

式中，Δp_R 是散热器的阻力，当重量风速 $\gamma_a V_a$ 为 10 ~ 20kg/（m^2 · s）时，管式散热器的阻力为 100 ~ 500Pa；Δp_L 是除散热器以外的所有空气通道（如进出冷却空气百叶窗、导风罩、发动机罩）的阻力，对于一般汽车内燃机 Δp_L 的值大致估算，为 $\Delta p_L = (0.4 \sim 1.1)\Delta p_R$。

（2）风扇的消耗功率 N_f

$$N_f = \frac{pV_a}{\eta_f} \quad (W) \tag{7-12}$$

式中，p 是风扇的供气压力（Pa）；V_a 是风扇的风量（m^3/s）；η_f 是风扇的总效率。

（3）风扇的直径 D　风扇的直径 D 根据散热器芯部尺寸确定，尽量使风扇所扫过散热器的面积最大。

（4）风扇轮毂直径 d　风扇轮毂直径 d 与风扇直径 D 的比值，称为轮毂比，轮毂比一般为 0.2 ~ 0.25，即 $d/D = 0.2 \sim 0.25$。

（5）叶片长度 L　风扇叶片长度 L 一般要求与风扇直径 D 的比值为 0.34 ~ 0.36，即 $L/D = 0.34 \sim 0.36$。

（6）转速 n　风扇的转速 n 主要决定于风扇工作轮外径的圆周速度，即

$$n = \frac{u}{\pi D} \quad (r/min) \tag{7-13}$$

式中，D 为轮外径；u 为风扇工作轮外径的圆周速度（m/s）。

圆周速度 u 不能过高，否则由于局部超速气流而出现噪声。当对噪声要求严格时，取 $u = 60 \sim 70m/s$。

商用车目前常用的风扇一般采用电控硅油离合器风扇，如图 7-17 和图 7-18 所示，不仅可以实现无级变速，而且可以可控地实现整车在各工况下的应用，使发动机既不会过冷，也不会过热，处于最佳的工作温度，减小无用功，快速暖机，降低排放，改善燃油经济性。尤其对于甲醇发动机来讲，最佳的冷却，会降低机油乳化概率和曲通问题。在具有以

上优点的同时也存在一定的缺点，由于硅油特性引起风扇脱开时间发生延迟，延迟至少约2min，甚至长时间不能脱开的问题。所以对于某些极限负荷和特定工况下，硅油离合器风扇并达不到电子风扇的反馈执行，所以在匹配风扇时这些因素也需考虑在内。

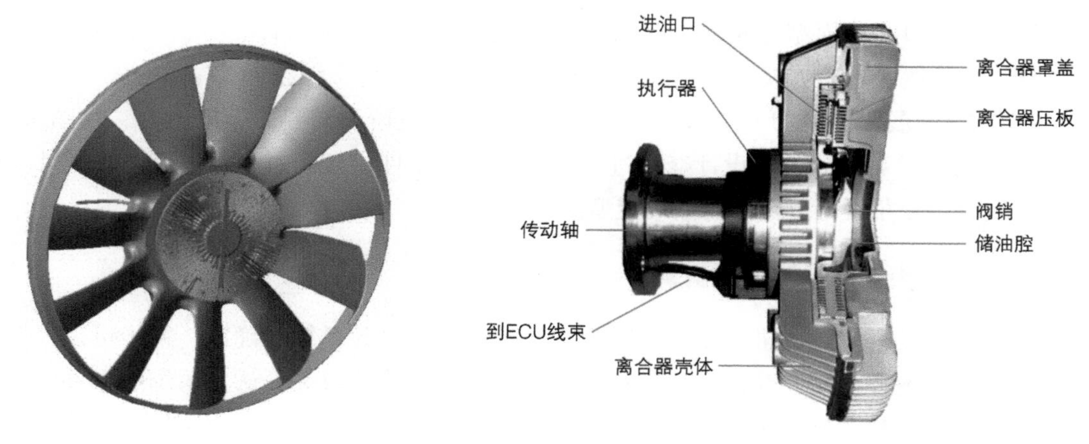

图7-17　硅油离合器风扇

图7-18　硅油离合器结构原理图

7.3 冷却系统的设计开发流程及匹配

7.3.1 冷却系统设计开发流程

整个冷却系统的开发流程建立在已有的冷却系统方案基础上，而具体的开发方案需以目标机或竞品机作参考，冷却系统开发流程一般如图7-19所示。

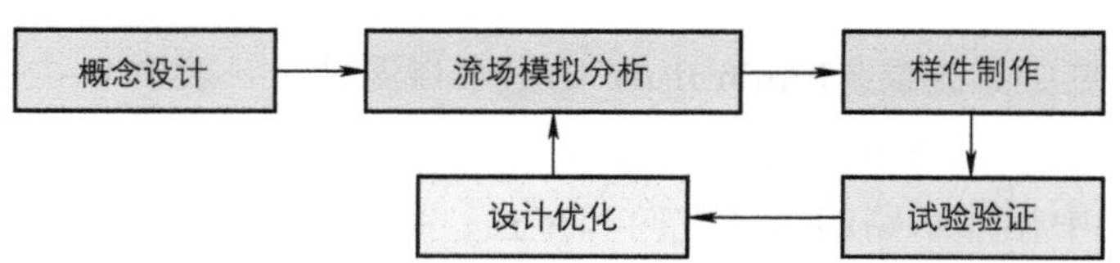

图7-19　冷却系统开发流程概要

通常，整机设计目标以及参数确定后，可进行理论上的初始水泵定义，包括流量和扬程，根据水泵的性能参数进行水泵的选择以及空间布置，进行概念设计。概念设计阶段同时需要根据系统方案进行分析匹配，匹配时需要借助于目标机或竞品机的相关零件参数输入，包括散热器、暖风、机油冷却器、TC、节温器以及机体水套等，给出概念设计阶段水泵的综合性能参数。此时可以根据概念设计的水泵进行水泵叶轮、蜗壳、水泵外壳体的细化工作，水泵设计完成后，还需进行水泵CFD分析。在概念设计阶段完成后能初步得到一个整机冷却系统的3D数据，同步执行的还有其他冷却关键零部件的设计。3D数据设计完成后进行2D图纸的布局设计阶段，此时供应商可根据2D图纸进行手工样件的制作，样件制出后进行单体零件的综合性能测试，检测合格后用于一代样机阶段的首台样机装配。手工样机装机确认空间安装尺寸干涉等，初步的性能试验满足要求后，对于水泵、机油冷却器等关键零部件进行开模，形成工装件，可进行二代样机装机。发动机在一代样机阶段，就需要进行冷却机械开发试验，便于二代样机之前进行零件的设计变更等，同时试验的数据用于 1D 冷却系统模型分析的结果校核，如此反复进行实现设计、分析、试验的统一，最终给出一个既不过冷，又不过热的合理的冷却系统。

图 7-20 中展示了冷却系统相关的零件以及各个开发阶段需要完善的内容，由图可知，一个系统的开发需要分析与设计交互进行，从布置、零件供应商、材料、工艺、设计、分析、售后等综合角度，直至系统最终定型。

7.3.2 冷却系统匹配的理论计算

根据已有的开发流程进行下一步：概念设计前期的冷却系统的确定，初步可以根据目标机或竞品机的方案、发动机的功率和性能指标以及经验参数等确认。系统的零件匹配前期首先确定一个初选的水泵，水泵的流量和扬程的选定，根据各系统中零件的散热需求和压损定义，如机体、机油冷却器、增压器、空压机、EGR 系统、集成排气歧管等。常用的冷却零件的换热因子见表 7-1。

零件的散热量：

$$\theta = qP_e \tag{7-14}$$

式中，P_e 为发动机额定功率（kW）。

零件的流量：

$$V = \frac{6}{\Delta T c \rho} \times 10^4 \tag{7-15}$$

式中，V 为零件散热所需流量（L/min）；ΔT 为进水口温差，一般取 8 ~ 12℃；c 为冷却液比热容 [kJ/（kg・℃）]；ρ 为冷却液密度（kg/m^3）。

根据冷却系统中循环水路的流动方向和布置、零部件的位置等，最终确定发动机冷却水泵的参考流量数据：

$$Q = V_b + V_s \tag{7-16}$$

式中，V_b 为节温器全开后，经过散热器的总流量；V_s 为节温器全开后，所有不经过散热器的零件流量，如空压机、增压器等，具体需要根据水路循环原理图定义。

根据冷却系统中循环水路的流动方向和布置、零部件的位置以及零件的流阻曲线等，确定零件的压损，从而进一步得知水泵的扬程：

$$H = H_e + H_r + H_t + H_p \tag{7-17}$$

式中，H_e 为机体水套压损；H_r 为散热器压损；H_t 为节温器压损；H_p 为管路压损，各变量都是在发动机额定工况测量得到。

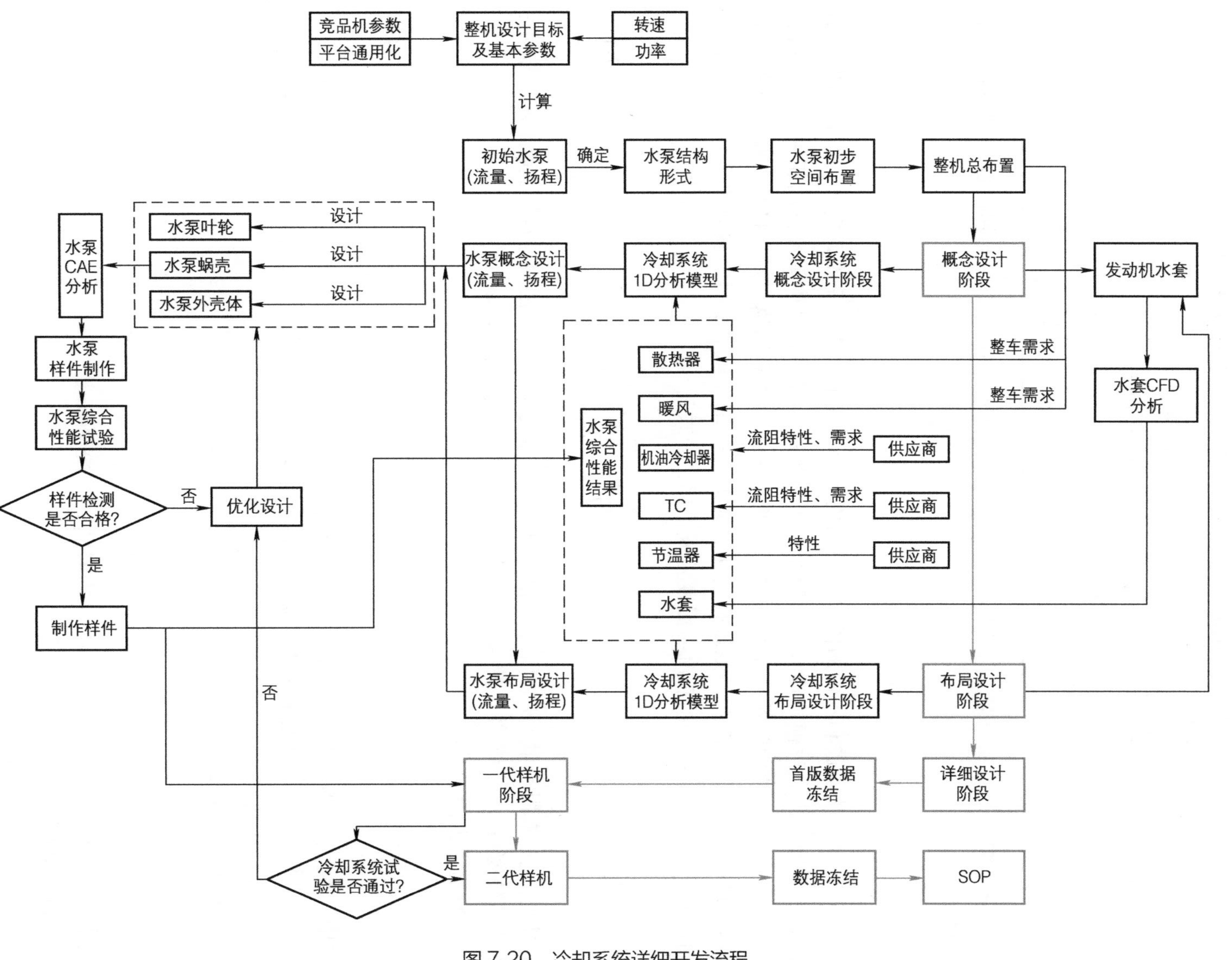

图 7-20 冷却系统详细开发流程

表 7-1　换热因子比例

零件	换热因子比例
机体	44% ~ 55%
机油冷却器	6% ~ 10%
增压器	1% ~ 2%
集成排气歧管	8% ~ 12%
EGR 系统	15% ~ 35%

通过简单计算得知额定工况下水泵的流量和扬程。在此基础上其他各零件可以初步定型。

7.3.3　冷却系统的模拟计算

随着设计的改进和零件的优化，发动机冷却系统中的零件基本确定，对零件的参数细化后，可进一步通过模拟计算校对整个系统匹配的合理性，其中牵涉到的相关知识包括热力学第一定律、热力学第二定律、热力学第三定律、传导换热、对流换热、辐射换热、伯努利方程等。一般来讲对参数进行简化，譬如：一维计算中采用的表面传热系数，流体与固体壁面之间对流传热的热流与温度差成正比，公式为

$$hA=\frac{\dot{V}(T_{\mathrm{f,out}}-T_{\mathrm{f,in}})\rho c_p}{T_{\mathrm{wall}}-T_{\mathrm{fluid}}} \tag{7-18}$$

式中，$\dot{V}$ 为体积流量；A 为流体经过的面积；$T_{\mathrm{f,out}}$ 为流体出口温度；$T_{\mathrm{f,in}}$ 为流体入口温度；ρ 为流体密度；c_p 为流体比热容；T_{wall} 为壁面温度；T_{fluid} 为流体温度。

管道阻力因子 k：

$$k=\frac{\Delta P_{\mathrm{total}}}{0.5\rho\mu^2} \tag{7-19}$$

式中，$\Delta P_{\mathrm{total}}$ 为出入口压差；μ 为流体平均流速。

冷却流设为三维无压缩理想流体，其流动与传热过程遵循质量守恒方程、动量守恒方程和能量守恒方程。

质量守恒方程：

$$\frac{\partial\rho}{\partial t}+\mathrm{div}(\rho v)=0 \tag{7-20}$$

式中，ρ 为密度，$\rho=\rho(x,y,z,t)$；t 为时间；v 为速度矢量。

动量守恒方程：

$$\frac{\partial(\rho u)}{\partial t}+\mathrm{div}(\rho uu)=\mathrm{div}(\mu\mathrm{grad}u)-\frac{\partial p}{\partial x}+S_{\mathrm{u}} \tag{7-21}$$

$$\frac{\partial(\rho v)}{\partial t}+\operatorname{div}\left(\rho v u\right)=\operatorname{div}(\mu \operatorname{grad} v)-\frac{\partial p}{\partial y}+S_{\mathrm{v}} \tag{7-22}$$

$$\frac{\partial(\rho w)}{\partial t}+\operatorname{div}(\rho w u)=\operatorname{div}\left(\mu \operatorname{grad} w\right)-\frac{\partial p}{\partial z}+S_{\mathrm{w}} \tag{7-23}$$

式中，μ 为动力黏度；p 为流体微元体上的压力；S_{u}、S_{v}、S_{w} 是动量守恒方程的广义源项。

能量守恒方程：

$$\frac{\partial(\rho T)}{\partial t}+\operatorname{div}(\rho u T)=\operatorname{div}\left(\frac{k}{C_p}\operatorname{grad} T\right)-\frac{\partial p}{\partial x}+S_{\mathrm{T}} \tag{7-24}$$

式中，C_p 为比热容；T 为温度；k 为流体的传热系数；S_{T} 为流体的内热源及由于黏性作用流体机械能转换为热能的部分。

湍流模型采用 k-ε 方程，此方程表示在充分发展的湍流区域中，湍流脉动量对湍动能方程和耗散率方程的影响，其形式如下：

$$\frac{\partial(\rho k u_i)}{\partial x_i}=\frac{\partial}{\partial x_i}\left[\left(\mu+\frac{\mu_i}{\sigma_k}\right)\frac{\partial k}{\partial x_i}\right]+G_k-\rho\varepsilon \tag{7-25}$$

$$\frac{\partial(\rho \varepsilon u_i)}{\partial x_i}=\frac{\partial}{\partial x_i}\left[\left(\mu+\frac{\mu_i}{\sigma_\varepsilon}\right)\frac{\partial \varepsilon}{\partial x_i}\right]+C_{1\varepsilon}\frac{\varepsilon}{k}G_k-C_{2\varepsilon}\rho\frac{\varepsilon^2}{k} \tag{7-26}$$

式中，k 为湍动能；ε 为湍动耗散率；μ_i 为 i 方向的速度分量；x_i 为 i 方向的空间坐标位置分量；μ_i 为湍动黏度；G_k 为平均速度梯度引起的湍动能 k 的产生项；$C_{1\varepsilon}$、$C_{2\varepsilon}$、σ_k、σ_ε 为经验值。

在系统级别的选型匹配中往往采用计算机辅助软件较为准确快速地对水泵进行更准确的选型，并且可以通过后期的机械开发试验进一步综合验证匹配的合理性，保证后期各零件的实际性能结果达到预期的目标设计值。CAE 分析不仅需要考虑整机的参数，如机油冷却器、增压器、空压机、EGR 冷却系统，还包括暖风、散热器、膨胀水箱、风扇等，分析模型示意图如图 7-21 所示，模型中是一维流体分析稳态计算。

通过搭建一维流体分析模型，进行冷却系统的整体匹配，计算边界输入一般以节温器全开，额定转速和最大转矩两个工况为关注点，计算结果需要校核各零件的流量和压损，甚至是温度，且对输出的结果根据经验数据判断其合理性。分析结果为设计数据的优化提供理论支持，开发过程中分析和设计交互进行，共同作用。概念一版数据已完成后，发动机详细设计数据阶段只进行少量的变动，设变过程中分析也需同时更新，直到数据冻结，完成冷却系统的匹配。

一维流体分析模型不仅可用于前期开发，也可用于后期发动机改型升级，图 7-21 为某一商用天然气发动机升级为甲醇发动机后的冷却系统的匹配优化结果。

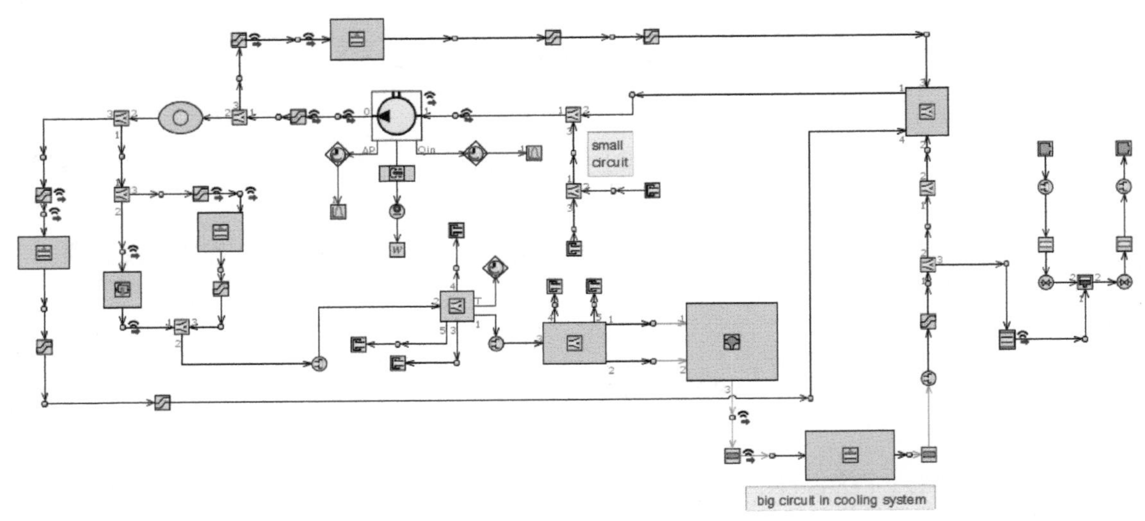

图 7-21　冷却系统匹配计算

7.3.4　甲醇发动机冷却系统优化

本节结合实例来说明甲醇发动机冷却系统优化的过程。

商用车由国六天然气发动机改型成 M100 甲醇发动机居多，放热量略降低，所以冷却系统的优化往往针对国六天然气发动机先前搭载于汽车的改进和升级。为了适应甲醇燃料特征，缸盖需要重新设计和开发，缸套和活塞等需要进行防腐和耐腐蚀设计。因此，尽管基于气体机平台，实际上这已经是一个全新的发动机，这些都会给冷却系统设计带来影响。在冷却系统整体匹配设计时，需要综合考虑水套的换热和流场的合理布置、系统中零件冷却流量的合理分配、风扇性能的提高以及水泵的综合能力、散热器的加大量，否则发动机会有一系列可靠性问题发生，如图 7-22 所示的缸盖鼻梁区开裂、活塞环卡滞、活塞销发蓝，甚至活塞烧熔等故障。

图 7-22　甲醇发动机台架可靠性试验故障

1. 机体水套优化

水套优化的设计注意事项：

1）缸盖水套的各缸放热最为关键，须确保各缸盖之间的主喷孔位置水流量充足。由于发动机缸盖燃烧室是热量集中区域，气门、喷嘴、火花塞等均布置在此区域内，紧凑有限的空间内既能确保位置的合理，又能保证性能和工艺等，对缸盖水套的设计提出很高要求。

2）冷却液流动的方案尽量直接进入高温区域然后再进入低温区域，这样有利于降低机体材料本身热应力的变形，降低产生裂纹的可能。譬如发动机的冷却液由水泵泵出后先进入缸盖排气侧，通过主喷孔流经缸盖进气侧，再从缸盖进气侧进入发动机缸体水套，最后流出。

3）缸垫分水孔的布置，尽可能实现各缸冷却液流量的均匀性，同时保证尽量低的压损。一般来讲，进气侧位置从缸体进入缸盖侧的缸垫位置的分水孔较少且孔较小，每缸都必须配置一个小孔，保证发动机温度较高时，缸体侧冷却液的微量气体的排出，而多数的孔放置于排气侧，便于冷却液流量直接冲击缸盖最热的区域。

4）机体水套设计时为了保证出模均匀，结合当前的工艺水平，铸铝材料一般壁厚在 3 ~ 3.5mm，铸铁材料壁厚一般在 4 ~ 4.5mm。

实际发动机水套设计时除了考虑本身需求外，还要考虑发动机整体冷却布置方案，所以最终综合考虑后，设计出的水套并非每项都按照以上几点进行。

下面介绍一个水套优化的应用实例（以下水套包括缸体水套和缸盖水套，即机体水套，简称水套）。

原机型所采用的水套结构如图 7-23a 所示，水由水泵进入机油冷却器，再由机油冷却器分水孔进入各缸体，最后通过缸垫分水孔进入缸盖；图 7-23b 所示水套做出三方面改动：①缸盖喷油器区域热负荷较高，故在此区域设计了主喷孔，增大水流量，实现局部高温区重点冷却；②重新布置缸垫分水孔，合理布置各缸水流量；③增加六缸缸体进水孔。

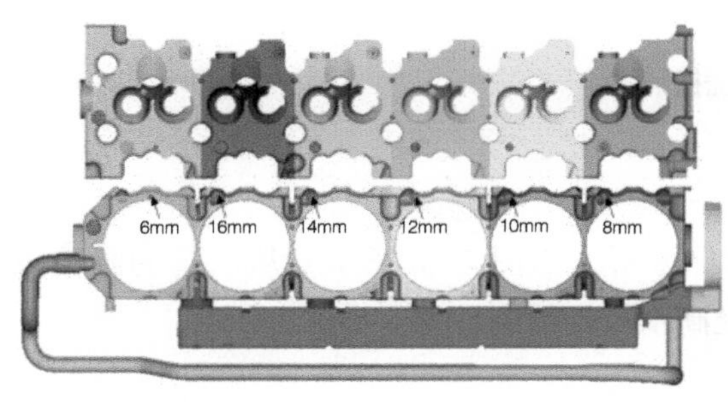

a) 原水套

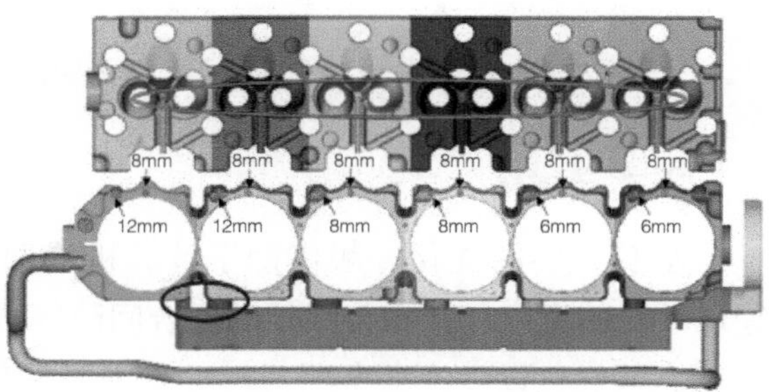

b) 新水套

图 7-23　水套优化实例

水套结构进行优化后，从流线分布图7-24上可以看出，相对于原水套，新水套水流进入缸体后，流动比较顺畅，整体流速有所提高，第六缸分布水流量增多，缸体流速分布更加均匀，且五、六缸缸间流速增加，因此，五、六缸流动改善明显。考虑到缸盖排气侧温度较高，设计时在排气侧布置了更多分水孔且孔径较大，引导水流通过排气侧进入缸盖。原水套与新水套的整体平均流速分别为0.661m/s和0.733m/s，由此可见新水套整机流动性更强，对重点区域（鼻梁区）的冷却效果更好。

缸盖水套结构改动较大，增大了排气侧水套体积，主要解决了排气侧热负荷大的问题，如图7-25所示。由于缸盖水套为纵流式，各缸鼻梁区的流动均匀性差，前三缸较好，五、六缸较差。这样就导致了原水套缸盖换热不均匀，后三缸换热较差，其中第五、六缸换热最差。新水套通过增加主喷孔，各缸鼻梁区流动均匀性得到明显改善，其中第五缸主喷孔流速分别为2.628m/s和3.576m/s，缸盖鼻梁区的换热系数有明显提高，保证了各缸喷油器区域的换热需求。综上所述，新水套换热均匀性比较理想。

a) 原水套

b) 新水套

图7-24　水套流场图

a) 原缸盖水套

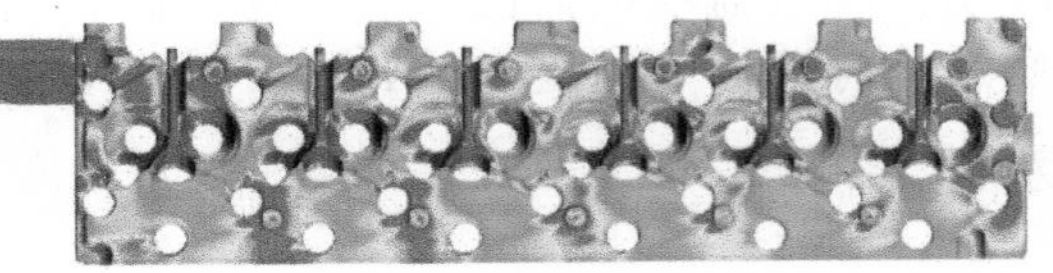

b) 新缸盖水套

图7-25　缸盖换热图

2. 水泵优化

水泵后期的优化一般借助于计算机辅助软件分析，如图7-26所示，从水泵的叶轮直径、叶轮的宽度、叶轮与涡轮的配合间隙等，提高水泵的综合性能。

水泵优化设计注意事项：

1）在水泵结构中，影响效率的关键因素是水泵的蜗壳和叶轮的形状，两者的间隙要匹配合理，不形成涡流和产生汽蚀。

2）水泵叶轮的片数合理，厚度应在工艺许可的情况下尽量薄。

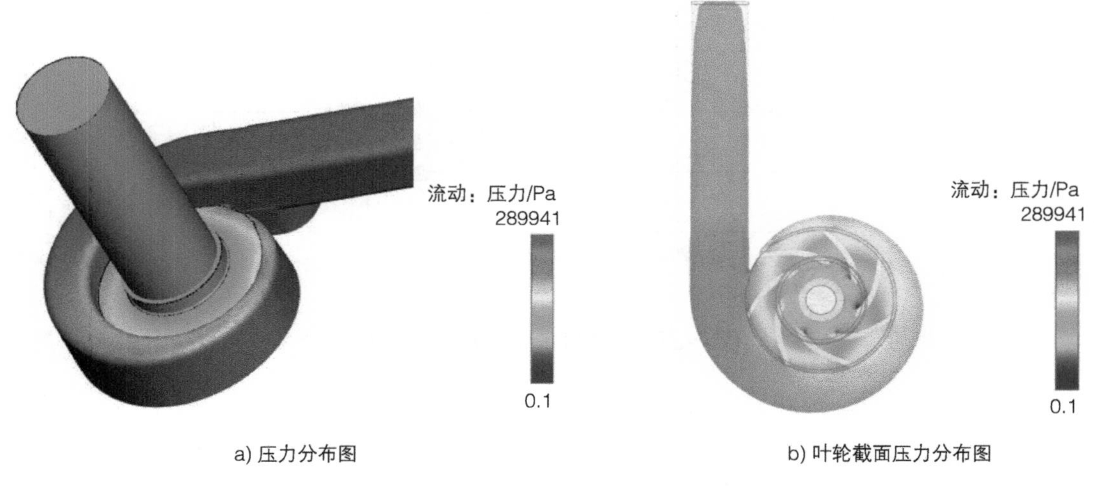

a) 压力分布图　　b) 叶轮截面压力分布图

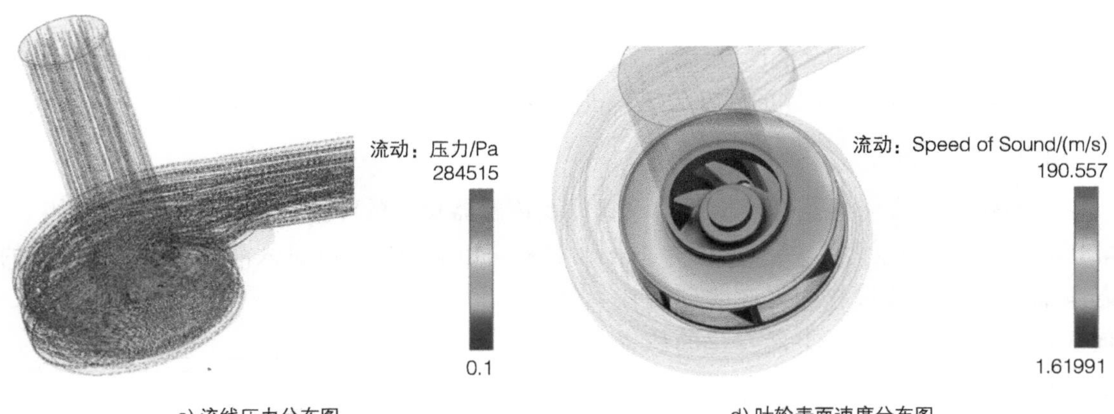

c) 流线压力分布图　　d) 叶轮表面速度分布图

图7-26　水泵优化

3）水泵和涡轮的结合处，尤其是入水口处，压力大、流速高，避免出现低流速区域，易产生汽蚀。

3. 系统优化

水泵综合性能参数包括流量、扬程、效率等关键因素，在原机型的结构布置中，改变水泵速比是提高综合性能最有效的方案，速比的提高可以使水泵工作在更高效率区。水泵速比增加到 1.45 后的模拟仿真结果与试验数据如图 7-27 所示，可以看出，水泵叶轮、蜗壳等结构设计不变，驱动带轮变小，速比增加，可以使额定转速 2300r/min 下，优化后的流量增加 32L/min，提高约 20%，冷却效果更佳。

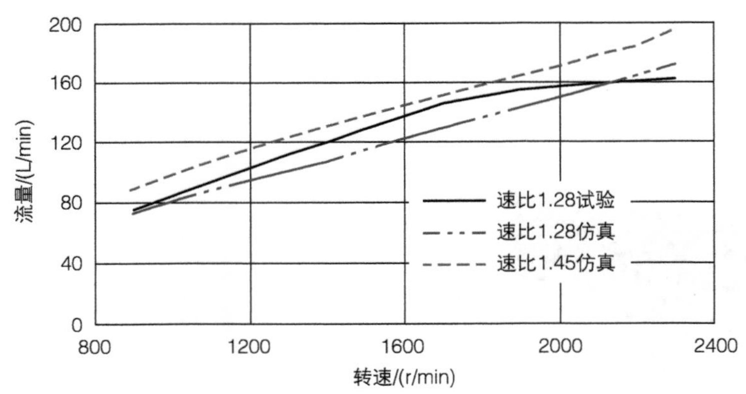

图 7-27　发动机水流量与转速关系

7.4 冷却系统的机械开发与验证

7.4.1 发动机冷却系统台架功能试验

冷却系统的机械开发是在设计和试验的反复校正下完成的。通常在发动机热力学性能试验完成之后，发动机本体的硬件已定，进行冷却系统的功能试验和性能试验。

1. 试验前准备

试验时要注意传感器打孔位置的设置以及传感器置入的深度，取压孔加工要求如下：取压孔打在凸出表面上，一般孔径为 3mm，这样可以避免取压孔进入液流中，受到流速的影响而导致压力读取错误。应避免在任何通过截面（和流速）突然变化的位置处打孔。

在无法避免的情况下（如节温器安装座处），建议在不直接冲向水流处和不是拐角处等位置，打入两个或三个取压孔，并且在连接压力表或传感器处的前端将这几个取压孔在外面用部件连接在一起，如图 7-28 所示。

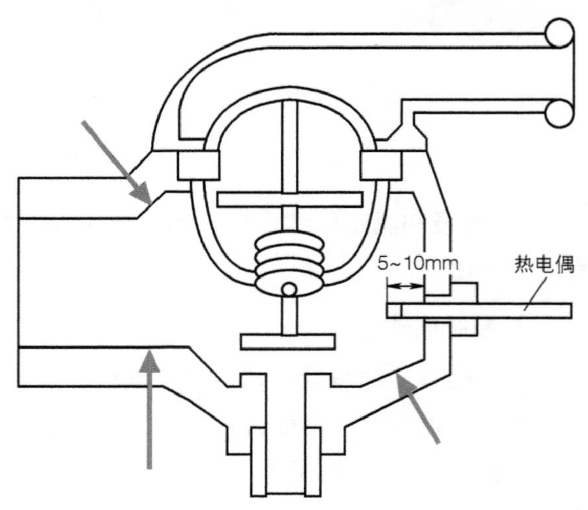

图 7-28　均匀截面的管子打孔位置示意图

试验测试开始前，务必确认各传感器的校零，尤其是对于发动机进出水温度传感器，温度的误差尽量小，同时为了避免测试热量的变化，每个测试试验至少进行三次，并进行数据的综合处理。

2. 试验目的

主要对各冷却零部件进行功能性和设计合理性的验证，如节温器、水泵等零件的综合性能、系统流量以及压力分布、水泵汽蚀、冷却液后沸腾试验等。

3. 试验设备

测试设备见表7-2，测试燃油和冷却液、润滑油按设计要求执行。

表7-2 冷却系统机械开发测试设备

测试设备	测试设备
台架控制系统	发动机水温控制系统
测功机	发动机润滑油控制系统
燃油消耗仪	λ 测试仪
曲通测试设备	油气测试仪

4. 试验发动机

试验发动机进行的台架测试如图7-29所示。确保试验所用发动机性能参数满足设计要求，各条件参数符合发动机性能指标。

图7-29 冷却系统搭载散热器台架测试

5. 试验内容

（1）节温器稳态标定 对节温器进行加热，确认节温器的行程随着温度开启和关闭，是否与设计指标相同。某发动机节温器温度特性如图7-30所示，温度83℃开启行程为0.35mm，满足设计指标（82±2）℃；温度90℃开启行程为8.4mm，设计指标≥6mm；温度95℃开启行程为9.2mm，设计指标≥8mm；节温器全关温度为78℃，设计指标≥77℃。

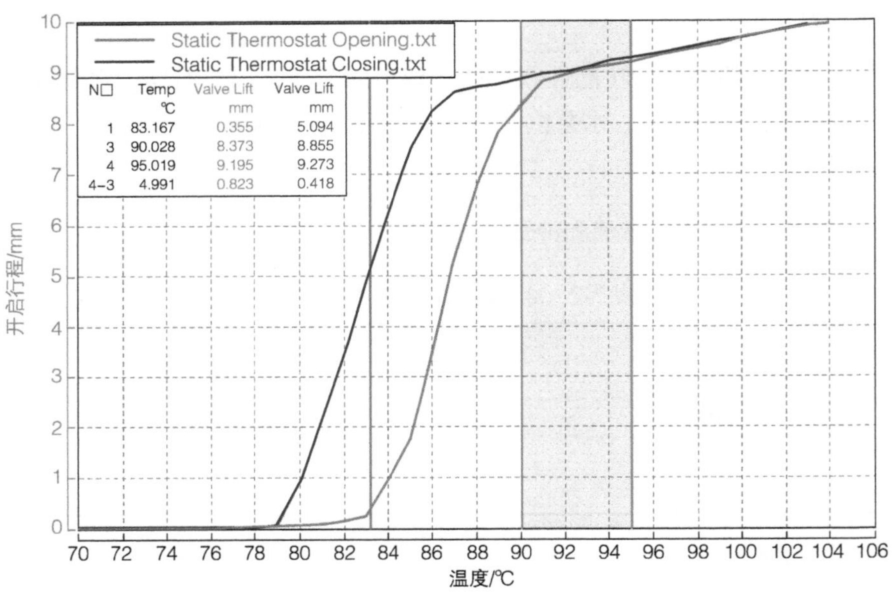

图 7-30 某发动机节温器温度特性

（2）流量和温度分布 为了控制发动机出水温度为定值，原车辆的散热器用台架的水温控制系统代替。测试时发动机出水温度控制设定值，分别测试外特性下各转速时各冷却零部件的流量和温度分布结果，如增压器、EGR 冷却器、机油冷却器、大循环等，最后校核测试后的结果是否与设计目标、分析结果等对应，尤其是额定转速下，发动机循环水流量和放热量。

（3）压力分布 为了控制发动机出水温度为定值，原始的车辆的散热器采用流量计和台架的水温控制系统代替。测试时油温控制，发动机出水温度控制设定值，分别测试外特性下各转速时各冷却零部件的压力分布结果，如增压器、EGR 冷却器、机油冷却器、发动机进出水口、缸体、缸盖、缸垫等，最后校核测试后的结果是否与设计目标、分析结果等对应。

（4）水泵汽蚀 该试验目的是找出临界状态下的所允许的发动机工作的最高出水温度时、发动机额定转速下，水泵临界汽蚀余量。某发动机水泵汽蚀试验结果如图 7-31 所示，在发动机出水温度 100℃时，系统压力降低，未发现有汽蚀；而发动机出水温度 110℃时，当转速在 5000r/min，系统压力降低至 19kPa 时，流量降低 3% 发生汽蚀；当转速提高至 5500r/min 时，系统压力降低至 24kPa 时，流量降低 3% 发生汽蚀。

（5）冷却系统压力建立 冷却系统的压力建立试验需要利用发动机台架上模拟整车的一整套冷却系统，包括节温器、膨胀水箱、散热器、暖风等零部件。冷却液加注到水箱内的刻度位置，不能超过最高刻度线，不能低于最低刻度线。发动机的出水温度逐渐增加至指定温度时，查看系统压力的建立状态，系统压力不应该低于发生汽蚀的临界压力，否则系统存在汽蚀的可能。某发动机冷却系统压力建立试验结果如图 7-32 所示。

注意：冷却液的规格按照发动机设计要求执行。

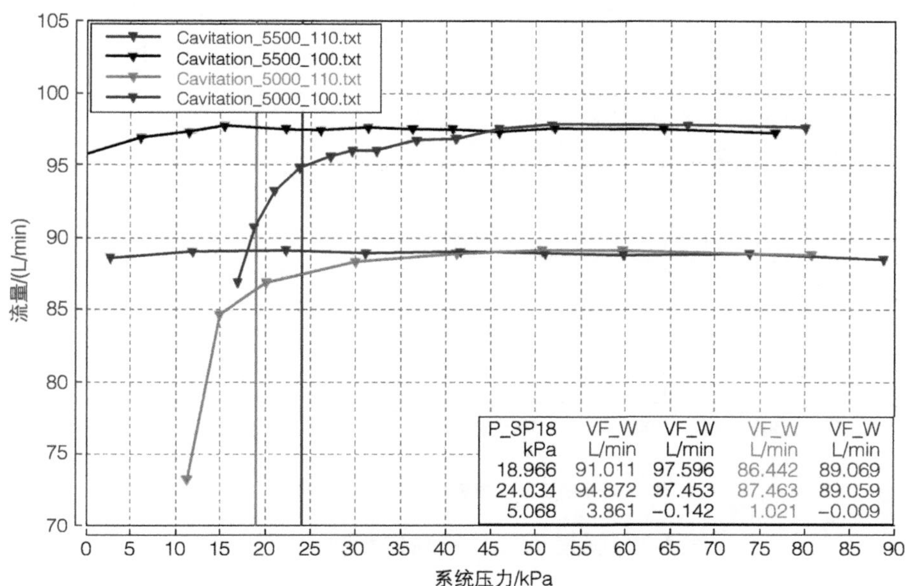

图 7-31　某发动机水泵汽蚀试验

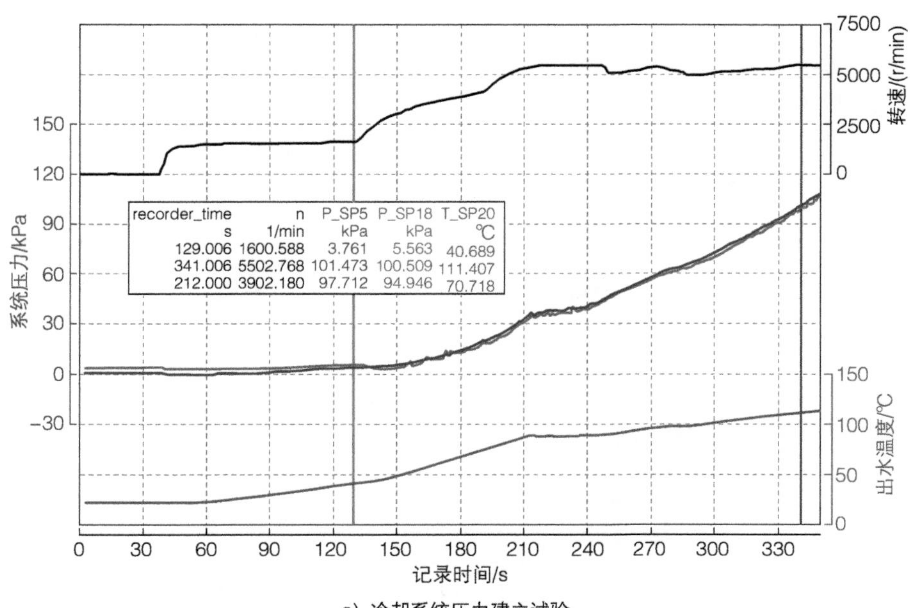

a）冷却系统压力建立试验

图 7-32　某发动机冷却系统压力建立试验

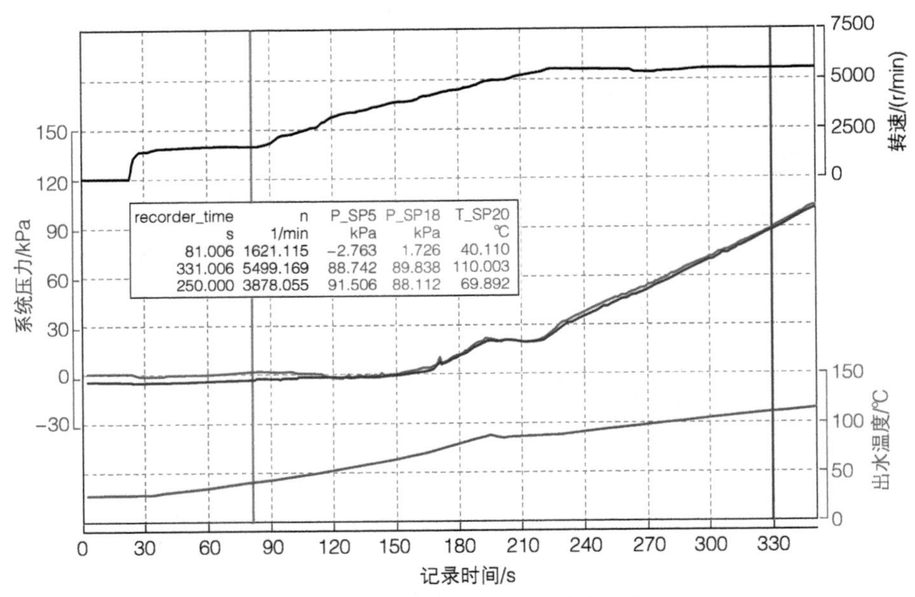

b) 冷却系统压力建立(膨胀水箱泄气阀打开前)

图 7-32 某发动机冷却系统压力建立试验（续）

（6）冷却后沸腾 冷却后沸腾是指发动机在额定功率运行 20min 后突然停机，冷却液从膨胀水箱溢出。若根据试验要求，测试的系统压力低于膨胀水箱泄气阀，则满足设计需要，泄气阀的压力最小值设定时需要有一定的冗余量。某发动机冷却后沸腾试验结果如图 7-33 所示。

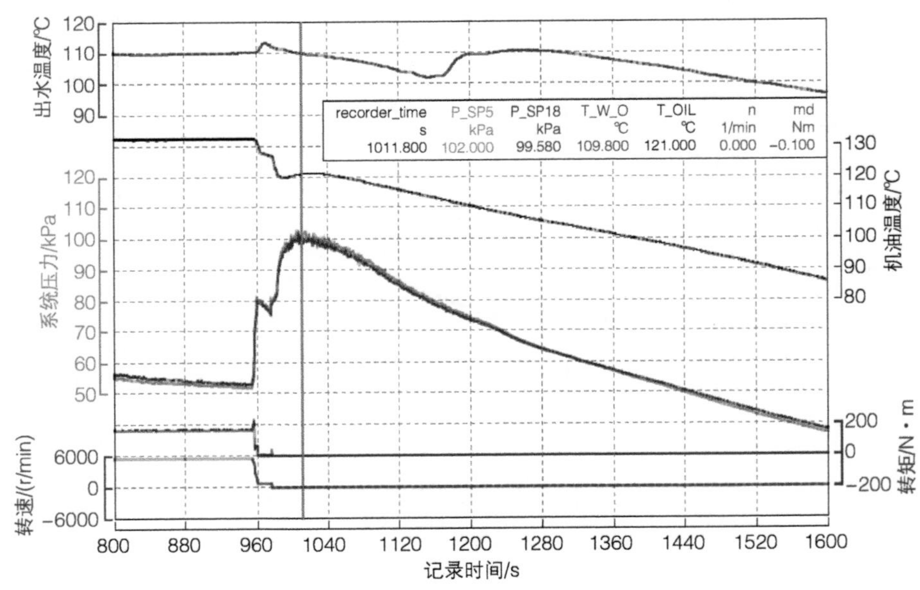

图 7-33 某发动机冷却后沸腾试验

7.4.2　发动机的整车热平衡试验

发动机冷却系统（图 7-34）已经成为进一步提高功率、改善性能所必需的关键技术，采用先进的热管理设计理念，具有十分重要的意义。由于市场客户的更高标准，汽车整体性能的提高需求，各 OEM 厂意识到热管理已经是问题解决的关键方向。其中发动机冷却系统是汽车热管理的核心部分，需要搭载整车在轮鼓上实现，模拟实车工况验证热平衡性能的一种方法。整车热管理系统应该满足发动机冷却系统对环境热交换的需要，包括空间布置和通风散热的设计等；所以作为整车的主要系统总成之一的发动机，其冷却系统的试验须结合整车的热平衡试验来完成。

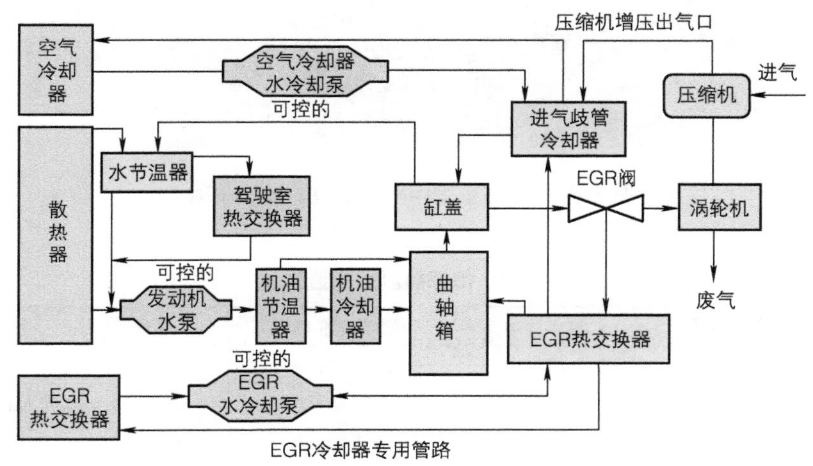

图 7-34　整车上的发动机冷却系统

汽车环境舱试验平台由试验风机、硬件设备、控制系统、轮鼓试验台等组成，试验舱可模拟整车在不同环境和工况下的热平衡水平，可设置舱内温度、舱内湿度、阳光辐射、舱内压力、排废压力等条件，尽快保证整车的工作环境达到实际水平。

1. 试验对象

试验车辆为某一重型货车搭载 M100 甲醇发动机，试验用车如图 7-35 所示。

2. 试验方法

试验标准按照 GB/T 12542 执行，其中冷却液的选用和润滑油的选用满足高温要求，汽车的装载、载荷分布按要求执行，试验前确认发动机动力输出能力、机舱布置、前端进气栅格、前端冷却模块、检查胎压等，正确连接负荷拖车与被测车辆，对传感器校零，确认传感器的状态良好（传感器的布置点不限于表 7-3 所列测点），轮胎轮边力校对以及台架设备的状态，包括冷却、排气、通风、轮鼓等，最终确认试验的硬件和软件满足试验要求。试验时实时详细记录试验时的温度、湿度、大气压力等参数，如装有空调，温度调节开关置于最大冷却模式。

图 7-35 搭载重型甲醇发动机的试验车辆

表 7-3 传感器测点布置位置

测点序号	测点位置	测点序号	测点位置	测点序号	测点位置
1	空调低压压力	11	中冷进气温度	21	驾驶人左脚位置温度
2	空调高压压力	12	排气管表面温度	22	驾驶人右脚位置温度
3	散热器进水温度	13	空滤下表面温度	23	地板中左温度
4	散热器出水温度	14	气囊表面温度	24	地板中右温度
5	风扇出风温度 - 上	15	排气温度	25	进风温度
6	风扇出风温度 - 左	16	驾驶舱底部 - 驾驶人	26	油箱表面温度
7	风扇出风温度 - 右	17	驾驶舱底部 - 前排乘客	27	取气口温度
8	发动机上表面温度	18	进气管表面温度	28	驾驶人出风口温度
9	增压器表面温度	19	前排乘客左脚位置温度		
10	中冷出气温度	20	前排乘客右脚位置温度		

注：传感器测点除了以上表中，发动机相关的数据可以通过 ECU 读取。

3. 试验内容

通常来讲，汽车热平衡试验中的极限工况最具有代表性的包括两个工况点：发动机最大转矩转速工况、发动机额定功率转速工况，其中汽车以Ⅱ档、油门全开爬坡行驶对发动机的考验更恶劣，而对于常规使用工况，如汽车选用在 3/4 额定转速的状态下爬 7% 坡度的最高档、高速行驶工况、怠速工况等相对容易一些。

4. 试验报告

试验后对试验数据进行分析总结，并给出结论和建议。根据试验标准 GB/T 12542 中的要求，当连续 4min 各冷却介质温度与环境温度的差值无升高趋势且变化均在 ±1℃以内时，即认为汽车达到热平衡。

图 7-36 是试验车辆高速工况行驶时，所测得的试验结果，由图可知，发动机转速一直处于高转速，出水温度达到一定值，硅油离合器风扇处于完全啮合，转速处于热保护范围内，发动机水温稳定，出水温度最高值为 104℃，未达到限扭（107℃）要求，热平衡试验通过。

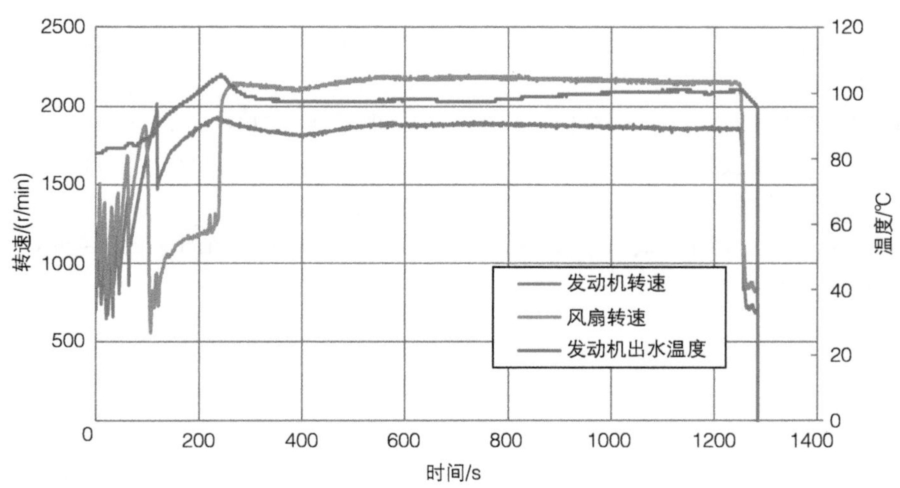

图 7-36 甲醇重型货车高速热平衡试验

参考文献

[1] 陈海兰，王文坤，卢瑞军，等．车用甲醇发动机冷却系统的优化设计 [J]. 科学技术与工程，2018, 18(23): 230-235.

[2] 卢瑞军，王文坤，陈海兰，等．发动机冷却水套的优化设计及分析 [J]. 机械设计与制造，2018(9): 134-136.

[3] 石章能，王洪荣．小型柴油机冷却系统优化设计 [J]. 汽车工程学报，2015, 5(5): 348-352.

[4] HOSNY Z, ABOU Z Y. Heat transfer characteristics of some oils used for engine cooling [J]. Energy Conversion and Management, 2004, 45: 2553-2569.

[5] 黄容华，王兆文，成晓北，等．降低车用 6 缸柴油机热负荷的研究 [J]. 内燃机工程，2007, 28(5): 28-34.

[6] YE J, COVEY J, AGNEW D. Coolant flow optimization in a racing cylinder block and head using CFD analysis and testing: 2004-01-3542[R]. Warrendale: SAE International, 2004.

[7] 唐刚志，张力，焦志盛，等．发动机冷却水套设计及改进 [J]. 内燃机工程，2014, 35(4): 91-95.

[8] 徐劲松，毕玉华，申立中，等．增压中冷柴油机冷却水套流动特性研究 [J]. 汽车工程，2010, 32(11): 956-961.

[9] 张宝亮，范秦寅，胡广洪，等．整车热管理的一维与三维耦合仿真 [J]. 汽车工程，2011, 33(6): 493-496.

[10] 陈家瑞．汽车构造 [M]. 北京：机械工业出版社，2009.

[11] 杨连生．内燃机设计 [M]. 北京：机械工业出版社，1999.

[12] 高秀华，郭建华．内燃机 [M]. 北京：化学工业出版社，2005.
[13] MAHMOUD K G, LOIBNER E, et al. Simulation-based vehicle thermal management system concept and methodology: 2003-01-0276[R]. Warrendale: SAE International, 2003.
[14] 郝毓林．汽车热管理系统现状研究 [J]. 内燃机与配件，2014(9): 23-26.
[15] 张宝亮．汽车发动机机舱热管理技术的研究 [D]. 上海：上海交通大学，2011.
[16] 周龙刚，孟祥龙，李伟，等．发动机冷却风扇驱动方式对比 [J]. 内燃机与动力装置，2013, 30(1): 55-57.
[17] 罗天鹏，韦雄，冒效建，等．基于 V 型平台的电控柴油机冷却风扇控制策略开发 [J]. 车用发动机，2015(1): 22-26.
[18] 胡文成．某卡车发动机舱散热特性分析 [D]. 南京：南京理工大学，2014: 2-3.
[19] 柴油机设计手册编辑委员会．柴油机设计手册 [M]. 北京：中国农业机械出版社，1984.
[20] 沙鲁生，等．水泵与水泵站 [M]. 北京：中国水利水电出版社，1993.
[21] 全国内燃机标委会．内燃机　冷却水泵　第 2 部分：总成　试验方法：JB/T 8126.2—2010[S]. 北京：机械工业出版社，2010.

第 8 章 曲轴箱通风系统

本章主要阐述曲轴箱通风系统结构和原理，并从整机布置、零部件设计及试验角度描述设计开发方法及要点。全球汽车市场排放要求越来越高，国六法规对曲轴箱通风系统提出了更严苛的要求，并对重型汽车第一次提出了抑制曲轴箱内混合气直接排入大气的要求，鉴于此，本章详细解读排放法规并针对甲醇发动机的特点提出解决方案。发动机曲轴箱通风系统的优劣对排放起着比较重要的影响，开发高效可靠的曲轴箱通风系统必然是发动机开发关键一环。

8.1 曲轴箱通风系统概述

8.1.1 曲轴箱通风系统功能与组成

为了更好地理解曲轴箱通风系统的功能，可以先探讨一下曲轴箱通风系统的产生及其定义，发动机曲轴箱通风系统的根本要义是将曲轴箱中多余气体导出曲轴箱，需要先理解什么是曲轴箱窜气（Blow-By）。

曲轴箱窜气是指发动机运转过程中曲轴箱内产生的油雾混合气。混合气中包括燃烧废气、增压器漏气、真空泵泄气等。发动机工作过程中燃烧室内总有一部分可燃气体或燃烧后废气不可避免地从活塞环窜入曲轴箱，另外真空泵有新鲜空气也会进入曲轴箱，增压器密封处少量气体会泄漏进入曲轴箱，部分带有补气的发动机会从空气滤清器后和增压后补充新鲜空气至曲轴箱。这些气体与曲轴箱内飞溅的机油雾滴形成了油雾混合气，主要成分有未燃烧的烃、水蒸气、甲醇蒸气和机油颗粒等，直接排入大气将造成污染。

如果这些曲轴箱窜气不能够及时导出，窜气中的甲醇蒸气和水蒸气凝结后，就会导致机油乳化和稀释，润滑能力下降，损坏发动机零部件；发动机长时间工作在这种状态下，还会导致曲轴箱内压力过大，容易造成各结合处漏气、漏油现象；发动机功率也会随窜气量的增大而下降，油耗率随窜气量的增大而上升。为了将曲轴箱窜气及时排出发动机，发动机就需要增加曲轴箱通风系统。

但由于曲轴箱窜气中裹挟大量的机油颗粒，燃烧废气通过曲轴箱、凸轮轴室也会带走油雾，随燃烧废气一起排出会导致机油消耗加快。如果同废气排放到大气中，将对排放产生负面影响；若油雾随曲轴箱窜气通过 PCV 系统进入燃烧室内，机油不能完全燃烧，影响发动机性能和排放，也会增加机油消耗。因此，必须将窜气中的机油分离出来。

综上可知，曲轴箱通风系统基本作用可归结为调节压力、分离机油及废气处理，进而起到保护发动机的作用。另外，还可以引入新鲜空气进一步保护发动机：

1）平衡曲轴箱压力。防止曲轴箱内因燃烧废气积存导致曲轴箱压力升高，而使发动机密封失效、加剧机油变质，调节到合适的曲轴箱压力还利于降低发动机功率损失。

2）分离出混合气中携带的机油并导流回油底壳，重新参与润滑，减少发动机机油消耗量。

3）开式曲轴箱通风系统将经油气分离后的气体排入大气；闭式曲轴箱通风将气体导入燃烧室重新参与燃烧，可回收可燃气体，提高燃油经济性，同时减少排放污染防止曲轴箱废气污染环境。

4）甲醇燃料发动机需引入新鲜空气来降低曲轴箱中水与甲醇蒸气的饱和度、降低机油乳化程度。

5）防止润滑油变质及燃油稀释机油，减轻机件磨损。由于温度的下降，曲轴箱窜气一部分凝结在机油中，使机油变稀、性能变坏，同时会形成泡沫，影响供油。

根据油气分离后气体是否排入大气，可以将曲轴箱通风系统分为开式曲轴箱通风系统和闭式曲轴箱通风系统。

开式曲轴箱通风系统是将曲轴箱窜气直接排入大气中，又称为自然通风。但导入大气中的可燃混合气和机油蒸气容易污染大气，因此，现代发动机使用不多。按导入大气中的方式，开式曲通可以分为带油气分离装置和不带油气分离装置两种状态。

不带油气分离装置的开式曲通是最为原始的曲轴箱通风方式，通过机油管的加油口直接将曲轴箱窜气排到大气中。这种通风方式不需要专门的分离装置，曲轴箱内的废气直接排放到大气中，对大气产生污染，因此一般用在要求不高的早期的农用拖拉机发动机上，现在基本已经不再使用。

带油气分离装置的开式曲通就是在发动机上增加油气分离器，用于过滤混合气中的机油。

闭式曲轴箱通风系统是在原来开式基础上将经油气分离后的气体导入燃烧室重新参与燃烧，不再排入大气，又称为强制通风。窜气中含有 HC 及其他污染物，随着环境保护意识的提高，已经不能直接排放到大气中，必须采用闭式曲轴箱通风系统，将油气分离后的气体送回发动机进气系统，同新鲜空气一起进入气缸内燃烧。

闭式曲轴箱通风方式结构复杂，但可以将窜入曲轴箱内的可燃混合气和废气回收利用，有利于提高发动机的经济性，减轻发动机的排放污染，已在乘用车发动机上广泛使用，其结构原理示意如图 8-1 所示。

曲轴箱内的气体经过油气分离器分两路导入进气系统中，回到燃烧室参与燃烧，一路接进气歧管，一路接在增压器前，在中低负荷时进气歧管的压力明显低于曲轴箱压力，曲轴箱内的气体经油气分离器分离后，流向进气歧管，最终进入燃烧室。由于在大负荷时增压器的作用，进气歧管的压力会变为正压，为防止进气歧管内的气体倒流进曲轴箱，一般在此路管路上设计单向阀。在大负荷时进气歧管压力升高，曲轴箱内的气体会从增压器压气机前端进入压气机，然后进入燃烧室参与燃烧。在以上过程中，经过油气分离器分离出的机油通过回油管路回到油底壳，现在设计一般要求回油出口设计在油底壳液面以下。在闭式曲轴箱通风系统中油气分离器是最重要的零部件。

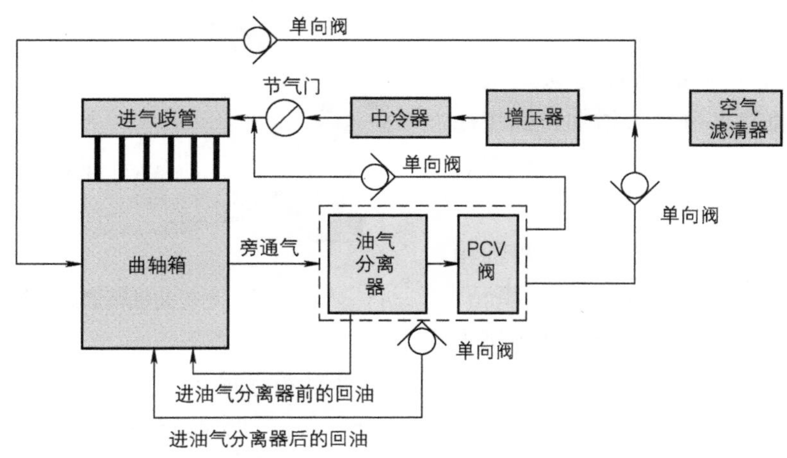

图 8-1　闭式曲轴箱通风系统原理示意图

由原理图可知，闭式曲轴箱通风系统一般是由油气分离器、PCV 阀、单向阀及相关管路组成的系统。曲轴箱通风系统关键零部件功能如下：

油气分离器是曲轴箱通风系统中最重要的零件，主要将曲轴箱废气携带的机油分离出来，并把分离出的机油导流回油底壳。

PCV 阀（或 PRV 阀）多用在点燃式发动机上，通过曲轴箱和进气管间的压力差调节曲轴箱窜气的流量，稳定曲轴箱压力。

单向阀是控制气体在管路中的流动方向，确保单向流动的装置。

8.1.2　闭式曲轴箱通风系统及其布置

闭式曲轴箱通风系统根据机型的不同，可以分为点燃式（如汽油机）曲轴箱通风系统与压燃式（如柴油机）曲轴箱通风系统；根据油气分离器布置不同，可以分为外挂式和集成式。分类方法众多，不一一详述。

随着环境保护及法规要求越来越高，大部分汽油发动机已经采用了闭式曲轴箱通风系统，部分重型柴油发动机及部分国五标准的天然气发动机仍然采用开式曲轴箱通风系统，发动机曲轴箱窜气经主动式油气分离器后分离出的机油回到油底壳，而分离后的气体直接排入大气。因燃烧不充分，窜气中不可避免带有未燃的烃污染大气，为进一步保护环境及满足法规要求，升级国六的发动机已全部切换为闭式曲轴箱通风系统。

对于点燃式甲醇燃料发动机，考虑到甲醇本身具有的物理化学特性及燃烧特性，曲轴箱通风系统各个零部件材质的选择有别于汽油和柴油发动机，需要良好的防腐保温功能，后面章节会详细介绍甲醇发动机开发过程中遇到的问题并陈述其解决方案。

图 8-2 是发动机闭式曲轴箱通风系统实物图，与图 8-1 相对应。

图 8-2 中，两路出气一般用于点燃式发动机；油气分离器集成了单向阀和 PRV 阀。

以上所述是基本的曲轴箱通风系统结构，当然不排除部分系统增加特殊用途的零部件，如射流管、加热接头、保温套等等。

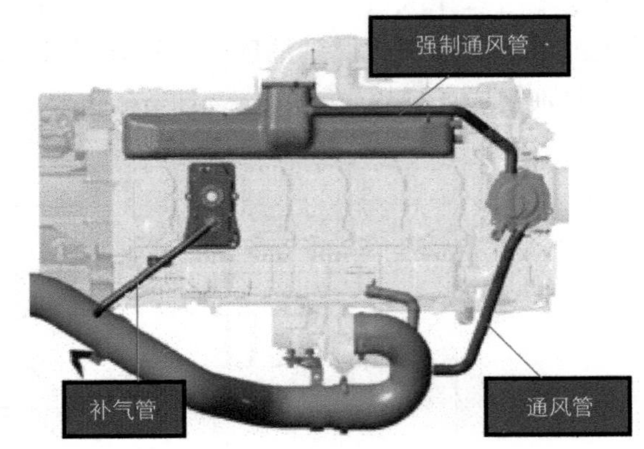

图 8-2　闭式曲轴箱通风系统实物图

闭式曲轴箱系统布置是开发曲轴箱通风前期根据整机骨架需要考虑的事情，优秀的布置形式可以大大减轻后期关键零部件工作负担，提高开发效率。一般要求高性能曲轴箱通风系统布局有利于达到高效的油气分离效果，避免布置不利导致局部乳化结冰问题，甚至加速机油稀释问题。

为充分降低发动机机油稀释风险，曲轴箱通风系统布置要求如下：

1）负压源从曲轴箱抽走曲轴箱窜气时，还需要将新鲜空气注入曲轴箱内，降低曲轴箱内燃油与水蒸气浓度。

2）合理调整曲轴箱压力，尽可能让发动机曲轴箱压力负压区域所占的范围更大。

为充分降低发动机机油乳化风险，曲轴箱通风系统布置要求如下：

1）避免窜气在分离器中冷凝并通过回油孔流回油底壳（集成式油气分离器比外挂式油气分离器更好）。

2）若使用外挂式油气分离器，油气分离器及外围管路要根据实际情况采取保温措施，避免水蒸气冷凝。

3）曲轴箱通风管路在布置过程中，油气分离器出口位置应当高于进气歧管或者压前接口位置，且管路中间避免出现低点，防止窜气冷凝造成管路堵塞甚至结冰；若进气歧管或压前接口高于通风口位置，考虑增加保温措施。

4）对于外接取气管路，建议设计保温护套。

8.1.3　曲轴箱通风系统发展趋势

对于乘用车而言，早已普及闭式强制曲轴箱通风系统，汽油机采用双回路结构，柴油机采用单回路结构；对于商用车而言，国五阶段仍普遍采用开式曲轴箱通风系统，部分点燃式发动机采用了单回路闭式曲轴箱通风系统，随着重型发动机国六法规的推广，点燃式发动机必然采用闭式强制曲轴箱通风系统，柴油机优先选择单回路闭式曲轴箱通风系统。

高效率方面，目前重型商用车普遍采用主动式油气分离器或被动式滤芯分离器，在设计匹配合理基础上，其油气分离器效率应该能够满足国六阶段商用车使用要求。在此需说明，被动滤芯式分离器不适用于甲醇或天然气发动机，因发动机燃烧产生大量水分，致使滤芯式分离器压力损失急剧上升，曲轴箱压力超标。以某甲醇机为例，验证滤芯式分离器（开式曲通），发动机外特性工况运行约 20h，外特性曲轴箱压力由 0.6kPa 升高为 2.9kPa，压力严重超标。

集成化方面，乘用车发展历程可以分为 3 个阶段，目前大部分已经处于高度集成化的第三阶段，而商用车尚处于外挂式分离器、较长管路连接的第一阶段，系统容易出问题且不易布置安装。

第一阶段称为外置式曲轴箱强制通风系统（图 8-3），顾名思义就是从发动机本体上引出窜气，进入一个外置的曲轴箱强制通风系统，包括油气分离器、压力调节阀、安全阀等。外置式曲轴箱通风系统优点是成本较低、通用性高，一个标准产品可以很容易地引用到多款发动机上，成本容易摊薄。缺点是需要管路连接、增加泄漏点及结冰乳化风险。同时，外挂式需要额外的安装空间和可靠的安装方式，增加了发动机的体积，降低了发动机的可应用性。

第二阶段是半集成式曲轴箱强制通风系统。半集成式通风系统被设计为直接安装在发动机罩盖上，通过法兰口连接而无需额外的管路连接。半集成式曲轴箱通风系统与外置式相比，外形上更加紧凑，安装方式也更为可靠。但是比起外置式，其开发成本更高，一般用于批量大的发动机机型。如乘用车大众 EA888 和 EA211 便是采用半集成形式，如图 8-4 所示，其油气分离器直接紧固在发动机本体上，油气分离器取气管和回油管直接集成在发动机内部，取代外接胶管。

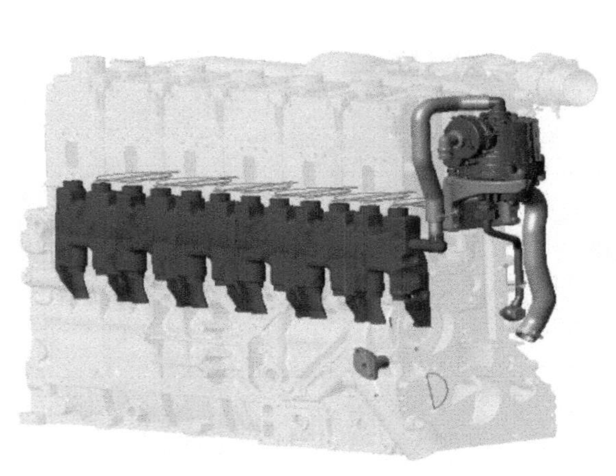

图 8-3　某重型发动机外置式曲轴箱通风系统

图 8-4　EA888 发动机半集成式曲轴箱通风系统

第三阶段是高集成式曲轴箱强制通风系统。高集成式通风会把整个系统集成到发动机罩盖内部。现在很多大型柴油机、天然气发动机已经开始向采用全塑料一体化罩盖方向演变，增加了曲轴箱强制通风系统集成的可行性。由于整个通风系统被集成到了缸盖罩内部，所以可靠性更加高，而且在整个发动机体积上也起到了小型化、轻量化的作用。随着重型发动机市场需求量的增加，高集成必然成为未来曲轴箱强制通风系统的发展方向。绝大部分国内、国外厂商都采用了这种结构，如乘用车宝马集团 N 系列、B 系列发动机。宝马 N20 高集成化气缸盖罩如图 8-5 所示，该气缸盖罩有如下特点：①取消取气管路，改用取气口，直接集成在气缸盖罩内部；②油气分离器集成在气缸盖罩内部；③取消回油胶管，改用回油槽，直接集成在气缸盖罩内部；④气缸盖罩内部集成了单向阀、PCV 阀等辅件；⑤中低负荷 PCV 出气胶管也被集成在了气缸盖罩和缸盖内部，直接通到进气道，大大节省了发动机空间。

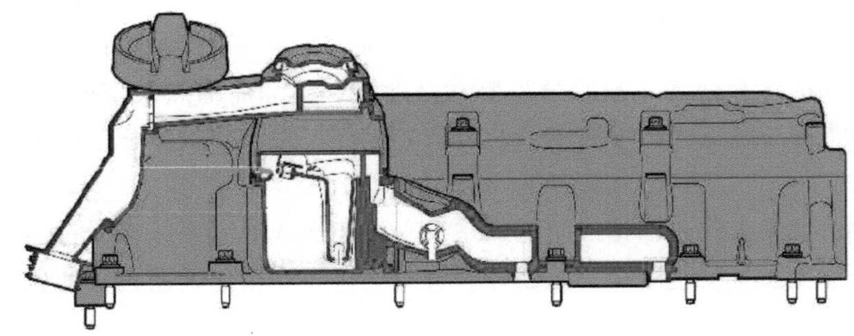

图 8-5　宝马 N20 高集成化气缸盖罩

在集成化的道路上，不仅仅局限于油气分离器，PCV 阀和单向阀等外辅件也被快速集成在气缸盖罩或者油气分离器上，或者用缸体缸盖铸造通道代替外部管路，如图 8-6、图 8-7 所示。

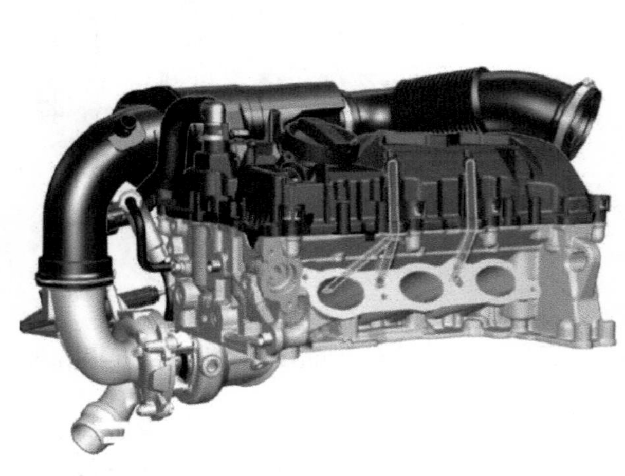

图 8-6　宝马 B38 集成低负荷 PCV 管路

图 8-7　EA888 集成低负荷 PCV 管路

8.2 法规及甲醇机应对措施

8.2.1 法规简述

2016 年 12 月 23 日，环境保护部正式发布了乘用车国家第六阶段排放标准《轻型汽车污染物排放限值及测量方法（中国第六阶段）》（GB 18352.6—2016），并要求于 2020 年 7 月 1 日起实施，代替《轻型汽车污染物排放限值及测量方法（中国第五阶段）》（GB 18352.5—2013）。

紧接着，生态环境部于 2018 年 6 月 28 日发布第 14 号公告，针对压燃式、气体燃料点燃式重型发动机汽车排放问题，批准《重型柴油车污染物排放限值及测量方法（中国第六阶段）》（GB 17691—2018）为国家污染物排放标准，并自 2019 年 7 月 1 日起实施，代替《装用点燃式发动机重型汽车曲轴箱污染物排放限值》（GB 11340—2005）中气体燃料点燃式发动机相关内容及《车用压燃式、气体燃料点燃式发动机与汽车排放污染物排放限值及测量方法（中国Ⅲ、Ⅳ、Ⅴ阶段）》（GB 17691—2005）。

以上两个国六标准对曲轴箱通风系统排放问题都加严了要求，并在车载诊断（OBD）系统中增加了曲轴箱通风系统的诊断要求。重型发动机国六法规发布时间晚、生效早，且对曲轴箱通风系统要求更加严格：在国六以前，轻型汽车曲通部分法规要求更为严格，国六发布后，重型发动机曲通部分法规实现跨越，变更难度更大。下文以 GB 17691—2018 为例进行法规解读说明。

GB 17691—2018 通过 6.5 条、C.5.10 条、C.5.11 条三部分提出了曲轴箱排放的基本要求。

按照 6.5 条要求，重型发动机曲轴箱通风系统既可以是开放式曲轴箱也可以是闭式曲轴箱，但都需要满足 C.5.10 条的要求。

6.5　曲轴箱排放

对于闭式曲轴箱，按照 C.5.10 条的规定进行试验，发动机曲轴箱内的任何气体不允许排入大气中。对于开放式曲轴箱，曲轴箱排气应按照 C.5.10 开式曲轴箱污染物评价方法，将曲轴箱排放与尾气排放一起进行测试，不得超过 6.3 规定的排放限值。

依据 C.5.10 条，闭式曲轴箱需满足：①曲轴箱内任何气体不能排入大气，都需要通过管路或者内置通道将曲轴箱排气引入燃烧室；②所有工况下，发动机曲轴箱所有排气都被引入燃烧室，然后经过排气后处理后排入大气，则认为符合闭式曲通要求。

依据 C.5.10 条要求，对开式曲轴箱，需将曲轴箱排气引入后处理下游排气中，并确保试验时排气可以顺畅流入排气装置下游，运用的引导管路要压损小且不与排气发生化学反应。

C.5.10 曲轴箱排放

不允许曲轴箱内的任何气体排入大气。

对于安装了涡轮增压器、泵、风扇，或机械增压器等进气增压装置，且该装置可能会将曲轴箱排放排入到环境中的发动机，应在发动机进行排放测试时，将曲轴箱排放量增加到尾气排放量中。

如果在所有运转工况下，曲轴箱排放均被引入排放后处理的上游排气中，则认定曲轴箱排放满足要求。

开式曲轴箱的污染物应按如下要求引入到排气中进行测量：

a）连接管内壁应光滑、导电、不和曲轴箱污染物反应，长度应尽可能短；

b）曲轴箱管路弯头的数量应尽量少，必须安装的弯头的半径应尽可能大；

c）曲轴箱排气管应加热，薄壁或绝缘。并且曲轴箱的背压应满足发动机生产企业的规定；

d）曲轴箱排气应引到后处理和排放控制装置的下游，但应在取样探头的上游，并在取样前完成与发动机尾气排气的充分混合。为了加速混合以及避免边界层效应，曲轴箱的排气管应伸入到排气流中，曲轴箱排气管出口的方向相对于排气的方向是固定的。

如果排放测试结果满足限制要求，则认定曲轴箱排放满足标准要求。

C.5.11 条是对 C.5.10 条的补充说明，强调在整个测试循环中，曲轴箱压力都要小于零，并对测量精度做了要求。

C.5.11 对点燃式发动机曲轴箱排放测量的要求

C.5.11.1 整个测试循环过程中应在合适的位置测量曲轴箱压力，曲轴箱压力的压力测量准确度应在 ±1kPa 之内。

C.5.11.2 若在第 C.5.11.1 条的任一测量条件下，曲轴箱压力不大于大气压力，则认为曲轴箱排放符合第 C.5.10 条的规定。

通过法规解读可知，开发开式曲轴箱通风对油气分离器效率、燃烧系统要求极其高，难以实现。对重型柴油机来说，为了降低曲轴箱排放物对环境的污染，闭式曲轴箱通风系统成为必然趋势；对于重型点燃式发动机来说，对曲轴箱通风系统机油携带量、曲轴箱压力都提出了更加严格的要求，优化闭式曲轴箱通风系统并增加诊断装置也是必然。

M100 甲醇发动机采用汽油点燃起动的方式，属于点燃式发动机。为了降低甲醇发动机排放、燃烧及油气分离器性能等开发难度，应采用闭式曲轴箱通风系统。

以 M100 重型甲醇机为例，说明闭式曲轴箱通风系统工作要点：

1）为降低国六排放试验难度，防止曲轴箱气体中含有的未燃烧甲醇及 NO_x 直接进入发动机尾气导致排放限值超标，开发闭式曲轴箱通风系统。

2）针对增压机型，中高负荷工况曲轴箱气体经过油气分离器进入压气机前端，与空气滤清器后气体混合参与燃烧，通向进气歧管管路内单向阀关闭状态，如图 8-8 所示。

3）低负荷工况曲轴箱气体通过油气分离器进入进气歧管，与进气歧管内气体混合参与燃烧，通向压气机前端管路内单向阀关闭状态，如图 8-9 所示。

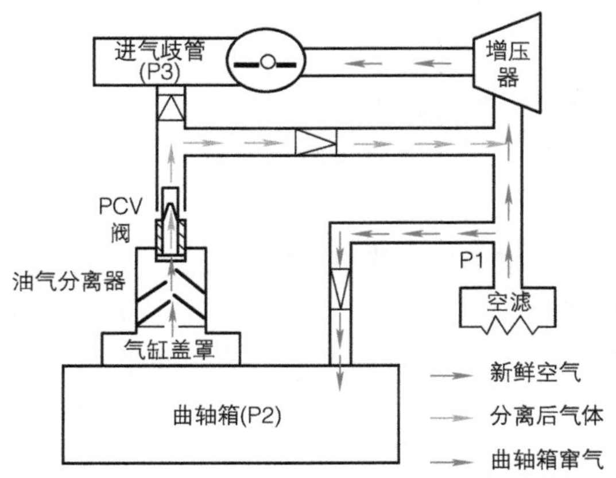

图 8-8　中高负荷工况气体流动示意图

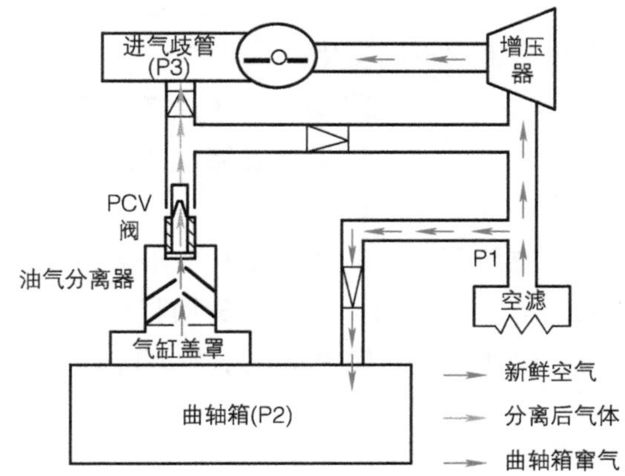

图 8-9　低负荷工况气体流动示意图

8.2.2　闭式曲通 OBD 要求及解决方案

根据 GB 17691—2018 车载诊断系统的要求，点燃式发动机曲轴箱通风系统中间管路不允许出现因老化、剪断、维修忘记安装等导致的断开、脱落情形。或者管路断开脱落后 OBD 系统可以检测出故障，点亮车辆故障指示灯，提醒驾驶人检查排除故障。

首先法规将系统划分为三部分：CV 阀、CV 阀与进气歧管间管路、曲轴箱与 CV 阀间管路。总体要求就是对这三个部分都要有故障反馈。

FC.11　曲轴箱通风（CV）系统监测

FC.11.1 曲轴箱通风（CV）系统监测要求仅针对点燃式发动机。

FC.11.2“CV 阀”是指一切用于调节或控制曲轴箱通风量的阀口、过滤器或分离器。

FC.11.3 除下列规定的情况以外，如果曲轴箱与 CV 阀，或者 CV 阀与进气歧管之间的连接断开，OBD 系统应检测出故障。

已发展出两种监测方案：传感器诊断法和导电线管路诊断法。

传感器诊断法就是在曲轴箱通风系统管路关键部位（油气分离器前后）布置一个压力传感器，如图 8-10 所示，用于时刻监测曲轴箱压力或管路某一部分压力的变化。这就需要首先对安装曲通压力传感器发动机进行压力标定，将标定好的参数储存在 ECU，在车辆行驶过程中，若发生曲轴箱压力超标问题，OBD 系统即报出故障。

图 8-10　传感器诊断法

从上述方案可以看出，压力传感器诊断法优势明显，但也存在问题：

1）通用性差，因发动机性能改变会直接影响曲轴箱压力，故同一系族的发动机开发都需要重新标定曲轴箱压力。

2）易有错报、漏报情况出现，因发动机老化、管路堵塞等原因致使同一工况曲轴箱压力也会出现不同变化。

3）传感器精度要求高（最好在 0.2kPa 内），不易开发且费用高。

有很多厂家采用了传感器诊断法，尤其国外车载诊断系统要求监测曲轴箱通风系统泄漏，采用传感器诊断具有优势。

导电线管路诊断法就是在曲轴箱通风关键管路上增加导电线束及接触开关，保持线路的通断与管路的通断同步，进而将电信号传送给 ECU，实现监测，如图 8-11 ~ 图 8-13 所示。导电式线路开发关键在于开关接头，接头需要灵敏且准备实现与管路通断同步。

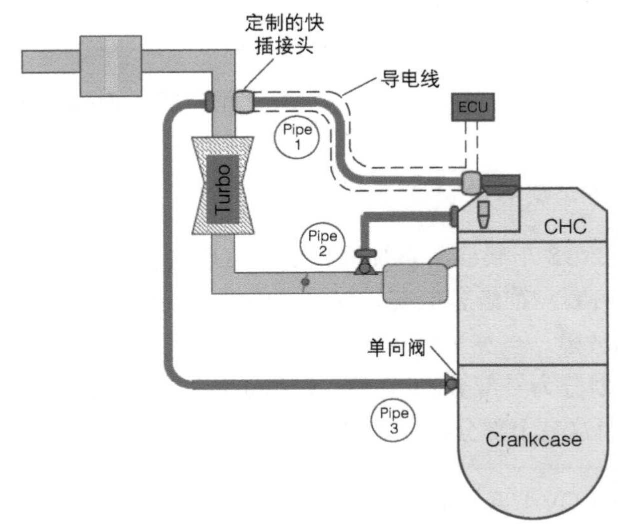

图 8-11　PCV 管路增加导电线示例

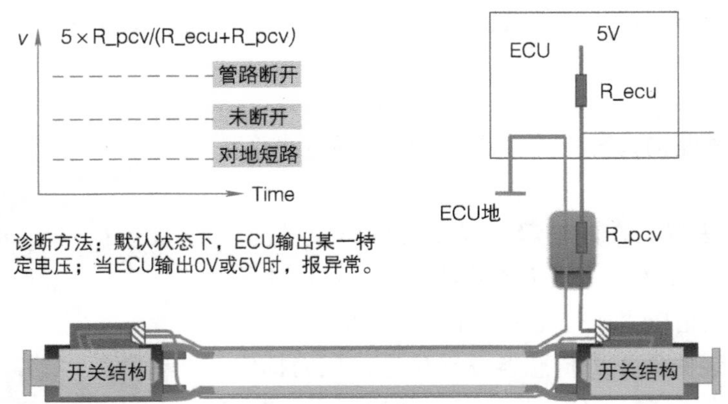

图 8-12　测量电路原理图

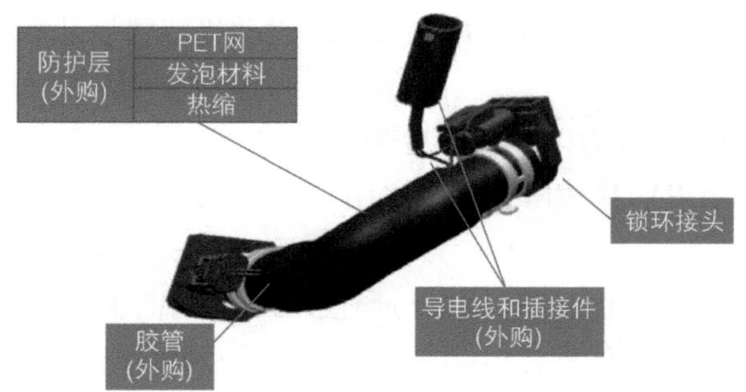

图 8-13　导电线管路示意图

导电线路诊断方法存在以下特点：

1）通用性高，不依赖于发动机配置，可以全平台通用。

2）开发节省时间，不需要长时间标定。

3）占用 ECU 一个 AD pin。

4）在相关管路上增加导电线并采用定制插头布置插接件。

关于 OBD，GB 17691—2018 还提出了豁免方案，详细如下：

FC.11.　曲轴箱通风（CV）系统监测

FC.11.3.1 如果系统断开会导致机油消耗量迅速增大或其他 CV 系统的明显故障，而这些严重问题驾驶人都能够及时发现并检修，则可以豁免该项监测。

FC.11.3.2 如果 CV 阀的设计是直接紧固在曲轴箱上，并且把 CV 阀从曲轴箱上拆卸下来需要先断开 CV 阀与进气管路之间的连接，而 CV 阀和进气管路间的连接已监测，则生态环境主管部门可允许制造厂不对曲轴箱与 CV 阀的连接断开故障进行监测。

FC.11.3.3 如果能够确认曲轴箱与 CV 阀间的连接属于下述情况，并向国务院生态环境主管部门报备后，可不实施监测。生产企业应当提交技术数据和（或）工程评估文件。

a）能够防止连接的老化或者意外断开；

b）断开 CV 阀与曲轴箱之间的连接明显比断开 CV 阀与进气管之间的连接更困难；

c）制造厂在对 CV 系统以外部分进行维护、服务时不涉及 CV 系统。

FC.11.3.4 向主管部门报备后，在下列情况下可不对 CV 阀与进气管间连接管路的“断开”进行监测。生产企业应当提交技术数据和（或）工程评估文件。

a）CV 阀与进气管间连接管路的“断开”会导致发动机在怠速运行时立刻停机；

b）CV 阀与进气管集成化设计（如 CV 阀与进气管间连接管路是机体内部通道，而不是外部管路）不会导致 CV 阀与进气管间连接管路的“断开”。

FC.11.4 如果制造厂能够证明 CV 系统的故障监测需要增加额外的监控硬件才能明确确认为 CV 系统的故障，那么存储的有关 CV 系统的故障代码不需要特别地指定为 CV 系统（例如，可以存储为有关怠速转速控制或燃料系统监控的故障代码），但生产企业在检测到故障的修复程序中必须包括检查 CV 系统。

依据 GB 17691—2018 FC.11.3.1 ~ FC.11.3.4，发动机特殊设计情况下可以不用 OBD 监测，就是豁免方案。

满足豁免条件一般可以分为以下几个情况：

1）管路断开自然引发明显故障，不用 OBD 系统也能及时发现，如机油消耗、怠速停机等。

2）可以间接监测通断，正如 FC.11.3.2 所述，CV 阀与曲轴箱管路的断开会导致 CV 阀与进气管断开，而 CV 阀与进气管已监测进而导致报出故障。

管路不可拆卸且不会自然老化等，如内置通风通道。

另外还可以借用发动机已有故障和故障码，不用再新增硬件检测装置，直接在故障检查列表中增加故障检查项。如 CV 阀与进气歧管管路断开，在管径设计合理、确保进气量足够情况下，车辆怠速起动时会由于进气量与 ECU 初始标定进气量的差别，引发高怠速问题。多种因素可以引发高怠速，其本来就是车载诊断系统检查项，有相应反馈到达驾驶人员。

重型甲醇发动机曲通系统各管路的 OBD 应对示例：

1）曲轴箱通风系统共有 5 个管路：补气管、分离器进气管、曲轴箱通风管、强制曲轴箱通风管、回油管。

2）因补气管路断开后，安装在气缸盖罩上的单向阀会处于关闭状态，曲轴箱内气体不会排入大气中，可豁免诊断。

3）因发动机运行过程中，强制曲轴箱通风管路断开会引起发动机高怠速，依据 GB 17691—2018 FC.11.4 条，只需在高怠速排查项目中增加排查强制曲轴箱通风管是否断开，可豁免诊断。

4）分离器进气管、曲轴箱通风管、回油管（图 8-14）可采用的诊断方案，有传感器诊断和导电式管路诊断两种，考虑到传感器诊断法标定复杂、不同机型通用性差的特点，采用导电式管路诊断方案。

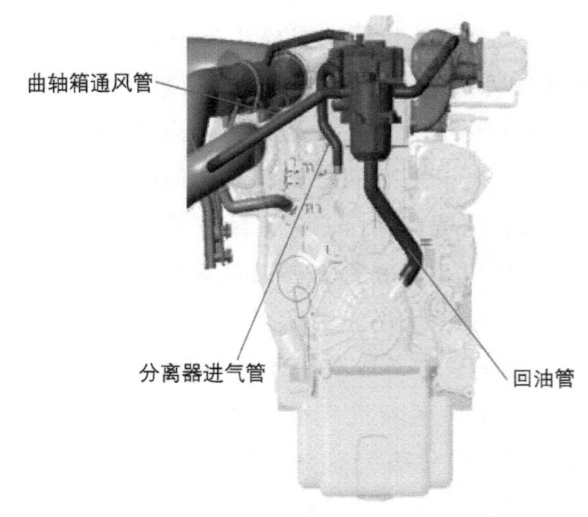

图 8-14　管路示意图

5）导电式橡胶软管是在原普通橡胶管外围增加导电线及防护层，在软管两头增加锁环接头和插接件。

6）拆卸胶管时，插接件与锁环脱离，导电线断开，ECU 检测不到电流，起动车辆时，车载诊断系统报出故障码。

8.3 闭式曲轴箱通风系统设计开发

曲轴箱通风系统设计开发需要考虑诸多因素，应根据不同布置、不同排量及不同燃料选择不同的设计方案，这是总体原则。

甲醇燃料与汽、柴油机的曲轴箱通风有共性，也有其自身特性，就通用性设计来说主要是通风通道（纵置通道、垂直通道……）、压力调节装置、回油系统以及取气口位置四方面；而在分离装置选择、防结冰乳化功能、材料选择等方面，甲醇机有不同要求，而针对甲醇机的结冰乳化问题，首次提出了高压补气措施，并开展了多路补气方法的对比分析，该措施的有效性已通过台架及整车验证。

8.3.1 机体通风通道设计

1. 纵向通风通道

纵向通风通道指相邻两缸之间用于气体流动的空间，纵向通风通道设计直接影响到整机摩擦功以及曲轴箱窜气内的机油含量。

（1）纵向通风通道对整机摩擦功影响　由于活塞在曲轴箱内的往返运动造成各缸纵向通风通道空间在不断变化，在活塞下行过程中曲轴箱内气体会不断压缩，进而受到压缩的气体推动油底壳内的机油液面释放能量，导致机油液面波动，整机摩擦功增大，与此同时，曲轴箱内部压力波动剧烈，根据不同发动机设计水平，波动最大值能超过 1kPa。

为了降低活塞下行过程中各缸纵向通风面积减小对摩擦功的影响，需要增加各缸之间的纵向通风通道，主要作用是平衡各缸之间曲轴箱内部压力，防止在某一缸下行过程中对曲轴箱内部气体的压缩，降低曲轴箱通风所造成的摩擦损失。

（2）纵向通风通道对机油含量影响　如果曲轴箱内气体流速过高，会将更大直径的机油液滴带入混合气中，从而使曲轴箱气体中机油浓度增加，因此，曲轴箱内气体流速直接影响气体内机油含量，必须保证相邻两缸曲轴箱之间有足够的流通面积。

2. 垂直通风通道

垂直通风通道是指将发动机曲轴箱内的气体输送到缸盖上部的通风通道，设计时应主要注意曲轴箱通风通道与机油回油道尽量分开，如图 8-15 所示。

图 8-15　暗色区域为连通缸盖、缸体、曲轴箱的垂直通风通道

垂直通风通道设计同样影响到气体中的机油含量，如果回油与通风通道没有分开，就会导致气体中含油量增加，加剧油气分离器的负担；相反，如果回油与通

风通道彻底分开，气体中含油量会由于重力作用一定程度减少，有利于油气分离。

8.3.2 选用适合甲醇燃料的分离装置

油气分离装置是曲轴箱通风系统重要组成部分，主要由粗分离、精分离两部分组成。

粗分离部分多为迷宫式（集成在气缸盖罩盖内）；精分离部分多为螺旋或多级旋风形式。

为确保发动机的可靠性，以及降低发动机由于窜气造成的排放问题，必须将窜气中的机油油滴进行分类，粒子尺寸分布如图 8-16 所示，在窜气中的机油油滴最小直径 < 0.1μm。

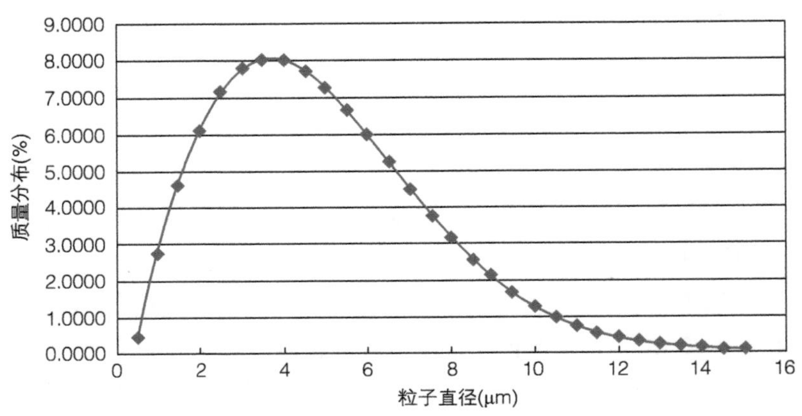

图 8-16 窜气中油滴大小分布情况

对于这种油滴微粒，能够做到高效分离的方法并不多。按照这些分离方法的性质，可以将它们分为惯性或者撞击分离器、纤维分离器以及静电式分离器，其中惯性或者撞击分离器又可分为迷宫式分离器、旋风式分离器以及离心式分离器。

1. 迷宫式油气分离器

如图 8-17 所示，迷宫式油气分离器主要利用油滴的惯性和撞击实现分离。当油气混合气进入迷宫式分离器后，由于油滴和气体二者密度不同，较大的油滴在流动中由于惯性的作用撞击到分离器的内壁和挡板上被吸附下来。迷宫式油气分离器具有结构简单、制作方便、流量阻力低的优点，但是由于较小的油滴可能随气流一起被带出分离器，所以这种油气分离方法的效率较低。

2. 旋风式油气分离器

如图 8-18 所示，旋风式油气分离器是结构最简单、成本最佳的油气精分离器方案。旋风式油气分离器使含油滴的窜气在圆柱体内高速旋转，由于油滴密度较大，所以产生的离心力也较大，通过这种离心力的作用，油滴会从旋转气流中被甩向内壁后分离出来。分离后的窜气从油气分离器的排气口离开。如果旋风式油气分离器设计得当，就可以在获得合适的压差情况下得到良好的分离效率。此外旋风式油气分离器是一个免维护的设计，所以终端用户无需在使用过程中继续投入成本。但是旋风式油气分离器也有缺点，由于旋风式油气分离器采用的是通过窜气在圆柱体内旋转流动产生离心力，并且以此为动力将油滴分离的方法，所以旋风式油气分离器的分离效率直接受到窜气流速的影响。一台发动机的窜气量不是恒定不变的，它随着发动机的转速和负荷的不同而变化。所以采用旋风式油气分离器还需要考虑对应发动机的实际情况。

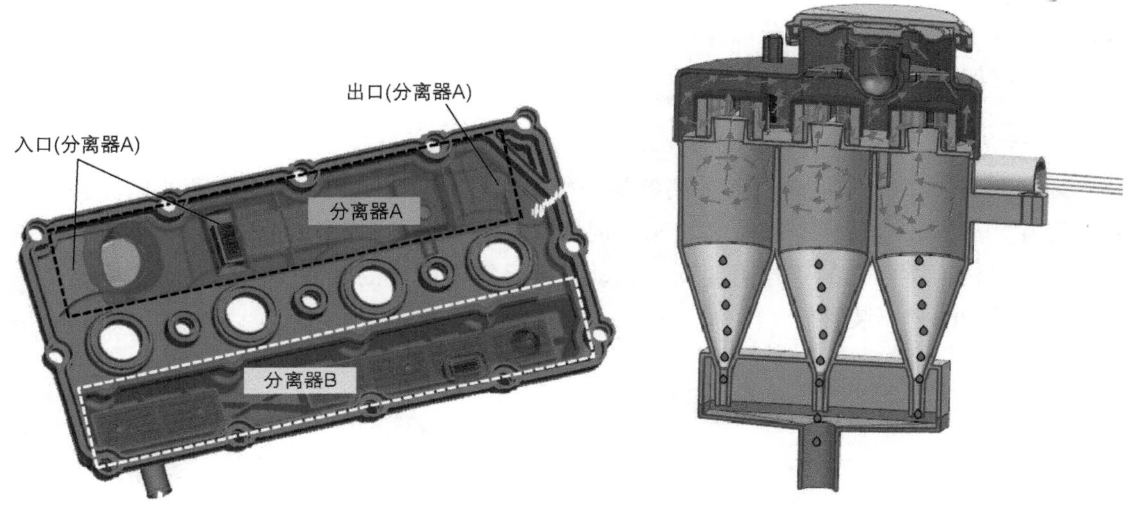

图 8-17　迷宫式油气分离器

图 8-18　旋风式油气分离器

3. 纤维式油气分离器

如图 8-19 所示，纤维式分离器是利用油滴和过滤介质之间的相互作用，通过三种机理来分离窜气中的油滴。夹杂着油滴的窜气以连续相层流状通过纤维周围。当质量较大的大颗粒油滴接近纤维时，油滴的惰性导致它们离开流线，与纤维碰撞并被分离出来，这种分离机理称为惯性效应。较小的油滴则能继续跟随流线运动，如果这些油滴直径达到刚好能与纤维碰撞，它们会被纤维黏附下来并被分离出来，这种分离机理称为拦截效应。还有更小直径的油滴（直径小于 0.5μm），这些油滴在流体中做不规则布朗运动，如果这些微小的油滴刚好与纤维碰撞，那么这些微小的油滴也会被分离出来，这种分离机理称为漫射效应。一般在液体过滤中，拦截效应会成为主要的分离机理，但是在油气分离器的应用上，由于空气的黏性很小，除拦截效应之外，气流中最小油滴颗粒的惯性效应和漫射效应也会成为

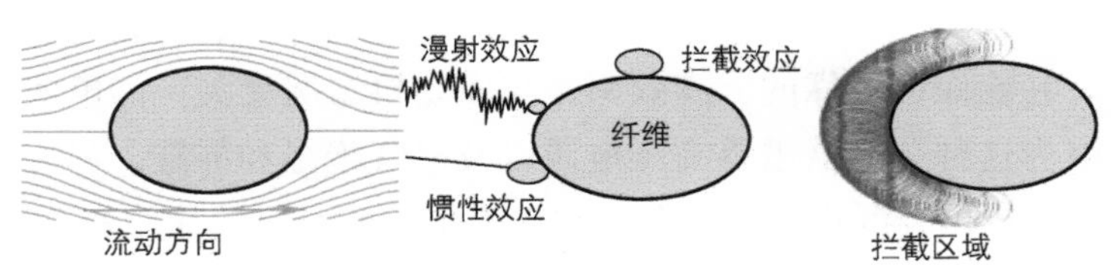

图 8-19　滤芯分离原理

主要的分离机理。这种惯性效应和自由漫射作用能使细小的微粒最大可能地撞击过滤介质的纤维，获得最大的分离效率。

由于采用的分离机理不同，纤维式油气分离器在不同的窜气流量下都能获得很高的分离效率，所以在发动机的应用上，通常纤维式油气分离器的平均分离效率会比旋风式油气分离器高。但是由于发动机窜气里含有炭黑颗粒，随着使用时间推移，炭黑颗粒会黏附在纤维滤芯的表面阻塞纤维层，压差也会随着使用时间的增加而增加，如图 8-20 所示。所以大部分情况下，纤维式油气分离器的滤芯不是长寿命件，需要定期更换和维护，在终端用户那里会增加额外的维护保养成本。

4. 主动离心式油气分离器

如图 8-21 所示，离心式油气分离器是一种惯性分离器。分离效率会在离心区域获得较大的提升，从而较小的颗粒被分离出来。但使用离心机会导致额外的成本，由于离心机是一种旋转机构，所以它的工作需要动力驱动，并且需要配套的轴承盒密封。离心机也是一种终身免维护的分离装置。

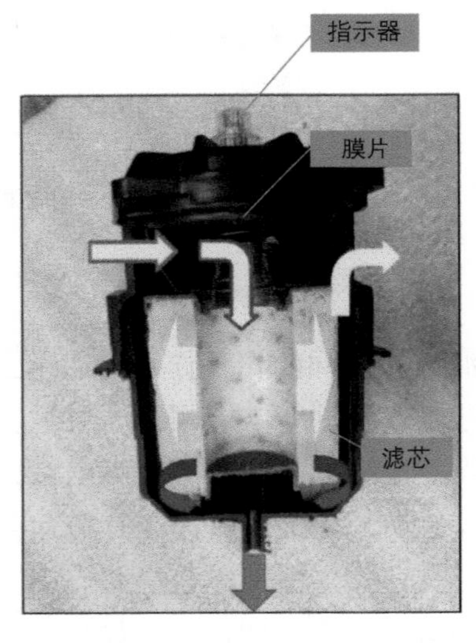

图 8-20　纤维式油气分离器

图 8-21　离心式油气分离器

5. 静电式油气分离器

用静电式油气分离器可获得最高的分离效率，最低的压降效果。如图 8-22 所示，微小的油滴被加上电荷，并在电场的作用下被分离电极析出。同样这种较高的分离效率也是需要通过外力获取。它能保证可靠的分离效率，与发动机工况无关。静电式油气分离器也需要额外的成本，因为这种分离器需要高压电源以及电气绝缘和屏蔽。另外如果窜气里面含有的炭黑颗粒较多，炭黑会沉积在电极上。如果不将这些炭黑清除，整个系统会失去效用。所以静电式油气分离器也需要定期维护。

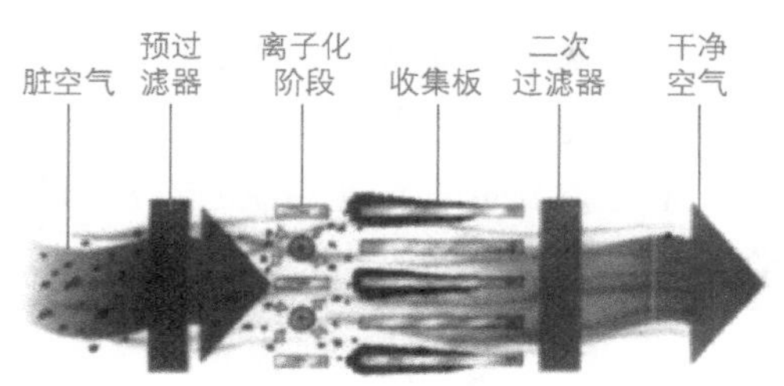

图 8-22 静电式油气分离器分离机理

经过大量试验确认，被动式分离器并不适用于甲醇燃料分离器，容易发生堵塞现象，导致曲轴箱压力增大，进而失效；目前采用的技术方案一般为迷宫式预分离结构 + 主动离心式分离器，离心式分离器采用油压驱动或电驱动，不管采用何种驱动方式都必须保证分离器有足够的转速，按照经验设计需要 8000 ~ 10000r/min（转速设计也应考虑分离器寿命限制），确保曲轴箱压力小于大气压力。

8.3.3 压力调节阀的设计

开式曲轴箱通风系统，曲轴箱压力主要取决于通风系统阻力，通过优化系统阻力即能实现曲轴箱压力设计目标，无需额外的压力调节装置。但闭式曲轴箱通风系统由于发动机负荷不同，导致进气管真空度变化范围大，此时如果不进行压力调节，曲轴箱压力会随进气管真空度剧烈变化。虽然曲轴箱负压可以减小活塞下行阻力，对发动机摩擦功有一定好处，但曲轴箱压力过低会导致：①曲轴箱内气体流速过快，造成油气分离及回油系统失效，机油消耗量异常；②机油标尺及油封等密封部位漏气，造成发动机性能下降，甚至引起发动机早磨。

因此，设计合理的压力调节阀对于整个闭式曲轴箱通风系统与整机的匹配有着重要意义。

压力调节阀主要应用于闭式曲轴箱通风系统，按结构形式划分为柱塞式与膜片式两种。

1. 柱塞式压力调节阀

柱塞式压力调节阀主要应用于早期汽油机闭式曲轴箱通风系统，由弹簧、节流板、柱塞和一级壳体四部分组成，如图 8-23 所示。

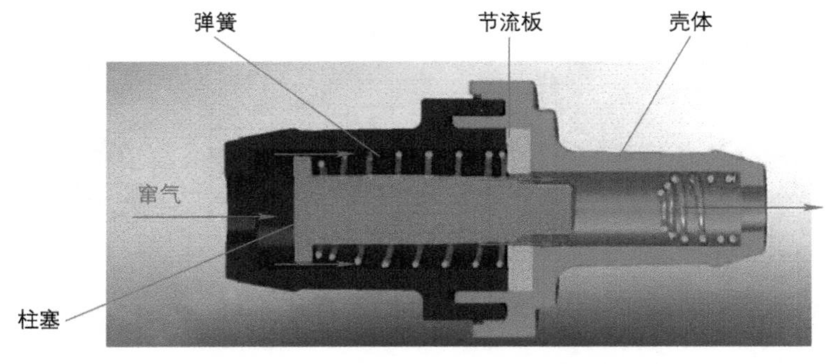

图 8-23 柱塞式压力调节阀示意图

由于进气管真空度的作用，柱塞压缩弹簧改变节流板流通面积实现压力调节，也就是在不同进气管真空度作用下，通过柱塞式压力调节装置控制曲轴箱窜气进入进气系统的流量实现压力控制。所以柱塞式压力调节阀的流量特性（图 8-24）与发动机窜气量对应关系决定曲轴箱压力的控制水平。

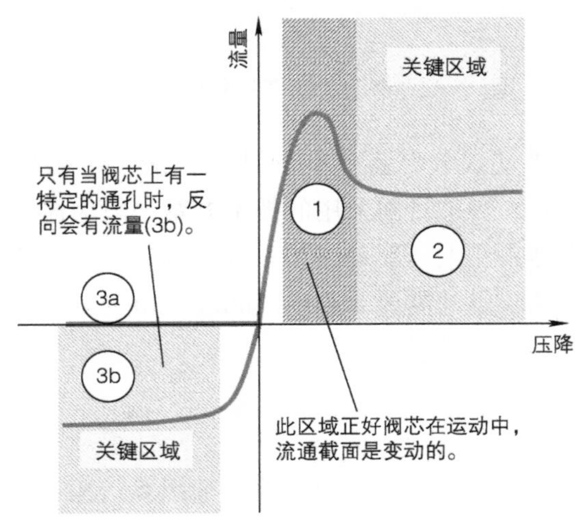

图 8-24　柱塞式压力调节阀流量特征曲线

柱塞式压力调节阀工作原理如下。

第一种工作状态：大流量通过，如图 8-25 所示。

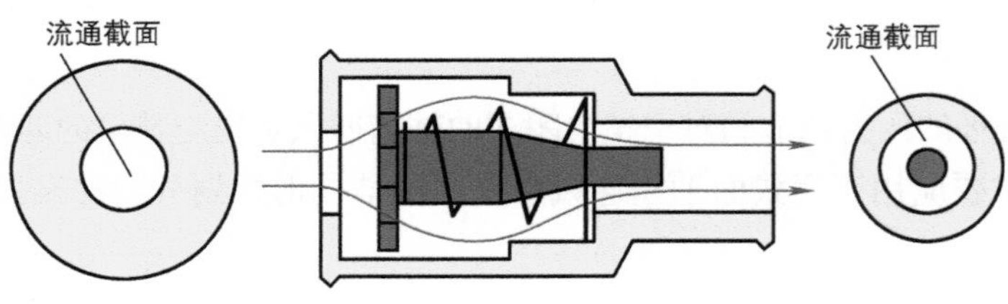

图 8-25　大流量通过

第二种工作状态：小流量通过，如图 8-26 所示。

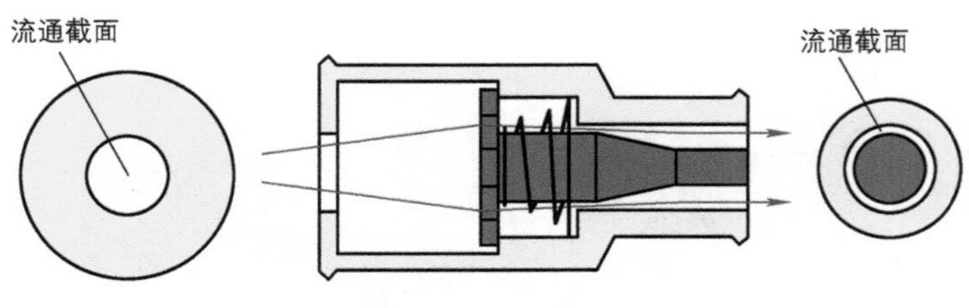

图 8-26　小流量通过

第三种工作状态：正向流量完全封闭，如图 8-27a、b 所示。

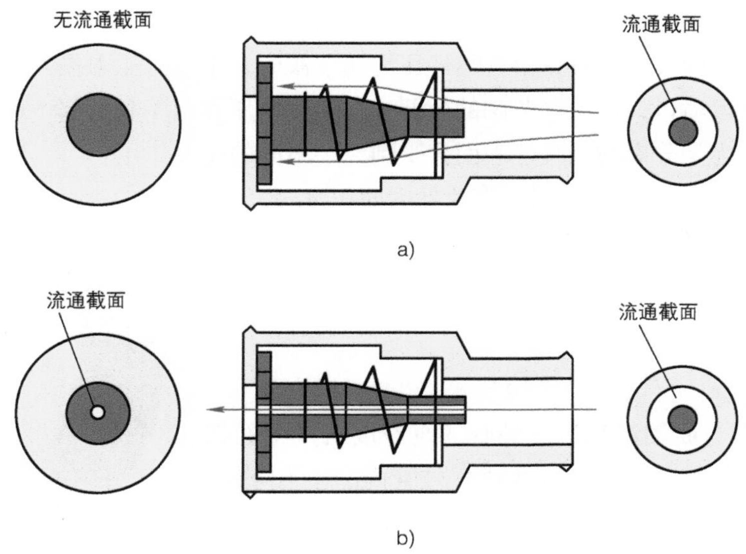

图 8-27　正向流量完全封闭

2. 膜片式压力调节阀

膜片式压力调节阀广泛应用于汽油机和柴油机闭式曲轴箱通风系统，由膜片、膜片衬板、弹簧以及壳体四部分组成，如图 8-28 所示。工作原理是通过进气管真空度、曲轴箱压力及弹簧力三者之间平衡实现压力控制，计算公式：

$$\begin{aligned} F_{弹簧} &= F_{进气管} + F_{曲轴箱} \\ &= P_{进气管} A_1 + P_{曲轴箱} A_2 \end{aligned}$$

式中，A_1 是进气管真空度作用面积；A_2 是曲轴箱压力作用面积；$P_{进气管}$是进气管真空度；$P_{曲轴箱}$是曲轴箱压力。

A_1 面积决定最大漏气量时压力调节阀的阻力，A_1、A_2 面积比决定曲轴箱压力的变化范围。

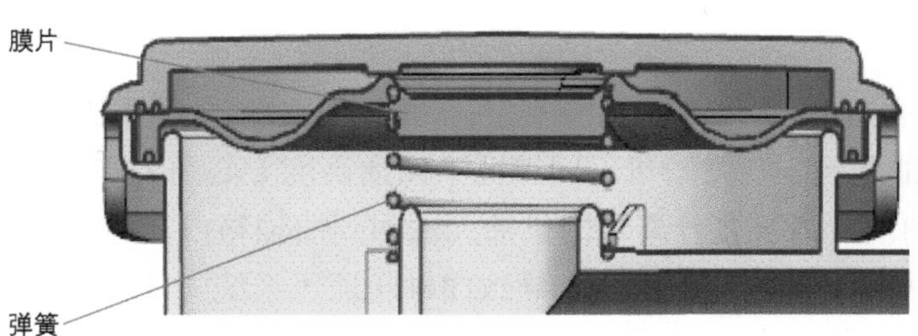

图 8-28　压力调节阀的结构图

弹簧在膜片表面产生的压力、大气在膜片表面产生的压力、曲轴箱内窜气在膜片的作用力、进气歧管气体在膜片的作用力，四个力综合作用下达到平衡状态。当压力调节阀处于静止状态或窜气流量很少时，曲轴箱内的压力损失大小取决于压力调节阀内的最小流通面积，这又取决于喷口的直径大小。由于膜片和喷口之间形成的柱形表面积等于喷口的面积，即可得到膜片的最大行程，窜气流经压力调节阀时几乎没有压力损失。在工作状态下，由于膜片非常靠近喷口，压力调节阀的前部（连接到增压器前）和后部（连接到进气歧管）的空间可以被认为是分离的，膜片表面会受到2个不同的压力作用。

假设曲轴箱压强为 P_1，作用在膜片外圈面积 A_1 上，进气歧管压强为 P_2，作用在膜片内圈面积 A_2（图8-29）上。弹簧的弹力为 F，大气压力为 P_0，则整个系统的受力平衡方程为

$$F = P_1A_1 + P_2A_2$$

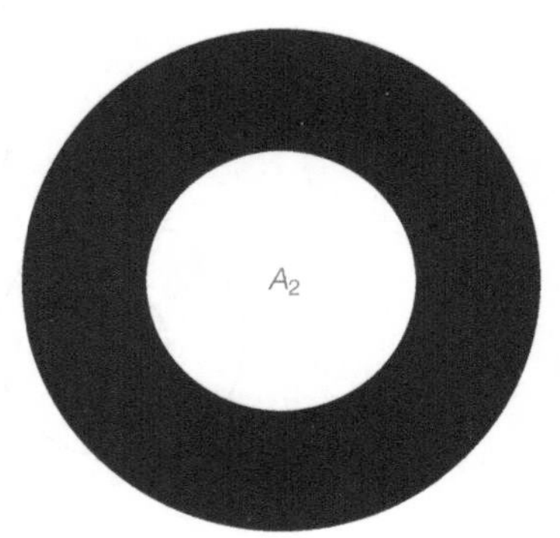

图8-29　膜片受力面积

弹簧的弹力与曲轴箱和进气歧管的真空度所产生的朝向喷口的“吸力”大小平衡。如果进气歧管内的压力降低，作用在膜片上表面的压力（大气压）与作用在下表面的压力（进气歧管/曲轴箱）之差增大，因此膜片向下运动，膜片和喷口之间的截面积减小。流量一定时，截面减小意味着压力损失增大。此时压力调节阀之前的压力会开始增加，膜片上的压差减小，从而使膜片向上移动，截面积的增大减少压力损失，最终压力调节阀前部的压力回落，膜片重新达到工作中的平衡状态，从而保证曲轴箱内的压力满足设计要求。

现代发动机通用化、集成化程度越来越高，柱塞式压力调节阀属于流量控制，对发动机漏气量比较敏感，通用化率低，逐渐被膜片式压力调节阀取代。

8.3.4　回油系统设计

回油系统的主要功能是将油气分离器分离出的油滴返回到曲轴箱内。为了保证上述功能的实现，首先需要明确回油高度概念。回油高度是指在发动机运行工况下，油滴能够充满回油通道的垂直距离。

在进行回油系统设计时，主要考虑回油高度与系统阻力之间的平衡，计算公式如下：

$$L_{min} = \Delta P/(\rho g h)$$

式中，L_{min} 是最小回油高度；ΔP 是系统阻力；ρ 是机油密度；g 是重力加速度。

为了保证回油顺畅，在发动机不同工况下回油高度 L 必须大于 L_{min}，当回油高度小于 L_{min} 时，会导致油气分离装置分离出的机油无法回到曲轴箱内，随着运转时间的增加，机油积累到一定程度就会从出油口喷出，导致曲轴箱通风系统失效，因此回油高度设计是曲轴箱通风系统设计的核心内容。

为了满足回油功能，通常的设计方案包括：

1）单独设计回油通道，将回油出口直接设计到机油液面以下。

2）根据虹吸原理，设计成自密封结构，形式可以多种多样，目的是在设计的回油结构中可以存放机油用于回油管内部与外部空间。

3）增加储油槽和单向阀，储油槽可以防止滞留在分离器中的机油再次受气流冲击影响分离效率，也能起到增加回油高度的作用，单向阀主要是防止气流反窜。

4）回油单向阀的布置。油气分离器对窜气进行处理后，窜气中的油滴被分离出来并汇聚重新被排回到发动机油底壳，由于油气分离器会造成一定的压降，如果回油口设计在油底壳油面以上，曲轴箱的窜气会从回油管直接旁通到油气分离器出口，导致油气分离器失效，所以回油管设计到油底壳液面以上时，需要在回油管口部设计一个单向阀，如图 8-30 所示。

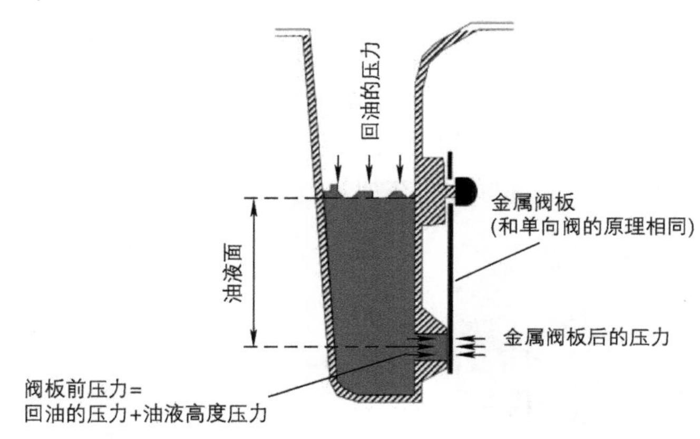

图 8-30　回油结构

此外，回油系统设计过程中还应注意：

1）回油系统应该保证足够大的流通面积，使分离出的机油及时回到曲轴箱。

2）考虑不同车型发动机的安装位置。

3）考虑整车允许的最大倾斜角度对回油高度的影响。

8.3.5　取气口设计

缸体、气缸盖罩上曲轴箱通风系统取气口的位置，应当设计在气体流动速度低而且油气已被预分离的区域。

取气口位置选择对油气分离装置分离效果也有着重要影响。如果取气口选择在机油浓度高的区域，大量的液态机油就会随着曲轴箱气体一同进入油气分离装置中，此时，即使油气分离装置分离效率很高，也难以满足要求；如果取气口位置机油浓度很低，曲轴箱窜气中机油含量就小，能够极大降低曲轴箱通风系统其他零部件开发难度。

8.3.6　旁通阀（安全阀）

旁通阀在曲轴箱通风系统里并不是必需的，但采用纤维式油气分离器，必须设计旁通阀。由于纤维滤芯在使用一段时间后会被曲轴箱窜气里的炭黑颗粒附着导致流量阻力上升，压损超过规定值，此时用户必须更换新滤芯，来保障合理的流量阻力。滤芯阻力过大会导致曲轴箱内的窜气不能及时排出，曲轴箱内压力升高，影响发动机的可靠性和安全性，旁通阀在这种情况下开启，及时排出曲轴箱内的窜气，平衡曲轴箱压力。旁通阀通常是常闭式的，依靠弹簧的弹力支撑着阀片不被打开。当曲轴箱内的压力超过弹簧所能支撑的范围后，旁通阀阀片打开，窜气从旁通阀通道排出。

8.3.7 甲醇燃料防结冰乳化设计（高压补气装置）

由于曲轴箱窜气中含有大量的水蒸气成分，因此在寒区存在曲轴箱通风系统结冰问题，如图 8-31 所示。

为了满足不同环境使用要求，需要在曲轴箱通风系统设计过程中考虑防结冰设计。

针对以汽、柴油为燃料的发动机，常采用冷却系统循环水加热和电加热装置。冷却系统循环水加热主要特点是不需要额外消耗能量，但管路设计复杂，可靠性差。电加热方案主要优点是结构设计简单，可靠性好，但在加热过程中需要消耗电能，如图 8-32 所示。

图 8-31 某油气分离器出气口结冰现象

图 8-32 用于电加热的接头

电加热接头主要由 PTC 发热片、加热棒、快插接头及线束接头组成，其工作原理可以简单描述为：通过 ECU 或电源供电，加热 PTC 发热片；PTC 发热片与铜管结合，通过铜管良好的热传导性能散热，从而起到加热公接头内部的功能。由于 PTC 发热片热敏电阻特性，铜管能够保持一定的温度，不至于温度过高损坏其他元件。

电加热设计主要包括控制逻辑设计、加热器结构和性能设计三方面：

1）控制逻辑设计。由于曲轴箱通风系统结冰并不是一直存在，为了降低电能消耗，需要设计控制逻辑，优化加热系统工作。

通过分析曲轴箱通风系统结冰试验数据，发现触发结冰的两个边界条件是温度以及湿度，而曲轴箱气体湿度无法采集，因此在进行加热控制系统设计中主要依靠环境温度进行闭环控制。

2）加热器结构设计。加热器主要由加热层、连接接头以及电器插接头组成。

3）加热器性能设计。在加热器性能设计中主要需要考虑两个方面，即加热速度以及平衡后的最高温度。如果加热速率低，可能导致温度上升速度慢，存在短暂结冰的问题；平衡后最高温度过高会造成能源浪费，损害连接胶管可靠性。

对于一般的汽、柴油燃料发动机而言，在必要时采取以上防结冰措施已经足够，甚至有时通过改变管路及分离器布置形式即可避免结冰乳化，但是采用甲醇燃料的发动机乳化结冰情况会更加难以控制，因甲醇燃烧产生大量的水蒸气，寒冷环境下更容易引起油气分离器及管路内部结冰，如图 8-33 所示。

图 8-33　管路乳化与管路结冰

同时，甲醇燃烧产生的较多水蒸气及少量逃逸甲醇燃料更容易与机油互溶产生乳化问题。

所以甲醇燃料发动机曲轴箱通风系统设计之初必须重点考虑良好的通风情况，即燃烧废气和新鲜空气在发动机内部必须能够很好地流通。就当前技术而言，解决及防治乳化结冰主要有增加加热装置、增大新鲜空气补充量等措施，鉴于甲醇燃料发动机乳化结冰问题极为突出，建议多措并举：

1）曲轴箱通风管路及油气分离器包覆一层保温材料，价值较为便宜，一般如发泡三元乙丙橡胶等发泡材料，也可以选择玻璃纤维等强力隔热材料，如图 8-34 所示。

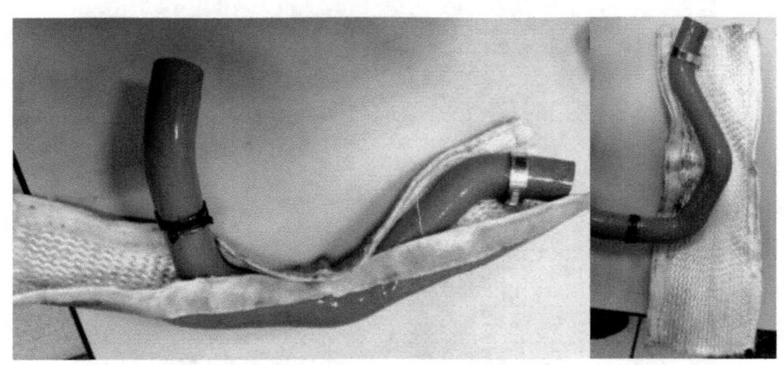

图 8-34　带隔热护套胶管

2）通过大量试验发现，增大新鲜空气补充量是一种比较有效的阻止结冰、降低乳化程度的措施，如图 8-35 所示。

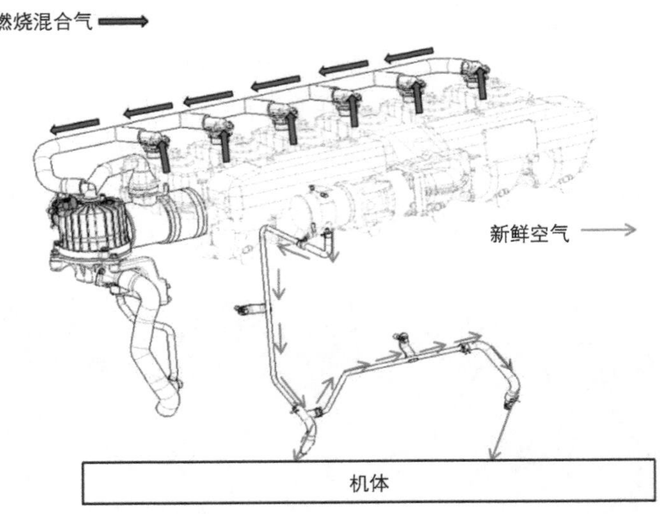

图 8-35　高压补气管路图

传统的新鲜空气补充方案是从进气歧管向发动机曲轴箱补充气体，这种方案通过增大新鲜空气补充通道内径、增大发动机负压范围，可以扩大新鲜空气补充工况，但仍然不能全工况覆盖补充气体。甲醇发动机开发过程中首次采用了高压补气方案，即从节气门前引入新鲜空气到发动机曲轴箱，因增压压力始终存在，可以确保发动机全工况能够补充新鲜空气，有效降低了乳化程度。

同时，要合理布置新鲜空气补充部位，确保补气均匀性，保证发动机内部不存在气流死区，以便于充分扫清机体内部燃烧废气，防止局部乳化的产生。如图 8-36 所示是 CFD 分析高压补气均匀性示意图，采用了 2、5 缸双孔补气方案。

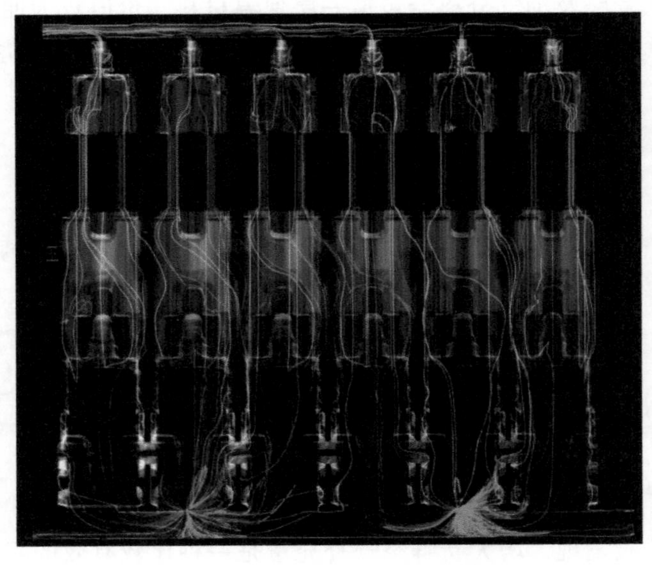

图 8-36　双补气孔均匀性示意图

8.3.8　耐甲醇材料的选择

选择耐甲醇及其燃烧产物的材料，不能按照汽、柴油发动机材质开发零部件。经实地试验验证发现，甲醇燃料特有的化学性能与某些橡胶材料、金属材料长时间接触后会发生腐蚀问题，如甲醇燃料输送管道最初采用丁腈橡胶（NBR）容易出现开裂老化情况，如图 8-37 所示。

图 8-37　胶管内部溶胀脱层

另外在燃烧室燃烧过程中，总是不可避免有部分未燃甲醇从活塞环窜入曲轴箱，这部分燃料主要靠曲轴箱通风系统增加的新鲜空气清扫进入曲轴箱通风管路、分离器，导入燃烧室重新参与燃烧，这就需要曲轴箱通风系统中橡胶材质全部采用氟橡胶或含氟硅胶等材质（经试验验证，胶管内层最好有不小于 0.5mm 的氟橡胶为宜）。

对于含有金属材质的主动式油气分离器，选用不锈钢材质为宜。采用普通金属材质的发动机运行约 100h 以后即会有明显锈蚀，如图 8-38 所示，金属螺钉、轴承旋转件有明显锈蚀现象导致油气分离器分离效率下降。

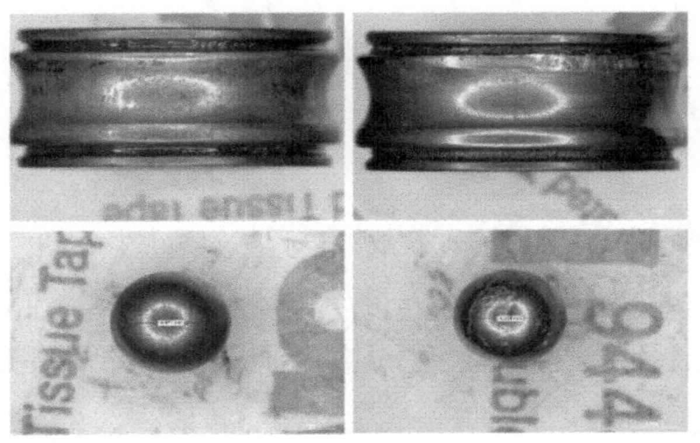

图 8-38　普通碳钢轴承腐蚀磨损

油气分离器内部 PRV 阀材质选择也极为重要，经大量试验证明，氟硅橡胶、AEM 等均无法适应甲醇燃料需求。如，氟硅胶内含有的硅化钙与甲醇燃烧酸性产物发生化学反应，导致麻点硬化情况，如图 8-39 所示，建议切换为炭黑。

采用旋转塑料件作为主要分离结构时，塑料也不可避免地被甲醇燃烧后酸性物质腐蚀，样件强度会快速降低，PA6 材质样件初始强度明显不足且试验中下降较快，出现开裂现象，如图 8-40 所示。

图 8-39　氟硅胶膜片老化

图 8-40　叶片撕裂

从发动机耐久试验（1000h）来看，机体内部也不可避免会有少量腐蚀或乳化结焦物，由于气体流动过程中总会把少量锈蚀杂质带入油气分离器，为防止回油孔堵塞导致油气分离器失效，通风系统回油通道设计不宜过小。

8.3.9　总结

油气分离器的设计需要考虑诸多因素，包括客户对分离器的要求、压降的要求、曲轴箱压力的要求、密封的要求、窜气里的含油量、油气分离器使用寿命的要求、成本的要求还有安装空间的要求等等。开发一款最理想的油气分离器是不可能的，给出合适的方案是设计者的责任。

曲轴箱通风系统作为对发动机性能及可靠性有重要影响的核心子系统，伴随国六法规的实施，其重要性日益突出。本章通过讲述曲通系统八个方面的设计要点，为新一代曲轴箱通风系统设计提供基本准则。

8.4　闭式曲轴箱通风系统试验验证

甲醇燃料曲轴箱通风系统开发试验是以汽油机试验项目为基础试验内容，另外增加针对甲醇燃料固有燃烧特性的试验项目，如分离器自清洁试验、材料耐甲醇试验、整车乳化试验。

试验开发作为结构设计的后续验证环节，可以找出设计不足，进一步优化结构设计，经过反复的优化验证直至曲轴箱压力、油气分离器效率等各项指标均满足设计要求为止，可以尽量降低失效风险。

油气分离器作为关键性能零部件，对其基本性能的验证极其重要，包括台架试验与整车试验，贯穿发动机整个开发过程。

8.4.1　零部件单品性能验证及耐甲醇性

曲轴箱通风系统关键零部件如油气分离器、PCV 阀（或 PRV 阀）、单向阀等，在设计开发之初需要依据设计输入开展严格的单品性能及耐甲醇性验证，方能搭载在发动机上进行台架考核，一方面可以保护发动机，另一方面也可以减少台架试验次数，缩短开发周期，节约成本。

1. 油气分离器

油气分离器单品试验包括压损试验（图 8-41）、分离效率（图 8-42）试验，目前主要采用设备为 STP140（图 8-43）；针对甲醇发动机还应增加耐甲醇试验、自我清洁试验等。

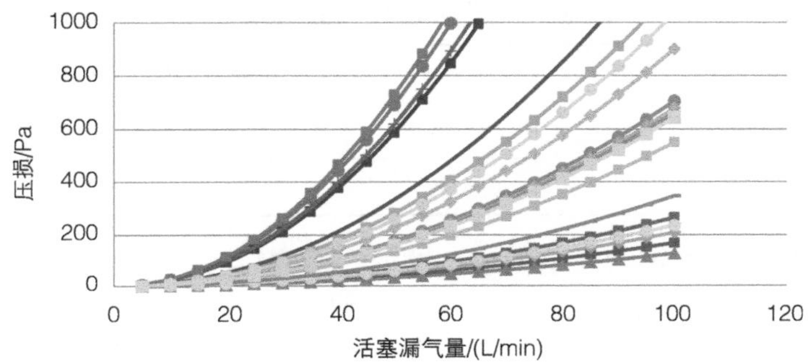

图 8-41　压损随漏气量变化关系示意图

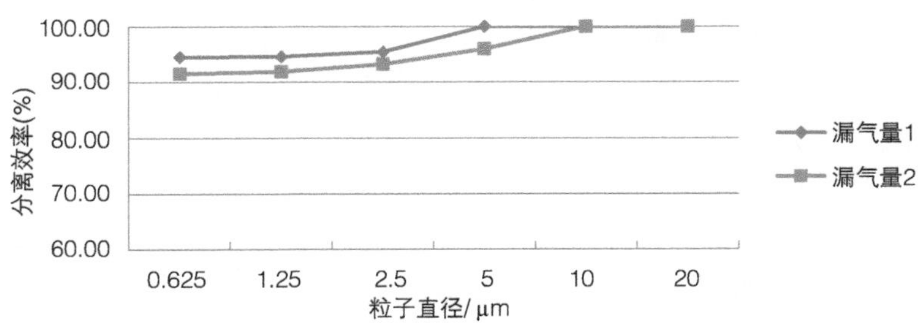

图 8-42　不同粒子分离效率示意图

图 8-43　STP140 测试设备示意图

分离器进行耐甲醇试验是必要项，确保分离器内部材质适用。

因为甲醇燃料特性，不可避免的分离器内会有少量机油乳化黏附，长时间不处理会导致性能下降，这就需要分离器具有良好的自我清洁能力，该试验一般在供应商处开展，模拟向分离器内部流入机油甲醇颗粒及燃烧废气，通过透明装置观察分离器内部实际情况。

2. PCV 阀

PCV 阀（或 PRV 阀）首先要检测不同压差下对应的流量是否满足设计要求，见表 8-1。另外 PRV 阀及单向的 PCV 阀需要检测反向泄漏量，不能超过设计要求值，外部泄漏基本不被允许。PRV 膜片阀特性曲线如图 8-44 所示。

表 8-1　流量要求的一般表格形式

压差 /kPa	−10	−20	−30	−40	−50
流量 /（L/min）					
公差					

反向泄漏和外部泄漏指在规定的压力下，按照规定的方法，在有限时间内，泄漏量不能超过一个限值。

高负荷状态下，进气歧管压力很大，一般反向泄露检测点压力定在（60 ± 3）kPa 或（80 ± 3）kPa。

对于集成在油气分离器或气缸盖罩上的 PRV 阀，一般不对流量做具体要求，而是直接根据发动机漏气量、负压源输入条件测试曲轴箱压力范围。

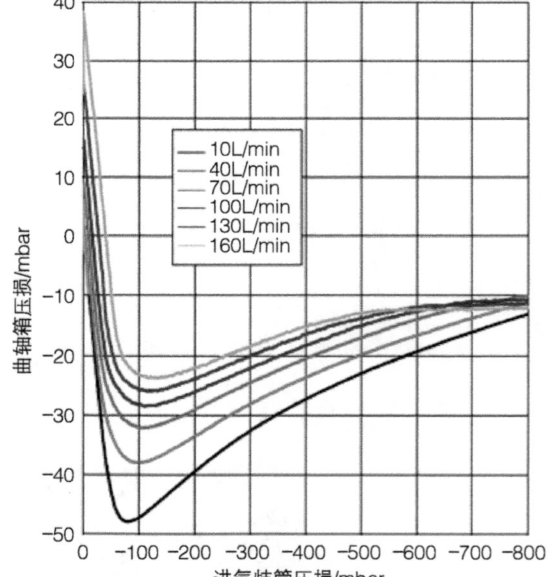

图 8-44　PRV 膜片阀特性曲线

注：1bar = 10^5Pa。

3. 单向阀

单向阀试验开发一般评价指标为：

1）1kPa 下的最小正向流量。

2）要求压差下的反向最大泄漏量。

某甲醇发动机设计流量要求如下：①在 1kPa 气压下流量 ≥ 120L/min；②在 44.1kPa 下，逆向最大泄漏量 ≤ 3L/min；③能在 −35 ~ 120℃范围内正常工作。

单向阀一般由橡胶膜片、膜片安装座及外壳组成，如图 8-45 所示。

单向阀工作原理：气体正向流动时，推开橡胶膜片，气体沿橡胶膜片与安装座之间的缝隙通过；气体反向流动时，膜片与安装座紧密贴合，气体无法通过。

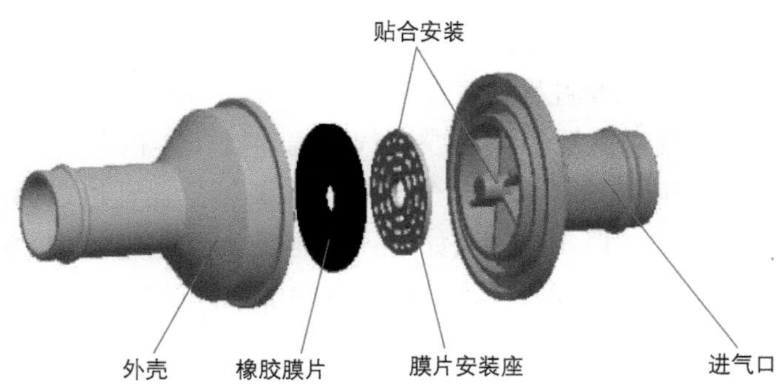

图 8-45　单向阀

8.4.2　台架的考核与验收

台架试验主要试验内容包括活塞漏气量试验、曲轴箱压力分布试验、机油携带量试验、补气试验、PCV 阀选型试验、耐久验证（机油耗试验）等。其中机油携带量可以测试正常漏气量下油气分离后机油携带量、1.5 倍或 2 倍漏气量下油气分离后机油携带量，及不带油气分离器时的原始机油携带量。

1. 台架试验的目的

1）通过整个试验过程的 MAP 图评价活塞漏气量。

2）通过整个试验过程的 MAP 图评价曲轴箱压力。

3）通过整个试验过程的 MAP 图评价气缸盖罩（或油气分离器）压力损失。

4）通过分离后机油携带量评价油气分离器分离效果。

5）通过机油携带量评价漏气量增多对分离效率、曲轴箱压力的影响。

2. 台架试验准备

1）首先需要做台架及发动机准备工作，台架需要至少有三个负压通道，准备两个或三个小量程高精度负压压力传感器以便于精确测量曲轴箱压力、空气滤清器后压力等；发动机应为合格的发动机，可以正常运转且功率、转矩及性能指标满足设计要求，活塞漏气量在合格范围之内。

2）选好发动机压力测量时需要布的点，一般可以选择的测量点：

① 气缸盖罩（或油气分离器）的取气口、出气口。

② 机油尺导管处测量曲轴箱的气体压力。

③ 进气歧管压力，在靠近曲轴箱通风系统连接管处。

④ 空气滤清器后压力，在空气滤清器出气软管和通风管接口处。

3）模拟活塞漏气量增多情况时，可以直接采用台架供气装置增加流量调节阀，也可以单独准备一套可调节流量的泵气装置，可以直接使用机油标尺管，也可以提前在油底壳机油液位以上部位安装一根专用管。

4）建议提前准备好透明钢丝管以代替原来曲轴箱通风系统的连接软管，以便于肉眼能够观察到曲轴箱通风系统试验过程中气体带走的机油。

5）为了更好地观察气缸盖罩腔体（或油气分离器腔体）内分离后机油的流动情况及机油液位，有必要在发动机气缸盖罩（油气分离器）关键位置开出透明窗口，安装耐温透明塑料，用强光照射观察，一般安装方法如下：在能观察到回油腔的位置上安装透明窗口；油底壳用透明、带有钢丝骨架的胶管导出，用于观察油底壳的机油液位。

8.4.3 台架试验主要内容

本节以点燃式发动机曲轴箱通风系统为例（即带有独立补气，油气分离后气体分高负荷工况和中低负荷工况两路），针对曲轴箱通风系统主要的台架试验进行简要说明。

1. 活塞漏气量试验

测量活塞漏气量是确保用于曲通试验发动机处于正常状态，结合漏气量数据分析后续试验。

按 GB/T 18297—2001《汽车发动机性能试验方法》测量发动机活塞漏气量，如图 8-46 所示，断开补气管路，断开低负荷连接软管，从油气分离器高负荷出气口引出一根管子连接活塞漏气量仪，活塞漏气量仪另一端通大气。

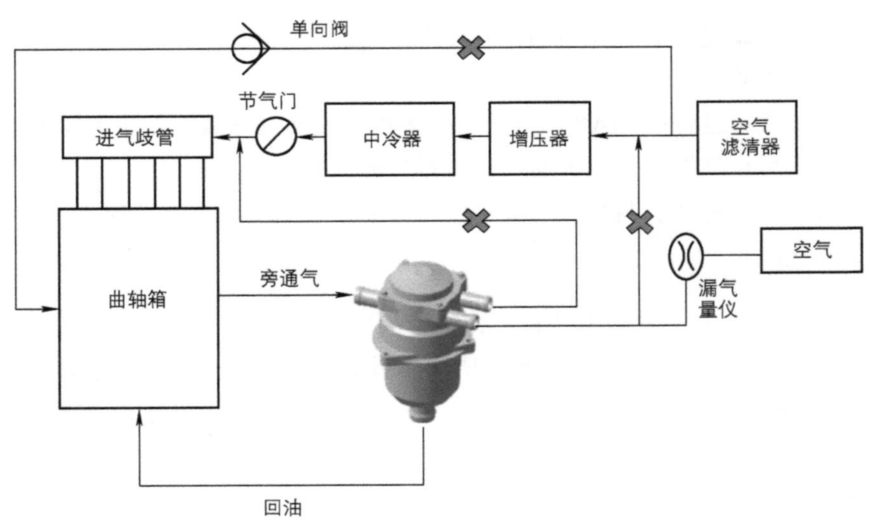

图 8-46 开式活塞漏气量测量示意图

发动机从额定转速开始，负荷步长按照外特性数据平均分布 10 个点（负荷分布占外特性百分比为 10%、20%……90%、100%），转速步长按照 200r/min 间距直到降至 800r/min 工况点，每个工况稳定 2min，测量时间不少于 30s，记录活塞漏气量数值及其他主要参数，见表 8-2。

测试后数据处理可以做柱状图（图 8-47）、折线图或 MAP 图，便于分析。

表 8-2　参数记录表

负荷步骤	转速 /（r/min）						
	1900	1800	1600	1400	1200	1000	800
1							
…							
9							
10							

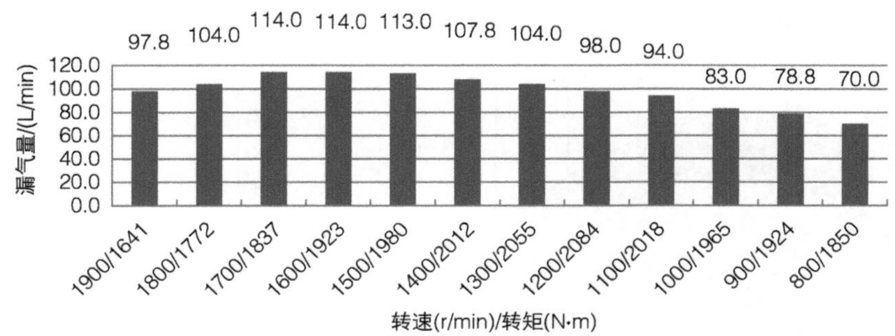

图 8-47　外特性活塞漏气量数据处理柱状图

2. 曲轴箱压力试验

曲轴箱压力是曲轴箱通风系统设计好坏的关键指标之一，理想状态的曲轴箱压力应该是个小负压，既可以确保曲轴箱气体有效排出，不影响发动机密封件，还可以降低发动机功率损失。

测量万有工况下的曲轴箱压力，测量位置为机油尺导管处。确保曲轴箱压力在设计范围之内；同时怠速曲轴箱压力小于或等于大气压力，否则需要对通风口与强制通风口位置或者油气分离器本身结构进行优化。

新磨合发动机曲轴箱压力一般控制在 −3.5 ~ 0kPa，长时间磨损后发动机曲轴箱压力范围可以放宽到 −5 ~ 0.3kPa。

测量如下参数：

1）发动机转速、转矩、功率。

2）气缸盖罩或者油气分离器内各点的压力。

3）曲轴箱内压力。

4）进气歧管内压力（靠近通风管连接点处压力）。

5）空气滤清器或其连接管路中压力（靠近曲轴箱通风系统连接处）。

6）活塞漏气量。

检测布置在各点的压力传感器是否正常，试验前需先标定压力通道，曲轴箱压力测量采用小量程传感器（在 ± 10kPa 之内），结果如果 8-48 所示。

曲轴箱通风系统管路完全按照闭式曲通设计状态连接。

3. PCV 阀匹配试验

PCV 阀开发必须经过多轮台架匹配的过程，尤其是柱塞式 PCV 阀。PCV 阀设计之初，仅仅是给厂家提供了预估漏气量参数及曲轴箱压力设计目标值，与发动机真实漏气量参数有较大出入；且发动机开发过程中，各项性能参数及关键零部件结构都处于持续优化改进过程中，需要不间断改进 PCV 阀曲线（图 8-49）。

PCV 阀在台架上的匹配主要参考指标是曲轴箱压力，影响因素为流量和进气歧管上曲通管接口处压力。

试验工况参见附录 A 中部分负荷试验工况。

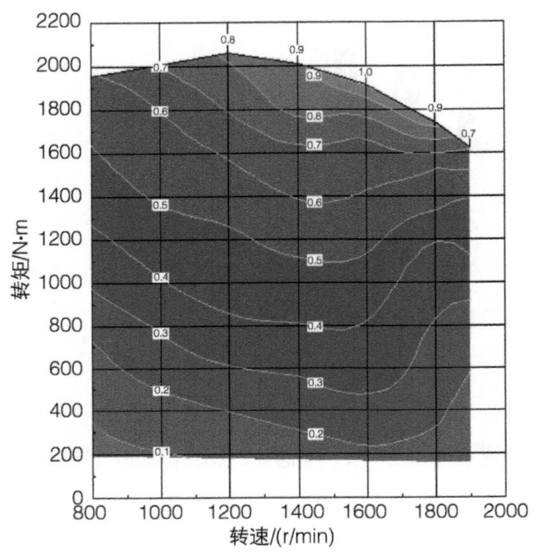

图 8-48　采集的曲轴箱压力数据处理成 MAP 图

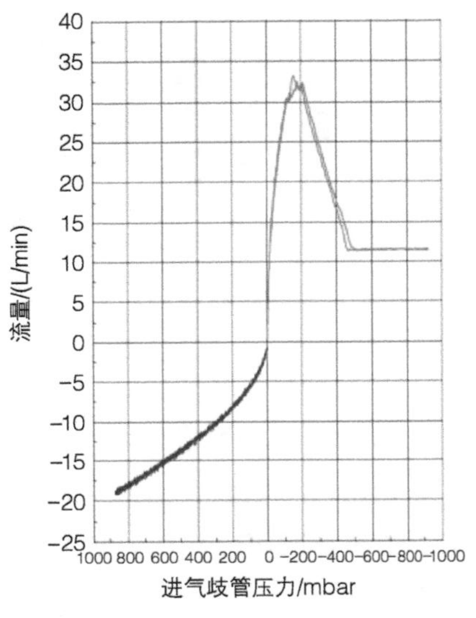

图 8-49　PCV 柱塞阀流量特性曲线

4. 机油携带量试验

对曲轴箱通风系统进行机油携带量试验，测量方法参照附录 A 进行，分离后曲轴箱窜气中平均机油携带量按照≤ 1g/h 判定是否合格。结果如图 8-50 所示。

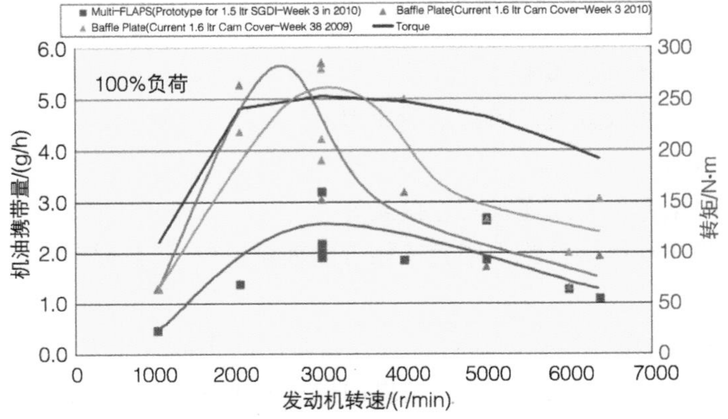

图 8-50　某汽油机不同分离器机油携带量示意图

调节窜气量为正常漏气量数值的 200% 时，管路中不能出现明显油流。

5. 补气试验

测量发动机新鲜空气补充量的多少，一般采用间接测试方法，通过测试带补气状态下的活塞漏气量、不带补气状态下的窜气量，两者之间的差值即从空气滤清器系统通过补气管路流入发动机的新鲜空气（此处测量的均是闭式曲轴箱通风系统漏气量）。

6. 耐久试验（机油耗）

曲轴箱通风系统专项试验确认无误后，对发动机做耐久验证，考核可靠性指标，同时关注 24h 机油耗试验，进一步确认曲轴箱通风系统开发情况。

7. 特殊倾角试验

为了更加贴近实际路况，需要模拟整车上下坡、侧倾等姿态，测量取气口与回油孔附近机油液位，避免在特殊整车姿态下，曲轴箱或者缸盖油池内机油液面淹没取气口或者回油孔而导致系统失效。

8. 防冻性能试验

根据整车设计要求，在最低使用环境温度下，对取气口结构、油气分离结构、回油孔结构、PCV 阀进行防冻试验，避免在寒冷情况下结冰造成系统异常。

9. 取气口位置校核

在条件允许情况下，建议制作透明油气分离器样件，对进入油气分离器的机油量进行确认，机油最好是以油雾的形式进入油气分离器中，而不能流入油气分离器中。

8.4.4　整车搭载道路试验

整车试验主要是随整车进行高寒试验、冷起动试验及道路验证试验。

甲醇发动机需要重点关注闭式曲轴箱通风系统高寒环境适应能力，一般在黑河、漠河等地或整车转鼓试验舱验证 −30℃情况下，车辆满载、空载、国道、乡村道路组合搭配验证。验证过程中持续监测曲轴箱压力，建议在油气分离器取气管、出气管、增压器进气管等合适位置布置热电偶，实时测量管路温度。对于实地道路试验可以按照当地实际情况设计路线及车速，在整车转鼓试验台上可以参照 GB/T 27840—2021《重型商用车辆燃料消耗量测量方法》中 C-WTVC 循环工况执行，一般的，如果曲轴箱压力超过 3kPa，就需要拆解曲通系统相关管路检查是否有堵塞结冰现象。

记录环境温度、工况、水温、油温等参数。

对于国六发动机，若采用了压力传感器满足车载诊断系统对曲通系统诊断的要求，需跟踪整车 OBD 试验确定合适的曲轴箱压力。

整车试验更多考核整车状态下曲轴箱零部件的可靠性及管路在机舱环境下防结冰能力。

附录 A　机油携带量试验测试方法

A.1　试验仪器与设备

试验仪器与设备如下：

1）发动机台架（应保证发动机在额定转速和额定功率下可以正常运转）。

2）活塞漏气量仪（量程应能覆盖发动机活塞漏气量的两倍）。

3）机油过滤装置（具备自加热功能）。

4）滤纸或滤芯（取决于过滤装置结构），数量若干。

5）气动三通阀。

6）透明钢丝管若干。

7）电子称（精度≤ 0.1mg）。

A.2　试验测量项目

试验测量项目如下：

1）发动机转速。

2）发动机功率、转矩。

3）机油温度。

4）活塞漏气量。

5）曲轴箱压力。

6）进气歧管压力。

7）空气滤清器后压力。

8）油气分离后压力。

9）曲轴箱窜气汇总的机油携带量。

A.3　试验步骤

A.3.1 装配发动机，并安装在试验台架上。

A.3.2 低转速低负荷运转发动机，检查发动机是否漏油以及仪器是否正常工作。

A.3.3 按照磨合规范磨合（新发动机）。

A.3.4 根据试验工况（表 A-1）连接试验设备。油气分离器出气口至过滤器之间管路需要有保温措施，连接管路不得出现漏气现象且管路长度尽可能短。

A.3.5 停机状态下，切换三通阀至空气流量计；同时，将称量重量的新滤纸或滤芯放入过滤器内。将过滤器加热至一定温度。

A.3.6 运转发动机至试验工况，待工况稳定后，记录窜气流量。然后，切换三通阀至过滤器，并开始计时，运行确定时长后，将三通阀切换至空气流量计。

A.3.7 停机，将滤纸或滤芯取出，称重。计算出该工况下，分离后曲轴箱窜气中机油携带量（g/h）。

A.3.8 重复上述操作，依次测量其他工况油气分离效率。

表 A-1　试验工况

工况	转速 /（r/min）	负荷 /（N·m）	备注	工况	转速 /（r/min）	负荷 /（N·m）	备注
1	800	10%	部分负荷试验工况	22	800	60%	中高负荷试验工况
2	1000	10%		23	1000	60%	
3	1200	10%		24	1200	60%	
4	1400	10%		25	1400	60%	
5	1600	10%		26	1600	60%	
6	1800	10%		27	1800	60%	
7	1900	10%		28	1900	60%	
8	800	30%		29	800	80%	
9	1000	30%		30	1000	80%	
10	1200	30%		31	1200	80%	
11	1400	30%		32	1400	80%	
12	1600	30%		33	1600	80%	
13	1800	30%		34	1800	80%	
14	1900	30%		35	1900	80%	
15	800	50%		36	800	100%	
16	1000	50%		37	1000	100%	
17	1200	50%		38	1200	100%	
18	1400	50%		39	1400	100%	
19	1600	50%		40	1600	100%	
20	1800	50%		41	1800	100%	
21	1900	50%		42	1900	100%	

参考文献

[1] 柳国立，刘正勇，韩俊楠，等．现代发动机曲轴箱通风系统设计研究 [J]. 内燃机与配件，2014(12): 17-22.

[2] 李桐，何国本，赵新顺．发动机曲轴箱通风的结构型式与维修 [J]. 汽车与配件，2001(47): 28-30.

[3] 王骏．曲轴箱强制通风系统构成和发展趋势 [J]. 柴油机设计与制造，2012, 18(2): 1-8.

[4] 生态环境部大气环境管理司，生态环境部科技标准司．重型柴油车污染物排放限值及测量方法（中国第六阶段）: GB 17691—2018[S]. 北京：中国环境出版社，2018.

[5] 环境保护部大气环境管理司，环境保护部科技标准司．轻型汽车污染物排放限值及测量方法（中国第六阶段）: GB 18352.6—2016[S]. 北京：中国环境出版社，2017.

[6] 浙江吉利新能源商用车集团有限公司．重型发动机系统的闭式曲轴箱通风系统及重型发动机系统 202010554424.8[P]. 2020-09-08.

第 9 章
废气再循环系统

废气再循环，即 Exhaust Gas Recirculation，简称 EGR。传统柴油机采用 EGR 系统主要降低发动机的 NO_x 排放，而当量燃烧的点燃式甲醇发动机 EGR 系统与传统汽油机 EGR 系统的功用相同，主要是利用 EGR 废气对缸内燃烧速率的影响，抑制发动机爆燃现象，控制最大燃烧压力，降低热负荷，降低排放 NO_x，从而使发动机压缩比和增压度进一步提高，进而达到提高发动机功率密度和热效率的目的。受甲醇特性的影响，EGR 系统除去需要解决具有共性的腐蚀问题外，低温下的水汽凝结而影响冷起动的问题也是其特殊性的一个方面，本章对此也做了一些探讨。

9.1 EGR 系统概述

9.1.1 EGR 技术介绍

当前 EGR 循环技术，从实现方式上划分，有内部 EGR 和外部 EGR 两种系统，区别在于废气是否通过进气系统进入缸内。

1. 内部 EGR 技术介绍

通过改变进、排气凸轮形状来修改配气相位，让一部分废气残留在气缸里，再次参与燃烧的技术，即为内部 EGR 技术。实现内部 EGR 主要几类方法原理图如图 9-1 所示。

修正排气门关闭的时刻，如图 9-1a、b 所示：排气门关闭的时刻提前或者延迟，前者造成部分废气直接留在缸内，后者会让部分废气回流至气缸，均不同程度地实现 EGR。

修正进气门开启的时刻，如图 9-1c 所示：在排气行程的恰当时刻将进气门打开，让部分废气吸入进气道，参与下一个行程的燃烧，实现 EGR。

排气门二次打开，如图 9-1d 所示：在进气行程的恰当时刻将排气门打开，让部分废气回流至气缸，参与下一个行程的燃烧，实现 EGR。

内部 EGR 技术的响应速度快，但难以实现最佳 EGR 率控制，且无法对废气进行冷却，势必造成进气终了温度增加，进气充量减少，不利于发动机功率提升。

2. 外部 EGR 技术介绍

通过将发动机排出的部分废气引入进气系统，最终进入气缸参与燃烧的技术，即为外部 EGR 技术。总体来说，外部 EGR 循环的设计方案大体分为三种，具体连接结构如图 9-2 所示。

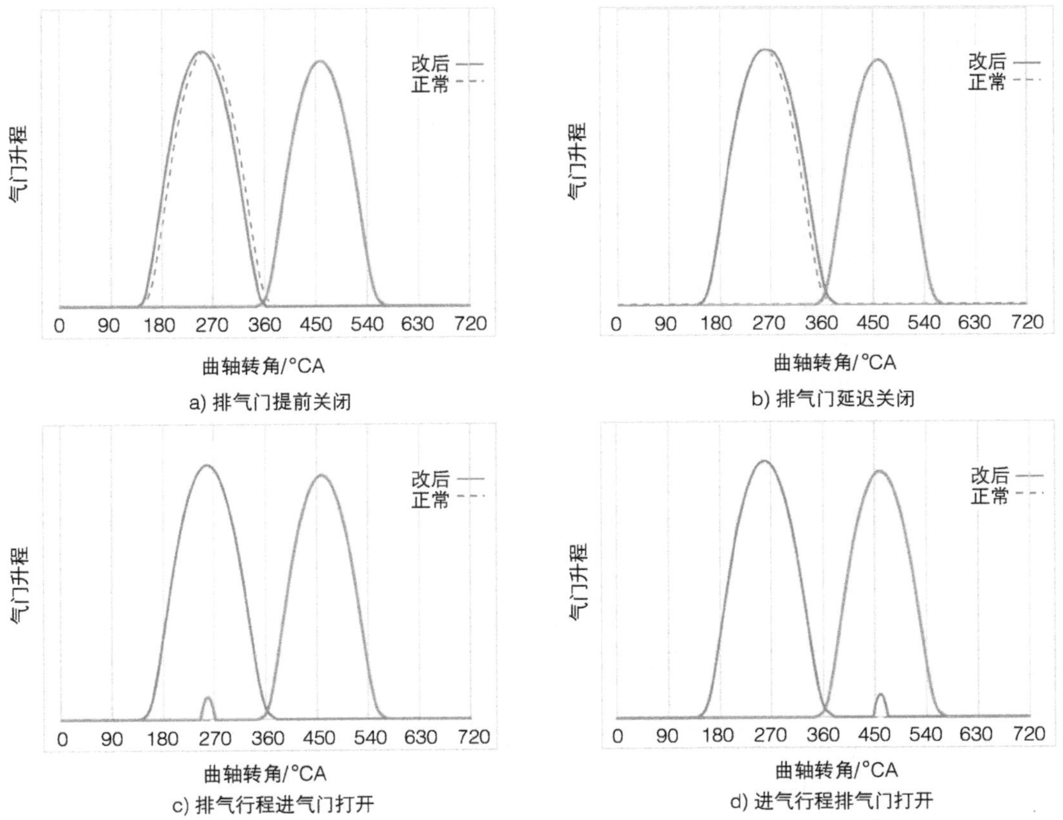

a) 排气门提前关闭

b) 排气门延迟关闭

c) 排气行程进气门打开

d) 进气行程排气门打开

图 9-1　内部 EGR 技术原理示意图

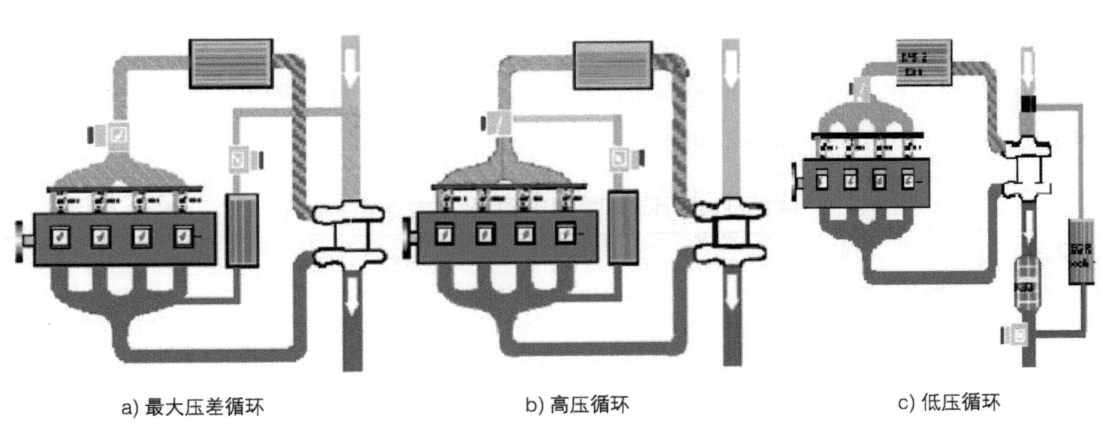

a) 最大压差循环　　b) 高压循环　　c) 低压循环

图 9-2　EGR 循环设计方案

最大压差循环如图 9-2a 所示，废气从涡轮机前引出，从压气机前引入。该方案压差较大，容易实现大 EGR 率，且混合管路较长，混合更均匀；但是由于废气中含有水汽、酸性物质、颗粒物等较多，影响压气机的性能稳定性和可靠性，同时影响中冷器性能，且由于管路较长，EGR 响应性较差。

高压循环如图 9-2b 所示，废气从涡轮机前引出，从中冷器后引入。该方案由于管路较短，EGR 响应性好，可以直接布置在发动机上，结构紧凑；但是对于柴油发动机，由于发动机部分工况会出现进气压力高于排气压力的情况，限制 EGR 率的提高，需要做特殊结构设计，来增大 EGR 率；而对于汽油机、天然气机及甲醇机，则不存在该类问题。

低压循环如图 9-2c 所示，废气从排气后处理后引出，从压气机前引入。该方案废气温度低，对冷却器性能要求低，经过后处理的废气，清洁度提高，压差稳定，能够实现较大 EGR 率，且混合管路较长，混合更均匀；但是由于引出和引入废气位置离发动机较远，布置比较困难，废气中含有水汽，影响压气机的稳定性和可靠性，同时影响中冷器性能，且由于管路较长，EGR 响应性较低。

鉴于以上各循环方案的分析及重型甲醇发动机结构布置特点，高压循环技术方案为最优的一种设计方案。

高压循环 EGR 系统按照 EGR 阀的位置不同可以分为热端和冷端两种方案，特点见表 9-1。

表 9-1　EGR 阀方案比较

方案	EGR 阀位置	优点	缺点
热端	EGR 冷却器前	1. 减少排气脉冲对 EGR 冷却器的损害 2. 减少排气制动蝶阀工作时，排气压力对冷却器的损害	1. 对 EGR 阀耐温要求高，需要对 EGR 阀设计专门的冷却系统 2. 供应商资源少 3. 高温对 EGR 阀可靠性影响较大
冷端	EGR 冷却器后	1. 对 EGR 阀的耐温要求低，可靠性高 2. 结构设计简单	1. 排气脉冲对 EGR 冷却器的损害较大 2. 排气制动蝶阀工作时，排气压力对冷却器的损害较大

这两种布置方案各有优缺点，国内外两种布置方式都有应用。

当前各发动机制造商所采用的高压循环 EGR 系统技术方案，根据不同的使用要求又分为稳压式和脉冲式两种，两种不同技术方案特点见表 9-2。

表 9-2　稳压式和脉冲式 EGR 技术方案特点

方案	实现方式	优点	缺点
稳压式	调整增压器结构尺寸，使 EGR 取气口处排气压力大于进气压力，从而达到相应 EGR 率需求	适用于稳压增压的排气系统；EGR 压力相对稳定，EGR 率波动较小，对燃烧循环波动影响小	需要较大幅度提高排气压力，发动机排气泵气损失增大，经济性变差
脉冲式	通过在 EGR 冷却器出口处设计单向阀，利用排气脉冲压力高于进气压力的特点达到相应 EGR 率需求	适用于脉冲增压的排气系统；小幅度提高排气压力，发动机排气泵气损失小，对经济性影响小	需要在 EGR 冷却器出口增加单向阀设计，可靠性差；由于利用了排气脉冲压力高于进气压力的特点，EGR 率波动较大，对燃烧循环波动影响较大

基于以上两种 EGR 技术方案的对比，对于柴油等稀薄燃烧的发动机，EGR 率波动对于各缸燃烧的影响较小，可以采用脉冲式 EGR 技术方案；而对于甲醇、天然气等当量燃烧的发动机，EGR 率波动会导致各缸燃烧一致性差，必须采用稳压式 EGR 技术方案。

9.1.2　EGR 技术在发动机上的应用

EGR 技术首先是应用在汽油机上，而集中应用在柴油发动机上是从 20 世纪 70 年代开始。随着电控技术的不断发展和普及，应用层面的 EGR 技术基本都结合了电控手段，做到 EGR 率的精确控制，在妥善完成标定工作后，能实现全工况的最佳 EGR 率。由于法规的进一步严格，全球各大整车及发动机厂商也越来越多地采用 EGR 技术来降低发动机 NO_x 排放，由于冷却后的废气能更有效地降低 NO_x 排放，同时对其他污染物的影响较小，因此冷却 EGR 技术也越来越受到厂商的青睐。

EGR 技术对发动机的影响，主要是其对进气中氧浓度的稀释以及空气的比热容升高，这样的影响会对发动机的缸内燃烧造成最本质的改变，对发动机外在影响主要体现在对发动机排放性、经济性、动力性的影响。下面主要从 EGR 对不同燃烧方式发动机排放性、经济性、动力性的影响进行分析。

1. EGR 技术对压燃式发动机性能的影响

柴油发动机的特点是燃料缸内直喷、富氧且混合气不均匀的燃烧环境和扩散燃烧；这些特点造成 NO_x 排放相对较高，因此在这类发动机中通常采用 EGR + SCR 或单独 SCR 技术来降低 NO_x 排放；但是由于排放法规不断加严，单独使用 SCR 技术会使得后处理结构尺寸超大，尿素使用量增加，增加整车成本，因此大多数柴油机都会采用 EGR + SCR 相结合的技术来控制 NO_x 排放。

EGR 技术的引入对柴油发动机性能会产生以下影响：

优点：由于 EGR 气体中几乎不含氧气，引入进气中能够大幅度降低进气中的氧气浓度，从而降低混合气燃烧速度，且 EGR 气体中含有大量三原子分子，能够提高混合气的比热容，降低混合气最高燃烧温度及缸内高温持续时间，从而降低 NO_x 生成。

缺点：由于 EGR 的影响也会造成缸内部分区域缺氧，导致燃烧不充分，从而造成 CO、HC、颗粒物（PM）排放的增加以及动力性、经济性变差；为了保持或小幅度降低发动机动力性，需要相应提前喷油时刻，提高喷油压力，增大压缩比，增加增压压力；PM 排放增加还会影响润滑油的工作和整机的耐久性，为了降低颗粒物（PM）排放，需要采用高压共轨技术，优化缸内混合气雾化，从而尽量降低颗粒物（PM）排放的增加；因此柴油发动机加装冷却 EGR 系统后，需要与高压共轨技术和 DOC + DPF + SCR 结合使用，这就势必会提高发动机制造成本。

2. EGR 技术对点燃式发动机性能的影响

点燃式发动机（汽油机、天然气、甲醇等燃料发动机）的特点是燃料和空气预混、混合气为理论空燃比且混合气比较均匀和火焰传播燃烧；这种相对缺氧的燃烧环境导致 NO_x

排放相对较低，因此这类发动机通常采用三效催化器来满足排放要求。

高功率密度、高效率一直是发动机的开发目标，爆燃现象是制约点燃式发动机压缩比和增压度进一步提高的主要因素，爆燃是由于火焰传播过程中，末端混合气受到已燃混合气的挤压和热辐射，在火焰传播到达之前产生自燃，引起的一种异常燃烧现象，其会导致发动机过热以及零部件应力过大等不利影响；发动机开发过程中人们发现缸内参与废气对抑制爆燃具有明显效果，因此引入 EGR 技术成为抑制爆燃、提高发动机压缩比和增压度，从而达到提高发动机功率密度和效率的必然手段。

EGR 技术的引入对点燃式发动机性能会产生以下影响：

优点：由于 EGR 气体中几乎不含氧气，且 EGR 气体中含有大量三原子分子，比热容较高，使得进入气缸内的混合气中的氧气浓度降低，抑制缸内末端混合气自燃的发生，同时降低了混合气燃烧速度，能够提高混合气的比热容，降低混合气最高燃烧温度及缸内高温持续时间，加上更低的氧浓度环境，从而进一步降低 NO_x 生成；而由于其混合气为进气管预混合，混合气比较均匀，因此 EGR 的引入对 CO、HC、颗粒物（PM）排放的增加影响相对较小，但是与引入过量空气的稀薄燃烧技术不同，引入外部 EGR 仍可使发动机在理论空燃比状态下运行，因而可以装配使用普通三效催化器。并且采用 EGR 技术时，在同等负荷下可以加大节气门开度，从而降低泵气损失、改善燃油经济性。因而，EGR 技术的引入，能够使发动机的压缩比和增压度进一步提高，从而达到提高发动机功率密度和效率的目的。

缺点：虽然 EGR 的引入对 CO、HC、颗粒物（PM）排放的增加影响相对较小，但是仍然在一定程度上使 CO、HC、颗粒物（PM）排放增加，并且 EGR 引入过量会导致燃烧急剧恶化；同时加装 EGR 系统也势必会提高成本。

9.1.3 EGR 技术在甲醇发动机上的应用研究

1. 甲醇发动机的特点

目前关于爆燃现象的研究主要侧重于烃类燃料，对于甲醇燃料混合气的爆燃机理研究还比较少。研究显示，当甲醇燃料与其他燃料进行混合燃烧时，其替代率一般都比较低，当增加甲醇燃料的替代比例时，不但会导致发动机缸内的燃烧滞燃期（ignition delay period）变长，而且其火焰传播速度会加快。因此，当甲醇燃料的替代比例过高时，在燃烧过程处于急燃期的燃烧阶段时，其发动机缸内的燃烧压力升高率会突然地变大，这时就容易导致爆燃等一系列非正常燃烧现象的发生，从而会导致发动机在运转时工作粗暴现象的发生，发动机的零部件热负荷和应力负荷过高，因而影响到发动机整体的可靠性、耐久性，从而降低该发动机的使用寿命。

根据甲醇的理化特性与其他燃料特性分析，当其作为单一燃料被用于发动机时，它更适合于类似于汽油和天然气的点燃式。然而，就像点燃式的燃气发动机一定有不同于点燃式汽油机之处一样，点燃式的甲醇发动机也一定有它区别于燃气发动机和汽油发动机之处。

几种燃料特性数据对比见表 9-3[2]。

表 9-3　燃料特性数据对比

燃料	碳原子数	密度 /（kg/m^3）	汽化潜热 /（MJ/kg）	低热值 /（MJ/kg）	空燃比	空燃比容积比（%）	燃烧速度 /（cm/s）	着火极限容积比（%）	极限空燃比	极限空燃比系数	燃烧产物水含量（%）
汽油	5.6 ~ 7.4	741	0.32	44.4	14.7	40 ~ 53	38 ~ 44	1.4 ~ 7.6	10.8 ~ 70.4	0.20 ~ 1.75	13.2
甲醇	1	792	1.1	20.26	6.45	7.14	52.3	5.5 ~ 36	1.8 ~ 17.2	0.25 ~ 2.41	23.1
CNG	1	65（@2bar）	—	48.87	16.7	9.52	33.8	5 ~ 16	5.3 ~ 19	0.55 ~ 1.99	19

从表 9-3 可以看出甲醇燃料相比其他燃料具有以下特点：

1）甲醇燃料当量比燃烧时，其混合气燃烧速度更快，这就使其燃烧放热率及压力升高率更高。

2）甲醇燃料热值比较低，相同功率输出，甲醇喷射量是汽油的 2.19 倍左右，汽化热是汽油的 7.65 倍左右。

3）甲醇燃料极限空燃比系数远比汽油和天然气高，因此，甲醇燃料可以在相对更稀薄的环境下燃烧。

$$\text{极限空燃比系数}=\frac{\text{着火极限空燃比}}{\text{理论空燃比}}$$

4）甲醇燃料相比汽油和天然气燃料燃烧产物中水含量更高，分别是汽油的 1.75 倍、天然气的 1.22 倍。

由于以上特点，在甲醇燃料发动机开发过程中，相比传统燃料发动机，会伴随出现以下问题：

1）压力升高率高，致使缸内爆压过高，导致活塞、连杆、曲轴、缸体、缸盖等部件承受压力载荷过高，影响发动机可靠性。

2）燃烧放热率高，致使缸内燃烧温度过高，导致活塞、缸盖、涡轮和排气系统等部件热负荷过高，同时容易产生 NO_x 排放物。

3）压力升高率和燃烧放热率过高，也会引起发动机爆燃等非正常燃烧，致使发动机零部件的可靠性降低。

4）喷油量大，汽化潜热高，导致燃料与空气不易形成混合均匀、雾化良好的混合气，HC 排放较高，燃油经济性差。

针对以上问题，在甲醇发动机开发过程中，为了保持发动机性能开发目标不降低或更优，需要根据甲醇燃料发动机所面临的问题做出有针对性的开发设计；由于甲醇燃料具有较高的稀燃极限，适合高 EGR 率的引入，而 EGR 技术能够一定程度提高进气温度，促进甲醇与空气混合，并有效降低 NO_x 排放物的生成，降低混合气燃烧速度，从而将缸内燃烧放热率及缸内压力升高率控制在合理的范围内，抑制点燃式发动机爆燃现象的产生及其强度，提高点燃式发动机经济性和可靠性，因此引入 EGR 技术成为解决甲醇发动机开发所面临问题的必然手段 [6]。

2. EGR 技术在甲醇发动机上的特征分析 [3]

EGR 技术最初是为了降低发动机的 NO_x 排放和改善发动机的燃油消耗率的目的而提出的。但是，随着人们对 EGR 技术的研究与发展，发现其在点燃式发动机上的应用，不仅仅能够改善发动机的 NO_x 排放和燃油消耗率，其对发动机的爆燃现象和热负荷也有着很好的控制作用。

在《火花点火式甲醇发动机燃烧过程及爆燃机理的研究》一文中 [3]，基于一台 4 缸增压中冷、排量 3.99L 的点燃式发动机，通过采用 ECFM 燃烧模型耦合 AnB 爆燃模型的爆燃仿真方法，研究了 EGR 对点燃式甲醇发动机缸内的爆燃现象的影响，从而对火花点燃式甲醇发动机的开发提供理论指导。

EGR 技术对点燃式 100% 甲醇发动机缸内燃烧影响分析计算如下。

图 9-3 是在发动机的点火相位相同的条件下，采用不同的 EGR 率时，对发动机缸内的爆燃强度的影响结果，从图中的仿真计算结果可以看出，当发动机的点火相位为上止点前 10° 曲轴转角（−10°ATDC）时，随着 EGR 率的增加，发动机缸内的爆燃强度也大大降低，缸内的爆燃强度得到了有效的抑制，当 EGR 率达到 24% 时，缸内的爆燃强度仅为 0.31MPa，此时可以认为发动机缸内的爆燃现象基本消失了。

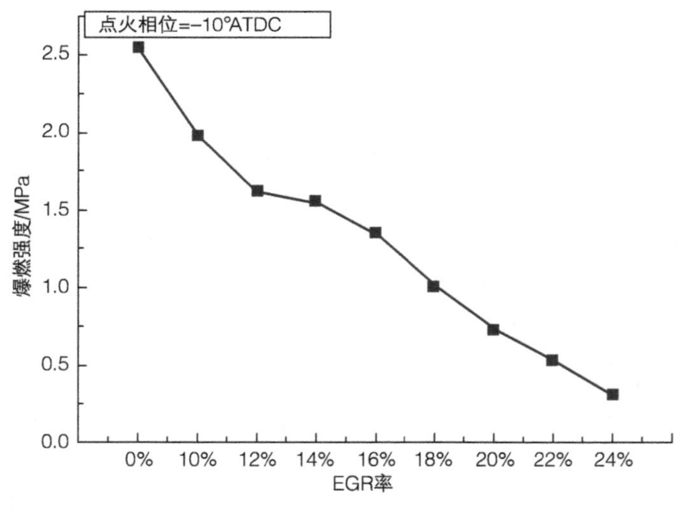

图 9-3 爆燃强度随 EGR 率的变化

图 9-4 显示了发动机爆燃现象的发生时间与不同的 EGR 率之间的关系。可以看出，当点火相位一定的条件下，随着 EGR 率的增加，发动机缸内的爆燃现象的发生时间将逐渐向后推迟。

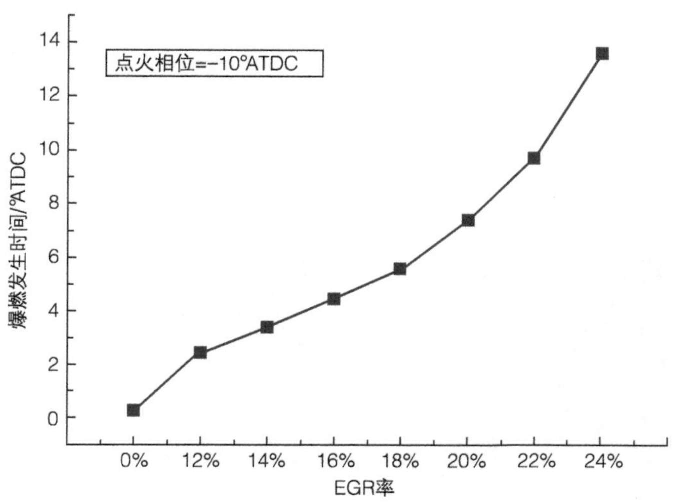

图 9-4　爆燃发生时间随 EGR 率的变化

图 9-5 显示了不同 EGR 率下的爆燃反应率。爆燃发生时间以爆燃反应率为基础，当爆燃反应率不为零时我们就认为此时缸内发生了爆燃现象。根据计算结果可以得出不同 EGR 率下的爆燃现象发生的时间。

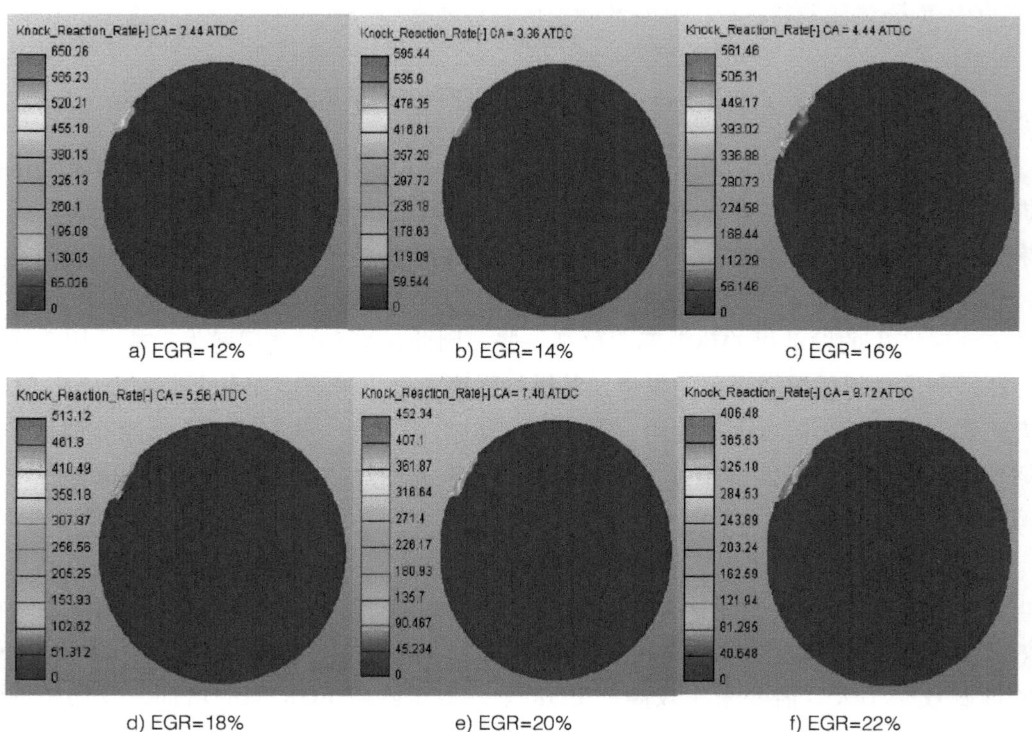

图 9-5　不同 EGR 率下的爆燃反应率

图 9-6 显示了不同 EGR 率条件下发动机缸内的火焰传播情况。从图中结果可以看出火焰前锋的传播同样呈现出不对称的现象，火焰向排气门方向传播的速度要快于向进气门方向的传播速度。

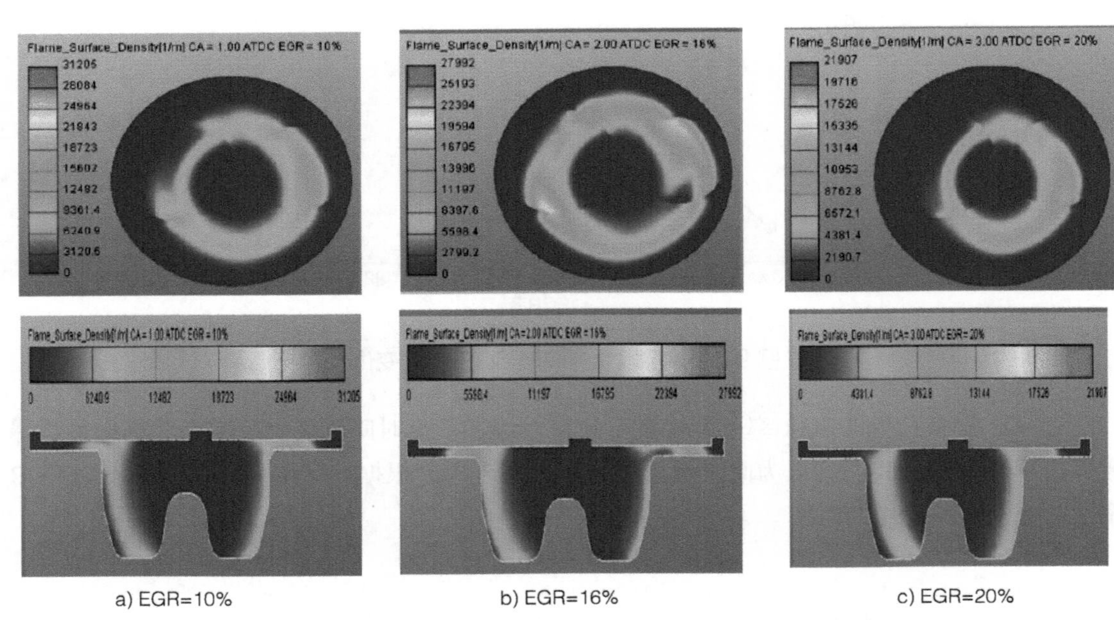

a) EGR=10%　　b) EGR=16%　　c) EGR=20%

图 9-6　不同 EGR 率下的火焰传播情况

其爆燃强度随发动机的点火相位和 EGR 率的变化结果如图 9-7 所示，随着发动机的点火提前角减小，发动机的爆燃强度不断降低；发动机的热效率随点火相位和 EGR 率的变化结果如图 9-8 所示，随着 EGR 率增加，发动机的热效率均不断降低；当爆燃强度基本相当时，相比较采用较小的点火相位角、低 EGR 率的方法，采用较大的点火提前角、高 EGR 率的方法时产生的发动机的热效率要更高一些。因此，当点燃式甲醇发动机采用高压缩比时，在抑制发动机的爆燃现象的发生及其燃烧强度方面，采用增加点火提前角、高 EGR 率的方法要比采用较小的点火提前角、低 EGR 率的方法更好一些，此时不仅能够抑制缸内的爆燃现象的发生，而且能够很好地保证发动机在较高的热效率下工作，从而保证发动机的经济性。

热效率是衡量发动机经济性的一个重要的指标，点火相位对发动机的燃烧热效率有着重要的影响，推迟点火能够有效地降低发动机的爆燃强度，但同时也会降低发动机的热效率，损害发动机的性能。高压缩比点燃式发动机，较低的 EGR 率对发动机的爆燃现象的抑制效果不大，需要采用较高的 EGR 率，但是随着 EGR 率的增加，发动机的热效率也会随之降低，因此需要对调整点火相位和采用 EGR 技术两种措施的综合作用进行对比分析。

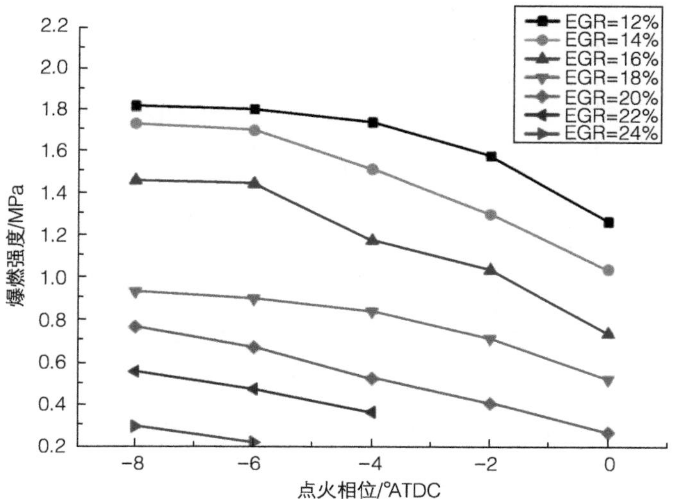

图 9-7　不同的点火相位和 EGR 率对发动机爆燃强度的影响

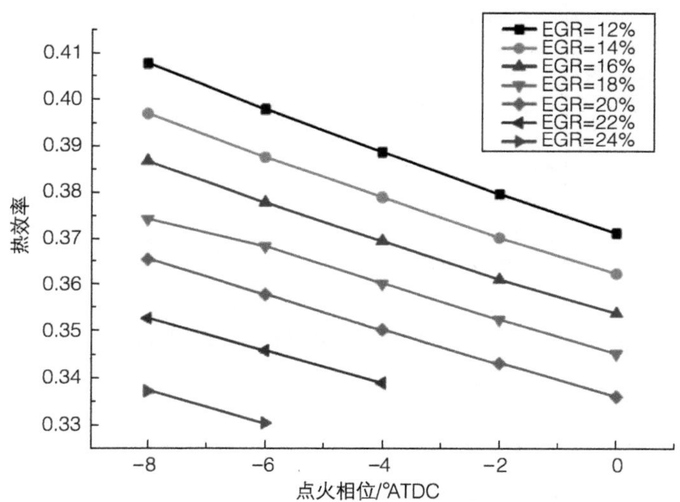

图 9-8　不同的点火相位和 EGR 率对发动机热效率的影响

图 9-9 和图 9-10 显示了发动机缸内的平均压力和缸内的平均温度随 EGR 率的变化情况。从图中可以看出，随着 EGR 率的增加，发动机缸内的平均压力和平均温度均有所下降，并且其压力峰值和温度峰值产生的时间也被推迟。

图 9-11 和图 9-12 分别是仿真计算得到的缸内的平均湍动能和缸内的累积放热率随 EGR 率的变化情况。从图中的仿真计算结果可以看出，随着 EGR 率的增加，发动机缸内的平均湍动能随之降低，累积放热率也随之下降。

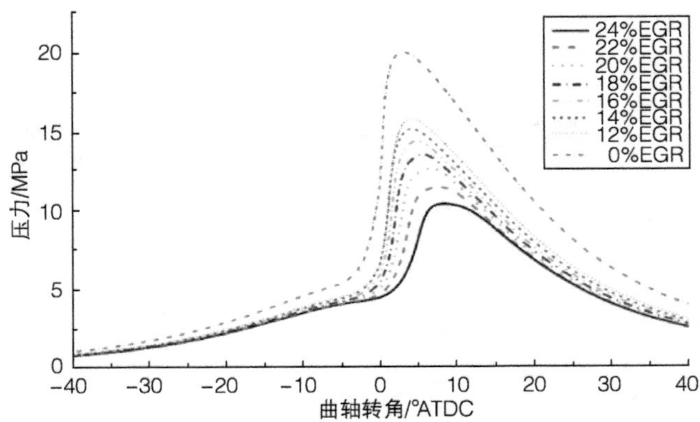

图 9-9 缸内平均压力随 EGR 率的变化

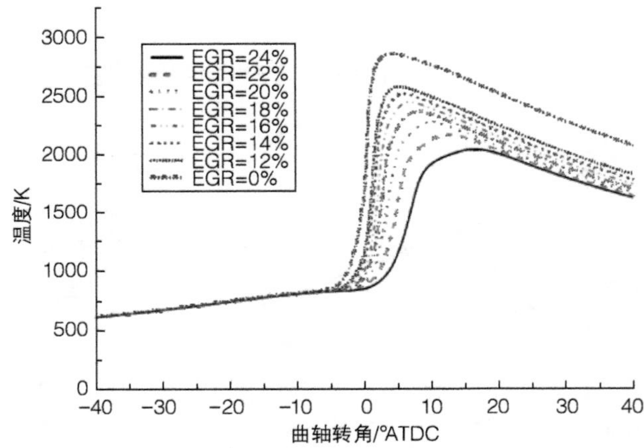

图 9-10 缸内平均温度随 EGR 率的变化

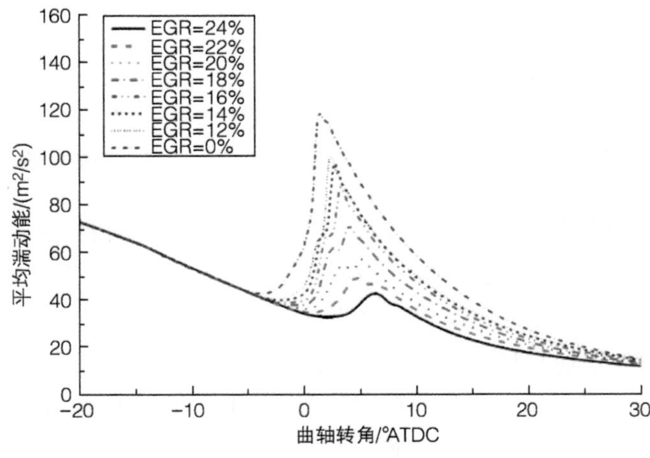

图 9-11 缸内平均湍动能随 EGR 率的变化

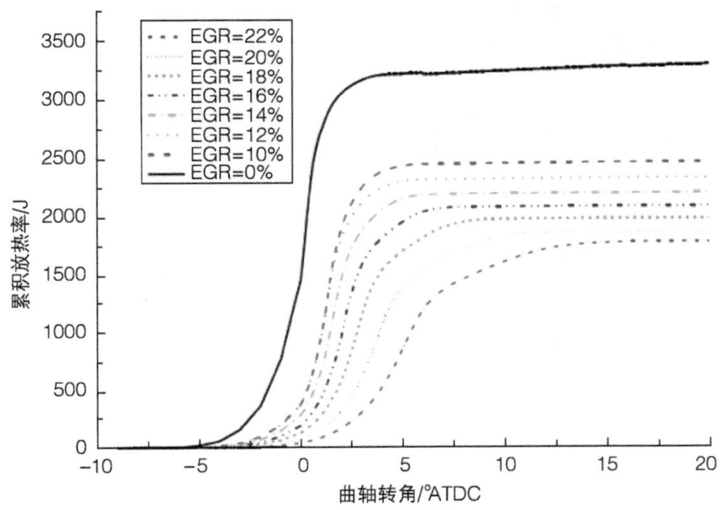

图 9-12 缸内累积放热率随 EGR 率的变化

图 9-13 显示了不同的 EGR 率对发动机功率的影响结果。可以看出，随着 EGR 率的增加，发动机的功率逐渐降低。主要是由于采用排气再循环导致缸内的气体充量稀释，从而大大地降低发动机的容积效率，最终导致发动机的转矩下降，损害到发动机的性能。尽管增加 EGR 率能够导致发动机性能的损坏，但是能够通过使用增压技术来使发动机恢复到最初的转矩水平。

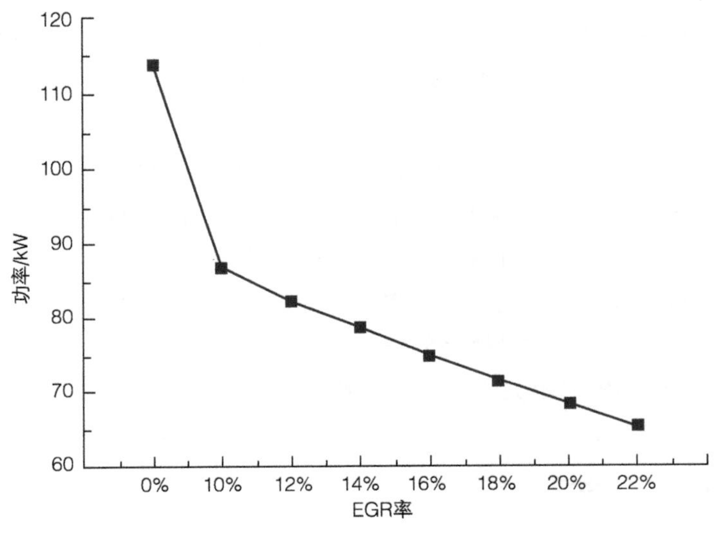

图 9-13 发动机功率随 EGR 率的变化

图 9-14 阐述了增压压力对发动机的转矩和燃油消耗率的影响结果。从图中结果可以看

出，随着增压压力的增加，发动机的转矩逐渐增加，与此同时发动机的燃油消耗率逐渐下降。因此，当使用 EGR 技术来抑制发动机的爆燃强度时，能够通过采用增压技术来恢复发动机的转矩水平，与此同时还能降低发动机的燃油消耗率。

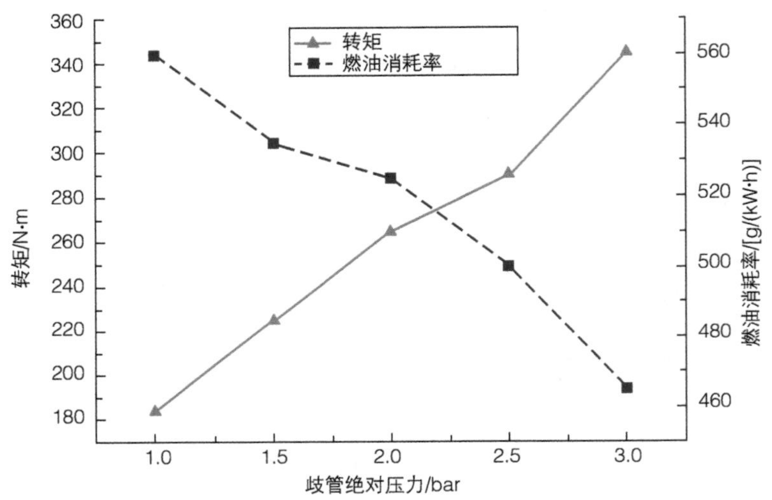

图 9-14　发动机转矩与燃油消耗率随歧管绝对压力的变化

通过以上仿真分析总结如下：①EGR 的加入会引起缸内燃烧相位后移，从而导致发动机热效率下降，因此需要结合点火角提前，来调整缸内燃烧相位，恢复发动机的热效率；② EGR 的加入会挤占一部分发动机进气充量，使得发动机的容积效率下降，从而导致发动机性能降低，因此需要结合增压技术来提高进气充量，恢复发动机性能；③高 EGR 率结合点火相位优化，可以使发动机在高压缩比的情况下工作，提高发动机经济性；④ EGR 的加入通过改变甲醇混合气燃烧环境，能够有效抑制爆燃现象的发生，从而提高发动机性能提升潜力。

上述分析是在混合气中直接引入 EGR 废气进行燃烧所得出的结论，在点燃式发动机中，EGR 技术能够有效地抑制末端混合气的自燃现象。然而，EGR 原排废气的高温也会提高进气充量的温度，从而能够增加末端混合气的自燃趋势。因此，为了达到抑制爆燃的作用，通常再循环的排气在进入气缸前必须得到冷却。冷却的 EGR 技术可以在没有损失发动机功率输出的情况下达到抑制爆燃燃烧的作用。

以上甲醇发动机 EGR 的相关研究所得到的趋势性结论，对甲醇发动机 EGR 系统的设计开发有非常重要的指导意义。

3. 甲醇发动机 EGR 系统技术方案

通过对内部 EGR 和外部 EGR 特点分析，结合国内重型发动机 EGR 系统主流技术及重型甲醇发动机结构特点，采用外部 EGR 高压循环 + 冷端 EGR 阀的技术方案更适合重型甲醇发动机的开发。

EGR 系统主要组成结构包括 EGR 阀、EGR 冷却器、传感器及废气管路等，工作原理图如图 9-15 所示。EGR 系统通过发动机 ECU 来控制 EGR 阀的开度，从而达到精确控制 EGR 量，使每个发动机工况下 EGR 率都能达到最佳值，从而使燃烧过程处于最佳状态，最终控制发动机排放与经济性最佳。

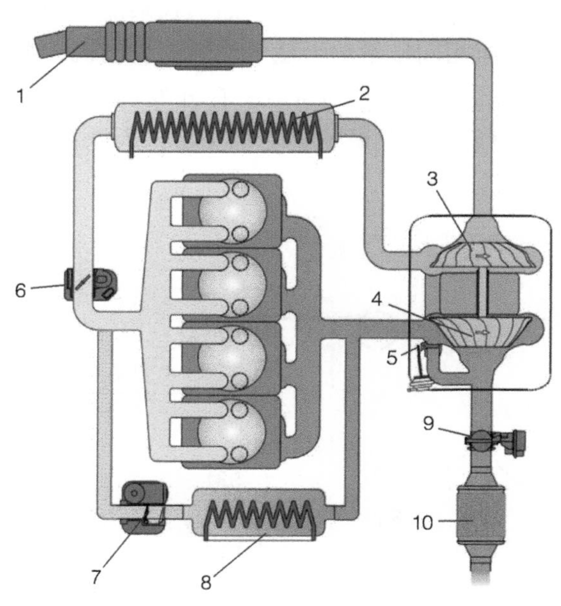

图 9-15　EGR 系统工作原理简图

1—空滤器　2—中冷器　3—涡轮增压器（压端）　4—涡轮增压器（涡端）　5—废气旁通阀　6—节气门　7—EGR 阀　8—EGR 冷却器　9—排气蝶阀　10—三元催化器

为了满足更加严苛的排放及油耗法规要求，在监测管路中 EGR 温度及压力信号的同时，通常在 EGR 阀前布置一个 EGR 流量计，实时监控 EGR 流量状态，实现 EGR 系统闭环控制。

9.2 甲醇发动机 EGR 系统的设计开发

9.2.1　EGR 设计难点及应对方案

1. 甲醇发动机 EGR 特性及系统设计原则

针对甲醇发动机 EGR 系统的设计开发，需要考虑甲醇发动机 EGR 系统所具有的 EGR 率高、EGR 废气中水含量大及 EGR 废气腐蚀性等特性。

对于甲醇发动机，EGR 废气再循环量的引入应遵循以下原则：

1）为避免燃烧不稳定，发动机起动工况、怠速和减速工况及发动机冷却水温低于 50℃或超过 100℃时应停止 EGR 控制。

2）怠速及低负荷时，混合气较浓，废气中惰性气体含量高，引入废气将会造成燃烧不稳定，发动机很容易熄火，而且，低负荷对 NO_x 的贡献率不高，采用 EGR 的意义不大。

3）随着负荷的增加，在保证动力性和燃油经济性的基础上，使 EGR 率增加至允许限度。大负荷、高速及节气门全开时，为了保证功率输出，对 EGR 的使用应有一定限制。

甲醇燃料应用于重型发动机，尤其是在原天然气或柴油发动机平台基础上开发甲醇发动机时，其对标机型直接对应相同排量的天然气或柴油发动机，由于其低速高转矩的特性要求（图 9-16）及远高于汽油机压缩比的特点，在开发过程中所面临的高 EGR 率、EGR 废气中水含量大和 EGR 废气腐蚀性问题就会更加突出，因此在重型甲醇发动机 EGR 系统开发过程中需要做一些针对性设计。

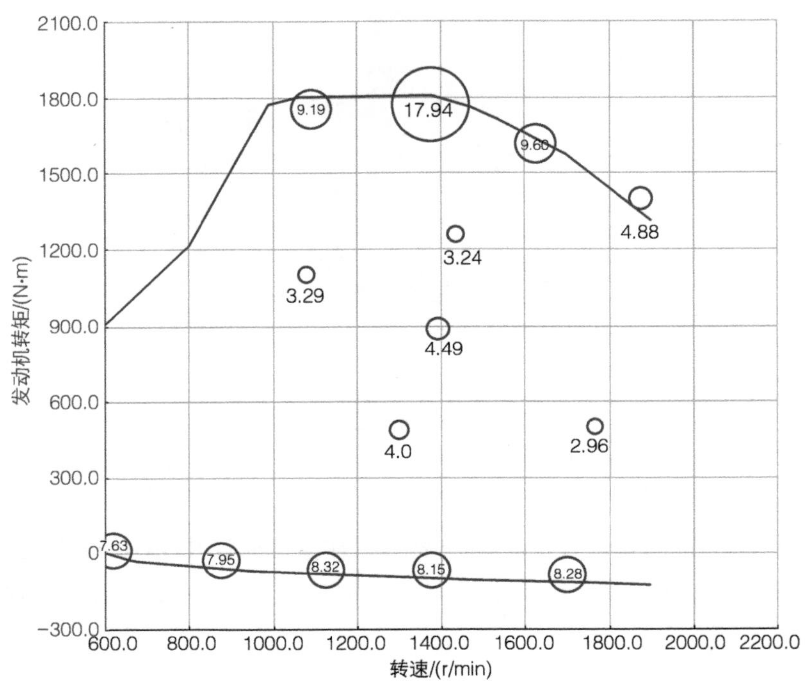

图 9-16　重型甲醇发动机转矩特性

2. 甲醇发动机 EGR 技术应用所面临的问题及应对措施

根据甲醇发动机 EGR 系统的特性，以及重型甲醇发动机开发的特点，针对上述几项特性问题，通过结构设计、方案选型、材料选择等措施，尽可能消除这些问题带来的影响。

（1）EGR 率高　根据表 9-3 中甲醇燃料与其他燃料的特性分析，甲醇燃料具有燃烧速度快及空燃比极限高的特点，因此在甲醇发动机开发过程中，为了保持发动机性能开发目标不降低或进一步提升，需要使用相对更高的 EGR 率，从而使发动机缸内燃烧放热率及压力升高率更合理，为了达到更高 EGR 率的要求，就需要匹配性能更高的 EGR 冷却器和流通量更大的 EGR 阀。

根据重型甲醇发动机低速高转矩的特性要求及远高于汽油机压缩比的特点，在重型甲醇发动机开发过程中，需要相比小型发动机更高的 EGR 率，来改善燃烧速率、抑制爆燃等非正常燃烧发生，保证发动机零部件的可靠性；而为了提高相应工况的 EGR 率，除了需要匹配满足要求的 EGR 冷却器和 EGR 阀，还需要对进排气系统关键零部件进行针对性设计，来提高 EGR 取气口与出气口的压差，从而满足高 EGR 率的要求：①不影响涡轮增压器性能的情况下选择小蜗壳方案，提高发动机涡前压力，以满足 EGR 系统进气口和出气口之间有足够的压差需求；②在 EGR 出口的 EGR 混合器上设计文丘里结构，通过进气在文丘里喉口处形成的低压，来增大 EGR 系统进气口和出气口之间压差，达到有足够 EGR 废气流量从排气系统流入进气系统的目的。

（2）EGR 废气中水含量大　甲醇燃料分子结构为 CH_3OH，从表 9-3 中可以看到，燃烧产物中水含量比其他燃料都要高，EGR 废气经冷却后水分凝结，在发动机部分运行工况会在 EGR 冷却器及出气管路中积聚大量冷凝水，同时携带大量水汽的 EGR 废气进入进气系统，一方面会对甲醇燃料的混合造成不利影响，另一方面在发动机低温环境下工作，会在喷嘴头部凝结成冰，导致起动时喷嘴无法工作，发动机无法起动问题。

由于甲醇燃料燃烧后废气中含水量大的特性，在重型甲醇发动机应用 EGR 技术时，高 EGR 率使得流经 EGR 系统的废气流量非常大，大量 EGR 废气中水汽在系统中凝结问题更突出，在 EGR 设计选型过程中可以通过以下设计尽量消除废气中水汽凝结对发动机的影响：

1）由于重型甲醇发动机甲醇燃料进气道喷射且甲醇燃料喷射量大、汽化潜热高的特点，甲醇燃料在进汽道内汽化需要吸收大量的热量，可以通过以下两种思路来减少水汽凝结：①设计较高的 EGR 冷却器出气温度：通过设计较高的 EGR 冷却器出气温度，可以尽量减少 EGR 废气中水汽在 EGR 系统管路中凝结；②设计能够灵活控制进气系统进气温度方案：通过对甲醇发动机进气系统进行适应性控制设计，适当提高中冷后温度，可以减少 EGR 废气进入进气系统后，温度骤降，造成水汽在进气系统的凝结。

同时，基于甲醇发动机相同功率输出情况下，进气量更少的特点，在部分负荷工况下进气系统出现负压情况更多，通过上面两种思路也可以适当提高进气温度和进气压力，更有利于甲醇燃料在进气道内的汽化和减少发动机进气泵气损失，提高发动机混合气混合质量，优化发动机性能。

2）在 EGR 系统相关部件进行冷凝水处理设计：在 EGR 冷却器或 EGR 出气管路中设计加速 EGR 废气中水汽凝结并存储排出的结构，对该处冷凝水进行定期保养清洁。

（3）EGR 废气腐蚀性　EGR 废气中含有一定量的未燃甲醇及甲醛、甲酸、NO_x 等物质，由于 EGR 出气管路中大量的水汽凝结，容易吸附废气中的酸性物质及甲醇等，从而对 EGR 系统相关零部件造成腐蚀，因此需要对 EGR 系统相关零部件进行耐腐蚀性设计。

甲醇发动机总是以理论空燃比或接近理论空燃比的方式运行，因此废气中 CO_2 和 H_2O 的比例是比较高的，废气的热容量也远比空气要高。过量的 EGR 会导致点火困难，循环变动增加，甚至失火。

EGR 对于发动机的影响是复杂的，从当前仿真分析及试验研究结果来看，增加 EGR

一方面能够优化缸内燃烧速率，控制缸内最大燃烧压力和最高燃烧温度，抑制爆燃的发生，降低 NO_x 排放；另一方面也会使 HC 排放增加，过多的 EGR 会使得发动机燃烧恶化，燃烧循环变动增加。因此在对 EGR 标定开发时必须是对动力性、经济性、可靠性和排放的综合考虑，详细标定不同工况下最佳 EGR 率。

在重型甲醇发动机工作过程中，会有部分燃料无法完全燃烧，因此在 EGR 废气中会含有少量的未燃甲醇及甲酸等有害物质，对有色金属、橡胶均有较强的腐蚀作用，因此在 EGR 系统相关零部件设计时，需要注意 EGR 冷却器及 EGR 管路中与 EGR 废气接触的部分做相应禁用有色金属和耐甲醇橡胶材料的要求：

1）在 EGR 冷却器设计选型过程中，根据甲醇发动机特点选择耐醇腐蚀性能比较高的不锈钢材质，且在冷却器焊接钎料选择上尽量选择镍基钎料，保证 EGR 冷却器的可靠性。

2）在 EGR 阀设计选型时，需要选择耐甲醇腐蚀的铸铁或铸钢材料，尽量避免选择铸铝材质的阀体。

3）在 EGR 管路设计时，除了需要选择耐甲醇腐蚀的不锈钢材质及镍基钎料焊接外，对连接胶管的设计也要选择内层材料（氟橡胶）+ 过渡层材料（硅橡胶）+ 中间层材料 [硅橡胶压延贴胶的芳纶布（≥ 5 层）] + 外层材料（硅橡胶）的结构（图 9-17）。尽管选择了氟橡胶等相对耐甲醇腐蚀的材料，但是由于 EGR 出气中少量未燃甲醇对橡胶的溶胀作用和较高的 EGR 出气温度的影响，长时间工作后，胶管内壁依然会出现龟裂等问题，因此 EGR 出气管路使用胶管需要定期进行更换。

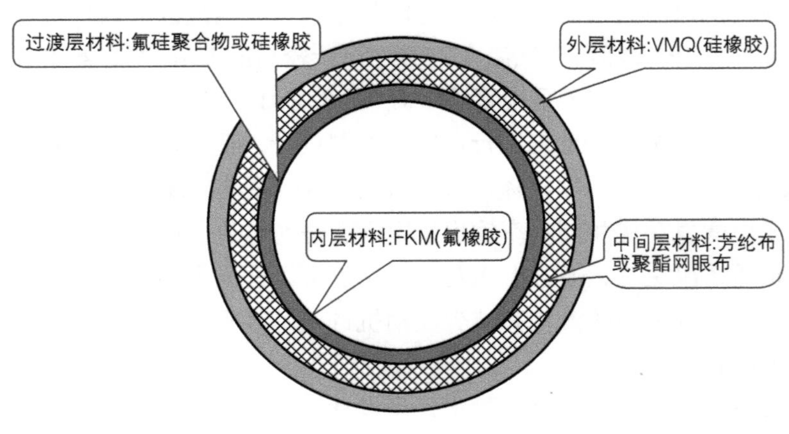

图 9-17　橡胶端面结构图

9.2.2 EGR 系统主要零部件结构及参数设计

1. 电子 EGR 阀的选型和匹配

电子 EGR 阀按结构类型分为两种，即提升阀和蝶阀，主要由电机、冷却通道（根据使用环境不同选择）、阀体、阀门、废气通道等结构组成，如图 9-18 所示。发动机运行时，电机根据发动机 ECU 发出的信号控制阀门运动，通过改变废气流通面积来控制废气流量，从而达到实时控制 EGR 流量的目的。

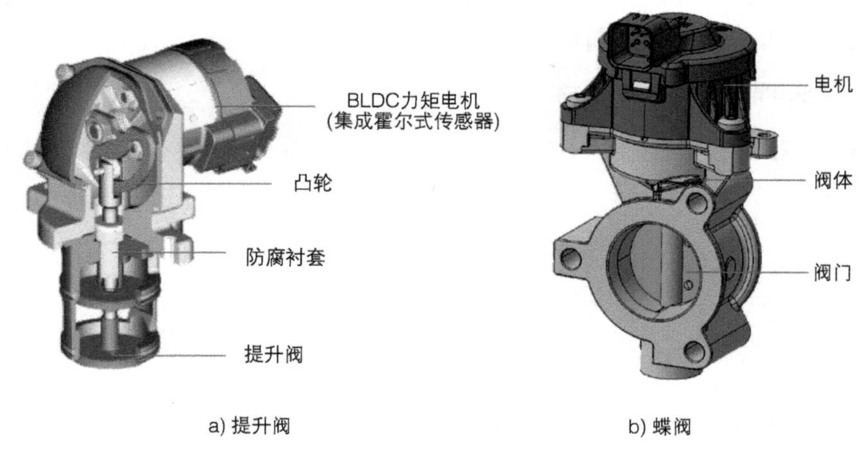

图 9-18　两种 EGR 阀结构示意图

两种结构的 EGR 阀特点分析如下：

1）提升阀。阀门的开闭需要设计凸轮结构来完成阀门直线动作，结构相对复杂；但是锥面（类似发动机气门）的密封结构，能够在不同温度环境下达到较好的密封效果，不需要预留间隙，内部泄漏量小；但是由于结构复杂，可靠性相对较差。

2）蝶阀。阀门的开闭由电机通过减速齿轮结构直接驱动来完成阀门旋转动作，结构相对简单；但是由于工作温度区间较大，阀门与阀体需要预留间隙，防止由于变形量不同导致阀门卡滞，因此该结构内部泄漏量相对较大；但是由于结构简单，可靠性相对较好。

EGR 阀使用需要考虑发动机对电子 EGR 阀的热辐射和振动影响，具体要求有如下 4 点：

1）EGR 阀需安装在 EGR 冷却器之后，进入阀体的废气经过 EGR 冷却器冷却，根据设计目标不同，废气温度不同（一般 < 200℃），要求不超过 EGR 阀使用要求限值。

2）为防止 EGR 阀过热，EGR 阀应安装在车行驶时风速足够大的地方，以便于电机散热。为防止生锈，EGR 阀应安装在水、泥难以溅到的地方。

3）应确保 EGR 阀与发动机部件的距离不小于 5mm，与车辆部件的距离不小于 25mm，与燃油管、橡胶软管、线束等的距离不小于 40mm。

4）EGR 阀的安装部位的振动级别需按照 EGR 阀使用要求控制在要求数值以内。

甲醇发动机开发试验情况表明，为了保证发动机足够高的功率输出情况下不发生爆燃等非正常燃烧现象，甲醇发动机开发过程需要的 EGR 率相比其他发动机更高，经过 EGR 阀的废气流量更大，EGR 阀需要更大的流通截面设计，且阀体及阀门需要选择耐甲醇腐蚀材料。

同时结合甲醇发动机开发试验情况，在 −25℃环境以下，由于 EGR 废气中水分含量较高，在发动机停机过程中，由于节气门关闭在进气歧管中产生较大负压，部分废气从EGR阀处泄漏进入进气歧管，导致停机后进气歧管中水汽含量较高，水汽在甲醇喷嘴处凝结成冰，导致下次冷起动喷油器无法喷油，冷起动失败。因此针对甲醇发动机开发的EGR阀，要求在−25℃及更低温度时，泄漏量越小越好，因此更适合选用泄漏量较小的提升阀。

2. EGR冷却器主要形式及选材

（1）EGR冷却器选型　当前主要使用的EGR冷却器有2种形式：管壳式和板翅式，如图9-19所示。

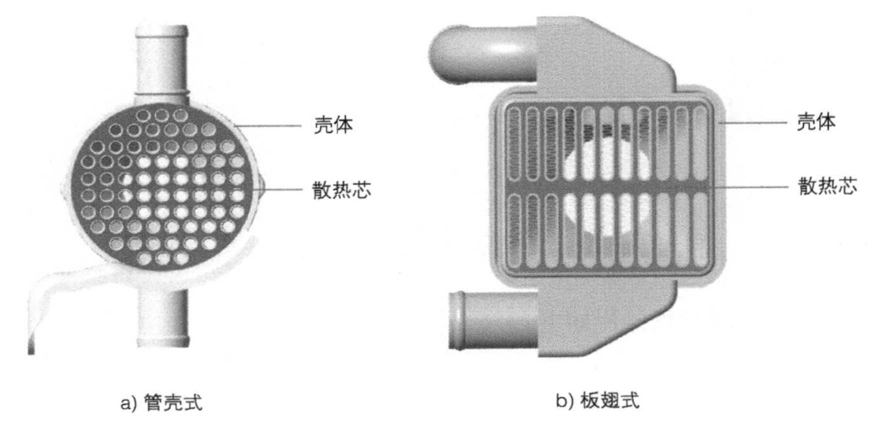

a) 管壳式　　b) 板翅式

图9-19　两种结构类型的EGR冷却器

两种类型的冷却器各有优缺点，见表9-4。

表9-4　两种类型的冷却器比较

项目	管壳式			板翅式
	光管	螺纹管	螺旋折流板	
换热效率 ε（%）	40～70	30～80	30～80	80～105
压力损失 Δp/kPa	3～10	3～10	3～10	7～13
积炭	一般	一般	较易	易
尺寸	不紧凑	不紧凑	一般	紧凑
维护	容易	容易	一般	困难
工艺	简单	较简单	一般	复杂

管壳式结构简单，制作工艺也简单，压力损失小，把光管改造为螺纹管或是增设螺旋折流板能增强管壳式换热器的换热效率，但是相比板翅式结构尺寸更大，占用空间大。

板翅式结构复杂，制作工艺也复杂，压力损失大，维护困难，但是换热效率高，结构紧凑。

（2）EGR冷却器的材料选择　不同材料导热性如图9-20所示，银、黄金、纯铝虽然导热性能良好，但是出于经济效益考虑一般情况下不作为冷却器材料。因此当前EGR冷却器主流选择材料有不锈钢精密铸件、高压金属模铸造铝合金等。

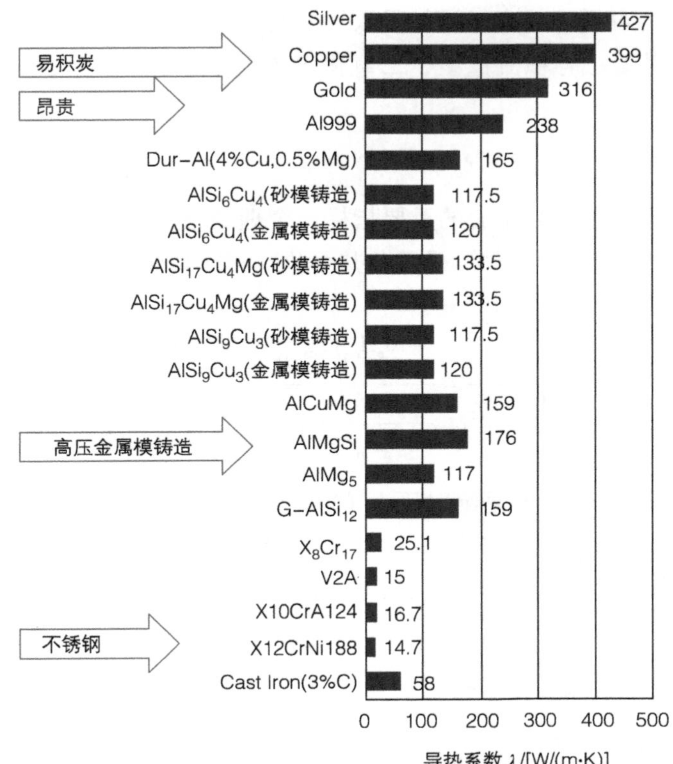

图 9-20　不同材料导热性能比较

如上文所述，甲醇发动机需要的 EGR 率相比其他发动机更高，经过 EGR 冷却器的废气流量更大，针对甲醇发动机 EGR 系统特点，需要设计冷却性能更好的 EGR 冷却器，且材料需要选择耐甲醇腐蚀性材料。另一方面，由于甲醇发动机排气中 PM 含量很少，因为积炭问题导致的冷却性能下降及维护问题少，可以选择材料为不锈钢材质 + 结构相对复杂的板翅式的 EGR 冷却器，兼顾不错的冷却效率和结构紧凑的优点，以便在发动机上布置设计更紧凑，同时针对 EGR 废气中可能含有少量甲醇的特殊情况，要求 EGR 冷却器的钎焊焊料采用镍基工艺要求。

EGR 冷却器使用需要考虑发动机冷却水路的布置合理和振动影响，具体要求有如下两点：

1）EGR 冷却器进出水布置要合理，要有一定的压差，保证冷却器拥有足够的水流量，满足 EGR 废气的冷却要求。

2）EGR 冷却器进、出水口布置应尽量满足上进下出或下进上出要求，同时需要在 EGR 冷却器上布置冷却液放气口，放气口连接到膨胀水箱的管路要求：应连续上行，不能下垂和有下弯段，不允许与其他管路 T 形连接。

9.2.3 EGR 率的定义与测定

EGR 率被定义为再循环的废气量与吸入气缸的进气总量之比，表达式比较多，但基本上可以分为质量流量型、容积流量型、二氧化碳浓度型 EGR 率 3 大类。对于冷 EGR，三者在数值上基本相等。

1. 质量流量型 EGR 率（EGR_m）

废气再循环率是衡量 NO_x 排放的重要指标。合理调整 EGR 率的大小，既能降低排放，又不会降低内燃机的性能。由流体力学及传热学推导得到质量流量型 EGR 率计算公式为

$$EGR_m=\frac{G_r}{G_a+G_r}=\frac{a_rA_r\sqrt{2g\dfrac{P_{ex}}{RT_{ex}}(P_{ex}-P_c)}}{\dfrac{V_LnP_{in}\eta_\gamma}{2R_aT_{in}}+\sqrt{2g\dfrac{P_{ex}}{RT_{ex}}(P_{ex}-P_c)}}\times 100\%$$

式中，G 是质量流量（kg/s）；P 是绝对压力（kPa）；R 是气体常数 [kJ/（kmol · K）]；V_L 是发动机排量（m^3）；n 是发动机转速（r/min）；A 是节流孔截面积（m^2）。

下标 a 表示大气压力；in 表示进气管；ex 表示排气管处；r 表示 EGR 回路；c 表示废气引出点。

2. 容积流量型 EGR 率（EGR_V）

容积流量型 EGR 率定义为

$$EGR_V=\frac{V_{ra}}{V_a+V_{ra}}\times 100\%$$

式中，V_{ra} 是在进气管状态下引入的排气体积；V_a 是吸入气缸的空气体积。

当发动机的转速不变时，发动机的进气量基本不发生变化。用层流流量计测流量，并计算得到未进行排气再循环时吸入气缸的空气体积 V_{a0}，然后再测出相同转速下进行排气再循环时吸入气缸的空气量 V_r。在相同状态下，$V_{ra}=V_{a0}-V_r$ 为相对减少的量，即相当于进入气缸内的废气量。这样，不需测量发动机的废气参数就可求出进入气缸的废气量。但是当转速不变而负荷变化时，由于废气温度的改变，引入相同质量的废气却具有不同的体积。因此只有在同一负荷（相同排温和转速）下的 EGR_V 才能完全反映再循环废气量的多少，而不同负荷时的 EGR 率则必须对比废气温度的差别才能进行分析。

3. 二氧化碳浓度型 EGR 率（EGR_{CO_2}）

由于废气引入进气管，导致进气管中的 CO_2 浓度（体积分数）增加，进气管中的 CO_2 浓度越大，EGR 率也越大。二氧化碳浓度型 EGR 率定义为

$$EGR_{CO_2}=\frac{[CO_2]_{man}+[CO_2]_{bkg}}{[CO_2]_{exh}-[CO_2]_{bkg}}\times 100\%$$

式中，$[CO_2]_{man}$ 是进气管中 CO_2 的浓度；$[CO_2]_{bkg}$ 是在背景气体中 CO_2 的浓度（包括当气门重叠时因排气倒流而引入的 CO_2）；$[CO_2]_{exh}$ 是排气管中 CO_2 的浓度。

一般情况下，$[CO_2]_{bkg}=0$；无 EGR 时，$[CO_2]_{man}=[CO_2]_{bkg}$。使用 CO_2 传感器测出 CO_2 浓度，可方便求得 EGR_{CO_2}。类似这种二氧化碳浓度型 EGR 率评价方法还有基于进气中 O_2 体积分数的变化、基于排气中 O_2 体积分数的变化、排气中 CO_2 体积分数的变化、基于过量空气系数 Φ_a 的变化，分别得到相应的 EGR 率评价指标；使用 O_2 传感器或 CO_2 传感器测量 O_2 和 CO_2 浓度，可以计算得到各种 EGR 率，各种方法所得到的 EGR 率最大误差为 8%。

EGR 技术被广泛应用来减少 NO_x 排放，并且通过其稀释新鲜冲量的特性提高燃油经济性和抑制敲缸。然而，在发动机运转时，随着 EGR 率的增加，燃烧不稳定性也增加。燃烧不稳定导致的循环变动导致发动机性能及排放恶化。因此，为了获得更好的发动机性能及排放需要详细确定最佳 EGR 率。鉴于以上测试方法的特点，发动机台架标定中，通常使用二氧化碳浓度型 EGR 率（EGR_{CO_2}）的方法测得 EGR 率，从而完成对 EGR 率 MAP 数据的标定。

9.2.4 EGR 系统对甲醇发动机低温冷起动的影响

在甲醇发动机低温起动开发过程中，发生喷油器头部结冰问题，会导致低温起动失败。喷油器头部结冰多是由停机后进气歧管内部水汽较多，在低温环境下，水汽在喷油器头部凝结并结冰导致的。

典型的情况如图 9-21 所示，喷油器头部结冰，将导致喷油异常，发动机无法起动。

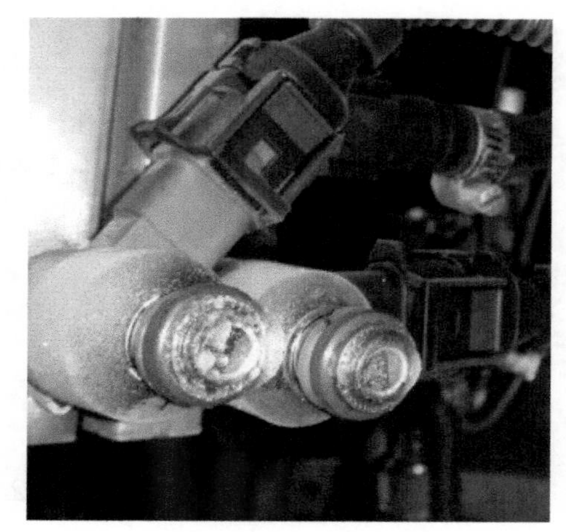

图 9-21 喷油结冰

通过排查发现，将 EGR 出气管路完全封闭后，进行低温起动测试，冷冻后喷油器头部干燥，没有结冰问题发生；因此判断是由于甲醇燃烧产物中水汽含量较高（几种当量比燃烧燃料排放废气中水含量对比见表 9-5），发动机运转过程中，EGR 废气通过 EGR 管路进入进气歧管，导致废气中水汽在进气歧管中积聚，在发动机停机后，进气歧管内水汽在喷油器头部凝结，从而导致结冰；由于发动机低温测试过程中，发动机不加负载，EGR 阀不打开，从而判断是由于 EGR 阀泄漏量过大，导致水汽含量比较高的 EGR 废气泄漏进入进气歧管中。

表 9-5 几种燃料废气含水量

燃料	废气中水汽含量（体积）(%)
汽油	13.2
甲醇	23.1
CNG	19.0

鉴于上述分析，应在 EGR 系统设计开发初期从 EGR 管路布置、EGR 阀选型等方面综合考虑，尽可能降低 EGR 系统对甲醇发动机低温冷起动的影响，并进行试验验证。

9.2.5 甲醇发动机 EGR 系统与排放法规

国六排放法规 GB 17691—2018 附录 FC.6 中 OBD 检测要求，对废气再循环（EGR）检测要求如下：对装有 EGR 系统的车辆，OBD 检测要求对 EGR 系统流量过低、流量过高、EGR 阀响应性和 EGR 冷却器冷却性能等性能进行检测。

针对以上 OBD 检测要求，在国六发动机 EGR 系统设计中需要增加相应传感器，EGR 系统电控框图如图 9-22 所示。

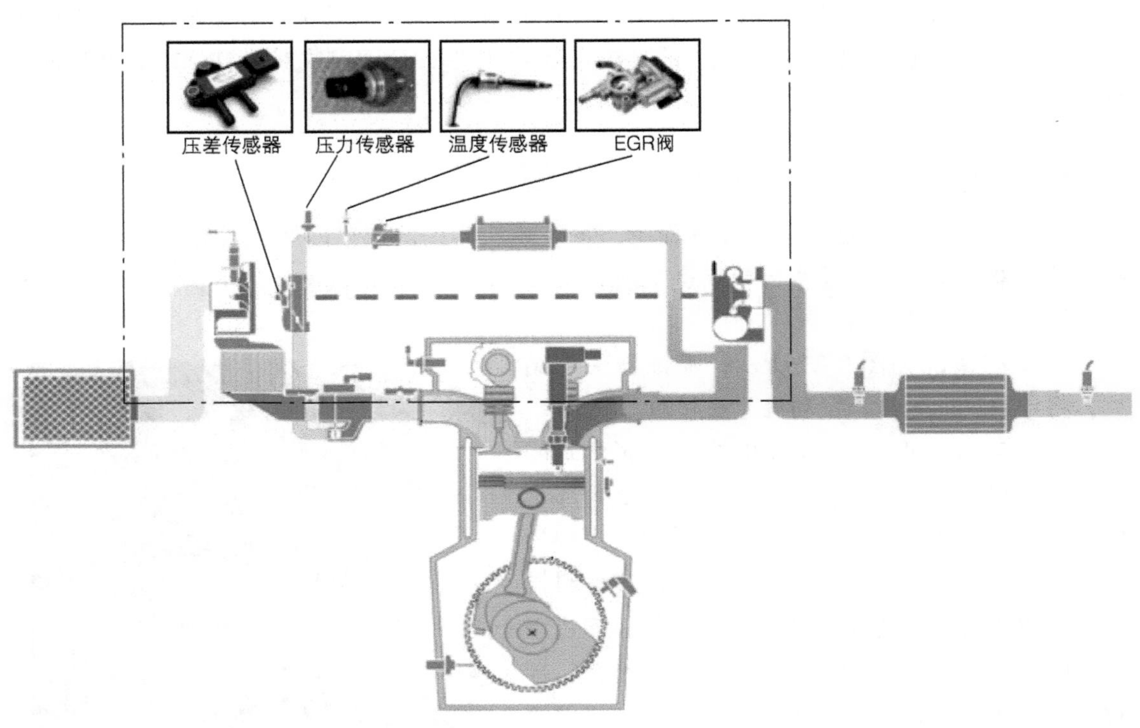

图 9-22　EGR 系统电控框图

1）流量检测：针对 EGR 系统流量过低、流量过高的检测需要设计相应的部件，出于这种考虑需要设计文丘里管或孔板、压差传感器、压力传感器及温度传感器来检测 EGR 流量大小。

2）冷却器冷却性能：针对冷却器冷却性能可以通过流量及冷后温度的检测来评估冷却器性能。

3）EGR 响应性：针对响应性的要求，需要针对电控系统的优化来满足需求。

9.3 EGR 系统 DV 策划和试验验证

9.3.1 EGR 系统可靠性

EGR 系统开发除了满足相关设计性能要求，还需要满足发动机可靠性要求；由于 EGR 冷却器、EGR 进出气管等部件是薄壁类零部件，高温高压的工作环境对其可靠性是一个巨大的考验。

因此针对 EGR 冷却器、EGR 阀等关键零部件，除了需要按照相关设计要求进行零部件 DV 试验，见表 9-6 和表 9-7，还需要搭载发动机，按照汽车发动机可靠性试验方法进行整机的可靠性试验验证。

表 9-6　EGR 冷却器 DV 试验清单

验证阶段	序号	试验项目名称	试验方法	检验数量
单体试验	1	密封性试验	参照标准	1 件
	2	性能试验	参照标准	1 件
	3	耐振性能试验	参照标准	1 件
	4	压力脉冲试验	参照标准	1 件
	5	静压强度试验	参照标准	1 件
	6	热冲击试验	参照标准	1 件
	7	防冻性能试验	参照标准	1 件
	8	耐腐蚀试验	参照标准	1 件
	9	清洁度试验	参照标准	1 件
整机试验	10	发动机冷热冲击试验	参照标准	1 件
	11	发动机耐久试验	参照标准	1 件

表 9-7　EGR 阀 DV 试验清单

验证阶段	序号	试验项目名称	试验方法	检验数量
虚拟验证	1	FEA 有限元计算	参照标准	1 件
	2	CFD 流体分析	参照标准	1 件
	3	正弦振动分析	参照标准	1 件
单体试验	4	动力响应试验	参照标准	1 件
	5	流量试验	参照标准	1 件
	6	内部及外部泄漏量试验	参照标准	1 件
	7	失效响应时间测试	参照标准	1 件
	8	EGR 阀位置传感器信号输出	参照标准	1 件
	9	信号迟滞	参照标准	1 件
	10	电流消耗	参照标准	1 件
	11	高低温存储试验	参照标准	1 件
	12	温度循环试验	参照标准	1 件

（续）

验证阶段	序号	试验项目名称	试验方法	检验数量
单体试验	13	热冲击试验	参照标准	1 件
	14	正弦振动试验	参照标准	1 件
	15	盐雾试验	参照标准	1 件
	16	高温操作试验	参照标准	1 件
	17	单体耐久试验	参照标准	1 件
	18	自由跌落试验	参照标准	1 件
	19	绝缘电阻及绝缘强度试验	参照标准	1 件
	20	高压水喷射试验	参照标准	1 件
	21	电气负载试验	参照标准	1 件
	22	连接器匹配试验	参照标准	1 件
	23	单体 EMC 测试	参照标准	1 件
整机试验	24	发动机冷热冲击试验	参照标准	1 件
	25	发动机耐久试验	参照标准	1 件

9.3.2 EGR 系统开发试验

当前甲醇发动机 EGR 系统开发经验实例较少，没有足够的数据支持，因此在重型甲醇发动机 EGR 系统开发过程中，需要通过合理地安排 EGR 系统试验，采集 EGR 参数对甲醇发动机影响的详细数据，支持甲醇发动机开发工作。

1. 试验策划

针对甲醇发动机 EGR 系统设计开发现状，需要在 EGR 开发前期，通过试验测试标定点及大转矩点（2 个工况点）共计 3 个工况点处，EGR 率及 EGR 温度对甲醇发动机爆燃、燃烧、经济性、动力性等的影响，确定最优的 EGR 率及 EGR 温度，根据相关测试数据完成 EGR 系统相关零部件的设计开发工作。下一步在 EGR 系统标定开发时，需要确定不同 EGR 率下发动机发生爆燃临界缸压，以及相同缸压下发生失火的临界 EGR 率。EGR 率对发动机性能影响示意图如图 9-23 所示。

由于 EGR 混合均匀性对发动机各缸的燃烧会产生比较大的影响，因此也需要对 EGR 混合均匀性进行试验测试，验证 EGR 混合器的混合性能。

2. 试验准备

第一，需要准备一台试验用发动机、满足测试需求的试验台架、燃烧分析仪、缸压测试设备、排放测试仪及相关传感器等。

第二，在 EGR 系统开发前期，要求 EGR 冷却器用冷却水使用可控流量大小的台架冷却系统，以便控制 EGR 出气温度。

第三，传感器布置。EGR 率对发动机性能影响测试，需要在排气和进气管（EGR 混合点后，进气歧管稳压腔上）布置 CO_2 浓度测试传感器，计算 EGR 率；同时在 EGR 冷却器进、出气口布置温度传感器和压力传感器，测试 EGR 进、出气温度和压力。

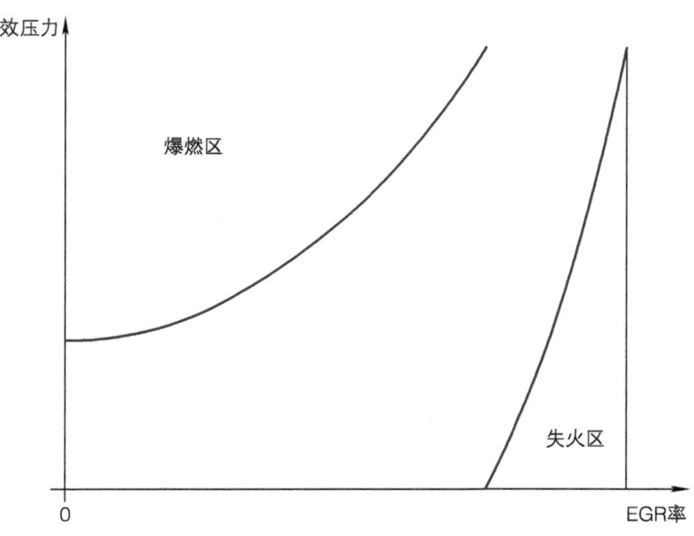

图 9-23　EGR 率对发动机性能影响示意图

EGR 混合均匀性测试，需要在进气管各歧管上布置 CO_2 浓度测试传感器，通过各歧管处测得的 CO_2 浓度，判断 EGR 混合均匀性。

3. 试验方法

按照开发不同阶段分为初步选型测试试验和定型标定开发试验。

初步选型测试试验：要求 EGR 冷却器冷却水流量可控，测试标定点及大转矩点（2 个工况点）共计 3 个工况点的最优的 EGR 率及 EGR 进、出气口的温度和压力，同时测量发动机进气流量，根据以上测量数据及发动机提供 EGR 系统冷却水流量，完成 EGR 冷却器性能设计。

定型标定开发试验：按照不同工况点性能要求，详细标定各工况点的最优 EGR 率，完成 EGR 率 MAP，如图 9-24 所示。

EGR 混合均匀性测试试验：测试工况为万有特性，发动机从最低稳定转速开始，负荷步长按照外特性数据平均分布 10 个点，按照固定转速步长至额定工况点止，采集每个工况下进气管各歧管处 CO_2 浓度。

4. 评价方法

由于发动机不同工况点爆燃及燃烧特性是不同的，这就要求在每个发动机工况点对应有一个最优的 EGR 率，对应不同工况点最优的 EGR 率的界定，通常是以该工况点拥有一定的爆燃裕度、没有失火的问题、满足动力性及经济性目标要求等为评判标准。

由于随着 EGR 率的增大，发动机缸内混合气燃烧进程会相应延长，因此对于 EGR 混合均匀性是否满足要求的界定，取决于各缸工作一致性是否满足要求。

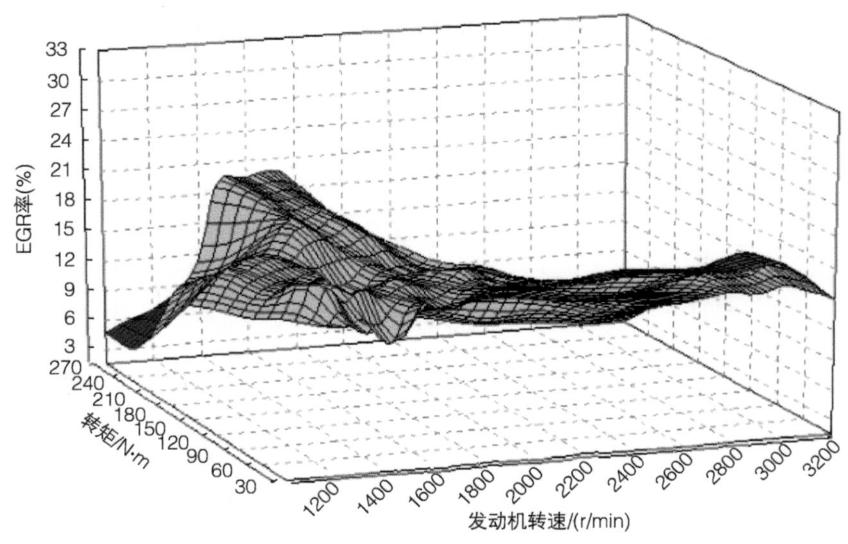

图 9-24 EGR 率 MAP 示意图

5. 试验内容

（1）EGR 率测试

1）EGR 率测量部位按照图 9-25 所示，在相应部位布置测点，测试前检查相关通道是否正常，发动机按照循环工况运行 1h，确保发动机热机状态，检查发动机常规参数是否正常。

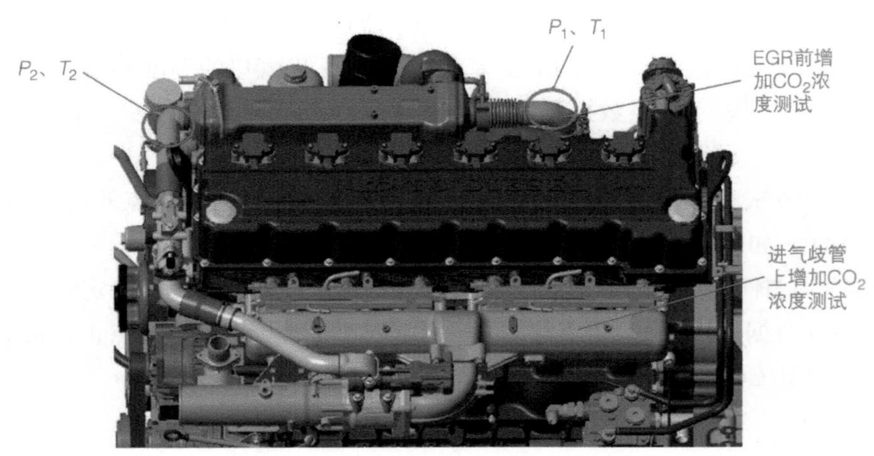

图 9-25 EGR 率测试位置示意图

2）暖机后，根据试验大纲要求，测试各工况下 2 处测点 CO_2 浓度，并记录相关数据。

（2）EGR 均匀性测试

1）按照图 9-26，根据测试设备通道情况，1-2-3 缸和 4-5-6 缸分组测试，测试前检查相关通道是否正常，发动机按照循环工况运行 1h，确保发动机热机状态，检查发动机常规参数是否正常。

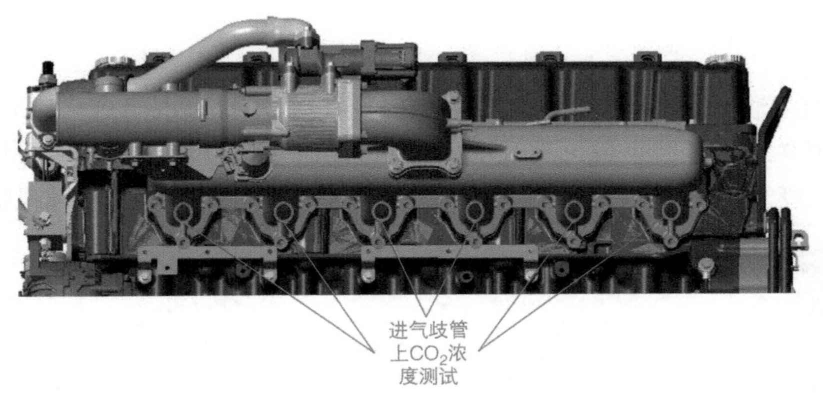

图 9-26　EGR 均匀性测试位置示意图

2）暖机后，根据试验大纲要求，测试各工况下进气歧管上各测点 CO_2 浓度，并记录相关数据。

9.3.3　EGR 对冷起动影响分析及验证

根据 9.2.4 节的分析，先后制定了四种 EGR 系统方案，分别是 EGR 管路整体向下倾斜 3°、混合器前 EGR 弯管增加节流、EGR 阀前置和使用提升 EGR 阀（Erae）等方案，并进行试验验证，试验验证结论详述如下。

1. 文丘里管部分向下倾斜 3° 方案

结合引起喷油器结冰问题的主要根源，通过设计文丘里部分相对水平向下倾斜 3°，方案示意图如图 9-27 所示，减少文丘里管部分管路中凝结水及废气中水汽直接流入进气系统风险，从而降低喷油器头部结冰风险。

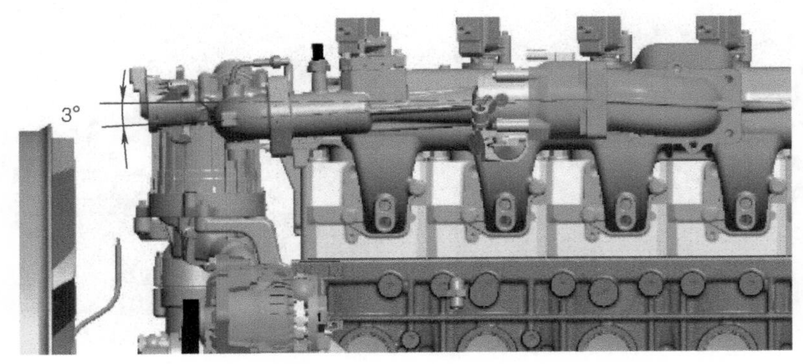

图 9-27　文丘里管部分向下倾斜 3° 方案示意图

在改制成该设计方案后，低温起动 4 次，在前面 3 次试验过程中均能够顺利起动，且喷油器头部没有结冰，但是在第 4 次喷油器头部有水滴凝结，虽然起动成功，但是仍然存在较大风险。

2. 混合器前 EGR 弯管增加节流方案

结合引起喷油器结冰问题的主要根源，通过在混合器前 EGR 弯管增加节流设计，方案示意图如图 9-28 所示，使 EGR 废气中水汽在进入进气系统前由于节流的作用提前凝结，减少凝结水及废气中水汽直接流入进气系统风险，从而降低喷油器头部结冰风险。

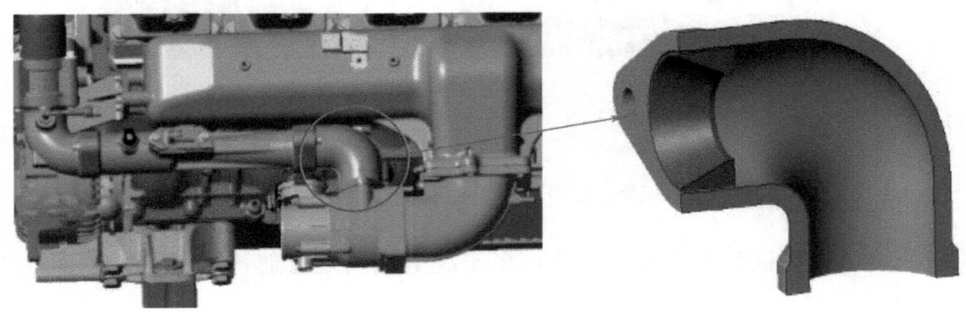

a) 弯管布置　　b) 弯管结构

图 9-28　混合器前 EGR 弯管增加节流方案示意图

在改制成该设计方案后，低温起动 5 次，在前面 3 次试验过程中均能够顺利起动，但是喷油器头部均有少量水凝结，后面 2 次均发生结冰问题，因此判断该方案不成功。

3. EGR 阀前置方案

结合引起喷油器结冰问题的主要根源，通过将 EGR 阀位置由进气侧改为排气侧，增加 EGR 阀后废气冷却长度，方案示意图如图 9-29 所示，使废气中水汽提前凝结，减少水汽进入进气系统从而降低喷油器头部结冰风险。

a) 原方案　　b) 改后方案

图 9-29　EGR 阀前置方案示意图

在改制成该设计方案后，低温起动 6 次，在前面 3 次试验过程中均能够顺利起动，但是喷油器头部均有少量水凝结，后面 2 次均发生结冰问题，因此判断该方案不成功。

4. 使用提升 EGR 阀方案

结合引起喷油器结冰问题的主要根源，通过选择泄漏量较小的 EGR 阀，减少 EGR 废气泄露进入进气系统，从而达到降低水汽在喷油器头部结冰风险。

几种阀泄漏量参数对比见表 9-8。

表　9-8

序号	类型	厂家	形　式	泄漏量	备注
1	蝶阀	EGR 阀（Wahler）		口径：50mm 泄漏量：18kg/h 压力：60kPa	
2	蝶阀	节气门（博世）	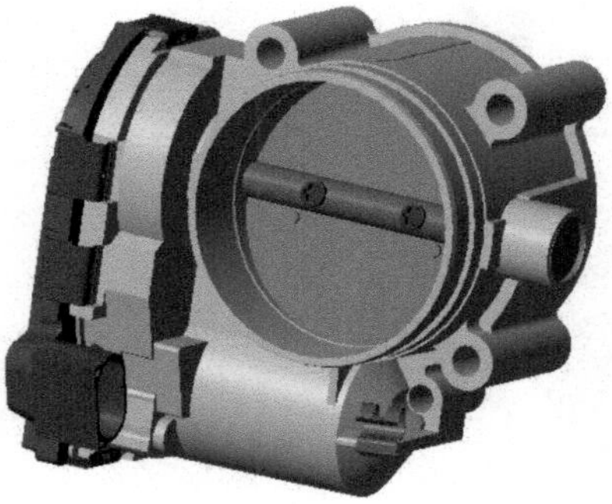	口径：65mm 泄漏量：42kg/h 压力：60kPa	
3	蝶阀	EGR 阀与热端（Pierburg）		口径：52mm 泄漏量：60kg/h 压力：60kPa	

（续）

序号	类型	厂家	形　式	泄漏量	备注
4	提升阀	EGR 阀 - 单气门 （三菱）		泄漏量： ≤ 0.65kg/h 温度：5 ~ 35℃ 压力：26.67kPa	玉柴 K08
5	提升阀	EGR 阀 - 双气门 （三菱）		泄漏量： ≤ 3.67kg/h 温度：5 ~ 35℃ 压力：6.67kPa	玉柴 K11、K13 等
6	提升阀	EGR 阀 - 双气门 （Erae）	BLDC力矩电机 (集成霍尔式传感器) 凸轮 防腐衬套 提升阀	泄漏量： ≤ 6.48kg/h 温度：-40 ~ 150℃ 压力：50kPa	潍柴 WP7、华菱

从以上几款阀泄漏量对比来看，冷端蝶阀式 EGR 阀泄漏量要小于节气门，热端蝶阀式 EGR 阀泄漏量要大于节气门，提升阀式 EGR 阀泄漏量相比蝶阀式 EGR 阀泄漏量要小得多，因此，在几种 EGR 阀中，选择 Erae 的提升阀式 EGR 阀进行试验验证，设计 EGR 阀座和 EGR 混合器等相关零部件，方案示意图如图 9-30 所示。

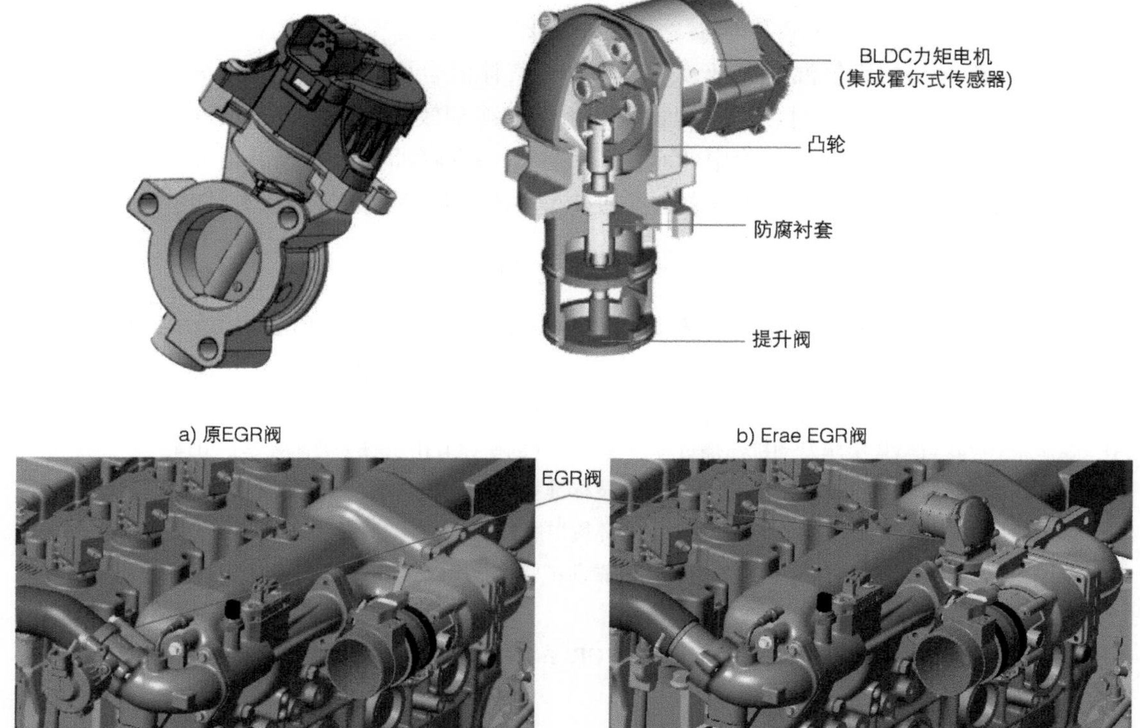

图 9-30 提升式 EGR 阀方案示意图

在更换该 EGR 阀设计方案后，低温起动 9 次，在低温起动 9 次验证过程中没有喷油器结冰情况发生，因此可以判断采用泄漏量小的 EGR 阀能够大幅度降低 EGR 废气泄漏进入进气系统。

通过对以上四种方案验证，基本可以确定 EGR 管路整体向下倾斜 3°、混合器前 EGR 弯管增加节流和 EGR 阀前置三种方案不能解决喷油器结冰问题。提升 EGR 阀（Erae），虽然该方案在多次测试过程中都起动成功，但是由于该款 EGR 阀验证不充分，依然存在以下问题：①冷舱试验无法加载，发动机处于空载状态，EGR 阀不进行打开动作，不能代表实际使用过程中 EGR 阀打开后，依然能够保证喷油器不结冰；②该款 EGR 阀凸轮容易发生磨损，随着使用过程中磨损的加剧，泄漏量会逐渐增加；③该款 EGR 阀为进口零部件，且目前没有国产计划。因此，该款阀作为解决喷油器头部结冰问题的储备方案。

为彻底解决喷油器结冰问题，还需做更多的探索和尝试，包括：

1）寻求国内提升式 EGR 阀的可靠供应商资源共同开发，每个国产产品的成功，其背后是国内众多企业的技术提升与进步，甲醇发动机的开发同样离不开国内汽车产业的共同发展。

2）采用低压循环（L-EGR）或最大压差循环 EGR 设计方案，该方案从后处理系统后或增压前取废气，经过 EGR 冷却器、整车中冷器后，将废气送至增压器压气机前的管路中。经过双重冷却的废气温度更低，空气与废气气体混合更均匀，可达到更好的发动机性能和更佳的 NO_x 排放。同时，延长的管路和更佳的冷却效果，使水汽提前在整车中冷器中凝结，大大降低发动机进气歧管中的水汽，使水汽不在喷油器处凝结。需要说明的是，这将牺牲发动机的性能响应性，并给增压器和整车中冷器带来新的挑战！

参考文献

[1] 卢瑞军，苏茂辉，蔡文远 . M100 甲醇发动机的燃烧与爆燃研究分析 [C]// 中国内燃机学会 . 中国内燃机学会 2017 年学术年会暨燃烧节能净化分会联合学术年会论文集 . 天津：天津大学出版社，2017.

[2] 崔心存 . 醇燃料与灵活燃料汽车 [M]. 北京：化学工业出版社，2010.

[3] 甄旭东 . 火花点燃式甲醇发动机燃烧过程及爆燃机理的研究 [D]. 天津：天津大学，2014.

[4] 生态环境部大气环境管理司，生态环境部科技标准司 . 重型柴油车污染物排放限值及测量方法（中国第六阶段）: GB 17691—2018 [S]. 北京：中国环境出版社，2018.

[5] 全国汽车标准化技术委员会 . 汽车发动机可靠性试验方法：GB/T 19055—2003[S]. 北京：中国标准出版社，2003.

[6] 浙江吉利控股集团有限公司 . 甲醇发动机的 EGR 系统和甲醇发动机：201621113803. 9[P]. 2017-05-31.

第 10 章 低温冷起动

由于柴油、汽油、甲醇自燃温度、十六烷值、辛烷值及蒸发等特性的差异，导致柴油更适合压燃方式，汽油和甲醇更适合点燃方式。无论是压燃式还是点燃式发动机，都存在低温冷起动困难的问题。

对柴油机而言，主要是利用辅助手段提升缸内压缩温度，确保缸内的柴油混合气能被压燃。小型柴油机主要采用缸内预热塞，用于提高缸内柴油油气混合气的温度，这是最直接的方式。由于预热塞的加热功率有限，重型柴油机又需要增加进气加热格栅，用于提高缸内的空气温度，最终提升缸内压缩温度。同时，由于柴油的凝固点高，需要在不同的地区选取不同标号的柴油。在低温环境下低标号柴油容易凝固结蜡，在油箱中凝固和堵塞吸油管，导致输油泵无法吸油和输油，因而需要另外的技术措施或准备一套高标号的柴油用于低温冷起动。

汽油机在极寒地区也存在低温冷起动问题，其重要原因也是在极低温度下，汽油的蒸发性已经很差，不足以在缸内产生可点燃的油气混合气，所以车辆需添加当地的寒区汽油。由于一年中四季气温不同，汽油制造商根据不同地区的季节温度投放不同蒸发性能的汽油。

由于甲醇的蒸发性差、汽化潜热值高，因而甲醇发动机存在明显的低温冷起动困难问题，此问题对重型甲醇机尤甚。重型甲醇机除了可以采用汽油作为冷起动的辅助燃料之外，也可以参考柴油和乙醇燃料汽车的辅助起动方式，如甲醇加热促进甲醇蒸发、进气加热、预热塞缸内加热等传统方式，也可以考虑在甲醇中加入易挥发的添加剂提高其蒸气压的方式，或考虑利用甲醇裂解产生氢气为主的可燃混合气体作为低温冷起动辅助燃料。

10.1 甲醇燃料特征对低温冷起动的影响

对点燃式发动机而言，混合气浓度、温度、着火极限等对发动机的低温冷起动有关键影响，而燃料本身的理化特征是根本性的。

10.1.1 甲醇燃料

1. 甲醇不易蒸发

衡量燃料蒸发性有两个指标，即馏程和蒸气压。甲醇是一种纯化学物质，不存在馏程的概念，可以直接用沸点表示为 64℃；25℃环境下甲醇的蒸气压为 16.8kPa，汽油的蒸气压为 25kPa。几种燃料的蒸气压及冷起动界限如图 10-1 所示。

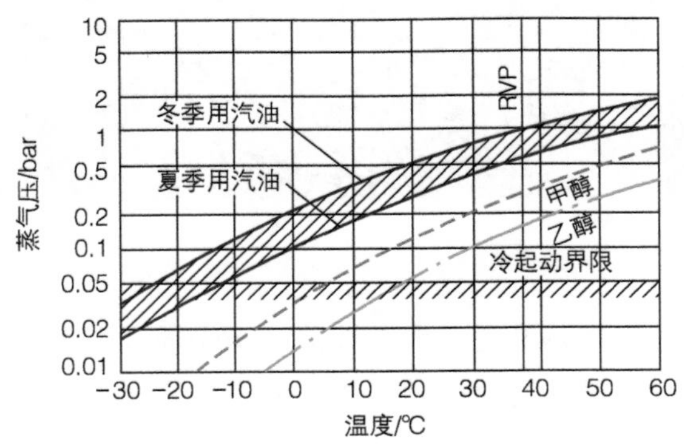

图 10-1　几种燃料的蒸气压及冷起动界限

2. 甲醇汽化潜热值高

由于甲醇的不易蒸发特性，导致了甲醇在汽化时需要更多的热量，即汽化潜热值高。几种燃料的汽化潜热和比热容见表 10-1。比热容是指单位质量的某种物质温度升高（或降低）1℃所吸收（或放出）的热量。

表 10-1　几种燃料的汽化潜热和比热容

类别	汽油	柴油	甲醇	乙醇
汽化潜热 /（kJ/kg）	310	270	1109	904
比热容（液，15℃）/[kJ/（kg · K）]	2.1	1.85	2.51	2.47

甲醇具有极性，而且液态醇分子之间有强的氢键相互作用，结合成较复杂的分子，而又影响其性质，这种分子称为缔合分子，这种作用称为缔合作用。缔合过程是可逆的，进行缔合时放热，而要减弱或破坏这种缔合，必须给予较多的热量。

汽化潜热是使物体由液态变成气态所需要的能量。甲醇汽化时需要较多的热量，大约是汽油的 3.6 倍。在发动机输出同样功率时，根据等热值要求，燃烧的甲醇量是汽油的 2.2 倍左右，因此燃用甲醇使混合气中甲醇全部汽化，所需要的热量是燃用汽油时的 8 倍左右。甲醇高的汽化潜热及低的蒸气压，导致混合气形成及起动困难，使压缩终点缸内温度较低，延长了混合气着火前的滞燃期。另一方面发动机进入正常工作状态，甲醇的这一特点却可以降低压缩功，并有可能提高充气系数，而有助于提升发动机热效率。

醇类的汽化潜热随分子中碳原子数的增加而迅速减少，其中甲醇的汽化潜热最大。醇类的汽化潜热随温度的升高而下降，而且温度愈高，下降的速度愈快。由此可知，愈是在严寒条件下使用甲醇作为车用燃料，其汽化所需的吸热量愈大。醇类的汽化潜热远高于烃类燃料的汽化潜热，但是温度愈高，它们之间的差异愈小。

10.1.2　理论混合气的汽化降温

甲醇的汽化潜热大对理论混合气的汽化降温有重要影响。燃料蒸发汽化时吸收较多的热量，引起混合气温度的下降。在假定蒸发过程绝热，液体燃料与燃料蒸气具有相同的定压比热容以及空气与燃料的温度相同等条件下，由燃料平衡方程可以求得燃料蒸发引起的温降 Δt 为

$$\Delta t = \frac{x\gamma}{\lambda L_0 c_{pa} + c_{pt}} \tag{10-1}$$

式中，x 是已蒸发燃料量的百分数；γ 是燃料的汽化潜热；c_{pa} 是空气的定压比热容；c_{pt} 是燃料的定压比热容；λ 是过量空气系数；L_0 是燃料的理论空燃比。

当燃料与空气形成理论空燃比下的混合气，完全绝热蒸发时，汽油混合气的温度下降约 20℃，掺有 20% 甲醇的汽油混合气下降 33℃，而纯甲醇混合气温度下降 122℃。实际上混合气的蒸发并不是处于绝热状态，外界将向混合气传递热量，因此温度下降将小于理论计算值。

甲醇随着空气进入气缸，因汽化吸收热量，使混合气温度下降，密度增加，充气系数提高。由于汽化潜热大而造成雾化不良，使得进气过程中未汽化的部分仍以液态微液滴进入气缸，在压缩过程中继续汽化吸热，因此降低了压缩消耗功。计算表明，在理论空燃比时，甲醇混合气的压缩功比异辛烷混合气的压缩功减少 22%。但是甲醇的汽化潜热大，将使缸内压缩终点的温度低，再加上甲醇着火温度高，导致着火时的滞燃期长，如不采取相应的措施，在低温情况下将对完善甲醇的燃烧过程不利。

总之甲醇汽化潜热大可以降低压缩消耗功，并对提高充气系数有利。而其主要不利影响在于：甲醇雾化、汽化困难，难以形成混合均匀、雾化良好的混合气，而影响发动机低温冷起动性能。

10.1.3　可燃混合气浓度

燃油 - 空气混合气的着火极限是指混合气可以着火的最低浓度（着火下限、稀混合气）与最大浓度（着火上限、浓混合气）之间的范围。几种燃料的着火极限见表 10-2。浓度是以空气中可燃气的体积分数表示。甲醇和乙醇的着火极限都比汽油宽，但甲醇的着火下限远大于汽油。在标准环境下醇燃料能够在较稀的混合气状态下工作，而且不会因为空燃比控制得不精确导致间断着火，这对排气净化以及降低油耗的优化工作有利。

表 10-2　几种燃料的着火极限　　（单位：%）

燃料名称	下限	上限
汽油	1.4	7.6
柴油	1.58	8.2
甲醇	6.7	36
乙醇	4.3	19

燃烧室中燃料与空气形成的混合气要达到能着火燃烧的浓度，其中燃料雾化成蒸气与液态的比例达到较高数值，油雾粒子平均直径尽可能小才容易着火燃烧，醇燃料的汽化潜热比汽油和柴油高得多，要由外界吸收更多的热量才能达到上述能着火燃烧的范围要求。

一般地，只要气缸中混合气的燃料蒸气分子数处于着火界限范围内，发动机就可以实现低温冷起动，甲醇对应的最低着火界限蒸气摩尔分数为 0.06，着火上限为 0.36。假定气缸中醇燃料混合气中包括微小颗粒及雾状的液态醇、甲醇蒸气及空气，可用下列经验公式计算产生火花时燃烧室中甲醇蒸气摩尔分数 x_M。

$$x_M=\left(\frac{p_e}{p_1}\right)\exp\left(A_1-\frac{A_2}{9T+A_3}\right) \tag{10-2}$$

式中，x_M 是甲醇蒸气摩尔分数；p_e 是甲醇的临界压力，$p_e=79.54\text{bar}$；p_1 是总压力（bar）；T 是温度；$A_1=7.5$；$A_2=3234$；$A_3=2141$。

甲醇蒸气摩尔分数与压力及温度的关系如图 10-2 所示。

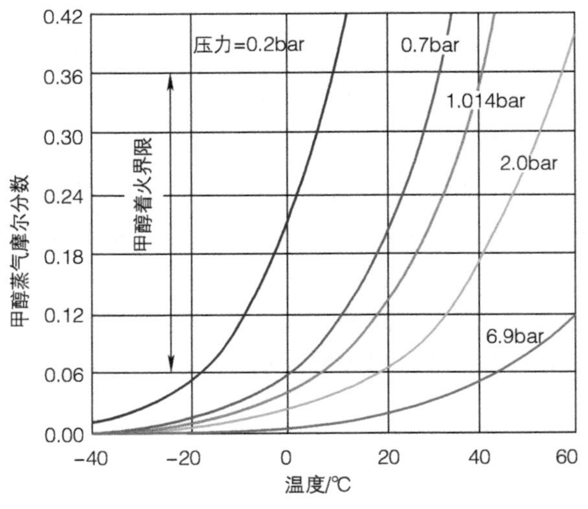

图 10-2　甲醇蒸气摩尔分数与压力及温度的关系

甲醇的蒸发性能是影响甲醇混合气浓度的关键参数。甲醇的雷德蒸气压为 32kPa，而冬季用国 V 汽油的雷德蒸气压为 45 ~ 85kPa，故甲醇发动机冷起动性能不如汽油。在低温时甲醇的蒸气压更低，使得甲醇的低温挥发性比汽油更差，在一定温度下，如果形成的缸内甲醇混合气浓度达不到最低着火极限，发动机就极难起动，如图 10-3 所示，如果甲醇混合气的浓度低于着火下限，混合气就不在着火区域，难以着火。

通常冷起动过程是火花塞跳火几次后，火花塞周围的局部混合气被点着，但初期的火焰核心不能迅速传播开并使整个燃烧室中混合气着火，而只是增加缸内温度及促使甲醇蒸气摩尔分数增加。两者增加到一定程度后，火花塞的继续跳火及火焰核心扩展，使整个混合气燃烧起来，发动机才能顺利起动成功。

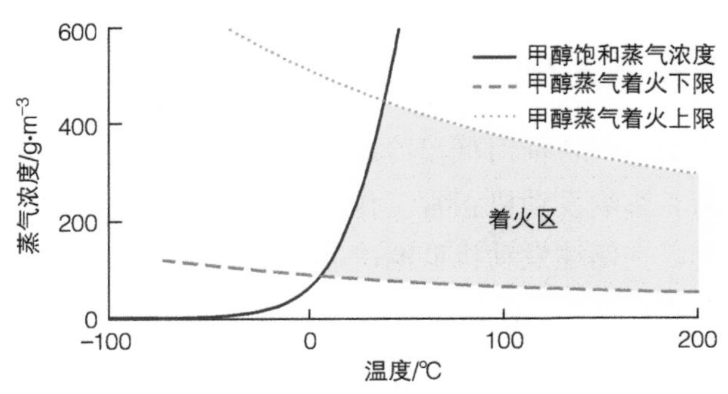

图 10-3　甲醇燃料的着火特性

在低温状态下，使醇燃料汽车顺利起动的主要途径是提高燃烧室中甲醇蒸气摩尔分数。气缸内压力愈低，混合气较浓，则甲醇蒸气摩尔分数会愈高，同时局部混合气着火并提高缸内温升的速度的可能性就愈大，为此要提高缸内充量的温度。

10.1.4　甲醇的燃烧特性

甲醇分子中含有一个烷基 CH_3 和一个羟基 OH，在羟基中氢氧共用的电子靠近氧一边，从而使氧原子周围的电子云密度较大，导致氢氧原子间的极性增加而比较容易断裂，因此羟基具有较强的化学活性。羟基的这一电化学特性在相当程度上决定着醇类燃料的着火和燃烧特性。

在标准测试条件下，甲醇的火焰传播速度为 0.523m/s，汽油为 0.377m/s。该值的大小在很大程度上受过量空气系数、混合气运动情况、燃烧室形状大小、发动机转速及试验条件等因素的影响。如图 10-4 所示，在燃烧弹中，当过量空气系数 λ 为 0.75 时，甲醇与汽油的最大火焰传播速度约为 2m/s；当 $\lambda < 0.75$ 时，两者的火焰传播速度比较接近；当 $\lambda > 0.75$ 时，甲醇的火焰传播速度比汽油的高。甲醇燃烧速度快，传热损失小，容积效率较高以及甲醇是含氧燃料等，这些因素对低温冷起动有积极影响，但其作用被汽化潜热过大的特性所淹没。

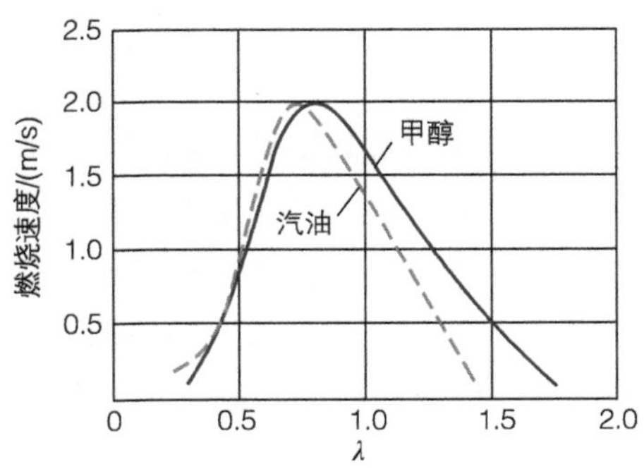

图 10-4　甲醇和汽油在燃烧弹中的燃烧速度

总之，由于以上原因，M100 甲醇发动机在低于 16℃的环境温度下，只有少量甲醇蒸发，可燃混合气的浓度达不到着火稀限，火花塞点火时混合气不能被引燃。研究表明，当环境温度低于 16℃时，如果不采取任何辅助起动措施，仅通过增加喷射燃料，甲醇发动机很难实现“即喷即着”的起动。解决甲醇发动机起动困难的问题应从改善甲醇的蒸发条件入手，使进入气缸的可燃混合气浓度达到最低着火稀限。

10.2 发动机相关系统对低温冷起动的贡献

在上一节阐述了甲醇燃料特征对低温冷起动的影响，本节将分析发动机其他系统对低温冷起动的影响与贡献。影响发动机正常工作和常温环境下起动的因素，必将影响发动机的低温冷起动性能，所以在阐述发动机低温冷起动的影响因素时，也将会对影响发动机正常工作和常温环境下起动的因素进行叙述。

影响发动机起动性能的根本原因有三个：起动力矩小、起动阻力矩大、着火（点火）困难，如图 10-5 所示。

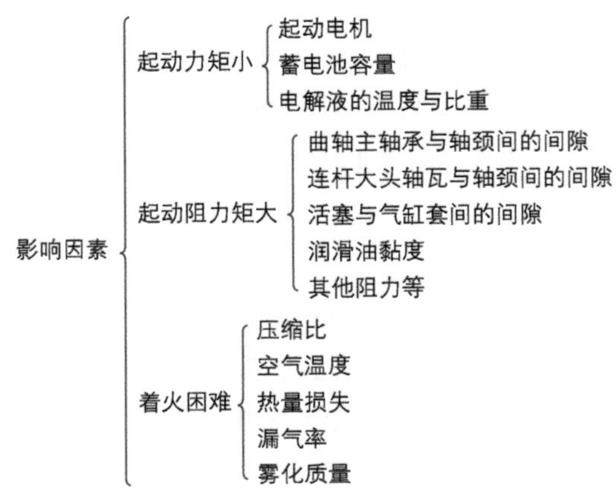

图 10-5 影响发动机低温冷起动的因素

对影响发动机起动性能的三大根本原因进行详细分解，见表 10-3。影响发动机低温冷起动性能的要素分为以下几类：燃料、燃料喷射、气体流动、点火、燃烧组织、控制策略、起动力矩、起动阻力、油量计算涉及的信号、发动机的三大沉积物、蓄电池放电性能、机油等等。若把这些要素与发动机的各系统对应，则分为燃料喷射系统、进排气系统、点火系统、燃烧系统、电子控制系统、起动系统、曲柄连杆运动件系统、电气系统、润滑系统。

表 10-3 影响发动机低温冷起动性能的要素及对应系统以及贡献度

关键要素	对应系统	贡献度
燃料	燃料供给喷射系统	++++++
燃料喷射	燃料供给喷射系统	++++++
气体流动	进气系统、燃烧系统	+++
点火	点火系统	+++++
燃烧组织	燃烧系统、电控系统	++++++
控制策略	电控系统	++++++
起动力矩	起动系统	++++
起动阻力	曲柄连杆运动件系统	+++

（续）

关键要素	对应系统	贡献度
油量计算涉及的信号	电控系统	+++
发动机三大沉积物	燃料喷射系统、燃烧系统、排气系统	+++
蓄电池低温放电性能	电气系统	++++++
机油	润滑系统	+++++

10.2.1　燃料供给喷射系统的影响

燃料供给喷射系统的影响分为三个方面：

第一，系统的零部件状态。管路的管径大小影响输油量，管路在整车的走向若存在打折现象，会导致无法正常输油，最终影响发动机的起动性能。喷油嘴若存在长喷油、不喷油、断续喷油的情况，也会影响发动机的起动性能。燃油泵若存在不转动、转速低、断续运转的情况，导致供油量偏低，亦会影响发动机的起动性能。调压阀若存在弹簧异常工作则导致油压异常，导致喷油量异常，最终影响发动机的冷起动性能。油箱中若残余的燃料不足，油量无法正常供应，也会影响发动机的冷起动性能。过滤网和过滤器堵塞，导致吸油困难，最终影响发动机起动性能。

对于喷嘴和燃油泵此类电气件而言，无论是硬件本身还是由于供电或驱动信号引起的故障，都将影响发动机的起动性能。

第二，燃料供给系统压力和喷嘴额定喷油量。若系统压力过低或喷嘴额定流量设计不合理，将导致喷嘴喷出的燃料雾化质量太差或油束飞行时间过短，将对发动机的起动性能带来不利影响。

第三，喷嘴在进气道或燃烧室中的布置和匹配。对于进气道喷射发动机而言，喷嘴、进气道、进气门要进行合理的匹配，以便确保最终进入发动机燃烧室内的油气混合气与火花塞的电极保持合理的距离，如图 10-6 所示。

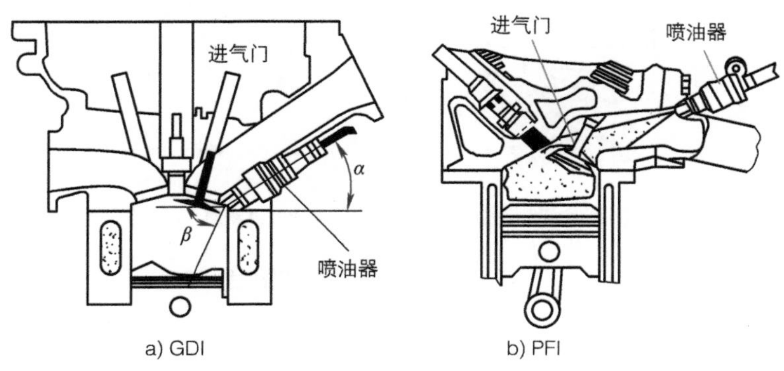

图 10-6　喷嘴在发动机中的布置匹配示意图

10.2.2 进气系统的影响

进气系统对发动机起动性能的影响主要是气流速度和进气道的气流出口角度设计。进气气流速度和强度影响燃料的蒸发，进气道的气流出口角度影响油气混合气进入燃烧室的流动以及与火花塞放电电极的距离，若气流出口角与火花塞之间布置不合理，将会加大火花塞电极被打湿的风险，最终将影响发动机的起动性能。示意说明如图 10-7 所示。

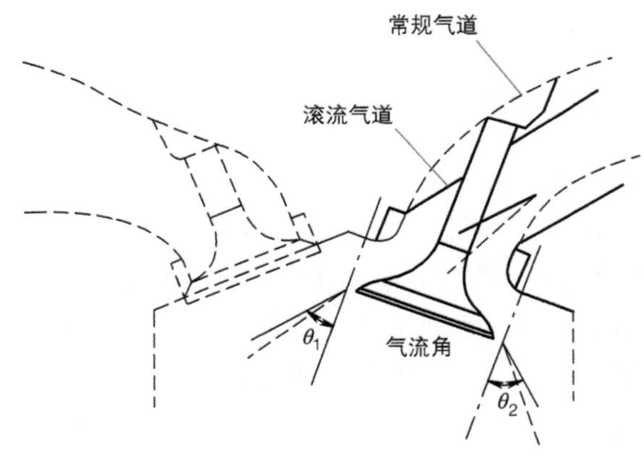

图 10-7 进气道进气出口角

10.2.3 点火系统的影响

点火系统的影响主要为电极放电间隙和点火能量。若电极放电间隙过小，将更容易导致电极间被燃油液滴连接，导致电极无法放电。若点火能量过小，将导致发动机在低温条件下无法点燃油气混合气，从而导致发动机起动失败。若存在火花塞漏电或跑电问题，则亦会导致发动机起动困难。示意说明如图 10-8 所示。

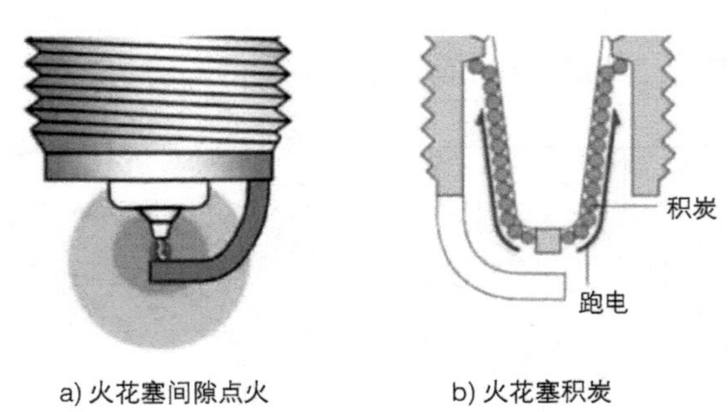

a) 火花塞间隙点火　　b) 火花塞积炭

图 10-8 火花塞积炭导致跑电

10.2.4 燃烧系统的影响

发动机燃烧系统在设计之初，不仅要考虑发动机的动力性、排放、可靠性、经济性，同时要兼顾发动机的起动性能、怠速运转和冷机排放。最佳的喷油、点火、进气、燃烧室形状、气缸直径等设计、匹配和布置将会对发动机的起动性能带来积极贡献，如图 10-9 所示。

图 10-9　点燃式发动机燃烧系统结构组成

10.2.5　电控系统的影响

电控系统的影响分为控制策略和电控零部件。合理的控制策略，意味着有助于在燃烧室内部产生最佳的油气混合气质量，无论对发动机的起动性能还是正常工作，都能带来积极贡献。电控零部件主要影响来自于燃料喷射量和进气量以及点火等相关计算的传感器包括水温、进气压力、转速等和执行器包括燃料喷射单元和点火单元等。电控系统的作用是将发动机燃烧系统及其附属器件的设计潜能发掘出来，并使之顺畅地执行各种动作、及时地反应各种指令。

10.2.6　起动电机与曲柄连杆机构的影响

起动电机和曲柄连杆机构是发动机的两个重要组成部分，它们各自对发动机的运行产生重要影响。如果它们出现故障或性能下降，就会对发动机的起动过程和运行稳定性产生不利影响。

在发动机的起动系统中，起动电机的起动转速和力矩以及蓄电池的供电能力等对发动机的起动过程有重大影响，高的起动转速对发动机的起动过程有积极贡献。起动电机功率不足或者转速过低，可能会导致发动机起动困难或者起动时间过长，因此选择合适的起动电机非常重要。

一般地，随着环境温度的降低，发动机润滑油黏度增大、流动性变差，从而增加了曲轴的旋转阻力，使发动机起动性能有所下降。如果曲柄连杆机构存在故障或者磨损严重，也会导致发动机起动困难或者起动后运转不稳定。

10.2.7 发动机内部沉积物的影响

已经使用的发动机容易产生三大沉积物，即喷嘴沉积物、火花塞积炭、气门及其关联件沉积物和燃烧室沉积物。对喷嘴而言，沉积物会堵塞喷嘴，如图 10-10 所示，导致无法喷油或喷油量减少，最终影响发动机的低温冷起动。气门及其座圈工作面上有积炭，如图 10-11 所示，会引起气门关闭不严而漏气，出现发动机起动困难、工作无力以及气门易烧蚀等不良现象。气门导管和气门杆部积炭结胶，将加速气门杆与气门导管的磨损，甚至会引起气门杆在气门导管内运动发涩而卡死问题，最终影响发动机的起动和正常工作。燃烧室内的积炭过多，会使发动机的压缩比增加，形成许多炽热面，引起早燃和爆燃，在爆燃发生的过程中导致的局部沉积物的脱落将大大提高气门烧蚀的风险，最终导致发动机无法正常工作。活塞环槽内积炭，会使活塞环侧隙、背隙变小，甚至无间隙，造成活塞环被卡住而拉缸。火花塞积炭过多时，如图 10-12 所示，造成火花塞漏电不能工作，发动机抖动。应定期清洗各处的积炭，避免发动机出现异常问题导致无法起动的情况出现。

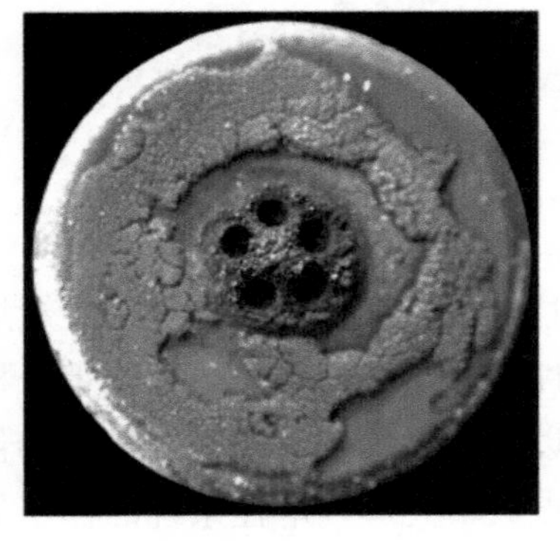

图 10-10　喷嘴积炭

图 10-11　气门积炭

图 10-12　火花塞积炭

10.2.8 蓄电池低温放电性能的影响

起动型蓄电池目前几乎都使用铅蓄电池。蓄电池容量主要取决于蓄电池极板的大小。起动时，起动功率取决于蓄电池功率，即取决于蓄电池的放电电流和蓄电池端子上的电压，端子电压随负荷电流增大而降低；蓄电池的内阻跟电池的额定容量有关，一般地，大容量电池的内阻低而小容量电池的内阻高；蓄电池的内阻也影响蓄电池的端电压，在低温条件下蓄电池电动势变化不大，但随着温度的降低，蓄电池的电解液黏度增大，内阻增加。蓄电池、起动机、发动机连接示意图如图 10-13 所示，起动时，蓄电池的放电电流很大，甚至超过 1000A，蓄电池的容量及端电压明显下降，更加大幅降低了蓄电池的输出功率，必然导致起动电机的起动力矩减小，使得起动机的拖动转速达不到最低起动转速，从而直接影响到发动机的起动性能。因此需要使蓄电池工作在最佳温度区。

图 10-13　蓄电池、起动机、发动机连接示意图

为提高蓄电池在低温条件下的放电性能，一般采用低温性能好的蓄电池或对蓄电池采取保温措施。同时做好对蓄电池的定期保养。

10.2.9　机油的影响

机油的 SAE 黏度分类共有 10 个牌号，分别为 0W、5W、10W、15W、20W、25W、20、30、40、50，并且有 W（冬季用油）与无 W 的牌号可搭配，组成各种多级油，如 10W/40、15W/40，各级发动机机油与使用环境温度的参考关系图如图 10-14 所示。

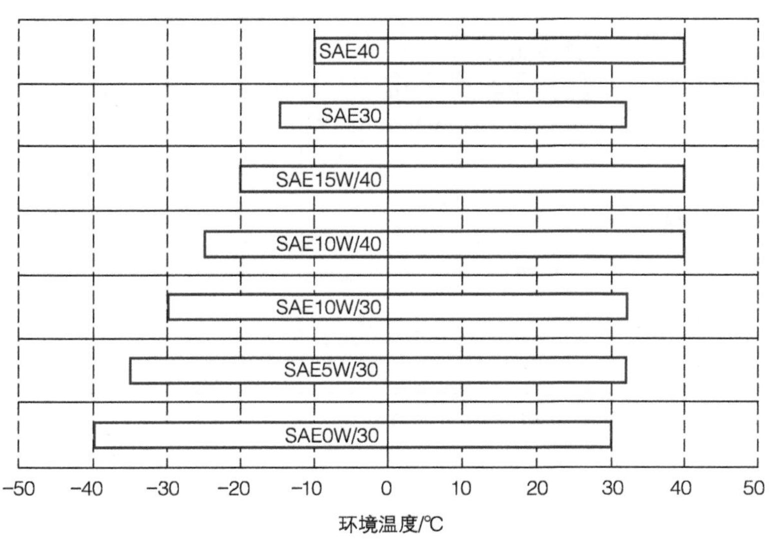

图 10-14　机油 SAE 黏度与温度的关系

发动机曲轴旋转阻力矩和起动转速在低温条件下主要受润滑油黏度的影响。发动机低温情况起动时，润滑油分子运动能量较小，且将石蜡结晶逐步析出，使黏度增大。曲轴自静止状态开始旋转时，摩擦面从原有位置开始进行相对滑动，达到发动机起动所应具备的最低曲轴转速过程中，由于润滑油黏度增加，其转动阻力增大，发动机不易着火，而导致低温冷起动困难。

不同温度、不同机油牌号对发动机起动阻力矩影响较大；温度越低，机油黏度增大，起动阻力矩也增大。在相同温度下，机油黏度越大，对起动阻力矩的影响越大。通常发动机在冬季使用与环境温度匹配的机油，图 10-15 为不同温度、不同机油牌号机油黏度变化曲线，表 10-4 为不同温度、不同机油牌号起动阻力矩参数对比。

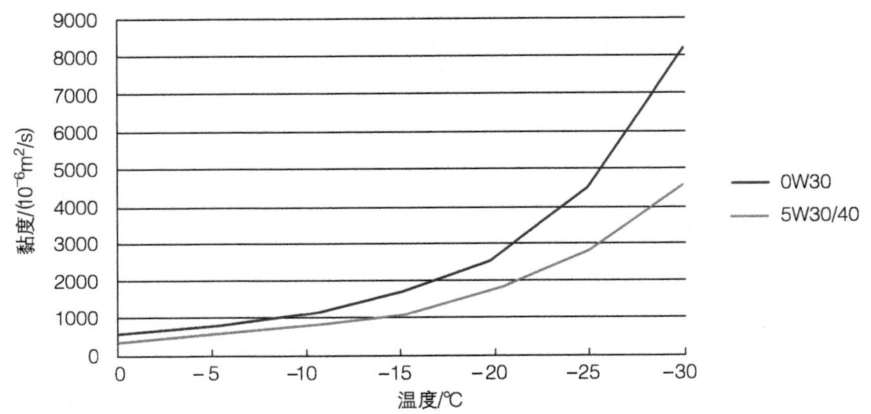

图 10-15　不同温度、不同机油牌号机油黏度变化曲线

表 10-4　不同温度、不同机油牌号起动阻力矩参数对比

温度 /℃	0W30			5W30/40		
	机油运动黏度 /（$10^{-6}m^2/s$）	阻力矩修正系数	修正后的阻力矩 /N · m	机油运动黏度 /（$10^{-6}m^2/s$）	阻力矩修正系数	修正后的阻力矩 /N · m
−10	888.88	0.83	310.42	1222.22	0.89	332.86
−15	1222.22	0.89	332.86	1888.89	0.984	368
−20	2000	0.996	372.5	2888.89	1.08	403.92
−25	3111.11	1.1	411.4	5000	1.226	458.5
−30	5111.11	1.23	460	9111.11	1.4	523.6

注：修正后的阻力矩 = 标准阻力矩 × 阻力矩修正系数。

10.2.10　运行工况对低温冷起动的影响

发动机低温冷起动困难的部分原因是甲醇喷嘴、火花塞、EGR 阀体、闭式曲通阀体等器件结冰。而结冰的原因是发动机停止运转时，有大量的水蒸气残存于各相关系统之中，发动机在低温状态下长时间搁置而造成相关器件结冰。

这一特征表现为运行工况对发动机低温冷起动的影响，亦即当前工况影响着后续工况的运行状态，同时也受到上一工况状态的影响。在解决甲醇发动机低温冷起动问题时，相关系统之结构设计、安装、控制和器件选型等方面均需考虑前后工况之间的相互影响，并给予特别关注。此处所提内容请参阅其他相关章节。

10.3 甲醇发动机低温冷起动方案设计

解决甲醇发动机低温冷起动问题有四条技术路线：第一，使用辅助燃料。可以用汽油，也可以用 CNG 或 LNG，使用 CNG 和 LNG 带来的燃料供给系统零部件成本远高于用汽油，目前较适合工程化路线的是用汽油作为辅助燃料。第二，使用甲醇燃料添加剂，提高蒸发性能。例如可添加汽油或异戊烷等。第三，对甲醇燃料进行相变，把甲醇燃料由液相变成气相。由液相变成气相需要的热量来源可以是电力，也可以由甲醇机外燃烧产生，利用这样的热源加热发动机的相关部件（例如冷却液），使发动机达到冷起动的温度条件。第四，对甲醇燃料进行改性。使甲醇燃料通过催化剂的作用，在高温下裂解成富氢气体或聚合为二甲醚，实现此高温条件所需要的能量来自发动机正常工作后产生的尾气余热。

上述四条路线不仅是甲醇发动机低温冷起动问题的解决方向，也是改善甲醇发动机的燃烧质量，提高发动机热效率的重要措施。根据工程目的和实施效果，上述四条可采用一条或多条，发动机标定要同步进行匹配或优化。本节主要介绍前三种技术路线的工程化内容。

10.3.1　成熟燃料辅助起动

汽油、天然气等传统燃料的发动机冷起动问题已经全然解决，可以完全借用过来作为甲醇发动机的冷起动辅助方案，尽管增加了系统的复杂性。当前市场上的甲醇车辆主要采用汽油作为辅助起动燃料，这是工程化的方案。具体方案有两种，第一种为单油轨喷嘴总成同时可以使用甲醇和汽油两种燃料，通过切换阀自动切换；第二种为双油轨喷嘴总成，即汽油喷嘴总成单独作为一套件安装在发动机上。

从发动机布置角度考虑；汽油 - 甲醇单油轨喷嘴总成更有利于布置，但需要喷嘴的设计既要适用于甲醇又要适应于汽油，同时油轨上需要接回油管，以便在用汽油起动前，把油轨中残余的甲醇冲洗掉，系统原理示意图如图 10-16 所示。

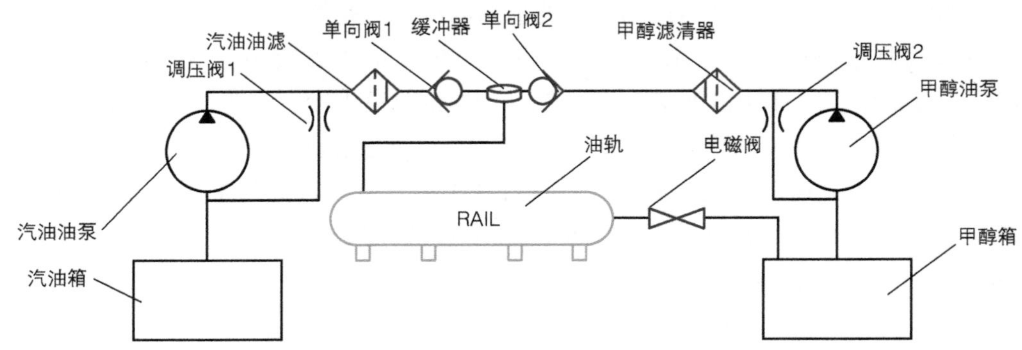

图 10-16　汽油 - 甲醇单油轨喷嘴总成

从发动机布置角度考虑，汽油 - 甲醇双油轨喷嘴总成是不利的。此方案的甲醇和汽油喷嘴为独立的两个件，可以使喷嘴的设计达到最优匹配。图 10-17 为汽油 - 甲醇双油轨喷嘴总成示意图。

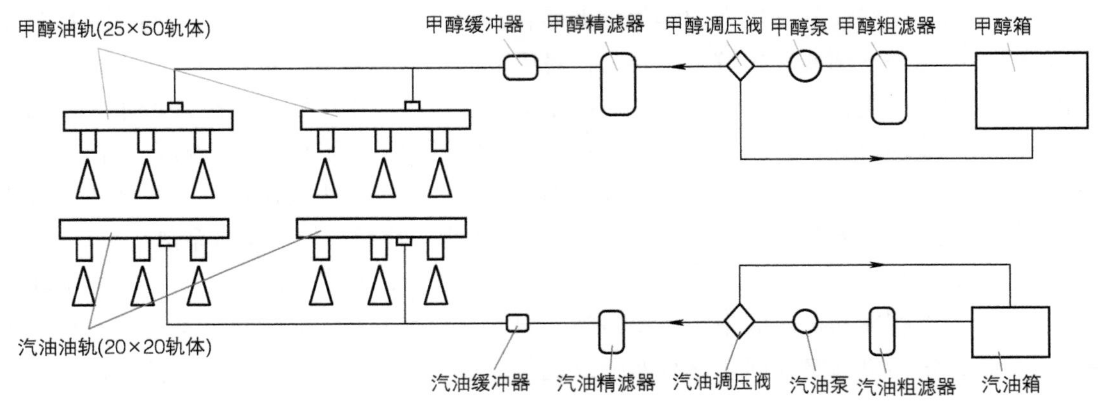

图 10-17　汽油 - 甲醇双油轨喷嘴总成

对于汽油 - 甲醇双油轨喷嘴总成方案来说，若把汽油喷嘴布置在重型甲醇发动机的进气管总成上，在环境潮湿的寒冷区域，汽油喷嘴头部更容易结冰，从而导致冰堵塞喷孔使喷嘴无法喷油，进而导致低温冷起动失败。所以，在采用此方案时，应避免喷嘴头部融冰或防止结冰。

10.3.2　甲醇添加剂的使用

在介绍甲醇添加剂之前，首先阐述汽油 T10 的概念及其对发动机低温冷起动的影响。绝大部分液体燃料不是单烃或纯化学物质，而是复杂的有机混合物，各组分的沸点不同，所以沸点不是一个常数而是有一定的范围，这个沸点的范围叫作馏程。将 100mL 燃料按规定的方法进行加热使其沸腾，然后将燃料蒸气通过冷凝装置冷却为液体，从冷凝管中流出第一滴液体燃料时的温度，到蒸馏结束时的最高温度，就是燃料的馏程。蒸出第一滴液体燃料时的温度称为馏出点，馏出 10mL、50mL、90mL 时的温度分别为 10%、50%、90% 馏出温度，分别用 T10、T50、T90 表示。蒸馏完毕时的最高温度，称为终馏点或干点（EP）。

对于汽油机，T10 反映汽油中轻质组分的多少，与汽油的冷起动相关。汽油机冷起动时，转速和空气流速都很低，而且管壁或缸壁温度比低，因此汽油雾化差，蒸发量少。T10 越低，汽油机的冷起动性能越好，但此温度过低，汽油往往会在管路中受发动机高温零部件的加热而变成蒸气，容易形成气阻，影响汽油机正常运转。汽油国标要求 T10 不高于 70℃。

T50 反映汽油的平均蒸发性，直接影响发动机的暖机时间、加速性和工作稳定性。汽油国标要求 T50 不高于 120℃。T90 和 EP 反映汽油中重质组分的多少，对汽油能否完全燃烧和发动机磨损大小有一定的影响，这两个温度过高，说明汽油中的重质成分在气缸中不易挥发而附在气缸壁上，燃烧时容易产生积炭。没有完全燃烧的重质汽油还会冲洗掉气缸壁的润滑油，加剧机械磨损和导致机油稀释。汽油国标要求 T90 不高于 190℃。

在甲醇燃料中加入易挥发的组分，使它能有好的前端挥发性能，馏分温度特性接近冬季使用的传统燃料，例如参考汽油的 T10。例如在醇中加入异戊烷可以提高其蒸气压，其变化关系如图 10-18 所示。在甲醇中加入 10% 的异戊烷，就可以使其蒸气压力达到冬季用汽油所具有的数值。表 10-5 列出了异戊烷和异辛烷的主要理化性质。

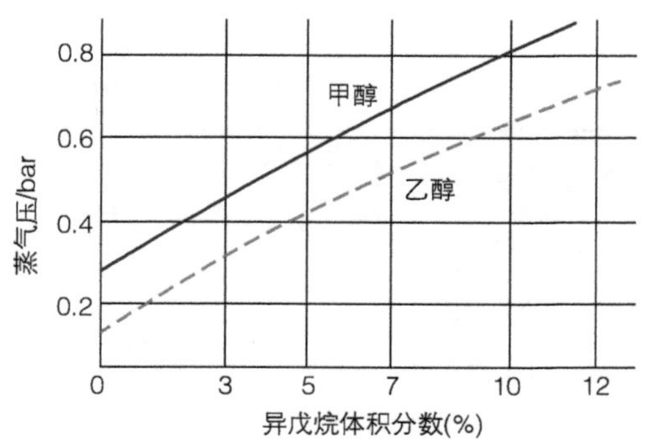

图 10-18　醇燃料蒸气压与异戊烷添加量的关系

表 10-5　异戊烷和异辛烷的主要理化性质

名称	比重 d_4^{20}	沸程 /℃	凝点 /℃	蒸气压 /mmHg	
工业异戊烷	0.616 ~ 0.640	24 ~ 120	−159.6	954 ~ 1080	
工业异辛烷	0.962 ~ 0.711	59 ~ 186	—	97 ~ 200	
名称	热值 /（kcal/kg）	蒸发热 /（kcal/kg）	黏度（20℃）/cSt	辛烷值	
				马达法（无铅）	研究法（铅 3mg/kg）
工业异戊烷	11620	85	0.28	90	105.6 ~ 111
工业异辛烷	11200	75	0.50	89 ~ 99	142 ~ 144

注：1mmHg = 133.322Pa；1kcal = 4186.8J；1cSt = $10^{-6}m^2/s$。

在甲醇中加入不同含量的异戊烷后，冷起动温度范围的变化如图 10-19 所示。从图中可以看出，增加异戊烷的含量，会使冷起动的温度点下降。但异戊烷的含量超过 10%（容积比）时，作用不大。

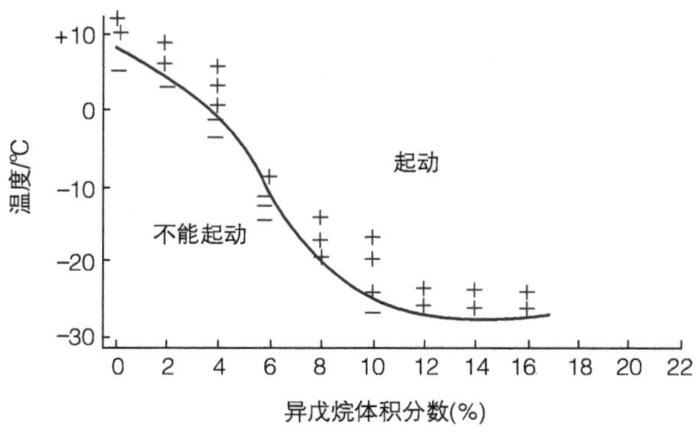

图 10-19　甲醇燃料中异戊烷的含量对冷起动温度范围的影响

除了异戊烷外，还有其他几种改善醇燃料冷起动性能的产品。从表 10-6 可以看出混合丁烷及异戊烷的蒸气压能达到 0.9bar，而石油醚的挥发性差，蒸气压低，但是它们的着火温度低。

表 10-6　在甲醇中加入不同添加剂的燃料蒸气压

改善起动性的成分	掺入量与蒸气压		着火温度 /℃	爆炸界限容积比（%）		沸点 /℃
	重量比（%）	蒸气压（RVP）/bar		下限	上限	
混合丁烷（C_4）	3.5	0.90	365 ~ 465	1.5 ~ 1.8	8.5 ~ 8.8	−20
异戊烷（I-C_5）	8.5	0.90	420	1.3	7.6	28
	5.8	0.90	240	3.0	18.6	28
石油醚（4060）	10	0.65	300	1.3	6.0	40 ~ 60
	20	0.55	170	1.7	36.0	34
	20	0.35	460	1.65	8.4	55.6
纯甲醇	100	0.27	400	6.0	36.0	65
汽油			230 ~ 260	1.2	6.0	30 ~ 180

在醇燃料中加入上述的一些添加剂，可以改善冷起动性能，但长时间存储会逐步挥发掉而使燃料蒸气压降低。图 10-20 表明了这些混合燃料与冬季用汽油的蒸气压随时间的延长而降低的情况。到了 40h 以后，蒸气压降低并保持在 0.4 ~ 0.5bar。

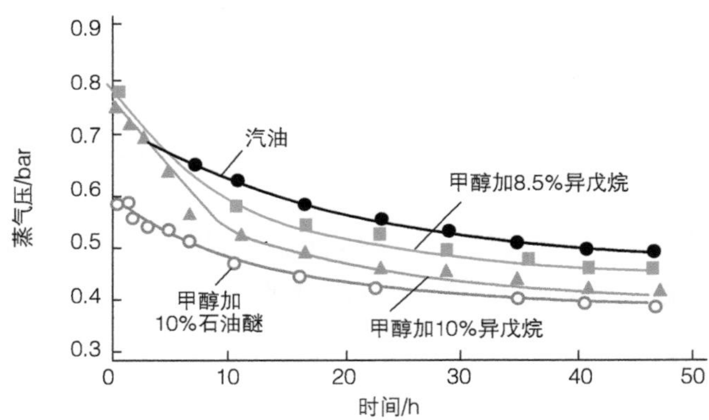

图 10-20　加添加剂后甲醇燃料的挥发性（雷特蒸气压）与时间的关系

有一种观点认为，甲醇是单烃化学物质，其理化特性在发动机中表现的腐蚀和冷起动问题不宜通过加入添加剂来解决。应在保持甲醇这一纯化学物质特性的前提下，寻找其他的解决方案。

10.3.3　发动机机体循环水加热

对甲醇发动机的小循环水进行加热，通过水循环直接加热机体，使燃烧室和进气道温度升高，这样当甲醇喷射到壁面和进气燃烧室时可提高甲醇的蒸发性。加热循环水的热能可以来自于电力，也可以来自于发动机体外的甲醇燃烧器，本节所述为通过电力加热提供热能的方案。如图 10-21 所示，带电力加热功能的电子水泵与发动机的小循环水路连接在一起，当完成加热功能后关闭电磁阀 1 和电磁阀 2，并使电子水泵停止工作。

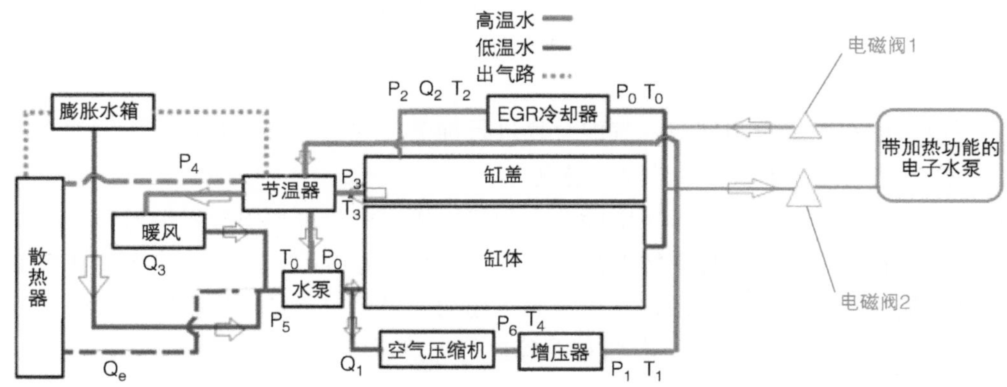

图 10-21　带加热功能的电子水泵与发动机的小循环水路连接

由于此方案的电量需求高，纯甲醇发动机驱动的车辆其电池能力难以满足需求，更适用于搭载增程式甲醇发动机的车辆，增程式车辆上动力电池可提供小循环水加热所需的电量。

发动机小循环水加热方案低温起动技术上是可行的，但由于加热时间较长，在实际应用中尚需做出很多工程努力，例如精确计算小循环水量、匹配更小型号电子水泵、优化加热器等，以期缩短加热时间、降低电能需求。表 10-7 为某重型发动机的试验数据。

表 10-7　小循环水加热方案

试验温度 /℃	小循环水加热时间 /min	目标水温 /℃	起动次数	起动时间 /s
0	10	40	1	3
−10	15	40	1	3
−15	18	40	1	3

10.4 燃料相变和改性技术的应用前景

液态甲醇（或雾化的液滴）汽化吸热后变为气态，我们称之为甲醇相变，甲醇汽化的程度由环境温度决定，这是个物理过程。若通过化学反应把甲醇变为另一种性质的可燃气态燃料，例如以氢气为主的混合气体，则完全规避温度对甲醇发动机冷起动的影响，可称之为甲醇改性。

10.4.1　甲醇燃料相变

此处所谓甲醇燃料相变主要是指促进甲醇从液态快速变成气态的技术，或者说是促进甲醇快速蒸发的技术，而这个变化的过程，需要额外的热量。可以在甲醇燃料喷出之前，在供给系统内部对其进行直接加热，例如油箱内加热、管路加热、油轨加热、喷嘴加热等，其目的都是使液态甲醇升温，使喷出之后能够更快更好地蒸发。也可以在甲醇燃料供给系统之外，即在甲醇喷出之后，对喷出的位置、穿过区域的加热元件进行间接加热甲醇，即甲醇在加热部位或元件上进行迅速蒸发，例如进气总管的加热格栅、进气歧管的加热格栅、进气道壁面上增加加热元件等。

还可以考虑在燃烧室内部对油气混合气进行加热，这是最直接有效的，例如在火花塞上综合预热塞的功能，即设计加热型火花塞。

在发动机冷起动前，可以采用电能首先加热甲醇。由于重型甲醇发动机较大的甲醇需求量和甲醇燃料供给系统内部甲醇的高流速特点，在低温冷起动前，使用电能在燃油系统内部对甲醇加热升温的过程缓慢，发动机的冷起动效果差，不是理想方案。理想的方案是在甲醇燃料喷出之后在进气系统内部对甲醇进行加热或在燃烧室内部加热，这是最直接、有效的，此方案将会大幅提升发动机冷起动性能和发动机正常工作时的热效率。下面重点介绍上述两种方案对应的措施。

1. 预热火花塞加热缸内油气混合气

甲醇燃料发动机冷起动困难，不仅因为甲醇的挥发性差，还因为在火花塞电极周围容易附着或形成冷凝的甲醇液滴，导电性好的甲醇破坏了绝缘，形成短路，导致放电失败。据文献显示，有研究机构开发过加热型火花塞，该加热火花塞的功率为 30W，可以在起动时预热火花塞电极，温度可达约 500℃，低温环境下进入燃烧室内部的不良油气混合气，在预热火花塞周围形成达到点火浓度的可燃混合气。此方案可以确保 M85 汽车在 −25℃下顺利起动，对于 M100 甲醇发动机的冷起动也有明显作用，如图 10-22 所示。

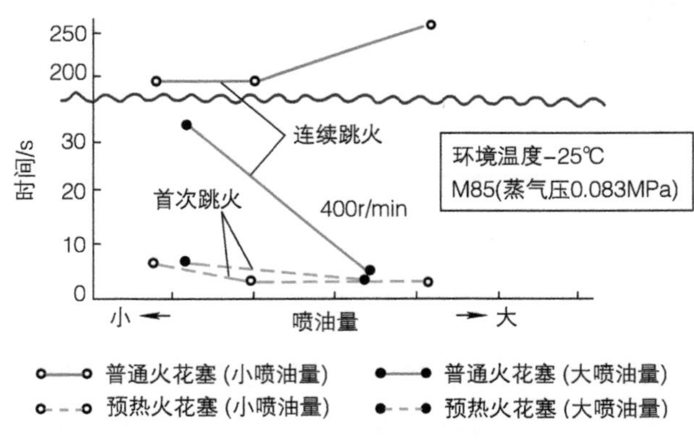

图 10-22　预热及普通火花塞冷起动比较

2. 进气加热格栅加热甲醇油束

进气加热格栅（图 10-23、图 10-24）加热方案的原理是：使甲醇喷嘴喷出的液态油雾穿过进气加热法兰，让雾状的甲醇液滴在加热法兰上吸热发生相变，变成甲醇蒸气，同时随着气流进入各缸的进气道。此方案不仅加热了甲醇，也同时加热了空气，起动效果显著。

图 10-23　进气加热格栅在发动机上的布置位置

图 10-24　2.4kW 的 PTC 进气加热格栅

进气加热格栅方案对甲醇发动机的低温冷起动效果是显著的，见表 10-8。但此方案会带来其他问题，第一个问题是需要甲醇车辆配备大容量的电池，以满足进气加热格栅的加热功率需求；第二个问题是需要对进气格栅的密度、进气流阻做优化设计，以确保满足发动机的进气需求。通过这两个问题也可以看出，进气加热格栅方案更适合搭载于甲醇增程式混动车辆或混动车辆。

表 10-8　采用进气加热格栅方案对应的发动机冷起动时间（示例）

环境温度 /℃	低温冷起动结果
10	—
5	—
0	法兰加热 22s，内部 50℃，发动机 1s 起动成功
−5	法兰加热 28s，内部 50℃，发动机 1s 起动成功
−10	法兰加热 35s，内部 80℃，发动机 1s 起动成功
−15	—
−20	法兰加热 42s，内部 100℃，发动机 1s 起动成功

10.4.2　甲醇裂解改性

甲醇发动机可使用甲醇催化裂解后产生 H_2 和 CO 组成以氢气为主的富氢混合气，富氢气体可以作为辅助燃料用来完成发动机的低温冷起动。甲醇的催化裂解反应：

$$CH_3OH \rightarrow CO + 2H_2 \tag{10-3}$$

在一定温度、压力以及专用催化剂的作用下，甲醇发生裂解反应。甲醇在 260 ~ 280℃开始裂解，其过程为吸热反应，需要将甲醇加热成甲醇蒸气，再进行催化裂解。

利用发动机的尾气余热可以实现甲醇裂解制富氢混合气的温度条件，也就是利用来自发动机排出的高温废气去维持甲醇裂解器进行化学反应需要的热量。通过对废气热量的充分吸收维持合适的裂解反应温度，裂解产生的高温富氢混合气被最终引入发动机内部参与燃烧。通过此项技术实现了对发动机废气余热的合理利用，同时由于气态燃料的参与改善了发动机的燃烧质量，最终实现发动机系统热效率和经济性的提高。

甲醇裂解制取的富氢混合气可提前在车辆上用较小的低压储气罐进行预存储，以满足车辆的冷起动需求。对于冬季装配的车辆或预存储的富氢混合气已耗尽的车辆，可利用在甲醇裂解器内部设置的电加热元件预热裂解器并激活催化剂，用于首次起动产生富氢裂解气。

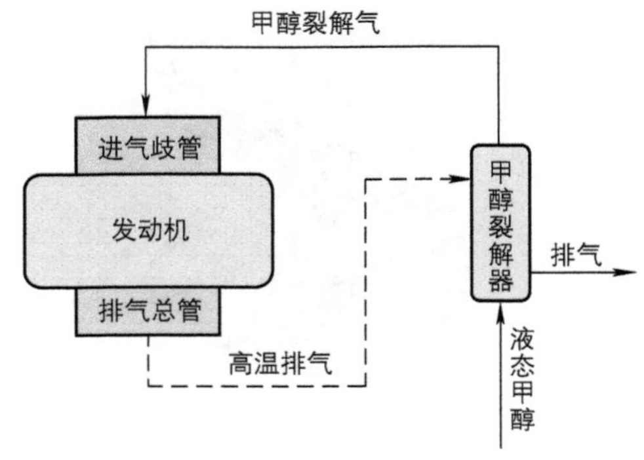

图 10-25　催化燃烧裂解室与发动机的连接简图（实线部分）

甲醇裂解气与发动机的连接和起动过程：甲醇裂解气通过出气管与发动机上的混合器连接，通过混合器与空气预混后，在起动发动机时进入燃烧室通过火花塞点燃，如图 10-25 所示。

上述系统为利用发动机尾气预热而设计，可以连接在发动机排气管上，也可以旁通在排气管上。这一技术方案的详细内容可以查阅相关公开专利。

这一技术方案的问题是富氢气体中存在较多 CO，研究表明 CO 在 800℃以上时，容易在发动机内部产生积炭：

$$2CO \rightarrow 2C + O_2 \tag{10-4}$$

10.4.3　甲醇重整改性

甲醇与水蒸气在一定的温度、压力条件下通过催化剂，发生甲醇裂解反应和一氧化碳的变换反应，生成氢和二氧化碳，见式（10-5）。这是一个多组分、多反应的气固催化反应系统，此反应过程为吸热反应。

$$\begin{gathered} CH_3OH \rightarrow CO + 2H_2 \\ H_2O + CO \rightarrow CO_2 + H_2 \\ CH_3OH + H_2O \rightarrow CO_2 + 3H_2 \end{gathered} \tag{10-5}$$

发动机尾气预热不仅可以用于甲醇裂解制氢，亦可以用于甲醇水重整制氢的反应，即采用 M100 甲醇和去离子水进行一定比例的混合，通过重整器的重整制氢技术，实现车载制取富氢混合气。由于甲醇重整产生的大部分气体是氢气，既可以作为甲醇发动机的低温冷起动燃料，又可以作为甲醇发动机在正常工作时的掺烧燃料，避免甲醇裂解产生大量 CO 而易于产生积炭的问题。通过此项技术，不仅能有效解决甲醇发动机的低温冷起动问题，而且能通过掺烧富氢混合气改善甲醇发动机的燃烧质量，提高甲醇发动机的燃烧效率。利用发动机尾气余热进行甲醇重整制氢技术的方案原理和甲醇裂解制氢系统类似，系统原理图如图 10-26 所示。

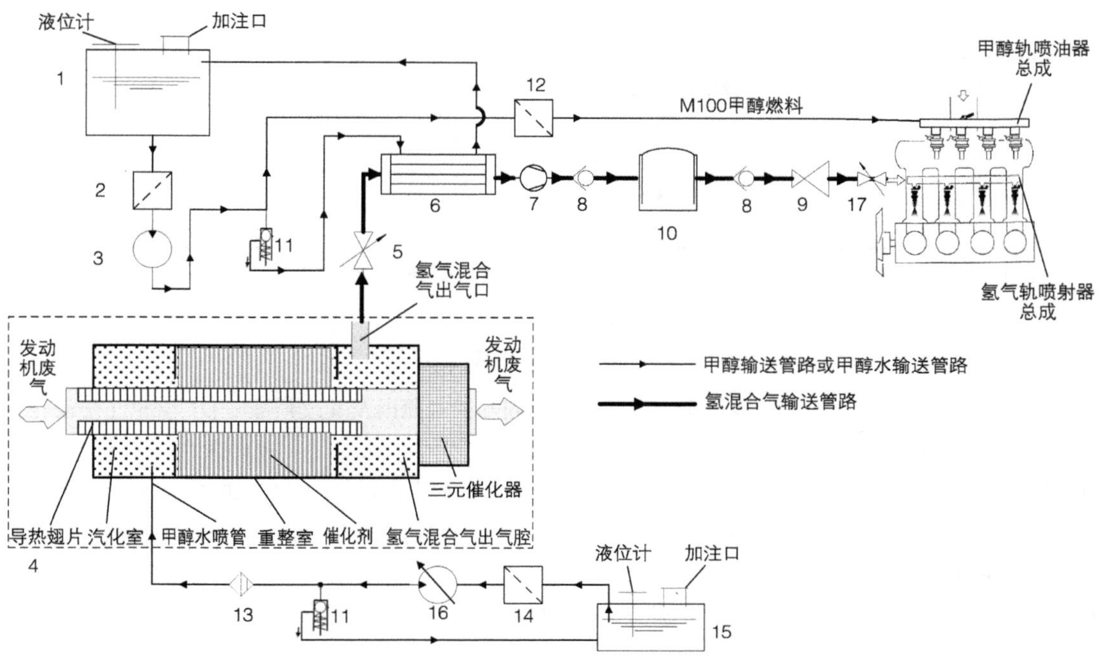

图 10-26　车载甲醇重整制富氢混合气系统技术方案原理图

1—甲醇箱　2—甲醇过滤器　3—输送泵　4—甲醇水重整制氢器总成　5—氢气混合气电磁截止阀　6—换热器　7—氢气混合气循环泵　8—单向阀　9—增压机　10—缓冲罐　11—调压阀　12—甲醇过滤　13—甲醇水精滤　14—甲醇水过滤器　15—甲醇水箱　16—可变流量泵　17—甲醇电磁截止阀

利用发动机的尾气余热实现甲醇重整制氢技术，根据实际的实验数据：产 1.1Nm^{3}㊀氢气需要 0.996L 甲醇水，不考虑二氧化碳高温蒸气的潜热，反应后的物质热值提升约 17.4%，而这个过程是通过吸收发动机尾气余热实现的。详细计算过程见表 10-9。

表 10-9　利用发动机尾气余热的甲醇水重整制氢热值提升计算 [7]

<table>
<tr><td colspan="3">$CH_3OH + H_2O = 3H_2 + CO_2 - 49.5kJ/mol$</td></tr>
<tr><td colspan="3">利用发动机尾气余热：每生成 1.1Nm^3 氢气，需要 0.966L 甲醇水溶液</td></tr>
<tr><td rowspan="2">甲醇水溶液</td><td>体积</td><td>0.96L</td></tr>
<tr><td>甲醇浓度</td><td>69%</td></tr>
<tr><td rowspan="6">甲醇</td><td>体积</td><td>0.66L</td></tr>
<tr><td colspan="2">甲醇密度：0.79g/mL</td></tr>
<tr><td>质量</td><td>521.4g</td></tr>
<tr><td colspan="2">甲醇高热值：22.67kJ/g</td></tr>
<tr><td>燃烧热</td><td>11820.138kJ</td></tr>
</table>

㊀ 1Nm^3 表示标况下（0℃、101.325kPa）气体占据 1m^3。

（续）

氢气	体积	1.1Nm^3
	氢气密度：0.089g/L	
	质量	97.9g
	氢气高热值：141.8kJ/g	
	燃烧热	13882.22kJ

注：氢气燃烧热与甲醇燃烧热差值为 2062.082kJ，吸收发动机尾气热量后热值提升约为 17.4%

参考文献

[1] 王力强，张凤田，王军，等．浅析车辆发动机低温起动困难原因及其改善措施 [J]. 黑龙江交通科技，1998, 1: 55-56.

[2] 朱建军，寇子明，王淑平，等．纯甲醇发动机冷起动系统的研发 [J]. 汽车工程，2011, 33(4): 298-301.

[3] 宫长明，王舒，刘家郡，等．环境温度对点燃式甲醇发动机冷起动性能的影响 [J]. 吉林大学学报（工学版），2009, 39(1): 7-31.

[4] 宫长明，李朝晖，屈翔，等．点燃式甲醇发动机冷启动临界着火边界 [J]. 吉林大学学报（工学版），2016, 46(4): 1118-1123.

[5] 崔心存．醇燃料与灵活燃料汽车 [M]. 北京：化学工业出版社，2010.

[6] 浙江吉利新能源商用车有限公司．一种利用发动机余热进行甲醇裂解的废气循环装置：201810041563.3[P]. 2018-06-22.

[7] 谢克昌，房鼎业．甲醇工艺学 [M]. 北京：化学工业出版社，2010.

第 11 章 排放与诊断

满足排放法规是汽车生产和销售的强制性条件。排放法规简单地可以分为排放限值、试验方法和 ODB 诊断等几个方面。在国六排放法规中，对于轻型车辆是在整车层面上被要求的，而对于重型车辆（或商用车辆）在整车和发动机两个方面都有具体的要求，对甲醇汽车还有未燃甲醇等特定要求。本章所述内容主要集中在重型甲醇商用车方面。

11.1 甲醇汽车相关的排放法规

11.1.1 甲醇汽车相关排放法规

2019 年 3 月 19 日，工业和信息化部联合生态环境部、发展改革委、交通部、公安部等八部委发布了《关于在部分地区开展甲醇汽车应用的指导意见》（工信部联节〔2019〕61 号）。

通知要求新生产重型甲醇汽车按《重型柴油车污染物排放限值及测量方法（中国第六阶段）》（GB 17691—2018）规定的方法和限值进行型式检验。

对纳入《道路机动车辆生产企业及产品公告》并符合《机动车运行安全技术条件》（GB 7258）等国家机动车安全技术标准的甲醇车辆，依法办理机动车登记，燃料种类签注为甲醇，发放普通机动车号牌。

严禁甲醇汽车改装为其他燃料汽车，严禁其他燃料汽车改装为甲醇汽车。

此通知是在重型甲醇发动机有了很大发展的背景下发布的，促进了甲醇发动机与传统燃料的发动机现有排放法规体系接轨。在执行传统燃料第六阶段法规的基础上，对非常规排放污染物限值进行了加严，甲醛（CH_2O）排放限值调整为 20mg/（kW · h），同时第一次提出了未燃甲醇的排放限值 20mg/（kW · h）。

11.1.2 甲醇排放法规的排放指标及限值

GB 17691—2018 标准中规定了装用压燃式发动机汽车及其发动机所排放的气态和颗粒污染物的排放限值及其测试方法，以及装用以天然气或液化石油作为燃料的点燃式发动机汽车及其发动机所排放的气态污染物的排放限值及测量方法。

标准中规定了柴油机、单一燃料气体机和双燃料发动机的型式检验项目，见表 11-1，

其中包括了标准循环（WHSC 和 WHTC）和非标准循环（WNTE 和 PEMS）、曲轴箱通风、耐久性、OBD 和 NO_x 控制等。

表 11-1　检验项目

<table>
<tr><th colspan="3">检验项目</th><th>柴油机</th><th>单一气体燃料机</th><th>双燃料发动机</th></tr>
<tr><td rowspan="6">标准循环</td><td rowspan="3">稳态工况（WHSC）</td><td>气态污染物</td><td rowspan="3">进行</td><td rowspan="3">—</td><td rowspan="3">进行</td></tr>
<tr><td>颗粒物（PM）
粒子数量（PN）</td></tr>
<tr><td>CO_2 和油耗</td></tr>
<tr><td rowspan="3">瞬态工况（WHTC）</td><td>气态污染物</td><td rowspan="3">进行</td><td rowspan="3">进行</td><td rowspan="3">进行</td></tr>
<tr><td>颗粒物（PM）
粒子数量（PN）</td></tr>
<tr><td>CO_2 和油耗</td></tr>
<tr><td rowspan="3">非标准循环</td><td rowspan="2">发动机台架非标准循环（WNTE）</td><td>气态污染物</td><td>进行</td><td>—</td><td>进行</td></tr>
<tr><td>颗粒物（PM）</td><td>进行</td><td>进行</td><td>进行</td></tr>
<tr><td colspan="2">整车车载法（PEMS）试验</td><td>进行</td><td>进行</td><td>进行</td></tr>
<tr><td colspan="3">曲轴箱通风</td><td>进行</td><td>进行</td><td>进行</td></tr>
<tr><td colspan="3">耐久性</td><td>进行</td><td>进行</td><td>进行</td></tr>
<tr><td colspan="3">OBD</td><td>进行</td><td>进行</td><td>进行</td></tr>
<tr><td colspan="3">NO_x 控制</td><td>进行</td><td>—</td><td>进行</td></tr>
</table>

发动机标准循环的排放限值见表 11-2，发动机非标准循环（WNTE）排放限值见表 11-3，整车试验排放限值见表 11-4。

表 11-2　发动机标准循环排放限值

试验	CO/[mg/（kW · h）]	THC/[mg/（kW · h）]	NMHC/[mg/（kW · h）]	CH_4/[mg/（kW · h）]	NO_x/[mg/（kW · h）]	NH_3/ppm	PM/[mg/（kW · h）]	PN/[#/（kW · h）]
WHSC 工况（CI①）	1500	130	—	—	400	10	10	8.0×10^{11}
WHTC 工况（CI①）	4000	160	—	—	460	10	10	6.0×10^{11}
WHTC 工况（PI②）	4000	—	160	500	460	10	10	6.0×10^{11}

① CI 表示压燃式发动机。

② PI 表示点燃式发动机。

表 11-3　发动机非标准循环（WNTE）排放限值

试验	CO/[mg/（kW · h）]	THC/[mg/（kW·h）]	NO_x/[mg/（kW·h）]	PM/[mg/（kW · h）]
WNTE 工况	2000	220	600	16

表 11-4　整车试验排放限值①

发动机类型	CO/[mg/（kW·h）]	THC/[mg/（kW·h）]	NO_x/[mg/（kW·h）]	PN②/[#/（kW·h）]
压燃式	6000	—	690	1.2×10^{12}
点燃式	6000	240（LPG） 750（NG）	690	—
双燃料	6000	1.5×WHTC 限值	690	1.2×10^{12}

① 应在同一次试验中同时测量 CO_2 并同时记录。
② PN 限值从 6b 阶段开始实施。

排放控制装置的耐久性要求：

1）发动机 - 后处理的气态污染物与颗粒物排放，应在有效寿命期内符合表 11-2 的排放限值的要求。

2）型式检验，确定发动机系统或发动机 - 后处理系统的劣化系数，证明其排放耐久性符合标准的要求。

3）发动机 - 后处理系统的污染物排放控制装置耐久性应满足表 11-5 规定的有效寿命期（里程或时间周期）。

表 11-5　有效寿命期

分　类	有效寿命期①	
	行驶里程	使用时间
用于 M_1、N_1 和 M_2 车辆	200000km	5 年
用于 N_2 类车辆；最大设计总质量不超过 18 吨的 N_3 类车辆；M_3 类中的 Ⅰ 级、Ⅱ 级和 A 级车辆；以及最大设计总质量不超过 7.5 吨的 M_3 类中的 B 级车辆	300000km	6 年
用于最大设计总质量超过 18 吨的 N_3 类车辆；M_3 类中的Ⅲ级车辆；以及最大设计总质量超过 7.5 吨的 M_3 类中的 B 级车辆	700000km	7 年

① 有效寿命期中的行驶里程和实际使用时间，两者以先到为准。

重型甲醇发动机执行的检验项目、排放限值及测量方法参照单一气体燃料机，由于甲醇本身含氧，碳链简单、纯度较高、着火范围广，不容易失火，因此甲醇燃料的发动机比传统燃料的发动机更加清洁。

11.2 甲醇发动机排放物产生的机理

甲醇燃料发动机的尾气排放一般包括常规排放污染物和非常规污染物。常规排放污染物包括 CO、HC、NO_x 以及颗粒物等。非常规排放污染物包括甲醛和未燃甲醇。

甲醇是一种含氧燃料，燃烧进行得更充分、更完全。汽车燃烧甲醇燃料时常规排放污染物 CO、HC、NO_x 相较于传统燃料都有不同程度的减少，一般情况下，CO 排放下降 30% ~ 35%，HC 排放量下降 25% ~ 30%，NO_x 排放量下降 20% ~ 25%。汽车燃料碳链的长短是影响微粒物排放的主要因素，碳链越长的燃料，颗粒物排放越多。柴油所含碳氢化合物的碳原子数为 12 ~ 260 个；汽油为 7 ~ 16 个；甲醇只有一个碳原子。由此可见，甲醇燃料颗粒物排放低是必然的。

11.2.1 常规排气污染物产生机理

甲醇发动机燃烧排放污染物的生成机理研究尚不充分，但与同为点燃式的气体发动机、汽油发动机类似，可以作为参考。

1. 一氧化碳（CO）

排放尾气中的 CO 是燃烧不充分导致的，是氧气不足或者混合不均匀燃烧而生成的中间产物。

甲醇混合气中的氧气量充足时：

$$2CH_3OH + 3O_2 \rightarrow 2CO_2+4H_2O$$

甲醇混合气中的氧气量不足时：

$$CH_3OH + O_2 \rightarrow CO+2H_2O$$

可见，如果混合气中的氧气量充足，理论上燃料燃烧后不会存在 CO；但当氧气量不足或者缸内局部缺氧，就会有部分燃料不能完全燃烧而生成 CO。

在非分层燃烧的汽油机中，可燃混合气基本上是均匀的，其 CO 排放量几乎完全取决于可燃混合气的空燃比 α 或过量空气系数 λ。如图 11-1 所示为 11 种 H/C 比值不同的燃料在汽油机中燃烧后，排气中 CO 的摩尔分数 x_{CO} 与 α 和 λ 的关系。

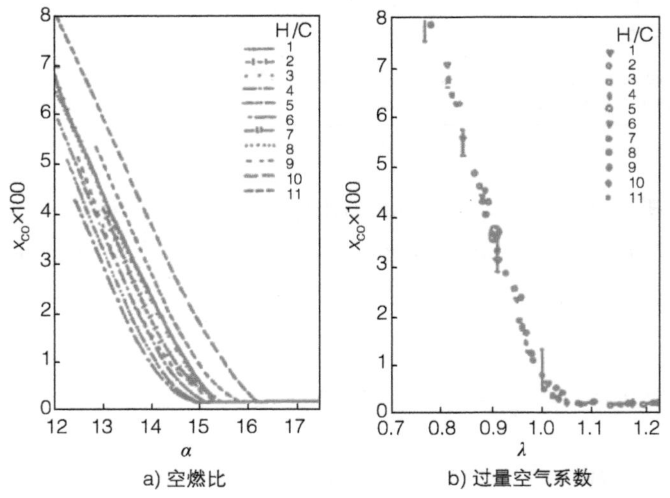

图 11-1 汽油机 CO 排放量 x_{CO} 与空燃比 α 及过量空气系数 λ 的关系

由图 11-1 可以看出，在浓混合气（$\lambda < 1$）中，CO 的排放量随 λ 的减小而增加，这是因缺氧引起不完全燃烧所致。在稀混合气（$\lambda > 1$）中，CO 的排放量都很小，只有在 $\lambda = 1.0 \sim 1.1$ 时，CO 的排放量才随 λ 有较复杂的变化。

在膨胀和排气过程中，气缸内压力和温度下降，CO 氧化成 CO_2 的过程不能用相应的平衡方程精确计算。受化学反应动力学影响，大约在 1100K 时，CO 浓度冻结。汽油机起动暖机和急加速、急减速时，CO 排放比较严重。

在柴油机的大部分运转工况下，其过量空气系数 λ 都在 1.5 ~ 3 之间，故其 CO 排放量要比汽油机低得多，只有在大负荷接近冒烟界限（λ = 1.2 ~ 1.3）时，CO 的排放量才大量增加。由于柴油机燃料与空气混合不均匀，其燃烧空间总有局部缺氧和低温的地方，以及反应物在燃烧区停留时间较短，不足以彻底完成燃烧过程而生成 CO，这就可以解释图 11-2 中在小负荷时尽管 λ 很大，CO 排放量反而上升。类似的情况也发生在柴油机起动后的暖机阶段和怠速工况中。

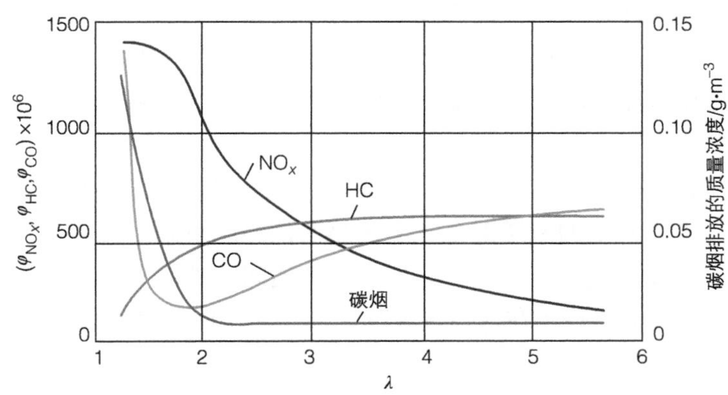

图 11-2　典型的车用直喷式柴油机排放污染物量与过量空气系数 λ 的关系

甲醇是含氧燃料，除碳和氢外，还含有一定比例的氧，氧原子本身不能自燃，不能提供能量，但能助燃，使得发动机的燃烧进行得更充分、更完全，比常规燃料的 CO 不同程度地减少。一般情况下，CO 排放下降 30% ~ 35%。

2. 碳氢化合物（HC）

车用发动机的碳氢排放物中有未完全燃烧的燃料，包括其中小部分由润滑油不完全燃烧而生成。排气中未燃碳氢物的成分十分复杂，其中有些是原来燃料中不含有的成分，这是部分氧化反应所致。

车用发动机在正常运转情况下，HC 的生成区主要位于气缸壁的四周处，故对整个气缸容积来说是不均匀的，而且对排气过程而言 HC 的分布也是不均匀的。在发动机一个工作循环内，排气中 HC 的浓度出现两个峰值，一个出现在排气门刚打开时的先期排气阶段，另一个峰值出现在排气行程结束时。HC 的生成主要由火焰在壁面淬冷、缝隙效应、润滑油膜的吸附和解吸、燃烧室内沉积物的影响、体积淬熄及碳氢化合物的后期氧化所致。

下面主要针对汽油机分别进行讨论，结论同样适用于甲醇发动机。

（1）火焰在壁面淬冷　火焰淬冷的形成方式有两种，即单壁淬冷和双壁淬冷。前者是火焰接近气缸壁时，由于缸壁附近混合气温度较低，使气缸壁面上薄薄的边界层内的温度降低到混合气自燃温度以下而导致火焰熄灭；边界层内的混合气未燃烧或未燃烧完全就直接进入排气而形成未燃 HC，此边界层称为淬熄层；发动机正常运转时，其厚度在 0.05 ~ 0.4mm 之间变动，在小负荷时或温度较低时淬熄层较厚。双壁淬冷是在活塞顶部和气缸壁所组成的很小的环形间隙中，火焰传不进去，使其中的混合气不能燃烧，在膨胀过程中逸出形成 HC 排放。

在正常运转工况下，淬熄层中的未燃 HC 在火焰前锋面掠过后，大部分会向燃烧室中心扩散并完成氧化反应，使未燃 HC 的浓度大大降低。但是在发动机冷起动、暖机和怠速等工况下，因燃烧室壁面温度较低，形成的淬熄层较厚，同时已燃气体温度较低及混合气较浓，使后期氧化作用较弱，因此壁面火焰淬熄是此类工况下未燃 HC 的重要来源。

（2）缝隙效应　在车用发动机的燃烧室内有各种狭窄的间隙，如活塞组与气缸壁之间的间隙、火花塞中心电极与绝缘子根部周围狭窄空间和火花塞螺纹之间的间隙、进排气门与气门座面形成的密封带狭缝、气缸盖垫片处的间隙等，当间隙小到一定程度，火焰不能进入便会产生未燃 HC。

在压缩过程中，缸内压力上升，未燃混合气挤入各间隙中，这些间隙的容积很小但具有很大的面容比，进入其中的未燃混合气因传热而使温度下降。在燃烧过程中压力继续上升，又有一部分未燃混合气进入各间隙。当火焰到达间隙处时，火焰有可能传入使间隙内的混合气得到全部或部分燃烧（在入口较大时），但也有可能火焰因淬冷而熄灭，使间隙中混合气不能燃烧。随着膨胀过程开始，气缸内压力不断下降。大约从压缩上止点后 15℃A 开始，间隙内气体返回气缸内，这时气缸内温度已下降，氧的浓度也很低，流回气缸的可燃气再氧化的比例不大，一半以上的未燃 HC 直接排出气缸。狭隙效应产生的 HC 排放可占其总量的 50% ~ 70%。

（3）润滑油膜对燃油蒸气的吸附与解吸　在进气过程中，气缸壁面和活塞顶面上的润滑油膜溶解和吸收了进入气缸的可燃混合气中的碳氢化合物蒸气，直至达到其环境压力下的饱和状态，这种溶解和吸收过程在压缩和燃烧过程中的较高压力下继续进行。在燃烧过程中，当燃烧室燃气中的 HC 浓度由于燃烧而下降至很低时，油膜中的 HC 开始向已燃气解吸，此过程将持续到膨胀和排气过程。一部分解吸的燃油蒸气与高温的燃烧产物混合并被氧化；其余部分与较低温度的燃气混合，因不能氧化而成为 HC 排放源。这种类型的 HC 排放与燃油在润滑油中的溶解度成正比。使用不同的燃料和润滑油，对 HC 排放的影响不同，使用气体燃料则不会生成这种类型的 HC。润滑油温度升高，使燃油在其中的溶解度下降，于是降低了润滑油在 HC 排放中所占的比例。由润滑油膜吸附和解吸机理产生的未燃 HC 排放占其总量的 25% 左右。

（4）碳氢化合物的后期氧化　在发动机燃烧过程中未燃烧的碳氢化合物，在以后的膨胀和排气过程中不断从间隙容积、润滑油膜、沉积物和淬熄层中释放出来，重新扩散到高温的燃烧产物中被全部或部分氧化，称为碳氢化合物的后期氧化，包括：

1）气缸内未燃碳氢化合物的后期氧化：在排气门开启前，气缸内的燃烧温度一般超过 950℃。若此时气缸内有氧可供后期氧化（例如当过量空气系数 $\lambda > 1$ 时），碳氢化合物的氧化将很容易进行。

2）排气管内未燃碳氢的氧化：排气门开启后，缸内未被氧化的碳氢化合物将随排气一同排放到排气管内，并在排气管内继续氧化。其氧化条件为：①管内有足够的氧气；②排气温度高于 600℃；③停留时间大于 50ms。

（5）车用柴油机未燃 HC 的生成机理　汽油机未燃 HC 的生成机理也适用于柴油机，但由于两者的燃烧方式和所用燃料的不同，故柴油机的碳氢排放物有其自身的特点，柴油中的碳氢化合物比汽油中的碳氢化合物沸点要高、分子量大，柴油机的燃烧方式使油束中燃油的热解作用难以避免，故柴油机排气中未燃或部分氧化的 HC 成分比汽油机的复杂。柴油机的燃料以高压喷入燃烧室后，直接在缸内形成可燃混合气并很快燃烧，燃料在气缸内停留的时间较短，生成 HC 的相对时间也短，故其 HC 排放量比汽油机少。

（6）甲醇燃料的 HC 的生成机理　汽油机和柴油机的 HC 生成机理同样适用于点燃式的重型甲醇发动机，甲醇为单一碳原子，含氧燃料，沸点低，使得甲醇燃料的发动机燃烧更充分，HC 的排放降低。但是甲醇的汽化潜热值比较高，导致发动机在低温起动和中低负荷的 HC 排放偏高，需要重点关注。

3. 氮氧化物（NO_x）

车用发动机排气中的氮氧化物 NO_x 包含 NO 和 NO_2，其中大部分是 NO，它们是 N_2 在燃烧高温下的产物。

（1）NO 的生成机理　从大气中的 N_2 生成 NO 的化学机理是扩展的泽尔多维奇（Zeldovitch）机理。在化学计量混合比 $\lambda = 1$ 附近导致生成 NO 和使其消失的主要反应式为：

$$O_2 \rightarrow 2O \tag{11-1}$$

$$O + N_2 \rightarrow NO + N \tag{11-2}$$

$$N + O_2 \rightarrow NO + O \tag{11-3}$$

$$N + OH \rightarrow NO + H \tag{11-4}$$

反应式（11-4）主要发生在非常浓的混合气中，NO 在火焰的前锋面和离开火焰的已燃气中生成。汽油机中的燃烧在高压下进行，并且燃烧过程进行得很快，反应层很薄（约 0.1mm）且反应时间很短。早期燃烧产物受到压缩而温度上升，使得已燃气体温度高于刚结束燃烧的火焰带的温度，因此除了混合气很稀的区域外，大部分 NO 在离开火焰带的已燃气中产生，只有很少部分 NO 产生在火焰带中。也就是说，燃烧和 NO 的产生是彼此分离的，应主要考虑已燃气体中 NO 的生成。

NO 的生成主要与温度有关。图 11-3 表示正辛烷与空气的均匀混合气在 4MPa 压力下等压燃烧时，计算得到的燃烧生成的 NO 平衡摩尔分数 x_{NOe} 与温度 T 及过量空气系数 λ 的关系。从图 11-3 中可以看出：在 $\lambda > 1$ 的稀混合气区，x_{NOe} 随温度的升高而迅速增大；在一定的温度下，x_{NOe} 随混合气的加浓而减少；当 $\lambda < 1$ 以后，由于氧不足，x_{NOe} 随 λ 的减小而急剧下降。因此可以得出以下结论：在稀混合气区 NO 的生成主要是温度起作用；在浓混合气区主要是氧浓度起作用。图 11-3 中的虚线表示对应绝热火焰温度下的 NO 平衡摩

尔分数。绝热温度指混合气燃烧后释放的全部热量减去因自身加热和组成变化所消耗的热量而达到的温度，它是过程中可能达到的最高燃烧温度。一般情况下，绝热火焰温度在稍浓混合气（λ 略小于 1）时达到最高值，但由于此时缺氧，故 NO 排放值不是最高，所以，x_{NOe} 最大值出现在稍稀的混合气（λ 稍大于 1）中。若混合气过稀，火焰温度大大下降，使 NO 排放降低。

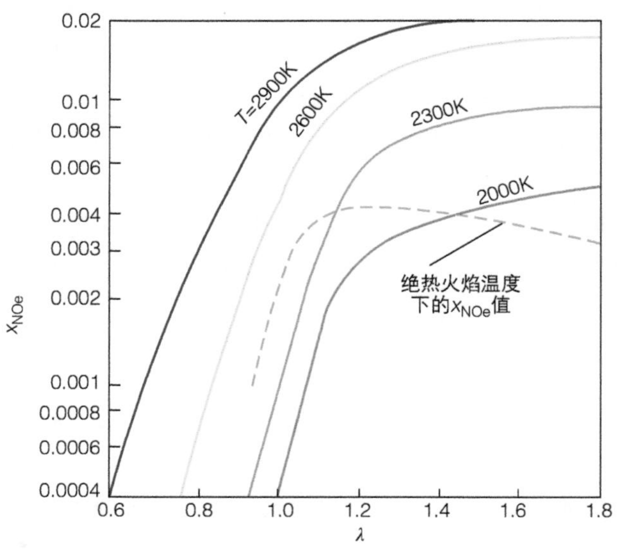

图 11-3　NO 的平衡摩尔分数 x_{NOe} 与过量空气系数 λ 关系图

生成 NO 的过程中，达到 NO 的平衡摩尔分数需要较长时间。图 11-4 表示在不同温度下 NO 生成的总量化学反应式 $N_2 + O_2 \rightarrow 2NO$ 的进展快慢，用 NO 摩尔分数的瞬时值 x_{NO} 与其平衡值 x_{NOe} 之比表示。从图中可以看出，反应温度越低，则达到平衡摩尔分数所需时间越长，并且 NO 的生成反应比发动机中的燃烧反应慢。可见温度越高，氧浓度越高，反应时间越长，NO 的生成量越多。所以对 NO 的主要控制方法就是降低最高燃烧温度。发动机在运转中因为燃烧经历时间极短（只有几毫秒），温度的上升和下降都很迅速，故 NO 的生成不能达到平衡状态，且分解所需的时间也不足，所以在膨胀过程初期反应就冻结，使 NO 以不平衡状态时的浓度被排出。从燃料燃烧过程看，最初燃烧部分（火花塞附近）产生的 NO 约占其最大浓度的 50%（其中有相当部分后来被分解）；随后燃烧的部分所产生的 NO 浓度很小且几乎不再分解，因此 NO 的排放不能按平衡浓度的方法计算，只能由局部的燃烧温度及其持续时间决定。

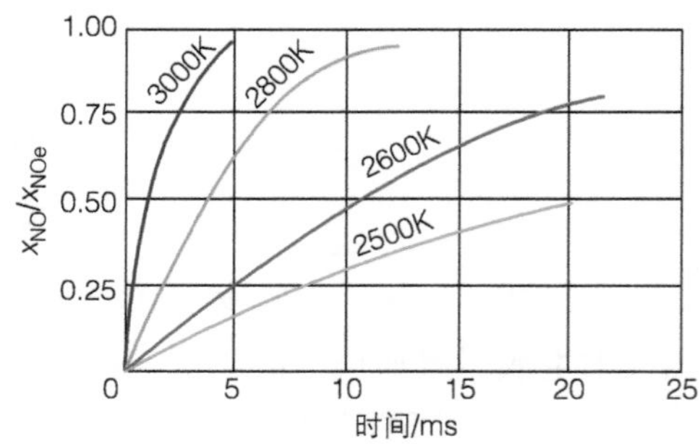

图 11-4　温度对总量化学反应 $N_2 + O_2 \rightarrow 2NO$ 进展快慢的影响

（过量空气系数 $\lambda = 1.1$，压力为 10MPa）

（2）NO_2 的生成机理　甲醇发动机排气中的 NO_2 浓度与 NO 的浓度相比可忽略不计，但在柴油机中 NO_2 可占到排气中总 NO_x 的 10% ~ 30%。目前对 NO_2 生成机理的研究还不透彻，大致上认为 NO 在火焰区可以迅速转变成 NO_2，反应机理如下：

$$NO + HO_2 \rightarrow NO_2 + OH \tag{11-5}$$

然后 NO_2 又通过下述反应式转变为 NO：

$$NO_2 + O \rightarrow NO + O_2 \tag{11-6}$$

只有在 NO_2 生成后，火焰被冷的空气所激冷，NO_2 才能保存下来，因此汽油机长期怠速会产生大量 NO_2。柴油机在小负荷运转时，燃烧室中存在很多低温区域，可以抑制 NO_2 向 NO 的再转化而使 NO_2 的浓度增大。NO_2 也会在低速下在排气管中生成，因为此时排气在有氧条件下停留较长时间。

11.2.2　非常规排放污染物的产生机理

发动机尾气的醛类污染物是未完全燃烧的产物，包括甲醛、乙醛、丙烯醛及丁醛等。甲醇发动机的非常规排放污染物在法规方面定义分两种：甲醛和未燃甲醇。

1. 甲醛的生成机理

甲醛是甲醇燃烧过程的中间产物，甲醇燃烧时的主要反应为

$$CH_3OH + OH \rightarrow CH_2OH + H_2O$$
$$CH_3OH + H \rightarrow CH_2OH + H_2$$
$$CH_3OH + H \rightarrow CH_3 + H_2O$$
$$CH_3OH + CH_3 \rightarrow CH_2OH + CH_4$$
$$CH_3OH + O \rightarrow CH_2OH + HO$$
$$CH_3OH + HO_2 \rightarrow CH_2OH + H_2O_2$$

形成甲醛的反应为

$$CH_3OH + \frac{1}{2}O_2 \rightarrow CH_2O + H_2O$$
$$CH_2OH + M \rightarrow CH_2O + H + M$$
$$CH_3 + O_2 \rightarrow CH_2O + OH$$
$$CH_3 + O \rightarrow CH_2O + H$$

甲醛消失的反应为

$$CH_2O + OH \rightarrow CHO + H_2O$$
$$CH_2O + H \rightarrow CHO + H_2$$
$$CH_2O + M \rightarrow CO + H_2 + M$$

式中，M 代表惰性气体，例如 N_2 或 CO_2 等。

从以上化学反应式可以看出，如果气缸内的氧含量比较高，而且温度适宜，甲醛的排放量将会增大，而 OH 和 H 有助于减少甲醛的排放量。

在发动机燃烧过程中，气缸内温度较高，不利于甲醛的生成，甲醛在高温环境下，也不会存在较长时间。但是在膨胀过程和排气过程中，如果温度和浓度适宜，将会生成较多的甲醛。所以，在发动机排气口处和排气管处分别取样，所测甲醛浓度有所不同，一般来说，排气管处甲醇浓度更高。

近几年的实验结果表明，甲醛的生成与排气中的NO浓度的突然增加也有关系。当NO体积分数增加到2000×10^{-6}时，尽管排气温度保持不变，但是由于NO的增加抑制甲醇的氧化，使得催化剂层内的温度降低，这不利于甲醛的消失，因此此时甲醛浓度出现了大幅度的增加。

2. 未燃甲醇排放的生成机理

甲醇燃料发动机排放尾气之所以会含有甲醇，主要是由于甲醇燃料中的甲醇未能充分燃烧，并随尾气一并排出所致。未燃甲醇的生成机理与未燃HC的生成较为相似，同时也有甲醇的特殊性，主要是由于甲醇的蒸发难、燃烧速率快难以控制、气缸壁面的淬熄等原因。

（1）未能燃烧的燃料　在发动机输出同样功率时，根据等热值要求，燃烧甲醇量是汽油的2.2倍多，而甲醇汽化潜热是汽油的3.6倍，因此燃用甲醇使混合气中燃料全部汽化，所需的热量是汽油的约8倍。甲醇高的汽化潜热及低的蒸气压导致甲醇和空气的混合气形成质量不高，不仅造成发动机低温起动困难，也严重影响发动机的燃烧均匀，同时也是造成未燃甲醇逃逸的主要原因之一。

汽车燃料的燃烧速度差异较大，天然气的燃烧火焰传播速度低于汽油的火焰传播速度，甲醇的火焰传播速度高于汽油的火焰传播速度。同时点火控制、甲醇喷射时刻、空燃比的控制和EGR系统控制等，都能导致燃料燃烧不充分。

（2）壁面淬熄理论　所谓壁面淬熄效应就是指温度较低（温度大约在300℃以下）的燃烧室壁面对燃气温度高达2000℃以上的火焰迅速冷却（也称冷激），使得活化分子的能量被吸收，链式反应中断，在壁面形成厚0.1～0.2mm的不燃烧或不完全燃烧的火焰淬熄层，产生大量的未燃甲醇。

1）可燃混合气过浓所形成的淬熄现象。当可燃混合气过浓（如怠速和低负荷低速工况）时，发动机气缸内残余废气量增多，燃烧速率下降，火焰不能传播至整个燃烧室，发生大面积的可燃混合气淬熄现象，燃烧不完全，使得未燃甲醇排放剧增。

2）燃烧室内的缝隙所形成的淬熄现象（即缝隙效应）。燃烧室内存在着很多缝隙（通常指小于1mm的间隙），如活塞顶环岸部与缸壁之间、第1活塞环、第2活塞环背隙，这部分占总缝隙的80%；又如缸盖垫结合面处、火花塞中心电极处、进排气门头部周围等缝隙。当压缩过程中，气缸内压力升高，将一部分未燃的可燃混合气压进缝隙中，由于缝隙很窄，面容比大，混合气流入缝隙中被双壁冷却，淬熄效应十分强烈。燃烧过程中，由于缸内压力继续上升，未燃的混合气继续流入窄缝中。由于缝隙效应，火焰无法传播到缝隙中，使缝隙中的甲醇混合气不能燃烧，形成未燃甲醇；当做功、排气过程中缸内压力不能燃烧，未燃甲醇从缝隙中重新返回气缸，并随排气排出。同时对于重型甲醇发动机，燃烧室设计到活塞顶，燃烧室的结构紧凑性远没有汽油机的屋脊型燃烧室设计在缸盖上紧凑，容易造成火焰传播不连续，导致发动机失火现象，也是产生未燃甲醇的重要来源。由于甲醇的汽化潜热高、汽化时吸收周围大量的热，起到内冷却作用。与传统燃料（柴油或汽油）相比，在其他条件相同时，甲醇的淬熄区相对要大一些，排出的未燃甲醇要多一些。

（3）各缸燃烧得不均匀　由于甲醇的组分单一，汽化潜热又大，难以雾化和汽化，在进气管壁上形成液态油膜及“壁流”的情况较汽油严重。各缸混合气分配不均匀，即使喷射的甲醇量符合理论空燃比，实际发动机各缸的混合气有的过稀，有的过浓，各缸工作不均匀，甚至出现失火现象，同时会影响三元催化器的催化效率。一般来说，甲醇发动机在部分负荷，各缸的甲醇喷射量相对少，蒸发的质量较好，各缸混合气分配得也相对均匀。当发动机的负荷增加，沿壁流的甲醇量增加，也就增加各缸分配不均匀的可能性。同样，当发动机的转速提高时，每工作循环甲醇蒸发的时间比较少，同样也会造成各缸混合气不均匀，尤其采用理论空燃比燃烧的甲醇发动机，对空燃比更为敏感。通过优化甲醇发动机的转速、负荷，甲醇蒸发得彻底，减少壁流现象。

（4）甲醇喷射雾化质量不高的影响　甲醇的热值不到柴油机的一半，为了发动机输出同样的功率或者功率略有降低，甲醇的喷射量必须比原来传统燃料喷射量大大增加，因而甲醇喷油器的喷射脉宽很长，甲醇喷油器的闭阀喷射的脉宽有可能不够，甚至有些高速大负荷有部分开阀喷射。由于甲醇喷油器的喷射压力不高，雾化质量不好的甲醇混合气直接进入缸内，容易造成混合气混合不均，燃烧不稳定，甚至引起发动机缸套和活塞环的磨损、未燃甲醇通过曲轴箱通风排放等。所以尽可能优化喷油器的喷射压力、喷射时刻、喷射脉宽等参数，避免或者减少开阀喷射时间。

11.3 甲醇汽车排放法规的实施研究

1. 甲醇发动机技术参数

研究采用的 M100 甲醇发动机是以燃气发动机为平台，重新设计燃料供给系统、点火系统及电控系统、缸套活塞及燃烧系统、缸盖及进排气系统等，因此这是一款全新开发的发动机。采用的技术路线：多点顺序喷射、理论空燃比燃烧、EGR 冷却系统、三元催化（TWC）后处理系统。表 11-6 为某 M100 甲醇发动机的相关技术参数。

2. 试验法规及方法

根据 2019 年工信部联节〔2019〕61 号文件，重型甲醇汽车的排放标准按照 GB 17691—2018 执行，但 GB 17691—2018 法规未涵盖甲醇燃料，重型甲醇发动机燃烧方式为点燃式，与燃气机方式相同。试验参考 GB 17691—2018 法规中天然气发动机进行，排放设备采用全流稀释定容取样系统，开展 WHTC 循环测试，对常规污染物及非常规污染物排放性能进行研究。

表 11-6 M100 甲醇发动机参数表

参　数	值
气缸数	6
缸径 / 行程 /mm	127/165
排量 /L	12.5
压缩比	12.5
额定功率 /kW/（r/min）	338/1900
最大转矩 /N · m/（r/min）	1900/（1100 ~ 1400）
点火顺序	1-5-3-6-2-4

3. 常规排放测试

甲醇发动机常规排放物包括 CO、NMHC、NO_x、NH_3、CH_4、PM、PN 等。经过不断的测试及标定优化，兼顾动力性与经济性的同时，逐步提高了排放性能，如图 11-5 所示。

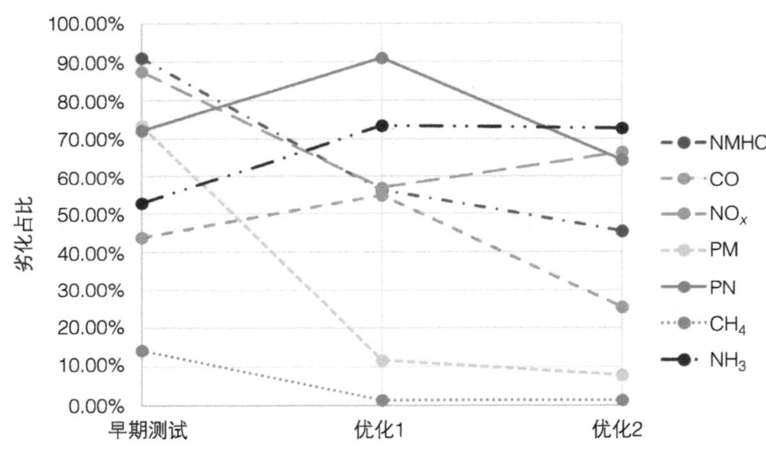

图 11-5 GB 17691—2005 循环工况下常规排放污染物的浓度变化

根据排放检测设备测量结果，甲醇发动机的常规排放结果见表 11-7。

表 11-7 常规污染物排放结果

成分	综合	单位	劣化系数	劣化后结果	国标要求	劣化占比
NMHC	0.05	g/（kW · h）	1.4	0.07	0.16	45.33%
CO	0.78	g/（kW · h）	1.3	1.014	4	25.42%
NO_x	0.27	g/（kW · h）	1.15	0.31	0.46	66.50%
PM	0.0007406	g/（kW · h）	1.05	0.00077763	0.01	7.78%
PN	3.863×10^{11}	g/（kW · h）	1	3.863×10^{11}	6×10^{11}	64.38%
CH_4	0.00	g/（kW · h）	1.4	0.00	0.5	1.18%
NH_3	7.27	ppm	1	7.27	10	72.69%

实际结果显示，在 GB 17691—2018 法规 WHTC 工况下实测污染物排放值低于法规限值，该发动机排放性能优越。通过试验研究，甲醇发动机在只采用三元催化转化器的方案下，可以满足国六排放法规限值，经济性优异，并且排放升级潜力大。

4. 非常规排放测试

在甲醇汽车的国六排放标准推出之前，行业没有统一的汽车及发动机甲醇、甲醛排放检测标准。对于甲醇及甲醛的采样及分析，本次研究采用离线分析方法，在 WHTC 循环结束后，从采样袋中进行采样并在实验室中进行分析，将结果转换为法规要求单位进行对比。

（1）未燃甲醇排放测试

1）未燃甲醇测定方法。参考 GBZ/T 300.84—2017 采样及样品处理，采用空气质联用仪（HS-GC-MS）进行分析测试。限值要求参照国家八部委《关于在部分地区开展甲醇汽车应用的指导意见》（工信部联节〔2019〕61 号）文件的要求。

① 测试原理。空气中的蒸气态甲醇用硅胶采集，水解吸后进样，经气相色谱柱分析，质谱仪检测，以保留时间及相对分子量为 32、31、29 的碎片离子峰定性，以相对分子质量为 31 的碎片离子峰面积定量。

② 测试仪器。

a. 硅胶管，溶剂解吸型，内装 100mg/50mg 硅胶。

b. 空气采样器，流量为 600mL/min。

c. 溶剂解吸瓶，5mL。

d. 微量注射器。

e. 顶空进样器，气相色谱仪，质谱检测仪（与气相色谱仪联用），仪器操作参考条件：

色谱柱：WAXMS，长 30m，内径 0.5mm，膜厚 0.25μm；

柱温：程序升温，40℃保持 5min，40℃ /min 速率升到 220℃；

顶空室温度及压力：80℃，130kPa；

MS 传输线：250℃；

离子源：300；

载气（氮气）流量：1mL/min。

③ 试剂。实验用一级去离子水，色谱鉴定无干扰峰。

④ 标准溶液。容量瓶中加入去离子水，准确称量后，加入一定甲醇，再准确称量，用水定容。由两次称量之差计算溶液浓度，为甲醇标准溶液。或用国家认可的标准溶液配制。

⑤ 样品的采集。重型甲醇发动机按 GB 17691—2018 进行规定的台架污染排放试验，冷态和热态每完成一个 WHTC 循环后，分别在循环完成 2h 内从 CVS 系统存储了该循环稀释排放样气的气袋中进行采样 1.5h。

采样后，立即封闭硅胶管两端，放置在清洁容器内运输和保存，样品在室温下可保存 7 天。

⑥ 样品空白。从 CVS 系统的背景气气袋中采样。

⑦ 分析步骤。

a. 样品处理。将前后硅胶管倒入同一溶剂解吸瓶中，加入 1mL 一级去离子水，封闭后解吸并在振荡器上振荡 30min，样品溶液供测定。

b. 标准曲线制备。取 7 只容量瓶，用水稀释标准溶液呈 0.1μg/mL、0.5μg/mL、1μg/mL、2μg/mL、5μg/mL、10μg/mL 和 20μg/mL 浓度的甲醇标准系列。参照仪器操作条件，将气相色谱仪调节至最佳测定状态，进样 1mL，分流比设定为 20：1，以质谱仪测得的相对分子质量为 31 的碎片离子峰面积对应的甲醇浓度（μg/mL）绘制标准曲线或计算回归方程，其相关系数应≥ 0.999。

c. 样品测定。用测定标准系列的操作条件测定样品溶液和样品空白溶液，测得的相对分子质量为 31 的碎片离子峰面积由标准曲线或回归方程得样品溶液中甲醇的浓度（μg/mL）。

⑧ 计算。

a. 背景气浓度校正。按 GBZ 159 的方法和要求将采样体积换算成标准采样体积；稀释排气中的甲醇浓度为校正背景气后的浓度，按照 GB 17691—2018 中 CA.6.2.3.2 条确定背景气校正浓度。

b. 采样的稀释排气中甲醇浓度计算。按式（11-7）计算采样的稀释排气中甲醇的浓度：

$$C=\frac{cv}{V_0D} \tag{11-7}$$

式中，C 是稀释排气中甲醇的浓度（mg/m^3）；c 是测定的样品溶液中甲醇的浓度（减去样品空白）（μg/mL）；v 是样品溶液的体积（mL）；V_0 是标准采样体积（L）；D 是解吸效率（%）。

c. WHTC 循环结束后甲醇排放浓度的计算。按式（11-8）计算 WHTC 循环结束后重型甲醇机的甲醇排放浓度：

$$C_{E0}=\frac{CV_{E1}}{W_E} \tag{11-8}$$

式中，C_{E0} 是 WHTC 循环结束后重型甲醇机的甲醇排放浓度 [mg/（kW·h）]；C 是稀释排气中甲醇的浓度（mg/m^3）；V_{E1} 是稀释排气总体积（L）；W_E 是实际循环功（kW·h）。

d. 加权后甲醇排放浓度的计算。按式（11-9）计算重型甲醇发动机加权后甲醇排放浓度：

$$C_E=0.14C_{EC}+0.86C_{EH} \tag{11-9}$$

式中，C_E 是重型甲醇机的甲醇排放浓度 [mg/（kW·h）]；C_{EC} 是冷态 WHTC 循环结束后重型甲醇机的甲醇排放浓度 [mg/（kW·h）]；C_{EH} 是热态 WHTC 循环结束后重型甲醇机的甲醇排放浓度 [mg/（kW·h）]。

⑨ 检测方法说明。本法的检出限为 0.25μg/mL，定量下限为 0.1μg/mL，定量测试范围为 0.1 ~ 20μg/mL。应测定每批硅胶管的解吸效率。

本法可以采用等效的其他气相色谱柱测定。

2）未燃甲醇测定结果。M100 重型甲醇发动机的未燃甲醇测试值见表 11-8。

表 11-8　未燃甲醇排放结果

限值 /[g/（kW · h）]	实测排放值 /[g/（kW · h）]
20	16.35

实际结果显示，国六重型甲醇发动机的未燃甲醇低于法规限值，仍有优化空间。瞬态未燃甲醇的测定，可以采用 FTIR 设备进行连续积分法检测，用于标定优化。

（2）甲醛排放测试　甲醛排放量的采样和分析方法，主要根据工信部节〔2012〕42 号文件《关于开展甲醇汽车试点工作的通知》中的“轻型汽车及重型发动机甲醛排放的采样和分析方法”，具体规定如下：

1）适用范围。规定了燃用甲醇燃料的汽车或发动机排气中甲醛的采样方法，适用于轻型车整车或重型发动机台架试验中甲醛排放的测量。

2）采样时间的规定。燃用甲醇燃料汽车的甲醛排放测量可以和常规排放同时进行，排气中甲醛分析样气的采集可以在稀释通道中进行，这时甲醛样气的采集应该和稀释排气的采样同步进行；也可以在常规污染物排气样气的分析结束后，采取稀释排气气袋中的稀释样气。

3）排气样气的采集方法。无论轻型车，还是发动机，气体污染物排放的测量都是采用全流稀释系统，甲醛样气的采集可以在稀释通道中进行，也可以采集稀释排气气袋中的样气进行分析，无论采用何种方法，都不应该对常规污染物的测量和分析产生影响。

① 稀释排气采样气袋中样气的采样方法。在稀释排气气袋中需要设置三通阀，在常规污染物分析结束后，稀释排气排空前，利用采样泵采集稀释排气样气。

② 稀释通道中的采样方法。可以在稀释通道中采集排气样气，采样时刻应同常规污染物同步进行，采样点的位置应设置在稀释排气采样点附近。

③ 背景气的采样规定。背景气的采集有两种方法，一种是采集背景气气袋中的气体；也可以同步采集稀释空气样气，这时采样点的位置应设置在稀释空气过滤器后、稀释空气和排气混合三通前，采样和稀释空气背景气的采样同步进行。

④ 甲醛的采样和分析方法。参考 HJ/T 400—2007《车内挥发性有机物和醛酮类物质采样测定方法》，利用 DNPH 采样管采集和分析排气中的甲醛成分，利用高效液相色谱分析仪进行分析，获得稀释排气中甲醛的平均浓度，有关采样和分析方法均参考该标准的相关规定。

⑤ 甲醛排放量的计算。

a. 轻型车排放试验甲醛排放量的计算。在获得稀释排气中甲醛平均浓度的基础上，根据采集样气流量、稀释排气总流量、试验行驶里程，获得以 mg/km 形式表示的排放测量结果，注意计算过程中的排气流量都应折算到标准状态。

b. 发动机台架试验甲醛排放量的计算。在获得稀释排气中甲醛平均浓度的基础上，根据采集样气流量、稀释排气总流量、总的循环功，获得以 mg/（kW·h）形式表示的排放测量结果，注意计算过程中的排气流量都应折算到标准状态。

⑥ 甲醛测定结果。M100 重型甲醇发动机的甲醛测试值见表 11-9。

表 11-9 甲醛排放结果

限值 /[g/（kW·h）]	实测排放值 /[g/（kW·h）]
20	9.5

实际结果显示，国六重型甲醇发动机的甲醛排放低于法规限值很多，甲醛也可采用相应的 FTIR 设备进行连续积分法检测，用于标定优化。

5. PEMS 测试

（1）PEMS 测试方法　随着机动车保有量的不断增加，机动车污染物问题日益严重。国五阶段的排放法规认证是基于实验室环境的数据，而机动车实际行驶的路况复杂，工况多变，使得排放在实际行驶过程中与认证工况点存在较大差异，实验室数据很难反映实际排放工况情况。在这种背景之下，产生了 PEMS（portable emissions measurement system），PEMS 指实际道路行驶排放测试，将可移动的排放检测设备安装在整车上，整车进行规定的实际道路工况行驶，测量得到实际行驶过程中的排放和特性。

我国的重型车国六排放标准 GB 17691—2018 首次增加了 PEMS 测试。PEMS 的排放限值不仅对常规的气体排放物进行了限制，同时也对颗粒物进行了限制，在 PEMS 测试中规定了有效点，有效数据点是指当发动机冷却液温度在 70℃以上，或者是当冷却液温度在 PEMS 测试开始后，5min 内变化小于 2℃（以先到为准，但不能晚于发动机起动后 20min），至试验结束的所有测试数据点。表 11-10 为整车试验排放限值。

表 11-10 整车试验排放限值①

发动机类型	CO/[mg/（kW·h）]	THC/[mg/（kW·h）]	NO_x/[mg/（kW·h）]	PN②/[#/（kW·h）]
压燃式	6000	—	690	1.2×10^{12}
点燃式	6000	240（LPG） 750（NG）	690	—
双燃料	6000	1.5 × WHTC 限值	690	1.2×10^{12}

① 应在同一次试验中同时测量 CO_2 并同时记录。

② PN 限值从 6b 阶段开始实施。

标准进行了详细的规定，试验车辆应为基准车或者可量产的车辆，应证明 ECU 数据流的可获得性和符合性。测试条件包括环境条件、发动机冷却液温度、润滑油、燃料、反应剂等。要求试验路线包括市区路、市郊路和高速路，按照车辆的行驶速度进行划分，不同车辆类型的三种路线比例见表 11-11，试验车辆的累计正海拔高度增加量应不大于 1200m/100km。

表 11-11　PEMS 测试试验路线比例分布

车辆类型	市区路	市郊路	高速路
M_1、N_1 类车辆（执行 GB 18352.6 标准的车辆除外）	34%	33%	33%
M_2、M_3 和 N_2 类车辆（城市车辆除外）	45%	25%	30%
城市车辆	70%	30%	
N_3 类车辆（城市车辆除外）	20%	25%	55%

PEMS 测试参数及设备见表 11-12，PEMS 在测试期间，应持续进行排气取样、测量排气参数以及记录发动机和环境数据。发动机可以停车或者重新起动，但是在整个测试过程中排气取样应持续进行。试验结束后，预留足够的时间保证 PEMS 的响应时间。

表 11-12　PEMS 测试参数及设备

测试内容	单位	测试仪器
CO 浓度①	ppm	分析仪
NO_x 浓度①	ppm	分析仪
CO_2 浓度①	ppm	分析仪
PN 浓度（对于气体燃料车为可选项）	#/cm^3	分析仪
校正前、后 PM 浓度（可选项）	mg/m^3	分析仪
试验前后 PM 采样滤纸质量及差值（可选项）	mg	分析天平
排气流量	kg/h（或 L/min）	排气流量计（EFM）
排气温度	℃	EFM
环境温度	℃	传感器
环境大气压	kPa	传感器
发动机转速	r/min	OBD 读码器
发动机转矩②	N · m	OBD 读码器
发动机燃油消耗速率	g/s	OBD 读码器
发动机冷却液温度	℃	OBD 读码器
车辆行驶速度	km/h	OBD 读码器和卫星导航精准定位系统
车辆行驶经度	°	卫星导航精准定位系统
车辆行驶纬度	°	卫星导航精准定位系统
车辆行驶海拔	m	卫星导航精准定位系统

① 直接测量得到或根据 GB/T 8190.1 修正后的湿基浓度。

② 根据标准 SAE J1939、J1708 或 ISO 15765-4 等，发动机转矩应该为发动机的净转矩或由发动机实际转矩百分比、摩擦转矩和参考转矩计算而得的净转矩，净转矩 = 参考转矩 ×（实际转矩百分比 − 摩擦转矩百分比）。

（2）PEMS 测试试验　选用一台搭载 M100 甲醇发动机的重型货车牵引车进行 PEMS 测试，试验车辆行驶过程中状态良好，试验行驶里程 137.1km，行驶时间 3h，累计做功 136.53kW · h，做功为 WHTC 循环功（30kW · h）的 4.55 倍，总行驶时间分布为市区道路占比 17.8%，郊区道路占比 24.9%，高速道路占比 57.3%，满足试验要求。在一个完整的测试循环中记录气体污染物（CO、THC、NO_x）浓度和 CO_2 排放浓度，如图 11-6 ~ 图 11-9 所示，并归纳整理到表 11-13 中。

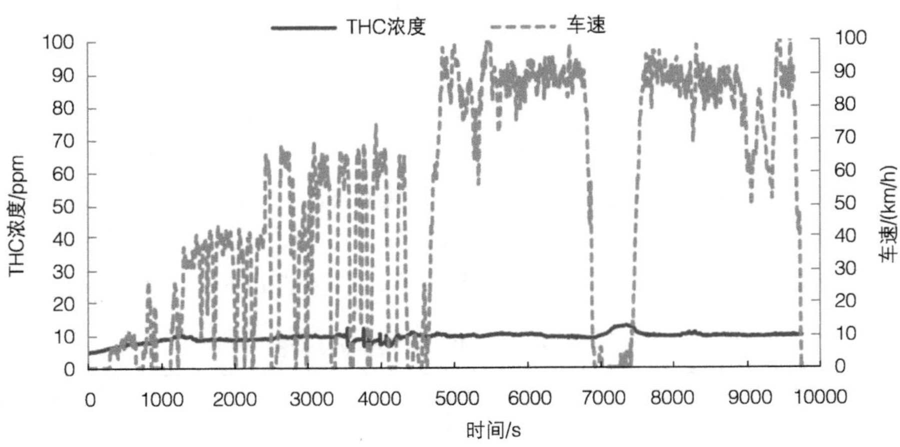

图 11-6　PEMS 测试 THC 浓度变化

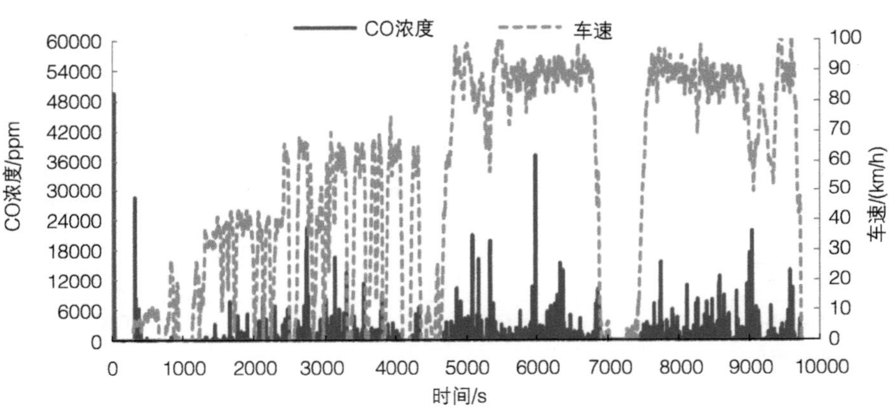

图 11-7　PEMS 测试 CO 浓度变化

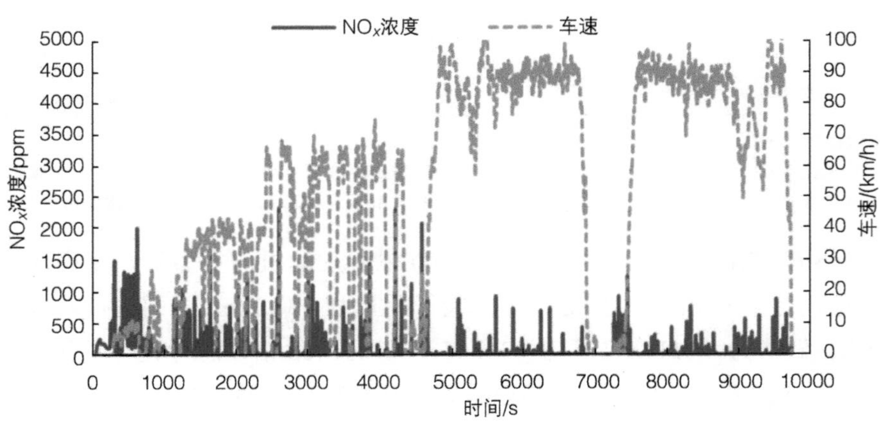

图 11-8　PEMS 测试 NO_x 浓度变化

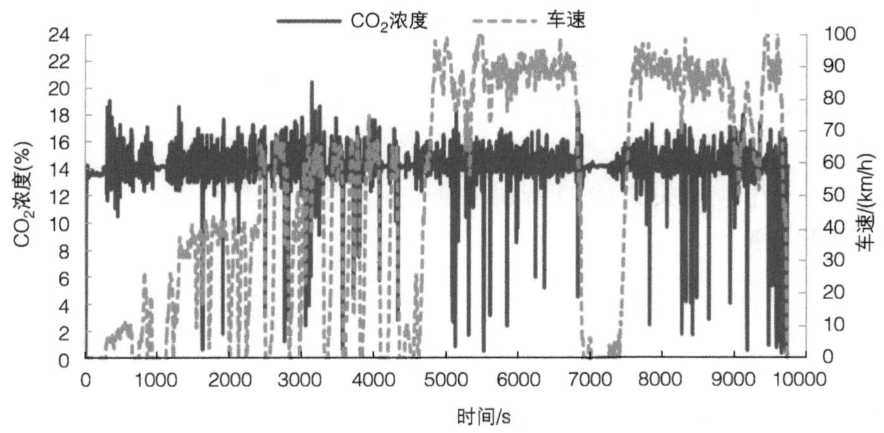

图 11-9　PEMS 测试 CO_2 浓度变化

表 11-13　PEMS 测试结果

项目	污染物			
	CO/[mg/（kW·h）]	NO_x/[mg/（kW·h）]	THC/[mg/（kW·h）]	CO_2/[g/（kW·h）]
测量值	4008	133	30	928.15
国六限值	6000	690	750	—
测量值占比	66.8%	19.3%	4%	—

试验结果显示国六甲醇重型牵引车的 PEMS 测量值可以满足法规要求，且 NO_x 和 THC 均远远低于国六法规要求限值，这也体现了甲醇重型发动机及整车的经济性和排放的优越性。

11.4 OBD 系统工作原理及控制策略

11.4.1　OBD 系统概述

OBD 是 On-Board Diagnostics（车载诊断系统）的简称。最早在美国出现的车载诊断系统最初主要是针对轻型车发展起来的，其发展过程到目前为止，经历了 OBD - Ⅰ和 OBD - Ⅱ两个阶段。OBD - Ⅰ没有统一的标准，OBD 插接器插口、故障代码、通信协议等形式、内容大都不同。OBD - Ⅱ的功能更全，诊断功能策略更加复杂，标准更加规范。OBD - Ⅱ诊断系统的优越性主要体现在如下方面：①统一了汽车内部网络的通信协议；②统一了故障诊断接口；③统一了故障代码的设置；④扩充了随车诊断系统的检测项目。随着电子技术、通信技术和车载网络技术的发展，目前比 OBD - Ⅱ更为先进的 OBD - Ⅲ系统开发已经提上日程。OBD 是一个非常复杂的自诊断系统，是伴随电子控制技术发展起来的诊断技术。

随着电控单元在商用车上的大量应用及各国政府对排放法规的要求，车载诊断系统成为现代商用汽车必不可少的一项功能。汽车车载诊断系统是对汽车发动机全寿命周期排放进行有效控制的必要保证，作为OBD技术的一个重要基础，诊断通信协议是关键的一个技术环节。

在法规上没有甲醇相关的OBD特别项目，但是为了提升产品的可靠性，企业可以自行设定一些诊断内容。

11.4.2 诊断接口及通信模式

诊断接口通常采用ISO 15031-3定义的诊断插接器，诊断插接器共16个Pin脚。诊断插接器外形如图11-10所示，引脚定义见表11-14。

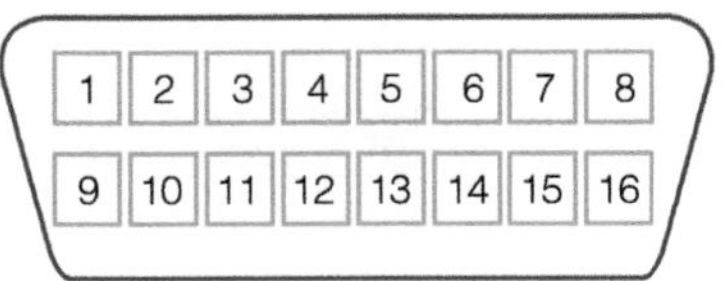

图11-10 诊断插接器外形图

表11-14 OBD接口引脚定义

Pin脚号	用途	Pin脚号	用途
1	自定义	9	自定义
2	SAE J1850总线“正”线	10	SAE J1850总线“负”线
3	自定义	11	自定义
4	底盘“搭铁”	12	自定义
5	信号“搭铁”	13	自定义
6	ISO 15765-4中的CAN_H线	14	ISO 15765-4中的CAN_L线
7	ISO 9141-2和ISO 14230-4中的K线	15	ISO 9141-2和ISO 14230-4中的L线
8	自定义	16	电源正

ECU支持的OBD通信模式是ISO标准ISO 15765、ISO 27145，通过CAN进行扫描工具通信。

11.4.3 OBD监测项目工作原理及控制策略

1. 催化器诊断工作原理

（1）催化器监测工作原理 方法是“储氧能力”（OSC）开环监测法。诊断的目的是衡量在有限的动力环境下，由后氧传感器监测全部催化转化器的储氧能力。如果超过OSC限值，后氧传感器可以通过信号波动监测到。对于一个合适的监控，信号的波动必须表现目标转化效率的限值。在短时间内，发动机在开环模式下运转并且发现一些振动可以达到OSC限值。

催化器老化诊断判断氧存储能力的指标是确定后氧对于空燃比变化切换的时间。基本过程如下：

首先，使催化器被氧浸透或完全脱氧，也就是说，使前后氧传感器的信号状态相同，同为稀或同为浓，采用的方法是在怠速时采用设定的空燃比达到该要求。此为催化器老化插入测试的第一阶段。第一阶段结束的标志是后氧信号切换完成。

然后，切换空燃比，变换稀浓的状态，原先是稀的变成浓，原先是浓的变成稀，检测后氧对于空燃比切换的反应时间。前氧会立即反应，切换稀浓的状态，这是计时的起点，经过一段时间（取决于催化器的实际氧存储能力），后氧也会反应，切换稀浓的状态，这是计时的终点，两点之间的时间差就是后氧对空燃比切换需要的时间。在此阶段，后氧发生切换之前，空燃比状态保持不变。

最后，计算前后氧传感器的切换时间差，该时间与催化器的氧存储能力成正比，并且反映催化器的转换效率。

（2）系统图　催化器系统图如图 11-11 所示。

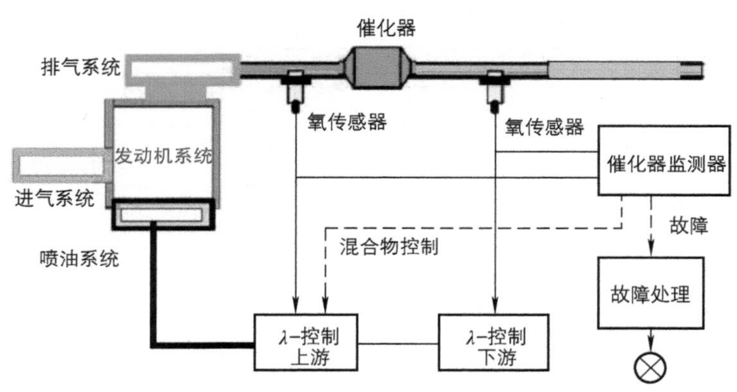

图 11-11　催化器系统图

（3）信号检测情况说明　氧传感器电压信号如图 11-12 所示。

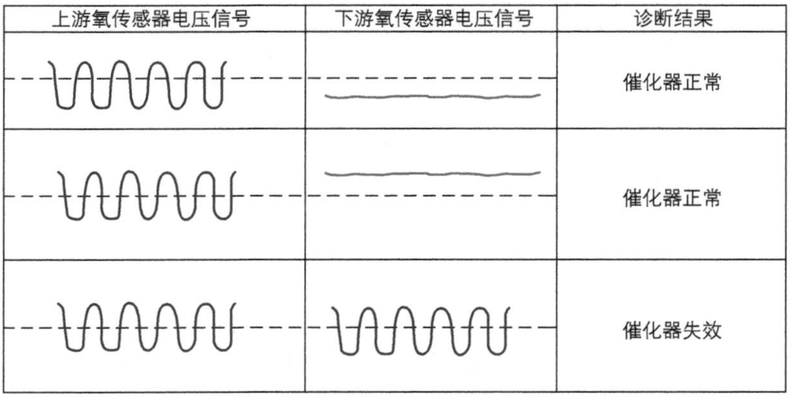

上游氧传感器电压信号	下游氧传感器电压信号	诊断结果
		催化器正常
		催化器正常
		催化器失效

图 11-12　氧传感器电压信号图

如果后氧传感器依然工作在限值之下，则该催化器正常，否则视为老化。

1）信号振幅。计算下游传感器信号波动振幅。通过提取振荡信号，计算处理绝对值和时间段内的平均值。

2）临界催化器模拟及下游传感器信号幅度。模拟临界催化器氧存储能力，根据实时发动机操作数据（空燃比、负荷）模拟后氧传感器信号，计算得到模拟的信号振动幅度。

3）信号评价。比较测得的后氧传感器信号幅度和模拟得到的值，如果后氧传感器信号幅度超过模拟临界值，则催化器储氧能力低于临界催化器，认为有缺陷。

4）故障评价。如果车辆上催化器检测表明储氧能力低于临界值，则设置内部故障标记（flag）。如果该故障在连续两个预处理排放循环被监测出，并在下一测试循环再次监测出，则激活发动机故障指示灯（MIL 灯）。

（4）催化器的监控条件　催化器的监控条件见表 11-15。

表 11-15　催化器的监控条件

催化器诊断功能工作典型条件	最小	最大
发动机冷却温度 /℃	70	
发动机转速 /（r/min）	1200	1600
催化器温度 /℃	519	903
节气门位置	部分开启	部分开启
车速 /（km/h）	0	75
负荷 /（mg/TDC）	360	600
催化器诊断值：CAT_DIAG_1 > 0.85		

（5）催化器验证测试方法

1）在经过法规要求耐久公里数试验车或相当于换上一个等价于完成法规要求公里数的老化状态催化器的车上进行测试。

2）对发动机控制器的故障码存储器清零。

3）对热车辆进行一次排放预试验，不测量排放。

4）车辆进行两次排放试验并进行排放检测，排放应在国家标准规定范围以内，在第二次排放试验结束前车辆故障灯亮并可检查出三元催化器故障码。

2. 失火诊断工作原理

（1）失火诊断的原理　因为某一气缸失火将导致曲轴角速度下降，所以 OBD 系统可以通过监测发动机曲轴的速度变化来检测失火。具体讲就是根据 120℃RK（曲轴转角）范围内的曲轴的历程时间的变化来确定是否发生失火故障。一个循环 720℃RK 可以均匀分为 6 个时间段，每个时间段为 120℃RK。

可靠性失火检测的前提是准确的曲轴角度阶段的测量。然而即使在发动机速度一定时，由于制造和安装误差，历经两个上止点的时间仍然是变化的。

这些误差都是系统的，因此可以通过断油自学习和补偿来解决。通过这种方法，也可以在最大程度上消除由目标轮公差而产生的系统误差。当失火发生时，在 180° 曲轴转角旋转周期里，发动机曲轴加速度降低。

（2）失火诊断的目的　失火将造成发动机输出转矩减小、降低三元催化器的转换效率及寿命、引起排放的超标。因此失火诊断的目的是警告驾驶人车辆由于失火将引起排放超标或将引起三元催化器永久失效。

（3）失火诊断的类型

1）CARB_A：在 200r 或 3×200r CARB_A 失火检测周期内，如检测出的失火率超过相关阈值，则设置 CARB_A 故障，此失火率将导致催化器因温度过高而损坏。

2）CARB_B1&B4：在 1000r 的检测周期内，如检测出的失火率将导致排放超出 EOBD 排放限值，则设置 CARB_B1 故障；如在之后的 4×1000r 内检测出的失火率将导致排放超出 EOBD 排放限值，则设置 CARB_B4 故障。

（4）失火诊断的条件　表 11-16 中的数据供参考。

表 11-16　失火诊断条件表

失火诊断功能工作典型条件	最小	最大
发动机收油门断油时间 /s	5	
发动机转速 /（r/min）	580	1900
AMP/hPa	750	
失火监控临时关闭条件 满足退出诊断条件		
典型故障限值		
CARB_A（催化器损坏的失火率）：10% CARB_B（排放超标）：5%		

3. 氧传感器诊断工作原理

（1）氧传感器诊断原理　氧传感器的位置如图 11-11 所示。在一定周期内，老化氧传感器最大最小之差要比新鲜氧传感器最大最小之差小。

（2）故障代码及故障灯显示条件　监控循环数，周期总数和极限值总数相比较，这个功能也可测量故障数和动态修正。氧传感器的诊断条件见表 11-17。

表 11-17　氧传感器的诊断条件表

上游氧传感器诊断功能工作典型条件	最小	最大
发动机冷却温度 /℃	70	
发动机转速 /（r/min）	1200	1600
催化器温度 /℃	519	903
AMP /hPa	700	
负荷 /（mg/TDC）	360	600
典型故障限值		
RATIO_MV_FRQ_AFR > 0.85 或 RATIO_MV_FRQ_AFL > 0.85		

4. OBD 系统所监测的其他零部件的监测原理

（1）执行器　以炭罐控制阀为例，系统以 300ms 的间隔检查故障，当电瓶电压满足诊断要求，同时占空比大于 8% 时，系统通过 ECU 内部 PWM 检测来进行故障检查。喷油器监测原理与炭罐控制阀类似。

（2）一般输入信号传感器

1）通过对测量值与诊断阈值的比较，以确定传感器是否有电气故障，如进气温度（P011211，P011313）、发动机水温（P011700，P011800），见表 11-18。

表 11-18　温度传感器诊断电压阈值

诊断电压阈值	故障码
电压 < 0.083V 或电压 > 4.944V	P011211，P011313
电压 < 0.15V 或电压 > 4.930V	P011700，P011800

2）通过传感器电压值与诊断阈值比较以确定传感器是否有电气故障，如节气门位置传感器（P022216，P022317），见表 11-19。

表 11-19　位置传感器诊断电压阈值

诊断电压阈值	故障码
电压 < 0.75V 或电压 > 4.87V	P053711，P053813
电压 < 0.16V 或电压 > 4.870V	P022216，P022317

3）通过进气压力传感器检测与诊断阈值比较以确定传感器是否有电气故障，如进气压力传感器（P010711，P010812），见表 11-20。

表 11-20　进气压力传感器诊断电压阈值

诊断电压阈值	故障码
电压 < 0.099V	P010711
电压 > 4.93 V（信号线对电瓶短路），电压 > 4.93 V（接地线开路）	P010812

（3）点火系统检测　电子点火系统应用于各个部分。点火模块位于 ECU 内，系统通过点火线圈初级线圈过电压时间来对不同的线圈各自进行诊断。电子点火系统应用于各个部分。ECU 通过 58 齿曲轴位置信号产生一个低的 PIP 信号来控制点火线圈（TCP）。一组线圈给一个火花塞点火。点火系统监测六个点火信号在普通行车工况中的点火故障，不同的线圈各自进行诊断；当线路短路时，输出程序会自动进行保护。故障码见表 11-21。

表 11-21　点火系统诊断故障码

故障码	P035113，P035213，P035313，P035413，P035513，P035613
监控循环	连续
监控顺序	无
典型点火故障检查	硬件诊断

11.4.4　OBD 试验

1. OBD 信息获取

获取 OBD 信息时，应该至少使用下列标准协议中的一种：基于 ISO 15765-4 的 ISO 27145（基于 CAN）、基于 ISO 13400 的 ISO 27145（基于 TCP/IP）、SAE J1939。

OBD 系统的通信波特率应该为 250kbit/s 或 500kbit/s。

2. 监测项目

（1）排放限制监测　通过尾气排放传感器或 ECU 的输入输出模拟计算的排放结果与实际循环的比较从而识别可能导致排放异常的故障。

（2）功能性监测　由功能检查和对与排放阈值不相关的参数监测组成的故障监测，如部件或系统是否工作在合适的范围内。

（3）部件监测　对输入部件的电路故障和合理性故障监测，对输出部件的电路故障和功能性故障监测。

（4）严重功能性故障监测　对导致系统完全丧失预期功能的故障的监测。

3. 故障分类

故障等级不同，故障指示器的显示策略也不同，以提示驾驶人故障的严重程度。

（1）A 类故障　当储存了一确认并激活的 A 类故障码时，OBD 系统应给出连续 -MI 激活命令。

（2）B 类故障　当储存了一确认并激活的 B 类故障码时，在下一次钥匙上电时，OBD 系统应给出短暂 -MI 激活命令。

（3）B1 类故障　当 B1 故障计数器达到 200h，且 OBD 系统检测到 B1 类故障仍然存在，应给出连续 -MI 激活命令。

（4）C 类故障　在发动机起动之前，生产企业可通过按需 -MI 显示方式提升 C 类故障的信息。

4. 永久故障码

永久故障码是不能通过外部诊断工具（诊断仪）清除的故障码。其指一些较为严重的故障发生后，如 A 类故障或超过 200h 的 B1 类故障，需同时存储在非易失性存储单元内的故障码。

11.4.5　国六 MIL 灯规范及亮灯模式

1. MIL 规范

要求故障指示器 MI 是在任何光照条件下都能察觉到的可视信号，故障指示器应采用 ISO 7000 规定的 0640 符号定义的黄色或琥珀色警告信号。

2. MIL 灯亮灯模式

（1）MIL 状态　故障指示器（MI）的命令状态，即连续 -MI 持续指示、短暂 -MI 指示、按需指示或关闭。

（2）MI 激活消除方案　如果发生单一的监测事件，而且原先激活连续 -MI 的故障在当前的操作过程中没有被检测到，并且也没有由于其他故障而产生新的连续 MI 激活指令，则该“连续 -MI”应该转变为“短暂 -MI”显示方式。

短暂 -MI 激活消除条件是：从监测系统已确认故障不存在的操作过程往后，3 个连续的操作过程期间内该故障都不再被检测到，而且 MI 也没有由于其他 A 类或 B 类故障而激活，则该“短暂 -MI”应解除。

11.4.6　国六驾驶性能限制系统

OBD 系统监测到后处理相关部件故障导致排放超 OBD 限值的 A 类故障后，采用相应的计时计数机制实现限扭和限速，如图 11-13 所示。

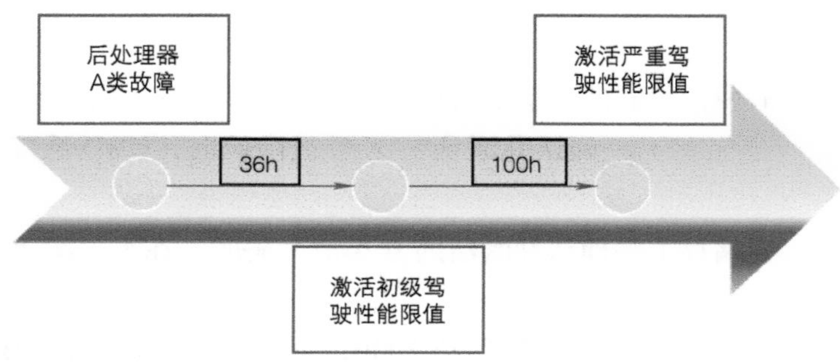

图 11-13　驾驶性能限制系统激活时序图

11.4.7　国六法规的挑战

1. ECU 及排放监测设备升级

（1）OBD 中断、监测条件、警告及限扭条件的升级

（2）远程监控软件及设备升级

（3）PEMS 设备升级

（4）传感器的更新

2. OBD 加严

（1）OBD 监测条件加严

（2）整车 OBD 加严

（3）IUPR、亮灯限扭要求升级

3. 排放控制加严

（1）整车 PEMS 测试条件加严
（2）排放控制区域加严
（3）NO_x 控制加严
（4）整车排放要求导致对整车的依赖性增加

4. 排放质保

（1）增加排放质保期，对部件质量要求增加
（2）需要建立后市场排放管理机制
（3）排放生产一致性要求
（4）整车排放在用符合性要求

11.4.8　OBD 试验过程概述

1. 适用范围

本节内容适用于重型甲醇发动机 OBD 标定试验。

2. 标定步骤

（1）控制系统确认　确认整个控制系统诊断协议，并填写到法规中所记载的附表一中。

（2）通信协议确认　确认发动机、后处理、智能传感器等通信协议，并填写到法规中所记载的附表一中。

（3）控制系统传感器确认　确认发动机、后处理等整个控制系统所使用的传感器、执行器以及可以通过传感器间接诊断的机械零部件，并填写到法规中所记载的附表一中。

根据项目开发需求和排放法规（如 GB 17691—2018《重型柴油车污染物排放限值及测量方法（中国第六阶段）》研究确定 OBD 技术路线，如 EGR 系统、燃油系统、三元催化器等。确定本项目所必须要求使用的 OBD 技术路线，并填写法规中所记载的附表二。

（4）标定准备（略）

（5）初始故障管理标定　为了减少试验资源浪费，可以在台架测试之前先对所有的故障进行预筛选和标定，比如不需要的故障以及可以离线标定的故障，减少资源浪费，提高工作效率。预筛选时，比如一些整车功能相关故障（炭罐、排气制动等），台架可以先不考虑，后面整车标定和验证等。

（6）试验资源准备

1）测试台架：选用 CVS 全流排放试验台架（排放设备满足国六法规排放污染物采集和测量精度要求），要求试验台架设备及仪表经过校验，且均在有效使用期内，对台架设备精度要求（可根据实际项目调整）见表 11-22。

表 11-22　台架设备精度要求

序号	测量参数	量程	精度
1	进气温度	< 100℃	± 1℃（特殊情况除外）
		100 ~ 1000℃	± 3℃
2	压力	0 ~ 8kPa	± 0.03kPa
		0 ~ 38kPa	± 0.2kPa
		0 ~ 220kPa	± 0.5kPa
3	转矩（轴）	0 ~ 3kN · m	± 5N · m
		0 ~ 8kN · m	± 15N · m
4	发动机转速	30 ~ 3000r/min	± 1r/min
		30 ~ 10000r/min	± 3r/min
5	燃油消耗量		± 0.5%
6	空气流量		± 2%
7	大气压力		± 0.01kPa
8	空气湿度		± 1%
9	中冷压降	可调	—
10	中冷温控	可调	—
11	排气背压	可调	—

2）发动机：发动机状态和配置完全定型，后处理状态和配置定型，排放满足要求，试验开始时需要按边界条件要求确定边界，见表 11-23。

表 11-23　发动机边界条件

序号	边界条件	控制参数
1	机油温度	按性能开发要求
2	出水温度	按性能开发要求
3	燃油温度	按性能开发要求
4	进气温度	按性能开发要求
5	涡后温度	按性能开发要求
6	进气负压	按性能开发要求
7	排气背压	按性能开发要求
8	空气湿度	按性能开发要求

3）故障模拟件：失火发生器、氧模拟器、劣化催化器（临界 OBD 催化器、老化催化器以及白载体催化器）以及其他所需故障模拟件等。

4）整车：发动机、进排气系统及冷却系统状态和配置定型。

5）PEMS 设备：满足整车法规道路排放测试要求。

6）诊断仪设备：符合法规所要求通信协议。

（7）OBD 标定内容　首先须确认试验样件状态，包括确认发动机状态正常无故障和外特性满足性能要求，然后按照上述所要求的参数控制好发动机和台架边界条件后，在台架运行排放循环，直至排放循环测试结果符合前期标定结果，则可开始台架故障模拟标定。

根据故障列表进行故障模拟，并按以下内容（国六重型法规）进行 OBD 标定。在标定过程中，需要实时进行 OBD 监测，包括排放限值监测、功能性监测、部件监测及严重功能性故障监测等：

1）故障分类：A 类、B1 类、B2 类及 C 类。

2）是否永久故障码。

3）是否限速限扭。

4）MI 灯（连续、短暂及按需）状态激活和消除方案。

5）B1 计数器、连续 MI 及累加 MI 计数器。

6）在用监测性能（IUPR）功能标定。

7）故障码、冻结帧和数据流功能标定。

8）诊断仪能正确获取相关信息。

（8）驾驶循环及排放循环测试　根据相应故障的诊断条件，运行相应的驾驶循环和排放循环测试，看故障能否正常报出。相关试验项目皆须满足要求且不误报；需要验证排放的故障且能满足 OBD 排放限值（表 11-24）要求，并将试验结果填入法规中所记载的附录三中。

表 11-24　OBD 排放限值

污染物	NO_x	CO
限值 /[mg/（kW · h）]	1200	7500

（9）整车 OBD 标定评价　根据前期标定数据进行整车评价，确认该报时报，不该报时不误报。验证确认完后，冻结数据。

通过上述 OBD 系统基本控制原理的描述，结合当前国六法规的试验内容，阐明了新型车载诊断系统在现代汽车排放控制系统中的重要功用。并通过具体的相关试验过程，确认了 OBD 系统在有故障时能准确无误地报出相关故障；没有故障时不出现误报，从而满足相关的法规要求。

参 考 文 献

[1] 生态环境部大气环境管理司，生态环境部科技标准司．重型柴油车污染物排放限值及测量方法（中国第六阶段）: GB 17691—2018 [S]. 北京：中国环境出版社，2018.

[2] 环境保护部大气环境管理司，环境保护部科技标准司．轻型汽车污染物排放限值及测量方法（中国第六阶段）: GB 18352.6—2016[S]. 北京：中国环境出版社，2017.

[3] Road vehicles—Diagnostic communication over Controller Area Network (DoCAN)—Part 4: Requirements for emissions-related systems: ISO 15765-4:2021[S/OL]. [2024-03-01]. https://www.iso.org/standard/78384.html.

[4] Road vehicles—Implementation of World-Wide Harmonized On-Board Diagnostics (WWH-OBD) communication requirements—Part 4: Connection between vehicle and test equipment: ISO 27145-4: 2016[S/OL]. [2024-03-01]. https://www.iso.org/standard/68571.html.

第 12 章 甲醇燃料的未来

中美欧日的汽车需求已经趋于饱和，汽车排放清洁化和减碳化的要求已经变成了整个社会的行动，在这些国家或地区电动汽车的总量将会逐渐增加，而传统纯内燃机车辆的需求将会逐渐减小。在我国的轻型汽车（包括乘用车）领域，纯内燃机车辆将快速减少，纯电驱动与混合驱动的车辆将争分天下；而在重型汽车领域（包括非道路车辆），尽管纯电驱动的车辆会缓慢增加，但由于其固有的商业盈利属性，使内燃机参与驱动（纯内燃机驱动和混合驱动）的车辆需求将在竞争和下探过程中找到平衡点。

重型车辆平衡点出现的另一个因素是，动力电池所用锂矿（以及稀土矿）的现实有限性和内燃机所用铁矿（以及铝矿）的几乎无限性，以及锂电池（以及永磁电机）和废旧钢铁（以及铝合金）回收利用的成本差异，使得动力电池和驱动电机的成本将会随着生产规模的扩大而出现提高的趋势，其与内燃机市场的价格竞争优势将因此受到一定程度的抑制。也就是说，在未来比较长的一段时间内，重型汽车领域对内燃机需求减小的趋势将远不及轻型车辆那样明显，但对其降低燃料消耗、减少尾气排放的要求一定会不断地更加严格。

欧洲近年所推崇的碳中性燃料之电子燃料正是我国长期坚持并不断取得市场进展的甲醇燃料，碳中性燃料是人类探索碳减排路线过程中步入的良性方向。

上述这些都将为甲醇内燃机和甲醇燃料提供较为长期的发展空间和市场前景，而甲醇燃料电池则可能会成为甲醇燃料使用的另一个值得期待的新市场，以满足包括纯电驱动汽车在内的更广泛的需求。甲醇作为燃料在动力燃烧领域也有很大的市场，但它不在此章讨论之列。

12.1 甲醇发动机相关技术展望

在柴油机、汽油机以及其他类型的发动机上有大量的新技术研究和工程化应用，本节将探讨这些技术在甲醇这种燃料的特征下如何发挥更好的作用。

12.1.1 甲醇燃料的来源

传统上，主要有煤制甲醇和天然气制甲醇两种工业化途径。通过捕集二氧化碳制取甲醇的技术已经成熟，但其工业化尚有较长的路要走，主要是规模和成本的原因。但这是一条碳循环也可以称之为碳中和的道路，或可成为人类共同选择的未来之路。

捕集二氧化碳制取甲醇，作为一个生产工艺其流程完全走通是 2012 年在挪威。这一技术在中国开花结果，主要体现在 2020 年中国科学院李灿院士在甘肃省兰州的项目和 2023 年吉利集团李书福先生在河南省安阳的项目，这两个项目的主要区别在于，一个是捕集空气中的二氧化碳，而另一个是捕集工业排放的二氧化碳。图 12-1 所示为捕集空气二氧化碳即液态阳光—绿色甲醇原理图。

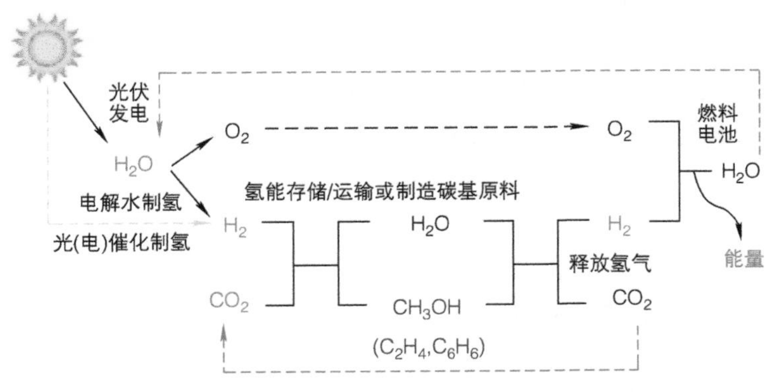

图 12-1　液态阳光—绿色甲醇原理图

图 12-2 所描述的是捕集工业二氧化碳用于制取工业化学品的逻辑，甲醇自然地被包含其中。图中所示的氢气是通过使用风电或太阳能电力实现电解水制取的，显然在实际工程项目中这并不是必需的，而是取决于成本目标和电力资源获取的方便程度。

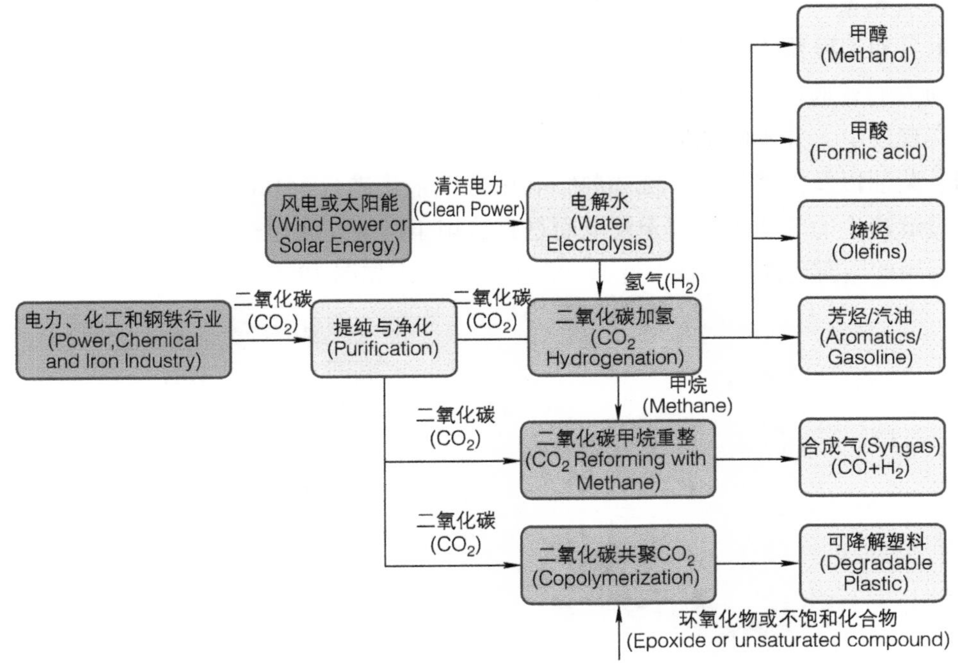

图 12-2　工业二氧化碳捕捉及甲醇等化学品制取流程图

显然，二氧化碳的捕集和提纯工艺是一项共性技术。这一技术不仅仅可以作为制取甲醇的前置工序，也可以作为其他产品（如制取面粉）的前置工序，也可以作为独立工艺被使用（例如制取干冰）。由于甲醇是应用最为广泛的基础原料，因此捕集二氧化碳制取甲醇的工业化前景最值得期待。

目前二氧化碳与氢气反应转化成甲醇的技术，其甲醇转换率只有 30% 左右，尚处于较低水平，是有待突破的产业化瓶颈之一。其反应过程的产物除去甲醇外，还包括一氧化碳、甲烷、甲酸和汽柴油等，但是这些非甲醇产物显然都是可以作为燃料参与燃烧做功的，所以反应物总体可以被称为富甲醇燃料，这正是这一技术的前景所在。显然，这一技术所用催化剂所提供的甲醇转化率和选择性需要不断地有所突破。

12.1.2 余热利用

发动机的热效率随着新技术的不断使用持续地得到提高，例如汽油机已经接近于 45%，柴油机已经接近于 50%，但是这都是指的最高效率，是一个很小的区域，甚至是一个点。在实际工况下的平均热效率远达不到这样的数值，如图 12-3 所示，其中的冷却损耗达 30%，排气损耗达 40%，而实际的有效利用只有 30% 左右。特别地，排气温度在 500 ~ 800℃之间，带走了大量热量，如何加以有效利用一直是发动机学术界和工程界的重要课题之一。

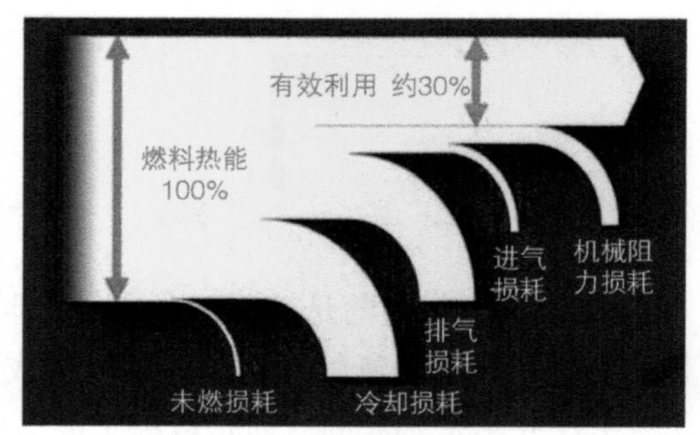

图 12-3　发动机的热能分布图

目前人们普遍地在利用朗肯循环、布雷顿循环和压差发电等技术对发动机余热能量进行回收实现发电，并不断地取得进展。然而，甲醇的理化特性表明，可以另辟蹊径，比之于汽油、柴油以及天然气等传统燃料，利用尾气余热进行 M100 甲醇燃料的催化裂解优势明显，裂解产生的气体不是用于发电而是直接用于燃烧。利用这一技术，在有效便捷地实现余热利用的同时还能解决低温冷起动问题，其原理如图 12-4 所示。

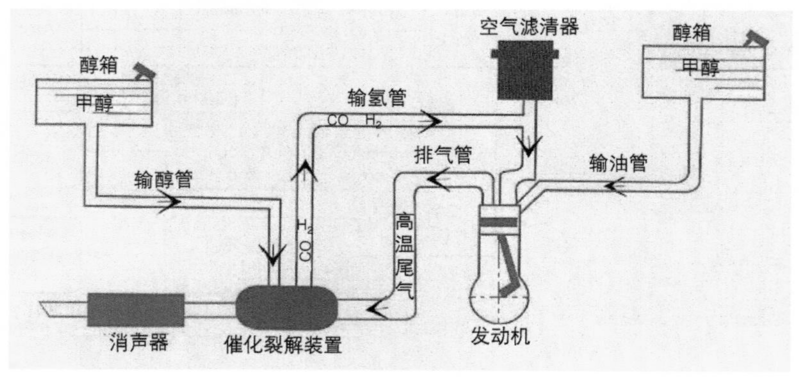

图 12-4　甲醇催化裂解示意图

这里所记述的甲醇催化裂解不像甲醇重整那样需要一定量的水，裂解后产生可燃烧气体 CO 和 H_2，而不追求氢气的纯度。CO 和 H_2 的热值都大于甲醇，二者的混合气进入发动机内部参与燃烧，就在一定程度上提高了甲醇整体的利用率，也就是提高了发动机对甲醇的燃烧效率。甲醇裂解是吸热过程，化学反应式见式（12-1），所用热量来自于发动机的高温尾气，这样就实现了余热回收进而提高发动机热效率的目的。

$$CH_3OH \rightarrow 2H_2 + CO \quad \Delta H = +90.6\text{kJ/mol} \tag{12-1}$$

另一方面，如果能够缩短甲醇启动裂解的时间、加快催化裂解的速度，使得在可以接受的时间内产生的 CO 和 H_2 混合气质量可以达到发动机点火起动的要求，就能解决（或有助于解决）甲醇燃料的低温冷起动问题，因为混合气（也存在着部分未被裂解的甲醇）的点火燃烧比液体的甲醇要容易得多。当然，还可以有另一个方案，就是将汽车行驶过程中裂解出来的混合气通过储气罐储存起来，以待低温起动时使用。考虑实际情况，也许这个储气罐无论如何都是必要的，当然其容量需要根据发动机和具体车型进行匹配。

当然，利用发动机尾气余热从甲醇中制取气体（H_2 或 CO，或二者兼得），使之参与燃烧，以提高发动机的热效率和减少排放，甲醇催化裂解不是唯一的方法，还有甲醇水蒸气重整制氢、甲醇部分氧化制氢以及甲醇自热制氢等技术方案，这些方案要么需要水蒸气的参与，要么工序过于复杂，考虑布置空间和产品成本等因素，甲醇催化裂解制氢是一种较为理想的工程方案。特别地，对于发动机燃烧来讲 CO 也是燃料，而且 CO 和 H_2 混合在一起使用，不仅降低了纯氢燃烧的技术难度，而且也有利于系统的安全性保障。

在极寒天气里，二甲醚是大货车驾驶人用于辅助柴油机低温冷起动的燃料之一。它当然也可以用于甲醇发动机低温冷起动的辅助，我们不能忽略甲醇是二甲醚的原料。甲醇催化脱水可以制得二甲醚，因此，类似于甲醇催化裂解制气，利用甲醇发动机的尾气余热制取二甲醚，一方面可以提高燃烧效率，另一方面可以辅助解决甲醇低温冷起动的困难。图 12-5 是甲醇脱水制取二甲醚的工艺原理。

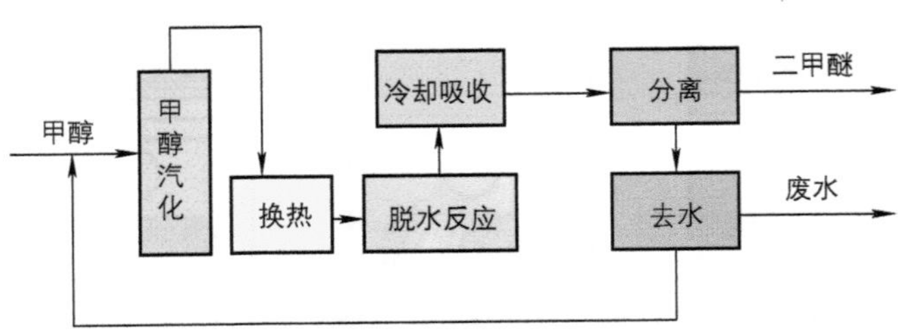

图 12-5　甲醇脱水制取二甲醚工艺原理

显然在此工艺流程中，因为缺少了精制工序，所以分离后的二甲醚中必然地包含有其他反应生成物，如 CH_4、H_2、CO、C_2H_2 等气体，而这些相对地含量不大，即使有，对发动机低温冷起动以及提高热效率也是正向作用。在工艺上，类似于图 12-4 中甲醇催化裂解制气（MRG），首先利用发动机尾气余热实现汽化，之后进入催化脱水工序制取二甲醚（DME），但其反应是放热过程，主化学反应为：

研发体系

研发团队

氢邦科技的研发团队主要集中于产品的工程化和产业化方面，而创新支撑主要依靠中国科学院宁波材料技术与工程研究所。目前，公司自身拥有近40人的研发队伍，其研发团队包括电堆研发部、系统研发部、电控研发部、试制试验部四大专业部门。

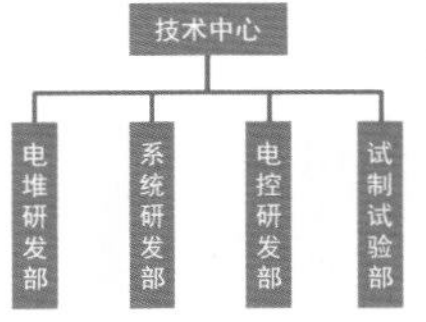

研发平台

氢邦科技五大研发平台：电池·电堆研发平台、甲醇SOFC研发平台、甲烷SOFC研发平台、SOEC电解研发平台以及电气·电控系统研发平台。

电池·电堆研发平台

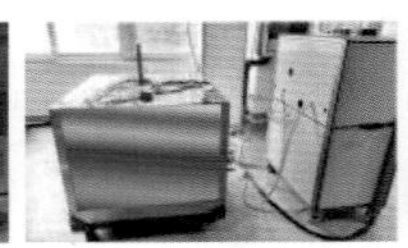
甲醇SOFC研发平台

甲烷SOFC研发平台

10kW电解水制氢平台

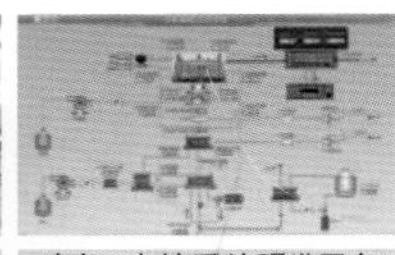
电气·电控系统研发平台

创新支撑

中国科学院宁波材料技术与工程研究所是氢邦科技的创新支撑，其先进燃料电池与电解池技术重点实验室拥有一支50余人的研发团队，包括副高级以上5名（其中国家级人才2名，省部级人才2名）、中级5名和近30名以博士生为主的后备力量。

官万兵，研究员
团队负责人

NIMTE- 应用基础研发队伍

朱良柱
研究员
国家级人才

韩贝贝
博士

张旸
博士

桑君康
博士

王成田
工程师

材料所创新示例

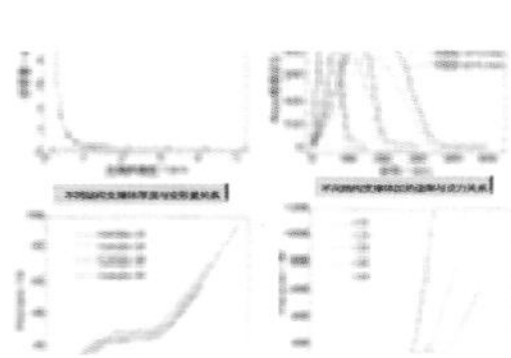
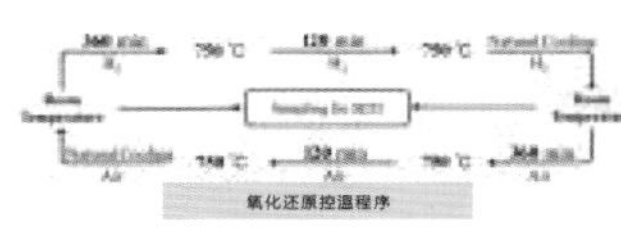

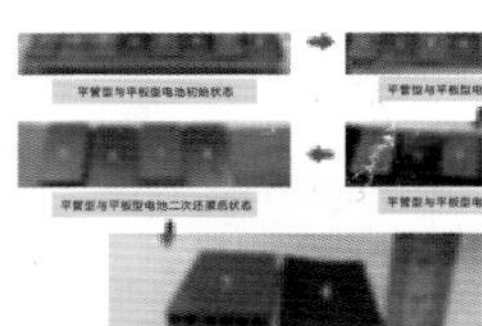

材料所基础研究示例

1	官万兵，王蔚国，SOFC电堆的高温界面及其设计、验证与应用，北京：中国科学出版社，ISBN 978-7-03-053085-1，2017年6月.
2	Wanbing Guan, Design and development of SOFC Stacks, Solid Oixde Fuel Cells:From electrolyte-based to electrolyte-free device, ISBN: 987-3-527-34411-6, Chapter 5, 145-172, DOI: 10.1002/9783527812790.ch5, Wiley-VCH, April 9, 2020.
3	Anqi Wu, Chaolei Li, Beibei Han, Wu Liu, Yang Zhang, Svenja Hanson, Wanbing Guan*, Subhash C. Singhal, Pulsed electrolysis of carbon dioxide by large scale solid oxide electrolytic cells for intermittent renewable energy storage, Carbon Energy, DOI: 10.1002/cey2.262, 2022.
4	Chaolei Li, Anqi Wu, Chengqiao Xi, Wanbing Guan*, Liang Chen, Subhash C. Singhal, High reversible cycling performance of carbon dioxide electrolysis by flat-tube solid oxide cell, Applied Energy, 314, 118969, 2022.
5	Zhao Liu, Beibei Han, Yongming Zhao, Fan Hu, Wu Liu, Wanbing Guan*, Subhash C. Singhal, Reversible cycling performance of a flat tube solid oxide cell for seawater electrolysis, Energy Conversion and Management, 258, 115543, 2022.
6	Zhao Liu, Beibei Han, Zhiyi Lu, Wanbing Guan*, Yuanyuan Li, Changjiang Song, Liang Chen*, Subhash C. Singhal, Efficiency and stability of hydrogen production from seawater using solid oxide electrolysis cells, Applied Energy, 300, 117439, 2021.
7	Wu Liu, Junkang Sang, Yudong Wang, Xiaohui Chang, Lianmei Lu, Jianxin Wang, Xiaodong Zhou, Qijie Zhai, Wanbing Guan*, Subhash C. Singhal, Durability of direct-internally reformed simulated coke oven gas in an anode-supported planar solid oxide fuel cell based on double-sided cathodes, Journal of Power Sources, 465:228284,2020.
8	Lianmei Lu, Wu Liu, Jianxin Wang, Yudong Wang, Changrong Xia, Xiao-Dong Zhou, Ming Chen, Wanbing Guan*, Long-term stability of carbon dioxide electrolysis in a large-scale flat-tube solid oxide electrolysis cell based on double-sided air electrodes, Applied Energy, 259, 1141301, 2020.